前 言

随着当今计算机技术的飞速发展，人们越来越多地依靠功能强大的计算机软件来解决科学研究以及工程实践中的各种棘手问题，MATLAB作为一个集科学计算、数据分析、可视化等功能于一体的优秀软件，在其出现到逐渐成长的时间里，得到了市场的充分肯定和广大科研工作者的一致好评。MATLAB所包含的众多功能全面且强大的工具箱更是满足了各个科学工程领域的需要，使MATLAB在学界获得了极高的评价和广泛的应用。毫无疑问，越来越多的科技工作者和院校的学生使用 MATLAB 进行复杂的科学计算、精细的系统仿真、逼真的图形界面设计以及解决相关领域的各种复杂问题。

为了方便广大读者学习，笔者根据自己多年的MATLAB使用心得完成本书。本书全面地介绍了MATLAB软件，并以精心挑选的实例讲解了如何有效地利用MATLAB的各项功能实现读者的需要。本书力求让读者掌握使用MATLAB进行科学研究和工程实践的方法与技巧。

本书的特点

1. 循序渐进、由浅入深

为了方便读者学习，本书首先让读者了解MATLAB的概貌，在熟悉MATLAB工具的基础上，以实例介绍 MATLAB 有别于其他软件的最突出的几个特点，使读者逐渐认识MATLAB。按照读者通常的理解习惯和接受知识的规律，层次分明地讲解 MATLAB 的各项功能。从而使读者可以边学习，边动手，更快地掌握MATLAB。

2. 内容充实、层次有序

笔者为编写本书进行了充分的前期准备，在书中详细分析了MATLAB各种技术和工具的特点以及应用范围。全书介绍了MATLAB常用的各种技术和工具及相关知识，如数据结构和数据类型、初级和高级数值计算功能、图形可视化功能、程序设计功能、SIMULINK仿真开发环境、符号计算功能、图形句柄对象、图形用户界面、编译器、外部程序接口以及MATLAB与Microsoft Office常用软件的融合等。读者可以循序渐进地学习，也可以根据实际需要有选择地学习相关章节的内容。

3. 理解深刻、讲解清晰

由于MATLAB功能强大，涉及的知识点及相关应用更是种类繁多，使很多读者无所适从，无从下手。本书通过分类讲解、循序渐进的方式，帮助读者解决这些问题。本书思路清晰，章节分割明显；所有章节的知识点，都举有实例演示，读者可以根据书上的例子进行操作，加深理解印象；笔者根据自己使用软件的经验在很多难以理解的地方给读者配以详细说明，注意事项和操作技巧。

4．提供完善的售后服务

为了方便读者学习，特为广大读者留下我们的联系方式：bookrj@sina.com。读者可以将自己遇到的问题发给我们。我们会尽可能地帮助大家解决这些问题。

本书的内容

第 1 章：如果读者是首次接触 MATLAB，可以把本章作为学习的起点。本章讲解 MATLAB 7.0 的安装和工作环境。

第 2 章：主要从 MATLAB 与其他软件的区别入手，简单介绍 MATLAB 几方面的优点，让读者对 MATLAB 有一个全面的认识。

第 3 章：介绍 MATLAB 7.0 的数据结构，讲解矩阵的基本结构，各种特殊矩阵类型以及高维数组的知识。

第 4 章：本章针对 MATLAB 7.0 的 15 种数据类型进行讲解，重点讲解数值、字符串、逻辑、元胞和结构体等主要数据类型的特性和用法。

第 5、6 章：讲述初等数值计算，包括矩阵代数运算、矩阵分析、稀疏矩阵、初等函数分析、数理统计分析等。

第 7 章：介绍 MATLAB 为用户提供的强大数据可视化功能，详细讲解使用 MATLAB 绘图的步骤、二维和三维图形的创建和参数编辑、图形编辑窗口、图形的打印和输出。

第 8 章：详细介绍了 M-文件的特点和类型、MATLAB 程序结构和设计控制指令、程序的分析、调试和改良以及 MATLAB 函数的扩展知识。

第 9 章：主要介绍基于 MATLAB 的仿真设计环境 SIMULINK，使读者熟悉 SIMULINK 的工作环境和了解建立仿真模型的基本步骤。

第 10 章：该章节属于 SIMULINK 高级部分，重点介绍了 SIMULINK 子系统、模型调试以及 S-函数。

第 11 章：介绍句柄图形的各对象以及对象属性，设置和访问对象的属性，访问对象句柄，控制图形的输出以及图形窗口对象和轴对象这两个常用对象的属性设置。

第 12 章：介绍 GUI 的设计和制作方法，内容包括：GUI 的创建原则、步骤和方式，GUIDE 的使用方法，GUI 的编程设计。

第 13 章：承接第 5、6 章的内容，讨论数值计算的高级主题，主要内容有插值、曲线拟合、傅立叶分析、微积分、微分方程求解等。

第 14 章：详细介绍 MATLAB 的符号计算。MATLAB 的符号计算功能强大，本章对符号表达式的创建、运算、复合、化简、符号微积分、符号代数方程求解、符号微分方程求解等内容展开全面的介绍。

第 15 章：对 MATLAB 图像处理工具箱进行专题介绍，包括数字图像的基本概念、基本操作，并在此基础上依次讲述图像的灰度变换、代数运算、几何运算、图像滤波等。

第 16 章：详细介绍 MATLAB 的信号处理工具箱的一个重要应用：滤波器的设计。

第 17 章：讲解 MATLAB 编译器的使用方法，包括编译器的基本知识、MATLAB 内部

全面解读当今最流行的MATLAB科学和工程计算软件

MATLAB使用详解

董 霖 编著

◎ 详细分析MATLAB各种技术和工具的特点以及实际应用

◎ 按照读者通常的理解习惯和接受知识的规律讲解MATLAB的各项功能

◎ 所有章节的知识点都结合实例进行讲解，帮助读者掌握相关内容

◎ 在重点难点处详细说明了注意事项和使用技巧

科学出版社
www.sciencep.com

内 容 简 介

本书是一本全面介绍 MATLAB 7.0 的图书。MATLAB 是用于科学和工程计算的高性能软件之一。本书由浅入深、循序渐进地讲解了 MATLAB 7.0 的各项常用功能和使用方法。

本书由 19 章组成。内容包括软件的安装和工作环境、数据结构和数据类型、初级和高级数值计算功能、图形可视化功能、程序设计功能、SIMULINK 仿真开发环境、符号计算功能、图形句柄对象、图形用户界面、编译器、外部程序接口以及 MATLAB 与 Microsoft Office 常用软件的融合等。为了便于相关专业读者的学习，本书还介绍了 MATLAB 中常用的两个工具箱：图形处理工具箱和信号处理工具箱，具体讲解了数字图像的基本概念和基本操作，在此基础上依次讲述了图像的灰度变换、代数运算、几何运算、图像滤波、采样函数、信号生成、滤波器的设计和随机信号功率谱分析等。

本书内容翔实、实例丰富，既可以作为理工院校本科生及研究生系统了解、学习 MATLAB 的教材，又适合作为广大科研工作者及工程技术人员的自学和参考资料。

本书相关源代码可以从 www.bhp.com.cn 免费下载。

需要本书或技术支持的读者，请与北京清河 6 号信箱（邮编：100085）发行部联系，电话：010-82702660（发行），82702675（邮购），62978181（总机），传真：010-82702698　E-mail：tbd@bhp.com.cn。

图书在版编目（CIP）数据

MATLAB 使用详解 / 董霖编著.—北京：科学出版社，2008.8

ISBN 978-7-03-022531-3

Ⅰ.M....　Ⅱ.董...　Ⅲ. 计算机辅助设计－软件包，MATLAB 7.0　Ⅳ.TP391.75

中国版本图书馆 CIP 数据核字（2008）第 105305 号

责任编辑：周凤明　／ 责任校对：马　君

责任印刷：双　青　／ 封面设计：闫冠美

科 学 出 版 社 出版

北京东黄城根北街 16 号

邮政编码：100717

http://www.sciencep.com

双 青 印 刷 厂 印刷

科学出版社发行　各地新华书店经销

*

2008 年 8 月第　一　版　开本：787×1092 1/16

2008 年 8 月第一次印刷　印张：35.75

印数：1-3 000　字数：833 000

定价：56.00 元

程序和外部程序的相互转换。

第 18 章：介绍了 MATLAB 中的数组及 C 语言中的 mxArray 类型；在 MATLAB 中使用 MEX 文件来调用 C 或 FORTRAN 子程序；通过 MATLAB 引擎（Engine），在 MATLAB 中执行运算，并将结果返回到 C 或 FORTRAN 程序中；创建和访问标准的 MATLAB 的 MAT 应用程序以及如何实现 MATLAB 数据的输入和输出。

第 19 章：本章以 MATLAB 7.0 和 Word 2003 环境为基础，讲解了如何在 Word 和 Excel 环境下使用 MATLAB，制作 M-文档，从而将文字处理、排版艺术、文档演示和科学计算融为一体。

本书适合的读者

- 科研工作者
- 工程技术人员
- 理工科院校本科生及研究生

本书由董霖编写，同时参与编写和资料整理的有卜庆玲、冯曼菲、匡妍娜、雷成健、李小波、刘浩然、刘会神、马震、齐志华、舒军、孙大林、王辉、王沛、王石、王晓悦、熊英、张杰、袁福庆、赵显琼、韩延峰、李刚、张佳楠、张金霞、左伟明、孔鹏等，在此一并表示感谢。

编者

目　录

第1章

MATLAB 7.0安装与用户界面

MATLAB代表matrix laboratory（矩阵实验室）的意思，它是以线性代数软件包LINPACK和特征值计算软件EISPACK中的子程序为基础发展起来的一种应用于科学计算和数据可视化的开放型高级编程语言。

自从MATLAB推出并正式进行市场化运作开始，经过许多优秀工程师和学者的努力，其功能得到了充分的增强和完善，版本也从1984年的第1版开始发展到最新推出的第14版（Release 14），逐渐从一个简单的矩阵（matrix）分析工具发展成为可应用于多学科领域和复杂工程的优秀软件。

MATLAB之所以逐渐成为了国内外各大高等院校及研究机构的主要教学和工作平台，主要得益于其版本的不断更新和其优点的不断显现。

MATLAB的主要优点体现在很多方面：

- 拥有交互式的程序开发环境，可以不用进行繁琐的程序链接和调试，用户可以很方便地直接在友好的窗口中进行程序的修改，使程序的编写和执行同步进行。
- 运用符合人们思维习惯和数学表达方式的程序设计语言。
- 提供了丰富的函数库和工具箱，使用户不必进行具体代码的编写，而仅调用简单的函数指令，就可以执行任务操作，解决问题。
- 提供了丰富的二、三维图形及动画来对计算结果进行可视化显示，给用户直观的认识。
- 所有数值对象都默认以双精度浮点类型数组存储，无须用户进行数据类型的声明和转换。

MATLAB 7.0作为MATLAB的更新版本，在之前的旧版本基础上增加了许多新的功能和更合理优化的处理方法。新版本的更新内容主要体现在以下的方面：开发环境、用户界面、数值处理、程序设计、可视化显示、图形用户界面、文件I/O和外部程序接口。本书对于版本更新的细节不做具体介绍，如果读者需要进一步的信息，可以参考系统帮助文档的Release Note部分。

本章主要针对初级入门读者，默认读者是第一次接触到MATLAB，比较详细地介绍了MATLAB的安装步骤、用户界面和工作环境等知识，让读者对MATLAB的整体特点和操作环境有一个基本的认识。

1.1 MATLAB 7.0的安装与卸载

MATLAB 7.0可以安装在Windows、UNIX及Mac OS X等不同平台上，本书以读者最常用的Windows平台为例，讲解安装和卸载MATLAB 7.0的具体步骤。

1.1.1 硬件、软件环境

首先，MATLAB 7.0在单机和网络环境都可以发挥其强大的性能，为了读者理解的方便，首先以读者使用最广泛的PC为例，介绍MATLAB对于机器软、硬件的要求，具体数据和规格如表1.1所示。

表 1.1 MATLAB 7.0对PC机软、硬件的要求

<table>
<tr><th colspan="2">硬件</th><th>软件</th></tr>
<tr><td>操作平台</td><td>Windows XP or XP Service Pack 2
Windows 2000（Service Pack 3 or 4）
Windows NT 4.0（Service Pack 5 or 6a）</td><td rowspan="2">网页浏览器：用于浏览在线帮助。
Adobe Acrobat Reader 阅读软件：阅读和打印MATLAB 7.0的PDF格式文件。MathWorks公司提供的证书服务器、TCP/IP协议及USB接口：运行、使用及链接MATLAB 7.0证书。
Office 2000、Office XP或者Office 2003：运行MATLAB Notebook</td></tr>
<tr><td>CPU</td><td>Pentium III, IV, Xeon, Pentium M,
AMD Athlon, Athlon XP, Athlon MP</td></tr>
</table>

续表

硬件		软件
磁盘空间	400 MB（仅包括帮助文件的MATLAB 7.0）	
内存	256 MB（最小）；512 MB（推荐）	MATLAB Builder for Excel, Excel Link, Database Toolbox, and MATLAB Web Server。 DEC Visual Fortran 5.0、Microsoft Visual C/C++4.2或5.0、Borland C/C++5.0或5.02、Watcon 10.6或11:创建用户ME文件。
显卡	16位，24位或32位兼容OpenGL图形适配卡(强烈推荐）	
图形加速卡、打印机、声卡，光驱		

1.1.2　安装过程

用户如果是首次使用MATLAB 7.0，则需要按照安装光盘的提示逐步进行安装，具体步骤如下。

（1）安装前的工作。

- 确保系统满足软、硬件的要求。
- 确认获得了个人证书密码（PLP）。
- 退出运行中的各版本的MATLAB。
- 获得系统用户许可权。
- 不要在安装过程中运行杀毒程序，以防其减慢安装进度。

（2）开始安装。把安装盘1（CD1）插入光驱，运行Setup.exe，显示安装进度条，随后出现如下对话框，如图1.1所示。

选择Install选项，单击Next按钮，进入下一步的对话框。

（3）输入用户信息及PLP。如图1.2所示，输入用户名和单位，并填写通过E-mail或者传真取得的PLP，单击Next按钮，进入下一步的对话框。

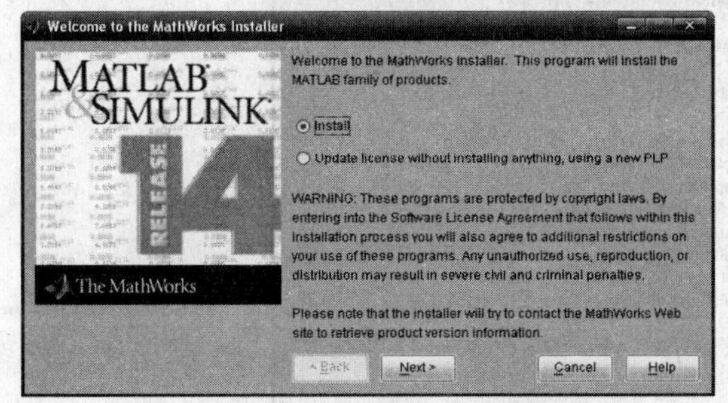

图1.1　MATLAB 7.0的安装准备界面

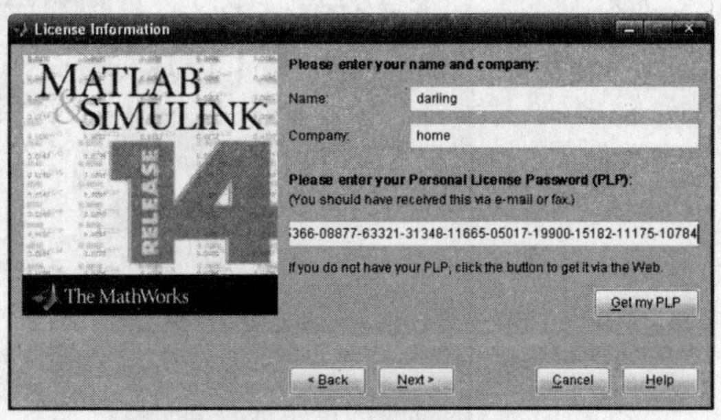

图1.2　输入用户信息和密码

（4）浏览软件许可协议。如图1.3所示，确保同意软件许可协议（License Agreement），选择Yes选项，单击Next按钮。

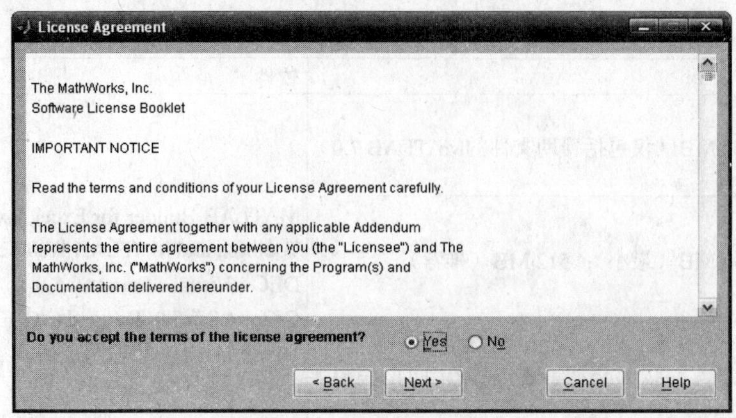

图1.3　浏览许可协议

（5）选择安装类型。用户可以根据自己的需要自行选择安装类型，选择Typical选项（典型类型）将安装所有的默认产品组件，而选择Custom选项（自定义类型）为有选择地安装组件，如图1.4所示。

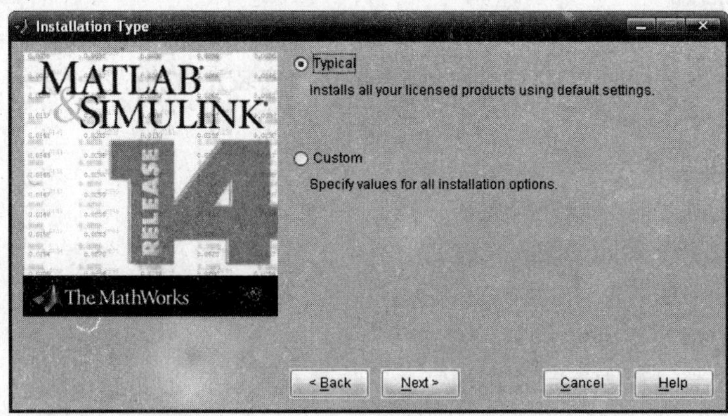

图1.4　选择安装类型

（6）选择安装目录和安装产品组件。如选择Custom选项，单击Next按钮，进入下一步，将出现如下对话框，用户可自行选择安装组件，如图1.5所示。

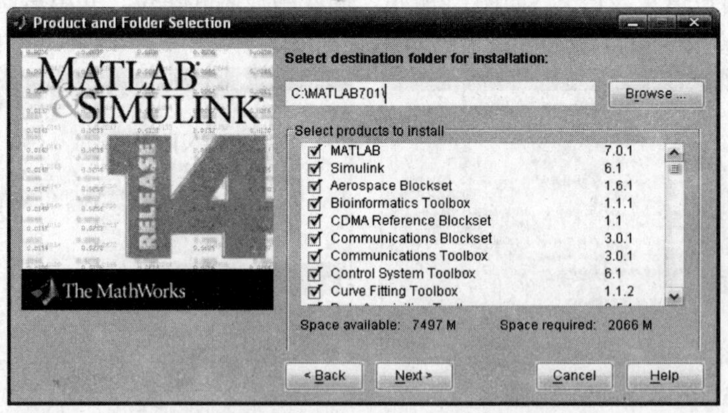

图1.5　选择Custom选项的安装目录和产品组件

如果选择Typical选项安装，则出现以下对话框，安装默认组件，如图1.6所示。

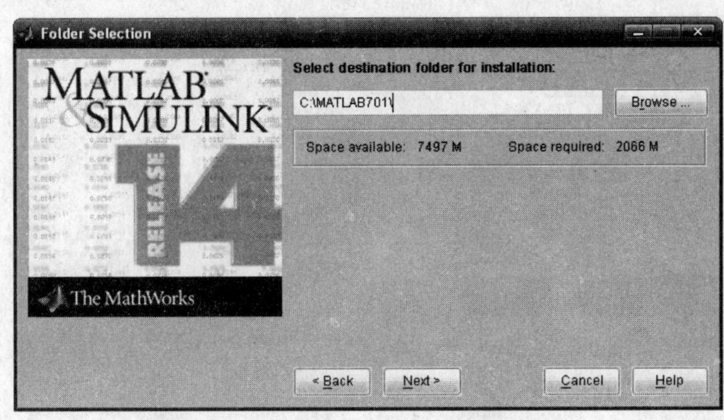

图1.6　选择Typical选项的安装目录

两种安装方式都需要在Browse选项里选择安装目录，本书以典型安装为例，介绍接下来的步骤。

（7）确定安装目录和组件。如确定选择的目录和组件无误，单击Install选项开始安装，如图1.7所示。在安装过程中系统会提示插入第2张安装盘（CD 2），按照提示插入CD 2，继续安装。

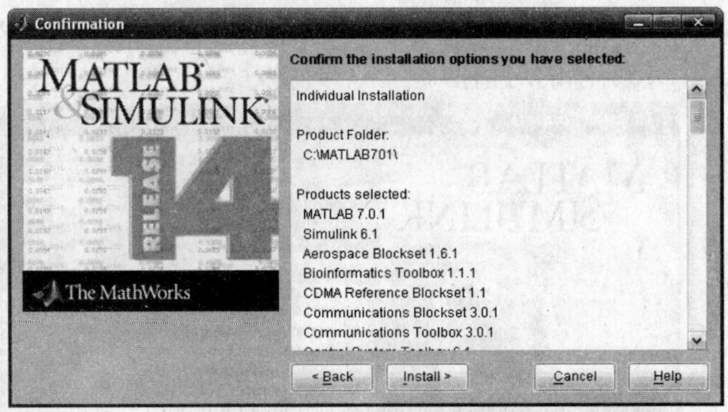

图1.7　确定安装目录和组件

（8）阅读产品配置信息。组件安装完成后，系统弹出产品配置信息对话框，用户可以阅读产品信息，如图1.8所示。单击Next按钮，进入下一步。

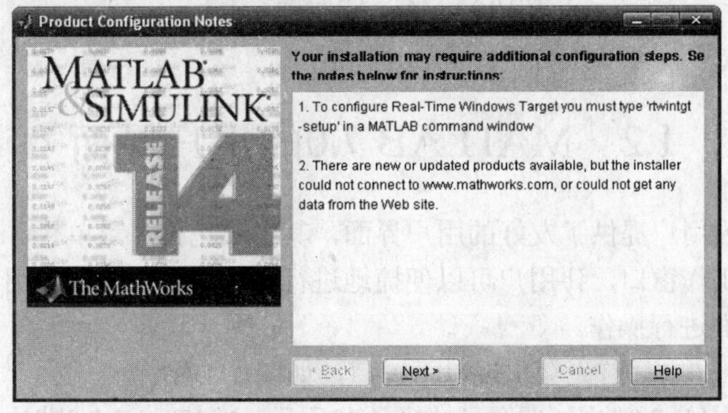

图1.8　阅读产品配置信息

（9）安装完成。安装完成后，系统弹出安装完成的对话框，如图1.9所示。

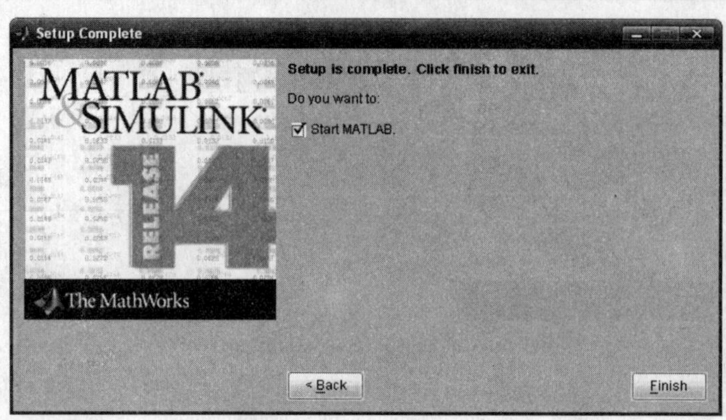

图1.9　安装完成界面

用户单击Finish按钮后，系统默认运行MATLAB。运行MATLAB还有以下几种方式。

- 双击桌面上的MATLAB 7.0图标。
- 在“开始”菜单的“程序”中选择运行MATLAB。
- 在Windows浏览器中打开MATLAB的顶层目录，单击其快捷方式。

使用以上方式中的任意一种，用户就可以使用MATLAB 7.0了。

如需要卸载MATLAB 7.0，在安装目录里双击图标 uninstall.exe MATLAB uninstaller The MathWorks, Inc ，运行MATLAB 7.0自带的反安装程序，出现如图1.10所示的对话框。

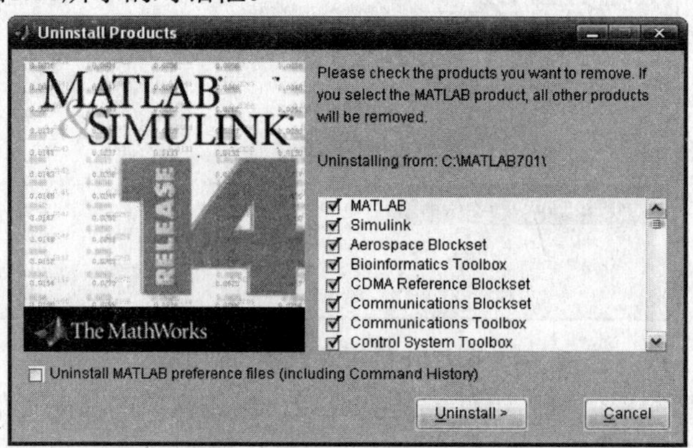

图1.10　MATLAB的卸载窗口

单击Uninstall选项就可以开始卸载了。

1.2　MATLAB 7.0的用户界面

MATLAB 7.0为用户提供了友好的用户界面，其主要包括：菜单栏、工具栏、开始按钮和众多交互性强的工作窗口，让用户可以便捷地进行操作。本节主要介绍各个交互界面的功能及如何对用户界面进行操作。

运行MATLAB 7.0之后首先会出现以下窗口，如图1.11所示。

随即出现MATLAB 7.0的用户界面，如图1.12所示，MATLAB 7.0默认显示的用户界面主要包括菜单栏、工具栏、当前工作目录以及Workspace（工作空间）窗口、Command Windows（命令）窗口和Command History（历史命令）窗口。

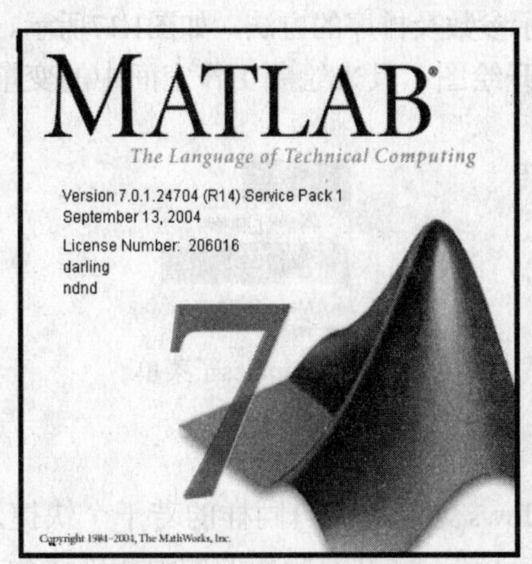

图1.11　开始运行窗口　　　图1.12　MATLAB的用户界面

1.2.1　菜单栏

MATLAB 7.0的菜单栏与常见的Windows窗口有类似的结构，如图1.13所示。其包含的子菜单的功能如下。

- File：建立、打开、保存和打印文件；导入数据；设置路径和工作环境。
- Edit：复制、粘贴和删除等常见的文档操作。
- Debug：程序调试。
- Desktop：设置工作界面需要显示的窗口。
- Window：显示当前所有打开的窗口。
- Help：选择不同的帮助系统。

读者需要注意的是，当选择不同的窗口作为当前窗口时，菜单栏会做出相应的变化。如用户选择Current Directory窗口，使其作为当前窗口，那么菜单栏中会增加一个子菜单选项View，如图1.14所示。

File　Edit　Debug　Desktop　Window　Help

图1.13　MATLAB 7.0菜单栏

File　Edit　View　Debug　Desktop　Window　Help

图1.14　当前窗口为Current Directory窗口时的菜单栏

View子菜单的功能是设置以何种方式显示当前目录下的文件，如图1.15所示。

如果用户单击Workspace窗口，使其成为当前窗口，则菜单栏增加两个子菜单选项，分别是View和Graphics，如图1.16所示。

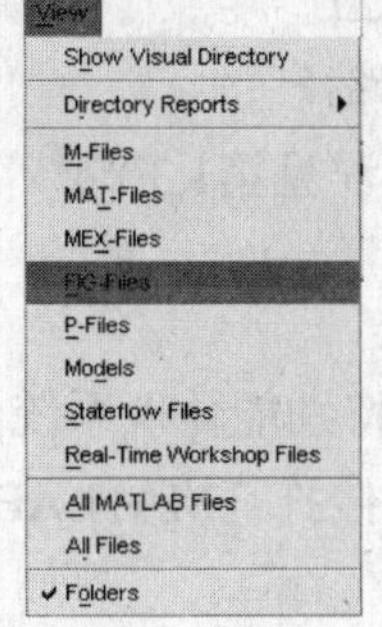

图1.15　Current Directory窗口菜单栏中的View子菜单

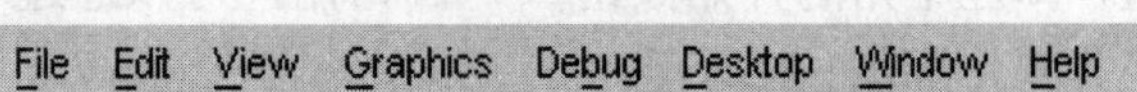

图1.16　Workspace为当前窗口时的菜单栏

其中，View子菜单用于设置在工作空间的变量的显示参数及排序的方法，如图1.17所示。

Graphics子菜单用来建立新的图像窗口，并可以打开绘图工具来绘制工作空间中的变量，如图1.18所示。

图1.17　Workspace窗口菜单栏中的View子菜单

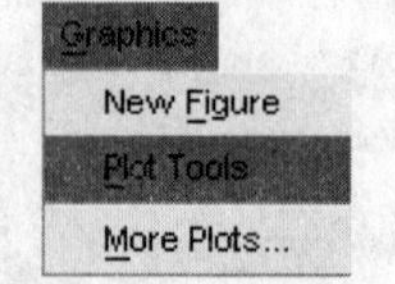

图1.18　Graphics子菜单

1.2.2　工具栏

MATLAB的工具栏与菜单栏类似，有与一般Windows交互式窗口同样的若干个快捷选项，即Windows常用文档操作，如新建、打开、剪切、复制、粘贴、操作的撤消和再运行，如图1.19所示。

除了这些常见选项之外，工具栏还有一些MATLAB的特殊选项，主要的选项如图1.20所示，图标的功能如下。

：打开Simulink交互式仿真环境主窗口。

：打开用户图形界面设计（GUI）窗口。

：启动帮助系统。

图1.19　MATLAB工具栏中常见窗口操作选项　　图1.20　MATLAB工具栏中特有的操作选项

在工具栏的右侧，显示了MATLAB的当前目录，单击下拉菜单可以显示MATLAB的搜索路径，如图1.21所示。

图1.21　工具栏显示的MATLAB当前目录和搜索路径

当然，用户也可以在此设置当前目录和搜索路径，相关内容详见第1.3节。

1.2.3　开始按钮

除了以上介绍的按钮之外，MATLAB的用户界面上还有一个特别能体现系统易用性的按钮，即左下角的开始按钮Start，用户可以通过单击此按钮来直接打开MATLAB 7.0的各种工具箱，如图1.22所示。

1.2.4　Command Windows（命令窗口）

命令窗口是MATLAB中最重要的窗口，也是用户使用最为频繁的窗口，在命令窗口中，用户可以输入各种指令、函数和表达式，并可显示除图形外的一切运行结果。

命令窗口默认在用户界面的右侧显示，用户可以单击命令窗口右上角的箭头按钮，使命令窗口脱离主界面独立显示。

自MATLAB 6.x版本之后，当MATLAB启动时，命令窗口中都会显示"To get started, select MATLAB Help or Demos from the help menu."字样，提示用户开始使用MATLAB之前，可以参考帮助系统和演示文档，并在之后显示运行提示符">>"，如图1.23所示。

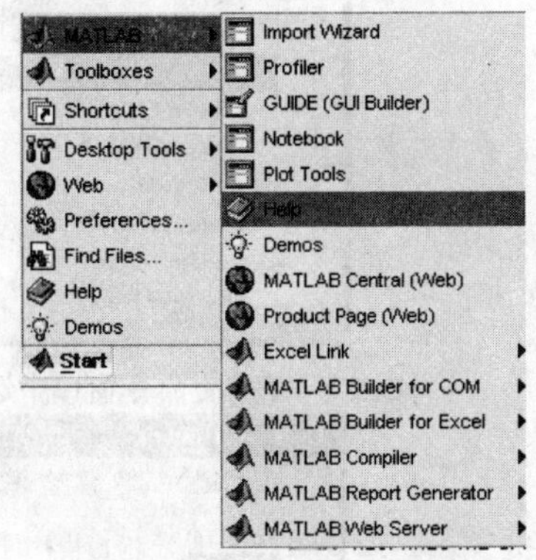

图1.22　MATLAB开始按钮菜单

用户可以在其后输入变量、函数及表达式等，按Enter键，得到运行结果。如图1.24所示，输入一个三角函数运算式sin(pi/6)，计算pi/6的正弦函数的值，MATLAB给出结果为0.5。

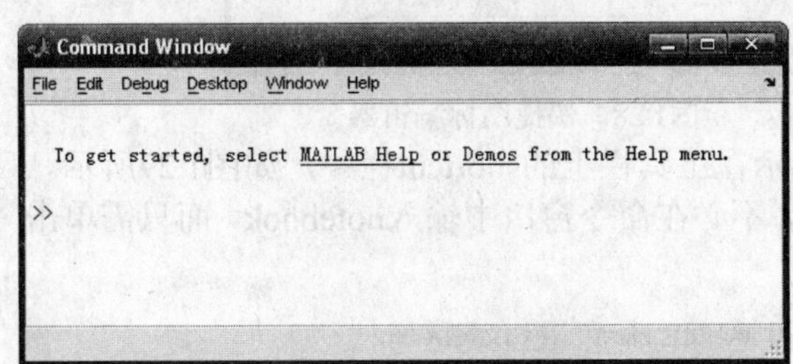

图1.23　MATLAB启动时默认显示的命令窗口

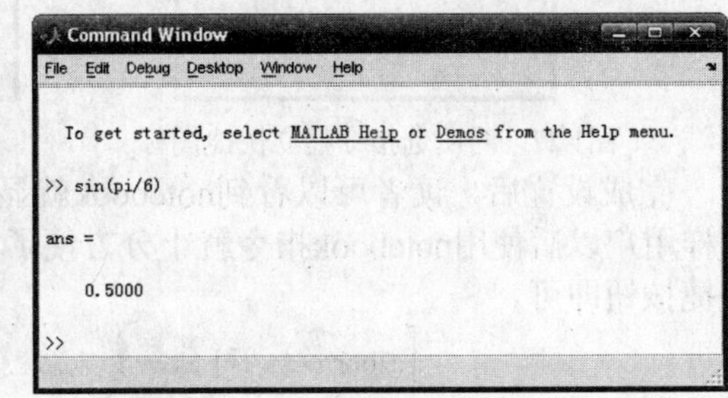

图1.24　命令窗口中运算式的输入

此次运算完成后，系统自动给出可以再次运行的提示符">>"，为了本书内容的精练，特别是代码的简洁，在以后的所有代码示例中，一次运算之后，系统显示的提示符一律省略。

1.2.5　Command History（历史命令窗口）

在命令窗口中运行的所有命令，被系统默认保留在历史命令窗口中，并且标明指令运行的日期和时间。用户可以通过双击一条历史命令来重新执行该命令，也可以选择某条指令，单击鼠标右键出现下级菜单，对选中的命令执行剪切、复制、粘贴或删除操作，或是为选中的指令或表达式创建M-文件。用户可以在历史命令窗口中点亮相应的命令行，单击鼠标右键，在弹出的菜单中有对选中指令的各种操作，如图1.25所示。

如果选择Evaluate Selection选项，即重新运行选中的指令，则sin(pi/6)表达式再次显示在命令窗口中，进行运算，如图1.26所示。

除此之外，用户还可以自行创建快捷按钮，如图1.27所示。

以notebook命令为例，单击Create Shortcut按钮，接着系统弹出shortcut editor对话框，如图1.28所示，用户需要输入命令的标签名，然后单击save按钮。

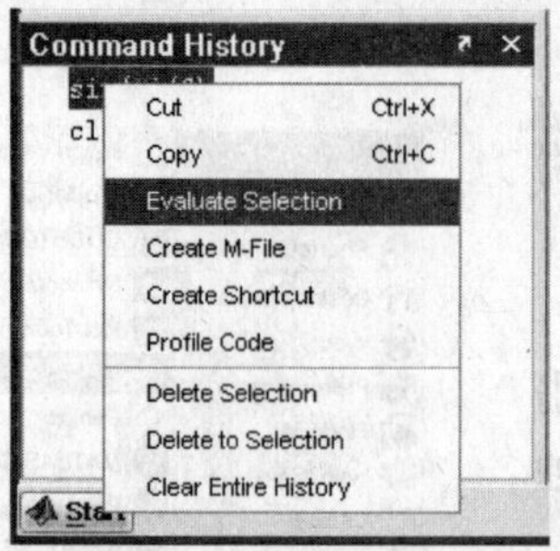

图1.25　在历史命令窗口中选择指令行

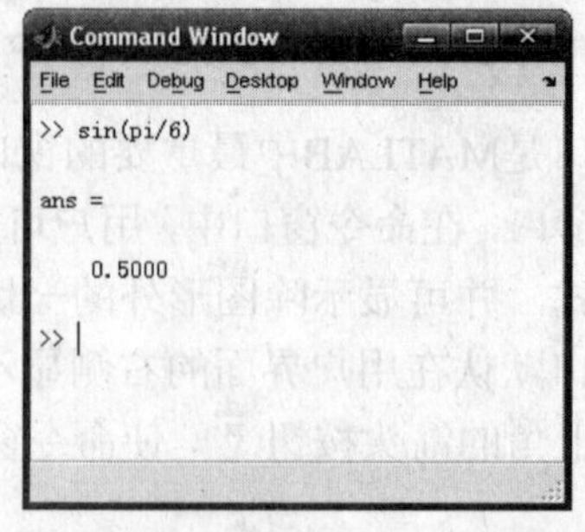

图1.26　指令在命令窗口中重运行

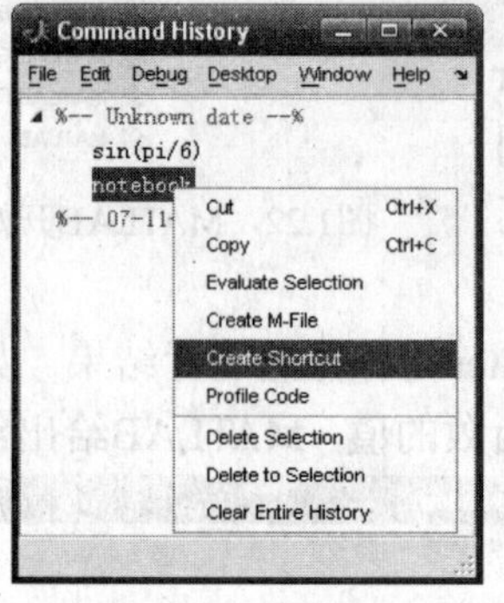

图1.27　对所选指令建立快捷图标

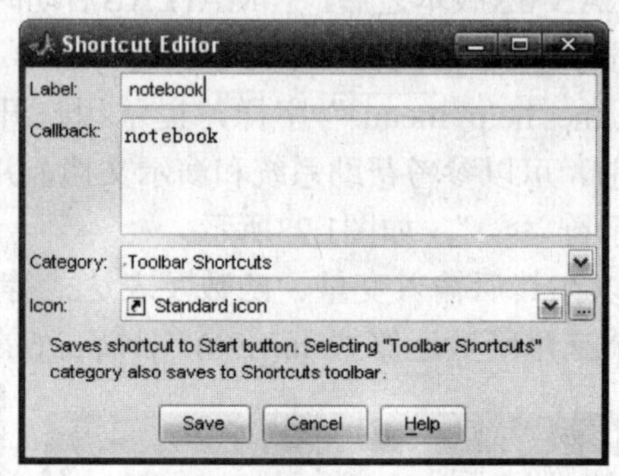

图1.28　快捷图标编辑器

完成设置后，读者可以看到notebook就显示在工具栏上的shortcut栏中，如图1.29所示。这样用户以后使用notebook指令就十分方便了，不必在命令窗口中输入notebook，而只需单击快捷按钮即可。

图1.29　添加了快捷选项的notebook命令

创建快捷按钮的另一种方法是直接把指令拖入shortcut栏，请读者试着自行操作。

1.2.6　Workspace（工作空间窗口）

在工作空间窗口中显示了MATLAB 7.0工作内存中所有变量的名称、数据结构、大小及类型等信息，不同类型对应不同的图标，如图1.30所示。

在介绍菜单栏时，曾提到工作空间窗口增加了Graphics选项，用户可以使用此选项方便地创建各种图形，如果需要建立比较复杂的图形，可以选择More plots选项，在弹出的Plot Catalog窗口中选择适合的图形模型，如图1.31所示。

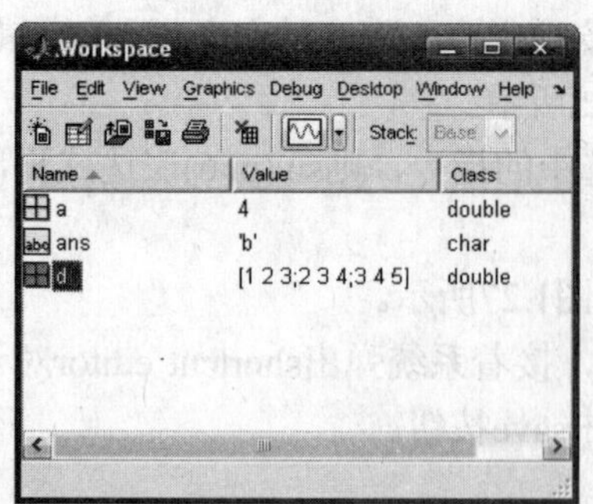

图1.30　工作空间窗口中显示的变量信息

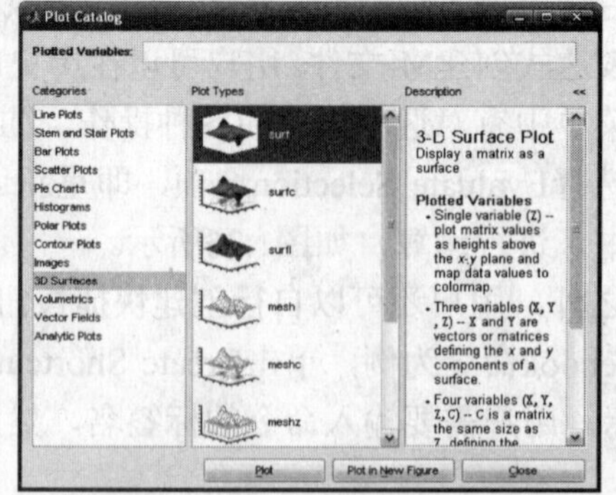

图1.31　Plot Catalog图形窗口

1.2.7 Array Editor（数组编辑器）

数组是MATLAB的基本数据结构，也是所有运算的基础。MATLAB 7.0为用户提供了一个可以对数组进行编辑的工具，即“数组编辑器”。

用户可以在工作空间窗口中选中一个一维或二维数组，双击此数组或选择图标，出现内存数组编辑器对话框，如图1.32所示，选中数组d，用户可以对数组元素逐个进行编辑修改，对于较大规模的数组，建议读者使用此项功能进行创建和修改。

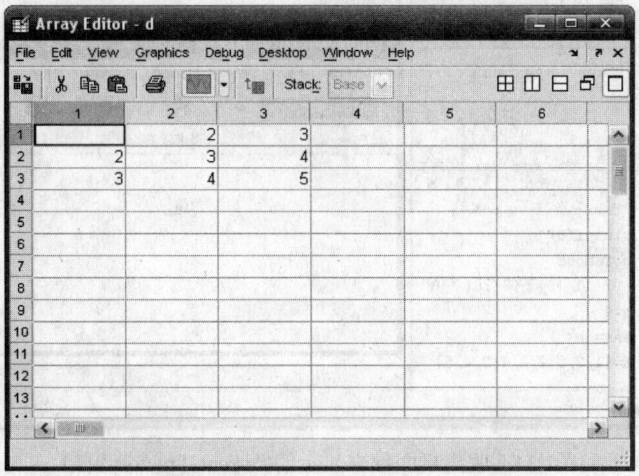

图1.32　在数组编辑器中编辑数组d

数组编辑器只支持一、二维的数值数组，对于高维数组、字符串、元胞数组和构架数组，不可以使用数组编辑器进行操作。

1.3 当前目录窗口与MATLAB 7.0路径设置

1.3.1 Current Directory（当前工作目录窗口）

MATLAB拥有浩瀚的函数库和用户文件，有效地管理和利用这些数据不但关系到用户使用MATLAB的便捷与否，还极大地影响着系统的工作效率。

用户可以运用桌面工具栏的Current directory条目快捷浏览和改变当前目录，MATLAB还提供了一个专门的窗口，即Current Directory（当前工作目录窗口），来显示MATLAB当前工作目录的名称及所包含的文件，如图1.33所示。

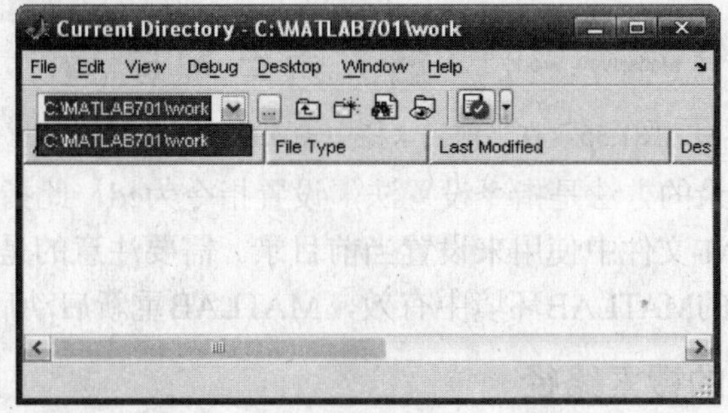

图1.33　Current Directory窗口

在桌面上单击Current directory标题栏，当前目录窗口就会在前台显示，再单击窗口右上角的图标，可使窗口脱离桌面，成为独立的窗口，如图1.34所示。

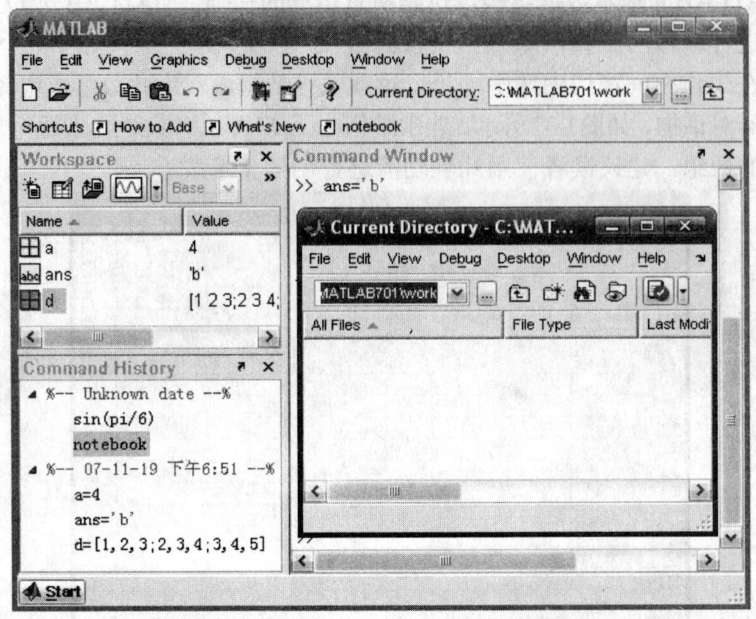

图1.34　脱离桌面独立显示的Current directory窗口

1.3.2　设置当前目录

启动MATLAB时，系统默认当前目录为“MATLAB7.0\Work”或者“matlab7.0\bin\win32”，具体设置取决于用户启动MATLAB的方式。

如果是单击Windows 桌面上的MATLAB图标或者MATLAB7.0\目录下的 MATLAB 7.0.1 图标启动，则目录设置为前者；如果用户启动MATLAB的方式为M-book文件触发或者单击matlab7.0\bin\win32目录下的 MATLAB.exe 图标，则目录设置为后者。

不论默认设置为何种当前目录，建议读者在使用MATLAB时，最好是设置一个自己的专用目录来存放工作文件，而把“MATLAB7.0\Work”目录作为临时目录使用。

创建用户工作目录的方法与Windows中的操作类似，本书不再赘述。为了用户使用MATLAB进行工作的可靠和便捷，建议用户把用户工作目录设置为当前目录。用户可以单击当前目录的设置栏右侧的浏览键来选择用户目录或者直接在设置栏中输入用户工作目录，如图1.35所示。

图1.35　在当前目录栏中输入用户工作目录

另一种设置当前目录的方法是指令设置法，设置指令为cd，此指令用户不仅可以在命令窗口中使用，还可以在M-文件中使用来设置当前目录。需要注意的是，上述设置目录的两种方法，只是在当前开启的MATLAB环境中有效，MATLAB重新启动后需要重新设置。

1.3.3　MATLAB 7.0的搜索路径

MATLAB的文件（M、MAT、MEX）都存放在硬盘的多个目录和子目录下，MATLAB

将这些目录按优先次序设置为搜索目录上的各个节点，在MATLAB工作时，对所需的文件、函数等数据都是按照此搜索路径，在这些目录的范围内进行查找，如果用户要调用的函数或文件在路径之外，则MATLAB认为此函数或文件不存在。

MATLAB搜索文件、函数的步骤简述如下。当用户在MATLAB提示符后输入joe之后，MATLAB就完成以下操作：

- 检查joe是不是MATLAB工作区中的变量名，如果不是，执行下一步。
- 检查joe是不是一个内置函数，如果不是，执行下一步。
- 检查当前目录下是否存在一个名为joe.m的文件，如果没有，执行下一步。
- 按顺序检查在所有MATLAB搜索路径中是否存在joe.m文件。
- 如果到目前为止还没有找到这个joe，MATLAB就给出一条错误信息。

实际的搜索过程比所述步骤要复杂，但是读者可以按以上的步骤理解，即凡是不在搜索路径上的内容，都不能被搜索到。

用户可以通过选择菜单栏File选项中的“Set Path…”，或者在命令窗口中输入pathtool或editpath指令来查看MATLAB的搜索目录，如图1.36所示。

用户还可以在命令窗口输入path或者genpath指令来查找搜索目录，后者使搜索结果以字符串的形式显示，结果如图1.37所示。

图1.36　选择Set Path查看MATLAB搜索目录

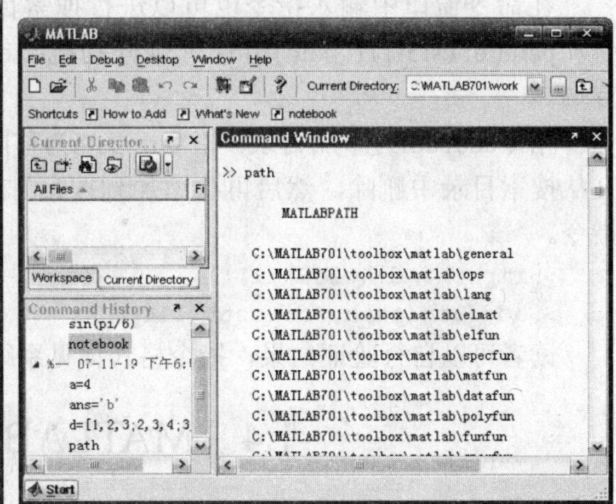

图1.37　在命令窗口输入path指令查看搜索目录

1.3.4　设置和更改MATLAB 7.0的路径

在实际工作中，如果用户自己的目录中存放的工作数据需要与MATLAB系统进行数据交换，或是需要被MATLAB系统调用，则需要把这些目录添加进搜索目录。遇到这种情况，用户需要更改和设置搜索目录，设置方法有以下两种。

- Set Path对话框方法。

在Set Path对话框中，用户可以对搜索目录进行添加、删除和更改优先级的操作，如需要把目录D:\cst5\111添加进搜索目录，则单击Add Folder，选择对应的文件夹，选择确定选项即可，如图1.38所示。

更改后的搜索目录中包含了D:\cst5\111文件夹，如图1.39所示。

图1.38 Set path对话框中添加文件夹

图1.39 更改后的搜索目录

在此对话框中可以设置和修改搜索路径。设置完成后，若直接关闭窗口，则所做的设置在MATLAB关闭后不保留，如果用户希望设置永久有效，则在设置完成后，应单击save按钮来保存设置。

- 指令方法。

在命令窗口中输入指令也可以进行搜索目录的设置和更改，path(path,'d:\cst5\111')指令和path('d:\cst5\111',path)指令可以分别把d:\cst5\111文件夹添加进搜索目录的尾端或者首端。

指令addpath为添加目录，指令rmpath为移除目录，如需要把刚才添加的d:\cst5\111文件夹从搜索目录中删除，然后再次添加到搜索目录的尾端，则只需要在命令窗口中输入如下指令。

```
>>rmpath('d:\cst5\111')
>>addpath(path,'d:\cst5\111')
```

读者可以自行验证结果，指令格式详见系统的帮助文档。

1.4 MATLAB 7.0帮助系统

MATLAB 7.0为用户提供了详细完善的帮助系统，尤其是对于初学用户，养成经常查阅帮助系统的习惯，对于尽快熟悉并掌握MATLAB的各项强大功能是十分必要的。

MATLAB 7.0提供的帮助方式有HTML格式帮助文件、PDF格式帮助文件、演示文档（demos）、技术支持网站帮助和导航浏览交互帮助界面。

导航浏览交互帮助界面是一个独立的帮助子系统，其叙述详尽，界面友善，易于操作，是用户最常用的帮助方式，下面主要介绍使用这种帮助方式如何获得用户想要的信息。

打开帮助界面的常用方法有：在指令窗口中输入helpbrowser或helpdesk指令；单击桌面菜单中的?图标；按F1键。用以上任何一种方法都可以打开如下的导航浏览帮助交互界面，如图1.40所示。

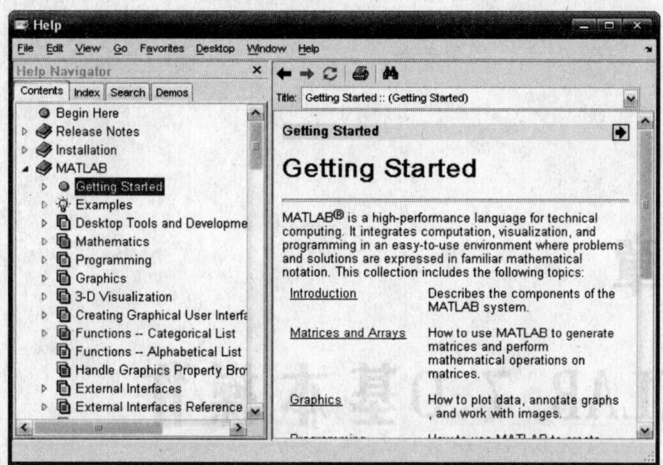

图1.40　导航浏览交互帮助界面

界面左边的Help Navigation子窗口包含了4个选项，分别是Contents（帮助主题）、Index（帮助索引）、Search（帮助查询）和Demos（演示帮助），如果用户知道需要查询内容的关键词，可以单击search或index，输入关键词来查询相关信息；contents可以帮助用户由浅入深地全面了解MATLAB 7.0的各项功能，而Demos则为用户提供了生动的演示文件。

第2章

MATLAB 7.0基本操作

本章以一个实例为引子，从介绍MATLAB的简单数值计算功能入手，讲解MATLAB 7中的下列内容：基本运算符号、标点符号的作用和操作；变量的命名规则和特殊变量指令；复数的生成和运算；图形可视化功能。

本章的目的是让读者对MATLAB 7.0的强大功能和如何使用这些功能产生一些初步的认识，并且掌握一些命令窗口中常用符号和指令的用法，方便以后进一步学习。

2.1　数值计算

首先来看一个实际的数学问题：一个手机卖场搞促销，几种品牌的手机有限量的折扣价，降价额分别为3个摩托罗拉E6每个降200元、4个三星E398每个降230元、5个波导D615每个降88元、8个联想L720每个降108元，请计算：①降价的手机共有几款？②商场给出折扣的总价是多少？

如果用MATLAB计算，可以在命令窗口的运行提示符“>>”后直接输入算式进行计算，代码如下。

```
>> 3+4+5+8,                        %折扣手机的总数量
ans =
    20
>> 200*3+230*4+88*5+108*8,  %折扣的总价格
ans =
    2824
```

通过简单的计算，得到了用户需要的结果。由此例读者可以看到，MATLAB可以进行简单的数学计算，其操作和功能与常用的普通计算器类似。

在使用MATLAB时，首先需要注意一些常用的标点符号的含意。“>>”是提示用户系统已经做好准备，等待用户输入指令，在上面的例子中，用户在“>>”提示符后输入算式，按Enter键得到结果，计算完成后，系统再次显示“>>”，表明可以进行下一次的运算。

两次运算中，由于没有指定输出结果的名称，MATLAB将默认的运算结果命名为ans，这是单词answer的缩写。

其中，“%”是注释符号，其后的所有内容系统不执行，只是增加代码的易读性。MATLAB还有一些常用的标点符号，其对应的功能如表2.1所示。

表2.1　MATLAB中的常用标点符号

标点	名称	功能
	空格	数组元素分隔符；输入分隔符可便于电脑进行辨认，一般不对运算产生影响
，	逗号	数组元素分隔符；此分隔符用于指令间的分隔
；	分号	不显示结果指令结束标志；区分数组的行
：	冒号	生成一维数值数组；用作下标援引
%	注释号	增强代码的易读性，其后面的所有内容不被系统执行
‘’	单引号对	字符串标示符
（）	圆括号	设置运算优先级；援引数组；函数指令输入
[ ]	方括号	输入数组；函数指令输出
{}	花括号	建立元胞数组
=	赋值号	给变量赋值
…	续行号	连接较长的单行未完指令

MATLAB在进行基本数值运算的时候，其运算符号的功能和优先级与通常的数学规则是一样的。其规则可总结为：运算式的运算从左到右依次进行，其中，指数运算的优先级最高；乘法和除法次之，二者具有相同的优先级；加法和减法的优先级最低，二者也具有相同的优先级。圆括号“()”可改变上述优先级的顺序，但上述优先级规则在同一圆括号内仍旧适用，

表达式具有多重圆括号时，其优先级从外到内依次升高。

MATLAB的基本算数运算符号如表2.2所示。

表2.2 MATLAB的基本算数运算符号

符号	运算	数学表达式	MATLAB表达式
+	加	m+n	m+n
-	减	m-n	m-n
*	乘	m×n	m*n
/或\	除	m÷n	m/n或n\m
^	幂	m^n	m^n

需要特别注意的是，“/”和“\”分别称为“左除”和“右除”，其功能对于标量运算没有任何差异，但是在矩阵运算中，产生的结果是完全不一样的；另外，所有的运算定义在复数域、方根运算时，系统只给出第一象限的解。

2.2 变量

回到第2.1节的例子，另外一种解法是通过将数值信息存储在MATLAB的变量中来求解。具体代码如下。

```
>> moto=3
moto =
    3
>> sumsung=4
sumsung =
    4
>> bird=5;lenovo=8              %不让系统输出前一表达式结果
lenovo =
    8
>> total_number=moto+sumsung+bird+lenovo      %打折手机的总数量
total_number =
   20
>> total_price=200*moto+230*sumsung+88*bird+108*lenovo   %折扣的总价格
total_price =
      2824
```

上述运算中，生成的4个MATLAB变量moto、sumsung、bird和lenovo分别代表手机的不同品牌，其中存储了每种手机的折扣价。

读者应该注意到，在上述各行代码中，除输入bird=5的那条语句以外，每条语句输入之后，MATLAB就会立即显示出计算结果。bird赋值语句行之所以没有显示输入结果，是因为该行后面的分号告诉MATLAB只对该行进行赋值操作，不显示结果。最后，打折手机总数命名为total_number，折扣总金额命名为total_price，并利用数学公式求出它们的值。

结合以上例子，希望读者明确MATLAB中变量的命名规则，如下所示。

- 变量名区分大小写：Moto和MoTo是不同的变量名，SIN不代表正弦函数。
- 变量名最多能包含63个字符，如超出限制，从第64个字符开始（包含），其后的字符都将被忽略。

- 变量名必须以字母开头，其后可以是任意数量的字母或下划线。
- 不允许出现标点符号，因为很多标点符号在MATLAB中有特殊的意义，如total number与total,number会产生完全不同的结果；系统会认为“total,number”中间的逗号是分隔符，表示两个变量。

MATLAB中有17个系统关键字。在命令窗口输入指令iskeyword，就可以得到这17个系统关键字的列表：break，case，catch，continue，else，elseif，end，for，function，global，if，otherwise，persistent，return，switch，try，while。这些关键字在命令窗口中显示为蓝色，如果用户把这些关键字作变量名，MATLAB将会给出一条错误信息。

```
>> while=1
??? while=1
         |
Error: The expression to the left of the equals sign is not a valid target
for an assignment.
```

但是，如果将这些关键字中的某个或者某些字母改成大写，用户就可以用与这些关键字类似的词作为变量名了。

```
>> WHILE=1   %WHILE和while含义不同，前者是用户定义的变量，后者是关键字
WHILE =
     1
```

用户可以用函数isvarname(‘teststring’)来验证字符串teststring是否为合法的MATLAB变量名。若是，则函数返回True（即1），否则返回False（即0）。

```
>> isvarname('while')
ans =
     0
>> isvarname('WHILE')
ans =
     1
```

另外，MATLAB还预定义了若干个特殊变量，如表2.3所示。

表2.3　MATLAB的特殊变量

特殊变量	描述
ans	用作结果的缺省变量名
beep	使得计算机发出“嘟嘟”声
pi	圆周率π
eps	机器零阀值，浮点精度限（2.2204×10^{-16}），MATLAB中的最小数
inf	表示无穷大，如1/0
NaN或nan	表示不定数，即结果不能确定，例如0/0
i或j	虚数，值为$\sqrt{-1}$
nargin	函数的输入参数个数
nargout	函数的输出参数个数

续表

特殊变量	描述
Realmin	可用的最小正实数
realmax	可用的最大正实数
bitmax	可用的最大正整数（以双精度格式存储）
varargin	可变函数的输入参数个数
varargout	可变函数的输出参数个数

如果表中的变量没有被用户赋值，那么其取预定值，如果用户再次使用一个用过的变量，或者给上表中的特殊变量重新赋值，则它们原来的值就会被覆盖。不过，用这个变量原来的值计算的其他表达式的值不会受到影响，这里以2.1节的例子进行讲解。

```
>> moto=4
moto =
    4
>> total_number
total_number =
      20
>> total_price
total_price =
      2824
```

在第2.1节中例子的基础上，把变量moto的值重新赋为4，不改变total_number和total_price的值。如需改变计算结果值，需要代入值为4的变量moto重新进行计算。

如果对某个特殊变量赋值，那么此变量的值会被新的赋值暂时覆盖，用户可以使用clear指令或者重启MATLAB来恢复其缺省值。为了方便用户的操作，MATLAB中规定了一些常用的操作指令，比如clear命令，常用的命令如表2.4所示。

表2.4　MATLAB命令窗口常用命令

指令	功能
cd	显示或者改变当前工作目录
dir	显示当前目录或指定目录下的文件
clear	清除工作空间内存中保存的变量
clf	清除图形窗口
clc	清除命令窗口的所有显示内容（除了>>）
Exit，quit	关闭或退出MATLAB

另外，MATLAB还允许用户对过去输入的指令进行编辑和二次运行，并提供了一系列的键盘操作以方便用户使用。常用的键盘操作如表2.5所示。

表2.5　MATLAB常用键盘操作

按键	功能	按键	功能
↑	调用上一行	Del	删除光标右边的字符
↓	调用下一行	Backspace	删除光标左边的字符

续表

按键	功能	按键	功能
→	光标右移一个字符	Esc	删除当前输入行
←	光标左移一个字符	Ctrl + ←	光标左移一个单词
Home	光标置于当前行首	Ctrl + →	光标右移一个单词
end	光标置于当前行尾		

2.3　复数运算

MATLAB的一大特点是无需任何特殊操作，可以把复数作为一个整体进行处理，在MATLAB中，复数属于双精度浮点数的一个特殊类型，有关内容详见第4章。首先在MATLAB中输入生成一个复数。

```
>> complex1=3+4i
complex1 =
   3.0000 + 4.0000i
>> complex2=3+4j
complex2 =
   3.0000 + 4.0000i
>> complex1==complex2
ans =
     1
```

请注意，上面代码中用“==”比较了两个独立生成的复数，比较结果返回的值为1，表示等式为“真”，说明“==”两边的表达式有相同的值。所以i和j在表示虚数单位时，意义和用法相同。另外，4i（4j）是一个完整的虚部，不可以在中间加空格符号，当然，此虚部也可以写为4*i，它表达的意思不变，复数的值也是一样的。

```
>> complex3=3+4*i
complex3 =
   3.0000 + 4.0000i
>> complex3==complex2
ans =
     1
```

但后者不仅可以用于表示标量复数，还可以用在复数矩阵的运算中。关于MATLAB中的复数，读者还需要注意一个常见的问题，只有数字才可以与i或者j相连，表达式不可以。比如，cos(pi/3)i会使系统报错。

MATLAB中给出了函数指令real(z)、imag（z）、abs（z）和angle（z），它们分别为求一个复数的实部、虚部、模和相角。

2.4　运算结果的可视化

MATLAB的一大显著功能是把计算结果用图形显示出来，让用户能对结论有直观的感受，从而发现复杂数据之间的内在联系和规律。

为了让读者对MATLAB的可视化功能有一个初步、大致的了解，本节并不涉及绘图功能的具体细节（详见第7、11、12章），只是举几个简单的例子，起到抛砖引玉的作用。

首先，用图像表示出第2.3节值为“3+4i”的复数complex1，代码如下。

```
>> complex1
complex1 =
   3.0000 + 4.0000i
>> plot(complex1,'r*','MarkerSize',10)
```

以上代码中，使用plot指令显示了一个名为Figure的图形窗口，其中得到复数complex的图形显示，如图2.1所示。

读者可以试着在命令窗口中继续输入指令grid on，图形有所变化，坐标系的背景出现网格，如图2.2所示。

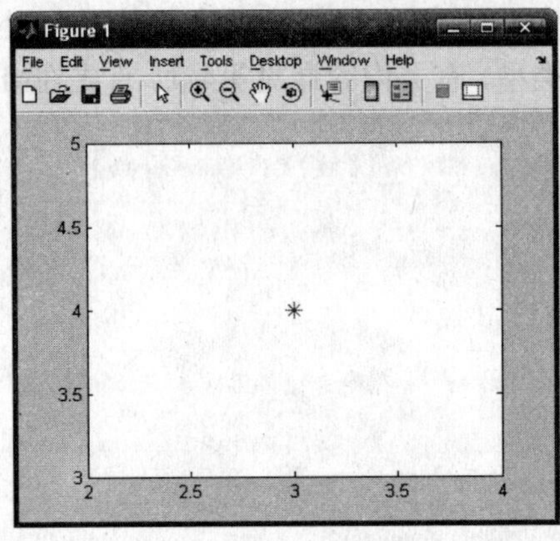

图2.1　绘制复数图形　　图2.2　给图形添加网格

以上例子用到两个简单的做图指令，得到了复数的图形显示。MATLAB在处理比较复杂的数据时，还可以有更丰富、更精确的图形可视化功能，读者可以试着在命令窗口输入如下代码。

```
>> [x,y,z]=peaks(15);
>> surfnorm(x,y,z)
```

得到的图形如图2.3所示。

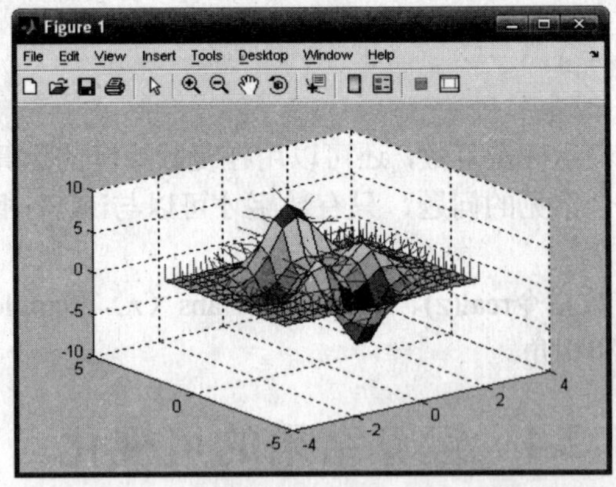

图2.3　MATLAB图形可视化功能演示

通过两个简单的例子，相信读者已经对MATLAB的可视化功能有了一个初步的认识，有关图形的知识，本书将在后续章节中系统地进行深入讲解。

第3章

数据结构

MATLAB的基本数据结构为矩阵，其所有运算都是基于矩阵进行的。矩阵可以理解成二维的数组，二维的矩阵可以方便地存储和访问MATLAB中众多的数据类型，构成矩阵的元素可以是MATLAB中的任何数据类型。本章主要讲解矩阵的基本结构，各种特殊矩阵类型以及高维数组的知识。

3.1 矩阵的生成

3.1.1 简单矩阵的生成

在MATLAB 7.0中，建立一个矩阵，最简单的方法是运用矩阵构造符[]，在[]中用逗号“，”或者空格“ ”分隔矩阵的列，用分号“；”分隔矩阵的行。

【例1】创建一个3×3的矩阵。

分别使用逗号和空格两种不同的方法分隔矩阵的行，矩阵列的分隔则都用分号，代码如下。

```
matr1= [1 2 3; 3 6 9; 4 8 12];   % 使用空格分隔行
matr1= [1, 2, 3; 3, 6, 9; 4, 8, 12];   % 使用逗号分隔行
```

得到的结果如下。

```
matr1[U1] =
     1     2     3
     3     6     9
     4     8    12
```

说明：需要注意，矩阵构造符[]只用来生成二维的矩阵（包括0×0，1×1，1×n的矩阵），高维数组的生成方法见后续小节。

3.1.2 特殊矩阵生成函数

MATLAB还为用户提供了若干特殊矩阵的生成函数，只要用户根据需要设置参数，并调用函数指令，就可以方便地得到需要的矩阵，常用的特殊矩阵函数列表如表3.1所示。

表3.1 MATLAB特殊矩阵生成函数

函数	功能
ones	生成全1元素矩阵
zeros	生成全0元素矩阵
eye	生成单位矩阵，即主对角线元素为1，其余元素全为0
rand	生成均匀分布随机矩阵
randn	生成正态分布随机矩阵
magic	生成魔术矩阵
diag	生成对角矩阵

下面举例说明以上函数的使用方法。

【例2】特殊矩阵生成函数的调用示例。

本例分别调用上表所列出的特殊函数，创建特殊矩阵。

调用zeros和ones函数，分别创建3×4的全0矩阵和全1矩阵，在MATLAB命令窗口输入代码，并得到结果如下。

```
>> zeros(3,4)   % 创建3×4的全0矩阵
ans =
     0     0     0     0
     0     0     0     0
     0     0     0     0
```

```
>> ones(3,4)    % 创建3×4全1矩阵
ans =
     1     1     1     1
     1     1     1     1
     1     1     1     1
```

调用eye函数，创建一个4×4的单位矩阵，在MATLAB命令窗口输入代码，并得到结果如下。

```
>> eye(4)    % 创建4×4单位矩阵
ans =
     1     0     0     0
     0     1     0     0
     0     0     1     0
     0     0     0     1
```

创建一个3×5的正态分布随机矩阵，在MATLAB命令窗口输入代码，并得到结果如下。

```
>> randn(3,5)    % 创建3×5随机正态分布矩阵
ans =
    1.1909    0.3273    0.7258   -0.1364    0.0593
    1.1892    0.1746   -0.5883    0.1139   -0.0956
   -0.0376   -0.1867    2.1832    1.0668   -0.8323
```

调用diag函数可以获取矩阵的对角元素，并利用对角元素向量生成新矩阵。调用diag函数，创建对角线矩阵，在MATLAB命令窗口输入代码，并得到结果如下。

```
>> diag(eye(4))    % 取单位矩阵的对角线元素
ans =
     1
     1
     1
     1
>> diag(ans)    % 以数列为对角线元素生成新的矩阵
ans =
     1     0     0     0
     0     1     0     0
     0     0     1     0
     0     0     0     1
```

创建新矩阵时候，调用diag(n,a)的函数格式，可以把向量a以主对角线为基准偏移n个位置，在MATLAB命令窗口输入代码，并得到结果如下。

```
>> a=[1,2,3]
a =
     1     2     3
>> diag(a,-1)    % 对角线元素的偏移
ans =
     0     0     0     0
     1     0     0     0
     0     2     0     0
     0     0     3     0
```

3.1.3 向量数列的生成

用户在构造新矩阵，以及对矩阵进行访问、修改时，常用到向量数列，MATLAB提供了用来生成向量数列的特殊符号——冒号。例如，(m:n)表示生成从m到n，步进为1的递增向量数列。如用户需要创建1~10的递增数列，则输入代码与得到的结果如下。

```
>> a=(1:10)
a =
    1     2     3     4     5     6     7     8     9    10
```

虽然默认步进为整数1，但MATLAB允许数列中的元素取负数和小数。

```
>> b=(-4.4:4.4)
b =
   -4.4000   -3.4000   -2.4000   -1.4000   -0.4000    0.6000    1.6000
2.6000    3.6000
```

读者需要注意，在默认步进情况下，数列一般为递增列，如果出现m>n的情况，系统会显示：生成的是“空矩阵”。

```
>> c=3:1
c =
   Empty matrix: 1-by-0
```

如果m和n的距离是非整数，MATLAB仍然默认步进为1。若用户手工设置步进，则递增量可以是任意的步进，如下代码所示。

```
>> a=1:8.8   % 距离非整数，默认步进仍为1
a =
    1     2     3     4     5     6     7     8
>> b=0:pi:10   % 步进为pi
b =
         0    3.1416    6.2832    9.4248
>> c=15:-5:0   % 递减数列，步进为-5
c =
    15    10     5     0
```

另外，MATLAB还提供了两个常用的向量数列生成函数，分别是linspace和logspace。linspace产AutoCAD 2008生指定长度的等距数列，logspace产生指定长度的对数等距数列。

```
>> linspace(0,100,5)    % 生成一个包含5个数字的等差数列，首尾分别为0和100
ans =
     0    25    50    75   100
>> logspace(0,1,3)    % 在10^0:10^1区域中生成一个包含3个数字的等差数列，并返回以10为底的幂
ans =
    1.0000    3.1623   10.0000
```

3.2 矩阵的下标援引

矩阵是众多元素的有序集合，用户有时需要访问矩阵中的一个或者多个元素，为了方便操作，MATLAB引入了元素下标，本节主要介绍如何利用矩阵的下标访问矩阵中的单元素和多元素。

3.2.1　访问单元素

访问一个矩阵中的单个元素，必须指定其所在的行数和列数。如变量A是一个矩阵，访问A中的任何一个单元素，可以用下列指令。

```
A(row,column)   % row和column分别代表行数和列数
```

【例3】A是一个3×3 的矩阵，访问其第3行第2列的元素。

在MATLAB命令窗口输入代码，并得到结果如下。

```
>> A=rand(3)
A =
    0.4329    0.7604    0.2091
    0.2259    0.5298    0.3798
    0.5798    0.6405    0.7833
>> x=A(3,2)
x =
    0.6405
```

3.2.2　下标转换

常用的矩阵下标是“双下标”，即独立的行列表示——“第几行，第几列”，这种表示方法与代数学中的经典方法是一致的，较为简单，几何概念比较清晰。

除了使用单下标表示外，MATLAB中还提供一种线性下标（Linear Index）表示法，又称“单下标”法，即只需要使用一个下标表示元素在矩阵中的位置。

两种下标方式的转换关系是：一个m×n的二维矩阵A中，双下标表示的元素x位置为A(p,q),即“第 p 行，第 q 列”，那么元素x对应的线性坐标表示的下标为 $u=(q-1)\times m+p$ 。

【例4】A是一个4×4 矩阵，用双下标访问其第3行、第2列的元素，即A(3,2)。

（1）创建矩阵A，代码如下。

```
>> A=[1 2 3 4;2 3 4 5;3 4 5 6;4 5 6 7]
A =
     1     2     3     4
     2     3     4     5
     3     4     5     6
     4     5     6     7
```

（2）使用双下标方法，访问A中的元素。在MATLAB命令窗口输入代码，并得到结果如下。

```
>> A(3,2)
ans =
     4
```

（3）进行不同下标表示法的转化。单下标 $u=(2-1)\times 4+3=7$ ，在单下标表示法时用A(7)，访问到的正是元素4。

MATLAB还提供了下标计算函数，方便不同下标之间的转换。

- sub2ind：双下标转换为单下标。
- ind2sub：单下标转换为双下标。

```
>> sub2ind(size(A),3,2)   % 双下标转换为单下标
ans =
```

```
    7
>> A(7)
ans =
    4
```

3.2.3 访问多元素

冒号":"可以表示等差步进，从而得到向量数列。本小节将介绍":"的另一个功能，表示矩阵中的多个元素。

例如，A(1:k,n)表示矩阵A中第n列的1~k元素，B(m,:)表示矩阵B中第m行的所有元素，在对矩阵中某部分元素进行求和及赋值时，使用此表示法十分方便。

```
>> a=magic(3)
a =
    8    1    6
    3    5    7
    4    9    2
>> sum(a(:,1))    % 求矩阵a第1列所有元素之和
ans =
   15
>> sum(a(2,:))    % 求矩阵a第2行所有元素之和
ans =
   15
```

以上代码是利用sum函数分别求魔术矩阵a的第一列和第二行的元素之和。读者可以看到，所求的结果确实满足了魔术矩阵的性质。

另外，我们还可以使用冒号给矩阵中的一些元素赋值，还是以矩阵a为例，下列操作是从第一个元素起，把a中每隔2个的元素赋值为0。

```
>> a(1:2:9)=0
a =
    0    1    0
    3    0    7
    0    9    0
```

MATLAB提供了end这个关键字，表示所在维的最后一个元素，如果求a中所有元素的和，可以使用end函数。

```
>> a=magic(3);
>>sum(a(1:end))
ans =
   45
```

3.3 矩阵的变形

3.3.1 矩阵的拼接

矩阵拼接的元素是两个或者两个以上的单个矩阵，目的是连接形成新的矩阵。本章前面提到的矩阵生成符[]，也可作为矩阵拼接符，用来进行拼接矩阵的操作。

表达式C=[A B]或者C=[A,B]表示水平方向拼接矩阵A和矩阵B；表达式C=[A;B]表示垂直方向拼接矩阵A和矩阵B。

【例5】把2×2的魔术矩阵和2×2的单位矩阵在水平方向上拼接成为一个2×4的新矩阵，垂直方向上拼接成为一个4×2的新矩阵。

分别创建魔术矩阵和单位矩阵，在MATLAB命令窗口输入代码如下。

```
>> a=magic(2)
a =
     1     3
     4     2
>> b=eye(2)
b =
     1     0
     0     1
```

在水平方向对两个矩阵进行拼接，代码如下。

```
>> c=[a b]
c =
     1     3     1     0
     4     2     0     1
```

在垂直方向对两个矩阵进行拼接，代码如下。

```
>> d=[a;b]
d =
     1     3
     4     2
     1     0
     0     1
```

读者需要注意的是，在两个或者多个矩阵拼接时，一定要保证矩阵的形状始终为矩形，如果不满足条件，拼接不成功，系统报错。例如，下面的两个矩阵，一个是2×3，另一个是3×2。

```
>> m=[1 2 3;4 5 6]
m =
     1     2     3
     4     5     6
>> n=[1 2;2 3;3 4]
n =
     1     2
     2     3
     3     4
```

分别对两个矩阵进行两个方向的拼接，系统报错，显示结果如下。

```
>> x=[m,n]
??? Error using ==> horzcat
All matrices on a row in the bracketed expression must have the
 same number of rows.
>> x=[m;n]
??? Error using ==> vertcat
All rows in the bracketed expression must have the same
```

```
number of columns.
```

矩阵的拼接还可以用系统提供的拼接函数来执行，具体的函数和功能如表3.2所示。

表3.2　MATLAB的矩阵拼接函数

函数	功能
cat	指定维拼接，cat(1,a,b)相当于[a;b]; cat(2,a,b)相当于[a,b]
horzcat	水平方向拼接
vertcat	垂直方向拼接
repmat	通过对现有矩阵进行复制和粘贴操作生成新矩阵
blkdiag	现有矩阵构造对角矩阵

前三个指令的对应功能已经在前面的例子中做过示范，这里不再赘述。下面主要针对后两个指令进行讲解。

创建一个单位矩阵a，并调用repmat函数对其进行操作，输入代码及得到结果如下。

```
>> a=eye(2)
a =
    1    0
    0    1
>> b=repmat(a,2,3)
b =
    1    0    1    0    1    0
    0    1    0    1    0    1
    1    0    1    0    1    0
    0    1    0    1    0    1
```

读者可以从上面的代码看出，新生成的矩阵b可以看成一个2×3的矩阵，每一个“元素”都是矩阵a。

下面生成一个3阶全1矩阵c，调用blkdiag函数对矩阵a和矩阵c进行拼接，输入代码及得到结果如下。

```
>> c=ones(3)
c =
    1    1    1
    1    1    1
    1    1    1
>> d=blkdiag(a,c)
d =
    1    0    0    0    0
    0    1    0    0    0
    0    0    1    1    1
    0    0    1    1    1
    0    0    1    1    1
```

3.3.2　矩阵的扩容和缩容

这里的“容”是矩阵的大小尺寸的意思。在MATLAB 7.0中，基本数据结构——矩阵易于直接修改和操作。

如果对于矩阵元素的访问超出了矩阵的范围，系统会报错。如要访问的元素超出了矩阵a的尺寸，系统报错，并提示“下标超出矩阵尺寸”。

例如，用户要访问一个3阶单位矩阵的第2行、第4列的元素，显然就超出了矩阵的尺寸范围，代码及显示的结果如下。

```
>> a=eye(3)
a =
     1     0     0
     0     1     0
     0     0     1
>> a(2,4)
??? Index exceeds matrix dimensions.
```

但是如果在矩阵范围之外增加一个或多个元素，原矩阵会改变大小，达到能够适应新元素位置的大小。

给单位矩阵添加第2行、第4列的元素，则矩阵会扩容成为一个3×4的矩阵。

```
>> a(2,4)=3
a =
     1     0     0     0
     0     1     0     3
     0     0     1     0
>> a(:,4)=3   % 给新扩容矩阵的第4列元素赋值
a =
     1     0     0     3
     0     1     0     3
     0     0     1     3
```

如果要让矩阵“变小”，也就是删除矩阵的某行或者某列，只要把目标行或列赋予一个空矩阵[]即可，下面举例说明。

【例6】删除4阶随机矩阵的第3列。

创建如下所示的4阶随机矩阵a。

```
>> a=rand(4)
a =
    0.9501    0.8913    0.8214    0.9218
    0.2311    0.7621    0.4447    0.7382
    0.6068    0.4565    0.6154    0.1763
    0.4860    0.0185    0.7919    0.4057
```

给第3列元素赋空矩阵[]的值，即可以删除矩阵a的第3列，代码如下。

```
>> a(:,3)=[]
a =
    0.9501    0.8913    0.9218
    0.2311    0.7621    0.7382
    0.6068    0.4565    0.1763
    0.4860    0.0185    0.4057
```

读者需要注意，不可以用这种方法删除单个元素，否则系统会报错，如下例所示。

```
>> a(1,2)=[]
??? Indexed empty matrix assignment is not allowed.
```

如果在线性下标下，可以用此方法删除单个或多个元素。矩阵的剩余元素排列成为行向量。

```
>> a(1:3:12)=[]
a =
   0.2311     0.6068     0.8913     0.7621     0.0185     0.9218     0.1763
0.4057
```

3.3.3 矩阵形状的改变

MATLAB提供了若干函数用来改变矩阵的形状，函数及具体功能如表3.3所示。

表3.3　MATLAB矩阵形状操作函数

函数	功能
reshape	重新排列矩阵
rot90	矩阵逆时针旋转90°
fliplr	以垂直方向为轴翻转矩阵
flipud	以水平方向为轴翻转矩阵
flipdim	以指定方向为轴翻转矩阵
transpose	矩阵转秩
ctranspose	矩阵的共轭转秩

下面举例说明这些函数的用法。

【例7】改变原始矩阵A(3×3)的形状。

创建如下原始矩阵A。

```
>> A=[11 22 33;44 55 66;77 88 99]
A =
    11    22    33
    44    55    66
    77    88    99
```

调用reshape函数把矩阵A重置为1×9的行向量B，代码如下。

```
>> B=reshape(A,1,9)
B =
    11    44    77    22    55    88    33    66    99
```

调用rot90函数把矩阵A逆时针旋转180°（90°*2)，得到矩阵C。

```
>> c=rot90(A,2)
c =
    99    88    77
    66    55    44
    33    22    11
```

调用flipud函数把矩阵A以水平方向为轴进行翻转，得到矩阵D。

```
>> D=flipud(A)
D =
    77    88    99
    44    55    66
    11    22    33
```

说明：改变矩阵的形状时，并不改变矩阵中元素的数量，只改变元素的组成方式。

3.4 对角矩阵的操作

MATLAB提供了若干针对对角矩阵操作的函数。对角矩阵属于特殊矩阵的一种，在介绍特殊矩阵生成函数时，我们已经讨论了简单的diag指令的用法。

为了方便广大读者进一步熟悉对特殊的对角矩阵的操作，现把对角矩阵的操作函数及具体功能介绍一下，如表3.4所示。

表3.4 对角矩阵操作函数

函数	功能
diag	生成对角矩阵
blkdiag	现有矩阵构造对角矩阵
trace	计算主对角线元素之和
tril	返回下三角矩阵
triu	返回上三角矩阵

diag和blkdiag指令在前面已介绍过，这里不再赘述。下面举例说明trace函数的功能。

【例8】计算魔术矩阵m的对角线元素之和，并验证所求结果是否等于任意行或列的元素之和。

（1）创建4阶魔术矩阵m，代码如下。

```
>> m=magic(4)
m =
   16     2     3    13
    5    11    10     8
    9     7     6    12
    4    14    15     1
```

（2）调用trace函数，对矩阵m进行操作。

```
>> trace(m)
ans =
34
```

读者可以从以上代码看出，trace函数的作用是对对角线元素求和。

函数tril截取矩阵的主对角线以下部分（包括主对角线），其余元素补0，生成行列阶数不变的新的下三角矩阵。函数triu与函数tril的功能类似，使用triu(m,n)还可以在三角矩阵的基础上使主对角线偏移n个单位，代码如下。

```
>> tril(m)
ans =
   16     0     0     0
    5    11     0     0
    9     7     6     0
    4    14    15     1
>> triu(m,-1)
ans =
```

```
  16     2     3    13
   5    11    10     8
   0     7     6    12
   0     0    15     1
```

3.5 非矩形矩阵

MATLAB中的矩阵一般是以矩形（m × n）的形式显示的。但由于m和n的取值特殊，矩阵常是以非矩形显示。

本节主要介绍3种特殊的矩阵结构：空矩阵、标量和向量。

3.5.1 空矩阵

在MATLAB中，为了表示和操作的方便，引入了“空矩阵”的概念，在前面介绍删除矩阵元素时，我们曾用到过空矩阵[]，其含义是一维或多维的长度为0的矩阵。

空矩阵不是全0矩阵，读者可以通过如下指令建立一个空矩阵a，再利用whos指令查看其名称、大小和数据类型。

```
>> a
a =
     []
>> whos
  Name      Size                    Bytes  Class
  a         0x0                         0  double array
```

从上面的代码可以看出，空矩阵是确实存在的一类矩阵，而并非虚幻不存在。如果需要建立一个二维的3 × 0的随机空矩阵b，则代码如下。

```
>> b=rand(3,0)
b =
   Empty matrix: 3-by-0
```

对于空矩阵的操作，基本遵循一般矩阵的规则，比如对于两个矩阵的拼接，如果对两个m × n和p × n的矩阵进行垂直方向的拼接，结果应该生成（m + p）× n的矩阵，假设，m、n和p之中有一个为0，即两个矩阵中有一个为空矩阵（m或p为0），或者皆为空矩阵（n为0），结果依然正确，新矩阵也为空矩阵，代码如下。

```
>> a=ones(3,0)
a =
   Empty matrix: 3-by-0
>> b=rand(2,0)
b =
   Empty matrix: 2-by-0
>> c=[a;b]   % 垂直拼接
c =
   Empty matrix: 5-by-0
>> a=ones(0,3)
a =
   Empty matrix: 0-by-3
```

```
>> b=rand(1,3)
b =
   0.9501    0.2311    0.6068
>> c=[a;b]    % 垂直拼接，c与b相等
c =
   0.9501    0.2311    0.6068
```

3.5.2 标量和向量

在MATLAB中，任意以1×1的矩阵形式表示的单个实数或复数，称之为标量。如实数x就是一个标量。

```
>> x=5
x =
    5
>> whos
  Name      Size                    Bytes  Class
  x         1x1                         8  double array
```

向量也是一种矩阵，其一般显示为1 × n或n × 1的数列，在本章的3.1.3小节中具体介绍了向量数列的生成和操作，这里不再赘述，需要补充的是，如果用户给向量添加了一个空矩阵，不会给向量的值产生影响。

如向量x为一个1×4的向量，如果在元素间都添加空矩阵[]，向量x的值不变。

```
>> x=[2.2 3.3 4.4 5.5]
x =
    2.2000    3.3000    4.4000    5.5000
>> x=[2.2 [] 3.3 [] 4.4 [] 5.5]
x =
    2.2000    3.3000    4.4000    5.5000
```

3.6 访问矩阵信息

矩阵的常用信息主要有矩阵的大小、矩阵中元素的数据类型和矩阵的数据结构等，本节重点介绍对矩阵信息的访问方法。

3.6.1 获取矩阵的尺寸信息

矩阵的大小，也可以理解为矩阵的尺寸，主要包括矩阵的最长维大小、维数、元素个数和指定维的长度，针对这些信息，MATLAB提供了4个查询函数，函数和功能如表3.5所示。

表3.5 矩阵尺寸信息查询函数

函数	功能
length	得到矩阵最长维长度
ndims	得到矩阵的维数
numel	得到矩阵的元素个数
size	得到矩阵指定维的长度

下面举例说明以上4个函数的用法。

【例9】矩阵尺寸信息查询函数调用示例。

创建一个如下的随机矩阵A。

```
>> A=rand(3,4)
A =
    0.4860    0.4565    0.4447    0.9218
    0.8913    0.0185    0.6154    0.7382
    0.7621    0.8214    0.7919    0.1763
```

调用length函数，得到A的最长维大小是4，代码如下。

```
>> length(A)
ans =
     4
```

如果需要知道矩阵A是几维的，并且一共有多少个元素，可以分别调用ndims和numel函数，代码如下。

```
>> ndims(A)
ans =
     2
>> numel(A)
ans =
    12
```

关于矩阵指定维的长度，也就是明确矩阵是“几行几列”的，可以调用size函数，得到返回方式为向量或分开显示的两种结果，代码如下。

```
>> size(A)
ans =
     3     4
>> [M,N]=size(A)    % 矩阵A是M行、N列
M =
     3
N =
     4
```

3.6.2 判断矩阵元素的数据类型

MATLAB给出了获得矩阵元素数据类型的若干函数，如表3.6所示。

表3.6 MATLAB矩阵数据类型判断函数

函数	功能
isa	判断输入数据是否为某种指定数据类型
iscell	判断输入数据是否为元胞数组类型
iscellstr	判断输入数据是否为元胞字符串类型
ischar	判断输入数据是否为字符类型
isfloat	判断输入数据是否为浮点数类型
isinteger	判断输入数据是否为整数类型
islogical	判断输入数据是否为逻辑类型
isnumeric	判断输入数据是否为数值类型
isreal	判断输入数据是否为实数类型
isstruct	判断输入数据是否为结构体类型

MATLAB提供的这些函数很有规律，都是以英文缩写Is开头的，其后面的字母代表某一种数据类型（详见第4章），下面举例说明函数的具体用法。

创建一个字符串x。

```
>> x='2008 olympics'
x =
2008 olympics
```

判断x是否为字符数组，调用ischar函数。

```
>> ischar(x)
ans =
     1
```

得到的返回值为1。继续调用iscellstr函数，判断x是否为元胞字符串数组。

```
>> iscellstr(x)
ans =
     0
```

对于矩阵x，分别判断其是否为字符数组和元胞字符串数组，返回的值分别为1和0，一个为“真”，一个为“假”，说明矩阵x的类型是字符数组，而不是元胞字符串。

3.6.3　判断矩阵的数据结构

MATLAB不但提供了判断矩阵内元素数据类型的函数，还有提供了判断矩阵本身数据结构的若干函数，函数及具体功能如表3.7所示。

表3.7　MATLAB矩阵数据结构判断函数

函数	功能
isempty	判断矩阵是否为空矩阵
isscalar	判断矩阵是否为标量
isvector	判断矩阵是否为向量
issparse	判断矩阵是否为稀疏矩阵

矩阵数据结构判断.函数的命名与上节的类似，都是以“is”开头，如果要判断a=[]是否为空矩阵，只要输入如下的代码.。

```
>> isempty(a)
ans =
     1
```

得到的返回值为“真”，说明a确实是空矩阵。

3.7　满矩阵与稀疏矩阵

MATLAB提供了两种存储矩阵的方式，一种是使用满矩阵，另一种是使用稀疏矩阵。

在使用MATLAB时，用户会经常碰到矩阵中许多元素为0的情况，MATLAB对于0的存储和别的非0数值一样，都要分配内存空间，这样会导致占用不必要的内存空间，降低程序运行速度，为了有效地解决这个问题，MATLAB提供了稀疏矩阵存储方式，专门用来存储大多数元素为0的矩阵。

本书将在基本数值计算一章详细讲解稀疏矩阵的相关知识。

3.8 高维数组

在MATLAB中，二维的数组为矩阵，维数超过二维的数组为高维数组，本章之前所讨论的数组都是二维的数组，所有二维矩阵满足的操作都可以运用于高维数组上，所谓的“行”和“列”分别是矩阵的第一维和第二维，对于高维数组，目前只有第三维具有统一的名称，叫做“页”（page），更高的维还没有通用的叫法。

一个三维的数组由行、列和页三维组成，每一页都是一个由行和列构成的二维矩阵，正如二维数组所有的列，必须包含相同的行一样，三维数组的所有的页也要包含相同的行和列。

在进行高维数组操作的时候，首先要有一定的几何空间意识，如果说对于二维矩阵的处理是着眼于平面“矩形”的话，那么对于三维数组的理解就要面对一个立体的、截面是矩形的“长方体”。

尽管高维数组可以是任意维数，但为了讲解的直观和读者理解的方便，本节主要以三维数组为例，介绍高维数组的生成和基本操作。

3.8.1 高维数组的建立

建立高维数组可以使用多种方法，方法之一是通过调用函数直接创建标准高维数组。例如，下列代码就是利用rand函数建立一个2 × 3 × 3的三维数组。

```
>> a=rand(2,3,3)

a(:,:,1) =
    0.4057    0.9169    0.8936
    0.9355    0.4103    0.0579
a(:,:,2) =
    0.3529    0.0099    0.2028
    0.8132    0.1389    0.1987
a(:,:,3) =
    0.6038    0.1988    0.7468
    0.2722    0.0153    0.4451
```

由以上代码可以看出，数组a是按照第1~3页分别显示的，读者可以对照图3.1，进一步认识高维数组的结构。

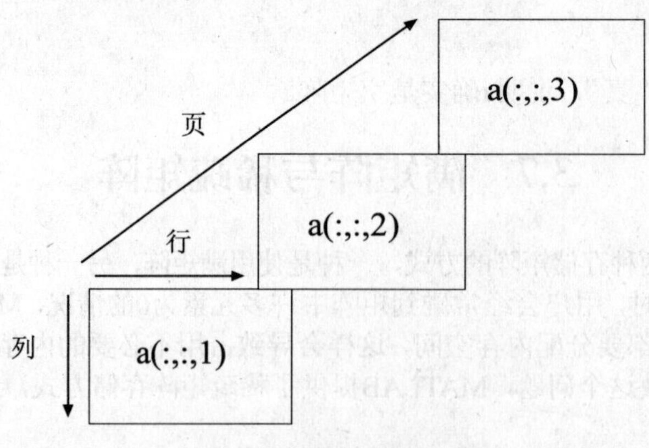

图3.1 高维数组的结构

与rand指令一样，用户同样可以调用ones，zeros和randn函数来建立标准的高维数组，规则与二维矩阵类似。

建立高维数组的另一种方法是使用下标直接索引赋值的方式，即给数组中某一位置的元素或者某些位置的元素赋值，以此生成高维数组。

【例10】高维数组创建示例。

把元素5作为值赋予数组A的第4行、第3列、第2页的元素，从而建立高维数组A。

```
>> A(4,3,2)=5
A(:,:,1) =
     0     0     0
     0     0     0
     0     0     0
     0     0     0
A(:,:,2) =
     0     0     0
     0     0     0
     0     0     0
     0     0     5
```

给指定行列的某页元素赋值，也可以建立高维数组。如下例，给数组B的第3行、第2列的一页元素赋值，得到高维数组B。

```
>> B(3,2,:)=2:4
B(:,:,1) =
     0     0
     0     0
     0     2
B(:,:,2) =
     0     0
     0     0
     0     3
B(:,:,3) =
     0     0
     0     0
     0     4
```

除了以上方法外，还可以通过调用cat、repmat及reshape函数来建立高维数组，下面分别举例说明三个函数的用法。

cat函数，其指令格式为cat(n,a,b,c)，a，b和c分别代表3个矩阵，n为矩阵连接的维号，n=1表明一维方向排列，即按行维方向“竖着”排，同理；n=2时，a，b和c按照列维方向“横着”排；而当n=3时，矩阵当然就是按照页维的方向“串着”排了。

【例11】调用cat函数对数组进行操作，生成高维数组的示例。

（1）分别创建矩阵a、b、c，代码如下。

```
>> a=ones(2);
>> b=eye(2);
>> c=rand(2);
```

（2）调用cat函数，对3个矩阵在“页”维的方向上进行拼接。

```
>> cat(3,a,b,c)
ans(:,:,1) =
     1     1
     1     1
ans(:,:,2) =
     1     0
     0     1
ans(:,:,3) =
    0.9501    0.6068
    0.2311    0.4860
```

repmat函数的指令格式为repmat(A,[m,n,p])，其中，A为二维的矩阵，[]中的三个数字m、n和p分别代表A在各维上的数目，具体举例如下：首先生成2阶全1矩阵，再用repmat指令，m、n和p分别取2、1和2，表示在行维、列维和页维分别放置2个、1个和2个矩阵A，得到新的高维数组。

【例12】调用repmat函数对数组进行操作，生成高维数组的示例。

（1）创建2阶全1矩阵A，代码如下。

```
>> A=ones(2)
A =
     1     1
     1     1
```

（2）调用repmat函数，对矩阵A进行拼接，代码如下。

```
>> repmat(A,[2,1,2])
ans(:,:,1) =
     1     1
     1     1
     1     1
     1     1

ans(:,:,2) =
     1     1
     1     1
     1     1
     1     1
```

reshape函数的指令格式为reshape(B,m,n,p)，B为待重置的数组，m、n和p分别为新数组的行、列和页数，如果以repmat指令建立的4×2×2数组作为待重置数组，计划建立新的4×2×2的数组，可以输入如下代码。

```
>> reshape((repmat(a,[2,1,2])),2,2,4)
ans(:,:,1) =
     1     1
     1     1
ans(:,:,2) =
     1     1
     1     1
ans(:,:,3) =
```

```
     1     1
     1     1
ans(:,:,4) =
     1     1
     1     1
```

读者需要注意，在重置元素时，系统默认遵循“单下标”规则，即自第1页的第1列开始，先在同列中，从上往下标识行，再在同页中，从左往右标识列，第1页完成后进入第2页，依此类推。

3.8.2 访问高维数组的信息

在第3.6节中介绍了矩阵信息的访问方法，对于高维数组，同样可以运用4个信息获取函数（名称及具体功能见表3.5）来访问高维数组的信息，下面以reshape函数建立的新数组为例，查询其维数、大小，最长维大小和元素个数等信息，具体代码如下。

```
>> x=reshape((repmat(a,[2,1,2])),2,2,4);
>> ndims(x)    % 查询数组的维度
ans =
     3
>> size(x)    % 查询数组的大小
ans =
     2     2     4
>> length(x)    % 查询数组的最长维大小
ans =
     4
>> numel(x)    % 查询数组的元素个数
ans =
    16
```

3.8.3 高维数组操作函数

MATLAB提供了若干函数，专门用于对于高维数组的操作。首先，介绍squeeze函数，其功能是删除高维数组中的“单一维”，即大小为1的维，实现降维操作。

例如，对于一个2×1×3的数组进行降维操作，使三维数组变为二维数组，具体代码如下。

```
>> a(2,1,3)=3;
>> squeeze(a)    % 删除大小为1的维
ans =
     0     0     0
     0     0     3
>> whos
  Name      Size                    Bytes  Class
  a         2x1x3                      48  double array
  ans       2x3                        48  double array
```

flipdim函数用于高维数组的翻转操作，其指令格式为flipdim(A,n)，其中A为待翻转数组，n为翻转基准维。

例如，flipdim(A,3)表示把数组A以“页”维为基准翻转平面，交换数组中对应位置的元素。代码如下，生成2×2×4的数组A。

```
>> A=reshape(1:16,2,2,4)
A(:,:,1) =
     1     3
     2     4
A(:,:,2) =
     5     7
     6     8
A(:,:,3) =
     9    11
    10    12
A(:,:,4) =
    13    15
    14    16
```

调用flipdim函数对数组A进行“页”维方向的翻转。

```
>> flipdim(A,3)
ans(:,:,1) =
    13    15
    14    16
ans(:,:,2) =
     9    11
    10    12
ans(:,:,3) =
     5     7
     6     8
ans(:,:,4) =
     1     3
     2     4
```

shiftdim函数用于移动数组维号，函数调用格式为shiftdim(A,n)，A是待移维数组，n表示把维号左移几位。

例如，A是一个4×3×2的数组，函数shiftdim(A,2) 将把数组移维变为（2×4×3）的新数组，代码如下。

```
>> A=reshape(1:24,4,3,2)
A(:,:,1) =
     1     5     9
     2     6    10
     3     7    11
     4     8    12
A(:,:,2) =
    13    17    21
    14    18    22
    15    19    23
    16    20    24
>> B=shiftdim(A,2)
B(:,:,1) =
     1     2     3     4
```

```
   13    14    15    16
B(:,:,2) =
    5     6     7     8
   17    18    19    20
B(:,:,3) =
    9    10    11    12
   21    22    23    24
>> whos
  Name      Size                          Bytes  Class
  A         4x3x2                           192  double array
  B         2x4x3                           192  double array
```

从某种意义上说，permute函数其实是shiftdim函数的扩展，前者功能更加强大，举例说明，代码如下。

```
>> permute(A,[3,1,2])
ans(:,:,1) =
    1     2     3     4
   13    14    15    16
ans(:,:,2) =
    5     6     7     8
   17    18    19    20
ans(:,:,3) =
    9    10    11    12
   21    22    23    24
```

函数permute(A,[3,1,2])的功能相当于函数shiftdim(A,2)，关于permute函数的更多详细应用，请读者自行参考帮助文档。

第4章

数据类型

MATLAB 7.0支持多种数据类型，包括数值类型、字符和字符串、逻辑类型、元胞、结构体和函数句柄等，用户还可以通过MATLAB的“类”(class)，建立自定义的数据类型，所有类型的数据都被存储在矩阵或数组中进行操作，矩阵和数组可以从最小的0×0的空矩阵到任意的n维数组。

本章重点讲解数值、字符串、逻辑、元胞和结构体等主要数据类型的特性和用法。

4.1　数值类型

数值类型又具体分为整数类型和浮点类型两种，具体分类如图4.1所示。

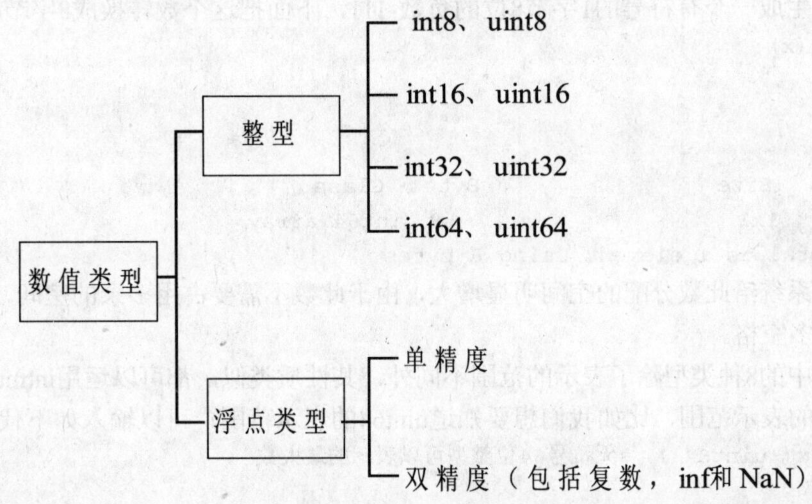

图4.1　MATLAB中的数值类型

4.1.1　整型

MATLAB支持有符号和无符号的整数类型各4种，分别是1-、2-、4-和8-字节的整型。有符号类型允许表示负数，但是由于其需要分配1位字节作为符号位，所以表示的范围没有同等字节的无符号类型大；无符号类型也有缺点，即不能表示负数，只能表示正整数和0。

用户可根据具体需要选择存储数据的类型，例如，对于数值不大的整数3，就没有必要使用8-字节的类型来存储，因为1-字节整型所分配的内存空间已经足以满足此数的存储了。需要记住，应使用字节数尽可能少的类型来存储数据，这样可以节省内存空间，提高系统的运算速度。

表4.1分别列出8种类型的名称、表示范围和转换函数。

表4.1　8种整数类型

名称	表示范围	转换函数
int8(有符号1字节整数)	2×2	int8
uint8(无符号1字节整数)	$0\sim2^{8}-1$	uint8
int16(有符号2字节整数)	$-2^{15}\sim2^{15}-1$	int16
uint16(无符号2字节整数)	$0\sim2^{16}-1$	uint16
int32(有符号4字节整数)	$-2^{31}\sim2^{31}-1$	int32
uint32(无符号4字节整数)	$0\sim2^{32}-1$	uint32
int64(有符号8字节整数)	$-2^{63}\sim2^{63}-1$	int64
uint64(无符号8字节整数)	$0\sim2^{64}-1$	uint64

表中的转换函数的功能是生成对应的整数类型的数值，或者把其它类型的数值转换为此类型。

下面举例说明用法。

```
>> x=int8(-111)
x =
 -111
```

以上代码生成一个有符号的1字节8位的负数-111，下面把这个数转换成8字节64位的。

```
>> int64(x)
ans =
                 -111
>> whos
  Name      Size                    Bytes  Class
  x         1x1                         8  int64 array
Grand total is 1 element using 8 bytes
```

可以看出系统给此数分配的空间明显增大，由于此数不需要占用多余的空间，在显示的结果中留下许多空格。

另外，表中的8种类型除了表示的范围不同外，其性质类似，都可以运用intmax和intmin函数查询各自的表示范围，比如我们想要知道uint64的表示范围，可以输入如下代码。

```
>> intmax('uint64')  %无符号64位整型可以表示的最大数
ans =
 18446744073709551615
>> intmin('uint64')  %无符号64位整型可以表示的最小数
ans =
                    0
```

注意，括号中的类型需要用单引号标注，无符号64位整型可以表示的最大数是2^{64}-1=18446744073707551615，最小数显然为0。

4.1.2 单精度浮点型

在MATLAB中，浮点数据类型包括单精度和双精度二种，其构造规则都是依据IEEE 754标准（关于此标准的具体描述，本书不做解释，读者可以查询相关网站，例如http://en.wikipedia.org/wiki/IEEE_754）制定。

单精度数据需要32字节的存储空间，其空间分配如表4.2所示。

表4.2 单精度数据的字节位功能

字节位	代表功能
31	符号位（0代表正数，1代表负数）
30~23	指数位0~2^7-1
22~0	1.f中的小数位f

单精度浮点型的表示范围也可以用函数查询，realmax和-realmax分别得到其可以表示的最大正数和最小负数，单精度类型用single表示。

```
>> realmax('single')
ans =
  3.4028e+038
>> -realmax('single')
```

```
ans =
 -3.4028e+038
```

同样，realmin和-realmin分别表示其可以表示的最小正数和最大负数，那么单精度表示的范围即是如下集合：[-realmax,-realmin]∪[realmin,realmax]。

4.1.3 双精度浮点型

MATLAB中数值的默认类型是双精度浮点型，其构造规则与单精度相同，依照IEEE 754标准。结合上面介绍的单精的度表示范围，读者也就不难理解下面的双精度空间分配表了，如图4.3所示。

表4.3 双精度数据的字节位功能

字节位	代表功能
63	符号位（0代表正数，1代表负数）
62~52	指数位0~2^{10}-1
51~0	1.f中的小数位f

双精度类型用double表示，其范围查询函数与单精度一样，读者可以试着自己查询，结果应该满足如下范围：

[-1.7977e+308，-2.2251e-308]∪[2.2251e-308，1.7977e+308]

在MATLAB中，有几种较为特殊的数据类型，它们同样属于双精度浮点型，为了读者对其概念和功能有清晰的认识，下面对它们进行详细讲解。

- 复数

本书在第2章中，把MATLAB中的复数运算作为MATLAB的一个显著特点，给读者进行了简单的介绍，讲解了复数的生成、比较和几点注意事项。本节，主要是通过一个实例，进一步讲解如何合成和分解复数矩阵。

【例1】矩阵合成与分解示例。

（1）分别创建两个实数矩阵A和B。

```
>> A=ones(3)
A =
     1     1     1
     1     1     1
     1     1     1
>> B=rand(3)
B =
    0.9501    0.4860    0.4565
    0.2311    0.8913    0.0185
    0.6068    0.7621    0.8214
```

（2）调用complex函数，对矩阵A和B进行水平方向的合并，格式为complex(A,B)。

```
>> complex(A,B)
ans =
   1.0000 + 0.9501i   1.0000 + 0.4860i   1.0000 + 0.4565i
   1.0000 + 0.2311i   1.0000 + 0.8913i   1.0000 + 0.0185i
   1.0000 + 0.6068i   1.0000 + 0.7621i   1.0000 + 0.8214i
```

合并的后产生新的复数矩阵，A中的元素作为新复数矩阵中对应元素的实部，B中的元素作为新复数矩阵中对应元素的虚部。

（3）用户还可以对此操作进行“逆”操作，也就是把一个复数矩阵进行分解，成为两个独立的矩阵。函数real和imag分别得到原复数矩阵的“实部”和“虚部”，下面就对上例进行“逆”操作，用户要注意函数的调用格式。

```
>> real(complex(A,B))
ans =
     1     1     1
     1     1     1
     1     1     1
>> imag(complex(A,B))
ans =
    0.9501    0.4860    0.4565
    0.2311    0.8913    0.0185
    0.6068    0.7621    0.8214
```

● “无穷”——Infinity(inf)

在初等数学中，1/0是错误的表达式，是没有结果的。但是在MATLAB中，1/0是有意义的，结果为“Inf”，表示“无穷大”。MATLAB分别用“-Inf”和“Inf”表示“负无穷”和“正无穷”。

用户要知道，浮点数是有范围的，一旦MATLAB的运算结果超出浮点数的表示范围，系统也会用“-Inf”或“Inf”来表示计算结果。

如下例，10^{309}的值超出了MATLAB允许的数值范围，系统用Inf表示。

```
>> 10e309
ans =
   Inf
```

又如下例，对0取对数，系统警告，返回的结果为负无穷-Inf。

```
>> log(0)
Warning: Log of zero.  %系统警告：对0取对数
ans =
  -Inf
```

符号Inf和inf表示的意义相同，它们都可以被系统识别。

● NaN

NaN是Not a Number的缩写，是一个即不是实数也不是复数的数值，MATLAB提供这样一个特殊类型的目的是扩大MATLAB的运算范围，有了这样一个数值，系统对于0/0、Inf/Inf的运算结果，也可以有合理的解释。

```
>> 0/0
Warning: Divide by zero. %系统警告：0作为除数
ans =
   NaN
>> inf/inf
ans =
   NaN
```

4.2 逻辑类型

MATLAB用0和1分别代表逻辑“假”和逻辑“真”，逻辑类型数值在MATLAB中运用十分广泛，常以标量的形式表示，但有时也可以是逻辑数组。

如下例，a为数值数组，通过一个比较赋值表达式，生成一维逻辑数组b。

```
>> a=[1:10]
a =
    1     2     3     4     5     6     7     8     9    10
>> b=a>5
b =
    0     0     0     0     0     1     1     1     1     1
```

同理，也可以生成二维逻辑数组，代码如下。

```
>> c=magic(3)
c =
    8     1     6
    3     5     7
    4     9     2
>> d=c<3
d =
    0     1     0
    0     0     0
    0     0     1
```

可以看出，3阶魔术矩阵c中小于3的数只有c(1,2)和c(3,3)，在所有逻辑数组d中，只有d(1,2)和d(3,3)为1，其余元素全为0。

在“数据结构”一章中，曾介绍了多种访问元素的下标援引的方法，在逻辑数组也可以用来作为下标访问多元素。

如下代码，用逻辑数组b作为数组a的下标，对a中的元素进行访问，a(b)表明访问a中下标为b的数值的元素。

```
>> a=[1:10]
a =
    1     2     3     4     5     6     7     8     9    10
>> b=[1:2:10]
b =
    1     3     5     7     9
>> a(b)
ans =
    1     3     5     7     9
```

4.3 字符和字符串

在MATLAB中，用户不可避免地会遇到诸如文本处理、坐标标注等问题，这也就会用到MATLAB提供的另一种数据类型——字符类型。

字符在MATLAB中用char表示，MATLAB 7.0中的char类型都是以2个字节的Unicode统一字符编码来存储的，一般用单引号括注一个字符变量。例如，a是一个字符变量。

```
>> a='w'
a =
w
```

在MATLAB中，对于每一个字符，系统都有其对应的ASCII数值，一般情况下，用户可以不用关心这个数值，而直接针对显示的字符进行操作，如果用户需要获得此数值，可以用abs函数指令，例如，对于字符'a'，利用abs函数，可以得到其对应的ASCII数值97。

```
>> abs('a')
ans =
    97
```

如需知道ASCII数值对应的字符类型，则可以使用char函数。

```
>> char(97)
ans =
a
```

字符串用string表示，是1×n的字符类型数组，是单引号括注的一系列字符的组合，每个字符都是该字符串的一个元素，如果字符串本身包含单引号，则需要双写此单引号，否则会产生错误，如下例所示。

```
>> a='this is a string containing ''a'''  %字符串本身为this is a string
containing 'a'
a =
this is a string containing 'a'
>> a='this is a string containing 'a''
??? a='this is a string containing 'a''
                                    |
Error: Missing MATLAB operator.
```

下面将介绍字符数组和字符串的用法、字符串的比较与操作及字符串与数值的互相转化。

4.3.1 字符数组的建立

在MATLAB 7.0中，用户可以运用两种不同的方式表示字符串，即字符数组和字符串元胞。

方法之一是使用字符数组表示字符串。

```
>> a='the fourth chapter.....'
a =
the fourth chapter.....
```

如上面的代码所示，以字符数组的形式生成一个字符串，字符串可以包含标点符号。

用户还可以建立二维的字符数组，但字符数组要求每行字符含有相同的列，当多个字符串具有不同长度时，为了避免出现错误，用户需要在短串的尾部添加空格来强制保证字符串等长。

如下例所示，如果要把3个字符串abc、abcd和abcde合并为一个行数为3的字符数组，需要在abc和abcd的末尾分别补2个和1个空格，否则系统会报错，提示用户每行列数不等。

```
>> a=['abc  ';'abcd ';'abcde']
a =
abc
```

```
abcd
abcde
>> a=['abc';'abcd';'abcde']
??? Error using ==> vertcat
All rows in the bracketed expression must have the same
number of columns.
```

MATLAB提供了2个常用的合并字符串函数strcat和strvcat，函数strcat的功能与[]类似，是按水平方向合并两个字符串，不同之处为用[]合并字符串时，系统会保留串尾的空格，而函数strcat却会自动删除空格，代码如下。

```
>> ['abc  ' 'abcde']
ans =
abc  abcde
>> strcat('abc  ','abcde')
ans =
abcabcde
```

函数strvcat是在垂直方向合并字符串，与其功能相同的还有一个函数char，如果字符串长度不等，两个函数都会自动在短串尾部补空格以达到长串的长度，代码如下。

```
>> strvcat('abc  ','abcde')
ans =
abc
abcde
>> char('abc  ','abcde')
ans =
abc
abcde
```

如果要合并二维数组，同样可以使用以上介绍的函数。使用strcat函数合并两个矩阵，函数首先删除多余的空格，连接时再根据各行的长度需要补充空格。

```
>> x=strvcat('abc',' ','abcde');
>> strcat(x,x)
ans =
abcabc
abcdeabcde
```

4.3.2　字符串元胞数组

用户在生成字符串时，面对字符串长度不等的情况时，不可能计算空格的个数，所以，MATLAB引入了字符串元胞数组的形式来生成字符串，关于元胞的概念本章下节会具体介绍。

这里先简单解释一下，字符串元胞数组比较字符数组的优点是不要求数据的尺寸和类型，这给用户数据的输入和整合提供了极大的方便。

生成字符串元胞数组表示需要使用大括号{}，下面举例说明其生成方法。

```
>> stringcell={'this','is','a special way to store string'}
stringcell =
    'this'    'is'    [1x29 char]
>> stringcell={'this';'is';'a special way to store string'}
```

```
stringcell =
    'this'
    'is'
    'a special way to store string'
```

读者可以看到，变量stringcell是一个字符串元胞数组，其每个单元显示都会包含两边的单引号，且包含的字符串长度都不同。

字符数组与字符串元胞数组之间可以使用函数进行互相的转换，如图4.2所示。

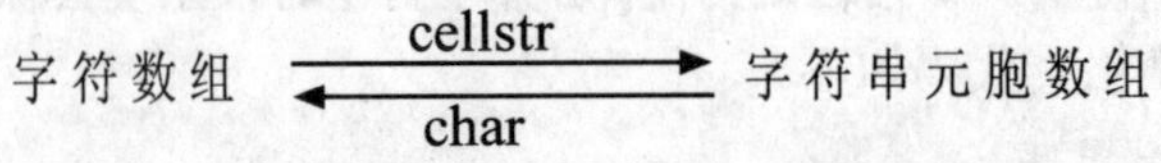

字符数组 ⇄ 字符串元胞数组（cellstr →；char ←）

图4.2　字符数组与字符串元胞数组之间的转换

如果需要把上面生成的变量stringcell转换为字符数组，代码如下。

```
>> char_array=char(stringcell)
char_array =
this
is
a special way to store string
```

4.3.3　字符串的比较

在MATLAB中，如需要进行字符串或字符子串的比较，可以有以下多种方法。

- 直接比较两个字符串的全部或者部分是否相等。
- 比较字符串中的单个字符是否相等。
- 对字符串中的每个元素进行识别，判断其是字符或者空白符号。

用户可以使用关系运算符"=="进行字符数组的比较，但是要求比较的数组具有相同的维数，或者其中一个数组为标量。

【例2】判断两个字符数组中的每个元素是否相同。

分别创建两个字符数组char_cell1和char_cell2，所包含元素分别为"中国"和"美国"，代码如下。

```
>> char_cell_1='中国'
char_cell_1 =
中国
>> char_cell_2='美国'
char_cell_2 =
美国
```

使用逻辑运算符对两个字符数组中的每个元素进行比较。

```
>> x=char_cell_1==char_cell_2
x =
     0     1
```

其它的关系运算符号也可以用于此类比较，有关逻辑运算符的内容，将于第7章系统讲解。

除了使用关系运算符比较这种方式，另外一种功能更加强大、使用更加广泛的方法是使用函数来比较，函数strcmp可以用来比较两个字符串是否相等，如下代码。

```
>> strcmp('love','like')
ans =
    0
```

由上代码可见，字符串love和like不相等。

函数strncmp是用来比较两个字符串的前n个元素是否相等，仍以字符串love和like为例，具体调用格式及结果如下。

```
>> strncmp('love','like',1)
ans =
    1
>> strncmp('love','like',2)
ans =
    0
```

字符串love和like只有第一个字符相同，故只有n取1，比较结果才返回“真”。

MATLAB还有两个与strcmp和strncmp功能相似的函数，分别为strcmpi和strncmpi，它们之间唯一的区别是后两者在比较两字符串时，忽略字符串的大小写。比如比较字符串'human'和'HUMAN'，使用函数strcmp和strcmpi得到的结果完全不同，代码如下。

```
>> strcmp('human','HUMAN')
ans =
    0
>> strcmpi('human','HUMAN')
ans =
    1
```

4.3.4　字符串的查找与替换

MATLAB提供了若干字符串查找和替换的函数，具体名称和功能如表4.4所示。

表 4.4　字符串查找与替换函数

函数	功能
findstr	在现有字符串中查找需要的字符串
strfind	在字符串内查找部分字符串
strtok	查找字符串中的分隔符
strmatch	查找匹配指定字符串
strrep	替换字符串

下面分别用具体的实例来介绍函数的格式和用法。

【例3】字符串查找与替换函数的调用示例。

创建一个字符串string1。

```
>> string1='i am using MATLAB'
string1 =
i am using MATLAB
```

如果需要查找string1中字符i出现的位置，可以使用strfind函数，格式如下：

```
>> strfind(string1,'i')
ans =
    1    8
```

如果需要查找字符串MATLAB的位置，可以用findstr函数，格式如下：

```
>> findstr(string1,'MATLAB')
ans =
    12
```

如果是要把字符串string1中的子串MATLAB换成matlab，可以调用strrep函数，格式如下：

```
>> strrep(string1,'MATLAB','matlab')
ans =
i am using matlab
```

其余函数的使用方法，可以参考系统帮助。

4.3.5　字符串与数值类型的相互转换

用户在使用MATLAB时，经常会需要把数据类型在字符串和数值类型之间转换，本节开始提到了简单的转换函数char和abs，事实上，MATLAB还有很多针对两种数据类型之间的转换函数，函数及具体功能见表4.5和表4.6所示。

表 4.5　数值类型转换到字符串

函数	功能
char	把截去小数部分的正整数数值转换为等值字符
int2str	把小数部分四舍五入的正、负整数转换为字符类型
num2str	把数值类型数据转换成指定精度和形式的字符类型
mat2str	把数值类型数据转换成指定精度和形式的字符类型，并返回MATLAB可以识别的格式
dec2hex	把正整数转换为十六进制的字符类型
dec2bin	把正整数转换为二进制的字符类型
dec2base	把正整数转换为任意进制的字符类型

表 4.6　字符串转换到数值类型

函数	功能
uintN	与abs类似，把字符转换为等值的数值类型
str2num	把字符串转换为等值的数值类型
str2double	与str2num类似，但提供对字符串元胞的操作
hex2num	把字符类型数据转换成指定精度和形式的数值类型，并返回MATLAB可以识别的格式
hex2dec	把十六进制的字符类型转换为正整数
bin2dec	把二进制的字符类型转换为正整数
base2dec	把任意进制的字符类型转换为正整数

4.4　元胞数组

元胞数组（Cell array）是MATLAB 7.0中一个重要的数据类型，其基本组成单位为元胞（cell），元胞可以包含不同类型和大小的数据，包括数值数组、逻辑类型、字符串及元胞类型，这样使得不同类型的相关数据可以集中在一个单一的变量中表示，给用户的数据存储和操作带来了方便。

4.4.1　元胞数组的创建

如果用户需要创建一个元胞数组，最简单的方法是直接输入元胞数组的各个元胞。与一般数值数组的生成方法相同的是，元胞数组也是用逗号或空格分隔列，用分号分隔行；不同的是包含数组的符号不是小括号，而是大括号。

例如，生成一个2×2的元胞数组，其中包含4个元胞，元素类型分别是标量、整型数组、字符串和元胞数组，代码如下。

```
>> a={8,ones(2);'cell array',cell(2,2)}    % 元胞数组包含4个不同类型的元胞
a =
    [          8]    [2x2 double]
    'cell array'       {2x2 cell  }
```

如果需要的元胞数组比较复杂时，用户可以使用直接赋值法，即通过给元胞逐个进行赋值，来创建元胞数组。

根据对元胞访问方式的不同，此方法又细分为元胞索引法和内容索引法，其功能是等效的，它们的区别可以简单地理解为大括号的位置不同，一个在赋值号右，一个在赋值号左。

仍然以上一个元胞数组a为例，如果用户要使用元胞索引法建立a，格式如下。

```
>> a(1,1)={8};
>> a(1,2)={ones(2)};
>> a(2,1)={'cell array'};
>> a(2,2)={cell(2,2)}
```

读者可以看到，使用这种赋值方法时，大括号出现在赋值号的右边，其中的表达式分别是对应元胞的内容，生成的元胞数组a不变。

```
a =
    [          8]    [2x2 double]
    'cell array'       {2x2 cell  }
```

另一种方法是内容索引，大括号出现在赋值号的左边，下列代码同样生成元胞数组a。

```
>> a{1,1}=8;
>> a{1,2}=ones(2);
>> a{2,1}='cell array';
>> a{2,2}=cell(2,2);
```

a{1,1}表明元胞数组a的第1行、第1列的元胞内容。

通过具体的例子，读者应该明确，大括号{}用来访问元胞的值，而小括号()只用来标识元胞。元胞索引与内容索引虽然索引的方法不同，但所创建的数组完全一样，这两种方法也可以互相转换。

系统为了方便显示，没有把所有的元胞内容都具体地显示出来，而有的只是做了概要说明，例如：

```
[2x2 double]
{2x2 cell  }
```

如果用户需要进一步了解数据，可以使用函数celldisp来显示元胞数组的具体内容，下面就是利用celldisp函数显示元胞数组示例的具体内容。

```
>> celldisp(a)
a{1,1} =
     8
a{2,1} =
cell array
a{1,2} =
     1     1
     1     1
a{2,2}{1,1} =
     []
a{2,2}{2,1} =
     []
a{2,2}{1,2} =
     []
a{2,2}{2,2} =
     []
```

读者可以清楚地看到元胞数组a中的所有元胞的内容，但由于celldisp函数会把所有元胞的内容完全地显示出来，故会使指令窗口充满大量的数据，使人眼花缭乱。所以一般可以用“内容索引”来显示单个元胞的内容，这样更加清晰，便于查找。

```
>> a{1,2}
ans =
     1     1
     1     1
>> a{2,2}
ans =
     []     []
     []     []
```

说明： 由于用户定义了元胞数组名为 a，而没有对其中的单个元胞命名，故所有元胞返回结果都为 ans。

以上介绍了利用直接赋值的两种方法来创建元胞数组，元胞数组的另一种创建方法是函数生成法，即用cell函数预先生成一个空元胞数组，然后再向其中添加所需的数据。

【例4】创建一个2 × 2的元胞数组。

（1）生成一个2 × 2的空元胞数组b，代码如下。

```
>> cell(2,2)
ans =
     []     []
     []     []
```

（2）调用元胞或内容赋值法对空元胞数组的元胞进行赋值。

```
a =
    [          8]    [2x2 double]
    'cell array'       {2x2 cell   }
```

（3）调用cellplot函数，对元胞数组的结构进行图形显示，以增强对其结构和内容的了解，显示结果如图4.3所示。

```
>> cellplot(a)
```

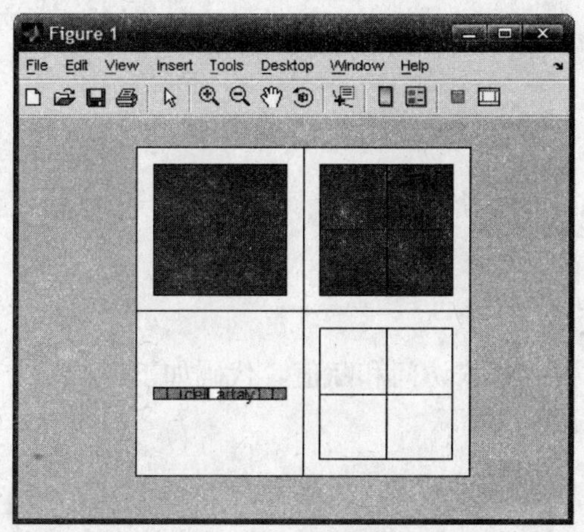

图4.3　元胞数组的操作

针对元胞数组的操作主要介绍元胞数组的扩容、删减和重置，总的来说，对于元胞数组的这些操作和对于数值数组的操作基本相同，都是针对数组元胞本身进行操作，而不涉及元胞的内容，所以，以下的操作只用到元胞索引方式。

首先来看如何扩充一个元胞数组，本书在数据结构一章中介绍过给一个矩阵添加一个超出其尺寸的元素时，系统将自动补0以满足新数组的生成，数组由此扩容。元胞数组的扩容规则与此基本相同，只不过系统自动添加的不是元素0，而是空数组[]。

以本节开头介绍的2 × 2的数组a为例，如果给其添加a(1,3)，系统将会在a(2,3)处自动生成一个空数组[]，形成一个2 × 3的新元胞数组，代码如下。

```
>> a(1,3)={'addition'}
a =
    [          8]    [2x2 double]    'addition'
    'cell    array'    {2x2 cell  }          []
```

同样，用户也可以使用矩阵拼接符[]，对元胞数组进行拼接，规则与数值矩阵相同，例如c=[a,a]就是把两个2 ×3的元胞数组a水平拼接成一个2 ×6的新元胞数组。

若要删减一个元胞数组的行或列，可以把需要删除的部分设置为空数组，例如，要删除数组a的第3列，代码如下。

```
>> a(:,3)=[]
a =
    [          8]    [2x2 double]
    'cell    array'    {2x2 cell  }
```

如果要使用reshape函数对元胞数组进行重置，规则与一般的数值矩阵一样，同样不改变数组内的元胞数量。例如，要把数组a重置为一个1 × 4的元胞数组，代码如下。

```
>>a= reshape(a,1,4)
a =
    [8]    'cell array'    [2x2 double]    {2x2 cell}
```

4.4.2　元胞数组内容的访问

如果用户需要访问元胞的内容，必须使用内容索引，比如访问上面生成的1 × 4的元胞数组a的第三列的元胞的内容，且把值赋予m，代码如下：

```
>> m=a{1,3}
m =
     1     1
     1     1
```

使用类型查询函数class，读者可以看到，变量m是一个双精度数值数组。

```
>> class(m)
ans =
double
```

如果用户使用元胞索引方式来访问和赋值，代码如下：

```
>> m=a(1,3)
m =
    [2x2 double]
```

此时，得到的变量m仍然是一个元胞类型，而元胞的内容才是数值类型。

```
>> class(m)
ans =
cell
>> class(m{1})
ans =
double
```

注意：需要再次强调的是，元胞索引得到的是元胞的标识，而内容索引得到的是元胞的内容。读者在对元胞数组进行操作时，一定要注意两者的区别。

运用内容索引还可以同时访问元胞数组的多元胞内容，具体格式如下：

```
>> a{[1 2 3]}
ans =
     8
ans =
cell array
ans =
     1     1
     1     1
```

另外，如果需要对数组中的某个元胞内的子数组进行访问，比如数组a中第3个元胞内容为2×2的数值数组，要访问其第2列的所有元素，格式如下：

```
>> a{1,3}(:,2)
ans =
     1
```

4.5 构架数组

构架数组(Structure Array) 和元胞数组有许多类似之处，二者都可以在同一数组中存放不同类型的数据，构架数组的组成单元是构架（structure），它们没有从属关系，并以下标来区分。

在构架中存放数据之前，必须首先划分域（field），数据并不是直接存放在构架中，而是存储在域里，构架可以存储任意类型的数据，且不同构架数组中的同域可以存放不同的内容。

4.5.1　构架数组的创建

与元胞不同的是，构架采用点“.”来访问数据，这对于有C语言基础的读者来说，可能更容易理解，这是因为构架数组具有面向对象的数据结构功能。

创建一个构架，可以采用点号为构架的各个域赋初值，比如用户需要建立一个构架来存储有关家庭的信息，这里给构架命名为family，那么构架的创建过程如下。

```
>> family.number=3;
>> family.people='father,mother&me';
>> family.name='光荣之家'
family =
    number: 3
     people: 'father,mother&me'
      name: '光荣之家'
```

以上代码创建了一个名为family的构架变量，构架family包括number、people和name 3个域，分别表示家庭规模、人员构成和家庭名称的有关信息。读者需要注意，域名要区分大小写，且命名规则与一般变量相同。

运用类型和尺寸查询函数，可以对family进行验证。

```
>> class(family)
ans =
struct
>> size(family)
ans =
     1     1
```

可见，family是一个1×1的构架数组，即构架标量，因为其仅仅包含了一个家庭的有关信息。如果有第2个家庭的信息需要存储在family中，可以输入如下代码。

```
>> family(2).number=5;
family(2).people='grandpa,grandma,dad,mom&John';
family(2).name=205'
family =
1x2 struct array with fields:
    number
    people
    name
```

当第2个家庭的信息存入构架family中之后，很显然，family中就包含了两个不同家庭的信息，family也就由构架标量变成了构架数组，其中含有family(1)（默认为family）和family(2)两个元素，在直接赋值创建构架数组时，同一域的不同元素值可以是不同的类型，比如family(1).name的值为字符串，而family(2).name的值可以是数值标量205。

```
>> family(2).name
ans =
   205
```

如果用户需要查询一个构架数组中的所有域名，可以使用fieldnames函数。

```
>> fieldnames(family)
ans =
    'number'
```

```
    'people'
    'name'
```

除了直接赋值的方法外，创建构架数组还可以使用创建函数struct，具体格式为：

```
strarray=struct('field1',value1,'field2',value2,……,'fieldN',valueN)
```

如果构架数组只有一个元素，即是构架标量，则N=1，value是表示一个数值的任何类型；如果构架数组的元素个数大于1，则N>1，valueN是代表某一域中所有元素对应信息的元胞数组。下面分别举例说明。

```
>> family=struct('number',3,'people','father,mother&me','name','光荣之家')
family =
    number: 3
    people: 'father,mother&me'
      name: '光荣之家'
```

如果元素比较多，直接在struct函数指令中逐条输入会很不方便，也容易出错，用户一般可以预设一个空的构架数组，比如某小区需要统计一幢楼12户家庭的信息，首先生成一个6×2的构架数组family（分别代表6层楼，每层2户家庭），代码如下。

```
>> a=cell(6,2)
a =
     []     []
     []     []
     []     []
     []     []
     []     []
     []     []
>> family=struct('number',a,'people',a,'name',a)
family =
6x2 struct array with fields:
    number
    people
    name
```

4.5.2 构架数组元素的访问

对于构架数组元素的访问与一般的矩阵操作类似，如果要访问上面生成的构架数组family的第2列的所有元素，代码如下。

```
>> family(:,2)
ans =
6x1 struct array with fields:
    number
    people
    name
```

而对于元素的某域标识的访问，只要使用点号就可以了，下面以一个用来存放书籍管理信息的1×3的构架数组为例进行介绍，具体结构如图4.4所示。

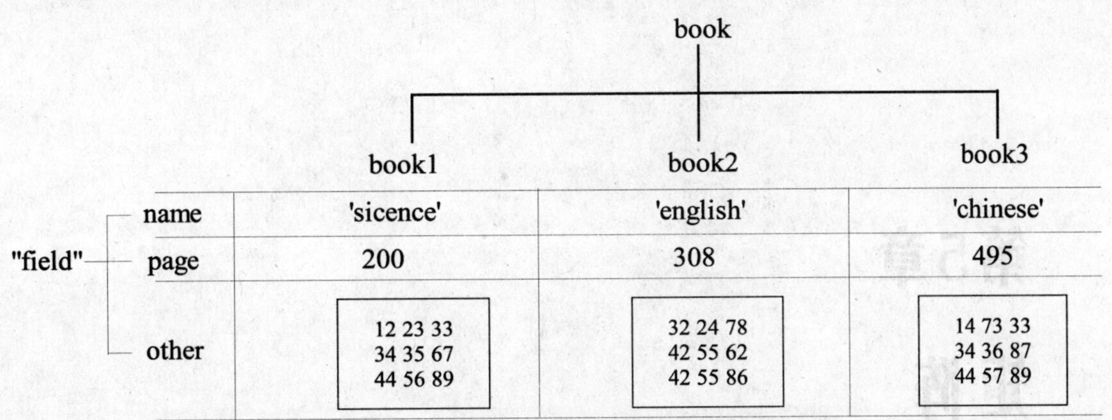

图4.4　访问某域标识

如果需要访问book1的名字，代码如下：

```
>> book(1).name
ans=
science
```

如果需要查询book1名字的首字母，则代码为：

```
>> book(1).name(1)
ans=
   s
```

如果需要查询book3的other信息的第二行，则可以使用如下代码：

```
>> book(3).other(2,:)
ans=
34 36 87
```

第5章 矩阵

MATLAB为工程技术人员提供了方便、强大的数值计算功能。同一般的计算机语言不同的是，MATLAB是一种边解释边执行的语言，其风格更像数学语言，因此工程人员在利用MATLAB解决数学问题时，并不需要很多编程方面的知识，只需懂得基本的MATLAB语法即可。

MATLAB为用户提供了大量的数值计算函数，这些函数封装了一些常用的数值计算功能。利用这些数值计算函数，用户能够从繁琐的编程工作中解放出来，集中精力于问题的解决思路。

本书将数值计算分为三章分别讨论，包括本章及下一章的初等数值计算和第13章的高级数值计算。初等数值计算是数值计算的基础部分，包括矩阵的基本代数运算，矩阵分析、初等函数分析、数理统计分析，本章主要讨论与矩阵相关的矩阵基本代数运算、矩阵分析、稀疏矩阵等内容。

5.1 矩阵基本代数运算

矩阵是MATLAB的基本运算单元，矩阵基本代数运算是MATLAB数值计算最基础的部分，包括矩阵的加、减、乘、除四则运算、幂运算、比较运算和逻辑运算。

读者要特别注意矩阵的按位运算和矩阵运算的差别，矩阵的按位运算是对矩阵的各元素的运算，而矩阵的矩阵运算是依据线性代数中的定义进行运算。

这里对本节所涉及矩阵的相关数学符号作一个统一介绍，矩阵用大写字母表示，如A、B、C；矩阵的第m行、n列元素用带下标的小写字母表示，如a_{mm}、b_{mm}、c_{mm}；A'表示A的转置矩阵；A^H表示A的Hermite转置。

5.1.1 矩阵加、减

在线性代数中，将矩阵加、减运算定义为矩阵相应元素的加减，因此矩阵的加减运算既是按位运算，也是矩阵运算。矩阵的加法指矩阵中的对应元素相加，矩阵的减法指矩阵中的对应元素相减。对$M\times N$矩阵A、B，其和（差）为$C=(A\pm B)$，C为$M\times N$矩阵，且

$$c_{mn}=a_{mn}+b_{mn}$$

矩阵的加、减运算要求参与运算的矩阵具有相同的大小，或者其中一个为标量，例如$M\times N$矩阵A与标量x的和（差）$C=(A\pm x)$，C为$M\times N$矩阵，且

$$c_{mn}=a_{mn}+x$$

除了矩阵的加、减运算，矩阵的按位乘、按位除、比较运算、逻辑运算都遵循上面的约定，即参与运算的矩阵大小相同，或其中之一为标量。

下面是一些矩阵加、减运算的简单示例。

【例1】矩阵加、减运算示例

已知 $A=\begin{bmatrix}1&2&3&4\\5&6&7&8\end{bmatrix},B=\begin{bmatrix}0&1&2&3\\1&2&3&4\end{bmatrix}$

求$A+B$、$A-B$、$A\pm B'$，$A+3$。

（1）创建矩阵A、B。

```
>> A = [1:4;5:8]
A =
     1     2     3     4
     5     6     7     8
>> B = [0:3;1:4]
B =
     0     1     2     3
     1     2     3     4
```

（2）分别求$A\pm B$。

```
>> A + B                              %矩阵加法
ans =
     1     3     5     7
     6     8    10    12
>> A - B                              %矩阵减法
```

```
ans =
     1     1     1     1
     4     4     4     4
```

（3）分别求$A \pm B'$。

```
>> A + B'                          %矩阵加法失败
??? Error using ==> plus
Matrix dimensions must agree.
>> A - B'                          %矩阵减法失败
??? Error using ==> minus
Matrix dimensions must agree.
```

由于矩阵A与B'的大小不相等，因此矩阵加、减法失败。

（4）求$A+3$。

```
>> A + 3     %矩阵与标量的加法
ans =
     4     5     6     7
     8     9    10    11
```

注意： 矩阵加减运算要求加减算子两边的矩阵具有相同的大小，即行数、列数相同，否则 MATLAB 会拒绝运算，并给出运行错误信息。如上例中A、B均为4×2矩阵，$(A\pm B)$能够得到正确的结果，但是B'为2×4矩阵，因此$(A\pm B')$不能正确运行。

建议： 读者应该熟悉 MATLAB 给出的大部分错误信息，这对将来大型程序的调试工作很有好处。

5.1.2 矩阵乘法

这里的矩阵乘法是线性代数中定义的矩阵乘法，用C=A*B表示，其中，A为M×K矩阵，B为K×N矩阵，矩阵相乘所得的结果C为M×N矩阵，且$c_{mn}=\sum_{k=1}^{K}a_{mk}b_{kn}$。

矩阵乘法要求被乘矩阵（例如上式中的A）的列数等于乘矩阵（例如上式中的B）的行数，或者其中之一为标量。例如，M×K矩阵A与标量x相乘的结果为$\begin{matrix}(Ax)_{mk}=a_{mk}x\\(xA)_{mk}=xa_{mk}\end{matrix}$。一般来说，矩阵乘法不具有交换性，即$AB\neq BA$，但是两个矩阵之一为标量时，矩阵乘法是可交换的，例如上面的A与标量x，显然有$Ax=xA$。

下面是矩阵乘法的简单示例。

【例2】矩阵乘法

已知$A=\begin{bmatrix}1&2&1\\-1&3&1\end{bmatrix}$,$B=\begin{bmatrix}-1&2\\2&3\\4&6\end{bmatrix}$。求A*B、B*A、A*B'、2A。

（1）创建矩阵A、B。

```
>> A = [1,2,1;-1,3,1]
A =
     1     2     1
    -1     3     1
>> B = [-1,2;2,3;4,6]
B =
    -1     2
     2     3
     4     6
```

（2）分别求$A*B$、$B*A$。

```
>> A*B                          %矩阵乘法
ans =
     7    14
    11    13
>> B*A                          %矩阵乘法
ans =
    -3     4     1
    -1    13     5
    -2    26    10
```

可以看到$A*B \neq B*A$。

（3）求$A*B'$。

```
>> A*B'                         %矩阵乘法失败
??? Error using ==> mtimes
Inner matrix dimensions must agree.
```

这里的矩阵乘法运算失败是因为A的列数与B'的行数不等。

（4）求$2A$。

```
>> 2*A
ans =
     2     4     2
    -2     6     2
```

注意： 矩阵乘法要求被乘矩阵的列数与乘矩阵的行数相等，如上例中，A的列数、B的行数均为3，A的行数、B的列数均为2，所以$A*B$、$B*A$均能得到正确结果，而A的列数与B'的行数不等，因此MATLAB给出了错误提示信息。另外要注意的是，通常$A*B$、$B*A$的结果不相等。

5.1.3 矩阵除法

矩阵除法是矩阵乘法的逆运算，MATLAB中的矩阵除法算子有两种，如表5.1所示。

表5.1　矩阵除法运算符

运算符	名称	说明
/	右除	$AB=C$，则$A=B/C$
\	左除	$AB=C$，则$B=A\backslash C$

如果a、b为标量，那么a/b与$a\backslash b$是等价的。对于矩阵A、B，通常A/B、$A\backslash B$

是不同的，A/B 对应线性方程 $X*A=B$ 的解，而 $A\backslash B$ 得到 $A*X=B$ 的解。

MATLAB在进行矩阵除法运算时，对右除 A/B，要求 A 的列数与 B 的列数相等；对左除 $A\backslash B$，要求 A 的行数与 B 的行数相等。若 A 为方阵，则 A/B 等价于 $B*inv(A)$，$A\backslash B=inv(A)*B$，这里的 $inv(A)$ 表示方阵 A 的逆（关于矩阵的逆运算请参考后面的相关章节）；若 A 为 $M\times N$ 矩阵（$M>N$），则 A/B 等价于 $B*pinv(A)$，$A\backslash B=pinv(A)*B$，这里的 $pinv(A)$ 表示矩阵 A 的广义逆 $(A^H A)^{-1}A^H$。

【例3】矩阵除法。已知 A 为3阶Hilbert矩阵，$B=[1,2,3]'$，求 $\begin{matrix}AX=B\\XA=B'\end{matrix}$ 的解。

（1）创建矩阵 A、B。

```
>> A = hilb(3)                    %创建Hilbert矩阵
A =
    1.0000    0.5000    0.3333
    0.5000    0.3333    0.2500
    0.3333    0.2500    0.2000
>> B = [1,2,3]';                  %值向量
```

（2）利用左除式 $A\backslash B$ 求 $AX=B$ 的解。

```
>> X = A\B                        %AX = B解向量
X =
   27.0000
 -192.0000
  210.0000
```

（3）利用右除式 A/B' 求 $XA=B'$ 的解。

```
>> X = A/B'                       %XA = B'解向量
X =
    0.2143
    0.1369
    0.1024
```

（4）A、B 的列数不等，因此右除 A/B 失败。

```
>> X = A/B                        %矩阵除法失败
??? Error using ==> mrdivide
Matrix dimensions must agree.
```

5.1.4 矩阵的幂

矩阵的幂运算是矩阵乘法的扩展，仅仅对方阵有意义。对 $M\times M$ 的方阵 A，其 N 次幂为 $A^N=\underbrace{A*A*\cdots*A}_{N}$。MATLAB中的幂运算符为 ^，$A$ 的 N 次幂表示为 A^N，A^N 为 $M\times M$ 方阵。下面是矩阵幂运算的例子。

【例4】矩阵的幂运算

已知 $A=\begin{bmatrix}1 & 2\\-1 & 2\end{bmatrix}, B=\begin{bmatrix}1 & 2\\-1 & 2\\3 & 5\end{bmatrix}$。求 A^2、A^3、B^2。

（1）创建矩阵A、B。

```
>> A = [1,2;-1,2]
A =
     1     2
    -1     2
>> B = [1,2;-1,2;3,5]
B =
     1     2
    -1     2
     3     5
```

（2）求矩阵的平方A^2。

```
>> A^2              %矩阵平方
ans =
    -1     6
    -3     2
```

（3）求矩阵的立方A^3。

```
>> A^3              %矩阵3次幂
ans =
    -7    10
    -5    -2
```

（4）求B^2。

```
>> B^2              %矩阵幂运算失败
??? Error using ==> mpower
Matrix must be square.
```

注意：矩阵的幂运算仅对方阵有效，上例中的B为2×3矩阵，对其求幂会产生错误。

5.1.5　矩阵的按位运算

矩阵的按位运算定义为矩阵各元素的运算，这是MATLAB中经常用到的一种运算方式。矩阵的按位运算符前面一般有一个（.）作为前导符，下面列出了矩阵的几种按位运算符，如表5.2所示。

表5.2　矩阵的按位运算符

运算符	说明
.*	按位乘
./	按位右除
.\	按位左除
.^	按位幂

按位乘（.*）、按位右除（./）、按位左除（.\）的两个操作数应该是大小相同的数值数组，或者其中之一为标量。当两个操作数之一为标量时，等价于将该标量操作数扩展为与另一个操作数大小相同的数组。例如，$A.*3$、$A./3$、$A.\backslash 3$分别与$A.*repmat(3,size(A))$、$A./repmat(3,size(A))$、$A.\backslash repmat(3,size(A))$等价。按位幂（.^）的右操作数为标量。

对按位右除（./）和按位左除（.\）的区别，首先考虑标量的左除和右除的区别。对于标量a、b，$a/b=\dfrac{a}{b}$，而$a\backslash b=\dfrac{b}{a}$，根据按位运算的意义，可想像按位右除（./）和按位左除（.\）的区别。

【例5】矩阵的按位乘、按位除和按位幂

已知 $A=\begin{bmatrix}1 & 2\\0 & 1\end{bmatrix}$，$B=\begin{bmatrix}2 & 1\\1 & 1\end{bmatrix}$，$a=2$。求 $A.*B$，$A.*2$，$A./B$，$A.\backslash B$，$A.\backslash 2$，$B.\hat{}2$

（1）创建矩阵 A、B 和标量 a。

```
>> A = [1,2;0,1], B= [2,1;1,1],a = 2,
A =
     1     2
     0     1
B =
     2     1
     1     1
a =
     2
```

（2）求 $A.*B$。

```
>> A.*B
ans =
     2     2
     0     1
```

（3）求 $A.*2$。

```
>> A.*2
ans =
     2     4
     0     2
```

这与 $A.*repmat(2,size(A))$ 的结果是相同的。

```
>> A.*repmat(2,size(A))
ans =
     2     4
     0     2
```

（4）求 $A./B$、$A.\backslash B$ 和 $A.\backslash 2$。

```
>> A./B,A.\B,A.\2
ans =
    0.5000    2.0000
         0    1.0000
Warning: Divide by zero.
(Type "warning off MATLAB:divideByZero" to suppress this warning.)
ans =
    2.0000    0.5000
       Inf    1.0000
Warning: Divide by zero.
(Type "warning off MATLAB:divideByZero" to suppress this warning.)
ans =
     2     1
```

```
  Inf     2
```

（5）求$B.\hat{}2$。

```
>> B.^2
ans =
    4    1
    1    1
```

矩阵的按位运算实际上是对多重循环进行了封装，例如对矩阵$A=\begin{bmatrix}1 & 2\\ -1 & 2\end{bmatrix}$、$B=\begin{bmatrix}-2 & 3\\ 4 & 3\end{bmatrix}$分别作按位乘、按位左除、按位幂运算，其代码如下。

```
>> A = [1,2;-1,2]; B = [-2,3;4,3];
>> A.*B                                  %矩阵按位乘
ans =
   -2    6
   -4    6
>> A.\B                                  %矩阵按位左除
ans =
  -2.0000    1.5000
  -4.0000    1.5000
>> A./B                                  %矩阵按位除
ans =
  -0.5000    0.6667
  -0.2500    0.6667
>> A.^2                                  %矩阵按位幂
ans =
    1    4
    1    4
```

上述代码也可以用下面的多重循环来实现。

```
>> A = [1,2;-1,2]; B = [-2,3;4,3];
>> [M,N] = size(A);                        %矩阵大小
>> C = zeros(M,N);                       %为计算结果申请内存并初始化
>> %利用二重循环计算A、B按位乘的结果
>> for m = 1:M
for n = 1:N
C(m,n) = A(m,n)*B(m,n);
end
end
>> C
C =
    -2    6
    -4    6
>> %利用二重循环计算A、B按位左除的结果
>> for m = 1:M
for n = 1:N
```

```
C(m,n) = B(m,n)/A(m,n);
end
end
>> C
C =
   -2.0000    1.5000
   -4.0000    1.5000
>> %利用二重循环计算 A.^2
>> for m = 1:M
for n = 1:N
C(m,n) = A(m,n)^2;
end
end
>> C
C =
    1    4
    1    4
```

从上述例子中可以看出，按位运算可以简化代码，减轻用户的编程负担。除此之外，按位运算还有另外两个好处：其一，MATLAB在实现按位运算时，对多重循环进行了优化处理，因此按位运算能够大大提高代码的执行效率；其二，MATLAB对按位运算的出错处理有比较周全的考虑。例如上例中的 $A.*B$，当 A、B 的大小不同时，MATLAB会给出错误信息，这实际上是内含了对 $Size(A)=Size(B)$ 的预判。

考虑到按位运算具有上述种种优点，读者在编写代码的过程中应尽量避免多重循环，而是将其转换为按位运算，MATLAB中有一个专有词汇，向量化（vectorizing）。就是描述这一代码优化过程的。

事实上，MATLAB对按位运算的支持是非常广泛的，除了前面介绍的加、减、乘、除、幂运算外，还有比较运算等。MATLAB提供的很多数值计算函数也都支持按位运算，如sin、log等。特别是MATLAB对逻辑运算具有强大的按位运算支持，这对向量化是一个非常有利的条件，下面举一个向量化代码优化的例子。

【例6】代码向量化。V 为 1000×1 正态分布随机数向量，求 V 中所有大于1的元素的均值。

（1）利用随机数生成函数normrnd产生 1000×1 的正态分布随机数向量 V。

```
V = normrnd(1,4,1000,1);              %产生正态随机向量
```

（2）利用多重循环求解该问题，代码如下。

```
>> Total = 0; Count = 0;             %暂存数
>> for i = 1:1000
   if V(i) >= 1
      Total = Total + V(i);
      Count = Count + 1;
   end
   end
>> Mean = Total/Count
```

```
Mean =
4.2530
```

相应的向量化代码如下。

```
>> Mean = mean(V(V>=1))
Mean =
4.2530
```

如果现在问题变成求V中$(-1,1)$间的元素均值，则相应的向量化代码如下。

```
>> Mean = mean(V((V > -1) & (V < 1)))
Mean =
0.1138
```

以上代码涉及到3种按位运算：比较运算、逻辑运算和逻辑下标。这3种运算及MATLAB中支持按位运算的数值函数为代码向量化提供了强大的支持。表5.3、表5.4列出了MATLAB支持的比较运算符和逻辑运算符。

表5.3　比较运算

算子符号	说明
>	大于
<	小于
>=	不小于
<=	不大于
==	等于
~=	不等于

注意：上表中的比较运算符都是双操作数运算符，两个操作数是大小相同的数组，或者其中一个为标量。例如，当$A>\alpha$、$\alpha>A$都是有效的（这里的α为标量），其意义是A中所有元素分别与α作比较。

【例7】比较运算

已知$A=\begin{bmatrix}1&2&3\\3&5&8\\2&4&6\end{bmatrix}$，$B=\begin{bmatrix}1&2&3\\3&6&10\\2&1&1\end{bmatrix}$，$\alpha=1$。比较$A$、$B$、$\alpha$的大小关系。

（1）创建矩阵A、B和标量α

```
>> A = [1,2,3;3,5,8;2,4,6];
>> B = [1,2,3;3,6,10;2,1,1];
>> alpha = 1;
```

（2）比较A、B之间的相等关系。

```
>> A == B
ans =
    1     1     1
    1     0     0
    1     0     0
```

（3）比较A、α的相等关系。

```
>> A == alpha
ans =
     1     0     0
     0     0     0
     0     0     0
```

（4）比较B、α的不等关系。

```
>> B ~= alpha
ans =
     0     1     1
     1     1     1
     1     0     0
```

（5）比较A、B的大小关系。

```
>> A > B
ans =
     0     0     0
     0     0     0
     0     1     1
```

（6）比较A、α的大小关系。

```
>> A < alpha
ans =
     0     0     0
     0     0     0
     0     0     0
```

表5.4　逻辑运算

算子符号	说明
&	逻辑与
|	逻辑或
&&	&的short curciut版
||	| 的short curciut版
~	逻辑非
xor	异或
any	所有元素非0则返回真
all	有一个元素非0则返回真

注意： 上表中的逻辑运算符可以分为单操作数和双操作数两种，&、|、&&、||、xor 均为双操作数运算符，而~、any、all 为单操作数运算符。

any、all 不是按位运算算子，且只对向量进行逻辑运算。

逻辑运算符的操作数也可以是非逻辑矩阵的数值矩阵，但是 MATLAB 会首先将其转换为逻辑矩阵，非 0 元素转换为逻辑 1，0 转换为逻辑 0，然后按照逻辑运算法则进行运算。虽然如此，读者应尽量保证参与逻辑运算的操作数为逻辑矩阵。

逻辑运算符同样支持矩阵与标量的逻辑运算，其意义为各元素与标量分别作逻辑运算。

&、&&执行相同的运算，都是逻辑与，其结果相同，但是两者的运算方式不同。$A\&B$ 首先分别计算出 A、B，然后进行逻辑与；$A\&\&B$ 首先计算 A，如 A 的某一元素为 0，则结果的对应元素为 0，而不用计算 B 的对应元素。当 A 计算比较简单、B 很复杂时，采用&&会提高运算效率。|、||也有相同的区别。

【例8】逻辑运算

已知 $A=\begin{bmatrix}0&1&0\\3&2&0\\1&2&6\end{bmatrix}$，$B=\begin{bmatrix}2&5&0\\1&3&4\\1&2&6\end{bmatrix}$，$\alpha=0$。

（1）创建矩阵 A、B 和标量 α，并将其转换为逻辑矩阵和逻辑标量。

```
>> A = [0,1,0;3,2,0;1,2,6];
>> B = [2,5,0;1,3,4;2,0,0];
>> A = logical(A), B = logical(B)      %转换为逻辑矩阵
Warning: Values other than 0 or 1 converted to logical 1
A =
     0     1     0
     1     1     0
     1     1     1
Warning: Values other than 0 or 1 converted to logical 1
B =
     1     1     0
     1     1     1
     1     0     0
>> alpha = logical(0);
```

（2）求 $A\&B$ 和 $A\&\alpha$。

```
>> A & B, A & alpha
ans =
     0     1     0
     1     1     0
     1     0     0
ans =
     0     0     0
     0     0     0
     0     0     0
```

（3）求 $A|B$、$A|\alpha$。

```
>> A | B, A | alpha
ans =
     1     1     0
     1     1     1
     1     1     1
ans =
     0     1     0
     1     1     0
     1     1     1
```

（4）求A的反$\tilde{A}$。

```
>> ~A
ans =
     1     0     1
     0     0     1
     0     0     0
```

（5）求A、B的异或。

```
>> xor(A,B)
ans =
     1     0     0
     0     0     1
     0     1     1
```

（6）求A、α的异或。

```
>> xor(A,alpha)
ans =
     0     1     0
     1     1     0
     1     1     1
```

前面分别介绍了比较运算、逻辑运算，至于逻辑下标，在第3章已有专门的介绍，这里不再重复。

5.2 矩阵分析

矩阵分析在解线性方程组、信号处理、控制理论等方面有着重要应用，本节以求解线性方程组为切入点，引出MATLAB中矩阵分析相关的一系列内容，包括矩阵行列式、条件数，矩阵的秩，矩阵特征值和特征向量、矩阵分解、矩阵的谱分析等。

5.2.1 求解线性方程

信号处理、控制理论、物理学等领域中的很多问题都可以归结到下面的线性方程组

$$\begin{cases} a_{11}x_1+a_{12}x_2+\cdots+a_{1N}x_N &= b1 \\ a_{21}x_1+a_{22}x_2+\cdots+a_{2N}x_N &= b_2 \\ a_{31}x_1+a_{32}x_2+\cdots+a_{3N}x_N &= b_3 \\ \vdots & \vdots \\ a_{N1}x_1+a_{N2}x_2+\cdots+a_{NN}x_N &= b_N \end{cases}$$ 的求解。

令

$$A=\begin{bmatrix} a_{11} & a_{12} & \cdots & a_{1N} \\ a_{21} & a_{22} & \cdots & a_{2N} \\ \vdots & \vdots & \ddots & \vdots \\ a_{N1} & a_{N2} & \cdots & a_{NN} \end{bmatrix},\quad b=\begin{bmatrix} b_1 \\ b_2 \\ \vdots \\ b_N \end{bmatrix},\quad \begin{bmatrix} x_1 \\ x_2 \\ \vdots \\ x_N \end{bmatrix}$$ 则有Ax = b

称A为系数矩阵，b为值向量，x为解向量。Ax = b的解由通解和特解组成。通解x_g即是满足Ax = 0的x，由null(A)得到，特解x_s是满足Ax = b的任意x。由通解x_g和特解x_s得到Ax = b的解为x = rgx_g + x_s。其中r为任意复数。通解x_g比较容易得到，特解x_s的情况比较复杂，下面以求解Ax = b为线索展开相关主题的讨论。

5.2.2　矩阵行列式

关于矩阵行列式的相关定义这里不再赘述，如有疑问，请参考线性代数方面的书籍。如N阶矩阵A的行列式不等于0，即$|A| \neq 0$时，称矩阵A非奇异，否则A奇异。当线性方程系数矩阵非奇异时，线性方程有唯一解。对N阶方阵A，MATLAB中由函数det(A)得到行列式$|A|$，下面是求N阶方阵行列式的例子。

【例9】矩阵行列式

求5阶范德蒙矩阵 $A=\begin{bmatrix} 1 & 1 & 1 & 1 & 1 \\ 16 & 8 & 4 & 2 & 1 \\ 81 & 27 & 9 & 3 & 1 \\ 256 & 64 & 16 & 4 & 1 \\ 625 & 125 & 25 & 5 & 1 \end{bmatrix}$ 的行列式。

（1）创建5阶范德蒙矩阵A。

```
>> V = (1:5)';
>> A = vander(V)                        %范德蒙矩阵
A =
     1     1     1     1     1
    16     8     4     2     1
    81    27     9     3     1
   256    64    16     4     1
   625   125    25     5     1
```

（2）求A的行列式$|A|$。

```
>> det(A)                              %求范德蒙矩阵行列式
ans =
   288
```

下面的矩阵B的行列式为0，所以B奇异。

```
>> B = repmat(V,1,5)
B =
     1     1     1     1     1
     2     2     2     2     2
     3     3     3     3     3
     4     4     4     4     4
     5     5     5     5     5
>> det(B)
ans =
     0
```

5.2.3 矩阵的逆

上一小节中，当线性方程系数矩阵A非奇异，即$|A|\neq 0$时，方程有唯一解，该唯一解由以下公式得到：x=A\b。这里的A\b定义为A^{-1}*b，A^{-1}为A的逆矩阵。A^{-1}满足$AA^{-1}=A^{-1}A=I$。其中，I为N阶单位矩阵。在MATLAB中函数inv(A)求A的逆矩阵A^{-1}。以下是逆矩阵应用的一些例子，这些例子也验证了前文给出的关于逆矩阵的性质。

【例10】逆矩阵

已知$A=\begin{bmatrix}1 & 2 & 3\\ 1 & 4 & 9\\ 1 & 8 & 27\end{bmatrix}$，$b=\begin{bmatrix}12\\ 16\\ 8\end{bmatrix}$求$A^{-1}$，验证$AA^{-1}=A^{-1}A=I$，求Ax = b的解。

（1）创建矩阵A、b。

```
>> A = [1,2,3;1,4,9;1,8,27];
>> b = [12,16,8]';                           % 值向量
```

（2）利用inv(A)求A^{-1}。

```
>> Inv_A = inv(A)                           % 矩阵求逆
Inv_A =
    3.0000   -2.5000    0.5000
   -1.5000    2.0000   -0.5000
    0.3333   -0.5000    0.1667
```

（3）验证$AA^{-1}=A^{-1}A=I$。

```
>> A*Inv_A, Inv_A*A                          % 逆矩阵定义 AA^-1 = A^-1 A = I
ans =
    1.0000         0         0
    0.0000    1.0000         0
    0.0000         0    1.0000
ans =
    1.0000   -0.0000   -0.0000
         0    1.0000         0
    0.0000         0    1.0000
```

（4）求Ax=b的解$x=A^{-1}b$。

```
>> x = Inv_A*b                               % 解向量
x =
   -0.0000
   10.0000
   -2.6667
```

（5）验证解x。

```
>> A*x                                       % 验证解向量
ans =
   12.0000
   16.0000
   8.0000
```

注意： 当 A 奇异时，inv(A)依然能够被执行，MATLAB 只会给出警告信息，例如求矩阵 $B=\begin{bmatrix}1&2&3\\1&2&3\\1&2&3\end{bmatrix}$ 的逆 B^{-1}。

```
>> B = repmat((1:3),3,1)
B =
    1     2     3
    1     2     3
    1     2     3
>> inv(B)
Warning: Matrix is singular to working precision.
ans =
   Inf   Inf   Inf
   Inf   Inf   Inf
   Inf   Inf   Inf
```

5.2.4 矩阵条件数

前面提到当线性方程系数矩阵非奇异时，线性方程有唯一解，且该解为$A^{-1}b$。那么一个很容易想到的问题就是：当系数矩阵接近奇异时，例如|A|很小，利用$A^{-1}b$求解线性方程会有什么样的问题？

这里暂且撇开上面提出的问题，而首先考虑以下问题，即如何衡量|A|是大还是小的问题。对于这一问题，显然需要确定一个参考数以确定|A|是大还是小，这一参考称为矩阵的范数，用||A||表示。当下式成立时，则认为|A|小。|A|=||A||。矩阵范数有很多定义，下面列出的是比较常用的两种 $\|A\|=\sqrt{\sum_{i=1}^{N}\sum_{i=1}^{N}{a_{ij}}^2},\|A\|=\max_{1\le i\le N}\sum_{j=1}^{N}|a_{ij}|$。实际上，在衡量矩阵A的奇异程度时，一种更加常用的度量是条件数，用cond(A)表示。条件数定义为 $cond(A)=\|A\|\|A^{-1}\|$。

条件数随着矩阵奇异程度的增加而变大，$cond(A)\ge 1$，单位矩阵的条件数最小为1。矩阵条件数接近1，则称矩阵为良性（well-conditioned）矩阵；条件数远大于1，则称矩阵为病态（ill-conditioned）矩阵；当条件数接近无穷大时，矩阵近似为奇异矩阵。

现在回答本小节开始时提出的问题。当矩阵病态时，系数矩阵微小的扰动（这些扰动有多种来源，数据本身的不确定性、计算机字长的限制、计算过程中的舍入效应等）将会导致解出现很大的变化。这里举一个例子来说明病态矩阵的扰动对解的影响。

考虑以下二元一次线性方程 $\begin{cases}5x+y=0\\5x+1.001y=3\end{cases}$ 系数矩阵、值向量分别为 $A=\begin{bmatrix}5&1\\5&1.001\end{bmatrix},b=\begin{bmatrix}0\\3\end{bmatrix}$。

（1）分别计算系数矩阵A的行列式和条件数。

```
>> A = [5,1;5,1.001];                           %系数矩阵
>> det(A)                                        %系数矩阵行列式
ans =
    0.0050
>> cond(A)                                       %系数矩阵条件数
ans =
  1.0400e+004
```

（2）求单位矩阵I的条件数。

```
>> I = eye(2)                                    %单位矩阵
I =
     1     0
     0     1
>> cond(I)                                       %单位矩阵条件数
ans =
     1
```

显然，cond(A) >> cond(I)=1，所以 A 近似奇异，此时利用x = A\b求解上面的线性方程组。

```
>> x = A\b
x =
  1.0e+003 *
   -0.6000
3.0000
```

（3）改变系数矩阵A，使 $A=\begin{bmatrix}5 & 1\\ 5 & 1.002\end{bmatrix}$ 利用 $x=A\backslash b=A^{-1}b$ 解线性方程。

```
>> A = [5,1;5,1.002];
>> x = A\b
x =
  1.0e+003 *
   -0.3000
1.5000
```

由此可以看出，对病态系数矩阵解线性方程，系数的微小变化使方程的解发生很大的变化。

5.2.5 矩阵范数

范数是从整体上描述向量或矩阵元素大小的度量，对M×N的矩阵A，常用的范数有以下几种。

- 行和范数，$\|A\|=\max\limits_{i}\sum\limits_{j=1}^{N}|a_{ij}|$，也称为1-范数。
- 列和范数，$\|A\|=\max\limits_{j}\sum\limits_{i=1}^{N}|a_{ij}|$

- 2-范数，$\|A\| = \max|\lambda_n|$，λ_n 为A的奇异值。

MATLAB利用函数norm计算范数。函数norm的调用格式为

norm(A, opt)

其中，A为输入矩阵，opt为调用函数时的可选项，opt取不同值时，norm返回A不同类型的范数，见表5.5所示，默认情况下，opt = 2。

表5.5 矩阵范数

如果opt =	范数定义为
1	1-范数，最大的列和max(sum(abs(A)))
2	2-范数，最大的奇异值
inf	无穷范数，最大的行和max(sum(abs(A')))
'fro'	F-范数, sqrt(sum(diag(A'*A))).

如果A为向量，则

- norm(A,p) = sum(abs(A).^p)^(1/p), 1 <= p <= ∞ ;
- norm(A) = norm(A,2);
- norm(A,inf) = max(abs(A));
- norm(A,-inf) = min(abs(A))。

下面是利用函数norm求矩阵范数的一些例子。

【例11】矩阵范数

已知 $A=\begin{bmatrix}1 & 2\\ 3 & 4\end{bmatrix}$，$v=\begin{bmatrix}1 & 2 & 3 & 4\end{bmatrix}$。分别求 A 的1-范数、2-范数、无穷范数和F-范数，v 的1-范数、2-范数、负无穷范数。

（1）创建矩阵 A 和向量 v。

```
>> A = [1,2;3,4];
>> V = [1,2,3,4];
```

（2）求 A 的2-范数。

```
>> norm(A)
ans =
   5.4650
```

（3）求 v 的2-范数。

```
>> norm(V)
ans =
   5.4772
```

（4）求 A 的1-范数。

```
>> norm(A,1)
ans =
    6
```

（5）求 A 的无穷范数。

```
>> norm(A,inf)
ans =
```

```
    7
```

（6）求A的F-范数。

```
>> norm(A,'fro')
ans =
   5.4772
```

（7）求v的1-范数。

```
>> norm(V,1)
ans =
   10
```

（8）求v的负无穷范数。

```
>> norm(V,-inf)
ans =
    1
```

5.2.6 矩阵的秩

前面给出的线性方程问题Ax=b。不限定稀疏矩阵A为方阵，即假设A为M×N矩阵，M、N可以不相等。根据M、N的不同取值，线性方程可以分为以下3类。

- $M>N$，为超定方程；
- $M=N$，为恰定方程；
- $M<N$，为欠定方程。

在求解线性方程之前，这里首先对解的存在性进行详细的讨论。令$\tilde{A}=[A|b]$。则称$\tilde{A}$为扩展系数矩阵。

在讨论线性方程解的存在性问题时，要用到矩阵秩的概念。与矩阵秩相关的有两个概念，即矩阵的行秩和列秩，矩阵行秩定义为矩阵行向量组的最大线性无关组的向量个数，列秩为矩阵列向量组最大线性无关组的个数，矩阵的秩、矩阵的行秩和矩阵的列秩是相等的。

- $rank(\tilde{A})=rank(A)$且$rank(\tilde{A})<N$时，方程有无穷解。
- $rank(\tilde{A})=rank(A)$且$rank(\tilde{A})=N$时，方程有唯一解。
- $rank(\tilde{A})>rank(A)$时，方程无解。

MATLAB中的函数rank用于求矩阵的秩，其调用格式为：

```
R = rank(A)
```

下面的例子利用矩阵的秩讨论线性方程$Ax=b$解的情况。

【例12】矩阵的秩

对线性方程$Ax=b$，讨论下面3种情况下，线性方程解的存在性。

$$A=\begin{bmatrix}1 & 2\\1 & 4\end{bmatrix},\ b=\begin{bmatrix}3\\6\end{bmatrix}$$

$$A=\begin{bmatrix}1 & 2\\1 & 2\end{bmatrix},\quad b=\begin{bmatrix}1\\3\end{bmatrix}$$

$$A=\begin{bmatrix}1 & 2\\1 & 2\end{bmatrix},\quad b=\begin{bmatrix}4\\4\end{bmatrix}$$

第一种情况：

（1）输入系数矩阵 A 和值向量 b。

```
>> A = [1,2;1,4];
>> b = [3,6]';
```

（2）求扩展矩阵 $\tilde{A}$。

```
>> A_Ex = [A,b]                                    %扩展矩阵
A_Ex =
     1     2     3
     1     4     6
```

（3）分别求系数矩阵 A 和扩展矩阵 $\tilde{A}$ 的秩。

```
>> rank(A),rank(A_Ex)                               %求系数矩阵和扩展矩阵的秩
ans =
     2
ans =
     2
```

$rank(\tilde{A})=rank(A)=2$，故方程有唯一解。

第二种情况：

（1）输入系数矩阵 A 和值向量 b。

```
>> A = [1,2;1,2];
>> b = [1,3]';
```

（2）求扩展矩阵 $\tilde{A}$。

```
>> A_Ex = [A,b]                                    %扩展矩阵
A_Ex =
     1     2     1
     1     2     3
```

（3）分别求系数矩阵 A 和扩展矩阵 $\tilde{A}$ 的秩。

```
>> rank(A), rank(A_Ex)                              %求系数矩阵和扩展矩阵的秩
ans =
     1
ans =
     2
```

$rank(\tilde{A})\neq rank(A)$，所以方程无解。

第三种情况：

（1）输入系数矩阵 A 和值向量 b。

```
>> A = [1,2;1,2];
>> b = [4,4]';
```

（2）求扩展矩阵 $\tilde{A}$。

```
>> A_Ex = [A,b]                                %扩展矩阵
A_Ex =
     1     2     4
     1     2     4
```

（3）分别求系数矩阵 A 和扩展矩阵 $\tilde{A}$ 的秩。

```
>> rank(A), rank(A_Ex)                        %求系数矩阵和扩展矩阵的秩
ans =
     1
ans =
     1
```

$rank(\tilde{A}) = rank(A) < 2$，方程有无穷解。下面讨论解的求法。

- 当 $rank(\tilde{A}) = rank(A)$ 且 $rank(\tilde{A}) = N$ 时，方程有唯一解，该解为 $x=A\backslash b$。
- 当 $rank(\tilde{A}) = rank(A)$ 且 $rank(\tilde{A}) < N$ 时，方程有无穷解。方程的解由通解和特解组成，通解 x_g 由null(A)得到。此时若再满足 $rank(\tilde{A}) = rank(A) = M$，特解 x_s 可尝试 $A\backslash b$ 得到，方程的解为 $x=cgx\_g+x\_s$。其中 c 为任意复数。
- $rank(\tilde{A}) = rank(A) < N$，且时 $rank(\tilde{A}) = rank(A) < M$ 时，这时特解的求法比较复杂，需要尝试别的方法。

5.2.7 矩阵特征值和特征向量

许多问题，如振动问题、稳定性问题、最优化问题等，都可以归结为求矩阵特征值。关于矩阵特征值和特征向量，有以下定义：对N阶方阵 A，λ 为标量，v 是非零的 N 维向量，且满足 $Av = \lambda v$。则称 λ 为方阵 A 的特征值，v 为方阵 A 相对于特征值 λ 的特征向量。方阵 A 特征值的全体称为A的谱，记为 $\sigma(A)$。

MATLAB中的eig函数用于求矩阵特征值和特征向量，其调用格式为：

- D = eig(A)，其中 D 为 N 个特征值（可能重复）组成的向量。
- [V, D] = eig(A)，其中 D 为 N 阶对角矩阵，对角线上的元素为A的特征值，V为 $N \times N$ 矩阵，其第 i 列为特征值 $D(i,i)$ 对应的特征向量。D、V、A 满足 $V^{-1}AV = D$。

eig函数除了上述两种调用格式外还有一些不常用的使用方式，例如可用于求广义特征值和特征向量的调用方式。关于这些内容，如读者有需要，请参考MATLAB的帮助文档。

【例13】特征值和特征向量

求3阶范德蒙矩阵 $A = \begin{bmatrix} 1 & 1 & 1 \\ 4 & 2 & 1 \\ 9 & 3 & 1 \end{bmatrix}$ 的特征值和特征向量。

（1）创建3阶范德蒙矩阵 A。

```
>> A = vander(1:3)                        %3阶范德蒙矩阵
A =
```

```
   1    1    1
   4    2    1
   9    3    1
```

（2）求 A 的特征值和特征向量。

```
>> [V,D] = eig(A)                         %求特征值和特征向量
V =
   -0.2738   -0.3487    0.2014
   -0.5006    0.1162   -0.7710
   -0.8213    0.9300    0.6042
D =
    5.8284         0         0
         0   -2.0000         0
         0         0    0.1716
```

求出 A 的特征值为5.8284、-2.0000和0.1716。

（3）验证 $V^{-1}AV = D$ 。

```
>> inv(V)*A*V - D
ans =
  1.0e-014 *
   -0.2665    0.1332   -0.1776
    0.1443   -0.1332    0.0111
    0.0382   -0.0049   -0.0278
```

MATLAB还提供了另外一个函数eigs用于求矩阵的特征值，eigs可以只求计算矩阵的 N 个最大或最小的特征值及对应的特征向量（注：这里的最大指的是绝对值最大）。这对某些应用是很有利的，例如对一个规模非常大的矩阵求 N 个最大的特征值。对该问题，一种可行的方案是用eig函数求出所有特征值，再挑选出N个最大的。但是很明显，这种方案的效率是非常低的，而直接利用eigs函数则是一种高效的方法。对上例中的矩阵A，利用eigs求其两大最大的特征值：

```
>> A = vander(1:3);
>> clear S
>> eigs(A,2)
ans =
    5.8284
   -2.0000
```

此结果与使用eig函数计算得到的两个最大的特征值相等。

令

$$\Lambda = \begin{bmatrix} \lambda & & & \\ & \lambda_2 & & \\ & & \ddots & \\ & & & \lambda_N \end{bmatrix}, V = \begin{bmatrix} v_1 & v_2 & \cdots & v_N \end{bmatrix}$$

则有AV=VΛ。其中，(λ_i, v_i) 为 A 的特征值-特征向量对。若 $\{v_1, v_2, \cdots, v_N\}$ 线性无关，则V可逆，因此有下式A=VΛV^{-1}。上式称为矩阵 A 的特征分解（EVD），对角阵Λ称为A的标准型，并且称A相似于对角阵Λ，相似于对角阵的矩阵称为可对角化矩阵。

【例14】特征分解

求4阶范德蒙矩阵 $A=\begin{bmatrix} 1 & 1 & 1 & 1 \\ 8 & 4 & 2 & 1 \\ 27 & 9 & 3 & 1 \\ 64 & 16 & 4 & 1 \end{bmatrix}$ 的特征分解

（1）创建4阶范德蒙矩阵A。

```
>> A = vander(1:4)
A =
     1     1     1     1
     8     4     2     1
    27     9     3     1
    64    16     4     1
```

（2）求A的特征分解。

```
>> [V,D] = eig(A)
V =
    0.1064    0.1378    0.1292   -0.0523
    0.2286    0.0361   -0.4076    0.3756
    0.4627   -0.2895   -0.3763   -0.7942
    0.8499   -0.9465    0.8219    0.4749
D =
   15.4897         0         0         0
         0   -7.7063         0         0
         0         0    1.2942         0
         0         0         0   -0.0777
```

（3）验证A=V Λ V^{-1}。

```
>> V*D*inv(V)
ans =
    1.0000    1.0000    1.0000    1.0000
    8.0000    4.0000    2.0000    1.0000
   27.0000    9.0000    3.0000    1.0000
   64.0000   16.0000    4.0000    1.0000
```

可以看到A=V Λ V^{-1}。

5.2.8 矩阵分解

矩阵分解是通过将复杂矩阵表示成形式简单或具有良好数学性质（统称为简单矩阵）的组合，以便于进行理论分析或数值计算。通常，矩阵分解将复杂矩阵分解为几个简单矩阵的乘积。前面中提到的EVD即是一种矩阵分解。表5.6列出了一些常用的矩阵分解及其对应的MATLAB实现函数。

表5.6　矩阵分解

	说明	MATLAB函数
EVD分解	$A = V\Lambda V^{-1}$，A是可对角化矩阵，Λ为对角阵，Λ对角线上的元素为A的特征值，V的列为A的特征向量	eig、eigs
Schur分解	$A = USU^H$，S为上三角矩阵，S对角线上的元素为A的特征值，U为酉矩阵	schur
Cholesky分解	$A = R^T R$，A为正定矩阵，R为上三角矩阵	chol、cholinc
LU分解	A=LU，L为下三角矩阵，U为上三角矩阵；或者 PA=LU，L为对角线全1的下三角矩阵，U为上三角矩阵，P为置换矩阵	lu、luinc
QR分解	A=QR，Q为正交矩阵，R为上三角矩阵	qr
SVD分解	$A = U\Lambda V^H$，Λ为实对角矩阵，对角线上的元素为A的奇异值，U、V为酉矩阵	svd、svds

EVD分解在前面已经介绍过，这里不再赘述。下面对各种分解及MATLAB函数的使用方法以实例的方式进行介绍，这些例子都是建立在实用的基础上的，介绍的都是函数的常见用法。如果用户需要对某些函数作更深入的了解，请参考MATLAB的帮助文档。

Schur函数有下面3种调用方式。

```
T = schur(A)
T = schur(A,flag)
[U,T] = schur(A,...)
```

其中，T为上三角矩阵，U为标准正交矩阵，A为输入矩阵。当A为实矩阵时，flag参数可用，flag='complex'时，T的对角线元素可能为复数；flag='real'时，T的对角线元素为实数。

【例15】Schur分解

求5阶范德蒙矩阵A的Schur分解$A = UTU^H$。

（1）创建5阶范德蒙矩阵A。

```
>> A = vander(1:5);
```

（2）对A作Schur分解。

```
>> [U,T] = schur(A, 'complex')
U =
   -0.0353   -0.3564    0.7066    0.5783    0.1948
   -0.0815   -0.5075    0.3358   -0.5314   -0.5836
   -0.1958   -0.5773   -0.2292   -0.3194    0.6883
   -0.4351   -0.3741   -0.5218    0.5071   -0.3759
   -0.8743    0.3771    0.2512   -0.1546    0.0794
T =
   45.9604  333.0717 -514.7562 -307.7200  -66.7936
         0  -28.9437   62.9178   47.4504   12.6877
         0         0    6.7954    9.3745    3.5876
```

```
        0         0         0   -0.8496   -0.6473
        0         0         0         0    0.0375
```

显然，该矩阵的特征值均为实数。

（3）验证 $A = U^H T U$

```
>> A - U*T*U'
ans =
  1.0e-012 *
   -0.1037    0.0016    0.0183    0.0138    0.0008
    0.0586    0.0435    0.0169   -0.0098   -0.0180
    0.1847    0.0924    0.0213   -0.0249   -0.0204
    0.4832    0.2416    0.0444   -0.0586   -0.0333
    0.9095    0.5400    0.0639   -0.1386    0.0275
```

函数svd用于奇异值分解，常用的调用格式有以下几种。

```
s = svd(X)
[U,S,V] = svd(X)
[U,S,V] = svd(X,0)
[U,S,V] =  svd(X,'econ')
```

第一种调用格式仅返回奇异值。当第二输入参数为0时，函数采用‘经济分解’的方式，即如果 X 为 $m\times n$ 矩阵，且 $m>n$ 时，函数只计算U的前n列，S为n阶方阵；第二输入参数为‘econ’时，函数也采用‘经济分解’的方式，对 $m>n$ 的情况，与svd(X,0)相同，对 $m<n$ 的情况，函数仅计算V的前m列，S为m阶方阵。

【例16】SVD分解

对矩阵 $A=\begin{bmatrix} 1 & 5 & 9 \\ 2 & 6 & 10 \\ 3 & 7 & 11 \\ 4 & 8 & 12 \end{bmatrix}$ 作SVD分解。

（1）创建矩阵 A 。

```
>> A = 1:12;
>> A = reshape(A,4,3)
A =
     1     5     9
     2     6    10
     3     7    11
     4     8    12
```

（2）求A的奇异值。

```
>> s = svd(A)
s =
   25.4368
    1.7226
    0.0000
```

（3）求A的奇异值分解。

```
>> [U,S,V] = svd(A)
U =
```

```
   -0.4036    0.7329    0.4120    0.3609
   -0.4647    0.2898   -0.8184   -0.1741
   -0.5259   -0.1532    0.4006   -0.7345
   -0.5870   -0.5962    0.0057    0.5477
S =
   25.4368         0         0
         0    1.7226         0
         0         0    0.0000
         0         0         0
V =
   -0.2067   -0.8892    0.4082
   -0.5183   -0.2544   -0.8165
   -0.8298    0.3804    0.4082
```

（4）对A作经济奇异值分解。

```
>> [U,S,V] = svd(A,0)
U =
   -0.4036    0.7329    0.4120
   -0.4647    0.2898   -0.8184
   -0.5259   -0.1532    0.4006
   -0.5870   -0.5962    0.0057
S =
   25.4368         0         0
         0    1.7226         0
         0         0    0.0000
V =
   -0.2067   -0.8892    0.4082
   -0.5183   -0.2544   -0.8165
   -0.8298    0.3804    0.4082
>> [U,S,V] = svd(A,'econ')
U =
   -0.4036    0.7329    0.4120
   -0.4647    0.2898   -0.8184
   -0.5259   -0.1532    0.4006
   -0.5870   -0.5962    0.0057
S =
   25.4368         0         0
         0    1.7226         0
         0         0    0.0000
V =
   -0.2067   -0.8892    0.4082
   -0.5183   -0.2544   -0.8165
   -0.8298    0.3804    0.4082
```

MATLAB提供了chol和cholinc两个函数，用于Cholesky分解。

Chol函数常用的调用格式有以下两种。

```
R = chol(X)
[R,p] = chol(X)
```

两种调用格式都返回下三角矩阵R。如果X为正定矩阵，则p=0；如果X非正定，则前一种调用会产生错误信息，而后一种调用不会产生错误，而是将p设为正整数。用户可以通过查询p的状态检查Cholesky分解是否成功，也可以依此判断X的正定性。

Cholinc用于不完全Cholesky分解，它主要针对大规模稀疏矩阵的Cholesky分解。

【例17】Cholesky分解

对4阶Pascal矩阵 $A=\begin{bmatrix}1&1&1&1\\1&2&3&4\\1&3&6&10\\1&4&10&20\end{bmatrix}$ 作Cholesky分解。

（1）创建4阶Pascal矩阵 A。

```
>> A = pascal(4)
A =
     1     1     1     1
     1     2     3     4
     1     3     6    10
     1     4    10    20
```

（2）对 A 作Cholesky分解。

```
>> R = chol(A)
R =
     1     1     1     1
     0     1     2     3
     0     0     1     3
     0     0     0     1
```

（3）改变 A，使 A 非正定。

```
>> A(1,2) = 4;
```

（4）对 A 作Cholesky分解。

```
>> R = chol(A)
??? Error using ==> chol
Matrix must be positive definite.
>> [R,p] = chol(A)
R =
     1
p =
     2
```

所以 A 为非正定矩阵。

LU分解在解线性方程时有重要应用，函数lu用于LU分解，lu的两种常用的调用格式如下。

```
[L,U] = lu(X)
[L,U,P] = lu(X)
```

【例18】LU分解

对矩阵 $A=\begin{bmatrix}1 & 5 & 9\\2 & 6 & 10\\3 & 7 & 11\\4 & 8 & 12\end{bmatrix}$ 作LU分解。

（1）创建矩阵 A 。

```
>> A = 1:12;
>> A = reshape(A,4,3)
A =
     1     5     9
     2     6    10
     3     7    11
     4     8    12
```

（2）对 A 进行LU分解，使 $A=LU$ 。

```
>> [L,U]=lu(A)
L =
    0.2500    1.0000         0
    0.5000    0.6667         0
    0.7500    0.3333    1.0000
    1.0000         0         0
U =
     4     8    12
     0     3     6
     0     0     0
```

（3）对 A 作LU分解，使 $PA=LU$ 。

```
>> [L,U, P] = lu(A)
L =
    1.0000         0         0
    0.2500    1.0000         0
    0.7500    0.3333    1.0000
    0.5000    0.6667         0
U =
     4     8    12
     0     3     6
     0     0     0
P =
     0     0     0     1
     1     0     0     0
     0     0     1     0
     0     1     0     0
```

luinc用于不完全LU分解，主要用于大规模的稀疏矩阵。

QR分解在最小二乘、矩阵特征值等问题中有着重要应用，函数qr用于QR分解，其主要的调用格式有以下两种。

```
[Q,R] = qr(A)
[Q,R] = qr(A,0)
```

第二种调用格式对矩阵 A 作‘经济QR分解’，即当 $m>n$（$[m,n]=size(A)$）时，qr仅计算Q的前n列，R为n阶方阵，当 $m<n$ 时，等同于[Q,R] = qr(A)。

【例19】QR分解

（1）对例18中的矩阵 A 作QR分解。

```
>> [Q,R] = qr(A)
Q =
   -0.1826   -0.8165    0.4120    0.3609
   -0.3651   -0.4082   -0.8184   -0.1741
   -0.5477    0.0000    0.4006   -0.7345
   -0.7303    0.4082    0.0057    0.5477
R =
   -5.4772  -12.7802  -20.0832
         0   -3.2660   -6.5320
         0         0    0.0000
         0         0         0
```

（2）对 A 作经济QR分解。

```
>> [Q,R] = qr(A,0)
Q =
   -0.1826   -0.8165    0.4120
   -0.3651   -0.4082   -0.8184
   -0.5477    0.0000    0.4006
   -0.7303    0.4082    0.0057
R =
   -5.4772  -12.7802  -20.0832
         0   -3.2660   -6.5320
         0         0    0.0000
```

5.2.9 矩阵函数

矩阵函数是以矩阵为参变量的函数。虽然MATLAB中有很多函数都支持矩阵作为输入参数，但是这其中大部分是对矩阵进行按位运算。本小节讲述的矩阵函数与此不同，例如，矩阵指数函数 e^A 定义为 $e^A=\sum_{n=0}^{\infty}\frac{A^n}{n!}$

而不是 $\begin{bmatrix} e^{a_{11}} & e^{a_{12}} & \cdots & e^{a_{1N}} \\ e^{a_{21}} & e^{a_{21}} & \cdots & e^{a_{21}} \\ \vdots & \vdots & \ddots & \vdots \\ e^{a_{N1}} & e^{a_{N1}} & \cdots & e^{a_{N1}} \end{bmatrix}$。

表5.7列出了MATLAB中提供的常用矩阵函数。

表5.7　矩阵函数

函数名	说明
expm	矩阵指数函数 e^A
logm	矩阵对数函数 $\log(A)$，满足 $e^{\log(A)}=A$ 的矩阵
sqrtm	矩阵平方根 $\sqrt{A}$，满足 $\left(\sqrt{A}\right)^2=A$ 的矩阵

【例20】常用的矩阵函数

已知5阶Pascal矩阵 $A=\begin{bmatrix}1&1&1&1&1\\1&2&3&4&5\\1&3&6&10&15\\1&4&10&20&35\\1&5&15&35&70\end{bmatrix}$。求 e^A、$\log(A)$、$sqrt(A)$。

（1）输入5阶pascal矩阵A。

```
>> A = pascal(5)
A =
     1     1     1     1     1
     1     2     3     4     5
     1     3     6    10    15
     1     4    10    20    35
     1     5    15    35    70
```

（2）计算矩阵 e^A。

```
>> expm(A)
ans =
  1.0e+039 *
    0.0037    0.0158    0.0433    0.0952    0.1824
    0.0158    0.0677    0.1856    0.4079    0.7812
    0.0433    0.1856    0.5090    1.1186    2.1425
    0.0952    0.4079    1.1186    2.4582    4.7083
    0.1824    0.7812    2.1425    4.7083    9.0181
```

（3）计算矩阵 $\log(A)$，并验证 $e^{\log(A)}=A$。

```
>> logm(A)
ans =
   -0.5817    1.1694   -0.0179    0.0120   -0.0000
    1.1694   -1.4901    2.0838   -0.0299    0.0179
   -0.0179    2.0838   -1.5140    2.3687    0.0179
    0.0120   -0.0299    2.3687    0.0060    1.7989
   -0.0000    0.0179    0.0179    1.7989    3.5799
>> expm(ans)
ans =
    1.0000    1.0000    1.0000    1.0000    1.0000
    1.0000    2.0000    3.0000    4.0000    5.0000
    1.0000    3.0000    6.0000   10.0000   15.0000
```

```
   1.0000    4.0000   10.0000   20.0000   35.0000
   1.0000    5.0000   15.0000   35.0000   70.0000
```

（4）计算矩阵$\sqrt{A}$，并验证$(\sqrt{A})^2 = A$。

```
>> sqrtm(A)
ans =
    0.8700    0.4350    0.2083    0.0949    0.0400
    0.4350    0.9082    0.7948    0.5240    0.2823
    0.2083    0.7948    1.3880    1.4704    1.1119
    0.0949    0.5240    1.4704    2.6824    3.2185
    0.0400    0.2823    1.1119    3.2185    7.6370
>> ans^2
ans =
    1.0000    1.0000    1.0000    1.0000    1.0000
    1.0000    2.0000    3.0000    4.0000    5.0000
    1.0000    3.0000    6.0000   10.0000   15.0000
    1.0000    4.0000   10.0000   20.0000   35.0000
    1.0000    5.0000   15.0000   35.0000   70.0000
```

（5）将expm(A)\logm(A)、sqrtm(A)与exp(A)、log(A)、sqrt(A)进行比较。

```
>> exp(A), log(A), sqrt(A)
ans =
  1.0e+030 *
    0.0000    0.0000    0.0000    0.0000    0.0000
    0.0000    0.0000    0.0000    0.0000    0.0000
    0.0000    0.0000    0.0000    0.0000    0.0000
    0.0000    0.0000    0.0000    0.0000    0.0000
    0.0000    0.0000    0.0000    0.0000    2.5154
ans =
         0         0         0         0         0
         0    0.6931    1.0986    1.3863    1.6094
         0    1.0986    1.7918    2.3026    2.7081
         0    1.3863    2.3026    2.9957    3.5553
         0    1.6094    2.7081    3.5553    4.2485
ans =
    1.0000    1.0000    1.0000    1.0000    1.0000
    1.0000    1.4142    1.7321    2.0000    2.2361
    1.0000    1.7321    2.4495    3.1623    3.8730
    1.0000    2.0000    3.1623    4.4721    5.9161
    1.0000    2.2361    3.8730    5.9161    8.3666
```

用户除了可以使用MATLAB内建的矩阵函数之外，还可以使用MATLAB提供的funm函数，创建自定义的矩阵函数。

funm函数以矩阵和自定义函数句柄作为输入参数，一般的调用格式为：

```
F = funm(A,fun)
F = funm(A, fun, options)
[F, exitflag] = funm(...)
```

其中，fun为函数句柄，option用于计算过程的控制、结果显示等，这里不作具体介绍。exitflag保存了函数结束的信息，若exitflag = 0，则函数计算成功；若exitflag = 1，则计算过程不收敛，但是结果也有可能是正确的。

【例21】funm计算自定义的矩阵函数

对上例中的pascal矩阵A，求矩阵函数sin(A)。

```
>> [F, exitflag] = funm(A,@sin)
F =
    0.5116    0.1063   -0.2367   -0.3065    0.1780
    0.1063    0.0176   -0.2495   -0.3598    0.1632
   -0.2367   -0.2495   -0.2583   -0.2271   -0.0137
   -0.3065   -0.3598   -0.2271   -0.0957   -0.3423
    0.1780    0.1632   -0.0137   -0.3423   -0.7620
exitflag =
     0
```

5.3　稀疏矩阵

利用计算机对大型矩阵进行数值计算时，需要考虑存储和执行效率的问题。稀疏矩阵的提出，正是为了解决这一问题。从数学性质上看，稀疏矩阵与一般的矩阵没有差别，但在数据存储和执行算法上有着很大的不同。本节在讲述稀疏矩阵时，经常与一般矩阵作对比，使读者对稀疏矩阵的概念和使用方法有一个更加透彻的理解。本节中将一般的矩阵称为全矩阵（Full Matrix），以区别于稀疏矩阵。

5.3.1　稀疏矩阵与全矩阵

稀疏矩阵是这样一类矩阵，其元素仅有少数不为0，而大量的元素为0。稀疏矩阵的这种性质使得MATLAB可以对其采用不同于全矩阵的存储方式和执行算法。

MATLAB利用二维数组存储全矩阵，对零元、非零元不作区分，统一采用浮点数。MATLAB在存储稀疏矩阵时只存储非零元及其对应的索引值（整型），显然，这种方式能够大大提高稀疏矩阵的存储效率，看下面的例子。

【例22】稀疏矩阵的存储

利用sprand函数创建1000×1000的稀疏矩阵，并将其转换为一般矩阵，查看两个矩阵所占的字节数。

```
>> A = sprand(1000,1000,0.1);   %创建稀疏矩阵A
>> Full_A = full(A);    %将稀疏矩阵A转换为全矩阵
>> whos
  Name          Size                    Bytes  Class
  A          1000x1000                1147136  double array (sparse)
  Full_A      1000x1000                8000000  double array
Grand total is 1095261 elements using 9147136 bytes
```

稀疏矩阵所需的存储空间仅是1,147,136个字节，而全矩阵的存储空间为8,000,000，为对应的全矩阵的1147136/8,000,000 = 0.1434倍，由此可以看出，采用稀疏矩阵可以提高存储效率。

注意：

- sprand函数用于创建随机稀疏矩阵，前两个参数分别为稀疏矩阵的行数和列数，最后一个参数表示非0元所占的比例。关于该函数更详细的使用方法将在下一小节稀疏矩阵的创建中介绍。
- full函数用于将稀疏矩阵转换为一般矩阵。

采用稀疏矩阵的另外一个好处就是执行效率的提高。对$M \times N$矩阵A，非零元所占比例为α，计算$2 \times A$需要执行$M \times N$次浮点数乘法；将矩阵A转换为稀疏矩阵$Sparse_A$，利用$Sparse_A$计算$2 \times A$时，仅对非零元进行运算，因此仅需执行$M \times N \times A$次浮点数乘法，运行效率提高了（$1/\alpha - 1$）倍。

【例23】稀疏矩阵的执行效率

对例22中的两个矩阵，一个稀疏矩阵、一个一般矩阵分别执行浮点数乘运算。

```
>> tic; 2*A; toc
Elapsed time is 0.016000 seconds.
>> tic; 2*Full_A; toc
Elapsed time is 0.141000 seconds.
```

注意：代码中的tic表示计时开始，toc表示计时结束，时间差约为中间代码执行的时间。

上述代码验证了稀疏矩阵对算法执行效率有明显提高，当然，这种效率的提升也要视具体问题而定。

5.3.2 稀疏矩阵的创建与转换

MATLAB提供了一系列的函数用于稀疏矩阵的创建，如表5.8所示。

表5.8 稀疏矩阵创建函数

函数名	描述
sparse	一般的稀疏矩阵
speye	单位稀疏矩阵
sprand	均匀分布的随机稀疏矩阵
sprandn	正态分布的随机稀疏矩阵
sprandsym	对称随机稀疏矩阵
spdiags	对角稀疏矩阵

下面对表5.8中列出的各个函数的使用方法作简要介绍。

1. sparse函数

- S = sparse(A)将全矩阵A转换为稀疏矩阵，如果A已经是稀疏矩阵，则返回A。
- S = sparse(i, j, s, m, n, nzmax)生成$m \times n$稀疏矩阵，其中i、j、s是具有相同长度的向量，S(i(k), j(k)) = s(k)，nzmax必须不小于向量的长度，s中的零元及其对应的(i(k), j(k))被忽略。
- S = sparse(i, j, s, m, n) 生成$m \times n$稀疏矩阵，该函数调用sparse(i, j, s, m, n, nzmax)，并将nzmax设置为length(s)。

- S = sparse(i, j, s) 生成$m \times n$稀疏矩阵, m = max(i), n = max(j)，计算m、n时不会忽略s中的0元。
- S = sparse(m, n) 等价于sparse([], [], [], m, n, 0)的简写，该函数生成$m \times n$稀疏矩阵，所有元素均为0。

2. speye函数

- S = speye（m,n）生成$m \times n$稀疏矩阵，该稀疏矩阵除对角线元素为1外，其余元素均为0。
- S = speye(n) 是speye（n,n）的简写，生成n阶稀疏方阵。

3. sprand函数

- S = sprand(A)生成与A具有相同稀疏结构的随机稀疏矩阵，且非0元服从均匀分布。
- S = Sprand(m, n, density)生成$m \times n$稀疏矩阵，非0元服从均匀分布，非0元的个数接近$m \times n \times density$，$0 \le density \le 1$。
- S = Sprand(m, n, density, rc) 生成条件数接近1/rc的$m \times n$稀疏矩阵，非0元服从均匀分布，非0元的个数接近$m \times n \times density$，$0 \le density \le 1$。如果rc为长度（lr）不大于min(m,n)的向量，则稀疏矩阵的前lr个奇异值为rc，其它奇异值为0。

说明：Sprandn 函数。生成正态分布随机稀疏矩阵，也有 3 种不同的调用格式，分别与 sprand 的 3 种调用格式相对应，区别仅仅是非 0 元素服从正态分布，这里不再重复。

4. sprandsym函数

sprandsym函数生成随机对称稀疏矩阵，有以下4种不同的调用格式。

- S = sprandsym(A)生成随机对称稀疏矩阵，其下三角和对角线与稀疏矩阵A具有相同的结构，非0元服从正态分布。
- S = sprandsym(n, density) 生成$n \times n$随机对称稀疏矩阵，非0元服从正态分布，个数约为$n \times n \times density$。
- S = sprandsym(n, density, rc)生成条件数为1/rc的$n \times n$随机对称稀疏矩阵，非0元个数约为$n \times n \times density$，但这里的元素不服从正态分布，而是在[-1, 1]上的均匀分布。如果rc是长度为n的向量，则S的n个特征值为rc。
- S = Sprandsym(n, density, rc, kind)生成正定矩阵，若kind = 1，则矩阵是由一个正定对称矩阵作随机Jacboi旋转得到，其条件数为1/rc；若kind = 2，则矩阵为外积的换位和，条件数近似为1/rc。
- S = Sprandsym(A, density, rc, 3)生成一个与A具有相同结构的稀疏矩阵，近似条件数为1/rc，density被忽略。

5. spdiags函数

spdiags函数生成带状和对角稀疏矩阵，有下面的调用格式。

- B = spdiags(A)、[B,d] = spdiags(A)返回A的各个对角线作为B的列。
- B = spdiags(A,d)返回A的第d个对角线。
- A = spdiags(B,d,A)将A的第d个对角线用B的列替换，这里的d也可以是向量。
- A = spdiags(B,d,m,n)创建$m \times n$稀疏矩阵，A的第d个对角线为B的列，d可以为向量。

下面通过一些例子说明稀疏矩阵的创建。

【例24】稀疏矩阵的创建

（1）函数sparse将一般矩阵转化为稀疏矩阵。

```
>>%创建一般矩阵A
>> A = eye(4);
>> A(1,3) = 2;
>>%转换为稀疏矩阵
>> S = sparse(A)
S =
   (1,1)        1
   (2,2)        1
   (1,3)        2
   (3,3)        1
   (4,4)        1
```

（2）函数sparse直接创建稀疏矩阵。

```
>> i = 1:5;
>> j = [5,1:4];
>> s = 2:2:10;
>> S = sparse(i,j,s,6,6)

S =
   (2,1)        4
   (3,2)        6
   (4,3)        8
   (5,4)       10
   (1,5)        2
```

（3）函数sprand创建均匀分布随机稀疏矩阵。

```
>> %sprand创建与A具有相同稀疏结构的均匀分布随机矩阵
>> S = sprand(A)
S =
   (1,1)       0.9501
   (2,2)       0.2311
   (1,3)       0.6068
   (3,3)       0.4860
   (4,4)       0.8913
>> S = sprand(4,4,0.1)
S =
   (4,1)       0.6154
   (2,4)       0.4447
```

（4）函数sprandn创建正态分布随机稀疏矩阵。

```
>> %sprandn创建与A具有相同稀疏结构的正态分布随机矩阵
S = sprandn(A)
S =
   (1,1)      -0.4326
   (2,2)      -1.6656
   (1,3)       0.1253
```

```
  (3,3)       0.2877
  (4,4)      -1.1465
>> %sprandn生成指定大小的正态分布随机矩阵
S = sprandn(4,4,0.1)
S =
  (4,1)       1.1909
  (4,3)       1.1892
```

（5）函数sprandsym创建对称正态分布随机稀疏矩阵。

```
>> %sprandsym创建与A具有相同稀疏结构的正态分布随机矩阵
S = sprandsym(A)
S =
  (1,1)      -0.0376
  (2,2)       0.3273
  (3,3)       0.1746
  (4,4)      -0.1867
>> %sprandsym生成指定大小的正态分布对称随机矩阵
S = sprandsym(4,0.1)
S =
  (4,1)      -0.4326
  (1,4)      -0.4326
```

（6）函数speye创建单位稀疏矩阵。

```
>> S = speye(4)
S =
  (1,1)        1
  (2,2)        1
  (3,3)        1
  (4,4)        1
```

（7）函数spdiags创建带状或对角稀疏矩阵。

```
>> %spdiags创建对角稀疏矩阵
>> S = spdiags(A, 0, 4, 4)
S =
  (1,1)        1
>> %spdiags创建带状稀疏矩阵
>> S = spdiags(A, -1:1, 4, 4)
S =
  (2,1)        1
  (2,2)        1
  (2,3)        1
```

上面介绍了函数sparse可以将全矩阵转换为稀疏矩阵，这也是创建稀疏矩阵的一个重要方法。对于稀疏矩阵向全矩阵的转化，MATLAB用函数full来实现，看下面的例子。

```
>> %创建稀疏矩阵S
>> S = sprand(100,100,0.1);
>> %转化为稀疏矩阵
>> A = full(S);
>> whos
```

```
  Name      Size                    Bytes  Class
  A       100x100                   80000  double array
  S       100x100                   11948  double array (sparse)
Grand total is 10962 elements using 91948 bytes
```

5.3.3 稀疏矩阵的操作

一般来说，能用于全矩阵的操作函数对稀疏矩阵都是有效的，并且具有相似的操作规则，如下所示。

- 下标寻访赋值函数。
- 用于矩阵拼接的函数，如cat、horzcat、vertcat、repmat，若输入参数中有一个为稀疏矩阵，则返回结果为稀疏矩阵。
- 矩阵变形函数，如ctranspose、flipdim、fliplr、flipud、reshape、rot90、transpose，这些函数都是单输入函数，若输入为稀疏矩阵，则返回结果也为稀疏矩阵。
- 矩阵结构信息函数，如isempty、isscalar、isvector、length、ndims、numel、size。
- 矩阵数据类型信息函数，如ischar、isfloat、isinteger、islogical、isnumer、icisreal，这些函数的输入若为稀疏矩阵，则同样返回结果也为稀疏矩阵。

下面是一些全矩阵操作函数用于稀疏矩阵时的例子。

【例25】全矩阵操作函数在稀疏矩阵中的应用。

（1）创建一个单位稀疏矩阵A。

```
A = speye(4)            %创建单位稀疏矩阵
A =
   (1,1)        1
   (2,2)        1
   (3,3)        1
   (4,4)        1
```

（2）再创建一个对角稀疏矩阵B。

```
>> d = (1:4)';
>> B = spdiags(d, 0, 4, 4)
B =
   (1,1)        1
   (2,2)        2
   (3,3)        3
   (4,4)        4
```

（3）创建一个全矩阵C。

```
C = ones(4)
C =
     1     1     1     1
     1     1     1     1
     1     1     1     1
     1     1     1     1
```

（4）稀疏矩阵的下标寻访。

```
>> A(1,1), A(1,3), B(1:4,2)
ans =
```

```
     1
ans =
     0
ans =
   (2,1)        2
```

（5）对A和B、A和C沿横向拼接。

```
>> horzcat(A,B), horzcat(A,C)
ans =
   (1,1)        1
   (2,2)        1
   (3,3)        1
   (4,4)        1
   (1,5)        1
   (2,6)        2
   (3,7)        3
   (4,8)        4
ans =
   (1,1)        1
   (2,2)        1
   (3,3)        1
   (4,4)        1
   (1,5)        1
   (2,5)        1
   (3,5)        1
   (4,5)        1
   (1,6)        1
   (2,6)        1
   (3,6)        1
   (4,6)        1
   (1,7)        1
   (2,7)        1
   (3,7)        1
   (4,7)        1
   (1,8)        1
   (2,8)        1
   (3,8)        1
   (4,8)        1
```

结果均为稀疏矩阵。

（6）稀疏矩阵的旋转。

```
rot90(A)                    %将矩阵A转90度
ans =
   (4,1)        1
   (3,2)        1
   (2,3)        1
   (1,4)        1
```

（7）稀疏矩阵的大小信息。

```
>> size(B)          %获取B的大小信息
ans =
     4     4
```

除了全矩阵操作函数外，MATLAB还有专门用于稀疏矩阵的操作函数，如表5.9所示。

表5.9 稀疏矩阵的操作函数

函数名	调用	说明
nnz	n = nnz(X)	求非零元的个数
nonzeros	s = nonzeros(X)	返回稀疏矩阵X的非零元组成的列向量
nzmax	n = nzmax(X)	返回创建稀疏矩阵时允许的最大非零元个数
spones	R = spones(X)	返回与X具有相同稀疏结构的稀疏矩阵，但是非零元均为1
spalloc	S = spalloc(m, n, nzmax)	创建一个 $m \times n$ 的全0稀疏矩阵，允许的最大非0元的个数为nzmax
issparse	b = issparse(S)	判断S是否为稀疏矩阵，如是，则返回真，否则返回假
spfun	f = spfun(fun, X)	对X中的非0元计算fun函数值，返回与X具有相同稀疏结构的稀疏矩阵f，fun为句柄
spy	spy(S) spy(S,markersize) spy(S,'LineSpec') spy(S,'LineSpec',markersize)	以图形化的方式显示稀疏矩阵的结构

下面通过一些例子说明表5.9中稀疏矩阵操作函数的使用。

【例26】稀疏矩阵操作函数

（1）创建一个100×100的正态分布随机稀疏矩阵 A 。

```
>> A = sprandn(100, 100, 0.2);
>> whos
  Name      Size                    Bytes  Class
  A       100x100                   21932  double array (sparse)
Grand total is 1794 elements using 21932 bytes
```

（2）求稀疏矩阵 A 的非零元。

```
>> Vnz = nonzeros(A);     %非零元
>> whos
  Name      Size                    Bytes  Class
  A       100x100                   21932  double array (sparse)
  Vnz    1794x1                     14352  double array
Grand total is 3588 elements using 36284 bytes
```

（3）求稀疏矩阵 A 的非零元个数。

```
>> nz = length(Vnz), nz = nnz(A)          %非零元个数
nz =
        1794
nz =
        1794
```

（4）将稀疏矩阵 A 的非零元替换为1，并检查替换结果。

```
>> B = spones(A);    %非零元替换为1
>> Vnz = nonzeros(B);
>> all(Vnz == 1)     %非零元均为1
ans =
    1
```

（5）利用spfun函数将稀疏矩阵 B 转换为全0的稀疏矩阵。

```
% 将B变为全0稀疏矩阵
>> C = spfun(@(x)(x-1), B);
>> C
C =
  All zero sparse: 100-by-100
```

spy函数用于显示稀疏矩阵的结构，该函数能通过LineSpec选项设置显示属性，本例仅对其基本用法作演示。

```
spy(A)
```

得到A的稀疏结构，如图5.1所示。

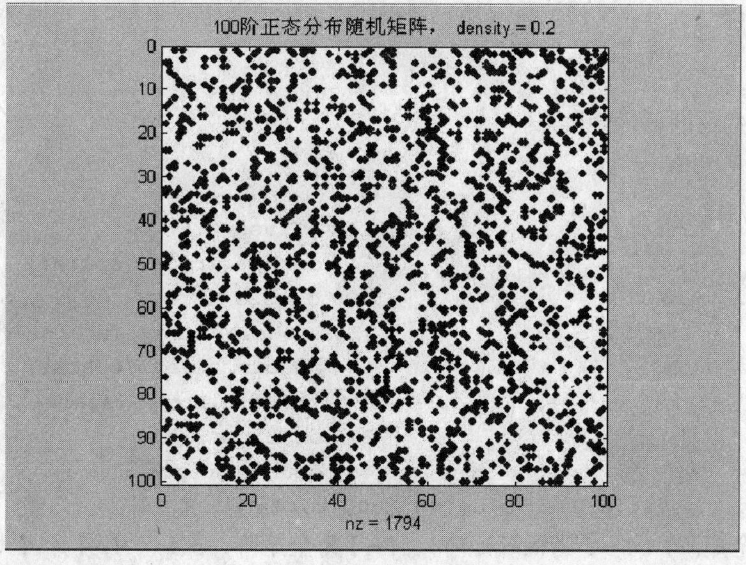

图5.1　用spy函数显示稀疏矩阵结构

5.3.4　稀疏矩阵的运算

一般矩阵的四则运算对稀疏矩阵都是有效的，但是返回结果有可能是稀疏矩阵或者是全矩阵，这要视具体情况而定。

- 对于单个稀疏矩阵的输入，很多函数都返回稀疏矩阵，但也有一部分函数返回全矩阵。
- 对于多个矩阵输入，若其中有一个以上的全矩阵，则大部分的函数都将返回全矩阵。
- 对于二元运算，如矩阵的加、减、乘、除，只要其中有一个为全矩阵，则结果返回全矩阵；稀疏矩阵与标量的加减法返回全矩阵。
- 稀疏矩阵的乘、除结果为稀疏矩阵。
- 稀疏矩阵的幂仍然是稀疏矩阵。

【例27】稀疏矩阵的四则运算。

（1）创建稀疏对角矩阵A。

```
>> d = (1:4)';
>> A = spdiags(d, 0, 4, 4)
A =
   (1,1)        1
   (2,2)        2
   (3,3)        3
   (4,4)        4
```

（2）输入单位稀疏矩阵I。

```
>> I = speye(4);
```

（3）创建全矩阵B。

```
>> b = 1:4;
>> B = repmat(b, 4, 1)
B =
     1     2     3     4
     1     2     3     4
     1     2     3     4
     1     2     3     4
```

（4）exp(A)返回稀疏矩阵。

```
>> Exp_A = exp(A);
>> whos
  Name       Size                    Bytes  Class
  A          5x5                        84  double array (sparse)
  B          4x4                       128  double array
  Exp_A      5x5                       324  double array (sparse)
  I          4x4                        68  double array (sparse)
  ans        5x5                       324  double array (sparse)
  b          1x4                        32  double array
  d          5x1                        40  double array
Grand total is 84 elements using 1000 bytes
```

$A+B$为全矩阵，$A+I$为稀疏矩阵，$A-1$为全矩阵，$3A$、$A/4$、A^2均为稀疏矩阵，AB为全矩阵，$A*I$为稀疏矩阵。

```
>> Plus_AB = A + B;
>> Plus_AI = A + I;
>> Sub_A1 = A - 1;
>> Multi_A3 = 3*A;
>> Div_A4 = A/4;
>> Pow_A = A^2;
>> Multi_AB = A*B;
>> Multi_AI = A*I;
>> whos
  Name          Size                    Bytes  Class
  A             4x4                        68  double array (sparse)
  B             4x4                       128  double array
  Div_A4        4x4                        68  double array (sparse)
```

```
  I              4x4                        68  double array (sparse)
  Multi_A3       4x4                        68  double array (sparse)
  Multi_AB       4x4                       128  double array
  Multi_AI       4x4                        92  double array (sparse)
  Plus_AB        4x4                       128  double array
  Plus_AI        4x4                       116  double array (sparse)
  Pow_A          4x4                        92  double array (sparse)
  Sub_A1         4x4                       128  double array
Grand total is 100 elements using 1084 bytes
```

（5）max(A,B)、max(A,I)均返回稀疏矩阵。

```
>> max(A,I)
ans =
   (1,1)        1
   (2,2)        2
   (3,3)        3
   (4,4)        4
>> max(A,B)
ans =
   (1,1)        1
   (2,1)        1
   (3,1)        1
   (4,1)        1
   (1,2)        2
   (2,2)        2
   (3,2)        2
   (4,2)        2
   (1,3)        3
   (2,3)        3
   (3,3)        3
   (4,3)        3
   (1,4)        4
   (2,4)        4
   (3,4)        4
   (4,4)        4
```

全矩阵的线性代数运算函数有些同样支持稀疏矩阵，有些则不能，如表5.10所示。

表5.10　全矩阵、稀疏矩阵的线性代数运算函数

函数名	是否可用于稀疏矩阵	替代函数	说明
det	是		
inv	是		
rank	否	sprank	
norm	否	normdest	
cond	是	condest	对稀疏矩阵使用cond时，实际上调用了condest
eig	否	eigs	
svd	否	svds	

续表

函数名	是否可用于稀疏矩阵	替代函数	说明
chol	是		
cholinc	是		
lu	是		
luinc	是		

上表中的很多函数在前面已经介绍过，这里不再详细介绍。下面利用3个例子介绍稀疏矩阵的线性代数运算，例子中并未对各个函数的使用方法作详细的讨论，读者在使用过程中如果有疑问，可参考MATLAB的帮助文档。

【例28】稀疏矩阵基本的线性代数运算

（1）创建4阶对角稀疏矩阵D。

```
>> d = [2,4,3,8]';
>> D = spdiags(d, 0, 4, 4)
D =
   (1,1)        2
   (2,2)        4
   (3,3)        3
   (4,4)        8
```

（2）计算D的行列式$|D|$。

```
>> det(D)
ans =
   192
```

（3）计算D的逆D^{-1}。

```
>> inv(D)
ans =
   (1,1)       0.5000
   (2,2)       0.2500
   (3,3)       0.3333
   (4,4)       0.1250
```

D^{-1}同样也是稀疏矩阵。

（4）计算D的秩。

```
>> sprank(D)
ans =
     4
```

（5）计算D的范数$\|D\|$。

```
>> normest(D)
ans =
    8.0000
```

（6）计算D的条件数。

```
>> condest(D)
ans =
     4
>> cond(D)
```

```
Warning: Using CONDEST instead of COND for sparse matrix.
> In cond at 28
ans =
    4
```

【例29】稀疏矩阵的特征分析和奇异值分析。west0479是MATLAB自带的一个479×479的实稀疏矩阵，该矩阵的特征值为实数或者成对的复数。

（1）载入稀疏矩阵数据。

```
load west0479            %加载稀疏矩阵
```

（2）计算west0479的所有特征值。

```
e = eig(full(west0479))     %计算所有特征值
```

（3）利用eigs求west0479稀疏矩阵10个最大的特征值。

```
elm = eigs(west0479,10)   %计算10个最大的特征值
```

（4）将eigs得到的10个特征值及eig得到的特征值中最大的10个分别显示出来，如图5.3所示。

```
[eum,ind] = sort(abs(e));
plot(elm,'k+')
hold on
plot(e(ind(end-9:end)),'ks')
hold off
legend('eigs(west0479,8)','eig(full(west0479))')
```

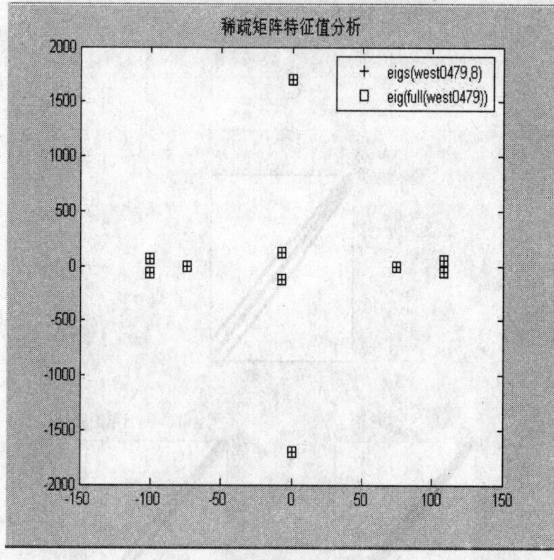

图5.2　稀疏矩阵west0479特征值分析图

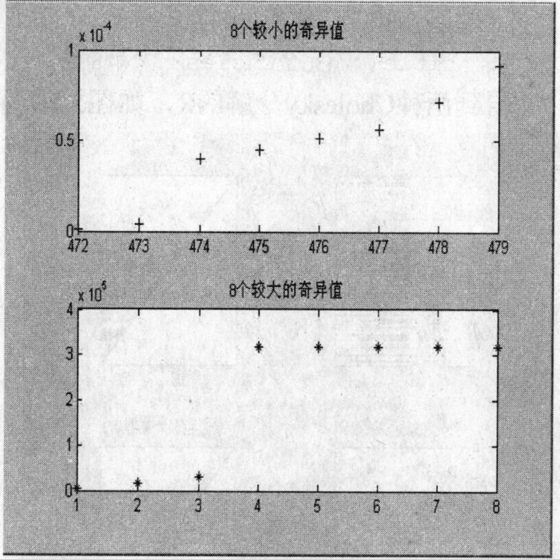

图5.3　稀疏矩阵west0479奇异值分析

由图5.2得知，两种方法都得到了相同的特征值，但是eigs函数的效率明显更高，这对于通常规模比较大的稀疏矩阵来说很有利。与eigs函数相似，svds函数计算稀疏矩阵的最大的或最小的奇异值。

```
>> s = svd(full(west0479));
>> sa = svds(west0479, 8);   % 计算8个最大的奇异值
>> sd = svds(west0479, 8, 0); %计算8个最小的奇异值
>> [d, ind] = sort(abs(s));
>> subplot(2,1,1), plot(ind(1:8), sd, 'k+');
```

```
>> title('8个较小的奇异值');
>> subplot(2,1,2), plot(ind(end - 7:end), sa, 'k*');
>> title('8个较大的奇异值');
```

【例30】稀疏矩阵的分解。导入west0479矩阵，分别进行LU分解和不完全LU分解。

```
>> load west0479
>> S = west0479;
>> [L,U] = lu(S);    %LU分解
>> subplot(2,2,1),spy(L)
>> subplot(2,2,2),spy(U)
>> [L,U] = luinc(S, '0'); %不完全LU分解
>> subplot(2,2,3),spy(L); %不完全LU分解的L
>> subplot(2,2,4),spy(U); %不完全LU分解的U
```

得到两种分解的L、U，如图5.4所示。

正定稀疏矩阵的Cholesky分解和不完全Cholesky分解。

```
>> S = delsq(numgrid('C',15));      %输入正定矩阵S
>> subplot(2,2,[1,2]),
>> spy(S)
>> R = chol(S);                     %Cholesky分解
>> subplot(2,2,3),spy(R)
>> title('Cholesky分解的R')
>> R = cholinc(S, '0');
>> subplot(2,2,3),spy(R)
>>  title('不完全Cholesky分解的R')
```

得到两种Cholesky分解的R，如图5.5所示。

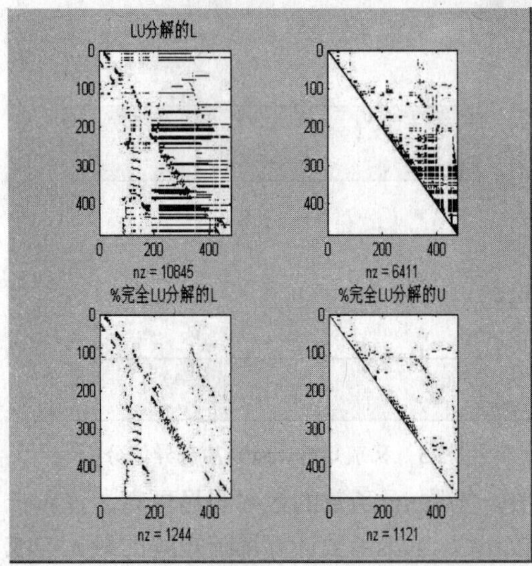

图5.4　稀疏矩阵LU分解

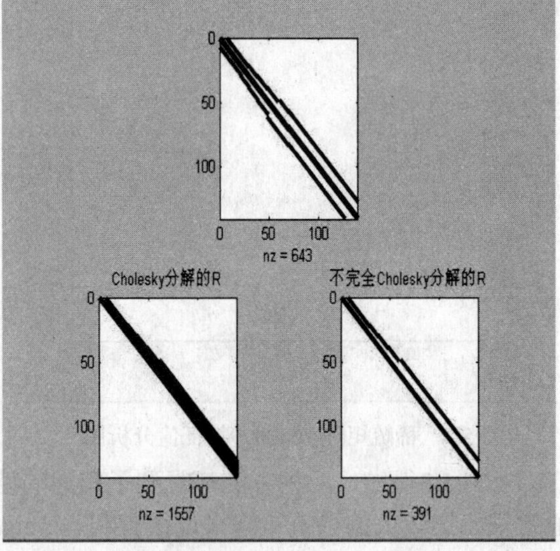

图5.5　稀疏矩阵Cholesky分解

第6章

数据分析

本章延续第5章的内容，继续介绍初等数值计算，主要讨论初等函数分析、基本数据分析、统计分析等内容。有关数值分析更深入的内容将在第13章中介绍。

6.1 初等函数分析

本节讨论如何利用MATLAB分析函数的性质。函数性质的分析主要有以一下几个方面：函数的零点，函数的单调性、凹性、极值，函数的数值积分。函数的可视化通过图形的方式描述函数，可以更加直观地分析函数的性质。至于解微分方程将在第13章高级数值计算中介绍。

6.1.1 函数的表示

利用MATLAB分析函数的性质，首先要解决的问题是，如何用MATLAB语言表示数学函数，这正是本小节要讨论的问题。

MATLAB有两种方式表达数学函数，M-文件中的函数和匿名函数，下面通过一个例子来说明这两种函数表示方式。考虑以下数学函数 $f(x)=\sqrt{9(1-\frac{x^2}{25})}$ 。

用MATLAB表示上述函数的第一种方法是利用M函数文件。新建一个名为ellipse的M-文件，并输入以下代码。

```
function y = ellipse(x)
y = sqrt(9*(1-x^2/25));
```

M-文件必须保存为ellipse.m。对函数的访问可以通过函数名或者函数句柄。例如，计算 $f(3)$，

```
y = ellipse(3);
```

或

```
f = @ellipse;
y = f(3);
```

另外一种表示函数的方法是匿名函数，这里仍以创建ellipse函数作为例子来说明匿名函数的创建方法及要注意的问题。

```
ellipse = @(x)sqrt(9*(1-x^2/25));
```

可以看到，创建匿名函数的指令可以分为两部分，第一部分为‘@(x)’，() 内为变量名，如果有多个变量，则以‘,’分开，如@(x,y)；第二部分为函数体，这部分读者应该比较熟悉，不再赘述。该指令返回的是匿名函数的句柄，其数据类型为函数句柄，如下。

```
>> whos
  Name          Size                    Bytes  Class
  ellipse       1x1                        16  function_handle array

Grand total is 1 element using 16 bytes
```

直接使用函数句柄调用函数可以计算函数值。

```
>> ellipse(3)
ans =
    2.4000
```

6.1.2 函数零点

解方程的问题可以归结为求函数零点。例如，对一般的代数方程 $f(x)=b$ 或

$f(x)=g(x)$

令 $\begin{matrix} G_1(x)=f(x)-b \\ G_2(x)=f(x)-g(x) \end{matrix}$，对方程的求解实际上就是求 $G_1(x)$、$G_2(x)$ 的零点。实际中的很多问题是不能得到解析解的，例如求 $\ln x+\dfrac{3}{2}=x$ 的解。

在不能得到解析解的情况下，能够求得数值近似解也是一个不错的选择，本节将讨论单变量单个方程的函数零点问题，至于多变量多个方程的函数零点问题可以用最优化的方法解决。

MATLAB利用fzero函数解决单变量函数的零点问题，在使用fzero时，必须为fzero函数提供初始点或者一个初始区间。如果提供的是一个初始点 x_0，那么fzero会在初始点附近搜索一个解区间，函数在这个区间内的符号会发生变化。若fzero搜索到了该区间，fzero就会得到该函数的一个零点，在零点的两边，函数值的符号发生了改变；若fzero找不到这样的区间，fzero返回NaN。另外一个办法就是为fzero提供一个初始区间，在该区间内函数值的符号发生改变，这种方法能够保证得到一个解。初始区间的确定可以通过找两个异号函数值的点，fzero会将该初始区间逐渐缩小，直到找到零点。

对代数方程 $\ln x+\dfrac{3}{2}=x$ 的解等价于求 $f(x)=\ln x+\dfrac{3}{2}-x$ 的零点。下面通过这个例子说明fzero的两种使用方法。

【例1】求 $f(x)=\ln x+\dfrac{3}{2}-x$ 的零点。

创建函数 $f(x)$，这里通过匿名函数创建 $f(x)$。

```
>> f = @(x)(log(x) + 3/2 - x);
```

为了更加直观地理解fzero求函数零点的过程，这里给出了 $f(x)$ 的一部分曲线，如图6.1所示。

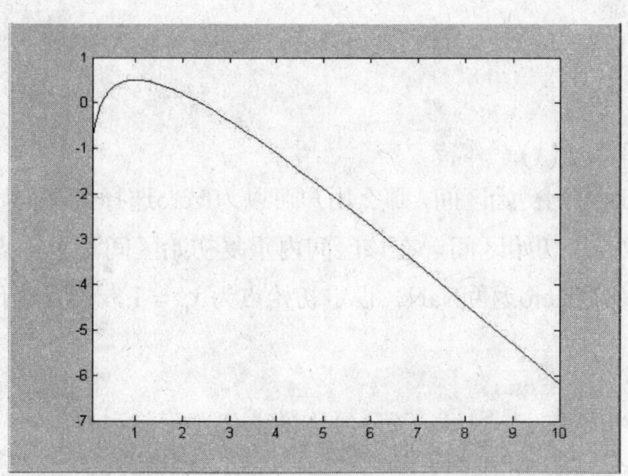

图6.1　f(x) = lnx + 3/2 – x曲线

下面分别利用初始区间法和初值法求 $f(x)$ 的零点。

1. 初始区间法

从图6.1中可以看出，$f(x)$ 在 $x=1$ 和 $x=8$ 处有不同的符号，分别计算 $f(1)$、$f(8)$。

```
f(1)
ans =
   0.5000
f(8)
ans =
  -4.4206
```

因此以[1,8]作为初始区间，fzero通过迭代算法求[1,8]的子区间。这些子区间端点的函数值异号，并且区间越来越小，最终收敛到函数的零点。为了更清楚地看到迭代的过程，这里利用函数optimset设置迭代算法的显示属性。

```
options = optimset('Display','iter');
```

然后调用fzero函数求 $f(x)$ 的零点。

```
fzero(f, [1,8], options)
```

下面是fzero通过初始区间[1,8]求 $f(x)$ 零点的迭代过程。

```
fzero(f, [1,8], options)
 Func-count    x          f(x)             Procedure
    2           1          0.5          initial
    3        1.7113      0.325953          interpolation
    4        1.7113      0.325953          interpolation
    5        2.2928     0.0369753          interpolation
    6       2.36043   -0.00158757          interpolation
    7       2.35765  1.65339e-005          interpolation
    8       2.35768  7.10852e-009          interpolation
    9       2.35768             0        interpolation
Zero found in the interval [1, 8]
ans =
2.3577
```

对该零点进行验证。

```
>> f(ans)
ans =
     0
```

2. *初始点法求函数 $f(x)$ 的零点*

假设不能很明显地得到初始区间，那么用户可以为fzero选择一个初始点 x_0。fzero会根据给定的初始点 x_0 搜索一个初始区间，在该区间内重复初始区间法求零点的过程；如果fzero找不到这样的区间，那么fzero返回NaN。设定初始点为 $x_0=1$，设置迭代过程的显示属性，调用fzero函数。

```
a = fzero(f, 1, options)
```

下面是fzero根据初始点 $x_0=1$ 求 $f(x)$ 零点的迭代过程。

```
a = fzero(f, 1, options)
Search for an interval around 1 containing a sign change:
 Func-count    a          f(a)             b            f(b)        Procedure
    1           1          0.5             1             0.5    initial interval
    3       0.971716     0.499592       1.02828       0.499607     search
    5          0.96     0.499178          1.04       0.499221     search
```

```
  7      0.943431     0.498337      1.05657     0.498458   search
  9          0.92     0.496618         1.08     0.496961   search
 11      0.886863     0.493072      1.11314     0.494045   search
 13          0.84     0.485647         1.16      0.48842   search
 15      0.773726     0.469736      1.22627     0.477706   search
 17          0.68     0.434338         1.32     0.457632   search
 19      0.547452     0.350067      1.45255     0.420771   search
 21          0.36     0.118349         1.64     0.354696   search
 22     0.0949033      -0.9498         1.64     0.354696   search
Search for a zero in the interval [0.094903, 1.64]:
 Func-count    x          f(x)             Procedure
  22           1.64       0.354696         initial
  23        1.21988       0.478872         interpolation
  24       0.657394       0.423134         bisection
  25       0.376148        0.14608         bisection
  26       0.262007      -0.101392         interpolation
  27       0.308772      0.0160753         interpolation
  28       0.302372     0.00153074         interpolation
  29       0.301708   -2.54486e-006        interpolation
  30        0.30171    4.00122e-009        interpolation
  31        0.30171    1.03806e-014        interpolation
  32        0.30171              0         interpolation
Zero found in the interval [0.0949033, 1.64]
a =
0.3017
```

将fzero求得的解代入验证。

```
>> f(a)
ans =
   0
```

如果将初始点过于远离零点，则fzero函数可能得不到解，例如设置$x_0 = 100$，fzero迭代过程如下。

```
a = fzero(f, 100, options)
Search for an interval around 100 containing a sign change:
 Func-count    a          f(a)             b          f(b)        Procedure
  1              100       -93.8948          100       -93.8948    initial
interval
  3        97.1716       -91.0951      102.828       -96.6954    search
  5             96       -89.9357          104       -97.8556    search
  7        94.3431       -88.2962      105.657       -99.4967    search
  9             92       -85.9782          108       -101.818    search
 11        88.6863       -82.7012      111.314       -105.101    search
 13             84       -78.0692          116       -109.746    search
 15        77.3726        -71.524      122.627       -116.318    search
 17             68       -62.2805          132       -125.617    search
 19        54.7452       -49.2425      145.255       -138.776    search
 21             36       -30.9165          164         -157.4    search
```

```
  23         9.49033      -5.74006        190.51        -183.76   search
Exiting fzero: aborting search for an interval containing a sign change
   because complex function value encountered during search.
(Function value at -28 is 32.8322+3.14159i.)
Check function or try again with a different starting value.
a =
  NaN
```

这时fzero不能得到零点，返回结果NaN。

6.1.3 函数数值微分

MATLAB中没有专门用于数值微分的函数，一元函数求导可以由差分函数diff实现，多元函数偏导数及梯度由gradient函数实现。这里首先对diff和gradient两个函数进行介绍，然后介绍如何利用diff、gradient求函数的数值微分。diff函数计算相邻元素之差，即差分，对于向量 $X=[X(1),X(2),\cdots,X(N)]$，$diff(X)=[X(2)-X(1),X(3)-X(2),\cdots,X(N)-X(N-1)]$ 这里要注意的是，$diff(X)$ 的长度比 X 小1。

如果X为矩阵，则diff在每列上作差分，即diff(X) = [diff(X(:,1)), diff(X(:,2)), … , diff(X(:,N))];diff(X, n)计算n阶差分，如diff(X, 2) = diff(diff(X))。可以利用diff计算函数的数值导数，对函数 $y=f(x)$ 进行等间隔采样，采样间隔为 h，得到一系列数据点 (x_i,y_i)（x_i 升序排列），则 $\dfrac{d^n y}{dx^n}=\dfrac{diff(y,n)}{h^n}$。

下面是利用差分函数diff计算一元函数的数值导数。

【例2】差分函数diff计算一元函数数值导数

对多项式函数 $y=f(x)$，$f(x)=x^2$，其一阶导数和二阶导数分别为 $\begin{matrix} f'(x)=2x \\ f''(x)=2 \end{matrix}$，在[0,1]上以 $h=0.01$ 为间隔得到采样序列 (x_i,y_i)，利用下式求 $f(x)$ 的一阶导数和二阶导数，$\begin{matrix} f'_E(x)=diff(y)/h \\ f''_E(x)=diff(y,2)/h^2 \end{matrix}$ 代码如下。

```
>> %对f(x)=x^2在[0, 1]上以h=0.01等间隔采样，得到采样序列(x,y)
>> h = 0.01;
>> x = 0:h:1;
>> y = x.^2;
>> %利用差分函数diff估计f(x)的一阶导数ED1和二阶导数ED2
>> ED1 = diff(y)/h;
>> ED2 = diff(y,2)/h^2;
>> %求f(x)一阶导数和二阶导数的精确值，分别为D1、D2
>> D1 = 2*x;
>> D2 = 2*ones(size(ED2));
```

将 $f'_E(x)$、$f''_E(x)$ 分别与理论值 $f'(x)$、$f''(x)$ 进行比较，如图6.2所示。

```
>> figure(1),plot(x(2:end),ED1,'r.');    %注意ED1的长度比x小1
>> hold on;
```

```
>> plot(x,D1);    %一阶导数理论值
>> legend('一阶导数估计值','一阶导数理论值');
>> hold off;
>> figure(2),plot(x(3:end),ED2,'r.');     %注意ED2的长度比x小2
>> hold on;
>> plot(x(3:end),D2);    %二阶导数理论值
>> legend('二阶导数估计值','二阶导数理论值');
>> hold off;
```

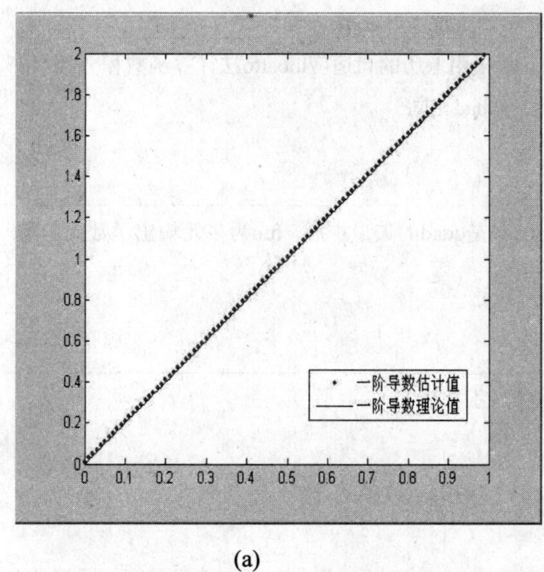

(a)

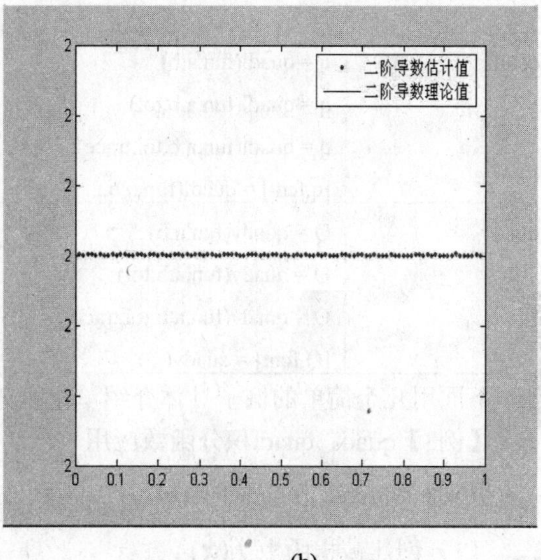

(b)

图6.2　利用diff求函数 $f(x)=x^2$ 微分

6.1.4　函数数值积分

本小节讨论函数的数值积分，函数 $f(x)$ 的数值积分由 $\int_D f(x)dx$ 表示。其中，$f(x)$ 为被积函数，D为积分区域，x可以为向量，此时 $f(x)$ 为多元函数。MATLAB支持三重及三重以下的积分运算，分别为 $\int_{x\min}^{x\max} f(x)dx$ $\int_{x\min}^{x\max}\int_{y\min}^{y\max} f(x,y)dxdy$ $\int_{x\min}^{x\max}\int_{y\min}^{y\max}\int_{z\min}^{z\max} f(x,y,z)dxdydz$ 。在上面的积分式中，要求xmin、ymin、zmin、xmax、ymax、zmax在计算积分时的值是确定的，很多二重及二重以上的积分不满足该条件，这时需要通过降维的方法将其转换为满足上述条件的积分。

首先介绍单重积分，MATLAB为单重积分提供了3个积分函数，如表6.1所示。

表6.1 单重数值积分函数

函数名	调用格式	说明
quad	q = quad(fun,a,b) q = quad(fun,a,b,tol) q = quad(fun,a,b,tol,trace) [q,fcnt] = quadl(fun,a,b,...)	quad采用遍历的自适应simpson法计算函数积分。fun为被积函数的句柄，fun应该接受向量输入，并输出相同长度的向量；a、b分别为积分的端点值；tol用于自适应simpson法的误差，增大tol可以加快计算速度，但是计算精度下降；当trace非零时，函数输出计算过程中的[fcnt, a, b-a, q]
quadl	q = quadl(fun,a,b) q = quadl(fun,a,b,tol) q = quadl(fun,a,b,tol,trace) [q,fcnt] = quadl(fun,a,b,...	quadl采用遍历的自适应lobatto法计算函数积分。其用法与quad相同
quadv	Q = quadv(fun,a,b) Q = quadv(fun,a,b,tol) Q = quadv(fun,a,b,tol,trace) [Q,fcnt] = quadv(...)	quadv是quad的矢量扩展，fun为多元输出函数的函数句柄

下面用几个简单的例子具体介绍单重积分函数的用法。

【例3】quad、quadl积分函数应用

分别利用quad、quadl求函数 $f(x)=\log(x)+x^{\frac{3}{2}}$ 在[1, 2]上的积分。

（1）创建被积函数 $f(x)$ 。

```
f = @(x)log(x) + x.^(3/2)
```

这里的函数必须支持按位运算，因此运算符要采用.*、.\、./、.^等。

（2）求 $f(x)$ 在[1, 2]的积分。

```
>> [q, fcn] = quad(f, 1, 2)
q =
   2.2490
fcn =
13
```

（3）设置tol改变simpson方法的自适应步长和运算速度，tol越大，步长越大，计算速度越快，但是精度会相应降低，函数默认tol = 1e-6。下面通过将tol设置为1e-8来计算。

```
>> [q, fcn] = quad(f, 1, 2, tol)
q =
   2.2490
fcn =
29
```

函数计算次数变为29次，计算速度变慢。

（4）设置trace为非0，可以使quad输出中间计算过程。

```
>> [q, fcn] = quad(f, 1, 2, tol,1)
     9     1.0000000000    2.71580000e-001     0.3632519190
    11     1.0000000000    1.35790000e-001     0.1587554367
```

```
    13    1.1357900000    1.35790000e-001    0.2044964852
    15    1.2715800000    4.56840000e-001    1.0251581546
    17    1.2715800000    2.28420000e-001    0.4472161241
    19    1.2715800000    1.14210000e-001    0.2073815978
    21    1.3857900000    1.14210000e-001    0.2398345265
    23    1.5000000000    2.28420000e-001    0.5779420517
    25    1.7284200000    2.71580000e-001    0.8606259625
    27    1.7284200000    1.35790000e-001    0.4064833436
    29    1.8642100000    1.35790000e-001    0.4541426191
q =
   2.2490
fcn =
29
```

（5）quadl具有与quad相同的使用方法。

```
>> [q, fcn] = quadl(f, 1, 2)
q =
   2.2490
fcn =
18
```

【例4】quadv积分函数。quadv的被积函数是函数数组，例如，$f(x)=[f_1(x),f_2(x),f_3(x),\ldots]$

$f(x)$为1×10的函数向量，且$f_k(x)=\dfrac{1}{k+x}$，求$f(x)$在[0,1]上的积分。

（1）创建函数向量。

```
f = @(x,n) (1./((1:n)+x));
```

（2）计算$f(x)$在[0,1]上的积分。

```
Q = quadv(@(x)f(x,10),0,1)
Q =
   0.6931    0.4055    0.2877    0.2231    0.1823    0.1542    0.1335
      0.1178    0.1054    0.0953
```

MATLAB中的dblquad和triquad分别用于计算二重积分和三重积分，关于这两个函数的使用方法见表6.2所示。

表6.2 dblquad、tripilequad积分函数

函数	调用格式	说明
dblquad	q = dblquad(fun,xmin,xmax,ymin,ymax) q = dblquad(fun,xmin,xmax,ymin,ymax,tol) q = dblquad(fun,xmin,xmax,ymin,ymax,tol,method)	dblquad计算函数fun在矩形区域[xmin,xmax,ymin,ymax]的积分，dblquad利用method指定的函数计算积分，默认是@quad，用户可以将其设置为@quadl或自定义的函数
triplequad	triplequad(fun,xmin,xmax,ymin,ymax,zmin,zmax) triplequad(fun,xmin,xmax,ymin,ymax,zmin,zmax,tol) triplequad(fun,xmin,xmax,ymin,ymax,zmin,zmax,tol,method)	triplequad计算函数fun在[xmin,xmax,ymin,ymax,zmin,zmax]上的积分，相关参数的意义与dblquad相同

【例5】二重积分、三重积分。求函数 $f(x,y)$，$f(x,y)=x\sin(y)+y\cos(x)$ 在 $0\le x\le\pi, 0\le y\le\pi$ 上的积分。然后求 $g(x,y,z)=x\sin(y)+y\cos(x)+\sin(z)$ 在 $0\le x\le\pi, 0\le y\le\pi, 0\le z\le\pi$ 上的积分。

（1）创建二元函数 $f(x,y)$。

```
>> f = @(x,y) x*sin(y)+y*cos(x);
```

（2）求 $f(x,y)$ 在矩形区域 $0\le x\le\pi, 0\le y\le\pi$ 上的积分。

```
>> q = dblquad(f, 0, pi, 0, pi)
q =
9.8696
```

（3）创建三元函数 $g(x,y,z)$。

```
>> f = @(x,y,z) x*sin(y)+y*cos(x)+sin(z);
```

（4）求三元函数 $g(x,y,z)$ 在 $0\le x\le\pi, 0\le y\le\pi, 0\le z\le\pi$ 上的积分。

```
>> q = triplequad(f, 0, pi, 0, pi, 0, pi)
q =
  50.7455
```

6.1.5 函数最优化

对 $J(x)$（$x=[x_1,x_2,\cdots,x_p]'$ 为自变量）在定义域内求最大值或最小值称为函数最优化，函数最优化用符号 $\min\limits_{x\in D} J(x)$ 或 $\max\limits_{x\in D} J(x)$ 来表示。由于 $\max\limits_{x\in D} J(x)$ 可以转化为 $-\min\limits_{x\in D} -J(x)$ 问题，因此下面仅讨论最小值优化问题。

工程和数学中的很多问题都可以归结为最优化问题，例如，对0求函数零点的问题，可以转化为求最小值 $\min\limits_{x\in D} f^2(x)$ 问题。若 $f(x)$ 存在零点，当上式达到最小时，$f(x)=0$。

关于最优化问题，MATLAB专门提供了一个最优化工具箱，这里仅对MATLAB提供的两个高层最优化函数fminbnd和fminsearch作介绍，如果读者想要了解最优化更加底层的操作，请参考MATLAB的Optimization Toolbox帮助文档。

这里将要介绍的两个最优化函数fminbnd和fminsearch，前者用于单变量函数的最优化，后者用于多变量函数的最优化。首先介绍fminbnd函数，fminbnd用于求函数在给定区间内的极小值，fminbnd基本的调用格式为

[x, feval, exitflag] = fminbnd(f, x1, x2, opt)

其中，各个参数的含义如下。

- f 为函数句柄，可以是以M-文件形式存在的函数，或者是事先输入的匿名函数，也可以直接用匿名函数，如[x, feval, exitflag] = fminbnd(@(x)(x.^2), x1, x2, opt)。
- x_1、x_2 为给定区域的左右端点，fimnbnd在区间 $[x1, x2]$ 上求 f 的极小值。
- opt为最优化过程的选项设置，用于对迭代过程的控制和结果的显示等。
- $(x, feval)$ 为极小值点，*exitflag* 为迭代过程结束的标示，1表示fminbnd根据options.TolX的设置收敛到了极小值；0表示函数值达到了options中设定的最大函数值（options. MaxFunEvals）；-1表示算法被输出函数终止；-2表示迭代过程中发生了左边界大于右边界的情况，这说明此函数在该区间内可能是单调的。

下面举一个利用fminbnd求函数极小值的例子来说明fminbnd的用法。

【例6】fminbnd求一元函数极小值

求函数 $y=f(x)=\dfrac{1}{(x-0.1)^2+0.04}+\dfrac{1}{(x-1.6)^2+0.25}$ 在[-2，2]上的极小值。为便于理解，作出 $f(x)$ 在[-4,4]上的函数曲线，如图6.3所示。

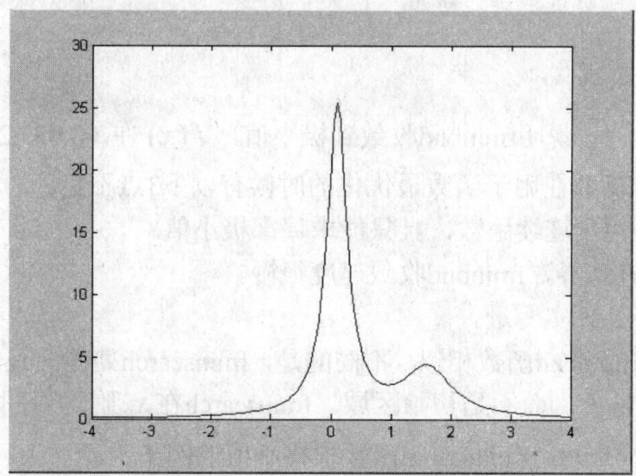

图6.3　fminbnd求函数极小值示例

（1）建立函数，这里的函数可以是M-文件形式的MATLAB函数，也可以直接输入匿名函数，或者事先输入的匿名函数。由于此例中的函数相对比较复杂，因此采用第三种方式，输入匿名函数，并返回函数句柄，如下。

```
f = @(x) 1./((x-0.1).^2+0.04) + 1./((x-1.6).^2 + 0.25);
```

这里使用按位乘是为了使该函数能支持向量输入。

（2）设置最优化选项。设置迭代控制容差TolX（当相邻两次迭代结果的误差绝对值小于Options.TolX时，则认为达到极小值）和显示选项。

```
opt = optimset('TolX', 1e-8, 'Display', 'iter');
```

（3）设定自变量区间，调用fminbnd函数。

```
[x,y,exitflag] = fminbnd(f, -1, 2, opt)
```

由于显示选项设置为‘iter’，函数调用结果将显示迭代过程如下。

```
[x,y,exitflag] = fminbnd(f, -1, 2, opt)
 Func-count     x          f(x)         Procedure
    1        0.145898     24.1722        initial
    2        0.854102     2.88306        golden
    3          1.2918     3.58339        golden
    4         1.04399     2.86242        parabolic
    5        0.956929     2.79851        parabolic
    6        0.955679     2.79845        parabolic
    7        0.952891     2.79839        parabolic
    8        0.953042     2.79839        parabolic
    9        0.953045     2.79839        parabolic
   10        0.953045     2.79839        parabolic
   11        0.953045     2.79839        parabolic
```

```
  12      0.953045     2.79839         parabolic
Optimization terminated:
 the current x satisfies the termination criteria using OPTIONS.TolX of
1.000000e-008
x =
    0.9530
y =
    2.7984
exitflag =
     1
```

结束标志exitflag = 1，说明fminbnd收敛到极小值，$f(x)$ 在（0.953,2.7984）取得极小值，与图6.3相符。fminbnd函数在用于函数最优化的时候有以下3点不足。

- fminbnd只能用于连续函数，且只能求局部极小值。
- 若极小值点在边界，fminbnd收敛速度很慢。
- fminbnd只能处理实变量。

fminsearch函数与fminbnd函数相似，不同的是，fminsearch处理的是多变量函数，并且以一个初始矢量 x_0 作为输入，而不是初始区域。fminsearch在 x_0 附近返回一个使 $f(x)$ 达到极小值的矢量。下面是一个利用fminsearch函数求极小值的例子。

【例7】fminsearch求多元函数极小值

求函数 $f(x,y)$，$f(x,y)=\dfrac{1}{(x-1)^2+0.16}+\dfrac{1}{(y-4)^2+0.16}$ 在（2.5，3.5）附近的极小值点。

（1）创建目标函数 $f(x,y)$。

```
f = @(x,y) 1./((x - 1).^2 + 0.16) + 1./((y-4).^2 + 0.16);
```

作出 $f(x,y)$ 在[1±2,4±1]上的曲面图，如图6.4所示。

```
x = -1:0.1:3;
y = 3:0.1:5;
[X,Y] = meshgrid(x,y);   %数据网格
z = f(X,Y);
mesh(X,Y,z);   %曲面图
```

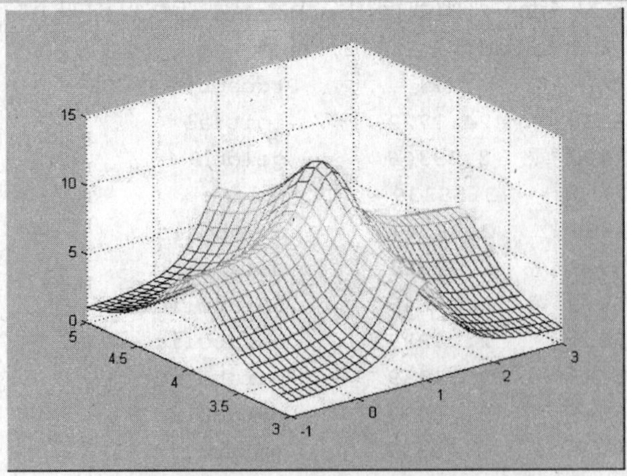

图6.4　fminsearch求函数极小值示例

（2）设置最优化选项。

设置结果显示迭代过程。

```
>> opt = optimset('Display','iter');
```

（3）设置初始点（2.5,3.5），调用fminsearch求 $f(x,y)$ 在（2.5,3.5）附近的极小值点。

```
[xy, z, exitflag] = fminsearch(f, [2.5,3.5], opt)
```

结果显示迭代过程、极小值点和结束标志。

```
Iteration   Func-count     min f(x)         Procedure
    0           1          -2.85396
    1           3          -4.17964        initial simplex
    2           5          -5.20149        expand
    3           7          -6.6816         reflect
    4           9          -7.08775        reflect
    5          11          -7.08775        contract outside
    6          13          -7.08775        contract inside
    7          15          -7.08775        contract outside
    8          17          -7.42781        expand
    9          19          -7.86276        expand
   ...
   71         136          -12.5           contract inside
   72         138          -12.5           contract inside
   73         140          -12.5           contract inside
Optimization terminated:
 the current x satisfies the termination criteria using OPTIONS.TolX of
1.000000e-008
 and F(X) satisfies the convergence criteria using OPTIONS.TolFun of
1.000000e-004
xy =
    1.0000    4.0000
z =
  -12.5000
exitflag =
    1
```

结束标志exitflag=1，说明fminsearch收敛到极小值，显然fminsearch得到了极小值点（1,4,-12.5），这与图6.4是吻合的。

fminsearch能解决多变量函数最优化的问题，对非连续的情况，当非连续的区域不在极小值点的附近时，也能够得到局部极小值解。fminsearch也有很多局限性，如下所示。

- 正如上面提到的，fminsearch只能得到局部极小值点。
- fminsearch只能处理 x、$f(x)$ 均是实数的情况，对于复变量 x，必须将其分为实部和虚部两个部分。

6.1.6 函数可视化

函数零点、函数微积分、函数极值对函数的描述都是局限性的，且不够直观。将函数以图形化的方式表示出来，能够对函数有更加直观、全面的理解。本小节介绍如何以图形化的方式说明函数性质，即函数的可视化。MATLAB为二元及二元以下的函数可视化提供了很多的函数支持，如表6.3所示。

表6.3 函数的可视化函数

函数		说明
一元函数	fplot	一元函数作图
	ezplot	一元函数作图简化版
	ezpolar	一元函数极坐标作图
二元函数	ezplot3	三维曲线作图
	ezsurf	surf图
	ezsurfc	surf图和轮廓图
	ezmesh	mesh图
	ezmeshc	mesh图和轮廓图
	ezcontour	轮廓图
	ezcontourf	填充轮廓图

由于篇幅所限，这里仅对一元函数作图中的fplot函数和二元函数作图中的ezmesh函数进行较为详细的介绍。其它函数在调用方法上与这两个函数都很相似，如果读者感兴趣可以参考MATLAB的帮助文档。

fplot有以下几种比较常见的调用格式。

```
fplot(function,limits)
fplot(function,limits,LineSpec)
fplot(function,limits,tol)
fplot(function,limits,tol,LineSpec)
fplot(function,limits,n)
 [X,Y] = fplot(function,limits,...)
```

说明:

- function为目标函数句柄，其可以是单个函数，此时fplot得到一条曲线；也可以是函数矩阵，此时fplot得到多条曲线。
- limits限定fplot在limits定义的自变量区间内作图。limits有两种形式，[xmin，xmax]或[xmin，xmax，ymin，ymax]。
- tol限制fplot作图时相邻两个函数值的相对差，默认为2%。通过设置tol可以改变应变量采样的间隔，tol越小，则所得曲线越密，反之亦然。
- LineSpec设定曲线的显示属性，如线型、颜色等。
- *n*（*n*>1）限定fplot至少画*n*+1个点，默认*n*=1。
- [X,Y] = fplot(function,limits,...)不作图，而是将fplot采集得到的点保存在[X,Y]中，用户可以用plot(X,Y)作函数曲线。

【例8】fplot可视化函数

作 $f(x)=-\log(x)+x^{\frac{2}{3}}$ 在[1,10]上的曲线。

（1）创建函数 $f(x)$ 。

```
f = @(x) -log(x)+x.^(2/3);                  % 创建函数
```

（2）作[1,10]上的曲线，如图6.5(a)所示。

```
fplot(f, [1,10]);
```

（3）在Y轴上放大显示，如图6.5 (b)所示。

```
fplot(f, [1,10, 0.8, 2]);
```

（4）作红色点图，如图6.5 (c)所示。

```
fplot(f, [1,10], 'r.');
```

（5）设置tol，以改变显示的点数，如图6.5 (d)所示。

```
fplot(f, [1,10], 2e-2, 'r.');
```

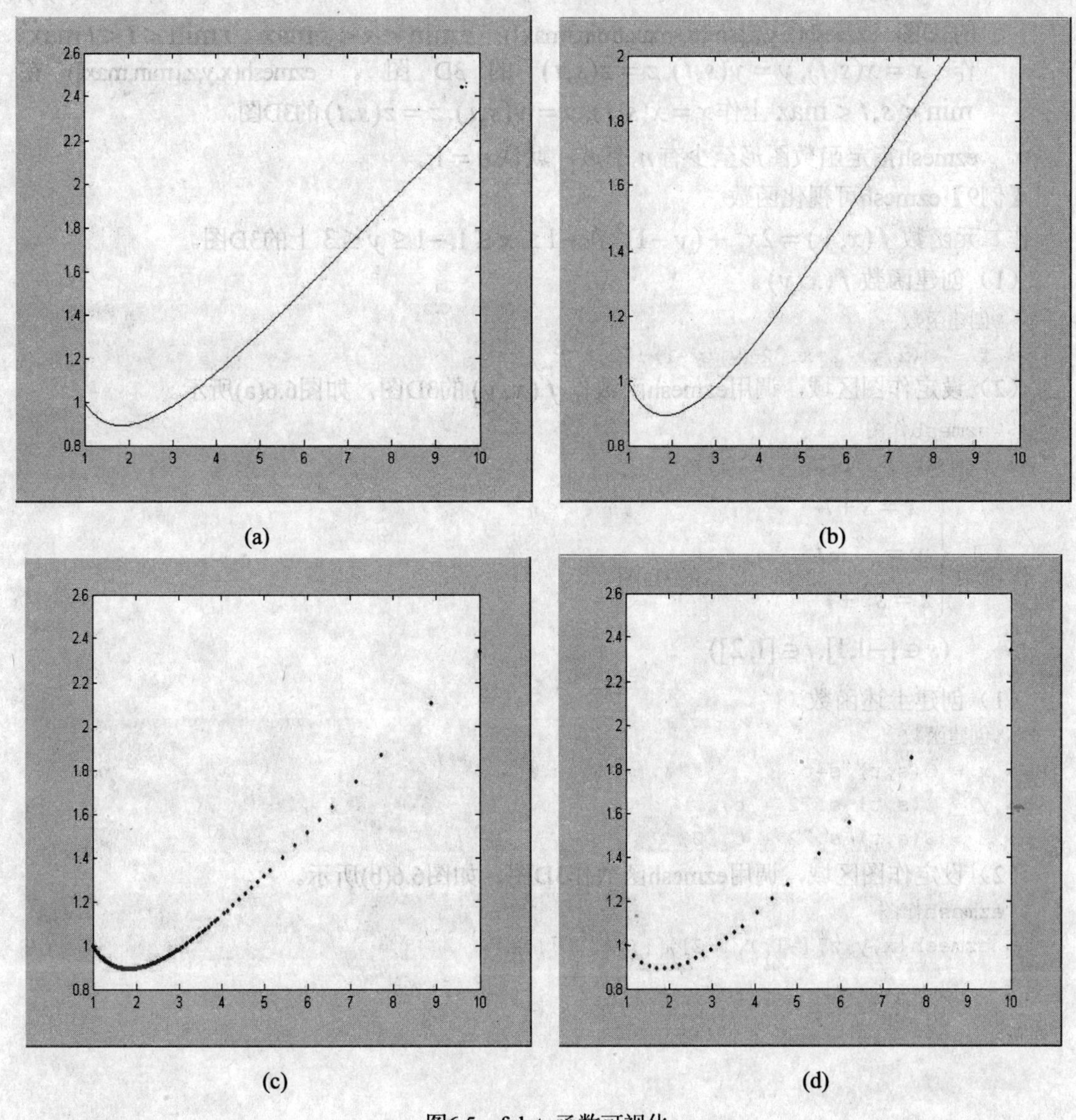

(a)　(b)

(c)　(d)

图6.5　fplot 函数可视化

ezmesh用于二元函数的3D可视化，常用的调用格式为：

```
ezmesh(f)
ezmesh(f,domain)
ezmesh(x,y,z)
ezmesh(x,y,z,[smin,smax,tmin,tmax]) or ezmesh(x,y,z,[min,max])
ezmesh(...,n)
```

说明:

- f为二元函数句柄。
- ezmesh(f) 在$-2\pi < x < 2\pi, -2\pi < y < 2\pi$作函数$f$的3D图。
- ezmesh(f,domain) 在domain指定的区域函数f的3D图。
- ezmesh(x,y,z)在$-2\pi < s < 2\pi, -2\pi < t < 2\pi$上作$x = x(s,t), y = y(s,t), z = z(s,t)$的3D图。ezmesh(x,y,z,[smin,smax,tmin,tmax])在$s\min < s < s\max$、$t\min < t < t\max$作 $x = x(s,t), y = y(s,t), z = z(s,t)$ 的 3D 图 。 ezmesh(x,y,z,[min,max]) 在$\min < s,t < \max$上作$x = x(s,t), y = y(s,t), z = z(s,t)$的3D图。
- ezmesh指定函数图形至少有n个点，默认$n = 1$。

【例9】ezmesh可视化函数

作二元函数$f(x,y) = 2x^2 + (y-1)^2$在$-1 \le x \le 1, -1 \le y \le 3$上的3D图。

（1）创建函数$f(x,y)$。

```
>>%创建函数
>> f = @(x,y) 2*x.^2 + (y-1).^2;
```

（2）设定作图区域，调用ezmesh函数作$f(x,y)$的3D图，如图6.6(a)所示。

```
>>%ezmesh作图
>> ezmesh(f, [-1,1,-1,3])
```

作函数$\begin{cases} x = s + t \\ y = s^2 + t \\ z = s^2 + t^2 \end{cases}$的3D图。

$(s \in [-1,1], t \in [1,2])$

（1）创建上述函数。

```
>>%创建函数
>> x = @(s,t) s+t;
>> y = @(s,t) s.^2 + t;
>> z = @(s,t) s.^2 + t.^2;
```

（2）设定作图区域，调用ezmesh函数作3D图，如图6.6(b)所示。

```
% ezmesh作图
>> ezmesh(x,y,z,[-1,1,1,2])
```

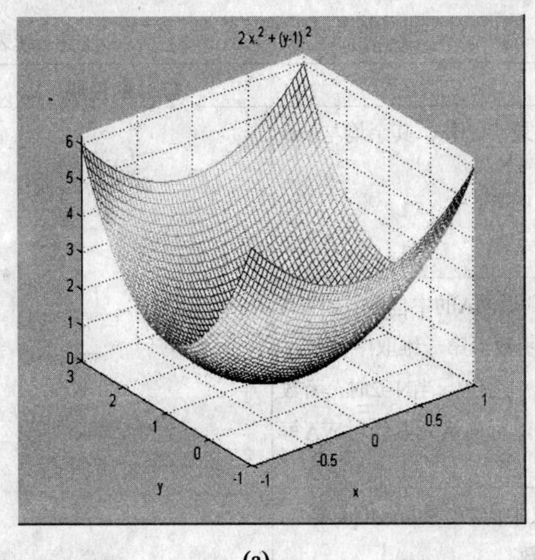

(a)

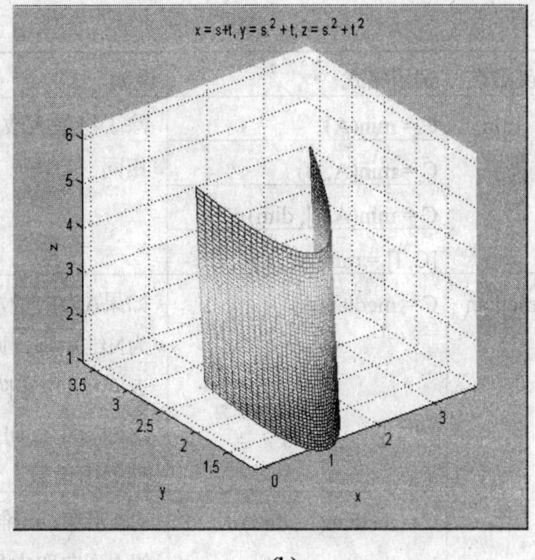

(b)

图6.6　ezmesh可视化函数

6.2　基本数据分析

本节和下节将讲述利用MATLAB进行数据分析的方法。本节内容着重于基本的数据分析，下节从统计学的角度介绍数据分析的一些重要知识。

6.2.1　最大值、最小值、中位数

MATLAB中的max、min、median函数分别用于提取数据的最大值、最小值和中位数，详细的使用方法见表6.4所示。

表6.4　max、min、median函数

函数名	调用格式	说明	额外的说明
max	C = max(A)	如果A为向量，则返回A的最大值；如果A为N维数组，函数沿A的第一维求最大值，返回N-1维数组C的元素；特别地，当N=2时，则返回一个行向量，行向量的元素对应A每列的最大值	当输入矩阵A为复数矩阵时，只考虑模值，而忽略相位；该函数将忽略NaN
	C = max(A, B)	返回结果是与A、B大小相同的数组，数组元素取A、B对应元素的较大者	
	C = max(A, [], dim)	对A沿第dim维求最大值，如max(A, [], 1)沿A列向取最大值	
	[C, I] = max(A, …)	不仅返回最大值，而且返回最大值的索引，如果最大值有重复，则返回第一个最大值的位置	

续表

函数名	调用格式	说明	额外的说明
min	C = min(A)	除了将最大改为最小之外，其余均与max相同	
	C = min(A, B)		
	C = min(A, [], dim)		
	[C, I] = min(A, …)		
median	C = median(A)	如果A为向量，则返回A的中位数；如果A为N维矩阵，则函数沿第一维取中位数，返回N-1维矩阵；特别地，当N=2时，函数返回一个行向量，行向量元素为对应A每列的中位数	
	C = median(A, dim)	对A沿第dim维取中位数，如median(A, 1)沿A列向取中位数	

【例10】max、min应用

已知矩阵 $A=\begin{bmatrix}2&4&8\\1&3&6\\5&8&9\end{bmatrix}$，$B=\begin{bmatrix}1&3&2\\8&6&5\\4&3&7\end{bmatrix}$，

$V=[1\ \ 2\ \ 3\ \ 4\ \ -1\ \ 1\ \ 3\ \ 5\ \ 7\ \ 9\ \ 11]$。

（1）创建矩阵A、B和行向量V。

```
>> A = [2,4,8;1,3,6;5,8,9], B = [1,3,2,;8,6,5;4,3,7], V = [1:4, -1:2:11]
A =
     2     4     8
     1     3     6
     5     8     9
B =
     1     3     2
     8     6     5
     4     3     7
V =
     1     2     3     4    -1     1     3     5     7     9    11
```

（2）求向量V的最大值和最小值。

```
max(V), min(V)
ans =
    11
ans =
-1
```

（3）求矩阵A的最大值和B的最小值。

```
max(A), min(B)
ans =
     5     8     9
ans =
```

```
   1     3     2
```

（4）对$M \times N(M,N>1)$矩阵，默认情况下，最大值、最小值函数沿矩阵第一维，即列向求最值，当然也可以指定沿行向求最值。

```
max(A, [], 2), min(B, [], 2)
ans =
     8
     6
     9
ans =
     1
     5
     3
```

（5）求A、B的较大者。

```
max(A,B), min(A, B)
ans =
     2     4     8
     8     6     6
     5     8     9
ans =
     1     3     2
     1     3     5
     4     3     7
```

此外，max、min还能够返回最值的索引。

```
[C, I] = max(V)
C =
    11
I =
11
```

向量V的最大值为11，最大值的索引I＝11。

对于复数据，max、min在比较数值大小时，仅考虑模值。利用V生成新的复数据向量$V1$。

```
V1 = V + i*V(11:-1:1)
V1 =
  Columns 1 through 4
   1.0000 +11.0000i  2.0000 + 9.0000i  3.0000 + 7.0000i  4.0000 + 5.0000i
  Columns 5 through 8
  -1.0000 + 3.0000i  1.0000 + 1.0000i  3.0000 - 1.0000i  5.0000 + 4.0000i
  Columns 9 through 11
   7.0000 + 3.0000i  9.0000 + 2.0000i  11.0000 + 1.0000i
```

求复数据向量V1的最大值和最小值。

```
max(V1),min(V1)
ans =
   1.0000 +11.0000i
ans =
   1.0000 + 1.0000i
```

【例11】median求中位数。由于篇幅所限，本例将使用例10的数据。

（1）求向量V的中位数。

```
median(V)
ans =
     3
```

（2）求矩阵A、B的中位数。

```
>> median(A), median(B)
ans =
     2     4     8
ans =
     4     3     5
```

（3）对$M\times N(M,N>1)$矩阵，median函数默认沿矩阵第一维，即列向求最值，当然也可以指定沿行向求中位数。

```
median(A, 2), median(B, 2)
ans =
     4
     3
     8
ans =
     2
     6
     4
```

（4）对复数据，median在比较数值大小时，也只考虑模值，忽略相位，求$V1$的中位数。

```
median(V1)
ans =
   7.0000 + 3.0000i
```

这里要说明的是，median不能返回中位数的索引值。

6.2.2 排序

MATLAB提供了sort和sortrow两个函数用于数据的排序操作。这两个函数不仅可以用于数值数据的排序，而且对字符串数据也可以进行排序，这里主要讲述数值排序的内容，对于字符串的排序仅稍作介绍。

sort对数组元素按升序或降序进行排列，数组元素的类型可以是整型、浮点型、逻辑类型等数值类型，也可以是字符、字符串。函数sort对字符或字符串数组的排序依据ASCII表进行；对于复数数值类型，sort函数首先比较各元素的模值，在模值相同的情况下，考虑$(-\pi,\pi]$上的相位值；对于NaN数据，sort函数将其排在最后，不管是按升序还是降序排列。

sort函数有以下几种常用的调用格式。

- B = sort(A)，其中，A为$M\times N\times\cdots\times P$数组，函数沿第一个非1的维进行升序排列。例如当A为$M\times 1$（$M>1$）向量时，函数沿第一维进行升序排列；当A为$1\times N$（$N>1$）时，第一维为1，因此函数沿第二维进行升序排列；当A为$M\times N$（$M,N>1$）时，函数沿第一维即列向排序。
- B = sort(A, dim)，其中A为$M\times N\times\cdots\times P$数组，函数沿第dim维进行升序排列。
- B = sort(… , mode)，mode为排序模式，可以选择升序（'ascend'）或降序（'descend'），

默认情况下为升序排列。

- [B, Index] = sort(…)，函数不仅返回排序后的数组，而且返回B在原来数组中相应的索引值。

在讲述sort函数相对复杂的使用方法之前，首先通过下面的例子对字符、字符串和复数据的排序进行简要介绍。

【例12】字符、字符串的排序。输入字符串数组。注意在输入字符串数组时，每个字符串所在的字节数应相等，不足的以空格代替。

```
WeekDays = ['Monday   '; 'Tuesday  '; 'Wednesday'; 'Thirsday '; 'Friday   ']
WeekDays =
Monday
Tuesday
Wednesday
Thirsday
Friday
```

分别对其作升序和降序排列。

```
>> SortedWeekDays = sort(WeekDays)
SortedWeekDays =
Feddaa
Mhedad
Toindsa
Trireyda
Wunssyyyy
>> SortedWeekDays = sort(WeekDays, 'descend')
SortedWeekDays =
Wunssyyyy
Trireyda
Toindsa
Mhedad
Feddaa
```

对复数据a,b比较大小时，首先考虑a,b的模值。若$abs(a)>abs(b)$，,则认为$a>b$；若$abs(a)=abs(b)$，则考虑a,b的相位。若$angle(a)>angle(b)$则$a>b$。

【例13】复数据排序。

（1）输入复向量V。

```
V = [1, -1, i, -i]
V =
  1.0000           -1.0000                  0 + 1.0000i       0 - 1.0000i
```

（2）对其作升序排列。

```
sort(V)
ans =
      0 - 1.0000i   1.0000            0 + 1.0000i  -1.0000
```

【例14】sort函数应用

已知 $A=\begin{bmatrix}2 & 4 & 8\\ 1 & 3 & 6\\ 5 & 8 & 9\end{bmatrix}$，$V=\begin{bmatrix}1 & 3 & 4 & 6 & 10 & 9 & 7 & 6 & 5 & 2\end{bmatrix}$。

（1）创建矩阵 A 和向量 V 。

```
A = [2,4,8;1,3,6;5,8,9], V = [1,3,4,6,10,9,7,6,5,2]
A =
     2     4     8
     1     3     6
     5     8     9
V =
     1     3     4     6    10     9     7     6     5     2
```

（2）对向量 V 分别作升序和降序排列。

```
sort(V), sort(V, 'descend')
ans =
     1     2     3     4     5     6     6     7     9    10
ans =
10     9     7     6     6     5     4     3     2     1
```

（3）对矩阵 A 作升序排列。

```
B = sort(A)
B =
     1     3     6
     2     4     8
     5     8     9
```

（4）默认地，函数对矩阵沿第一维，即列向进行排序，当然也可以按指定沿列向进行排序。

```
B = sort(A,2)
B =
     2     4     8
     1     3     6
     5     8     9
```

（5）sort函数能够返回排序后的数组在原来数组中的索引值。

```
[B, Index] = sort(V)
B =
     1     2     3     4     5     6     6     7     9    10
Index =
     1    10     2     3     9     4     8     7     6     5
>> V(Index)
ans =
     1     2     3     4     5     6     6     7     9    10
```

可以看到，B = V(Index)。除了sort函数外，MATLAB还提供了sortrows排序函数，sort将每一行作为一个整体，沿列向进行排序。sortrows常用的调用格式如下。

- B = sortrows(A)，将 A 的每一行作为整体沿列向进行升序排列，如果依据第一列，A 具有相同的两行，那么再依据第二列对这两行进行比较，依此类推。注意，这里的A只能是列向量或者矩阵。

- B = sortrows(A, column)，依据第coloum列对 A 进行升序排列，并且column可以为向量。
- [B, Index] = sortrows(…)，返回排序的索引值index，index为列向量，当A为列向量时，B = A(Index)；当A为矩阵时，B = A(index, :)。

【例15】sortrows应用。利用sortrows函数对例12中的字符串进行排序。

```
WeekDays = ['Monday   '; 'Tuesday  '; 'Wednesday'; 'Thirsday '; 'Friday   ']
WeekDays =
Monday
Tuesday
Wednesday
Thirsday
Friday
SortedWeekDays = sortrows(WeekDays)
SortedWeekDays =
Friday
Monday
Thirsday
Tuesday
Wednesday
```

按第一列对其进行排序。

```
SortedWeekDays = sortrows(WeekDays, 1)
SortedWeekDays =
Friday
Monday
Tuesday
Thirsday
Wednesday
```

可以看到这次Tuesday排在了Thirsday的前面。

6.2.3　求和、乘积、差分

MATLAB中的sum函数表示对数组求和。sum函数以数组A作为数据输入，sum(A)沿数组第一个非1的维进行求和。若A为向量，则返回该向量的和；若A为矩阵，则函数沿列方向求和，返回一个行向量，对应A每一列的和。sum(A, dim)指定函数沿第dim维求和。实际上MATLAB中很多函数的调用格式都与此类似，如前面用到的min、max、sort函数等。这里为这种类型的函数取一个名字，称为数组支持函数。对下面的章节中出现的数组支持函数，如无特别的调用格式，则对其调用方法不作特别说明。

另外，sum函数还提供给用户一个选项，该选项可以限定运算结果的类型，如sum(…, 'double')限定结果为double型，即使输入数据的类型为整型，默认情况下会返回double型。

【例16】求和函数sum的应用

已知 $A=\begin{bmatrix}2 & 4 & 8\\ 1 & 3 & 6\\ 5 & 8 & 9\end{bmatrix}, V=\begin{bmatrix}1 & 3 & 4 & 6 & 10 & 9 & 7 & 6 & 5 & 2\end{bmatrix}$。

（1）创建矩阵 A 和向量 V 。

```
A = [2,4,8;1,3,6;5,8,9], V = [1,3,4,6,10,9,7,6,5,2]
A =
     2     4     8
     1     3     6
     5     8     9
V =
     1     3     4     6    10     9     7     6     5     2
```

（2）求向量 V 的和。

```
sum(V)
ans =
53
```

（3）求矩阵 A 的列和。

```
sum(A),sum(A,2)
ans =
     8    15    23
```

（4）求矩阵 A 的行和。

```
ans =
    14
    10
    22
```

（5）prod函数用于求积运算，调用格式与sum函数相似

```
prod(A)
prod(A, dim)
```

【例17】求积函数prod 应用本例使用例16的数据。

（1）对向量 V 求积。

```
prod(V)
ans =
     2721600
```

（2）求矩阵 A 沿列向的积，即列积。

```
prod(A)
ans =
10    96   432
```

（3）求矩阵 A 沿行向的积，即行积。

```
prod(A, 2)
ans =
    64
    18
   360
```

除了一般的求和与求积外，MATLAB还定义了两种相关的累积运算，即累积和和累积积，分别由函数cumsum、cumprod实现。

累积求和、累积求积函数都是数组支持函数，即支持下面的调用格式。

cumsum(A)

cumsum(A,dim)

cumprod(A)

cumprod(A,dim)

这里仅介绍当A为向量的情况，A为矩阵和高维数组时的情况很容易想象。对于向量A，$A=[a_1,a_2,\cdots,a_n]$, B=cumsum(A), C=cumprod(A), 则$B=[b_1,b_2,\cdots,b_n], C=[c_1,c_2,\cdots,c_n]$。且$b_i=\sum_{n=1}^{i}a_i, c_i=\prod_{n=1}^{i}a_i$。下面通过一个简单的例子说明累积和、累积积的意义。

【例18】累积求和、累积求积运算

已知向量$A=[1\quad 3\quad 4\quad 6\quad 10\quad 9\quad 7\quad 6\quad 5\quad 2]$。求$A$的累积和、累积积。

（1）创建向量A。

```
A = [1,3,4,6,10,9,7,6,5,2];
```

（2）分别求累积和B和累积积C。

```
>> B = cumsum(A),C = cumprod(A)
B =
     1     4     8    14    24    33    40    46    51    53
C =
  Columns 1 through 7
         1         3        12        72       720      6480     45360
  Columns 8 through 10
    272160   1360800   2721600
```

差分运算是累积和的逆运算，MATLAB中对应的函数为diff，该函数在前面已介绍过，这里对其调用格式不再做过多的说明，仅提供一些应用的例子。

【例19】差分函数diff。diff也是一种数组支持函数，因此本例仅介绍向量的差分运算。

（1）创建1×10的向量V。

```
V = [3,2,8,8,5,4,9,6,1,1]
V =
     3     2     8     8     5     4     9     6     1     1
```

（2）求V的一阶差分。

```
diff(V)
ans =
-1     6     0    -3    -1     5    -3    -5     0
```

（3）V的二阶差分可以由diff(V,2)或 diff(diff(V))得到，这两者是等价的。

```
>> diff(V,2)
ans =
     7    -6    -3     2     6    -8    -2     5
>> diff(diff(V))
ans =
     7    -6    -3     2     6    -8    -2     5
```

6.2.4 均值、方差分析

均值反映的是数据的中心，方差反映的是数据相对均值的散布程度。从体系结构上说，数据的均值和方差分析属于数据的统计分析，但是这两种分析方法也是很常用、很基本的数据分析方法，因此我们将均值和方差分析放在本小节介绍。

对数据序列 X，$X=[x_1,x_2,\cdots,x_N]$，其均值为 $\overline{x}=\frac{1}{N}\sum_{n=1}^{N}x(n)$，标准差为(1) $\sigma_x=\left(\frac{1}{N-1}\sum_{n=1}^{N}(x(n)-\overline{x})^2\right)^{\frac{1}{2}}$ 或(2) $\sigma_x=\left(\frac{1}{N}\sum_{n=1}^{N}(x(n)-\overline{x})^2\right)^{\frac{1}{2}}$。

MATLAB提供的mean函数和std函数分别用于计算数据的均值和标准差，这两个函数都是数组支持函数。对于std函数，有一个flag选项（见表6.5说明），当指定其沿某维计算标准差时，必须设置该选项。表6.5列出了mean、std函数的使用方法。

表6.5　mean、std函数

函数名	调用格式	说明
mean	M = mean(A)	
	M = mean(A, dim)	
std	s = std(A)	flag = 0时，用(1)计算标准差
	s = std(A, flag)	flag = 1时，用(2)计算标准差
	s = std(A, flag, dim)	

【例20】均值和标准差

已知 $A=\begin{bmatrix}2&4&8\\1&3&6\\5&8&9\end{bmatrix}$，$V=[1\ \ 3\ \ 4\ \ 6\ \ 10\ \ 9\ \ 7\ \ 6\ \ 5\ \ 2]$。

（1）创建矩阵 A 和向量 V。

```
A = [2,4,8;1,3,6;5,8,9], V = [1,3,4,6,10,9,7,6,5,2]
A =
     2     4     8
     1     3     6
     5     8     9
V =
     1     3     4     6    10     9     7     6     5     2
```

（2）求向量 V 的均值。

```
mean(V)
ans =
    5.3000
```

（3）求矩阵 A 列方向的均值。

```
>>mean(A)
ans =
    2.6667    5.0000    7.6667
```

（4）求矩阵 A 行方向的均值。

```
>> mean(A, 2)
ans =
    4.6667
```

```
   3.3333
   7.3333
```

（5）求向量V 的1型标准差。

```
>> std(V)
ans =
   2.9078
```

（6）求向量V 的2型标准差。

```
>> std(V, 1)
ans =
   2.7586
```

（7）求矩阵A沿列方向的1型和2型标准差。

```
std(A), std(A, 1)
ans =
   2.0817    2.6458    1.5275
ans =
   1.6997    2.1602    1.2472
```

（8）求矩阵A沿行方向的1型和2型标准差。

```
std(A, 0, 2), std(A, 1, 2)
ans =
   3.0551
   2.5166
   2.0817
ans =
   2.4944
   2.0548
   1.6997
```

6.3　数据统计分析

本节从统计学的角度介绍数据分析的相关内容，包括概率分布、随机数生成函数、直方图分析和数据统计函数。

6.3.1　关于数学符号的说明

这里列出了本节中经常使用的一些数学符号，如表6.6所示，这些符号在统计学中经常被使用。

表6.6　统计学常用的数学符号

符号	说明
x	随机变量
$p(x\|\theta)$	随机变量 x 的概率密度函数，θ 为确定性参数
$F(x\|\theta)$	随机变量 x 的累积函数，θ 为确定性参数
$E(x)$	随机变量均值，$E(x)=\int xp(x\|\theta)dx$

续表

符号	说明
$\mathrm{var}(x)$	随机变量均值，$\mathrm{var}(x)=\int(x-E(x))^2p(x\mid\theta)dx$
$\overline{x}$	均值，$\overline{x}=\frac{1}{N}\sum_{n=1}^{N}x(n)$
$I_D(x)$	D为离散集，$x\in D$ 则 $I_D(x)=1$，否则 $I_D(x)=0$

6.3.2 几个重要的概率分布

概率分布唯一地由概率密度函数决定，它可以分为离散型和连续型两大类，表6.7列出了一些常用的概率分布及对应的概率密度函数。

表6.7 一些重要的概率密度函数

概率分布	概率密度函数	$E(x)$	$\mathrm{var}(x)$	矩量计算函数	pdf函数名	cdf函数名	随机数生成函数
均匀分布 (Uniform Distribution)	$\begin{cases}\frac{1}{b-a} & a\le x\le b\\ 0 & else\end{cases}$	$\frac{a+b}{2}$	$\frac{(b-a)^2}{12}$	unifstat	unifpdf	unifcdf	unifrnd
正态分布 (Normal Distribution)	$\frac{1}{\sqrt{2\pi\sigma^2}}e^{-\frac{(x-\mu)^2}{\sigma^2}}$	μ	σ^2	normstat	normpdf	normcdf	normrnd
瑞利分布 (Rayleigh Distribution)	$\frac{x}{b^2}e^{-\frac{x^2}{2b^2}}$	$b\sqrt{\frac{\pi}{2}}$	$\frac{4-\pi}{2}b^2$	raylstat	raylpdf	raylcdf	raylrnd
伽马分布 (Gamma Distribution)	$\frac{1}{b^a\Gamma(a)}x^{a-1}e^{\frac{x}{b}}$，其中 $\Gamma(.)$ 为Gamma函数	ab	ab^2	gamstat	gampdf	gamcdf	gamrnd
指数分布 (Exponential Distribution)	$\frac{1}{\lambda}e^{-\frac{x}{\lambda}}$	λ	λ^2	expstat	exppdf	expcdf	exprnd
χ^2 分布 (Chi-Square Distribution)	$\frac{1}{2^{\nu/2}\Gamma(\nu/2)}x^{\nu/2-1}e^{\frac{x}{2}}$，其中 $\Gamma(.)$ 为Gamma函数，ν 为自由度	ν	ν^2	Chi2stat	Chi2pdf	Chi2cdf	Chi2rnd
离散型均匀分布 (Discrete Uniform Diftribution)	$\frac{1}{N}I_{(1,2,\ldots,N)}(x)$	$\frac{N+1}{2}$	$\frac{(N-1)^2}{12}$	unidstat	unidpdf	unidcdf	unidrnd
泊松分布 (Poisson Distribution)	$\frac{\lambda^x}{x!}e^{\lambda}I_{(0,1,\ldots)}(x)$	λ	λ	poissstat	poisspdf	poisscdf	poissrnd

为了对概率分布有更加清楚、直观的认识，MATLAB为用户提供了Probability Distribution Demo。该工具为用户提供了一个交互式图形界面，通过它用户能够很容易地得到各种概率分

布的概率密度函数和累积概率密度函数曲线，通过改变相应的参数可得到同一分布不同参数下的概率分布情况。

用户可以在命令行输入命令disttool，或者在MATLAB的开始-〉Demo中直接运行该工具，运行界面如图6.7所示。

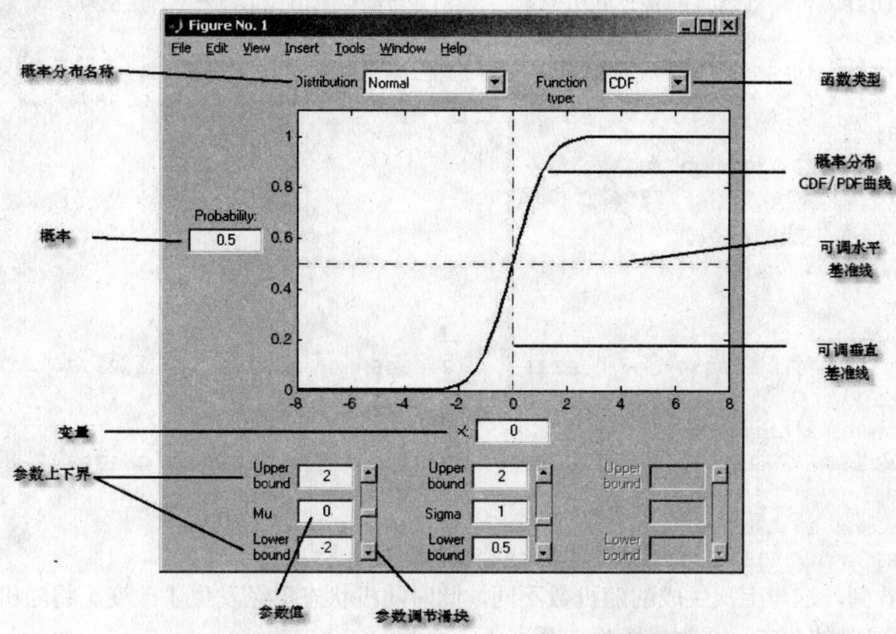

图6.7　Probability Distribution Demo运行界面

Probability Distribution Demo的使用方法比较简单，这里不作更多的介绍。

6.3.3　随机数的生成

MATLAB的统计工具箱针对每种概率分布都有对应的随机数生成函数，这些函数都是基于rand或randn的（不同的随机数生成函数与rand、randn的依赖关系见表6.8）。rand生成[0,1]上均匀分布的随机数；randn生成的随机数服从均值为0、方差为1的高斯分布。这两个函数都可以生成一维、二维直至N维的随机数数组，调用格式为rand(M, N, P,…)和randn(M, N, P,…)。

rand和randn的另外一个重要应用是，通过其设定随机状态（state），精确地重现随机数生成函数生成的随机数，例如，

```
state = 8;
randn('state', state);
A = normrnd(Mu,Sigma);
```

rand('state', state)或randn('state', state)设定随机状态，当需要重现A时，只需再次调用该函数，将状态设定到生成A时的状态即可。对于不同的随机数生成函数，应选择rand还是randn，可以参考表6.8。

【例21】随机数的重现：重现指数分布随机数。通过查询表6.8可知，指数分布随机生成函数依赖于rand。

（1）利用rand设定随机状态。

```
state = 1;
>> rand('state', state);
```

（2）生成指数分布随机向量Ve。

```
>> Ve = exprnd(2, 1, 20)
Ve =
  Columns 1 through 8
    0.0967      0.7018      0.0944      1.0278      0.3469      1.6292      0.3563
1.3128
  Columns 9 through 16
    7.6144      1.9569      0.2138      1.6926      3.2232      2.3874      1.2387
0.1881
  Columns 17 through 20
1.2876    2.3629    6.7354    0.6700
```

（3）再次生成随机数。

```
exprnd(2, 1, 20)
ans =
  Columns 1 through 8
    0.5261      5.6430      0.9333      2.6546      2.3273      1.2975      1.7899
0.2265
  Columns 9 through 16
    1.1110      1.1317      1.8603      0.7375      1.1266      2.1388      1.0386
2.5896
  Columns 17 through 20
6.0689    0.3533    4.5550    0.6342
```

可以看到，这与上次生成的随机数不同，此时随机状态已经发生了改变。将随机状态设定为Ve生成时的状态，并生成随机向量$Ve1$。

```
rand('state', state);
>> Ve1 = exprnd(2, 1, 20)
Ve1 =
  Columns 1 through 8
    0.0967      0.7018      0.0944      1.0278      0.3469      1.6292      0.3563
1.3128
  Columns 9 through 16
    7.6144      1.9569      0.2138      1.6926      3.2232      2.3874      1.2387
0.1881
  Columns 17 through 20
1.2876    2.3629    6.7354    0.6700
```

（4）验证$Ve=Ve1$。

```
all(Ve == Ve1)
ans =
     1
```

所以$Ve=Ve1$。

表6.8　随机数生成函数与*rand*、*randn*的依赖关系

随机数生成函数	与*rand*、*randn*的依赖关系
betarnd	rand, randn
binornd	rand
chi2rnd	rand, randn

续表

随机数生成函数	与*rand*、*randn*的依赖关系
exprnd	rand
evrnd	rand
frnd	rand, randn
gamrnd	rand
geornd	rand
hygernd	rand
iwishrnd	rand, randn
lognrnd	rand
mvnrnd	rand
mvtrnd	rand, randn
nbinrnd	rand, randn
ncfrnd	rand, randn
nctrnd	rand, randn
ncx2rnd	rand
normrnd	rand
poissrnd	rand, randn
raylrnd	rand
trnd	rand, randn
unidrnd	rand
unifrnd	rand
wblrnd	rand
wishrnd	rand, randn

表6.8列出了MATLAB提供的大部分随机数生成函数，这些随机数生成函数均以‘rnd’结尾，且有大致相同的调用格式。例如，有一概率分布，名称为anonym，概率密度函数中有两个参数λ和θ，随机数生成函数为anonymrnd，该函数有以下3种调用格式，见表6.9所示。

表6.9　随机数生成函数调用格式

随机数生成函数	调用格式	说明
anonymrnd	R = anonymrnd(λ, θ)	λ、θ可以是具有相同大小的标量、矩阵及高维数组。若两者之一为标量，则将该标量依据另外一个参数进行扩展，使两者具有相同的尺寸。函数返回随机数组，随机数组元素是以λ、θ对应元素为参数产生的随机数。对于两个以上参数的概率分布，依此类推
	R = anonymrnd(λ, θ, v)	v为行向量， R为$v(1)\times v(2)\times\cdots\times v(N)$随机数组。$\lambda$、$\theta$要么都是标量，此时R各元素服从相同的分布；或者$\lambda$、$\theta$经过扩展后，成为$v(1)\times v(2)\times\cdots\times v(N)$数组
	R=anonymrnd(λ, θ, m,n)	m、n为标量，R为$m\times n$随机数组

另外，还有部分随机数生成函数不符合上表中给出的调用格式，如lhsdesign、mvtrnd等，

并且各个随机数生成函数在使用过程中也可能有细微差别。

下面以生成正态随机数为例说明随机数生成函数的使用。

【例22】正态随机数的生成。

正态分布有两个分布参数，均值Mu和标准差Sigma，当Mu和Sigma为标量时，

```
Mu = 1; Sigma = 2;
```

（1）R = normrnd(Mu, Sigma)生成单个随机数。

```
R = normrnd(Mu, Sigma)
R =
1.2279
```

（2）生成2×5 随机矩阵。

```
R = normrnd(Mu, Sigma, [2,5])
R =
   3.1335    0.8087    1.5888    2.4286   -0.3836
   1.1186   -0.6647   -1.6724    4.2471    2.7160
```

或

```
R = normrnd(Mu, Sigma, 2, 5)
R =
   3.5080   -1.8819    0.2002    2.6312    3.5805
  -2.1875    2.1423    2.3800    2.4238    2.3372
```

如果要求生成的随机数组各元素服从不同参数的概率分布，那么Mu和Sigma应为数组，调用格式为normrnd(Mu, Sigma, v)，且Size(Mu) = Size(Sigma) = v。例如，

```
>> Mu = [0,1,2,3];
>> Sigma = [1,1,1,1];
```

此时，可以用以下3种方法生成1×4 的随机数组R，R的各元素服从不同参数的正态分布。

```
>> R = normrnd(Mu, Sigma)
R =
  -0.4326   -0.6656    2.1253    3.2877
```

或

```
>> R = normrnd(Mu, Sigma, 1, 4)
R =
  -1.1465    2.1909    3.1892    2.9624
```

或

```
>> R = normrnd(Mu, Sigma, [1, 4])
R =
   0.3273    1.1746    1.8133    3.7258
```

Mu和Sigma也可以一个为数组，另一个为标量，如Mu为向量，Sigma为标量。

```
Mu = 0:4; Sigma = 9;
```

随机数生成函数会将Sigma扩展为与Mu具有相同大小的数组，相当于Sigma变成了下面的向量。

```
Sigma = repmat(Sigma, size(Mu))
Sigma =
     9     9     9     9     9
```

此时可以由R = normrnd(Mu, Sigma, 1, 5)得到1×5 的随机数组，R的各个元素服从不同参

数的正态分布。

```
R = normrnd(Mu, Sigma, 1, 5)
R =
   15.2319    6.3215   -3.7924    6.4230   -5.0820
```

MATLAB为用户提供了Random Sample Generation Demo，这是一个随机数生成的交互式工具。利用该工具，用户仅需设置几个选项和参数就可以很容易地得到所需概率分布的随机数。用户可以在命令行内输入命令randtool或者通过MATLAB的开始-〉Demo直接执行该工具，得到的运行界面如图6.8所示。

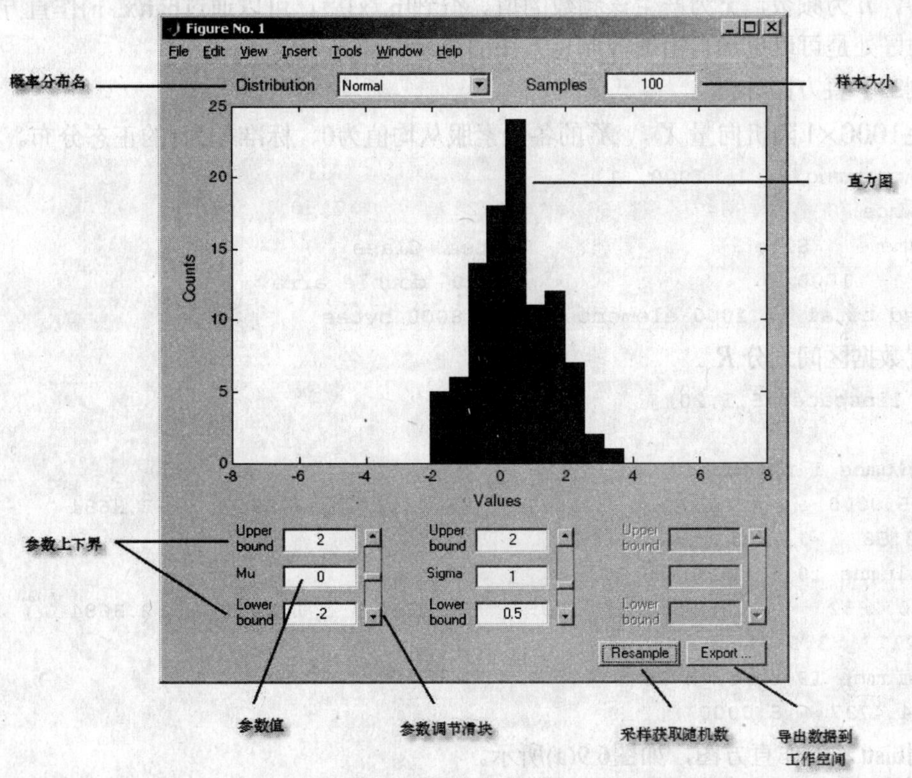

图6.8　Random Sample Generation Demo运行界面

利用右小角的Export可以将生成的随机数输入到MATLAB的基本工作区间，以备用户使用。

6.3.4　数据直方图分析

直方图是事件发生频率的图形化表示。设 $X=[x_1,x_2,\dots,x_N]$ 是 N 次独立试验的结果，所有可能结果的集合为 R，将 R 划分为 M 个不相交的集合 R_i，且 $R=\bigcup_{i=1}^{M}R_i$，R_i 称为事件。若 $x_n\in R_i$，则称事件 R_i 在第 n 次试验发生，直方图就是统计 N 次试验中 R_i 发生的频率作为概率密度函数的估计。

MATLAB中的函数hist用于直方图分析，hist的一个标准调用格式为

hist(X, R)

其中，X 为待分析数据向量，R 应为一个递增的向量，表示对数据区间的划分，函数

显示 X 的直方图，不返回任何值。一种简化的调用格式为

hist(X, M)

其中，M 为正整数标量，函数hist根据 M 自适应地对数据区间进行划分，$R = (X_{\min} : \dfrac{X_{\max} - X_{\min}}{M} : X_{\max})$，并调用hist(X,R)。默认情况下 $M = 10$。

此外，hist也可以有返回值，但是这时函数不会给出直方图，如下

[n, x] = hist(X, …)

其中，n 为频数，x 为产生该频数的值。得到[n, x]后，可以通过bar(x, n)作直方图，这种做法的好处是可以更加自由地控制直方图的显示。

【例23】直方图分析

产生1000×1 随机向量 X，X 的各元素服从均值为0、标准差为1的正态分布。

```
X = normrnd(0, 1, 1000, 1);
>> whos
  Name      Size                        Bytes  Class
  X      1000x1                          8000  double array
Grand total is 1000 elements using 8000 bytes
```

设置数据区间划分 R。

```
R = linspace(-5,5,20)
R =
  Columns 1 through 9
   -5.0000    -4.4737    -3.9474    -3.4211    -2.8947    -2.3684    -1.8421
-1.3158   -0.7895
  Columns 10 through 18
   -0.2632     0.2632     0.7895     1.3158     1.8421     2.3684     2.8947
3.4211    3.9474
  Columns 19 through 20
    4.4737    5.0000
```

调用hist(X,R)作直方图，如图6.9(a)所示。

```
hist(X,R),title('histogram for hist(X,R)')
```

调用hist(X, 20)，得到直方图如图6.9(b)所示。

```
hist(X,20),title('histogram for hist(X,M)')
```

调用hist(X)，得到直方图如图6.9(c)所示。

```
hist(X),title('histogram for hist(X)')
```

调用[n, x] = hist(X,R)，并利用bar(x,n)作直方图，如图6.9(d)所示。

```
[n, x] = hist(X,R);
>> bar(x,n)
```

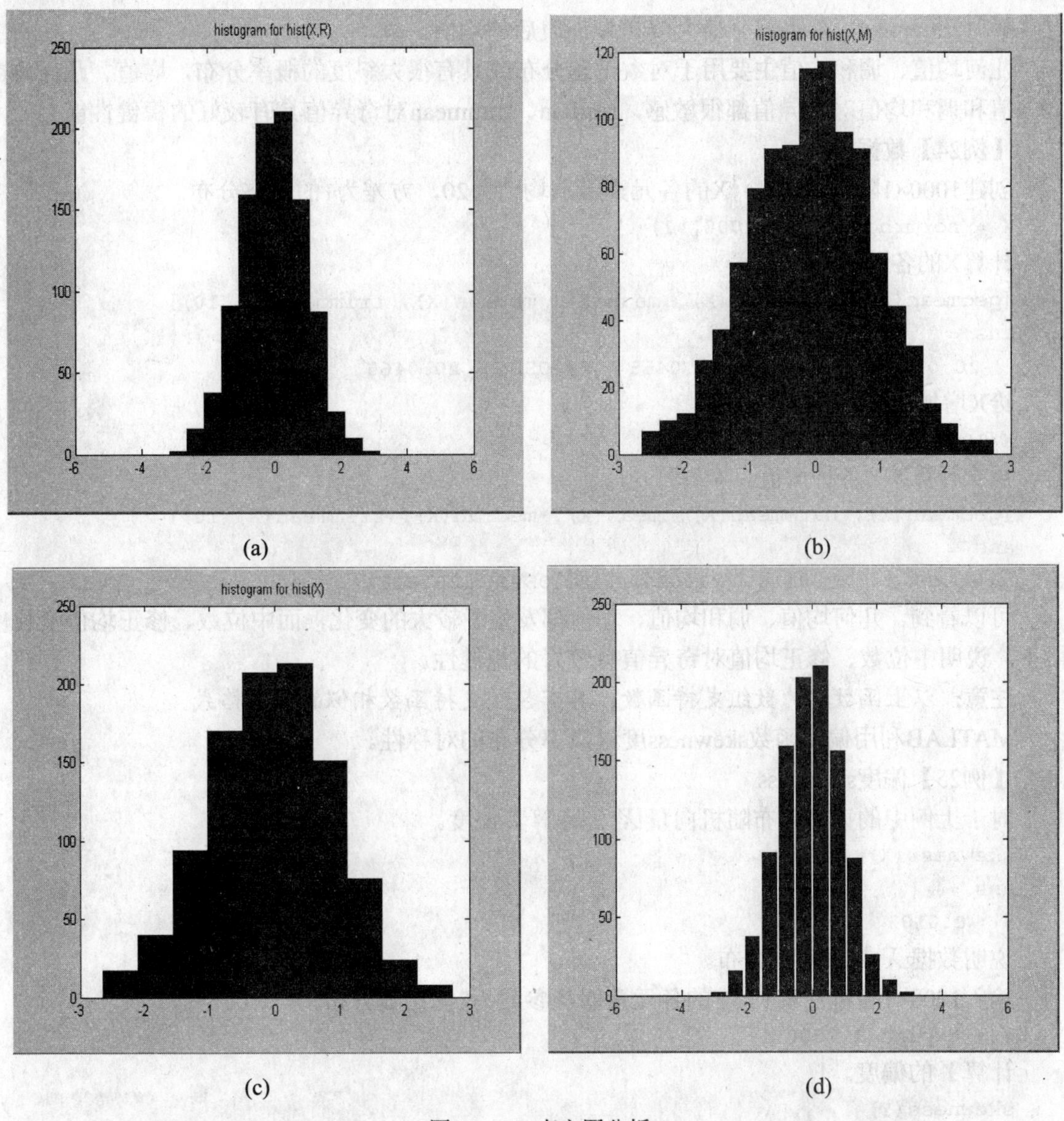

(a) (b) (c) (d)

图6.9　hist直方图分析

6.3.5　数据统计函数

概率密度函数可以全面地描述数据的统计性质，当给定某一概率分布的数据样本时，要想得到概率密度函数往往是很困难的，而且有时也是不必要的。实际上除了概率分布外，还有很多概念可以描述数据统计分布，如数据中心化程度、数据散布程度等。

MATLAB利用下面的函数描述数据中心。

- geomean，几何均值。
- harmmean，调和均值。
- mean，算数均值。
- median，中位数。

- trimmean，除去部分最大值和最小值后的均值。

几何均值、调和均值主要用于对数正态分布或具有很大斜度的概率分布，均值、几何均值和调和均值对奇异值都很敏感，median、trimmean对奇异值具有较好的稳健性能。

【例24】数据中心

创建1000×1随机变量X，X的各元素服从均值为20，方差为1的正态分布。

```
X = normrnd(20, 1, 1000, 1);
```

计算X的各种均值。

```
[geomean(X), harmmean(X), mean(X), median(X), trimmean(X, 10)]
ans =
   20.0189   19.9922   20.0455   20.0596   20.0465
```

给X增加一个奇异值。

```
X(100) = 1000;
```

再次计算X的各种均值。

```
[geomean(X), harmmean(X), mean(X), median(X), trimmean(X, 10)]
ans =
   20.0972   20.0116   21.0253   20.0596   20.0482
```

可以看到，几何均值、调和均值、均值都发生了较大的变化，而中位数、修正均值变化很小，说明中位数、修正均值对奇异值有较好的稳健性。

注意：以上函数均为数组支持函数，具有数组支持函数相似的调用格式。

MATLAB利用偏度函数skewness度量概率分布的对称性。

【例25】偏度skewness

对于上例中的正态分布随机向量 X，计算其偏度。

```
skewness(X)
ans =
   -0.0103
```

说明数据 X 趋近对称分布。

输入1000×1随机变量Y，Y的各元素服从参数为2的指数分布。

```
Y = exprnd(2,1000,1);
```

计算 Y 的偏度。

```
skewness(Y)
ans =
2.0877
```

这说明数据Y偏离对称分布，并且向右偏离中心。

在MATLAB中，利用以下函数描述数据的散布程度。

- iqr，四分位差，即25%分位点与75%分位点的差。
- mad，绝对值标准偏差。
- range，跨度，即最小值与最大值之差。
- std，标准差。
- kurtosis，峭度。

注意： 以上函数均为数组支持函数，mad 在使用过程中有一个可选的参数 flag，默认 flag = 0 时，mad(x) = mean(abs(x − mean(x)))，当 flag = 1 时，mad(x) = median(abs(x − median(x)))。std 也有一个 flag 参数，当 flag = 0 时，函数 std 计算 1 型标准差 $\sigma=\sqrt{\frac{1}{N-1}\sum_{n=1}^{N}(x_n-\overline{x})^2}$；当 flag =1 时，函数 std 计算 2 型标准差 $\sigma=\sqrt{\frac{1}{N}\sum_{n=1}^{N}(x_n-\overline{x})^2}$，默认 flag = 0。kurtosis 有一个 flag 参数，其决定是否进行偏差校正，默认情况下 flag = 1，不进行校正，需要校正时应将 flag 设为 0。

【例26】数据散布度量函数

输入1000×1 随机变量 X，X 的各元素服从均值为0，方差为1的正态分布。

```
X = normrnd(0, 1, 1000, 1);
```

计算 X 的各种散布程度度量。

```
[iqr(X), mad(X), range(X), std(X), kurtosis(X)]
ans =
    1.3114    0.7808    6.1330    0.9913    3.1366
```

对 X 设置奇异值点。

```
X(100) = 100;
```

再次计算 X 的各种散布程度度量。

```
[iqr(X), mad(X), range(X), std(X), kurtosis(X)]
ans =
    1.3125    0.8831  103.0461    3.3128  827.7366
```

可以看到，range、std、kurtosis对奇异值比较敏感。

第7章

数据可视化

本书在第5、6章重点介绍了MATLAB强大的数值计算功能，但抽象的数据对于普通用户来说，往往是晦涩难懂的，针对这一问题，MATLAB为用户提供了更加强大的数据可视化功能，用户可以通过MATLAB的绘图函数和图形编辑窗口方便地绘制二维、三维甚至多维的图形。

本章着眼于MATLAB的“高层”图形指令，主要内容包括：绘图步骤、二维和三维图形的创建、参数编辑和图形编辑窗口、图形的打印和输出。有关MATLAB“低层”的图形指令，即“句柄图形”的有关内容，本章暂不涉及，详见后续章节。

7.1　绘图步骤

用户在MATLAB 7.0中进行图形绘制时，可以利用系统的图形函数，也可以使用系统自带的图形编辑窗口，关于图形编辑窗口的内容，本章后面会专门安排一节讲解，本节主要介绍在MATLAB中用图形函数绘图的一般操作步骤，以绘制一个三角函数的图形为例。

【例1】用图形表示 $y=\sin x+\cos x$，$x\in[-\frac{\pi}{2},\frac{\pi}{2}]$。

（1）输入图形数据。图形是数据变换规律和相互联系的形象显示，所以数据输入是图形创建的基础，用户需要选定数据的范围，选择对应范围的自变量，计算相应的函数值。本例中，用户需要在命令窗口输入如下代码。

```
>> x=-pi/2:pi/2;
>> y=sin(x)+cos(x);
```

（2）选择图形的显示位置。系统默认的图形窗口为Figure 1，如果用户需要在图形窗口中并列显示多个子窗口，则需要使用subplot指令来选择子图号。如读者需要把图形窗口定义为Figure 6，并且分为2×2=4个子窗口，使得本例函数图形显示在图形窗口的左下角，则需要输入以下代码。

```
>>figure(6);
>> subplot(2,2,3)
```

（3）调用高层图形指令并设置参数。进入绘图的主要步骤，使用plot绘图指令绘制图形，并设置图形的线型、颜色及数据点型等参数，形成图形的概貌。如果用户希望用黑色点划线"—."来描绘本例函数，并使用"*"标注点型，则具体代码如下。

```
>> plot(x,y,'k-.*')
```

（4）设置坐标轴参数。本步骤开始在图形概貌的基础上对图形进行编辑，让图形更具有可读性，一般来说，用户需要设置坐标轴的刻度范围和分隔线。如果读者需要将本例的x坐标轴和y坐标轴的范围分别设置为-pi~pi和-3~3，并且给坐标加上分隔线，则输入如下代码。

```
>> axis([-pi,pi,-3,3])
>> grid on
```

（5）给图形添加注释。为了进一步使图形具有说服力和可读性，还可以给图形添加注释，例如图形的名称、坐标轴的名称、图例及文字说明。针对本例图形，给图形取名为trigonometric function，x和y坐标轴分别取名为x和y，图例设置为y=sin(x)+cos(x)，并在（-pi/2, -1）点加上文字说明"起点"，具体代码如下。

```
>> title('trigonometric function');
>> xlabel('x');ylabel('y');
>> legend('y=sin(x)+cos(x)');
>> text(-pi/2,-1,'起点 ');
```

完成这5步之后，观察名为Figure 6的图形窗口，其显示如图7.1所示。

以上的例子让读者对于MATLAB中绘制图形指令的基本步骤有一个直观的印象，对于复杂图形或者用户需要特殊修饰的图形，也许会有更多的精细设置命令，但使用指令绘制任何图形，初学者可以首先参照这5个基本步骤，其中，第1、3步是绘制图形的基础，任何图形绘制都不能缺少这两步，其余步骤根据用户的需要选择使用。

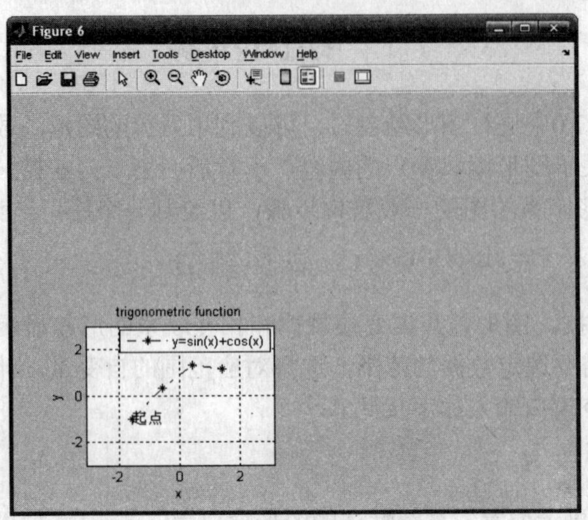

图7.1 完成基本绘图步骤的图形窗口

7.2 二维图形的绘制与编辑

二维图形是MATLAB图形的基础，也是应用最广泛的图形类型之一，本节主要讲解二维图形的绘制和编辑，内容包括：使用plot函数命令创建二维图形、图形属性设置、坐标轴属性设置、图形注释、图形叠绘、双纵坐标绘制、多子图绘制及特殊二维图形的绘制。

7.2.1 调用plot函数绘制二维图形

在二维绘图函数中，最基本的是plot函数，其余函数都是围绕其发展扩充形成的。本小节首先介绍如何调用plot函数来绘制图形。

MATLAB中调用plot函数的方式有3种，具体格式、功能及举例如下。

1. plot(X,'s')

- 当X为实数向量时，MATLAB以X中元素的下标为横坐标，元素值为纵坐标绘制连续曲线。绘制实数向量的图形的方法如下，所得结果如图7.2所示。

```
>> x=8:-2:0;
>> plot(x,'-.r')
```

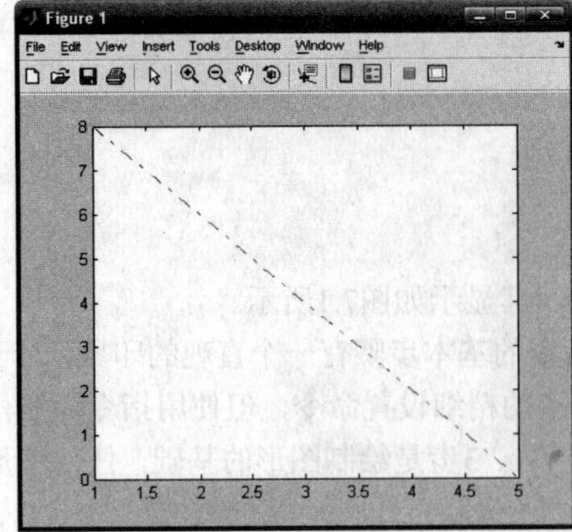

图7.2 实数向量X的图形表示

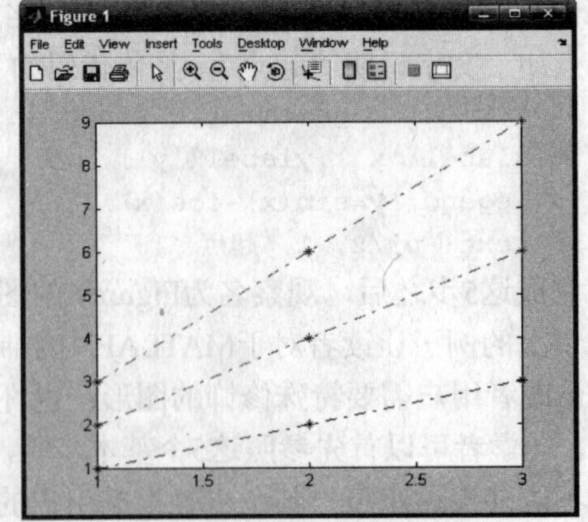

图7.3 实数矩阵X的图形表示

- 当X为实数矩阵时，MATLAB按每列中元素的下标为横坐标，元素值为纵坐标分别绘制多条连续曲线，曲线条数为矩阵列数，结果如图7.3所示。

```
>> x=[1 2 3;2 4 6;3 6 9]
x =
    1    2    3
    2    4    6
    3    6    9
>> plot(x,'-.*')
```

- 当X为复数矩阵时，MATLAB以列为单位，以矩阵每列元素的实部为横坐标，虚部为纵坐标，分别绘制连续曲线，结果如图7.4所示。

```
>> x=[1 1 1;2 2 2;3 3 3];
>> y=[3 4 5;2 3 4;1 2 3];
>> z=x+y*i;
>> plot(z,'--')
```

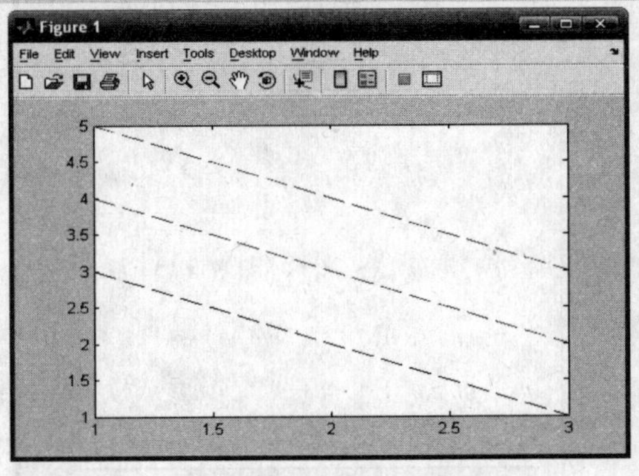

图7.4 复数矩阵X的图形表示

函数中的‘s’表示图形的属性的字符串，图形属性包括线型、颜色和数据点型等。具体标准详见7.2.2，如果用户没有设置任何属性，则图形显示MATLAB的默认设置。后两种plot函数中的‘s’的作用也是一样的，后面不再解释。

2. plot(X,Y,'s')

- 若X和Y为同维向量，则MATLAB以X为横坐标、以Y为纵坐标绘制图形。

```
>> x=1:1.1:11;
>> y=sin(x-2)-cos(x-2);
>> plot(x,y,'y')
```

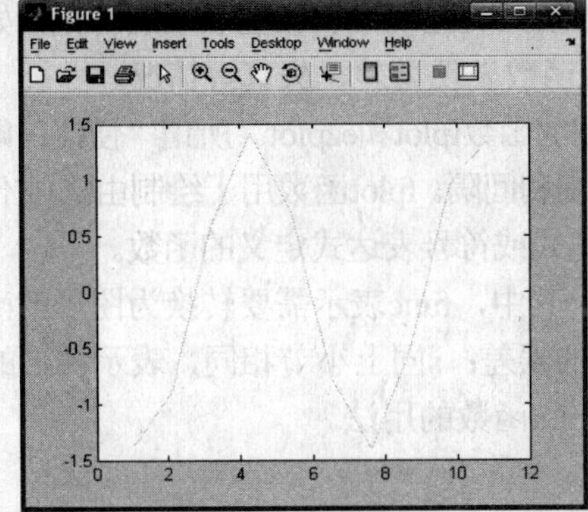

图7.5 同维向量X和Y的图形表示

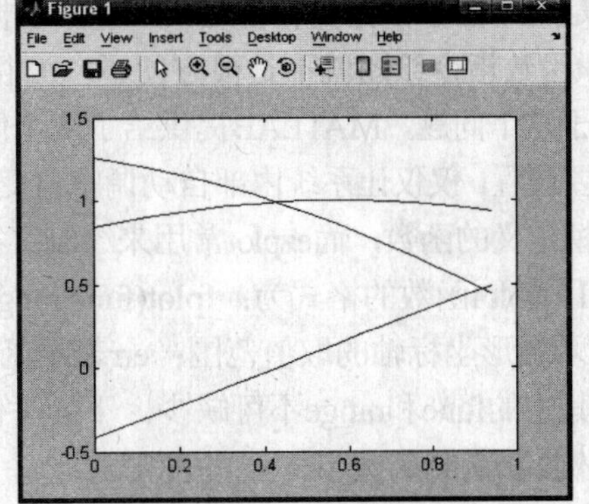

图7.6 向量与矩阵的图形表示

- 如X（Y）为向量，Y（X）为有一维与X（Y）等维的矩阵，MATLAB以X（Y）为共同的横坐标，绘制多条连续曲线，并且默认不同颜色，曲线条数为Y（X）另一维的维数。

```
>> x=0:pi/50:1;
>> y=[sin(x+1);cos(x-2);sin(x+1)-cos(x-2)];
>> plot(x,y,'b')
```

- 如X和Y为同维矩阵，MATLAB分别以X和Y的对应列元素为横、纵坐标，绘制多条曲线，曲线条数等于矩阵列数，如图7.7所示。

```
>> x=[1 4 7;2 5 8;3 6 9]
>> y=[2 8 14;4 10 16;6 12 18]
>> plot(x,y,'-*g')
```

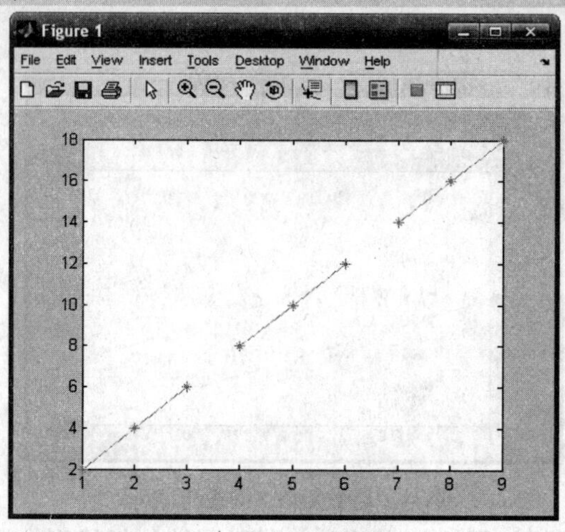

图7.7 矩阵与矩阵的图形表示

3. plot(X1,Y1,'s',X2,Y2,'s',X3,Y3,'s',…)

此种方式与第2种类似，不同的只是此方式同时在图形窗口中绘制多条互不影响的连续曲线。

7.2.2 便捷绘图函数fplot和ezplot

上一小节介绍了二维绘图中最基础的plot函数指令，运用plot指令可以把数值矩阵通过图形表示出来，但当用户不想刻意控制自变量范围和函数值范围，而只是想大致了解数据的图形轮廓，或是用户由于数据资料不足，不能够掌握数据的细微变化规律和相互联系的时候，如果仍然用plot函数指令绘图就不是很方便了，而且会出现函数表现力差、失真等情况。

对于这个问题，MATLAB提供给了两个便捷绘图的函数fplot和ezplot。所谓“便捷”即是用户不需要设置，仅仅让系统内部自动调整自变量的范围和间隔。fplot函数用于绘制由M-文件名或函数句柄定义的函数，而ezplot常用来绘制字符串表达式或符号表达式定义的函数。

（1）fplot函数的格式为：fplot(func,range,err,s)。其中，func表示需要转换为图形的函数；range表示图形坐标轴的取值范围；err表示函数允许的误差；s同上小节相同，表示图形的若干属性，其中的func和range不可缺少。下面举例说明fplot函数的用法。

【例2】绘制函数 $y = x^3$ 的图形。

（1）打开M-文件编辑器，输入如下表达式。

```
function Y=fplot_fun(x)
Y=x.^3
```

（2）保存为fplot_fun.m的M-函数文件。返回MATLAB命令窗口，调用fplot函数绘图，在MATLAB命令窗口输入如下指令：

```
>> fplot('fplot_fun',[-pi pi],2e-4,'k')
```

输入完成后，按Enter键，得到的图形如图7.8所示。

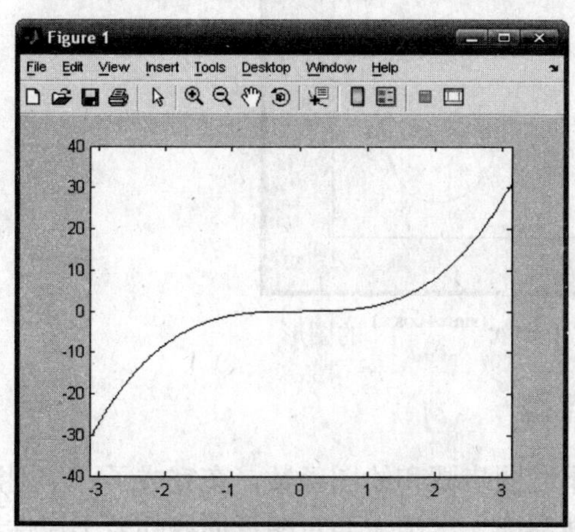

图7.8 使用fplot函数绘制函数y=x^3的图形

图7.9 使用plot函数绘制的函数y=x^3的图形

如果用plot函数来绘制，自变量的范围同样取为−pi:pi，间隔取MATLAB默认数列步进1，代码如下。

```
>> x=-pi:pi;
>> y=x.^3;
>> plot(y,'k')
```

生成同样的函数图形，如图7.9所示。但由于自变量的间隔不如使用函数fplot时系统自动生成的精确，所以读者通过比较图7.8和图7.9，可以明显地发现，使用plot函数绘制的图形圆滑度较差，不够连贯，并且有失真感。

（2）ezplot函数的特点在于用户在绘图前不需要准备任何数据，而直接绘制出字符串表达式和符号表达式的图形。其基本调用格式为：ezplot(func,[min,max])，其中，func为需要绘图的函数，[min,max]为自变量的范围，如果用户不定义自变量范围，则指令默认范围为−2*pi~2*pi.下面举例说明ezplot的用法。

【例3】绘制函数 $y = x^{(\sin x + \cos x)}$ 的图形。

使用ezplot函数，用户不需要设置自变量的定义域，直接在命令窗口中输入如下代码。

```
>> syms x
>> y=x^(sin(x)+cos(x))
>> ezplot(y)
```

完成后按Enter键，显示图形如图7.10所示。

熟悉初等数学的读者都知道，作为底数的X的取值应该大于0。虽然用户没有定义定义域，但指令运行的时候，系统会很智能地把定义域取在大于零点处，这正体现了ezplot函数的便捷之处。但是如果用户使用ezplot函数，就不可以运用plot函数中适用的图形属性设置功能，也不可以在一个图形窗口中绘制多个图形。

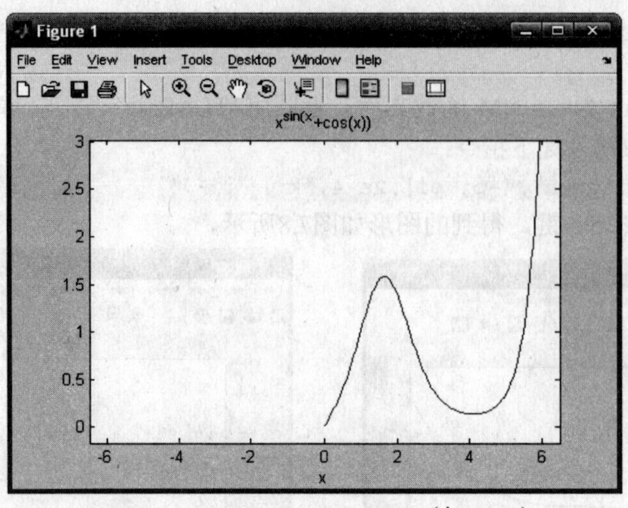

图7.10　使用ezplot函数绘制函数 $y = x^{(\sin x + \cos x)}$ 的图形

7.2.3　设置图形曲线的线型、颜色与数据点型

在上面的内容中，已经介绍了二维图形的基本绘图步骤和绘图函数，在完成了一个图形的初步绘制后，为了使图形更具表现力，更加清晰易读，常常需要对图形曲线的若干属性进行设置，其中最重要的3个属性是曲线线型、颜色和数据点型。

MATLAB 7.0为用户提供了各种不同的曲线元素，让用户可以随心所欲地选择自己需要和喜欢的类型，为了用户尽快掌握MATLAB提供的丰富资源，并便于以后的查找，下面分别列出线型、颜色和数据点型的各个选项，如图7.1所示。

表7.1　MATLAB中的线型设置

-	实线
:	点线
-.	点划线
--	双划线

表7.2　MATLAB中的颜色设置

b	蓝色
g	绿色
r	红色
c	青色
m	洋红
y	黄色
k	黑色
w	白色

表7.3　MATLAB中的数据点型设置

符号	含义	符号	含义
.	实心点号	∨	下3角符
o	空心圆圈	^	上3角符
×	叉号	s	方块符（square）
+	十字符	d	菱形符（diamond）
*	8线符	p	五角星符（pentagram）
>	右3角符	h	6角星符（hexagram）
<	左3角符		

MATLAB允许用户对曲线的线型、颜色和数据点型进行设置，用户要做的只是以字符串的形式把选择的属性符号输入到系统绘图函数中。

如果用户没有设置线型和颜色，MATLAB会默认按照表7.1及表7.2的内容从上到下的优先级顺序，为每一条曲线选择线型和颜色。比如用户绘制3条曲线，系统默认的颜色依次为蓝色、绿色和红色。

用户选择了某种数据点型，则图形会在每个数据点位标出用户所选择的符号，但是不会用线连接这些符号，除非用户同时选择了某种线型。由于本书是黑白印刷，所以示例图形中的颜色不能显示出来，读者在阅读时，需要特别注意，不要忽略了示例的颜色设置，如果有必要，也可以把相关程序在MATLAB里实现以验证颜色效果。

7.2.4　设置坐标轴范围

在绘制某些图形的时候，用户对坐标轴的范围和刻度要求常常比较严格，虽然MATLAB拥有便捷智能的函数和内部自适应设置，但是显示的图形往往仍达不到用户所要求的效果。所以，MATLAB提供给用户一系列坐标轴操作控制指令，使用户可以根据自己的具体需要和爱好，有针对性地调整和设置坐标轴的某些参数。下面首先列出MATLAB中常用的坐标轴操作函数，如表7.4所示。

表7.4　MATLAB中的坐标轴操作函数

函数	功能	函数	功能
axis auto	恢复坐标轴的默认设置	axis equal	采取横、纵轴等长刻度
axis off	取消轴标签、刻度和背景	axis on	打开轴标签、刻度和背景
axis manual	保持当前坐标刻度范围	axis fill	使坐标充满整个绘图区
axis ij	使用矩阵式坐标，原点在左上方	axis image	双轴等刻度且坐标框与所绘图形契合
axis xy	使用直角坐标，原点在左下方	axis normal	默认矩形坐标，取消单位刻度的限制
axis square	使用正方形坐标系	axis tight	使坐标轴范围等于数据范围
axis([x1,x2,y1,y2])	分别确定X轴和Y轴的坐标范围为[x1,x2]、[y1,y2]		

下面举例说明坐标轴操作函数的重要性和必要性。

【例4】绘制函数 $y = x^x$ 的图形。

（1）在MATLAB命令窗口中输入基本绘图指令。

```
>> y=x.^x;
>> plot(y,'r')
```

系统生成的图形如图7.11所示。从显示的图形可以看出，由于用户没有设置坐标轴的范围，所以显示的图形中有很大一部分不能为用户进行数据分析带来明显的作用，如x=1000与x=2000处的比较就没有明显的差别。

（2）对坐标轴的范围进行专门的设置，在命令窗口中输入代码。

```
>> axis([7000 10000 1 inf])
```

表明用户需要分析当x达到一定数值时的函数的上穿形态，图形显示如图7.12所示。针对图7.12，用户可以比较清晰地分析函数上穿的节点和斜率等参数，而忽略对这些因素影响不明显的很长一段自变量变化的范围。对比图7.11和图7.12，读者可以对坐标轴设置函数的重要性有了直观的感受。

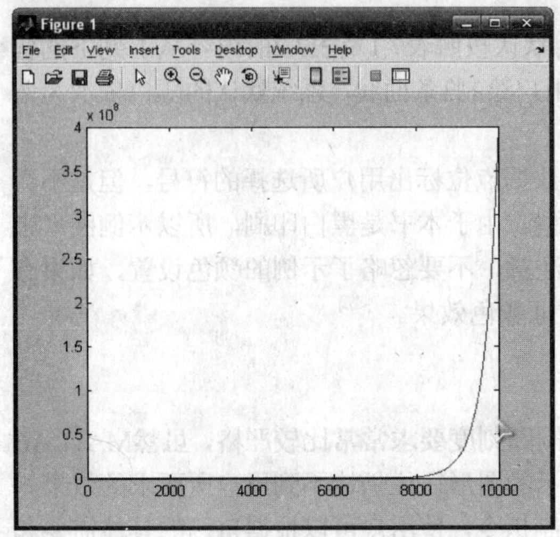

图7.11 未设置坐标轴的初始图形

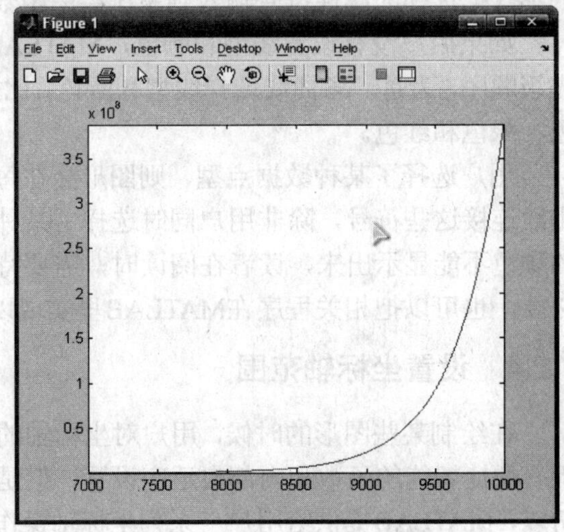

图7.12 设置坐标轴范围后的函数图形

7.2.5 设置网格和坐标框

在图形绘制完成后，用户有时需要在图形的背景上添加网格，这样便于数据的精细分析和计算，在MATLAB中，用户可以通过grid on和grid off函数进行网格的添加和删除操作，也可以直接用grid函数改变当前的网格状态。比如当前没有网格显示，那么输入grid函数，图形背景就出现网格。

接着上一小节图7.12显示的图形，输入grid指令，按Enter键，则图形添加了网格背景，如图7.13所示。

说明： 需要注意的是，MATLAB 中的默认设置是图形没有网格背景，而且背景网格的疏密程度取决与坐标的刻度。

MATLAB中默认的坐标框显示是封闭的，用户可以通过box on和box off函数来设置坐标框的开启和关闭，也可以直接通过box函数直接改变当前坐标框的状态。在图7.13的基础上输入指令box，则图形坐标框由MATLAB默认的关闭变为开启。如果仔细比较一下图7.13和图7.14可以看到，图7.14中坐标区域的上侧和右侧的边框消失了。

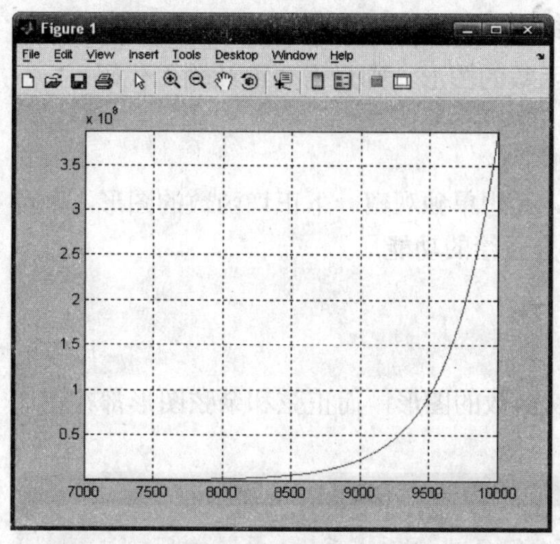

图7.13　grid函数改变当前图形的网格状态

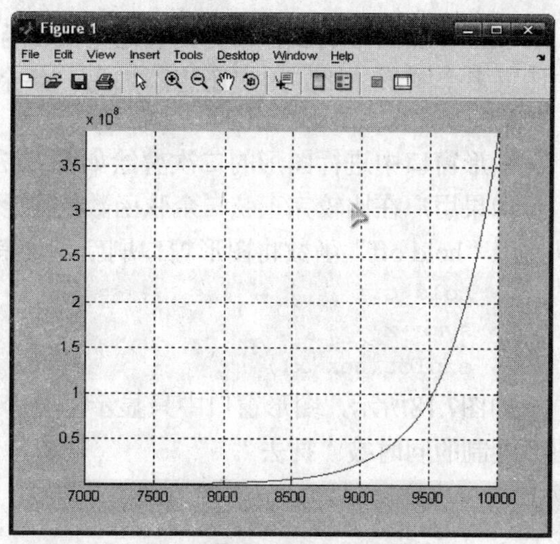

图7.14　图形坐标框变为开启

7.2.6　图形叠绘

在MATLAB中，允许用户使用plot函数一次绘制多条互相独立的图形，在实际工作中，用户不但需要一次绘制多图，有时还要多次绘制多图，即在已经绘制完成的图形上再次添加或删减图形，对于用户的这种需要，MATLAB提供了hold函数。

如果用户首先绘制了一个正弦函数曲线，代码如下。

```
>> x=[-pi:.001:pi];
>> y=sin(x);
>> plot(x,y)
```

得到的正弦曲线如图7.15所示，如果用户想在这个图形窗口中再显示一条余弦曲线，用来和正弦曲线做对比，那么用户只需要输入hold on函数，接着进行余弦图形的绘制，代码如下。

```
>> hold on
>> plot(x,cos(x),'--r')
```

则在图7.15正弦曲线的基础上添加了一条红色的余弦曲线，如图7.16所示。

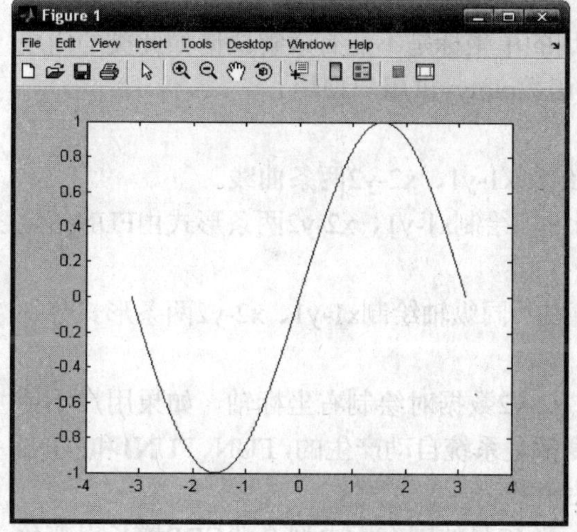

图7.15　正弦函数曲线图形

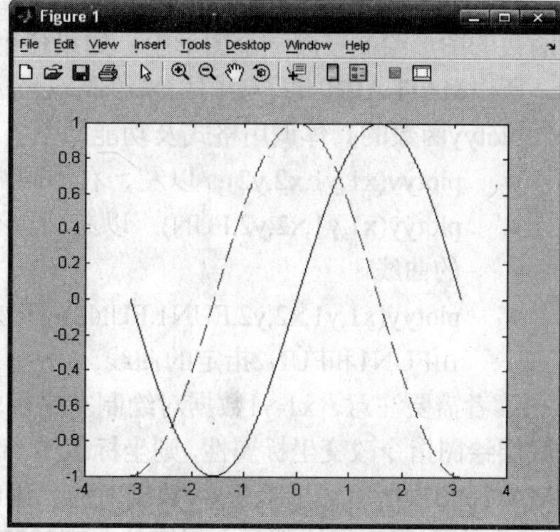

图7.16　添加余弦曲线的图形

以上添加图形的操作，称为叠绘。hold函数允许用户多次叠绘，即在一个图形窗口中添加任意多个图形，比如用户还想添加另一条余弦函数的图形，则只需要继续输入代码。

```
>> plot(x,cos(x/2),'--r')
```

图形窗口中进行图形的二次叠绘如图7.17所示。

如果用户在比较完正弦、余弦函数的图形后，又想单独观察一下正切函数的图形，则可以使用“hold off”函数将图形窗口刷新，使其失去叠绘的功能。

```
>> hold off
>> syms x
>> ezplot(tan(x))
```

如图7.18所示，图形窗口中只显示了一个正切函数的图形，而正弦和余弦图形都在正切图形绘制的同时被“抹去”。

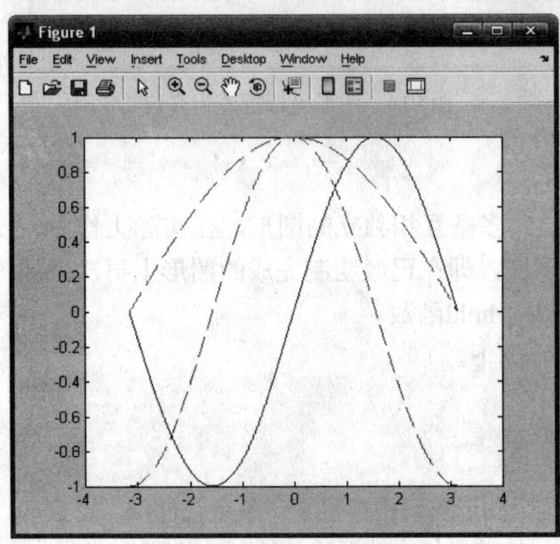

图7.17 图形的二次叠绘

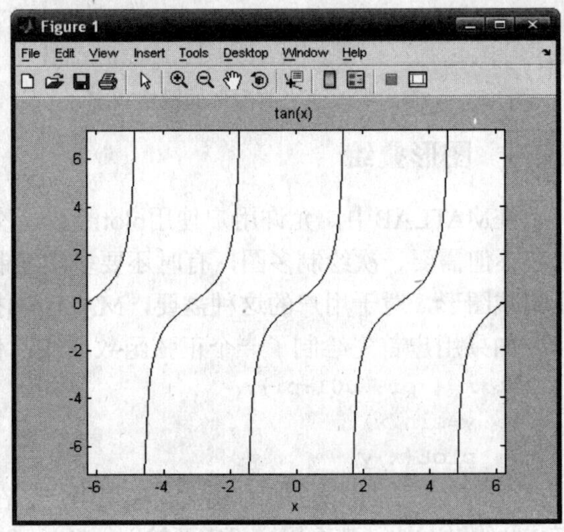

图7.18 hold off函数具有刷新图形窗口的功能

7.2.7 绘制双Y-坐标图形

在实际工作中，用户经常需要把同一个自变量的两个、甚至多个不同量纲、不同数量级的函数的图形绘制在同一个图形中，如果使用常用的单坐标是不能有效解决诸如此类的问题的，所以MATLAB提供了专门用来绘制双坐标的函数plotyy供用户使用。

plotyy函数的具体调用格式及功能如下。

- plotyy(x1,y1,x2,y2)：以左、右不同纵轴绘制x1-y1、x2-y2两条曲线。
- plotyy(x1,y1,x2,y2,FUN)：以左、右不同纵轴绘制x1-y1、x2-y2两条形式由FUN指定的曲线。
- plotyy(x1,y1,x2,y2,FUN1,FUN2)：以左、右不同纵轴绘制x1-y1、x2-y2两条形式分别由FUN1和FUN2指定的曲线。

读者需要注意，x1-y1数据对绘制左坐标轴，x2-y2数据对绘制右坐标轴，如果用户不使用底层绘图指令改变坐标属性，则坐标范围和刻度都是系统自动产生的，FUN、FUN1和FUN2是MATLAB中所有可以接受x-y数据对的二维绘图函数。

【例5】某市统计部门希望统计全市2007年1月~12月的国有大中型企业GDP增长率变化

和城市环境质量指数变化的数据，需要用MATLAB绘制具体图形。

在MATLAB命令窗口中输入如下代码，绘制图形。

```
>> t=1:12;                              %t代表月份，从1月~12月
>> GDP=exp(sin(t)).^(1/2);              %GDP增长率的变化
>> env=[23,24,22,21,19,19,17,18,24,23,26,22]; %环境质量指数的变化
>> plotyy(t,GDP,t,env,'plot','bar3')
```

MATLAB进行双Y-轴绘图，显示图形如图7.19所示。

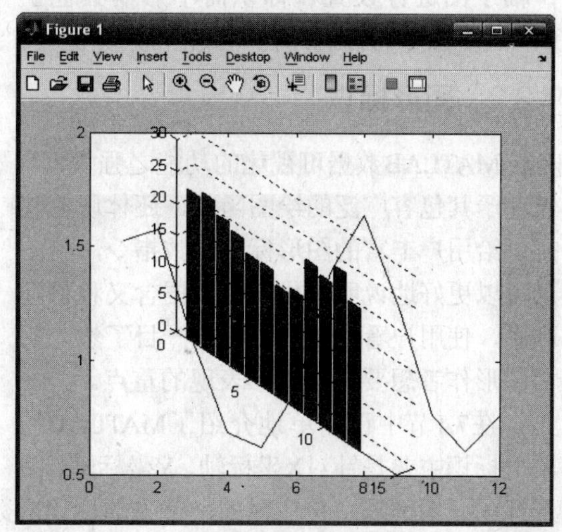

图7.19　双Y-轴绘图

观察生成的图形，读者可以发现，分别表示两种不同数据的纵坐标的量纲是不同的，虽然两个纵坐标共用相同的横坐标，但是互不影响，显示方式也不同，GDP数据是由二维plot命令显示的，而环境数据则使用了三维的条状图来显示，在plotyy命令中分别使用plot和bar3绘图指令。

7.2.8　绘制多子图

前面介绍了用户如何在一个图形中绘制多条曲线，MATLAB也允许用户在一个图形窗口中绘制多个完全独立的子图，并且提供了符合用户习惯的分栏方式。

如果用户根据需要把图形窗口分割为m×n个子图，那么可以把整个图形窗口看作是m×n的二维矩阵，共有子图m×n个，分别看成是整图的各个元素，子图的编号从第1到第（m×n），第1幅子图是矩阵的第1行第1列的元素，第2幅子图是第1行第2列的元素，依此类推，按每行从左至右，列从上到下的顺序，最后1幅子图是第m×n个元素。

分割图形窗口，绘制子图的函数指令为subplot(m,n,p)。其中，m、n为如上所说的分割行、列数，p为用户选择的子图的绘制位置，比如用户想把图形窗口分割为4部分（2×2），并且在每个子图分别绘制不同的三角函数图形。在MATLAB命令窗口中输入如下代码。

```
>> t=0:pi/20:2*pi;
[x,y]=meshgrid(t);
subplot(2,2,1)
plot(sin(t),cos(t)/3)
axis equal
subplot(2,2,2)
z=sin(x)+cos(y);
plot(t,z)
axis([0 2*pi -2 2])
subplot(2,2,3)
h=sin(x)-2*cos(y);
plot(t,h)
axis([0 2*pi -2 2])
subplot(2,2,4)
```

```
g=(sin(x).^2)-(cos(y).^2);
plot(t,g)
axis([0 2*pi -1 1])
```

绘制的4幅子图显示在一个图形窗口中，分别表示4个不同的三角函数，如图7.20所示。用户还可以根据自己的需要，对任何一幅子图进行设置和标识而不影响其他子图，关于图形的标识，下一小节将具体讲解。

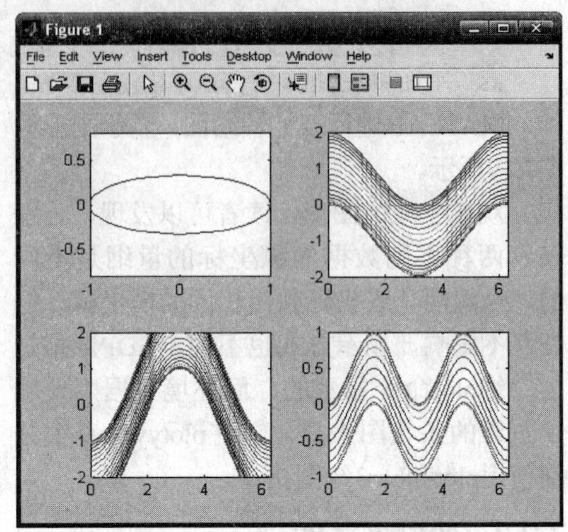

图7.20 绘制多子图三角函数图形

7.2.9 图形标识

MATLAB数据可视化的功能之强大，不仅在于其包容广泛的绘图函数，还体现在其提供给用户丰富的图形标识函数指令，使图形可以更好地说明其代表的数据含义和相互联系，使用户看到图形，就能一目了然，明白图形作者想要通过图形表现的重点。

在7.1节中已简单地介绍了MATLAB的图形标识主要是针对X坐标轴、Y坐标轴、图形标题、图例及字符注释的，常见的标识函数和各自的功能如表7.5所示。

表7.5 MATLAB的图形标识函数及功能

函数	功能
xlabel	横坐标轴名
ylabel	纵坐标轴名
legend	图形线型、色彩和数据点型的图例
title	图形标题
text	字符注释

使用以上5个函数进行图形标识，一般是使用字符串传递用户的意图，下面举例说明函数的用法。

【例6】绘制一个简单的正弦函数的图形，并且对其函数特性进行一定的注释说明。

针对例子的要求，在命令窗口中输入代码如下。

```
>> t=0:pi/30:2*pi;
h=plot(t,sin(t));
xlabel('\itt=[0 2*pi]','fontsize',12);
ylabel('\bfsin(t)','fontsize',13);
title('\sl正弦曲线','fontsize',18)
x=get(h,'xdata');
y=get(h,'ydata');
imin=find(min(y)==y);
imax=find(max(y)==y);
text(x(imin),y(imin),...
```

```
    ['最小值=',num2str(y(imin))],'fontsize',14)
text(x(imax),y(imax),...
    ['最大值=',num2str(y(imax))],'fontsize',14);
legend('sin',0)
```

代码的前两行是基本的图形绘制语句，之后首先对坐标轴进行注释，X、Y轴的字体分别选用12号的斜体1（\it）和13号的黑体（\bf）；然后给图形取名为“正弦曲线”，字体选择18号的斜体2（\bl）；接着使用数据点采集函数get和find取函数的极值点，分别用“imin”和“imax”代表极小值点和极大值点，并在极值点添加字符注释；最后对于图形所使用的线型进行注释，取名为“sin”，位置为系统默认位置（0）。

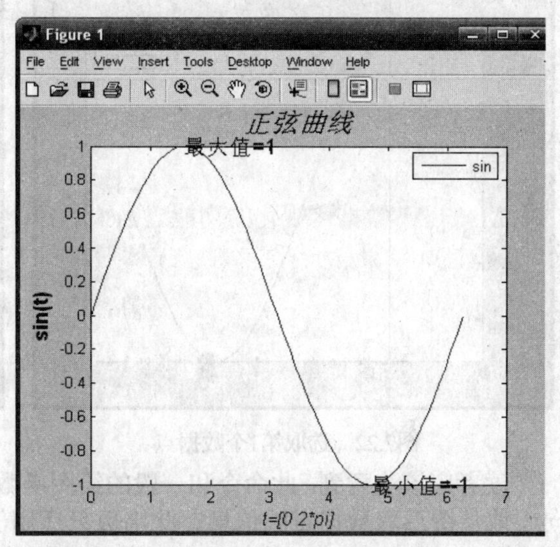

图7.21　对图形进行精细标识

最终图形的完整标识显示如图7.21所示。

在上述代码中，出现了字符串-数值转换函数num2str，实时地对其调用可以返回需要的字符串，以完成复杂的文本注释。上例是比较完整的图形标识，且基本包含了常用的图形标识函数。

为了正确运用标识函数的进行精细标识，MATLAB规定了精细标识指令的设置标准，包括多行字符标识、字体、字形、字号、上下标、希腊字符、特殊字符等。由于篇幅所限，本书不做罗列，如果用户在工作中需要进行复杂标识，可以参考MATLAB的帮助文档。

7.2.10　交互式图形绘制函数

在MATLAB中，除了前面介绍的图形绘制及编辑函数外，还有若干与鼠标有关的图形操作函数，本小节将介绍常用的两个：ginput和zoom函数。

用户完成了图形曲线的绘制后，希望知道某个自变量的函数值，那么使用ginput函数就可以十分方便地通过鼠标来读取图形中任意一点的坐标，其常用调用格式为[x,y]=ginput(n)。用鼠标在图形上取n个数据点的坐标值（n为正整数），并保存在[x,y]中。仍以【例6】绘制的图形为例，如果用户希望取两个极值的坐标，则只需要使用ginput函数，代码如下。

```
>> [x,y]=ginput(2)
```

完成后，按Enter键，图形即处于等待用户取点的状态，当用户把鼠标指针放置到图形上时，系统将显示十字选择标志，如图7.22所示，此时可以自由地移动十字选择标志，直到处于需要选择的数据点处，单击鼠标左键，则完成第一个数据点的选取。

数据点2的选取步骤与数据点1完全一致，如图7.23所示。

当用户完成两个数据点的选择之后，系统立即返回两个数据点的坐标值。

```
x =
    1.5998
    4.6979
```

```
y =
   1.0029
  -1.0029
```

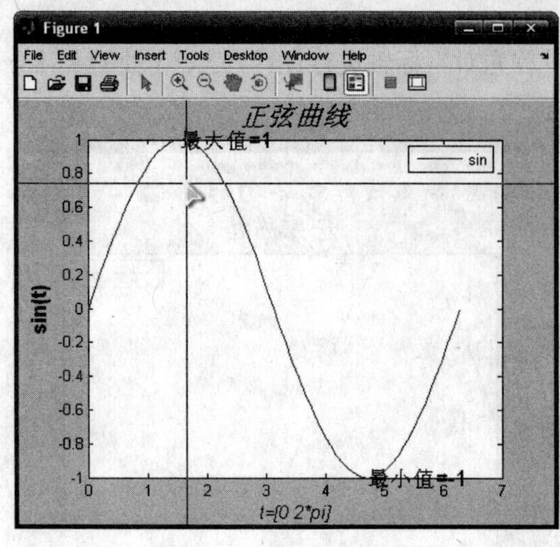

图7.22　选取第1个数据点

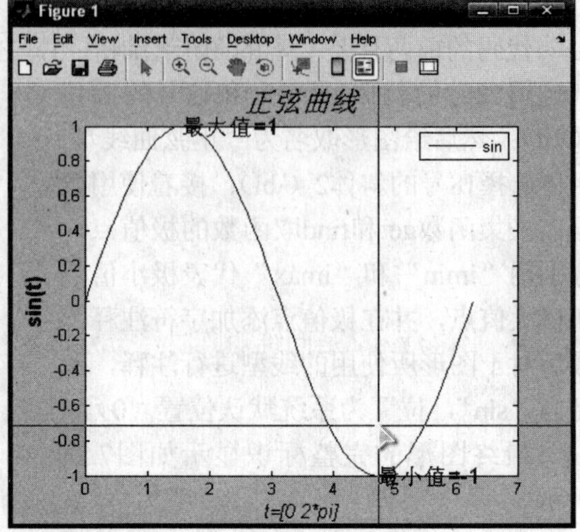

图7.23　选取第2个数据点

读者应该注意到，此命令和一般的绘图函数不同，它并不是用数据点绘制图形，而是“反向”地从图形取数据点的信息。此函数只适用于二维图形。经常与ginput函数配合使用的交互式图形函数是zoom函数，zoom函数的功能是对图形进行缩放，MATLAB中常用的zoom函数如表7.6所示。

表7.6　MATLAB中的常用zoom函数

函数	功能
zoom	当前图形的缩放设置切换
zoom on	使当前图形可以进行缩放
zoom off	使当前图形不可以进行缩放
zoom xon	使当前图形的x轴可以进行缩放
zoom yon	使当前图形的y轴可以进行缩放
zoom out	使当前图形返回初始状态
zoom(factor)	设置缩放参数，默认factor的值为2

图形处于可缩放状态下，缩放操作是标准的Windows操作，用户可以在图形上单击鼠标左键放大图形，也可以先用鼠标拉出指定的范围，再单击左键进行放大。在MATLAB 7.0中的图形窗口的工具栏内也有与zoom函数功能相同的缩放图标选项，用户也可以使用其进行同样的操作，对于图形窗口本书将于后续章节进行具体讲解。

7.3　绘制三维图形

上一节主要介绍了MATLAB中二维图形的绘制和设置方法，所涉及的所有元素都是在二维平面上的。事实上，在实际教学、科研和工程应用中，很多用户不仅需要平面范畴的图形说明，有时更希望能借助三维立体空间的图形演示来增强数据的表现力，针对用户的此种需要，MATLAB提供了三维绘图功能。

尽管从某种意义上说，三维绘图其实可以看成二维绘图的延伸和发展，很多图形及坐标轴设置的命令可以二、三维通用，但是三维绘图仍有其特殊的绘制函数，并且需要进行二维图形所没有的视角、光照及透明度的设置。本节主要介绍三维图形的绘制，而三维图形的编辑将在7.4节详细讲解。

7.3.1　使用plot3函数绘制三维曲线

三维曲线绘制函数plot3与二维曲线绘制函数plot相对应，唯一不同的是，用户需要在plot3函数中输入3个数据参数，此函数的常用调用格式为：plot(X,Y,Z,'s')。

- X、Y和Z是同维向量时，分别以X、Y和Z的元素为x、y和z轴坐标。
- X、Y和Z是同维矩阵时，分别以X、Y和Z的对应列元素为x、y和z轴坐标，曲线条数等于矩阵的列数。

‘s’所代表的意义和设置的标准与二维曲线相同，具体内容可参考第7.2.3节，下面举例说明plot3函数的调用方法。

【例7】分别绘制3条三维的三角函数曲线。

在MATLAB命令窗口中输入如下代码。

```
>> x=linspace(0,2*pi);
y1=sin(x);
y2=cos(x);
y3=sin(x)+cos(x);
z1=zeros(size(x));
z2=0.5*z1;
z3=z1;
plot3(x,z1,y1,x,z2,y2,x,z3,y3);grid on
xlabel('X轴');ylabel('Y轴');zlabel('Z轴');
title('Figure2:3-D Plot')
```

生成的图形如图7.24所示。

读者应注意到，本例子在调用plot3函数时，使用了诸如二维绘图函数绘制多图的并列数据输入方式，生成了3条互相独立的三维曲线，分别代表3个三角函数方程组。下面再举一例，让读者加深理解。

【例8】绘制螺旋线图形。

在本例中，图形3个坐标轴的数据都是以x为自变量的三角函数值，分别为sin(x)*x、cos(x)*x和x^2，代码如下。

```
>> x = 0:pi/50:10*pi;
plot3(sin(x).*x,cos(x).*x,x.^2)
axis square; grid on
```

生成的图形如图7.25所示。

说明：plot3 函数主要用于绘制单参数的三维图形，对于多参数的三维图形，用户需要调用 MATLAB 提供的其他函数进行绘制。

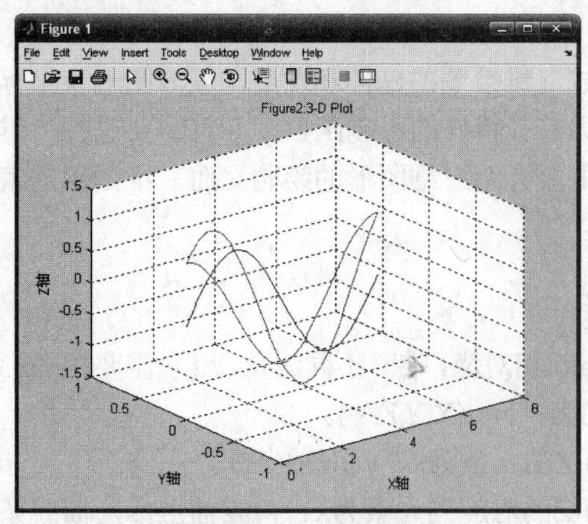

图7.24　绘制三维三角函数曲线图形

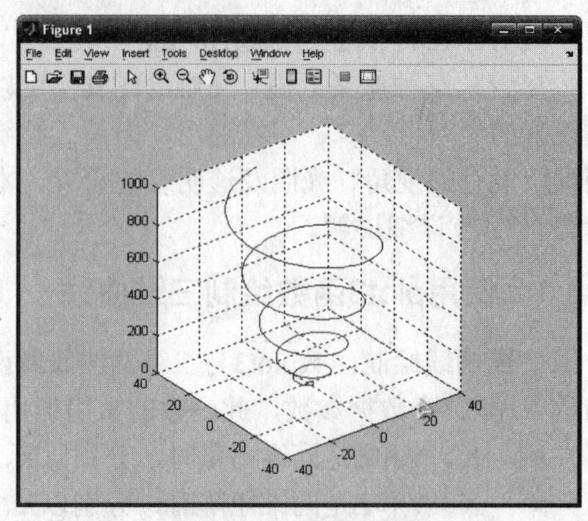

图7.25　绘制三维螺旋曲线图形

7.3.2　使用mesh函数绘制三维网格图

用户在绘制三维图形时，常需要绘制曲线网格图，MATLAB提供了专门绘制曲线网格图的函数mesh，此函数可以绘制出完整的曲面，其常用的调用格式及功能如下。

- mesh(Z)：分别以矩阵Z的列、行下标作为x、y轴的自变量进行绘图。

绘制一个随机5阶矩阵的曲线网格图，代码如下。

```
>> x=rand(5);
>> mesh(x)
```

生成的图形如图7.26所示。

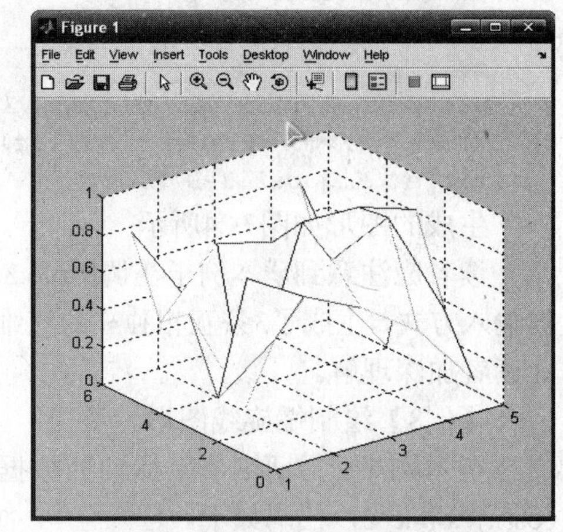

图7.26　随机矩阵的三维网格图

- mesh(X,Y,Z)：最常用的一般调用格式。
- mesh(X,Y,Z,C)：完整的调用格式，其中，'C'的作用为指定图形的着色，若'C'没有指定，则系统默认C=Z。

在mesh函数的后两种调用方式中，X和Y是自变量的"格点"矩阵，为了得到X和Y，用户需要对绘图数据进行一定的处理，即构成x-y平面上的自变量采样"格点"矩阵。常用的方法是使用代码或者meshgrid函数转换，如果使用代码转换，则代码如下。

```
>> x=x1:dx:x2;y=(y1:dy:y2)';
>>X=ones(size(y))*x;
>>Y=y*ones(size(x));
```

如果使用meshgrid函数转化，则函数的调用格式为：[X,Y]=meshgrid(x,y)，其作用是把指定的区域划分为平面网格，x、y为用户输入的向量，X、Y存储网格划分后的数据矩阵，为绘制三维曲线网格做准备，下面举例说明。

【例9】绘制$z=x^2-y^2$和$z=x^2+y^2$，$x,y\in[1,4]$的网格图。

（1）本例使用meshgrid函数进行数据转换，读者如有兴趣，可以自行验证代码的转换。首先要进行数据的输入和转换，输入自变量x、y的范围。

```
>> x=-3:.1:3;
>> y=x;
>> [X,Y]=meshgrid(x,y);
```

（2）转换函数把用户定义的x、y的范围转换为x-y平面上的“格点”矩阵，再进行网格图形的绘制，代码如下。

```
>> subplot(2,1,1)
>> Z=X.^2+Y.^2;
>> mesh(X,Y,Z)
>> title('z=x^2+y^2')
>> subplot(2,1,2)
>> Z=X.^2-Y.^2;
>> mesh(X,Y,Z)
>> title('z=x^2-y^2')
```

生成的图形如图7.27所示。

在MATLAB中，还有用于绘制三维网格图形的两个mesh扩展函数：meshc和meshz函数。它们的功能和调用格式与mesh函数类似，分别是在mesh函数绘图的基础上进行绘制，meshc函数为图形添加等高线，而meshz函数则为图形添加绘制边界。如果分别对图7.27的上下两个子图增加meshc和meshz函数调用，其图形变化如图7.28所示。

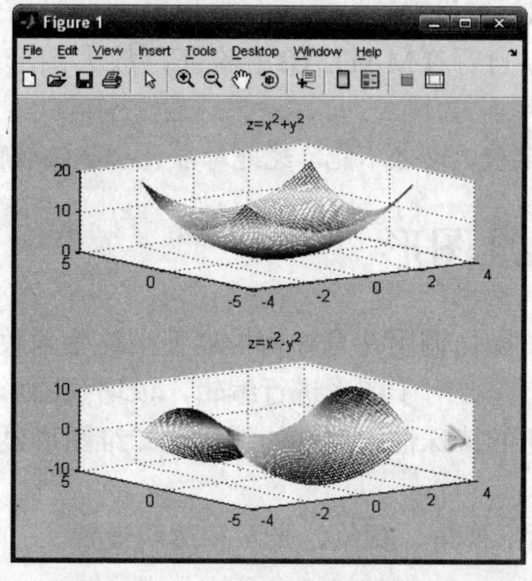

图7.27　绘制三角函数的网格图

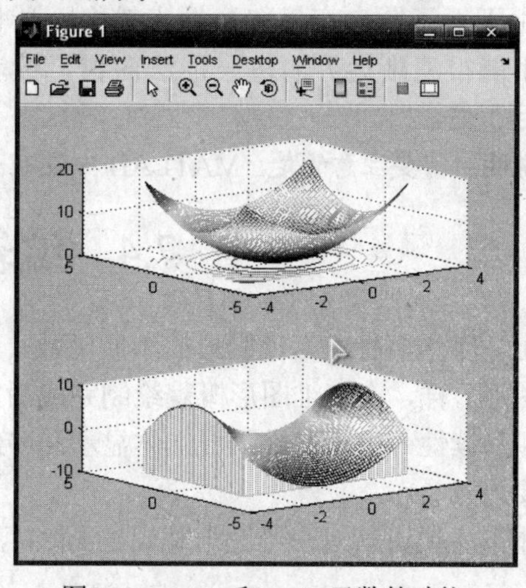

图7.28　meshc和meshz函数的功能

7.3.3　使用surf函数绘制三维曲面图

MATLAB中的surf函数专门用于绘制三维着色曲面图，其调用格式和对数据准备的要求与上一小节的mesh函数相同。下面我们仍以图7.27中的图形为例，如果用户用surf函数代替mesh函数来绘制上子图，那么图形如图7.29的上子图所示。

surf函数也有扩展函数，其中一个是surfc函数，其功能对应于surf函数，与meshc函数对应于mesh是一样的。如果以图7.27的下子图为例，用surfc函数代替mesh函数，则图形如图7.29下子图所示。

surf函数的另外两个常用的扩展函数为surfl和surfnorm函数，surfl函数可以在绘制图形时考虑光照效果，而surfnorm函数则用于计算数据X、Y和Z定义表面的法向量。对图7.27的上下子图分别调用surfl和surfnorm函数，得到如图7.30所示的图形。

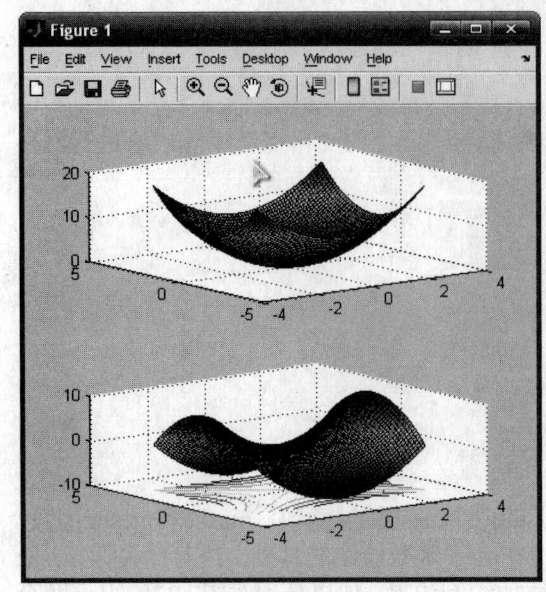

图7.29 使用surf函数绘图

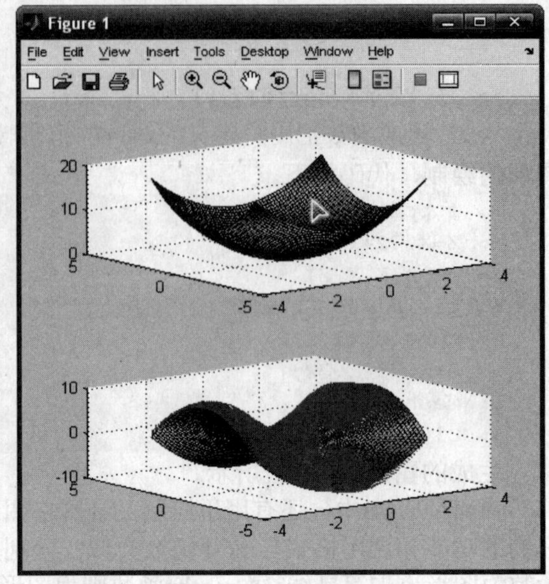

图7.30 surfl和surfnrom函数的功能

由于下子图自变量取数据点较多，所以由X、Y和Z定义的表面排列得十分紧密，在上图不能很清晰地分清每一根法向量，读者可以自行在MATLAB里验证，放大图形后便会一目了然。

说明：需要注意的是，MATLAB 中没有 surfz 函数，读者不能单纯地对应 meshz 函数臆断。

7.4 编辑三维图形

上一节主要针对三维图形的绘制函数，介绍了如何调用并且如何扩展使用这些函数。与二维图形一样，在三维图形概貌绘制完成后，用户需要对于图形进行编辑，以增强图形的表现力和易读性，由于三维图形立体显示和多维视角的特殊性，对其的编辑比二维图形显得更加必要。

本节主要讲解对三维图形编辑的4个主要方面：视角、颜色、光照和透明设置。

7.4.1 三维图形的视角设置

用户使用三维图形来表示数据的特性和内在联系，目的就在于得到形象的显示，以及获得最佳的视觉效果。在观察三维图形时，为了便于用户得到图形的最佳表现效果，MATLAB提供了设置用户观察视角的函数指令view和rotate。view函数的调用格式和具体功能如下。

- view(az,el)或view(az,el)：az代表方位角（Azimuth），el代表俯视角（Elevation），调用此种格式的函数，过用户视点和z轴的平面设为m面，m面与x-y面相交，交线与负y轴交角为方位角az；m面上连接视点与坐标原点的直线与x-y面的夹角为俯视角el，两个角度的单位都是“度”。此调用格式的view函数功能是设置三维图形观察点的方位角。
- view([x,y,z])：在直角坐标中设置视角的坐标为（x,y,z）。

- view(2)、view(3)：分别使用MATLAB 7.0中默认的二维视角设置（az=0，el=90°）和三维视角设置（az=-37.5°，el=30°）。

【例10】使用不同的az和el的view函数控制图形的观察视角。

在MATLAB命令窗口输入以下代码。

```
x=-5:0.5:5;
[x,y]=meshgrid(x);
r=sqrt(x.^2+y.^2)+eps;
z=sin(r)./r;
subplot(2,2,1)
surf(x,y,z)
xlabel('X-axis')
ylabel('Y-axis')
zlabel('Z-axis')
title('Figure1')
view(-37.5,30)
subplot(2,2,2)
surf(x,y,z)
xlabel('X-axis')
ylabel('Y-axis')
zlabel('Z-axis')
title('Figure2')
view(-37.5+90,30)
subplot(2,2,3)
surf(x,y,z)
xlabel('X-axis')
ylabel('Y-axis')
zlabel('Z-axis')
title('Figure3')
view(-37.5,60)
subplot(2,2,4)
surf(x,y,z)
xlabel('X-axis')
ylabel('Y-axis')
zlabel('Z-axis')
title('Figure4')
view(180,0)
```

以上代码绘制的4个图形，分别是不同视角观察的同一个三角函数的三维图形，如图7.31所示。

读者注意az和el的变化，结合格式讲解，体会使用view函数的细节。rotate函数的调用格式和具体功能为：rotate(h,direction,alpha,origin)，将图形句柄为h的对象旋转一个角度（有关句柄的知识详见本书第7章内容）。

- h代表被旋转的对象（线、面等）。
- direction的设置方式有两种：一是使用直角坐标，设置为坐标[x,y,z]；二是使用球坐标，设置为坐标[theta,phi]。

- alpha是按照右手原则旋转的角度。
- origin是方向轴的"支点"坐标，系统默认为坐标原点。

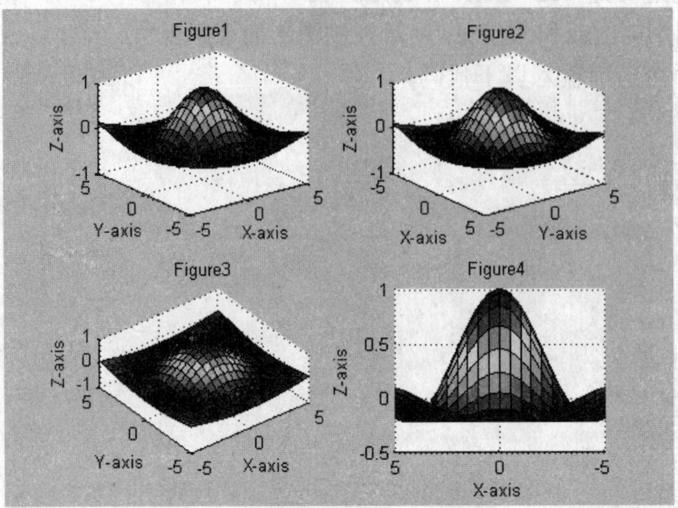

图7.31 设置不同视角的三维图形

如果调用rotate函数转换图7.31中子图1的函数图形，代码如下。

```
>>h=surf(x,y,z);
rotate(h,[0,0,1],60)
```

得到的新图与原图的比较，如图7.32所示。

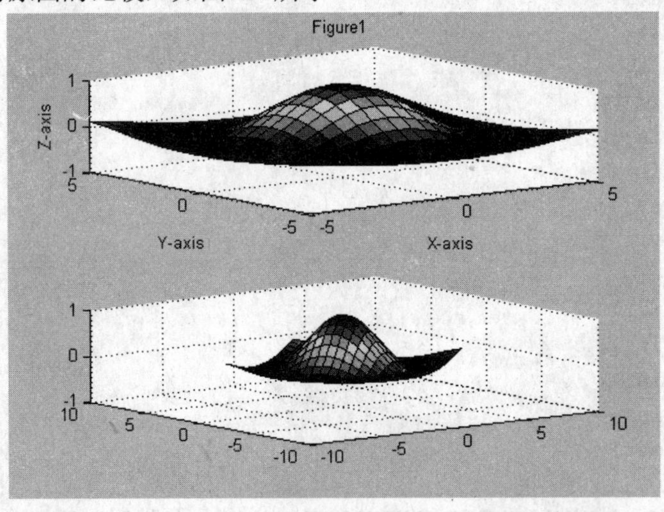

图7.32 原图与调用rotate函数使图形对象旋转后的新图

在使用函数view和rotate时，读者需要注意，前者旋转的是坐标轴，并不改变图形的原始数据，而后者旋转的是图形对象本身，通过旋转变换改变图形对象的数据。

MATLAB还提供了一个控制视角的图形旋转函数rotate3d，用户调用此函数后，移动鼠标到图形窗口中，出现一个旋转光标，用户可以自行旋转图形，调节观察视角，直到满意为止，此函数的功能与图形窗口工具栏的图标是相同的，读者可以用上例自行验证。

7.4.2　三维图形的色彩设置

图形的表现力与色彩使用紧密相关，MATLAB中所有线条的色彩都是通过RGB调和出来的单色，常用色彩的RGB调制标准如表7.7所示。

表7.7　MATLAB常用色彩的RGB调制标准

基色RGB数值			调制颜色	MATLAB符号
R	G	B		
0	0	1	蓝(Blue)	b
0	1	0	绿(Green)	g
1	0	0	红(Red)	r
0	1	1	青(Cyan)	c
1	0	1	洋红(Magenta)	m
1	1	0	黄(Yellow)	y
0	0	0	黑(Black)	k
1	1	1	白(White)	w
0.5	0.5	0.5	灰(Gray)	
0.5	0	0	暗红(Dark red)	
1	0.62	0.4	铜色(Copper)	
0.49	1	0.83	碧绿(Aquamarine)	

MATLAB提供了丰富的色彩设置函数指令，本节主要介绍以下几个MATLAB常用的色彩设置函数：colormap、colordef、caxis及colorbar。

色图colormap函数是MATLAB色彩设置的基本函数，其调用格式为colormap(CM)。CM为MATLAB的色图矩阵。在MATLAB的任何图形窗口中，不论是单图，还是多子图，只有一个色图，色图为一个列数为3（m×3）的矩阵，其每一行为一个RGB3元组，色图可以根据表7.7所示的标准通过给矩阵元素赋值确定，也可以通过数学规律形成。表7.8列出了常用的MATLAB预定义的色图矩阵CM类型。

表7.8　MATLAB中的色图矩阵CM

CM	代表含义
autumn	红、黄色图
jet	蓝头红尾饱和色图
bone	蓝色调色图
cool	青、洋红色图
copper	纯铜色调色图
flag	红、白、蓝、黑色图
gray	灰色调色图
hot	黑、红、黄、白色图
hsv	两端红色饱和色图
pink	淡分红色图

CM的维数由调用格式确定。

- CM：(64×3）的色图矩阵。
- CM(m)：(m×3）的色图矩阵。

如果用户调用peaks函数绘制图形，输入代码如下。

```
>> a=peaks(20);
>> surf(a)
```

设置色图矩阵为cool，得到的图形色彩如图7.33所示。

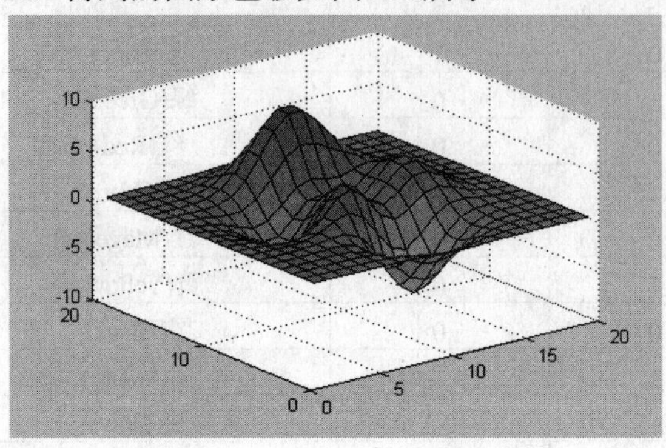

图7.33 CM为cool的色图设置

如果CM取hot，则色彩如图7.34所示。

在MATLAB中，除了提供了对图形色彩进行设置的colormap函数外，还提供了设置图形背景色彩的colordef函数，其调用格式如下。

- colordef white：设置图形背景为白色（MATLAB默认设置为白色）。
- colordef black：设置图形背景为黑色。
- colordef none：使用图形背景和图形窗口的MATLAB默认色彩。
- colordef(fig,col_option)：设置图形句柄fig的背景为由col_option定义的色彩。

以图7.34所示的图形为例，如果用户希望设置其背景为黑色，则只需要在绘图之前调用colordef函数，然后再绘制图形，代码如下。

```
>> colordef black
>> surf(a)
```

则图形背景变成黑色，如图7.35所示。作为上层绘图函数，colordef函数影响其调用之后的所有图形窗口的色彩设置，如用户指定适应窗口的句柄fig，那么可以使其影响限制在指定的窗口内。

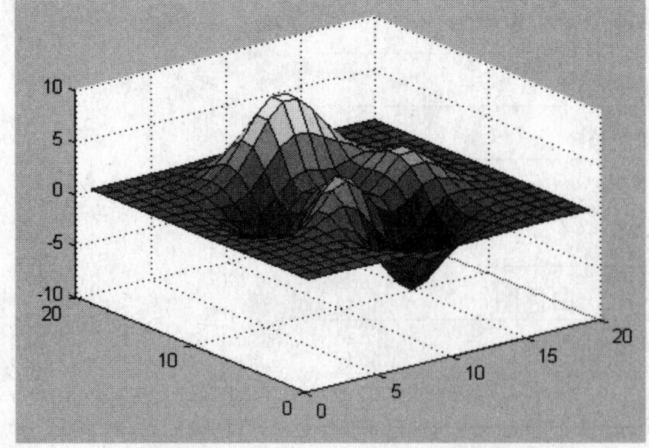

图7.34 CM为hot的色图设置

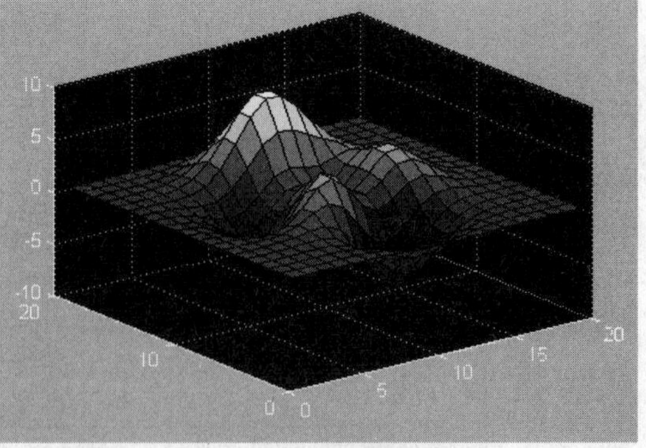

图7.35 图形背景为黑色

在MATLAB中，如果需要设置数值轴的色彩，用户可以使用caxis函数，其调用格式如下。

- caxis([cmin cmax])：在[cmin cmax]范围内与色图矩阵中的色值对应，为图形着色。如果数据点的数值超出了设定范围，则按照cmin和cmax进行着色。
- caxis auto：MATLAB默认的色值范围。
- caxis manual、caxis(caxis)：采用当前的色值范围。

仍以图7.34为例，如果用户希望设置其色彩数值范围为[1,1]，则只需要输入如下代码。

```
>> caxis([-1 1])
```

则图形的色彩数值范围为[-1 1]，显示如图7.36所示。

MATLAB还提供了colorbar函数，用来添加色彩标尺，其常用格式和功能如下。

- colorbar：更新最新生成的色彩标尺，如果当前坐标轴没有任何标尺，则于图形右侧生成垂直标尺。
- colorbar('vert')和colorbar('horiz')：分别给图形添加垂直和水平标尺。

在MATLAB中，中有关色彩设置的函数，除了以上介绍的colormap、colordef、caxis及colorba外，比较常用的还有shading和brighten函数，它们分别用来设置图形的着色方式和亮暗程度，对于两函数的调用格式和功能，本节不做具体介绍，读者如果需要，可以参考MATLAB帮助文档中有关三维图形色彩控制的内容。

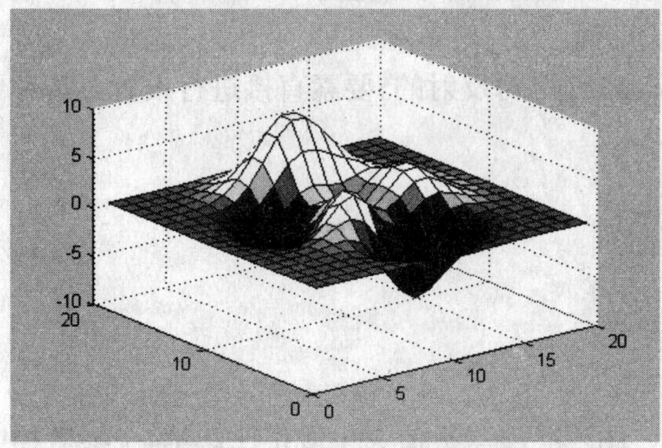

图7.36　调用axis命令设置图形色彩数值范围

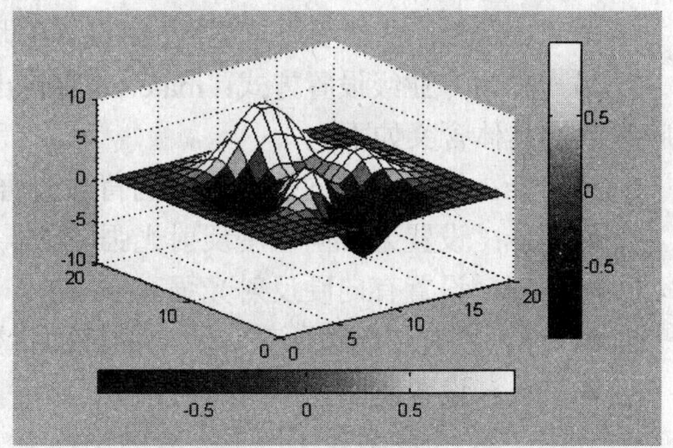

图7.37　给图形同时添加垂直和水平标尺

7.4.3　三维图形的光照设置

为了三维图形的形象逼真，MATLAB不仅在视角和色彩方面提供了精细的设置函数，还考虑到了图形的环境光源设置和自身材料设置。

本书在7.3.3小节介绍了可以增加图形显示的光照效果的surfl函数，事实上，除了surfl函数外，MATLAB还提供了其他一些光照设置函数，本节主要向读者介绍常用的3个函数：光照设置函数light、光照模式设置函数lighting和材料反射设置函数material。

光照设置函数light的调用格式为：light('color',option1,'position',option2,'sytle',option3)，此函数的功能是设置光源。在用户调用此函数之前，MATLAB对图形采用各方向等强的漫射光源。调用此函数时，光源本身不出现，但是图形各对象与光相关的属性都将被激活。

MATLAB默认的光照设置为：白光（颜色）、无穷远（类型）、过点[1,0,1]（位置）射向图形坐标原点。对于“类型”（style）属性，系统提供了两个可选项：infinite和local，分别代表无穷远光和近光。光照的任何一个属性，如果用户没有设置，则采用以上系统默认设置。

1. 光照模式设置函数lighting的调用格式

lighting options，options的取值和具体功能如下。

- flat：默认平面模式，设置光照均匀地分布在图形对象的任意面，常与faced函数合用。
- gouraud：点模式，先对顶点色彩进行插补，再对顶点勾画的面色进行插补，常用于曲面表现。
- phong：对顶点处法线插值，再计算像素的反光。此函数的表现效果好，但时间消耗多。
- none：关闭所有光源。

读者需要注意的是，lighting函数只作为light函数执行之后的补充。也就是说，如果用户不调用light函数而单独调用lighting函数是错误的。

2. 材料反射设置函数material的调用格式

第一种为设置预定义的反射模式：material options，options的取值和具体功能如下。

- shiny：使对象比较明亮，镜面反射分额较大，反射光色彩取决于光源色彩。
- dull：使对象比较暗淡，漫反射分额较大，无镜面亮点，反射光色彩取决于光源色彩。
- metal：MATLAB默认设置。使对象具有金属光泽，镜面反射分额很大，背景光及漫反射分额很小，反射光色彩取决于光源色彩和图形表面色彩。
- default：从当前设置返回MATLAB默认设置。

另一种为专业级设置方式：material([ka kd ks n sc])，对反射的5要素直接进行设置。其对应参数的具体含义如下。

- ka：设置无方向性、均匀的背景光强。
- ks：设置无方向性漫反射光强。
- ks：设置有向硬反射光强。
- n：设置控制镜面亮点大小的镜面指数。
- sc：设置镜面色彩的反射系数。

其中，前3个参数对于图形亮度的影响很大，图形亮度与数值大小成正比。第4个参数控制镜面亮点，亮点范围与参数数值大小成反比。

为了让读者更清楚地了解3个光照设置函数的用法和功能，下面举例说明。

【例11】综合使用光照设置函数，分别显示4个不同的子图，代码如下。

在MATLAB命令窗口输入以下代码，分别绘制4个子图，并进行不同的光照设置。

```
>> subplot(2,2,1)
sphere
light('color','r','position',[1,1,1],'style','local');
lighting flat
material shiny;
colorbar
axis off
title('Figure1')
subplot(2,2,2)
sphere
light('color','r','position',[1,1,1],'style','local');
lighting gouraud
```

```
material dull;
colorbar
axis off
title('Figure2')
subplot(2,2,3)
sphere
light('color','y','position',[1,2,3],'style','infinite');
lighting phong
material([0.2,0.4,0.8,10,0.8]);
colorbar
axis off
title('Figure3')
subplot(2,2,4)
sphere
light('color','r','position',[1,1,1],'style','infinite');
lighting none
material([0.3,0.4,0.5,10,0.7]);
colorbar
axis off
title('Figure4')
```

以上代码综合使用了light、lighting和material函数，对图形的光照进行了设置，显示图形如图7.38所示。读者可以对照之前的函数格式和功能的具体讲解，阅读代码，进一步理解。

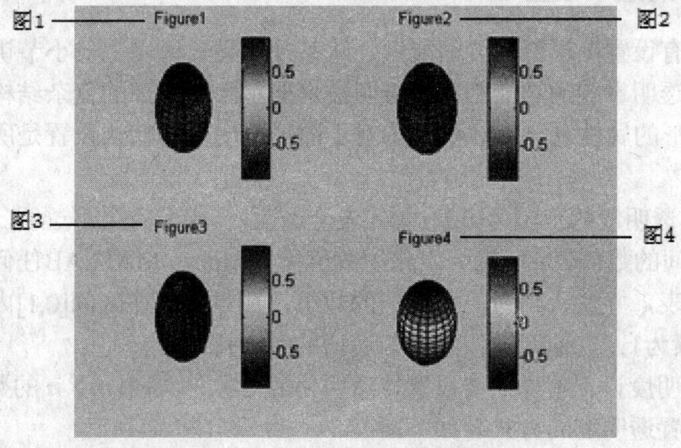

图7.38　光照设置函数的综合使用

7.4.4　三维图形的透视设置

在MATLAB中，用户调用mesh、surf等函数绘制网格曲面图时，系统会默认隐藏重叠的后部网格，如果用户需要了解被遮盖的隐藏网格，可以调用透视函数hidden，其格式和功能如下。

- hidden on：设置隐藏部分不可见。
- hidden off：设置隐藏部分可见。

用户比较一下peaks函数生成的图形，分别设置隐藏可见和隐藏不可见的图形效果，如图7.39所示。

```
>> clf
subplot(2,1,1)
mesh(peaks(50))
hidden on
subplot(2,1,2)
mesh(peaks(50))
hidden off
```

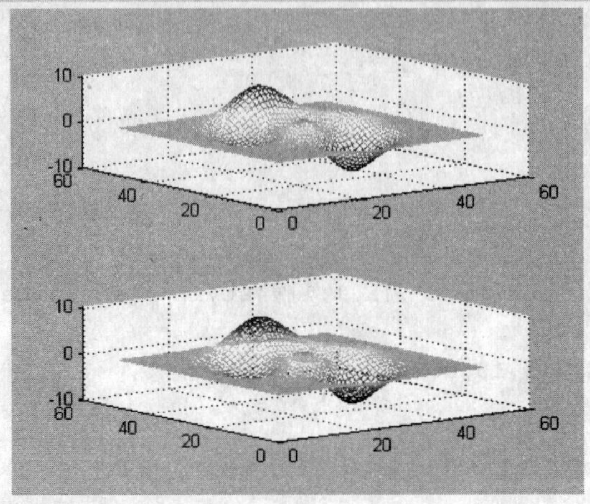

图7.39 分别设置隐藏是否可见的peaks函数图形

7.4.5 三维图形的透明设置

MATLAB 7.0有设置图形透明度的能力，从某种意义上说，上一小节讲解的透视设置是透明设置的特例，透明设置的功能是利用透明技术揭示图形内部的复杂结构。与色彩、光照一样，透明度是图形的属性之一，MATLAB对于图形透明度的默认设置是所有图形都是完全不透明的。

MATLAB定义透明度的范围为[0,1]：0代表全透明，1代表完全不透明。任何图形的透明度都可以用[0,1]之间的数值表示，这个量化的数值称为Alpha。MATLAB任何一个图形窗口都有唯一一个透明度表，并默认其为一个1×64的数组，数组元素在区间[0,1]内取值。其中，首元素为0，末尾元素为1，其他元素按照均匀递增的顺序排列。

对于图形的透明度设置首先需要设置待透明化的对象，以3个$m \times n$的数值矩阵X、Y和Z绘制曲面为例，设置透明度的方式有如下3种。

- 标量：设置所有数据点拥有相同的透明度。
- 线性数据：使曲面数据点处的透明度按照某指定维的方向变化。
- 矩阵：复杂方式。使每个数据点拥有独立的透明度。

调用Alim函数设置透明度的范围，上下限组成的二元组[Amin,Amax]，是把待透明化数据和透明度表联系起来的门限。Alpha的上下限范围Alim必须与上下限界定模式AlimMode合用；一切待透明化的数据，如果超出[Amin,Amax]范围，则超出的数值按照边界极值设置。

待透明化数据映射方式的设置规定了图形数据向透明度表数据的解释标准，具体设置如下。

- none：MATLAB默认设置。把数据区间映射到[0,1]区间，直接按照透明度表设置。

- scaled：把数据Alpha的上下限映射到透明表的某一段。
- direct：数据为1和透明度表长度之间的正整数时，使用此方式。此时，数据直接作为透明度表的下标。

7.5　特殊的二、三维图形绘制

在实际教学科研、工程实践中，用户经常需要使用一些特殊图形来记录数据，虽然使用基本的plot函数也可以完成这些图形的绘制，但是由于图形的特殊性，绘制过程会比较烦琐，一般用户甚至难以短时间完成。MATLAB考虑到用户绘制特殊图形的需求，特别提供了若干函数。

由于同类型的二维、三维特殊图形绘制函数大多类似，并且常可以通用，所以本节把它们结合在一起，向读者介绍其功能和调用方法，主要介绍的特殊图形包括：区域图、条形图、饼状图、柱状图、离散图、矢量图及等高线图。

7.5.1　调用bar函数绘制条形图

MATLAB中提供了条形图绘制函数bar，用来表示向量和矩阵中的值，函数bar有4种，分别是：bar、barh、bar3和bar3h。常用函数bar的调用格式和功能如下。

- bar(y)：绘制向量y的每一个元素。
- bar(x,y)：在指定x坐标轴上绘制y。其中，参数x必须是严格递增的向量；如果y为矩阵，则把矩阵分解成n个行向量，分别在指定坐标处绘制。
- bar(…,width)：width设置条形相对宽度和组内条形的间距。如果默认值为0.8，组内条形有微小间距；如果width为1，则组内条形之间没有间距。
- bar(…,'style')：style设置条形的类型，如果选择默认值为group，则显示m组，每组n条的条形图形，m和n分别是矩阵y的行列数；如果选择stack，则绘制累积直条图。

函数bar3的调用格式和功能与函数bar类似，只是形成三维的立体图，区别为：bar3(…,'style')中的'style'取值可以是：grouped、stacked和detached（默认设置）。

【例12】绘制矩阵z=[1 2 3;4 5 6;7 8 9]的条形图。

把图形窗口分为两个子图窗口，分别显示二维、三维的默认设置条形图，在MATLAB命令窗口输入代码如下。

```
>> z=[1 2 3;4 5 6 7 8 9];
>> subplot(2,1,1);
>> bar(z)
>> title('2D default')
>> subplot(2,1,2);
>> bar3(z)
>> title('3D default')
```

系统默认二维、三维的'style'设置分别为group和detached，如图7.40所示。

函数barh和函数bar3h的调用格式和功能与bar和bar3相同，区别只是前两个显示水平方向的图形，而后两个显示垂直方向的图形。

```
>> clf
```

```
z=[1 2 3;4 5 6;7 8 9];
subplot(2 ,2, 1)
barh(z,1)
title('vert width=1')
subplot(2,2,2)
bar(z,'stack')
title('stack')
subplot(2,2,3)
bar3h(z,0.5,'stacked')
title('vert width=1 stack')
subplot(2,2,4)
bar3(z,0.8,'grouped')
title('width=0.8 grouped')
```

以上代码分别形成了条宽、间距、类型不同的4个子图，如图7.41所示，读者可以仔细比较一下4幅子图的异同。

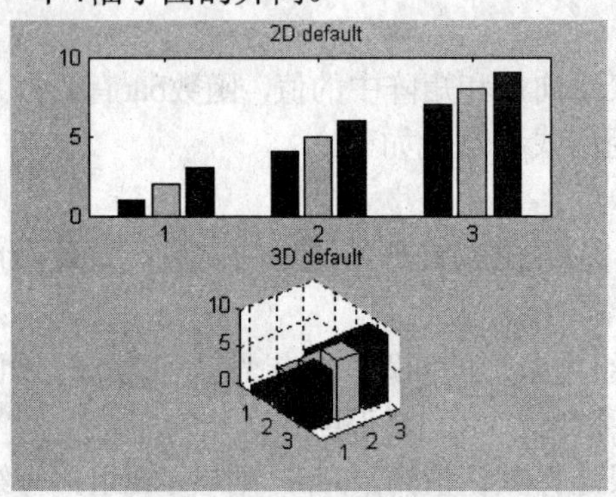

图7.40 系统默认设置的二维、三维条形图比较

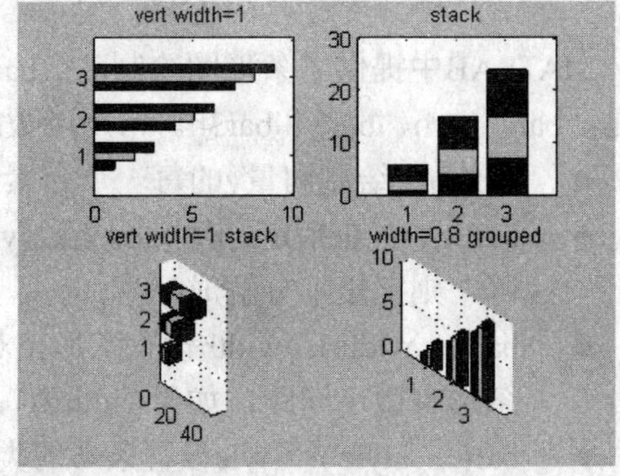

图7.41 不同条形宽度、间距及类型的条形图比较

7.5.2 调用area函数绘制区域图

MATLAB中的区域绘图函数area用来绘制二维的面积图，调用此函数在图形窗口中绘制多条曲线，从第二条开始的每条曲线都以前面的曲线作为“基线”，再取数值绘制而成。常用area函数的调用格式和功能如下。

- area(y)：最常见的调用格式。以向量y的下标为横坐标，y的元素值为纵坐标。
- area(x,y)：如果x、y都是向量时，绘图机理和plot函数类似；如果x为向量，y为矩阵，则以向量x为横坐标，以矩阵y的元素的累积值作为纵坐标绘制图形。
- area(…,basevalue)：basevalue代表绘图的基准线值，此值只可以取标量，如果以x坐标轴为绘制基准，则basevalue值为0。

【例13】绘制向量x=[1:2:9]和矩阵y=magic(5)的区域图，基准取值为4。

由于x是向量，y是矩阵，绘图使用area(x,y,basevalue)的格式调用area函数，代码如下。

```
>> x=1:2:9;
>> y=magic(5)
y =
    17    24     1     8    15
    23     5     7    14    16
```

```
    4     6    13    20    22
   10    12    19    21     3
   11    18    25     2     9
>> area(x,y,4);
set(gca,'layer','top');   %图层设置为top层，显示网格
grid on
title('basevalue=4')
```

以上代码使用了句柄设置函数set，以便显示网格（有关图形句柄的内容，本书将于后续章节讲解），得到的图形如图7.42所示。

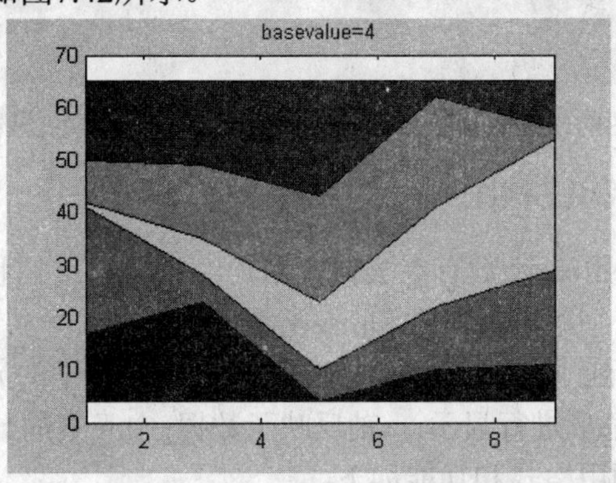

图7.42　自变量为向量、函数值为矩阵的区域图形

读者需要注意的是，area函数只适用于绘制二维的区域图形。

7.5.3　调用pie函数绘制饼状图

当用户需要观察和分析不同子类数据在总数中所占分额及相互之间的大小对比时，可以使用MATLAB提供的饼形绘图函数pie来绘制饼状图。

饼状图绘制函数有pie和pie3，分别绘制二维和三维饼状图，pie函数的调用格式和功能如下。

- pie(x)：绘制向量x的饼状图，x中每一个元素为饼中的一个扇形。
- pie(x,explode)：explode代表与x同维的矩阵，explode中非0元素对应的x中的元素“外突”，方向为扇形圆弧外法线方向。
- pie(…,labels)：labels代表各个扇形的标签。

【例14】某市统计局统计城镇人口的结构比例，得出的调查统计结果如下：0~10岁儿童（16%），10~20岁青少年（17%），20~35岁青年（21%），35~55岁中年（25%），55岁以上老年（21%），试分析人口年龄结构是否老龄化，并在MATLAB中用饼状图表示。

（1）对数据进行整理和分析，全部人口分为5个年龄层次，分别为0~10，10~20，20~35，35~55和55以上。所以可以建立一个包含5个元素的一维向量x，再用pie函数绘制出x的图形。

（2）在MATLAB命令窗口输入代码如下。

```
>> x=[16 17 21 25 21];
>> pie(x,[0 0 0 0 1],{'0~10岁儿童','10~20岁青少年',...
'20~35岁青年','35~55岁中年','55岁以上老年'})
```

生成的图形如图7.43所示，5个年龄层次的人口数目所占比例一目了然。

代码中只设置了代表老年人口数目的扇形“外突”一格，其余都为0，突出了老年人口

所占比重之大。对于此图形，同样可以使用pie3函数进行三维显示，调用格式完全相同，得到的图形如图7.44所示。

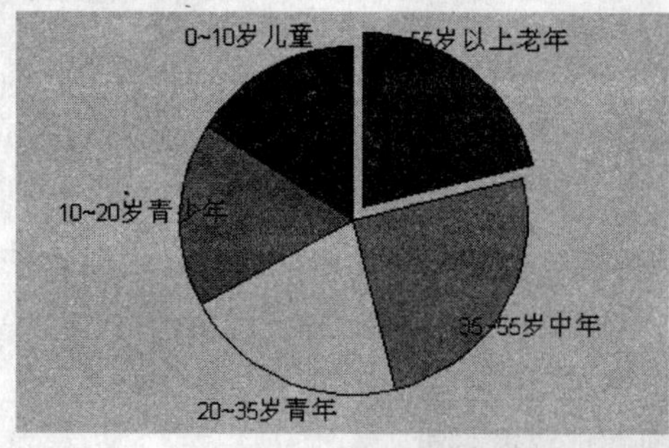

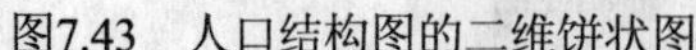
图7.43 人口结构图的二维饼状图

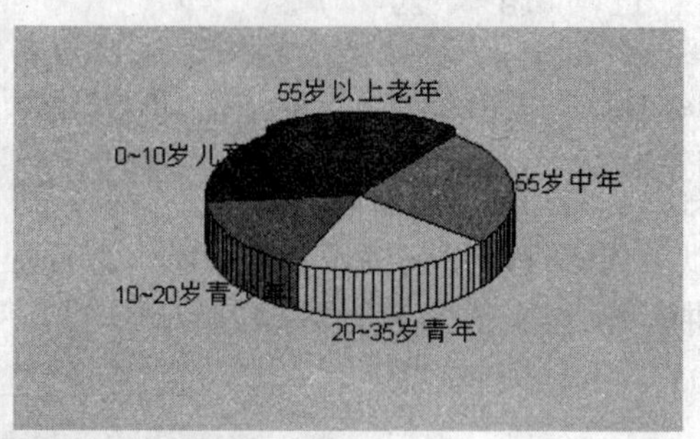

图7.44 三维饼状图

7.5.4 调用hist函数绘制柱状图

在MATLAB中，与调用bar函数有点类似，用户经常需要用柱状图来表示数据的分布，此时，就要用到绘制二维柱状图hist函数和rose函数。

调用hist函数，对于所有向量y的元素或者矩阵y的列向量中的元素，系统按照数值的范围来分组，每组作为一个条形进行显示，x轴反映了数据y中元素的数值范围，y轴反映了每组元素的个数。hist函数的调用格式和功能如下。

- hist(y)：如果y是向量，则把其中元素放入10个条目中，且返回每条中的元素个数；如果y为矩阵，则分别对每列进行处理，显示多组条形。
- hist(y,x)：向量x的元素个数为n，则y的元素放入n个由元素指定位置为中心的条目中。
- hist(y,nbins)：标量nbins设置条目的数目。
- [n,xout]=hist(…)：返回向量n及向量xout。其中，向量xout包含频率计数与条目的位置，用户也可以使用bar(xout,n)绘制条形直方图。

【例15】绘制y1=randn(2008,1)和y2=randn(2008,4) 的柱状图。

在MATLAB命令窗口输入代码如下。

```
>> x=-4:.1:4;
y1=randn(2008,1);
y2=randn(2008,4);
subplot(2,2,1);
hist(y1);
title('y1为向量，default， n=10');
subplot(2,2,2);
hist(y2);
title('y2为矩阵,');
subplot(2,2,3);
hist(y1,x);
title('向量x指定条目');
subplot(2,2,4);;
hist(y2,1000);
title('nbins=1000')
```

以上代码分别以不同的格式调用了hist函数，绘制的y1和y2柱状图如图7.45所示。在图中根据设定的条目数的不同，图形的表现力也大相径庭，所以在使用hist函数时，一定要设置好

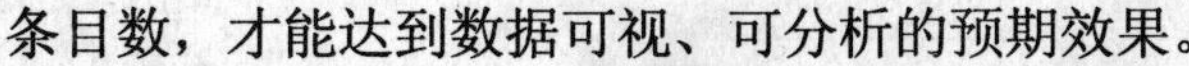
条目数，才能达到数据可视、可分析的预期效果。

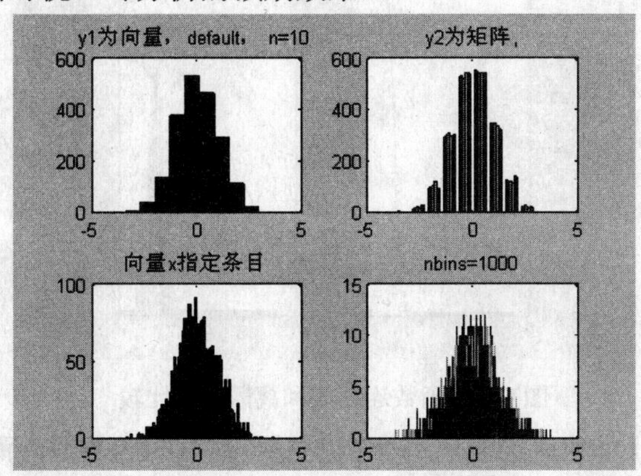

图7.45　调用hist函数绘制柱状图

rose函数的功能与hist函数类似，都是绘制柱状图，表示数据的分布，不同的是rose函数绘制的是角度柱状图，有关rose函数的调用格式和功能，读者可查阅MATLAB帮助文档。

7.5.5　调用stem函数绘制离散数据杆状图

离散数据杆状图主要用来表示离散数据的数据特性和内在联系，在MATLAB中，如果调用plot函数对于离散数据绘图，那么系统默认把若干离散的数据点用直线连接，但是用户有时并不希望看到这种连续的图形，这时，最好的方法就是使用stem函数代替plot函数绘图。stem函数用圆点表示每个数据点，再用线段把圆点和基准线连接，图形类似火柴棒，所以又称stem函数图形为火柴杆图。

stem函数的调用格式和功能如下。

- stem(y)：可以理解成绘制离散点的plot(y)函数。
- stem(x,y)：可以理解成绘制离散点的plot(x,y)函数。
- stem(…,Linespec)：Linespec代表直线属性设置参量。
- stem(…,'fill')：改变数据点显示的空、实状态。

【例16】绘制函数 $y = e^{x\sin(x)}$ 的连续和离散曲线。

自变量x的取值间距为0.1，分别使用plot和stem函数绘制图形，在MATLAB命令窗口输入代码如下。

```
>>clf
x=1:.1:10;
y=exp(x.*sin(x));
subplot(1,2,1);
plot(x,y,'.-r');
subplot(1,2,2);
stem(x,y,'b')
```

得到的连续和离散点子图如图7.46所示。

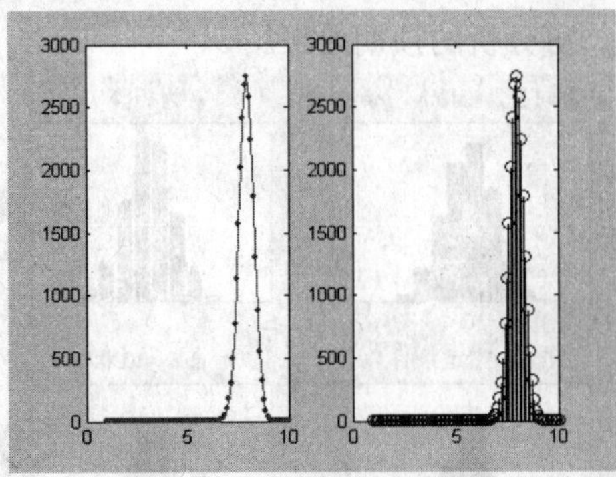

图7.46 函数连续图和离散图的比较

在图7.46中离散图只单独地绘制出每个自变量数据点的函数值，而并不把各个数值点连接起来。在使用stem函数的时候，同样可以设置图形的数据点型和色彩，如果用户希望用绿色的虚线线型来表示离散数据点，并设置其填充属性为“填充”，即在调用stem函数时，添加参数‘fill’。

```
>> clf
stem(x,y,':g','fill')
```

绘制的图形如图7.47所示。

在MATLAB中，stem3函数用来绘制起点在X-Y平面上的三维离散图，该函数只有一个矢量参数时，将只在x=1或y=1处绘制一行离散杆状图。stem3函数绘制的图形可以显示二维图形无法显示的数据，以快速傅立叶变换（FFT）数据点绘图为例，由于FFT是基于复平面的单位圆的点上进行计算的，故利用三维离散杆状图可以很好地表示其细节，代码如下。

```
>> th = (0:127)/128*2*pi;  %计算复平面上的单位圆
x = cos(th);
y = sin(th);
f = abs(fft(ones(10,1),128));  %频响幅值
stem3(x,y,f','d','fill');  %绘制图形
view([-65 30]);
xlabel('Real');  %图形标注
ylabel('Imaginary');
zlabel('Amplitude');
title('FFT example')
```

显示图形如图7.48所示。

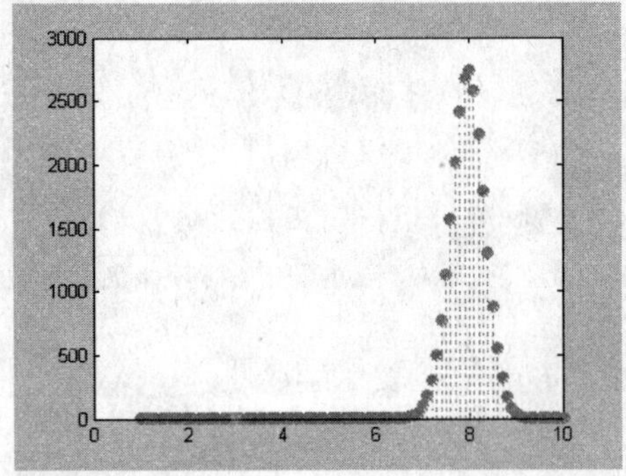

图7.47 设置色彩、数据点型和填充属性

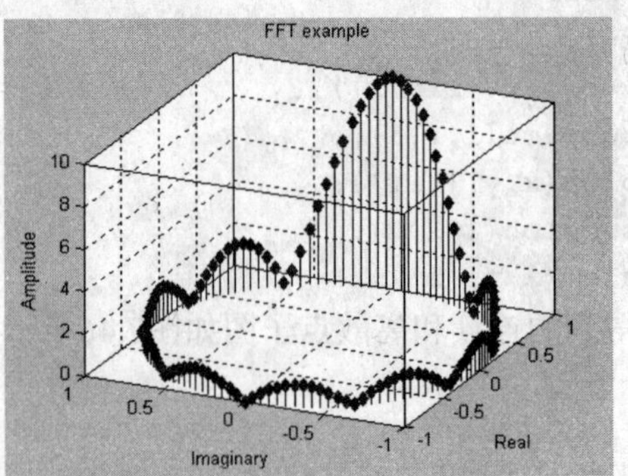

图7.48 FFT的三维离散杆状图

7.5.6 绘制方向和速度矢量图

本节综合介绍3个函数：compass、feather和quiver函数，之所以把这3个函数放在一起讲解，是因为它们都是用于绘制方向和速度矢量图形的函数，3个函数的功能如表7.9所示。

表7.9 方向和矢量图绘制函数

函数	功能
Compass	绘制罗盘图（一系列起点位于坐标原点的矢量）
Feather	绘制羽毛图（一系列由均匀位于x轴上点为起点延长的矢量）
Quiver	绘制二维箭头图（由(u,v)指定的二维矢量）
quiver3	绘制二维箭头图（由(u,v,w)指定的三维矢量）

1. 调用compass函数绘制罗盘图

顾名思义，罗盘图绘制函数compass采用直角坐标系，在圆形栅格上绘制图形，其整个形状类似一个“罗盘”。在调用compass函数绘制罗盘图时，对于表示方向的自变量，要进行角度和弧度的转换，一般格式为：rad=ang*pi/180。

下面举例说明compass的用法。

【例17】绘制南京城区12小时的风向和风力的罗盘图。

（1）进行图形绘制的数据准备。南京城区12小时风向用变量wdir表示，风力用变量knots表示。

```
wdir = [45 90 90 45 360 335 360 270 335 270 335 335];
knots = [6 6 8 6 3 9 6 8 9 10 14 12];
```

（2）将风向转换为弧度，并进行极坐标和直角坐标的转换。

```
rdir = wdir * pi/180;
[x,y] = pol2cart(rdir,knots);
```

（3）进行图形绘制，在MATLAB命令窗口输入代码如下。

```
wdir = [45 90 90 45 360 335 360 270 335 270 335 335];
knots = [6 6 8 6 3 9 6 8 9 10 14 12];
rdir = wdir * pi/180;
[x,y] = pol2cart(rdir,knots);
compass(x,y);
title('风向和风力 南京城区')
```

绘制的罗盘图如图7.49所示。

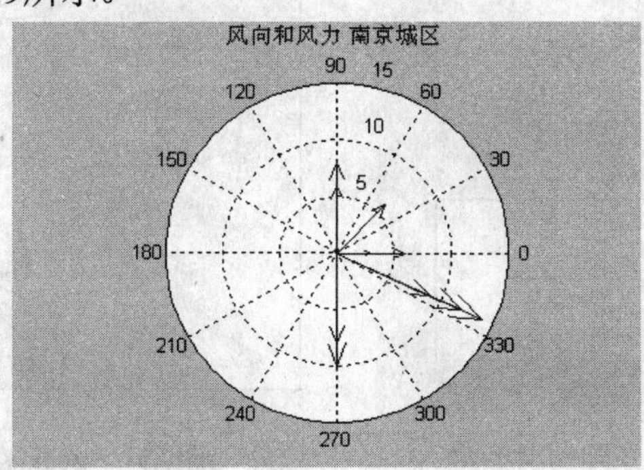

图7.49 风向及风力罗盘图

2. 调用feather函数绘制羽毛图

feather函数以箭头的形式表示一系列矢量，在调用feather函数之前，用户需要首先进行极坐标到直角坐标的转换，然后将矢量扩大10倍，以便图形中的箭头显示得清晰。如果绘制图形的输入数据是一个带有复数的矩阵，则MATLAB将复数矩阵分解为两部分，实部为矢量的x组元，虚部为矢量的y组元。

【例18】下面的代码分别绘制输入数据为向量和矩阵的羽毛图。

在MATLAB命令窗口输入代码如下。

```
subplot(2,1,1)
alpha=90:-10:0;
r=ones(size(alpha));
m=alpha*pi/180;
n=r*10;
[u,v]=pol2cart(m,n);
feather(u,v)
title('羽状图')
axis([0 20 0 10])
subplot(2,1,2)
t=0:0.5:10;
x=0.05+i;
y=exp(-x*t);
feather(y)
title('复数矩阵的羽状图')
```

生成的图形如图7.50所示。

3. 调用quiver函数绘制箭头图

quiver函数用来在二维平面上的定点绘制矢量，该矢量由x组元和y组元组成，箭头图经常与其他图形配合使用。例如，调用peaks函数创建轮廓图，如图7.51所示。在此基础上，gradient函数创建作为quiver函数输入参数的矢量组元。

```
[U,V] = gradient(Z,.2);
hold on
quiver(X,Y,U,V)
```

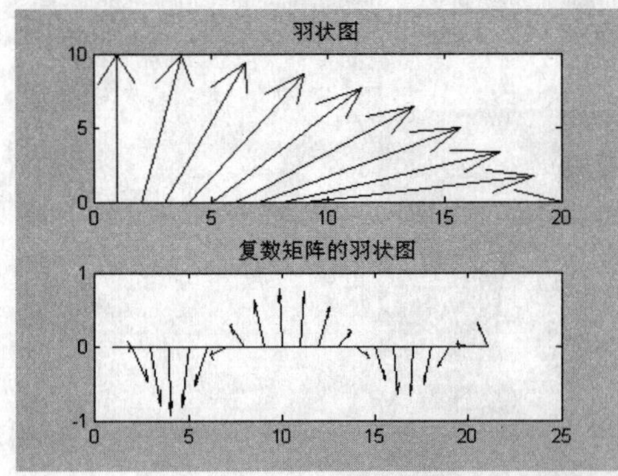

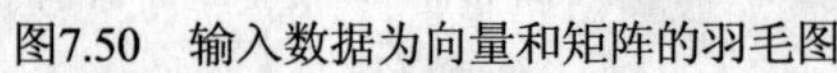
图7.50 输入数据为向量和矩阵的羽毛图

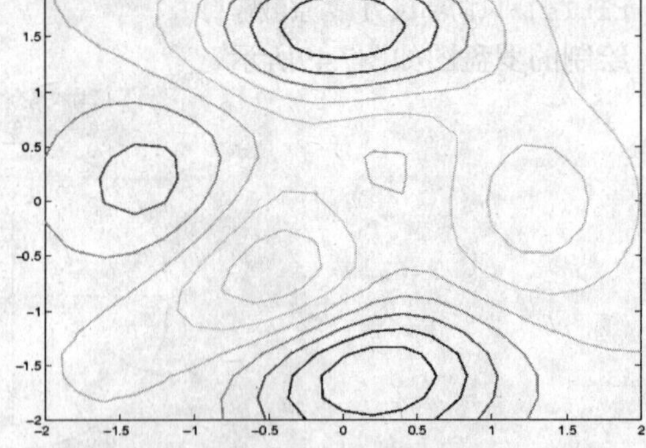

图7.51 peak函数绘制的轮廓图

quiver3函数可以绘制三维的矢量箭头图，调用格式与quiver类似。下面的代码首先生成轮廓图，再调用surfnorm函数返回曲面法线向量参数，再调用quiver3函数绘制空间矢量箭头图。

```
>>[x,y,z]=peaks(15);
[nx,ny,nz]=surfnorm(x,y,z);
surf(x,y,z);
hold on
quiver3(x,y,z,nx,ny,nz);
title('quiver3示例')
```

代码执行结果如图7.53所示。

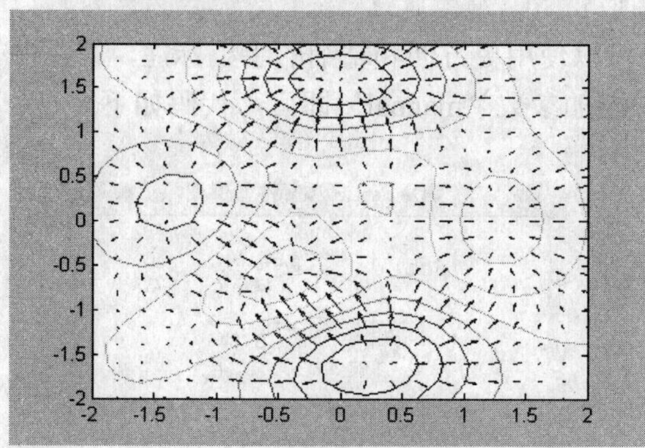

图7.52　在轮廓图基础上绘制矢量箭头图

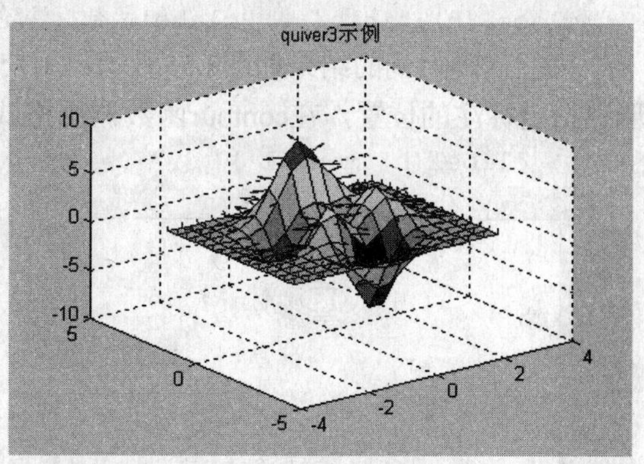

图7.53　调用quiver3函数绘制空间矢量图

7.5.7　调用contour函数绘制轮廓线图

上一小节提到调用peaks函数绘制轮廓线，本小节围绕contour函数介绍轮廓线的绘制方法。其实，在MATLAB中专门提供了一些绘制轮廓线的函数，如表7.10所示。

表7.10　MATLAB中轮廓线绘制函数

函数	功能描述
clabel	利用轮廓矩阵生成标签，并在当前图形中显示
contour	利用矩阵所给值生成二维轮廓线
contour3	利用矩阵所给值生成三维轮廓线
contourf	显示一个二维轮廓图，并用色彩填充各轮廓线的间隙
contourc	计算被其他轮廓函数占用的轮廓矩阵的低层函数

1. 简单轮廓线的创建

调用contour和contour3函数可以分别创建二维和三维的轮廓线图，在调用这两个函数时，需要一个矩阵输入参数，用以表示对于相对平面的高度，系统根据最大值和最小值来自动确定轮廓的个数，当然，用户也可以在调用格式中设置一个指定轮廓线个数的参数来。如下代码创建一个数量为20的轮廓线图。

```
>> [x,y,z]=peaks;
contour(x,y,z,20)
title('simple contour,n=20')
```

生成的轮廓图如图7.54所示。

2. 轮廓图的标注

在MATLAB绘制的二维轮廓图中，每条轮廓线都表示一定的数值，用户可以调用clabel函数，利用绘制函数返回的轮廓矩阵中的值对图形进行标注。clabel函数返回标注字对象的句柄，利用该句柄可以设置字对象的属性（有关句柄、对象的内容详见本书相关章节）。

首先绘制一个条数为5的等高线图形并返回轮廓矩阵，将返回peaks函数的句柄存储到一个变量中，最后进行标注，具体代码如下：

```
>> z=peaks;
h=contour(z,5);
clabel(h);title('调用clabel函数标注轮廓图')
```

执行代码得到的结果如图7.55所示。用户还可以使用更方便和精细的手工标注，即在图形中指定标注的位置，在contour函数调用格式中添加参数‘manual’即可，代码如下。

```
>> clabel(h,'manual')
```

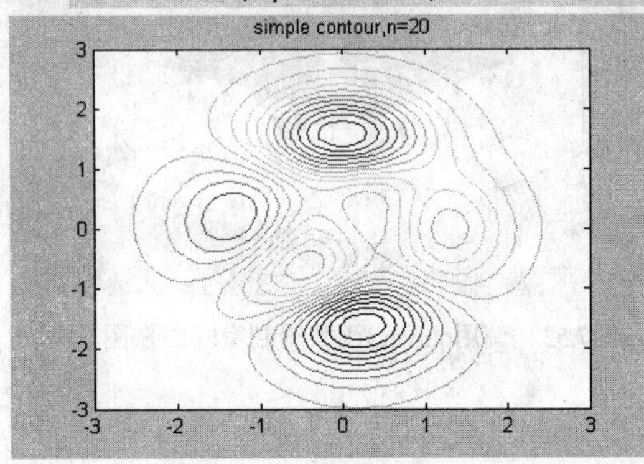

图7.54　调用contour函数绘制n=20的轮廓线图

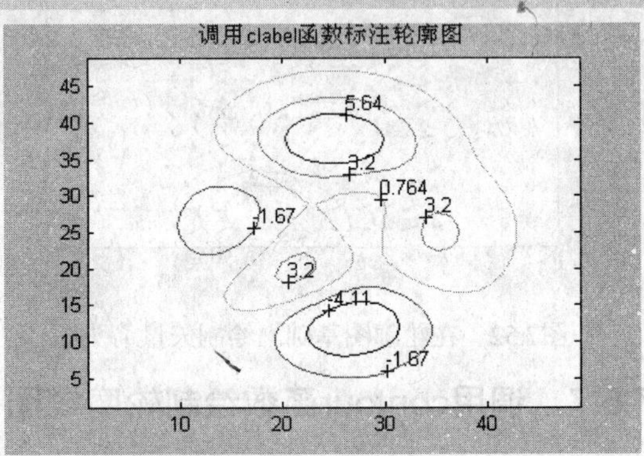

图7.55　对轮廓图的标注

3. 轮廓图的填充

如果用户需要对轮廓线之间的区域进行填充，可调用caxis函数执行如下的代码：

```
>> clf
Z = peaks;
[C,h] = contourf(Z,10);
caxis([-10 10])
```

显示的图形如图7.57所示。

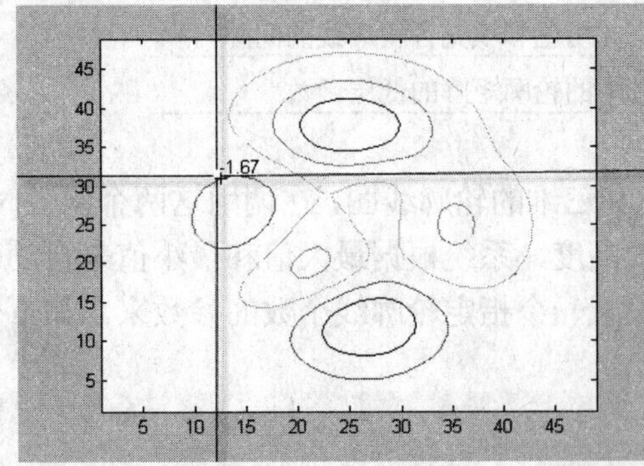

图7.56　对轮廓图的手工标注

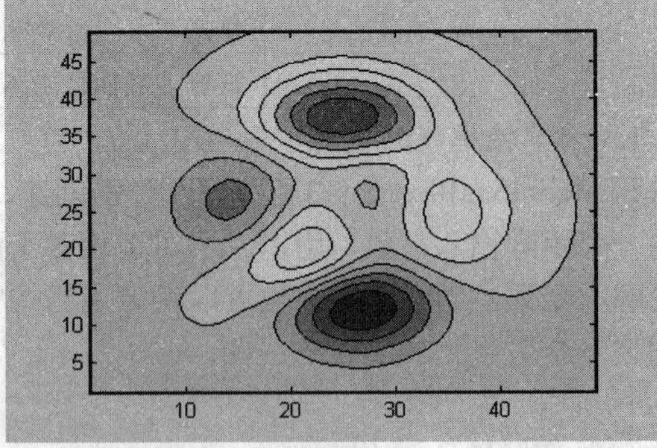

图7.57　对轮廓图的填充

7.5.8　在特殊坐标系中绘制图形

在MATLAB的可视化功能中，图形的绘制一般采用的都是笛卡尔坐标系，或称直角坐标系统。有一定数学基础的读者都知道，为了使一些特殊数据的图形表示更直观和方便，经常需要使用到直角坐标系之外的其他坐标系，常用的是极坐标、柱坐标和球坐标。MATLAB同样提供了相关的绘制函数，允许用户使用以上特殊坐标系进行图形的绘制，本小节主要就介绍以上三个常用的特殊坐标系的图形绘制函数。

1. 调用polar函数在极坐标系中绘制图形

首先解释一下极坐标系的概念，在某一平面内取一个定点O，叫极点，引一条射线Ox，叫做极轴，再选定一个长度单位和角度的正方向（通常取逆时针方向）。对于平面内的任何一点M，用ρ表示线段OM的长度，θ表示从Ox到OM的角度，ρ叫做点M的极径，θ叫做点M的极角，有序数对(ρ,θ)就叫点M的极坐标，这样建立的坐标系叫做极坐标系，如图7.58所示。

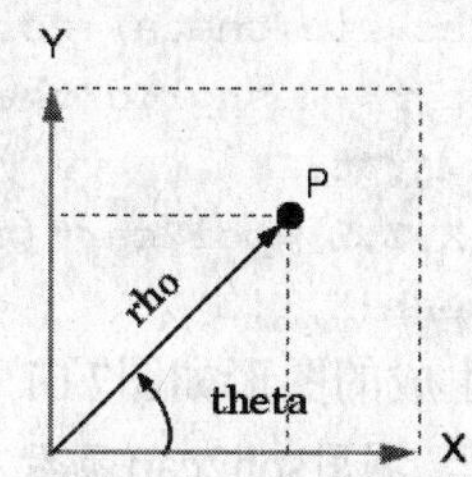

图7.58　极坐标到直角坐标的转换

polar函数的调用格式如下。

- polar(theta,rho)：参数theta和rho分别表示极坐标中的极角和极径。
- polar(theta,rho,LineSpec)：参数LineSpec表示坐标中线型、数据点型和色彩属性。

【例19】绘制正弦和余弦函数的极坐标图形。

在MATLAB命令窗口输入代码如下。

```
>>clf
theta=0:.1:pi;
rho1=sin(theta);
rho2=cos(theta);
polar(theta,rho1,'.-r');
hold on;
polar(theta,rho2,'--g ')
```

以上代码分别调用polar函数的第2种格式绘制正弦和余弦函数，并设置色彩和线型，生成的图形如图7.59所示。

2. 调用pol2cart函数在柱坐标中绘制图形

在极坐标的基础上，首先解释一下柱坐标的含义：柱面坐标使用平面（二维x-y平面）极坐标和Z方向距离来定义物体的空间坐标，即r、theta、z柱面坐标系就是平面极坐标系加上轴，如图7.60所示。

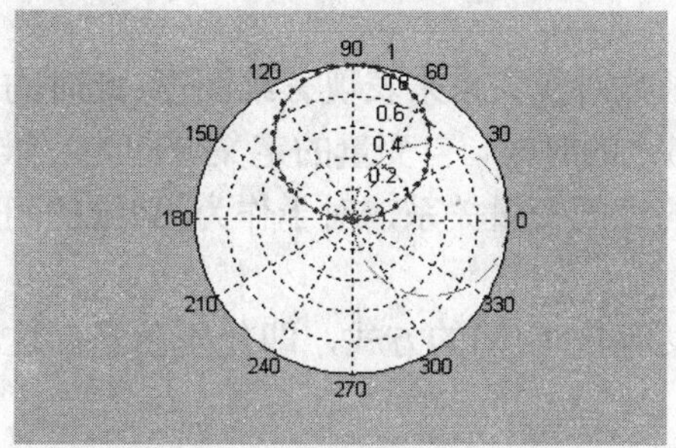

图7.59　在极坐标中绘制正、余弦函数图形

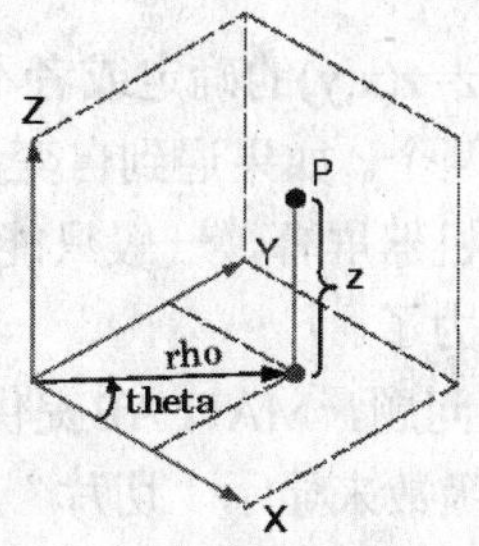

图7.60　柱坐标到直角坐标的转换

pol2cart函数用于将极坐标或者柱坐标值转换成直角坐标系下的坐标值，一般配合plot3、mesh函数一同使用，即在直角坐标系中绘制柱坐标值描述的图形。pol2cart函数的调用格式为：[x,y]=pol2cart(theta,rho,z)。

【例20】绘制三角函数y=sin(x)+cos(x)的柱坐标图形。

在MATLAB命令窗口输入代码如下。

```
>> clf
theta=0:pi/100:3*pi;
rho=sin(theta)+cos(theta);
[t,r]=meshgrid(theta,rho);
z=r.*t;
[X,Y,Z]=pol2cart(t,r,z);
mesh(X,Y,Z)
```

生成的图形如图7.61所示。

3. *调用sph2cart函数在球坐标中绘制图形*

首先介绍一下球坐标的含义：设M（x，y，z）为空间内的一点，则点M也可用这样3个有次序的数r，φ，θ来确定，其中，r为原点O与点M之间的距离，φ为有向线段与z轴正向所夹的角，θ为从正z轴来看自x轴按逆时针方向转到有向线段的角，这里P为点M在x-y面上的投影，如图7.62所示。

球坐标的使用原则和调用方法与柱坐标类似，这里不再赘述，如读者有兴趣，可以查询MATLAB帮助文档的相关内容。

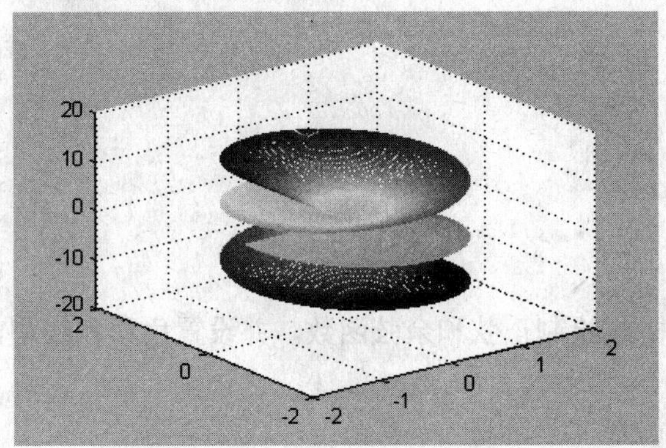

图7.61 绘制三角函数的柱坐标图形

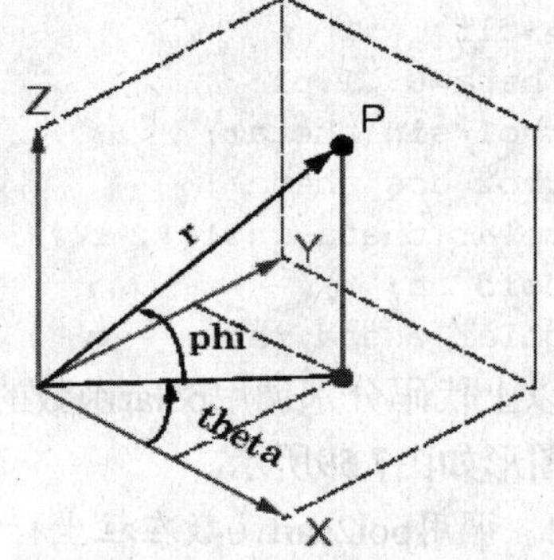

图7.62 球坐标到直角坐标的转换

7.6 绘制四维图形

用户通过z=z(x,y)的确定或者不确定的函数对应关系来表现三维图形，此时的自变量是二维的，并且有两个。如果遇到自变量个数为3个的时候，自变量的定义域即为三维空间，图形的根对象，即机器屏幕，一般只能显示3维的空间变量关系，对于作为第4维的函数值变量，就显得无能为力了。

针对这个问题，MATLAB提供了一种表现4维空间的方式，即使用色彩。这种方式需要用户调用slice函数来显示“切片”图。

slice函数的调用格式和具体功能如下。

- slice(V,sx,sy,sz)：显示三元函数V=V(X,Y,Z)所确定的超立体形在x轴、y轴和z轴方向上的若干点的切片图，各点的坐标由数量向量sx、sy和sz确定；V为三维数组（m×n×p），默认设置：X=1:m，Y=1:n，Z=1:p。
- slice(X,Y,Z,sx,sy,sz)：显示三元函数V=V(X,Y,Z)所确定的超立体形在x轴、y轴和z轴方向上的若干点的切片图。即若函数V=V(X,Y,Z)有一个变量X取值为X0，则函数V=V(X0,Y,Z)成为一个立体曲面的切片图，各点的坐标由数量向量sx、sy和sz确定。
- slice(V,XI,YI,ZI)：显示由参量矩阵XI、YI和ZI确定的超立体图形的切片图。参量XI、YI和ZI定义了一个曲面，并在曲面的点上计算超立体V的值；XI、YI和ZI为同型矩阵。
- slice(X,Y,Z,V,XI,YI,ZI)：沿着由矩阵XI、YI和ZI定义的曲面画穿过超立体图形V的切片。
- slice(…,'method')：参数method指定内插值的方式，常见的方式有linear、cubic、nearest等，它们对应不同的插值方法。

举例说明slice函数的用法，在MATLAB命令窗口输入代码如下。

```
>>clf
>>[x,y,z] = meshgrid(-3:.1:3,-4:.2:4,-4:.4:4);
v = x.*exp(-x.^2-y.^2-z.^2);
xslice = [-2.2,.5,3]; yslice = 3; zslice = [-4,1];
slice(x,y,z,v,xslice,yslice,zslice);
colormap hsv
```

以上代码首先调用meshigrid函数来确定x、y和z轴的范围，并划分网格；然后再调用slice函数对图形进行切片操作，最后进行饱和色图的调用，生成图形如图7.63所示。

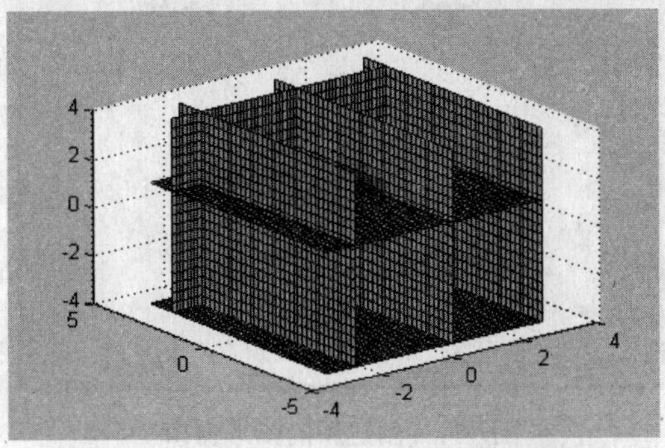

图7.63　调用slice函数绘制4维切片图

7.7　在图形窗口中进行图形的绘制和编辑

MATLAB 7.0的数据可视化功能不但体现在用户可以调用完整系统的图形绘制函数，还在于系统提供的一个交互式的图形绘制窗口，此窗口在MATLAB 7.0中已经得到了进一步的改进，功能变得比较完善，几乎可以实现所有的绘图和图形编辑功能。

用户可以不调用绘图函数，而直接在图形绘制窗口中使用鼠标和键盘进行图形的绘制和编辑，本节主要介绍在此窗口中绘制和编辑图形的方法。

7.7.1 图形窗口的创建

在前面的章节中，用户在绘制所有图形的时候，图形窗口都是系统自动生成的，其实，即使用户不调用具体的绘制函数，也可以通过调用figure函数生成空的图形窗口。

figure函数的调用格式和具体功能如下。

- figure：创建一个图形窗口对象，即生成空的图形窗口。
- figure('PropertyName',PropertyValue,…)：创建一个图形窗口对象，并根据用户的设置给其定义属性。
- figure(h)：h代表图形句柄，如果h存在，则使该窗口成为当前窗口；如果h不存在，则创建一个句柄值为h的图形窗口（有关图形句柄的知识，请参考第11章）。
- h=figure(…)：返回图形窗口对象的句柄。

【例21】调用figure函数创建一个名字为Figure 6的图形窗口，并返回其句柄。

在MATLAB命令窗口输入代码如下。

```
>>clf
figure(6);
h=figure(6)
h =
    6
```

如果用户输入figure函数来创建图形窗口，则生成的窗口名为系统默认的Figure 1；本例中的图形窗口名为Figure 6，其句柄值为6，如图7.64所示。

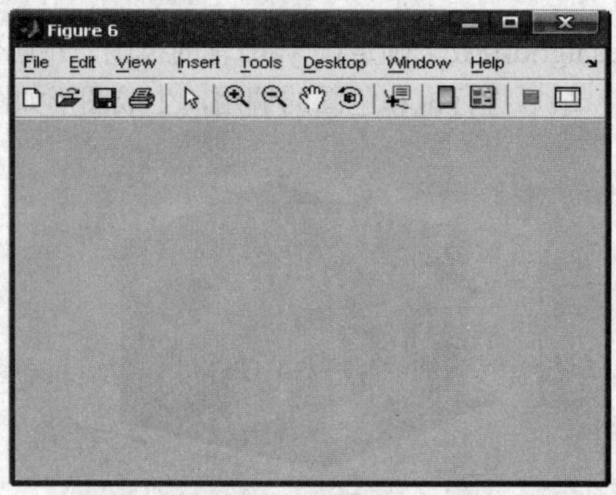

图7.64 创建新的图形窗口

用户还可以分别调用get(h)和set(h)函数，来设置和查看新建的图形窗口的属性，其中h为图形窗口对象的句柄值。对于上例，如果用户在命令窗口输入命令行get(6)，则执行得到结果，代码如下。

```
Alphamap = [ (1 by 64) double array]
BackingStore = on
CloseRequestFcn = closereq
Color = [0.8 0.8 0.8]
Colormap = [ (64 by 3) double array]
CurrentAxes = []
CurrentCharacter =
```

```
CurrentObject = []
............ %限于本书篇幅，省略部分代码
Parent = [0]
Selected = off
SelectionHighlight = on
Tag =
Type = figure
UIContextMenu = []
UserData = []
Visible = on
```

以上代码得到句柄值为6的图形窗口Figure 6的各项属性名与数值列表，有关对象属性的知识将在第11章详细介绍。同样，使用set函数可以获得属性名和用户可设置值，运行命令行set(6)的结果如下。

```
Alphamap
BackingStore: [ {on} | off ]
CloseRequestFcn: string -or- function handle -or- cell array
Color
Colormap
CurrentAxes
CurrentCharacter
CurrentObject
CurrentPoint
........................ %限于本书篇幅，省略部分代码
WVisual:  01 (RGB 32 bits(08 08 08 08) zdepth  0, Hardware Accelerated, Opengl, Window)
02 (RGB 32 bits(08 08 08 08) zdepth  0, Hardware Accelerated, Opengl, Double Buffered, Window)
{ 03 (RGB 32 bits(08 08 08 08) zdepth 16, Hardware Accelerated, Opengl, Window) }
04 (RGB 32 bits(08 08 08 08) zdepth 16, Hardware Accelerated, Opengl, Double Buffered, Window)
....................... %同上
UIContextMenu
UserData
Visible: [ {on} | off ]
```

7.7.2　图形窗口的标题栏和菜单栏

在上一小节中调用了figure函数，创建了一个简单的图形窗口。这里创建的窗口与一般的Windows经典窗口界面类似，图形窗口的界面包含标题栏、菜单栏、工具栏和主窗口。

如图7.65所示，图形窗口的标题栏对应图形对象的句柄，显示图形的标题Figure 1。在标题栏的右侧，是与一般Windows窗口相同的窗口操作选项，这里不再赘述。图形窗口的菜单栏中主要包括文件、编辑、视角、插入、工具、桌面、窗口和帮助8个选项，如图7.66所示。

图7.65　图形窗口的标题栏

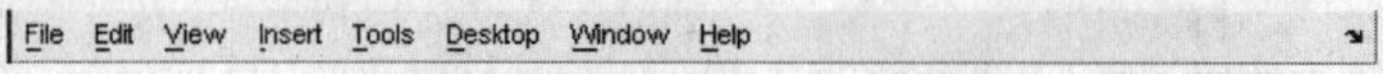

File Edit View Insert Tools Desktop Window Help

图7.66 图形窗口的菜单栏

下面分别介绍其中较常用的菜单选项。

New
Open... Ctrl+O
Close Ctrl+W
Save Ctrl+S
Save As...
Generate M-File...
Import Data...
Save Workspace As...
Preferences...
Export Setup...
Page Setup...
Print Setup...
Print Preview...
Print... Ctrl+P

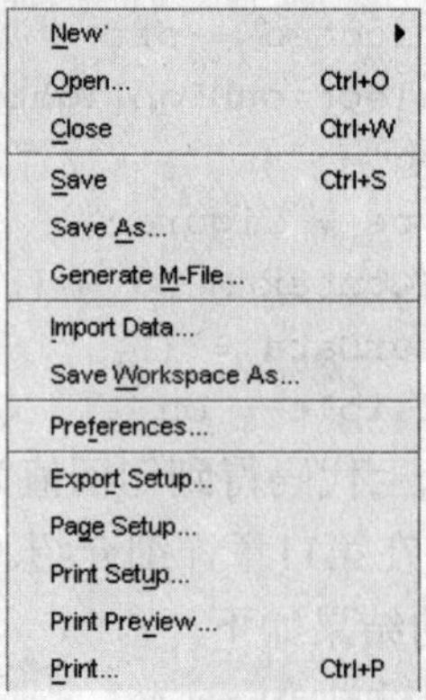

图7.67 图形窗口File菜单

1. File菜单

File菜单包括文件操作、数据操作、图形属性设置、图形输出与打印设置等方面的功能选项，如图7.67所示。

- New：新建选项，新建类型包括：M-文件（M-File）、图形窗口（Figure）、SIMULINK模型（Model）、变量（Variable）和图形用户界面（GUI）。与新建选项相关的同类选项为：Open、Close、Save和Save As，这些选项都是常用的Windows文件操作选项，这里不再赘述。
- Generate M-File：创建M-文件选项。与新建M-文件选项不同，当某个绘图操作被执行后，选择此选项可以把操作指令转换成相应的代码，并生成完整的M-函数文件。如果用户调用peaks函数进行图形的绘制，代码如下。

```
>> peaks(10)
```

得到图形如图7.68所示。

完成绘图操作后，用户可以选择Generate M-File选项，则系统生成用户绘图操作的相应代码，并把所有代码存储于一个新生成的M-文件中，如图7.69所示。

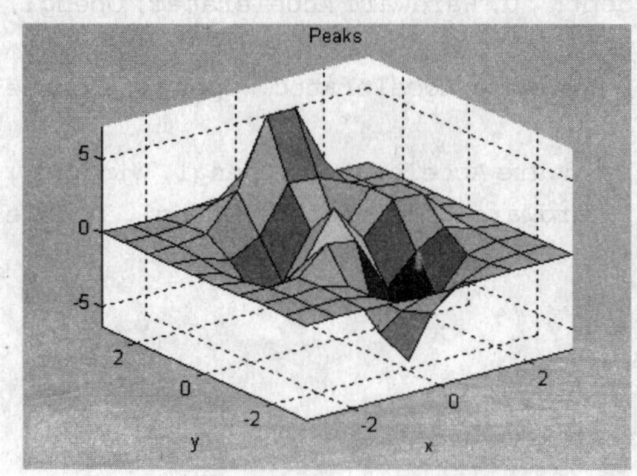

图7.68 调用peaks函数绘制图形

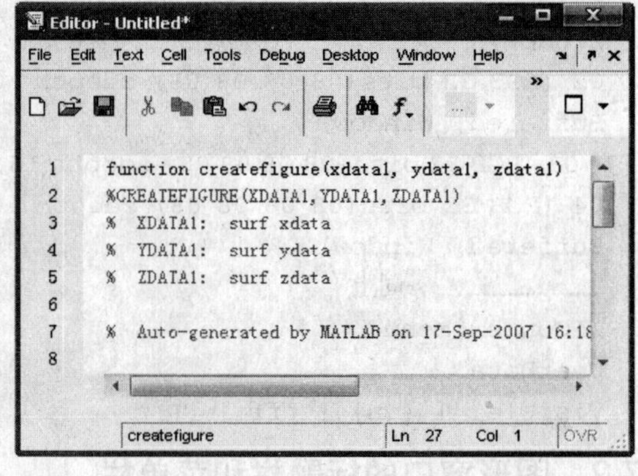

图7.69 系统生成的包含用户绘图指令的M-文件

- Import Data：导入数据选项。与之类似的选项为Save Workspace As选项，此选项用于将图形数据存储在二进制mat文件中。这两个选项都是数据操作选项。
- Preferences：图形窗口属性设置选项，可以设置图形窗口的各项属性。
- Export Setup：图形输出设置选项，可以设置图形的输出格式，包括：emf、ai、bmp、eps、jpg、pdf等格式，还可以设置图形窗口显示的相关参数，读者可以自行验证。与此类似的选项有Page Setup、Print Setup、Print Preview和Print，这些选项都是和图形输出和打印有关的选项，读者可以参考系统帮助后自行验证其具体功能，这里不再赘述。

2. Edit菜单

Edit菜单包括图形操作、对象属性设置和清除窗口等，如图7.70所示。

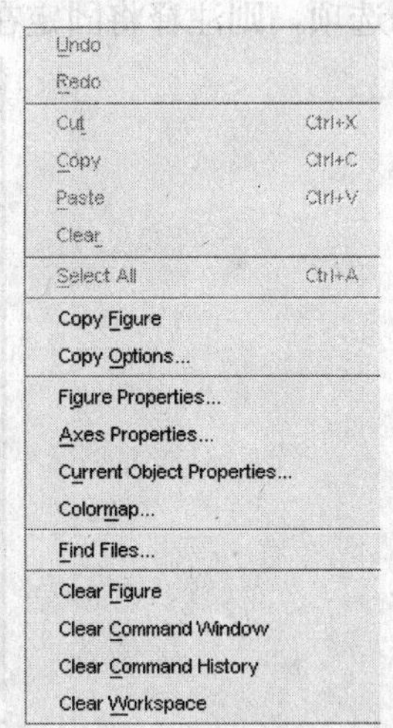

图7.70 图形窗口的Edit菜单

- 句柄编辑选项：包括Figure Properties图形窗口属性设置选项、Axes Properties轴对象属性设置选项、Current Objects Properties当前对象属性设置选项和Colormap色图选项。用户可以选择这些选项来对不同对象的属性进行设置。
- 清除窗口选项：包括Clear Figure清除图形窗口选项、Clear Command Windows清除当前命令窗口选项、Clear Command History清除历史命令选项和Clear Workspace清除工作空间窗口选项。

3. View菜单

此菜单允许用户设置图形窗口的界面，用户可以选择其中的前3个选项，图形窗口增加了两个工具条，如图7.71所示。

- Figure Toolbar：图形窗口工具条选项。它可对于图形进行各种操作（旋转改变视角、缩放、添加注释等），此工具条默认放置于菜单栏下方。
- Camera Toolbar：照相工具条选项。默认设置为隐藏，主要用于设置用户视角和图形的光照属性。
- Plot Edit Toolbar：绘图编辑工具条选项。默认设置为隐藏，主要用于在图形窗口中添加文本注释和各种注释图形。

4. Insert子菜单

插入子菜单，其中各选项的主要功能包括：插入标题、xyz轴名称、线条、箭头、文本框等。MATLAB 7.0中的Insert子菜单功能强大，用户可以使用该菜单下的特殊图形绘制选项绘制特殊图形、调整图形大小和形状并在此基础上给图形添加注释。例如，选择Text Arrow，使用鼠标给图形某处添加箭头文本的注释，如图7.72所示。

图7.71 图形窗口的3个工具条

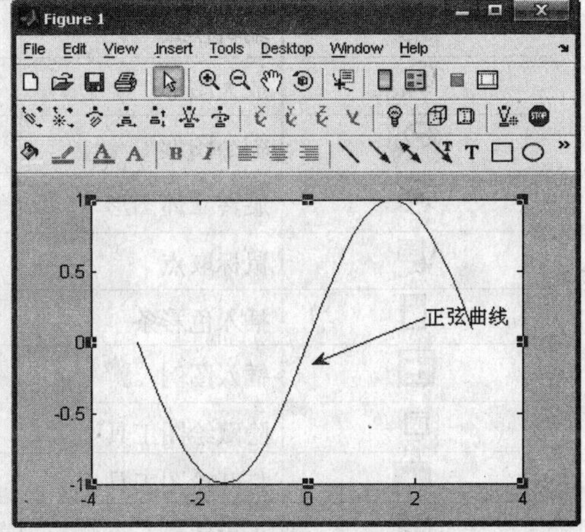

图7.72 选择Text Arrow添加图形注释

这样添加的注释是建立在坐标轴上的隐藏注释层，与数据之间没有任何对应的关系，所以，如果用户选择Pan移动图形，注释不随图形移动；但是如果用户选择Tool子菜单的Pin to

Axes选项，则注释将固定在图形的指定位置，随图形一起移动，如图7.73所示。

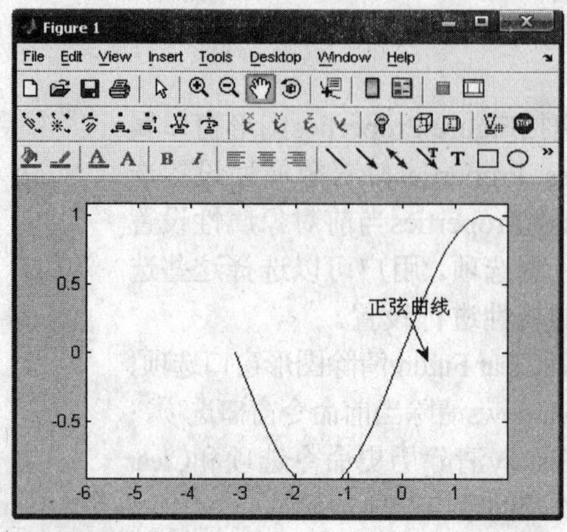

图7.73　选择Pin to Axes选项后固定注释对象

7.7.3　图形窗口的工具栏和工具组件

上一小节提到，MATLAB图形窗口包括默认显示的工具栏和隐藏的工具栏，而用户选择View子菜单内的所有选项，或者单击图标为▇的Show Plot Tools按钮，可以使图形窗口显示所有工具栏（Toolbars）以及工具组件（Plotting Tools），如图7.74所示。

- 工具栏（Toolbars）：表7.11列出了MATLAB图形窗口中不同与一般Windows图形窗口的选项及功能说明，供读者参考。
- 工具组件（Plotting Tools）：在调用peaks函数绘制了图形之后，图形显示在图形窗口的中央，图形的左侧是Figure Palette（图形窗口面板），右侧是Plot Browser（绘图浏览器），下方是Property Editor（属性编辑器），这三者组成了图形窗口的工具组件。

表7.11　MATLAB图形窗口工具栏部分的特殊选项

选项图标	功能	选项图标	功能
	编辑模式		设置环绕视角
	放大图形		设置光照
	缩小图形		倾斜视角
	旋转立体图形		水平方向视角
	鼠标取点		前后移动视角
	插入色彩条		设置视角大小
	插入图例		以x轴方向为基准设置环绕视角
	隐藏绘图工具		无基准轴方向
	打开绘图工具		选择光照的开关
	正投影		透视投影
	重新设置光照和视角		停止光照和视角移动
	添加pin		设置对齐

下面以一个具体的例子重点介绍图形窗口的工具组件的常用功能和使用方法。

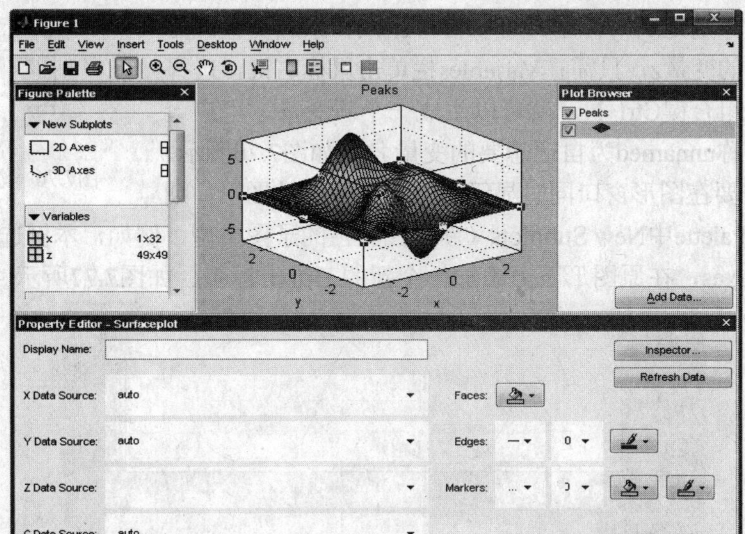

图7.74　包含所有隐藏工具栏的图形窗口

【例22】使用图形窗口对三角函数进行编辑。

在MATLAB命令窗口输入以下代码。

```
>> x=-2*pi:.2:2*pi;
>> y=exp(sin(x)+cos(x));
>> plot(x,y)
```

生成的函数 $y=e^{\sin x+\cos x}$ 的初始图形如图7.75所示。

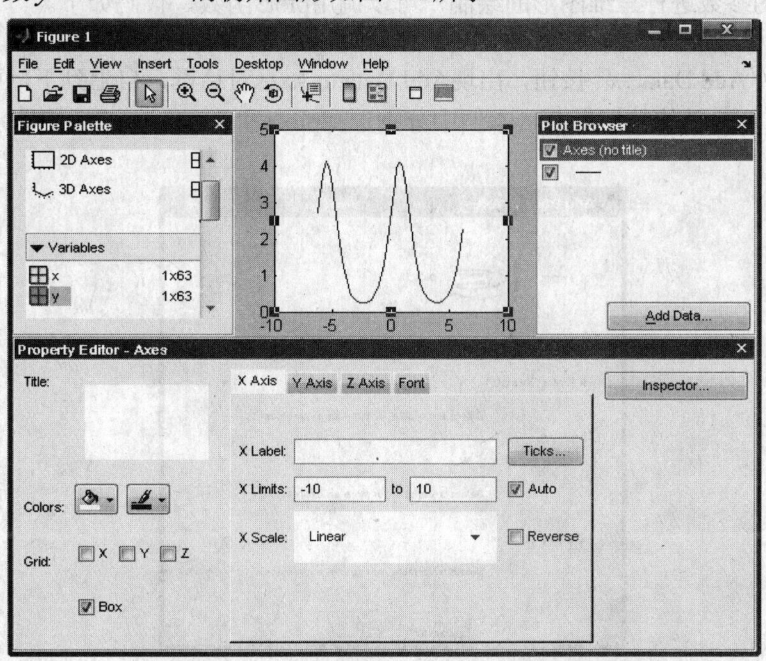

图7.75　图形窗口显示的函数初始图形

在Figure Palette的Variables（变量）栏中可以查询图形所包含的变量，显然，此函数图形包含两个变量，分别是x和y。用户可以自行删减和添加变量，比如，添加一个新的变量z，只需在Variables栏单击鼠标右键，选择New选项或使用组合键Ctrl+N，就可以生成一个新变量，用户可以改变其默认名称unnamed为自己想要的变量名z，如图7.76所示。

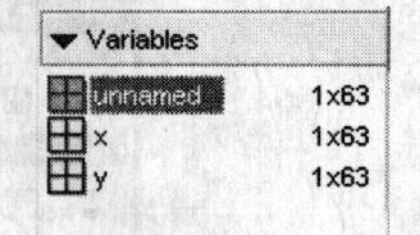

图7.76　添加变量并改名

如果用户需要在图形窗口同时显示另一个函数z=的图形，则可以选择Figure Palette中New Subplots（新子图）栏的子图类型，例如，本例选择添加三维子图，则单击2D Axes，在原图形下方添加一个新的三维坐标系，如图7.77所示。

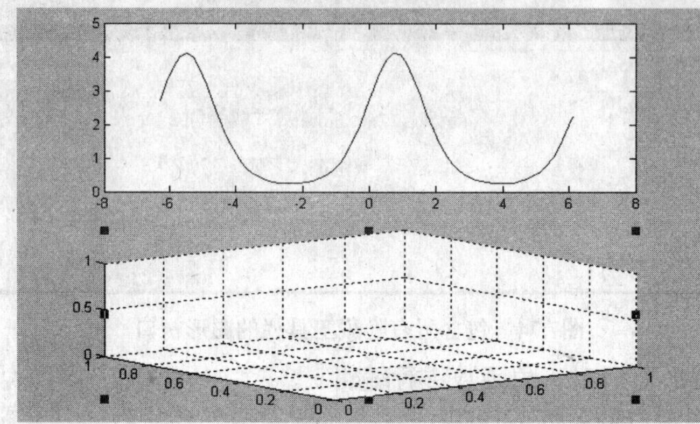

图7.77　添加新的三维子图

用户可以在新的子图坐标系中绘制图形，一种方法是回到MATLAB命令窗口，调用绘图函数；另一种是单击Plot Browser中的“Add Data…”按钮。例如，用户需要分别以变量x、y、z为x、y和z轴的参数进行三维图形的绘制，可以调用plot3函数，代码如下。

```
>> plot3(x,y,z)
```

或者单击“Add Data…”按钮，出现Add Data to Axes对话框，自上到下，可以分别选择图形类型和x、y、z轴的数据来源，本例中分别选择plot3和“x、y、z”（变量），如图7.78所示。

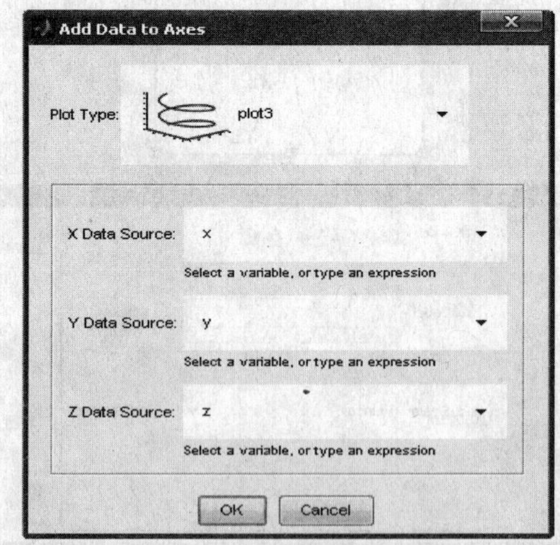

图7.78　给轴对象添加数据

使用以上两种方法得到的图形是一样的，如图7.79所示。

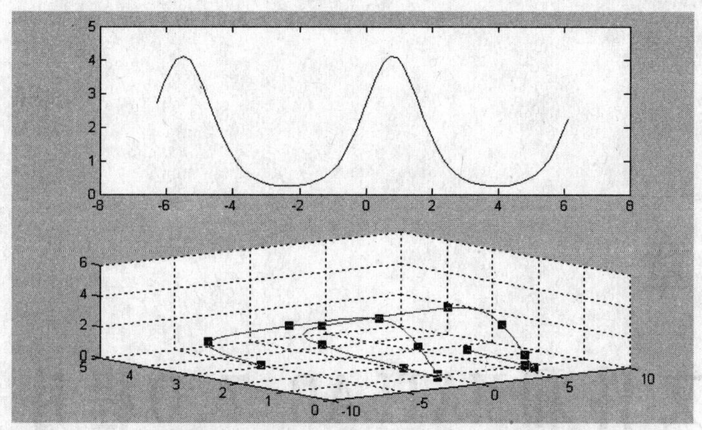

图7.79　添加三维新子图后的图形窗口

在新添加的子图中，有一串包围曲线的黑色点群，在图形窗口中，被这样黑色点群包围的对象是当前对象（详见第11章句柄），用户可以随意改变当前对象，例如，如果用户希望把二维曲线子图中的曲线设置为当前对象，只需单击Plot Browser中的对应选项，如图7.80所示。

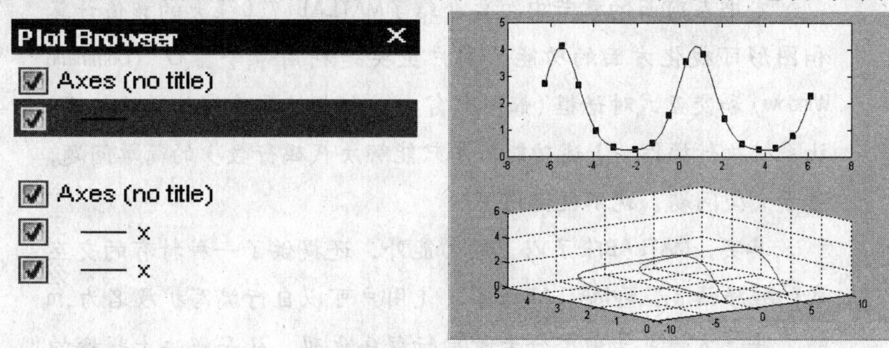

图7.80　指定当前对象

在图形绘制完成之后，下一步的工作是给图形添加注释，Figure Palette中的Annotation（注释）栏中提供了若干注释的方式，这与介绍过的Insert子菜单中的内容相同，这里不再赘述。

为了图形的美观和形象，用户有时候需要对于图形的各部分进行属性设置，如标题、坐标名、坐标刻度、曲线线型、图形色彩、图形背景网格、空间立体外框等。

由于在图形注释章节都已涉及到相关概念，并且交互式操作较为简单，本例就不对注释细节和方法逐一进行讲解，读者可以参考图7.81，对子图1的注释进行设置，自行理解并掌握在图形窗口对图形添加注释的方法。

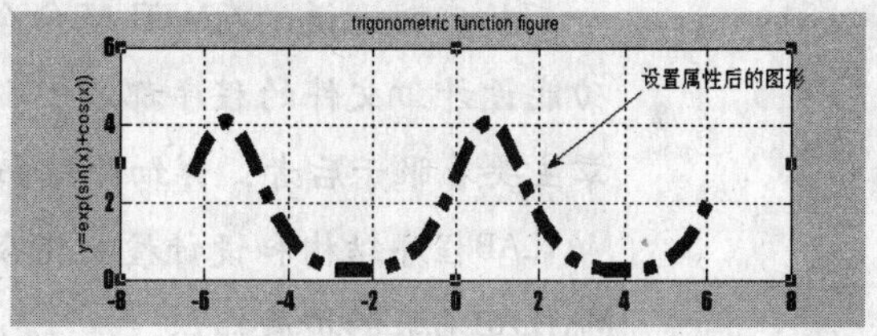

图7.81　注释完成的子图1

第8章

M—文件和MATLAB 7.0程序设计

本书在前面的章节中主要介绍了MATLAB 7.0强大的数值计算和图形可视化方面的功能。用户主要是利用命令窗口（Command Window）和交互式对话框（如图形窗口），把想法和意图传递给机器，让系统执行操作。上述功能基本只能解决代码行数少的简单问题，对于大型问题，就不便使用了。

其实，MATLAB除了以上的功能外，还提供了一种特有的交互式的程序语言，即MATLAB语言，使用户可以自行编写扩展名为.m的文件，方便灵活地整合大量单行程序代码，从而解决大规模的工程问题。MATLAB语言和广大用户常见的C和FORTRAN语言从本质上来说有很多相似之处，另外，MATLAB语言就是利用C语言作为开发内核，所以，熟悉C语言编程的读者阅读本章将会有驾轻就熟之感。

从广义上说，在MATLAB命令窗口输入单行代码和利用其编程功能设计.m文件的程序都属于MATLAB的程序设计的不同方式，本章主要着眼于后者，详细介绍如下内容：M—文件的特点和类型、MATLAB程序结构和设计控制指令、程序的分析、调试和改良以及MATLAB函数的扩展知识。

8.1　M-文件

在前面的章节中书曾经提到过M-文件，概括来说，M-文件就是一系列相关代码组成的一个扩展名为.m的文件，用户可以在MATLAB自带的M-文件编辑窗口或者普通文本编辑器中编写代码，然后以filename的文件名+.m的后缀名保存起来，以后在MATLAB命令窗口直接调用文件名filename，就可以执行文件中的一系列代码所表示的操作。

虽然M-文件是简单的ASCII型的文本文件，但是其语法却与高级语言一样，是一种编程语言，所以，M-文件具有简单、交互性较好和易于调试的特点。MATLAB之所以适用于多门学科，其重要原因是其具有类型齐全、功能完善的各种Toolbox（工具箱），这些工具箱也都是一个个M-文件，众多工程师和学者不断地向工具箱内添加新的M-文件，使MATLAB的功能愈加强大。

本节主要介绍M-文件的分类、结构组成以及如何运用M-文件进行程序设计等知识。

8.1.1　脚本文件

M-文件可以分为两类：脚本文件（MATLAB scripts）和函数文件（MATLAB functions）。这两种M-文件虽然都是以.m为文件扩展名，但是它们有一定的区别，后面将具体介绍其不同之处，本节首先介绍脚本文件的相关知识。

脚本文件可以理解为较简单的M-文件，因为其没有输入和输出变量。下面用一个简单的例子说明如何编写和运行脚本文件。

【例1】脚本文件编辑与调用示例：求三角形面积。

假设用户首先编写一个脚本文件，本例编辑环境选择使用MATLAB自带的M-文件编辑器，用户可以选择MATLAB用户界面工具栏中的New M-File（新建M-文件）图标□，或者在命令窗口直接输入edit函数来新建M-文件，然后进行代码的输入，如图8.1所示。

此脚本文件中代码的功能是求三角形的面积，编辑完成以后，用户给脚本文件取名为tri_area，由于MATLAB默认当前目录中为M-文件的保存目录，所以用户可以使用MATLAB默认保存路径，把tri_area脚本文件保存在work目录下，如图8.2所示。

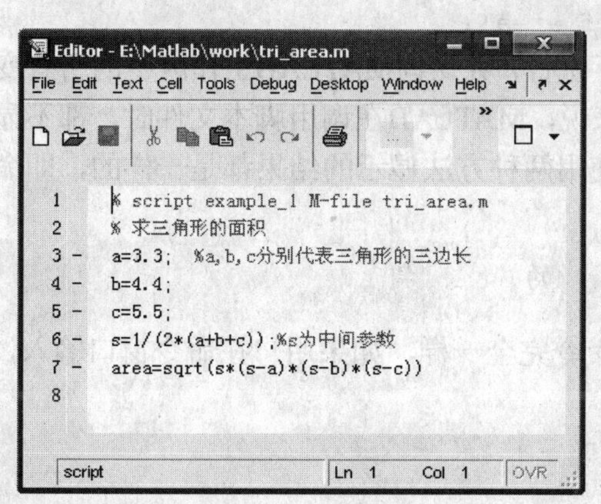

图8.1　在MATLAB的M-文件编辑器中编辑脚本文件

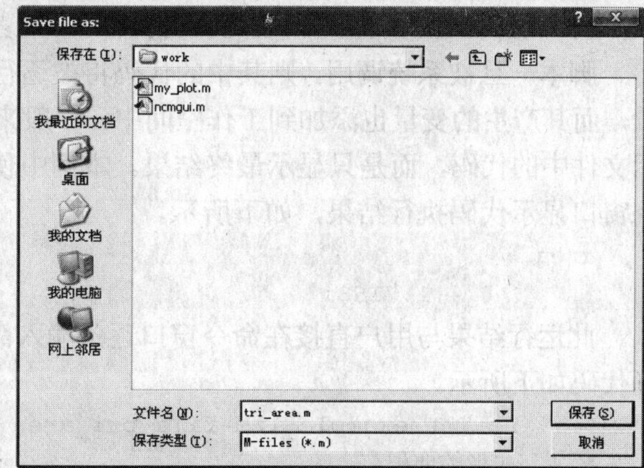

图8.2　保存tri_area脚本文件

保存完成之后，回到MATLAB工作界面，读者可以看到，所编写的脚本文件出现在Current

Directory（当前目录窗口）中。用户有两种方法来调用tri_area脚本文件，求三条边长分别为3.3、4.4、5.5的三角形的面积，其中一种方法是：右键单击Current Directory中的tri_area.m图标，在菜单栏中选择Run选项，如图8.3所示。

另外一种方法是：直接在MATLAB命令窗口输入脚本文件名tri_area，按Enter键运行，如图8.4所示。

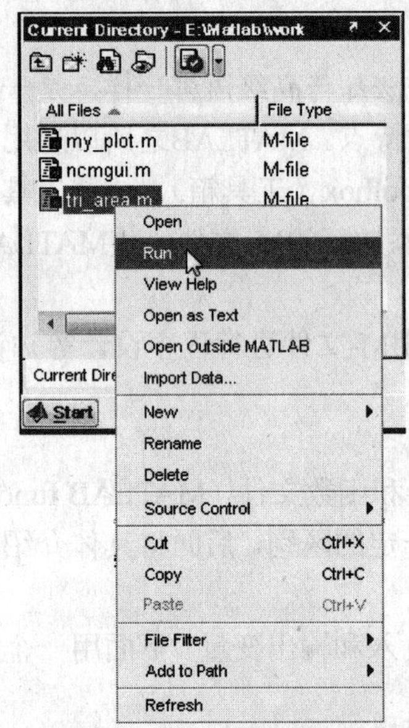

图8.3　用鼠标选择运行脚本文件

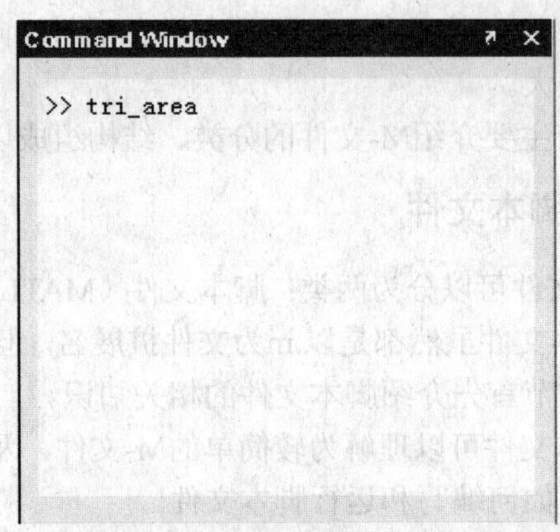

图8.4　在命令窗口直接输入脚本文件名运行脚本文件

无论使用以上哪种方法，系统按照前面章节介绍的MATLAB搜索顺序，在接收到tri_area指令时，优先检查tri_area是否为当前MATLAB工作区存在的变量名和MATLAB的内置函数名，若是则调用并执行函数功能，若都不是，再检查其搜索路径下是否存在一个同名的脚本文件，如果存在，则打开此脚本，读者需要注意的是，必须把脚本文件保存在搜索路径之下，否则MATLAB无法找到需要调用的函数，并将报错，显示如下。

```
>> tri_area  %脚本文件tri_area没有保存在当前路径下
??? Undefined function or variable 'tri_area'.
```

脚本一旦被系统调用，则其中的代码将被逐行执行，并访问MATLAB工作区中的所有变量，而其产生的变量也添加到工作空间中。一般来说，MATLAB在调用脚本文件时，都不显示文件中的代码，而是只显示最终结果。本例中使用两种方法显示的结果都是一样的，即命令窗口显示代码执行结果，如下所示。

```
area =
        0 + 1.7158i
```

此运行结果与用户直接在命令窗口逐条输入命令完全一样，如果用户在命令窗口输入，则代码如下所示。

```
>> % script example_1 M-file tri_area.m
% 求三角形的面积
a=3.3;  %a,b,c分别代表三角形的三条边长
b=4.4;
c=5.5;
```

```
s=1/(2*(a+b+c));%s为中间参数
area=sqrt(s*(s-a)*(s-b)*(s-c))
```

从以上例子可以看出，脚本文件类似于批处理文件，但与在命令窗口中逐行输入代码的方式相比较，其优点在于：如果用户日后需要重复此类操作，只需要在脚本文件中改变或添加个别变量，而不需要对多数相同的代码进行重复编辑。

如此例，如果用户需要计算各边长是原三角形两倍的大三角形的面积，只需要打开脚本文件，改变a、b、c 3个变量，分别进行“×2”的修改，然后再另存为tri2_area的脚本文件。用户可以与运行文件操作类似，使用鼠标选择Open选项，或者直接在命令窗口输入指令edit tri_area来打开脚本文件tri_area，再进行变量的修改和编辑，如图8.5所示。

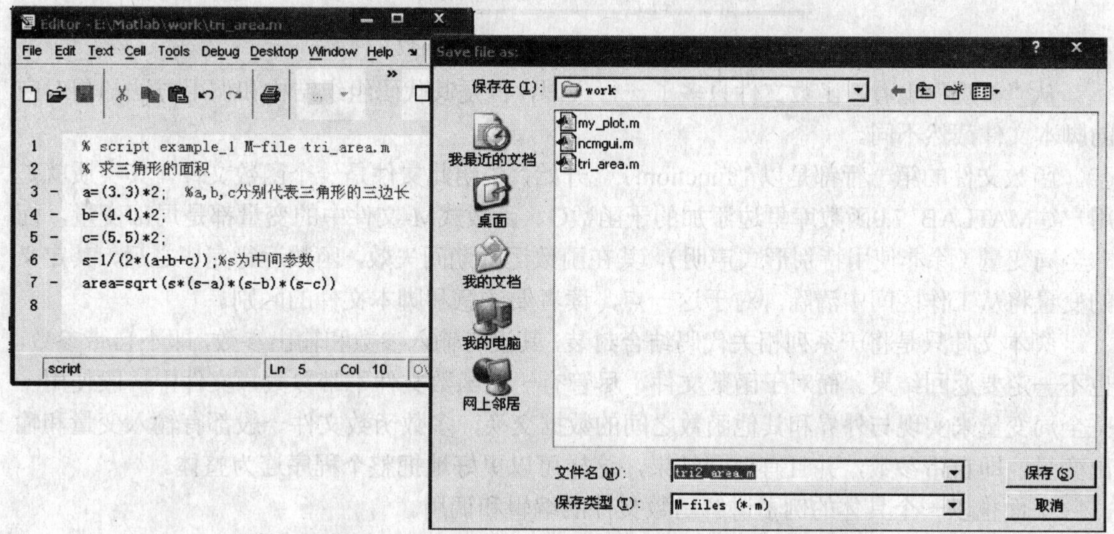

图8.5　改变脚本文件中的变量可解决同类问题

修改完成并保存之后，可以使用与tri_area文件同样的方式调用执行tri2_area文件，得到需要的大三角形的面积值，结果显示代码如下。

```
area =

   0 + 3.4668i
```

需要注意的是，脚本文件在被调用执行时将与MATLAB的交互对话框和其他脚本文件共用MATLAB的“基本工作空间（base workspace）”，脚本文件中的变量都是全局变量，所以用户必须注意避免基本空间中的数据被无意识地覆盖。当调用结束后，脚本文件产生的变量也不会随之被系统擦除，而是保留在基本工作空间中，可以再被其他脚本文件使用。

8.1.2　函数文件

上一小节介绍了M-文件的一种形式：脚本文件。本节将继续介绍M-文件的另一种形式：函数文件（MATLAB functions），读者需要特别注意对于这两种文件的比较和区别。

相对于脚本文件来说，函数文件稍显复杂。从表面上看来，函数文件只是在同功能的脚本文件的基础上，在文件中的代码开始处多添加了一行函数定义行，如上一小节例1.1中脚本文件对应的函数文件，如图8.6所示。

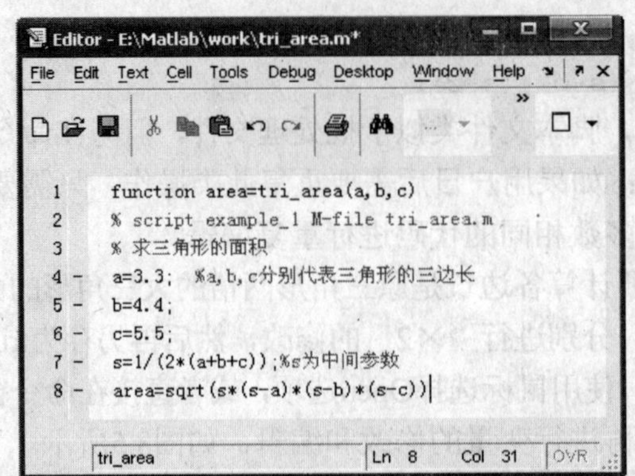

图8.6　在M-文件编辑器中显示的函数文件

从“外观”上看，函数文件只多了一行代码，但是其代码组织结构和调用方法却与对应的脚本文件截然不同。

函数文件的第一行都是以“function…”开始，说明此文件是一个函数文件，其实质就是用户往MATLAB 7.0函数库里边添加的子函数G、函数式M-文件中的变量都是局部变量，而非全局变量（除非使用特别形式声明），其在函数运行期间失效，函数运行完毕之后，其定义的变量将从工作区间中清除。对于这一点，读者要注意和脚本文件的区别。

脚本文件只是将一系列相关代码结合封装，其没有输入参数和输出参数，即不自带参数，也不一定要返回结果。而对于函数文件，尽管有一些函数文件不带参数，文件中一般使用一些全局变量来实现与外界和其他函数之间的数据交换，多数函数文件一般都有输入变量和输出变量，即自带参数，并且有返回结果，这样可以更好地把整个程序连为整体。

下面也以一个具体的例子讲解函数文件的编辑和调用。

【例2】函数文件编辑与调用示例：一元二次方程的求根运算。

本例需要用户编写一个函数文件，作用是求解一个一元二次方程$ax^2+bx+c=0$，并分析根取值的不同情况。此为一个基本的初等数学问题，当$a=0$时，方程“退化”为一次方程，只有一个根$x=-c/b$；当$a\neq 0$时，方程根的取值和方程求解主要取决于判别式$\Delta=b^2-4ac$的值：当$\Delta=0$时，方程只有一个根$x=-b/2a$；当$\Delta>0$时，方程有两个实根x1、x2，分别等于$(-b+\sqrt{\Delta})/2a$；、$(-b-\sqrt{\Delta})/2a$；而当$\Delta<0$时，方程有两个虚根，分　别　为　$[-b+(\sqrt{\Delta})\times i]/2a$　、$ax^2+bx+c=0$。

根据如上分析，编写函数文件的时候，首先定义以下变量a、b、c、disc、realpart和imagpart。其中，a、b、c分别代表用户输入的方程的各次自变量的系数，disc代表判别式Δ，而realpart和imagpart分别表示在Δ<0时，虚数根的实部和虚部数值。

与编写脚本文件相同，用户可以使用M-文件编辑器编写函数文件，步骤省略，编辑窗口如图8.7所示。

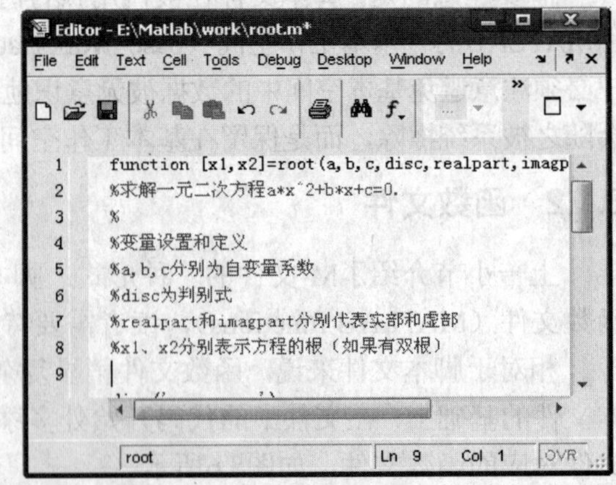

图8.7　在M-文件编辑器中编写解方程的函数文件

具体代码如下：

```
function [x1,x2]=root(a,b,c,disc,realpart,imagpart)
%求解一元二次方程a*x^2+b*x+c=0.
%
%变量设置和定义
%a,b,c分别为自变量系数
%disc为判别式
%realpart和imagpart分别代表实部和虚部
%x1、x2分别表示方程的根（如果有双根）
disp('求解一元二次方程:a*x^2+b*x+c=0');
a=input('请用户输入 ''a''的值:');
b=input('请用户输入 ''b''的值:');
c=input('请用户输入 ''c''的值:');
disc=b^2-4*a*c;
%如果二次项系数等于0
if(a==0)
   x1=-c/b;
   x2=x1;
   fprintf('x=%f\n',x1);
%判别式等于0
elseif(disc==0)
        x1=-b/(2*a);
        fprintf('x=%f\n',x1);
%判别式大于0
elseif(disc>0)
            x1=(-b+sqrt(disc))/(2*a);
            x2=(-b-sqrt(disc))/(2*a);
            fprintf('x1=%f\n',x1);
            fprintf('x2=%f\n',x2);
%判别式小于0
else
            realpart=-b/(2*a);
            imagpart=sqrt(abs(disc))/(2*a);
            fprintf('x1=%f+i%f\n',realpart,imagpart);
            fprintf('x2=%f-i%f\n',realpart,imagpart);
end
```

完成函数文件代码的编写后，用户需要保存函数文件，取名为root.m，这样，函数文件便以root.m的M-文件方式存储在当前目录下。

为了验证编写的函数文件是否确实具有实际求解方程的功能，以及是否可以顺利地运行，用户可以在命令窗口调用函数文件进行验证，其调用方法与脚本相同，也是输入文件名（或者函数名，函数名与文件名相同），演示如下，首先输入root，按Enter键执行，系统调用函数文件。

```
>> root
求解一元二次方程:a*x^2+b*x+c=0
请用户输入'a'的值:
```

系统显示用户编写的帮助代码信息“求解一元二次方程:a*x^2+b*x+c=0”，并提示用户输入系数的值，用户逐个输入系数a、b、c的值，输入完成后按Enter键，系统就调用函数文件中的函数进行计算，得到的结果以用户定义的方式输出。

```
>> root
求解一元二次方程:a*x^2+b*x+c=0
请用户输入 'a'的值:0
请用户输入 'b'的值:1
请用户输入 'c'的值:1
x=-1.000000
ans =
   -1
>> root
求解一元二次方程:a*x^2+b*x+c=0
请用户输入 'a'的值:1
请用户输入 'b'的值:2
请用户输入 'c'的值:1
x=-1.000000
ans =
   -1
>> root
求解一元二次方程:a*x^2+b*x+c=0
请用户输入 'a'的值:1
请用户输入 'b'的值:2
请用户输入 'c'的值:1/2
x1=-0.292893
x2=-1.707107
ans =
  -0.2929
>> root
求解一元二次方程:a*x^2+b*x+c=0
请用户输入 'a'的值:1
请用户输入 'b'的值:2
请用户输入 'c'的值:3
x1=-1.000000+i1.414214
x2=-1.000000-i1.414214
```

以上代码分别验证了函数文件编写代码所表示的4种情况，得到的结果也是正确的。

从上面介绍的脚本文件和函数文件的知识，用户需要注意一下几点。

- 函数文件和脚本文件在编写格式、取名规则、调用方法等方面基本类似，不同的是函数文件被调用时，MATLAB会专门分配一个临时工作空间，称为函数工作空间（Function workspace），用于存储函数执行过程中的中间变量，当函数文件完成被调用的操作时，这个空间将被MATLAB“收回”。显然，空间中的中间变量也随之被擦除，函数空间是独立的和临时的，MATLAB允许分配任意多个这样的空间给任意多个函数文件使用，这与脚本文件存在着本质的区别。
- 如果在函数文件中调用脚本文件，那么脚本文件产生的所有变量都存储于此函数工作空间，而非MATLAB的基本工作空间。
- 不论是函数文件还是脚本文件，其中的变量都必须遵守本书第2章有关变量的规定，函数文件中的变量除特别声明之外，都是局部变量。

- 函数文件的函数名与文件名必须相同，否则MATLAB默认以保存的文件名为准来调用函数。
- 函数文件包含输入参数和输出参数，但在调用函数文件时，MATLAB只允许比文件中标定的个数少的输入、输出参数。
- MATLAB对于函数指令调用时的搜索过程，请读者参考本书第2章的相关内容。

8.1.3　M-文件的组成结构

上两小节从M-文件分类的角度，分别介绍了脚本和函数文件的特点和编写调用方法。函数和脚本两者本是同宗，从结构外观上看，函数文件也只比脚本文件多了一行函数声明行代码，所以本节在介绍M-文件基本结构时，把两者结合在一起进行介绍，这样不但思路统一，而且可以相互比较，让读者在理解的时候加深印象。

首先，仍然举一个简单的M-文件的例子，本例是一个求和函数文件sum，具体结构如图8.8所示。

如图8.8所示，这个名为sum的M-文件共有9行代码，可以分为5个部分，各部分名称和功能具体如下。

- 函数声明行（Function declaration line）：区别脚本与函数的代码行，只有函数文件包含此行代码，位于代码首行。一般组成为function y=function_name(x)，即以关键字function开头，声明函数输入变量（x）、输出变量（y）以及函数名（function_name）。如此例的function y=sum(x)。如果输入、输出变量不止一个，则输出变量用中括号括起，不同的输入、输出变量都使用逗号隔开，如function [y1,y2,y3]=rang_area(length,width,height)；如果没有输出变量，则不要声明或者使用空的中括号表示，如function print_res(x)或者function []=print_res(x)。
- H1行（H1 line）：承接函数声明行的第一行注释行。在H1行一般要包括大写体的函数名和函数功能的简要介绍。
- 帮助文本（Help text）：由H1行及其后的连续的以百分号“%”开头的所有注释代码行组成。读者需要特别注意，H1行其实是属于帮助文本的特殊一行。帮助文本是比H1行更加详细的函数功能介绍，一般要包括函数输入、输出变量的含义和函数调用格式。当函数文件保存完成后，用户可以在命令窗口中输入指令help function_name，来获得对应函数的帮助文本（包括H1行），如图8.9所示。

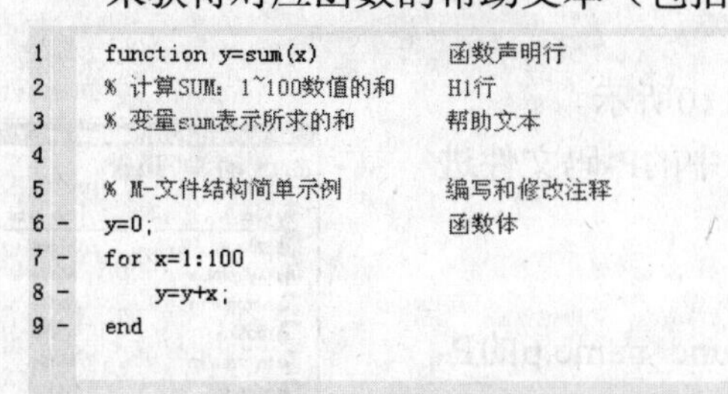

图8.8　M-文件结构示意图

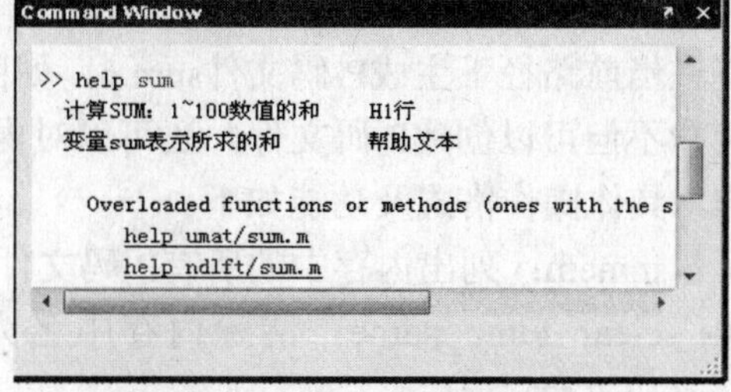

图8.9　命令窗口查看函数帮助文本

- 编写和修改注释（Comment）：与帮助文本相隔一个空行，同样以“%”作为开头符号。如果说帮助文本是对函数本身的特性进行介绍和解释，那么注释行则是对用户的函数的外部操作（编辑手记、标记改变，函数修改等）进行必要的交代，便于文件的档案管理。

- 函数体（Function body）：本例的6~9行都属于sum函数结构的函数体部分，此部分是实现函数功能的主要部分，一般由具体的控制指令和MATLAB函数构成，工作步骤基本为“接受输入变量→程序控制（调用MATLAB函数）→输出结果并赋给输出变量”。读者需要注意，为了增强易读性，函数体一般要与前面的注释行以空行分隔，并且在较长的函数体中常添加必要的注释行，便于用户的理解。

以上5个部分综合看来，分为“实用”和“辅助”两种，函数声明行和函数体是不可缺少的部分，是直接关系运算的“实用”行；而以%符号开头的所有声明、帮助和注释行都属于可以缺省的“辅助”行，即缺少了也不影响函数的运行，只是让函数的可读性和交互性大大降低而已。

8.1.4 P-码文件

所有M-文件首次被MATLAB调用时，系统会首先对文件进行语法分析，并把生成的相关内部伪代码（Psedocode）文件存放于内存中，P-码是伪代码（Psedocode）的缩写。当系统再次对该文件进行调用时，将直接调用存放于内存中对应的P-码文件，而不是再次对原M-文件进行重复的分析。

P-码文件和对应的M-文件具有同样的文件名，但其却是以“.p”作为扩展名，对于用户输入的文件名，系统优先调用同名的P-码文件，而且对于规模较大的文件，用户可以明显地感觉到，P-码文件的执行速度比M-文件高。

需要注意的是，虽然P-码文件可以随着M-文件的被调用而产生，但其不仅仅只能作为M-文件的“附属品”，也就是说用户可以预先创建P-码文件并对内存中的P-码文件进行操作。

一般来说，P-码文件不但具有运行效率高的优点，还因为其为内部代码结构，难以阅读，便于保密，所以在某些情况下，需要特意创建P-码文件。P-码文件的预生成函数为pcode，具体格式和功能如下。

- pcode Func_name：创建Func_name.p文件，并保存在当前路径下。
- pcode Func_name-inplace：创建Func_name.p文件，并保存在Func_name.m文件所在目录中。

如用户需要在8.1.3小节中sum.m文件所在目录（当前目录）中创建一个P-码文件，则只需要在命令窗口输入如下代码：

```
>> pcode sum
```

则在当前路径下生成P-码文件sum.p，如图8.10所示。

用户不但可以创建P-码文件，还可以对内存中的P-码文件进行操作，具体操作格式及功能如下。

- inmem：列出内存中的所有P-码文件名。
- clear Func_name：清除内存中名为Func_name.p的P-码文件。
- clear function：清除内存中的所有P-码文件。

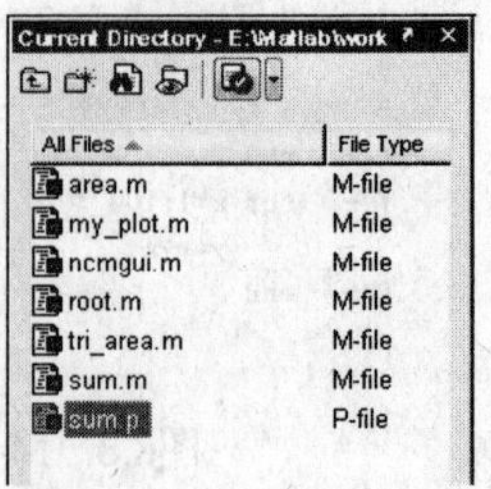

图8.10 P-码文件的生成

8.2　MATLAB的程序结构及流控制语句

MATLAB语言作为一种高级编程语言，为用户提供了一些判断程序结构并控制程序运行的流程控制语句，方便用户对于程序的编写和执行顺序的控制。

一般来说，MATLAN的程序按照大类分，可以分为3种，即顺序结构、循环结构和分支结构。本节将分别介绍这3种结构和对应的流控制语句。

8.2.1　顺序结构

顺序结构是MATLAB程序结构中最基本的结构，不需要任何流程控制语句，完全是依照自上而下的顺序进行代码的执行，如图8.11所示。用户熟知的批处理文件就是典型的顺序结构。

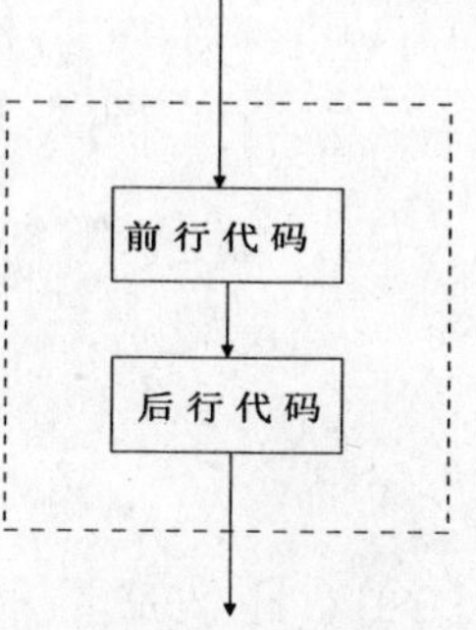

图8.11　顺序结构

在一般的程序中，都要包含顺序结构，读者要把此结构的程序作为程序的基础来熟练掌握。

【例3】使用MATLAB的顺序结构，编辑一个计算两数的积商的程序。

首先新建一个M-文件，在M-文件编辑器中输入如下代码：

```
% 定义变量a，并赋值
a=10;
% 定义变量b，并赋值
b=100;
% 输出两数乘积
fprintf('product=%f\n',a*b);
% 输出两数的商
fprintf('quotient=%f\n',b/a);
```

编辑完成后，保存为名为pro_que.m的脚本文件，如图8.12所示。

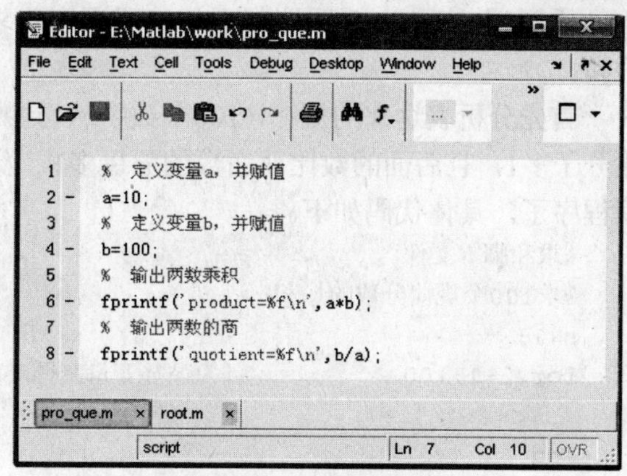

图8.12　顺序结构的程序代码

调用pro_que脚本文件，如在命令窗口输入pro_que指令，系统逐行执行程序，首先接受用户定义的变量a、b，并保存其值，然后再分别调用数学运算符号“*”和“/”进行运算，同时输出结果，分别赋给用户定义的另外两个变量product和quetient，程序执行的结果如下：

```
>> pro_que
product=1000.000000
quotient=10.000000
```

顺序结构符合一般的逻辑顺序思维习惯，简单易读，容易理解。

8.2.2　for循环结构

循环结构一般用于规律性较强的运算，程序中被循环执行的语句称为循环体。MATLAB

中的循环结构控制语句有for和while两种，都属于“当型循环控制语句”，即当条件m为“真”时，反复执行a语句，直到m为假为止，才停止循环，如图8.13所示。

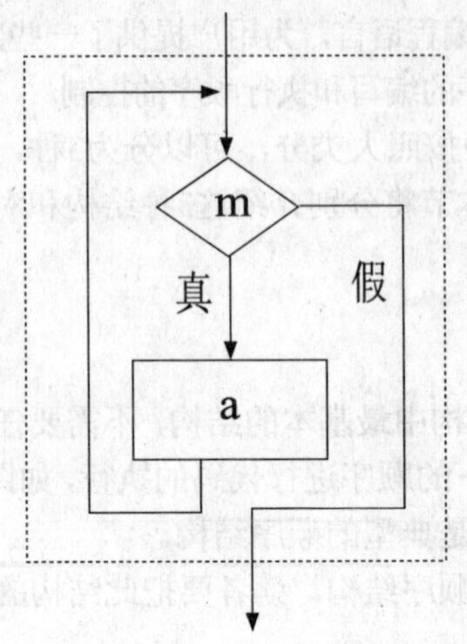

图8.13　循环结构示意图

本小节将分别介绍for语句的功能和使用方法。for循环语句的结构如下。

```
for index=array
  statements;
end
```

其中，index表示循环变量，array一般是使用冒号进行步进的等差数列[start:increment:end]，statements是循环体，最后是关键字end。由for循环语句的基本结构读者可以看出，使用for语句控制循环结构，其循环次数是一定的，由array列数决定，即(end-start)/increment。

下面举一个使用for语句控制循环结构的简单示例。

【例4】使用for循环控制语句编写程序，求解1+1/2+2/3+3/4+……+99/100这100个数字的和。

首先分析表达式的规律，100个数字从1到99/100，除了第1个数之外，所有的数都是分母比分子多1，且后面的数比前面数的分母多1，发现了这个规律，就可以使用for循环语句来编写程序了，具体代码如下。

```
%求和脚本文件
%求100个规律分数的加和
s=1;
for i=1:100             %i为循环变量，循环的次数为100次
   s=s+i/(i+1);            %循环体
end
fprintf('s=%f\n',s);   %输出结果
```

其中，以%符号开头的代码行都是注释行，用来说明脚本文件的功能。函数体包括赋值行和for循环结构，首先给变量s赋值为1，然后使用for循环语句控制循环次数，并且每次循环都执行循环体，使变量s的值不断累加，直到变量i=100，完成循环，最终输出结果。

完成代码编辑后，保存脚本文件，并取名为sm100，如图8.14所示。用户在命令窗口输入脚本名sm100，按Enter键执行。得到如下结果。

```
>> sm100
s=96.802721
```

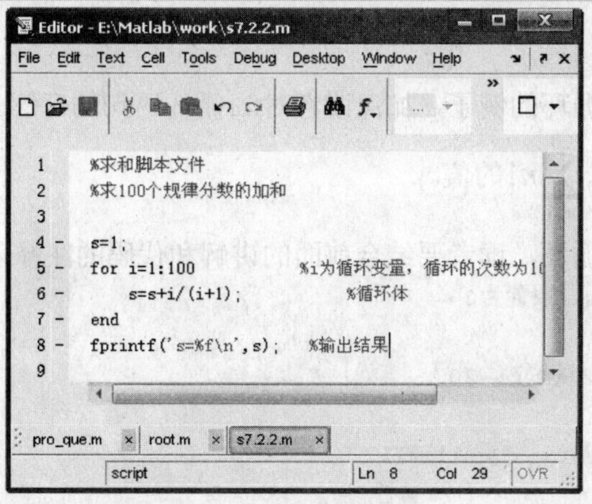

图8.14　保存求和for循环脚本文件

从上面的例子可以看出，for循环语句可以轻松解决规律性强的计算问题。另外，for语句还支持多重嵌套循环结构，下面举例说明。

【例5】for循环语句的多重嵌套使用。

创建一个矩阵，矩阵中的元素之间有一定的联系，具体代码如下：

```
for m=1:3  %第1次循环
    for n=1:2:5  %第2次循环
        A(m,n)=m+n;
    end  %对应第2次循环的结束关键字
end   %对应第1次循环的结束关键字
disp(A)   %显示矩阵A
```

在使用嵌套for循环语句的时候，用户一定要注意结构的完整和对应，也就是说，代码行for和end是相互对应的，用户可以给不同级别的for和end的行前设置不同的缩进值，便于检查和理解，如图8.15所示。

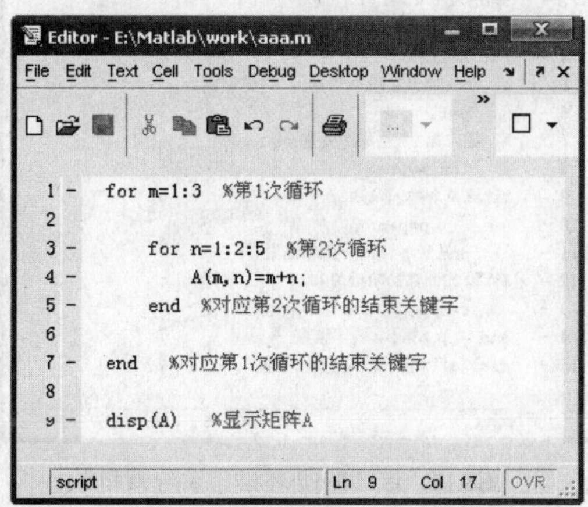

图8.15　for循环语句的嵌套使用

把编写完成的程序保存为名为a_matrix的脚本文件，调用此脚本文件，显示如下的运行结果。

```
>> a_matrix
     2     0     4     0     6
     3     0     5     0     7
     4     0     6     0     8
```

下面再举一个嵌套循环的例子，加深读者对for循环语句的理解。

【例6】求解表达式$\sum_{n=1}^{20} n!$的值。

此例需要用到嵌套循环，读者要结合前面的讲解和代码的注释理解本例，代码如下：

```
>> %  定义总和变量s，预置为0
s=0;
%  进入第1个循环，变量n取1~20
for n=1:20
%  定义单个数阶乘变量p，并设置值为1
   p=1;
%  进入第2个循环，变量m取1~n
   for m=1:n
%计算单个数的阶乘
       p=p*m;
   end   % 第2个循环结束
%计算20个数的阶乘总和
   s=s+p;
end     %第1个循环结束
disp(s) %显示总和变量s的值
```

对于代码的编写，用户可以遵循之前惯用的M-文件编辑形式，如图8.16所示。

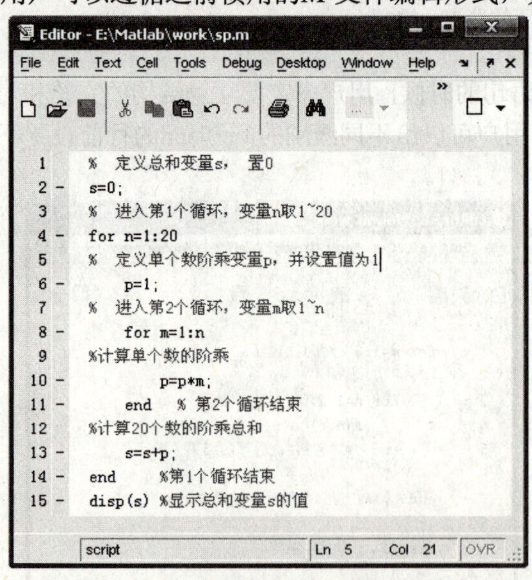

图8.16　嵌套for循环语句求阶乘和

也可以直接在命令窗口直接输入，程序执行的显示结果如下。

```
2.5613e+018
```

此数值即为1~20这20个数的阶乘总和。

8.2.3　while循环结构

上一小节介绍了常用循环结构的一种—for循环结构，本节将对照for语句，讲解while循环语句的结构和使用方法。

While语句的格式如下：

```
while expression
      statements;
end
```

其中，expression代表条件表达式，而statements表示执行的循环体，一般情况下，expression提供的是一个标量，有时也可以是数组。以expression是标量为例，只要其为“真（True）”，那么statements循环体就会一直循环下去，直到expression变为“假（False）”为止；而如果expression是一个数组，那么statements循环与否的条件则分别是数组所有元素均为“真”和不全为“真”。

与for循环语句不同的是，一般来说，在使用while循环语句的时候，循环次数是不确定的，只要条件表达式为真，则循环一直进行下去，下面举例说明while循环语句的用法。

【例7】求解圆周率 π 的近似值，使用常用公式之一 $\pi \approx 4\times(1-1/3+1/5-1/7+1/9\cdots\cdots)$，直到最后一项的绝对值小于 10^{-7} 为止。

（1）分析公式特点，程序代码关键要体现公式括号中的各项，读者应该注意到，括号中的各项有着规律性的关系，即后项的分母是在前项分母的基础上加2，分子都是1，各项之间的加减号也是交替互换的，针对此类问题，循环语句能恰如其分地解决。

（2）建立名为mypi.m的脚本文件，并在其中进行代码编写，如图8.17所示，完成后保存。

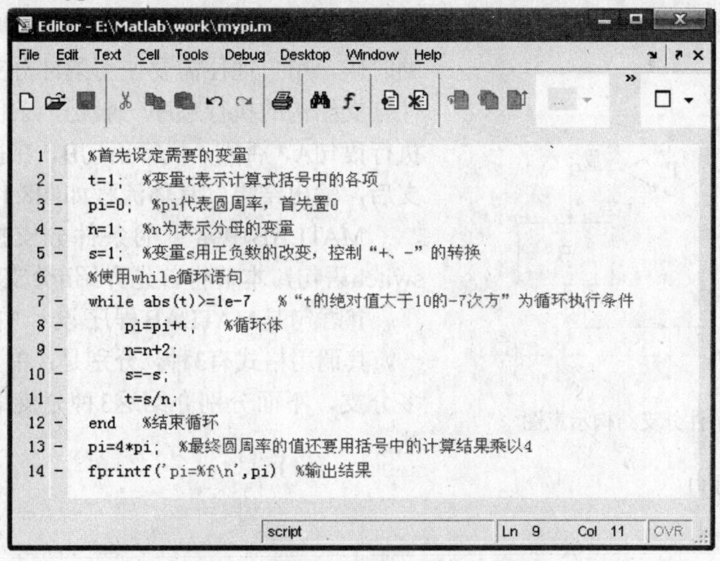


```
%首先设定需要的变量
t=1;  %变量t表示计算式括号中的各项
pi=0;  %pi代表圆周率，首先置0
n=1;  %n为表示分母的变量
s=1;  %变量s用正负数的改变，控制“+、-”的转换
%使用while循环语句
while abs(t)>=1e-7    %“t的绝对值大于10的-7次方”为循环执行条件
    pi=pi+t;    %循环体
    n=n+2;
    s=-s;
    t=s/n;
end    %结束循环
pi=4*pi;   %最终圆周率的值还要用括号中的计算结果乘以4
fprintf('pi=%f\n',pi)   %输出结果
```

图8.17　新建并保存脚本文件mypi.m

具体代码如下：

```
%首先设定需要的变量
t=1;  %变量t表示计算式括号中的各项
pi=0;  %pi代表圆周率，首先置0
```

```
n=1;  %n表示分母的变量
s=1;  %变量s用正负数的改变，控制“+、-”的转换
%使用while循环语句
while abs(t)>=1e-7   %“t的绝对值大于10的-7次方”为循环执行条件
    pi=pi+t;   %循环体
    n=n+2;
    s=-s;
    t=s/n;
end   %结束循环
pi=4*pi;  %最终圆周率的值还要用括号中的计算结果乘以4
fprintf('pi=%f\n',pi)  %输出结果
```

（3）返回MATLAB命令窗口，输入mypi，系统调用脚本文件，代码执行的结果显示如下。

```
>> mypi
pi=3.141592
```

可见计算出来的圆周率π的近似值为3.141592，这是取绝对值小于10^{-7}的1/n作为括号中的最后一项所计算出的结果。随着项数的增加，所计算出的π值也会越来越精确，读者可以自行调整绝对值的界限，进行验证。

由上例可以看出，在使用while循环的时候，用户不知道循环需要进行多少次，或者根本不需要知道循环的次数，只需要确定满足什么条件时循环不停止即可。读者一定要分清这一点上for语句和while语句的区别，根据具体需要，选择不同的循环控制语句。

8.2.4 if条件分支结构

与循环结构一样，分支结构也是程序设计中的常见结构之一。当程序需要表达选择意向的时候，用户往往需要使用条件分支控制语句。条件分支结构的执行顺序一般是，条件P为“真”时，执行语句A，否则，执行语句B，在执行完成任意分支后，输出结果，具体流程如图8.18所示。

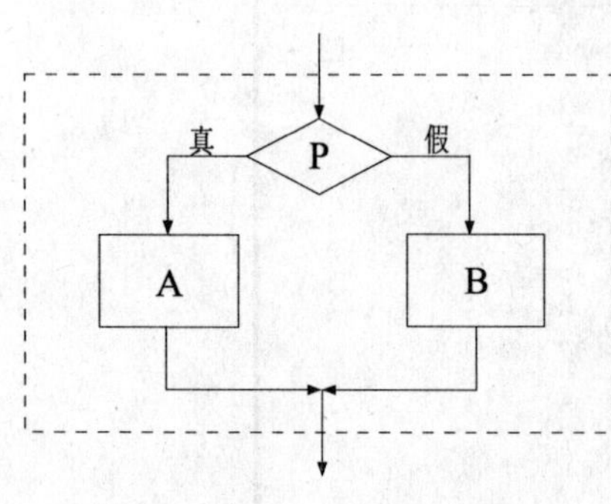

图8.18 条件分支结构示意图

MATLAB中常见的条件分支控制语句有if和switch语句，本节将首先介绍if分支语句。

if语句是MATLAB程序设计中的重要语句之一，其调用格式有3种，分别是：单分支、双分支和多分支，下面分别介绍这3种分支语句的格式和用法。

1. 单分支语句

其调用格式为

```
if conditional expression
    statements;
end
```

其中，conditional expression为条件式，此语句用在只有一个条件表达式的时候，即如果条件表达式为“真”，则执行表达式statements，执行完之后继续执行if语句的后继语句；若条

件为“假”，则不执行表达式语句，而直接执行if语句的后继语句。

【例8】用户输入一个数，当输入的数为0时，显示You enter the number '0'。

（1）打开M-文件编辑器，输入以下代码。

```
a=input('Enter a number:');
if a==0
   disp('You enter the number ''0''');
end
disp('End')
```

（2）给文件取名为easyif.m，并保存，如图8.19所示。

（3）返回MATLAB命令窗口，输入easyif，系统调用脚本文件，首先显示“Enter a number:”，等待用户输入一个数。在用户输入数字之后，进行赋值操作，把所输入的数赋给变量a，之后进行条件判断，如果用户输入非零数，则if条件式为“假”，系统跳过if语句，直接执行end后的disp语句；如果用户输入的数为0，则if条件式为“真”，系统执行if的表达式语句disp，之后再执行end语句后的disp语句。具体步骤如图8.20所示。

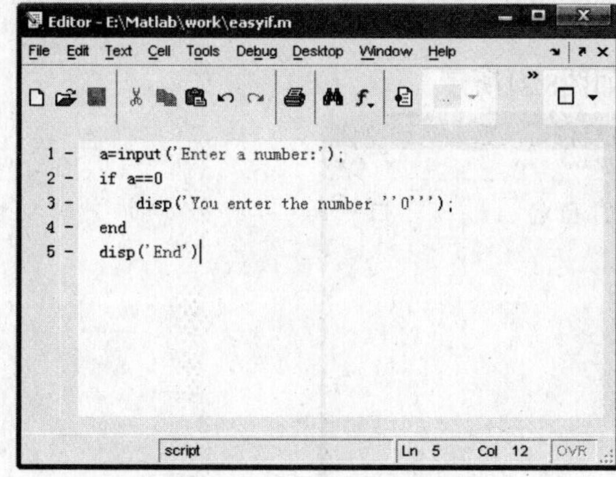

图8.19　保存easyif脚本文件

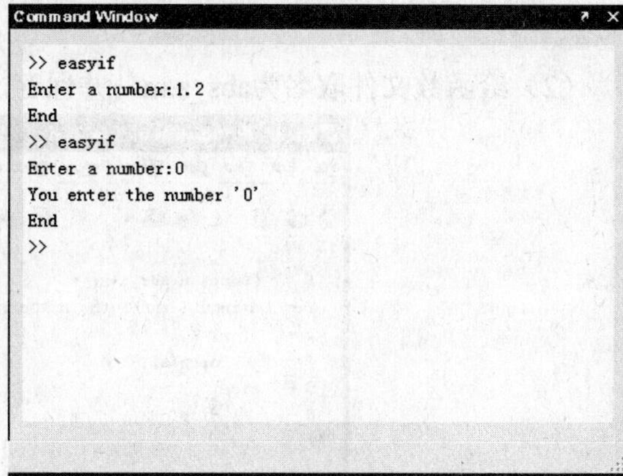

图8.20　程序运行结果

读者可以看到，两次运行程序时，由于输入的数字分别为1.2和0，所以得到的结果不一样，具体显示代码如下：

```
>> easyif
Enter a number:1.2
End
>> easyif
Enter a number:0
You enter the number '0'
End
```

2. 双分支语句

在实际的条件结构的程序设计中，使用较多的并不是单分支语句，而是双分支语句。双分支语句是单分支语句的扩展，其基本运行机理与单分支相同，不同的是在单分支语句的基础上增加了else语句。

双分支语句的调用格式为：

```
if conditional expression
  statements1;
```

```
else
  statements2;
end
```

对于双分支语句，读者可以这样理解，即语句中的if条件式为“假”的时候，系统不直接跳出if语句，而是执行else语句之后的另一个表达式statements2，之后再结束。

【例9】用户输入一个随机实数，试使用条件语句编程，输出此数的绝对值。

（1）本例是一个典型的双分支条件选择语句，如果用户输入的是正数或者0，则输出数的本身；如果输入的是一个负数，则输出此数的相反数。在M-文件编辑器中新建一个函数文件，具体代码如下。

```
function abs_a(a)
a=input('enter the number:');
if a>=0
    disp(a);
else
    disp(-a);
end
```

（2）给函数文件取名为abs_a.m，并保存，如图8.21所示。

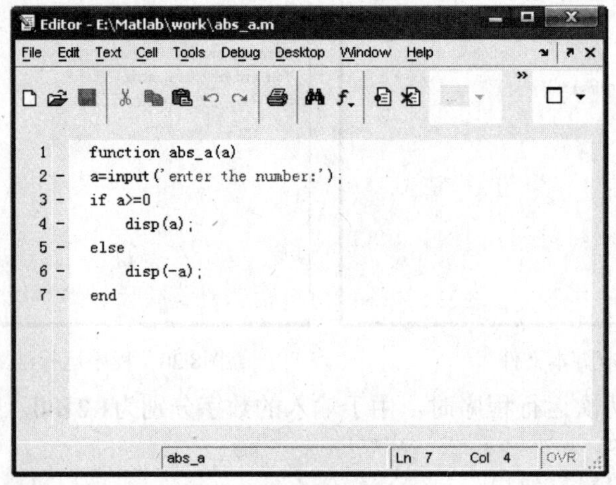

图8.21　保存函数文件abs_a

（3）返回MATLAB命令窗口，调用函数文件，根据提示，当用户分别输入正数或负数，并按Enter键时，系统分别选择执行disp(a)或disp(-a)语句，执行结果显示如下。

```
>> abs_a
enter the number:-2.3
    2.3000
>> abs_a
enter the number:102
   102
```

一般来说，if语句中的条件式都是逻辑表达式或关系表达式。也就是说，if条件式判断的都是这些表达式的返回值，即0或1。而有时条件式也会是一个矩阵，读者需要注意的是，只有当矩阵所有元素都不为0时，表达式的值才是“真”，否则为“假”。

【例10】条件式为矩阵时的if条件分支结构。

（1）打开M-文件编辑器，新建脚本文件，编写代码如下。

```
if randn(5)
   disp('matrix1');
else
   disp('matrix2');
end
```

（2）完成代码编写后，保存脚本文件，文件名为m0.m，如图8.22所示。

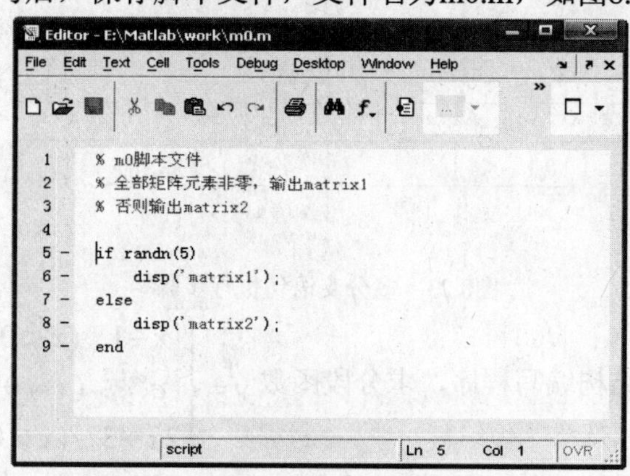

图8.22　保存脚本文件m0.m

（3）返回MATLAB命令窗口，输入m0，调用脚本文件，显然，执行条件判断语句时，调用randn函数生成的矩阵的所有元素都不可能为0，所以if条件式为“真”，程序执行else前的语句，即显示matrix1，代码如下。

```
>> m0
matrix1
```

（4）如果矩阵中的元素不全为非0数，则if条件式为“假”，系统执行else之后的语句，显示matrix2。打开原脚本文件，修改if条件式为“if eye(3)”，其余代码不变，另存为文件m00.m。调用脚本文件，运行程序，得到的结果显示如下。

```
>> m00
matrix2
```

3. *多分支语句*

if语句是MATLAB中较为灵活的语句之一，其结构不单有单分支和双分支，有时还需要用到多分支结构，即当用户需要根据多个条件执行多个不同的操作时，可以采用嵌套的if-else-end结构，具体调用格式为：

```
if expression1
    statements1;
elseif expression2
    statements2;
elseif expression3
    statements3
    .......
else
    statementsN
end
```

对于以上代码，MATLAB将从上到下逐个检测各个条件式，执行与所遇到的第一个为“真”的条件式相对应的表达式，并且跳过表达式后面所有的语句，而直接跳出if-else-end语句，读者可以参考图8.23，理解其执行步骤。

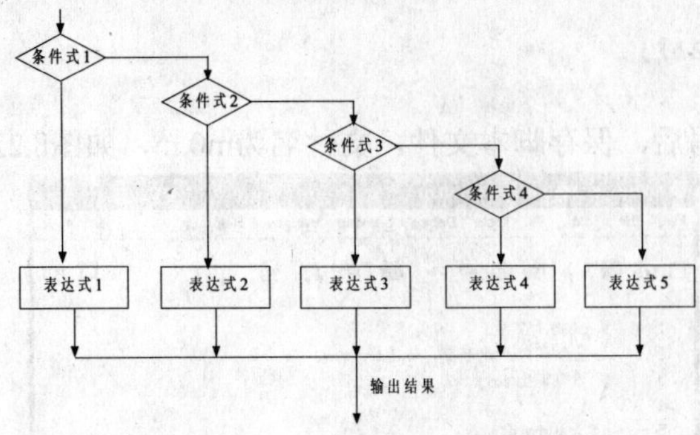

图8.23 多分支语句执行步骤

【例11】使用条件结构编写程序，求分段函数 $y=\begin{cases} x-1 & (x<0) \\ e^{x+1} & (x=0) \\ 2x+3 & (x>0) \end{cases}$ 的值。

（1）首先分析函数结构，结构为分段函数，自变量x的值分为3段，以0为节点，在x=0点处的函数值有突变。

（2）打开M-文件编辑器，编写代码如下。

```
x=input('enter the value of ''x'':');
if x<0    % x小于0
   y=x-1;
elseif x==0  % x等于0（x不小于0时）
   y=eps(x+1);
else          % x即不小于0，也不等于0（x大于0时）
   y=2*x+3;
end    %分析完所有可能的情况后，结束if多选择语句
disp(y)  % 输出函数y的值
```

（3）保存脚本文件，取名为part_fucntion.m，如图8.24所示。

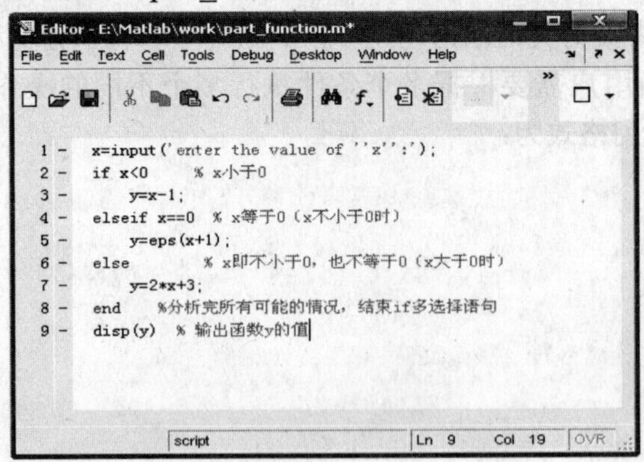

图8.24 保存脚本文件part_function

（4）返回MATLAB命令窗口，输入part_function调用脚本文件，用户可以分别输入不同的

自变量值，执行代码，得到结果正好可以反映分段函数的取值情况，具体显示代码如下。

```
>> part_function
enter the value of 'x':-1
   -2
>> part_function
enter the value of 'x':0
  2.2204e-016
>> part_function
enter the value of 'x':2
     7
```

读者需要注意的是，在运用if-else-end语句的时候，常会由于粗心或是疏忽遇到程序的错误，这往往是因为用户没有按照结构的严密构成，多输了if或者else语句。读者只要记住，不论有多少个条件分支，也许包含若干个elseif，但一个if多分支语句只能有唯一一个if、一个else和一个end。

为了读者进一步理解if条件分支语句的用法，下面再举一例。

【例12】判断随机输入的一个年份是否为闰年。

（1）首先分析题目的要求，明确闰年的概念。所谓闰年，从纯数学角度上扯，可以用一句话概括，即“闰年是能被4整除，但不能被100整除；如能被100整除，同时能被400整除的年份”。

（2）打开M-文件编辑器，新建一个脚本文件。编写代码如下。

```
% 判断一个年份是否为闰年
% 使用多分支if语句
% 变量a为输入的年份
% leap变量为1,则输入的年份为闰年；leap变量为0，则不是闰年
a=input('enter the year:');
 % 如果年份不能被4整除，则不是闰年
if mod(a,4)~=0
   leap=0;
% 如果年份可以被4整除，而且不能被100整除，则是闰年
elseif mod(a,100)~=0
   leap=1;
% 如果年份可以被4整除，并能被100整除，而且能被400整除，则是闰年
elseif mod(a,400)==0
   leap=1;
% 如果年份可以被4整除，并能被100整除，且不能被400整除，则不是闰年
else leap=0;
end
% 以上代码已经完成了对于闰年的判断，下面输出结果
% 是否闰年取决于leap的取值
if leap==1
   disp('leap year');
else
   disp('not leap year');
end
```

（3）完成代码编写后，保存脚本文件，名为leap_year.m，如图8.25所示。

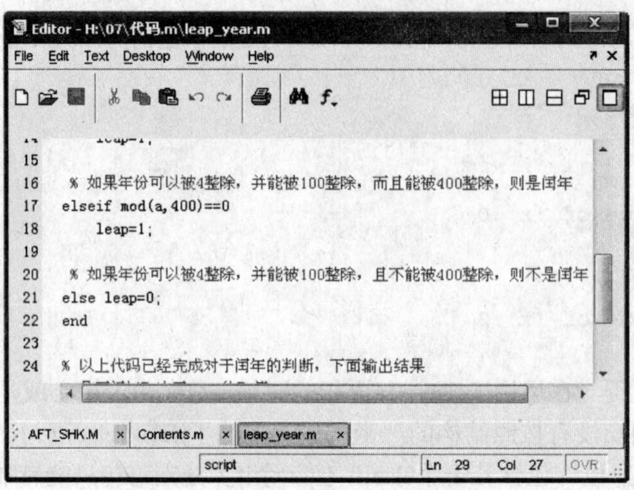

图8.25　保存脚本文件leap_year

（4）返回MATLAB命令窗口，调用脚本文件leap_year，执行程序代码。按照提示，输入不同的年份，程序可以验证所输入的年份是否为闰年，具体代码如下。

```
>> leap_year
enter the year:1994
not leap year
>> leap_year
enter the year:1996
leap year
>> leap_year
enter the year:2000
leap year
```

此程序包含2个独立的if语句，其中，第1个为多分支if语句，主要功能是判断输入的年份是否为闰年；第2个为双分支if语句，主要是输出判断的结果。

读者可以看到程序判断的结果：1994年不是闰年，而1996和2000年都是闰年。

8.2.5　switch条件分支结构

MATLAB中还有一种常用的多分支结构语句，即switch语句。与if多分支语句相比较，switch语句主要用于条件多且单一的情况，比如学生成绩分类、人口年龄层次结构统计等，这些问题如果用if语句来处理，虽然也可以得到结果，但是由于分支较多，嵌套的if语句层数太多，程序繁琐复杂，不便于理解，可读性差。

switch条件分支语句的调用格式为：

```
switch expression
    case value1
        statements1
    case value2
        statements2
    case value3
        statements3
……….....
otherwise
```

statements
end

其中，expression必须是一个标量或字符串，程序被执行时，MATLAB将expression的值逐个与各case指令后的value值进行比较，当结果为“真”时，系统执行相对应的statements语句，然后跳出switch语句；如果结果为“假”，则系统取下一个case后的value值进行比较，以此类推，直到找到相对应的value值；如果所有的value值都不符合，即所有的比较都为“假”，系统执行otherwise指令后的statement语句。

【例13】使用switch条件分支结构编写一个程序，判断学生考试成绩的等级。

（1）打开M-文件编辑器，新建脚本文件，并编写代码如下。

```
% 函数文件mark，分数归类
% x为输入的学生分数
% 分数共分为5档，分别为grade1~grade4以及不及格
% 07年上半学期期末考试
% fix函数为取整函数
function mark
x=input('enter the mark:');  % x为一标量
switch fix(x/10)
    case {9,10}
        disp('grade 1');    % 第1档分数为90~100
    case {8,9}
        disp('grade 2');    % 第2档分数为80~90
    case {7,8}
        disp('grade 3');    % 第3档分数为70~80
    case {6,7}
        disp('grade 4');    % 第4档分数为60~70
    otherwise
        disp('fail');          % 第5档分数为<60，不及格
end
```

（2）完成代码的编写后，保存脚本文件，取名为mark..m，如图8.26所示。

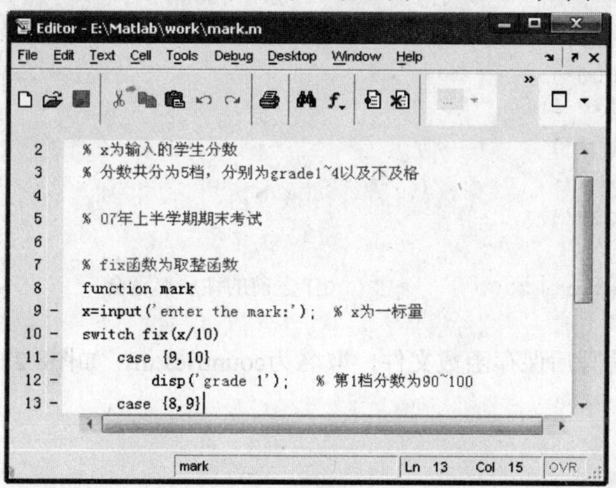

图8.26 保存脚本文件mark.m

（3）返回MATLAB命令窗口，调用脚本文件，执行程序代码。按照提示，输入各个学生的分数，程序可以把学生的分数归为不同的档次，具体代码如下。

```
>> mark
enter the mark:100
grade 1
>> mark
enter the mark:88
grade 2
>> mark
enter the mark:77
grade 3
>> mark
enter the mark:60
grade 4
>> mark
enter the mark:59
fail
```

在本例的程序中，学生的成绩（分数）mark为一个标量，分为5个档次，分别为第1档“90~100”、第2档“80~90”、第3档“70~80”、第4档“60~70”和fail档“<60”。输入的5个成绩：100、88、77、60、59分别属于这5个档次的分数。

switch条件多分支语句中的表达式不但可以是一个标量，还可以是一个字符串（相关知识见第4章），下面举例说明。

【例14】使用switch条件多分支结构，查询奥运会举办城市及对应的年份。

（1）打开M-文件编辑器，新建函数文件，并编写代码如下。

```
% 函数文件countries，输入国家的名称，确定其举办奥运会的年份
% c为输入的国家名
% 奥运主办城市
function countries
c=input('enter the name of the country:');  % c为一字符串
switch c
   case 'Atlanta'
      disp('2000')
   case 'Sydney'
      disp('2004')
   case 'China'
      disp('2008')
   otherwise
      disp('before 2000')   % 2000年之前的往届奥运会
end
```

（2）完成代码编写后保存函数文件，取名为countries.m，如图8.27所示。

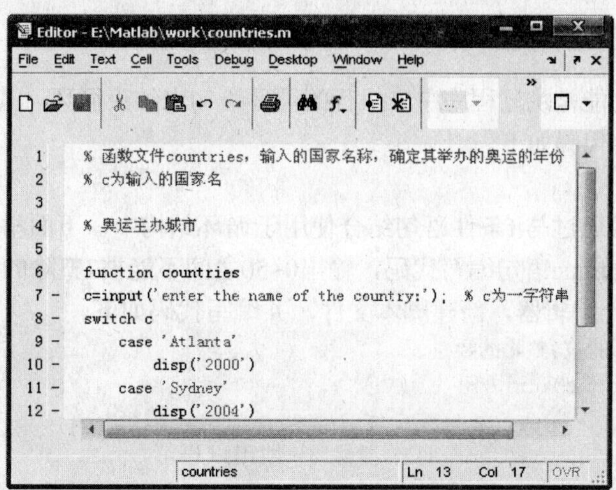

图8.27　保存函数文件countries.m

（3）返回MATLAB命令窗口，调用函数文件，执行程序代码。根据提示输入国家名，如China，则系统显示其申办奥运会的年份为2008，代码如下。

```
enter the name of the country:'China'
2008
>> countries
enter the name of the country:'Sydney'
2004
```

读者需要注意，当表达式expression为字符串时，读者在输入时，不要忘记输入字符串符号"'"，否则系统将报错。

8.2.4和8.2.5小节分别介绍了if和switch两种条件分支结构语句，下面比较一下两者的用法和优劣，方便读者以后使用时，能更有针对性地选择合适的语句。

表8.1　if语句和switch语句的比较

switch语句	if语句
可读性强	复杂难理解，特别是使用嵌套if语句
可比较不同长度的字符串	需要调用strcmp函数不同长度的字符串
仅检测时候相等	可检测是否相等或是否不相等

8.3　MATLAB交互式程序控制语句

上一节主要讲解了MATLAB程序的3种一般结构和对应的常用控制语句，在使用控制语句编写程序来解决实际问题时，用户不仅需要确定程序的结构对实现问题的表述，还常常会遇到程序提前终止循环、跳出子程序、显示出错信息、输入用户数据、暂停程序执行以及显示执行命令等情况。

针对此类问题，MATLAB特别提供了一系列交互式控制语句，来实现上述的功能，本节将结合具体的示例，介绍以下的指令：continue、break、return、try-catch、error、warning、input、keyboard、pauseecho等。

8.3.1 continue结束循环语句

continue语句的功能是跳过程序中未执行的循环语句来结束循环。其调用格式十分简单，即直接输入continue，代码如下。

continue

continue语句一般通过与if条件语句结合使用于循环结构中，下面举例说明其用法。

【例15】使用continue语句编写代码，输出0~50之间不能被7整除的数。

（1）打开M-文件编辑器，新建脚本文件，并编写代码如下。

```
% 输出0~50之间不能被7整除的数
% 使用循环结构和continue语句
for n=0:50
    if mod(n,7)~=0   % 当n不能被7整除时，跳出if语句
        continue
    end
disp(n);     % 当n可以被7整除时，输出n
end
```

（2）完成代码编写，保存脚本文件，取名为divide7.m，如图8.28所示。

（3）返回MATLAB命令窗口，调用函数文件，执行程序代码，结果输出0~50之间能被7整除的所有数，显示如下。

```
     0
     7
    14
    21
    28
    35
    42
    49
```

在使用continue语句的时候，需要注意，此语句只是结束本次循环，而非结束所有循环。如果读者需要求0~50之间7与5的公倍数，只需要在以上程序的基础上进行修改。

（1）打开脚本文件divide7.m，修改代码如下。

```
% 输出0~50之间不能被7整除的数
% 使用循环结构和continue语句
for n=0:50
    if mod(n,7)==0   % 当n不能被7整除时，跳出if语句
        if mod(n,5)~=0
            continue   % 当n可以被7整除时，但是不能被5整除，跳出此行if语句
        end
    disp(n);  % 当n即可以被7整除时，又可以被5整除，则输出n
    end
end
```

（2）保存脚本文件，另存为common_multiple.m，如图8.29所示。

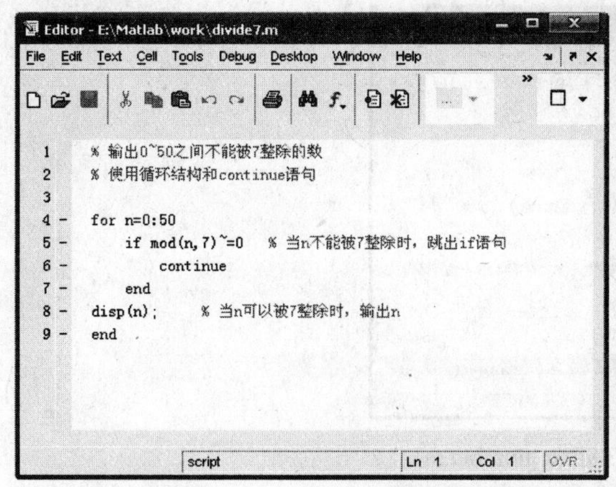

图8.28　保存脚本文件divide7.m

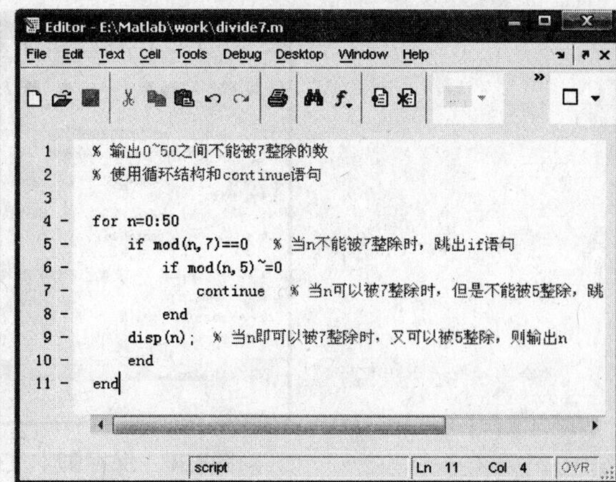

图8.29　保存脚本文件common_multiple.m

（3）返回MATLAB命令窗口，调用脚本文件common_multiple.m，程序执行结果为输出0~50之间能同时被7和5整除的数，显示如下。

```
 0
35
```

此程序嵌套使用了if条件结构，读者可以综合已经讲解的if语句知识进行理解。

8.3.2　break结束循环语句

在MATLAB程序设计中，break语句与continue语句的功能类似，作用是终止本次循环，跳出最内层循环中所有剩下的语句，即根据条件而不必等到循环结束，继续下一次循环。break语句常与if语句配合使用来强制结束循环，下面举例说明其用法。

【例16】输出1~50之间第一个能被7整除的数。

（1）本例可以理解为在【例15】的基础上对个别语句进行适当修改，并添加一条break语句，即当有一个数满足条件时，使用break语句跳出循环，代码如下。

```
% 输出1~50之间能被7整除的第1个数
% 使用循环结构和break语句
for n=1:50
    if mod(n,7)~=0    % 当n不能被7整除时，跳出if语句
       continue
    end
    break    % 当出现第1个可以被7整除的数时，跳出for循环语句
end
disp(n);  %输出n
```

（2）保存脚本文件，另存为first_number.m，如图8.30所示。

（3）返回MATLAB命令窗口，调用脚本文件first_number.m，程序执行结果为输出1~50之间第一个能被7整除的数，显示代码如下。

```
    7
```

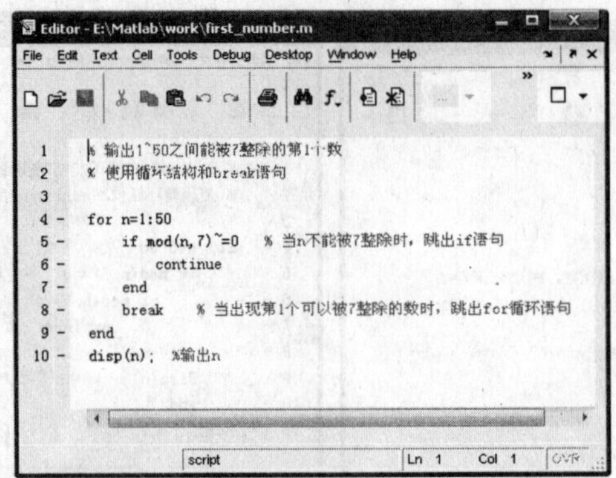

图8.30　保存脚本文件first_number.m

8.3.3　return终止操作语句

上一小节介绍的break语句一般只用于循环体内部，如果用户需要在循环语句之外结束操作，则可以使用return语句。return语句的用法比continue和break语句都要灵活，一般用在函数的末尾，MATLAB调用函数正在运行时，return语句可以强制程序结束，或者在满足某条件时强制退出此函数的运行，并返回主调函数或者键盘。

正常情况下，程序于end语句处结束，使用return语句可以提前结束程序，下面举例说明return语句的用法。

【例17】一个脚本文件的功能为求相反数，在其中使用return语句。

（1）打开M-文件编辑器，新建脚本文件，编写代码如下。

```
% 求相反数
% 循环末尾使用return语句
for x=-5:-1  % 循环语句
    y=-x;  %求相反数
   disp(y);
    if x==1
        return  % 退出执行，控制转出
    end
end
```

（2）保存脚本文件，取名为abs.m，如图8.31所示。

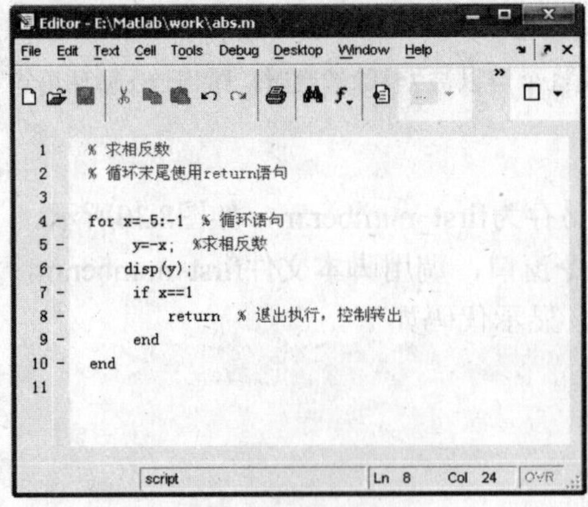

图8.31　保存脚本文件abs.m

（3）返回MATLAB命令窗口，调用脚本文件，显示如下。

```
>> abs
    5
    4
    3
    2
    1
```

可见，当循环语句执行完最后一个循环，即x=-1时，系统执行return指令，结束代码的运行，返回控制权给命令窗口。

8.3.1~8.3.3小节主要介绍了3种常用的程序终止控制语句，下面针对其各自的优、缺点进行小结，读者在以后的使用中要注意3者的区别。

表8.2 continue、break和return语句的比较

语句	可使用的位置	补充
continue	for和while循环结构	跳出现有循环中正在执行的表达式，控制转到同一循环的下一轮
break	for和while循环结构	退出所在循环，在嵌套循环中，控制转到外一层的循环
return	任何需要的位置	立即退出所在函数，控制转到函数的调用

8.3.4 warning错误警告语句

在MATLAB程序设计中，有一类专门对警告或错误情况进行捕获和处理的语句，常用的包括warning、error和try-catch语句等，本小节将介绍warning语句的功能和使用方法。在编写程序的时候，遇到错误时，需要给使用者必要的提示，warning语句是常见的警告提示语句，其调用格式如下。

warning(‘message’)

其中，message表示显示的警告内容，出现警告时，程序继续进行。下面举例说明warning语句的用法。

【例18】求两数的商，使用错误警告机制。

（1）打开M-文件编辑器，新建一个函数文件，输入代码如下。

```
% 求两数相除的商
% 除数不能为0
% 当输入的除数为0时，使用警告语句warning

function n=div(x,y)
x=input('enter the value of ''x'':'); % 输入被除数
y=input('enter the value of ''y'':'); % 输入除数
if y==0        % 如果输入的除数为0，则显示警告
   warning('0 不能作为分母!! ');
else
   n=x/y;      % 当除数为0时，显示警告，程序仍然进行
end
```

（2）保存函数文件，取名为div.m，如图8.32所示。

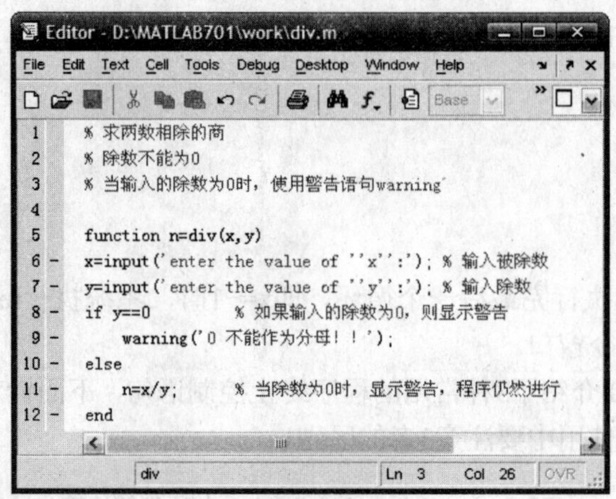

图8.32 保存函数文件div.m

（3）返回MATLAB命令窗口，调用函数文件div.m，执行代码。根据提示输入两个数，如果除数不为0，则进行正常的除法运算，得到结果n=x/y；如果输入的除数为0，则系统给出警告信息，并继续执行程序，代码如下。

```
>> div
enter the value of 'x':2
enter the value of 'y':3
ans =
   0.6667
>> div
enter the value of 'x':2
enter the value of 'y':0
Warning: 0 不能作为分母!!
>In div at 9
```

读者可以看到，当除数为0时，系统给出函数中预先设置的警告信息，并另起一行，给出警告发生所在程序代码的行数。

8.3.5 error语句错误警告终止语句

error语句的功能与warning语句类似，同样是针对程序中错误代码的报错显示。error语句的常用调用格式和功能如下。

- error（'message'）：其中，message为显示的出错信息，此语句终止程序的执行。
- errordlg（'errorstring','dlgname'）：显示出错信息的对话框，其中，errorstring为对话框内容，而dlgname为对话框的标题。

下面借用上一小节的例子，说明error语句的用法。

【例19】求两数的商，使用错误警告制止机制。

（1）打开M-文件编辑器，打开函数文件div.m，修改代码如下。

```
% 求两数相除的商
% 除数不能为0
% 当输入的除数为0时，使用错误警告语句error终止程序
function n=div(x,y)
x=input('enter the value of ''x'':'); % 输入被除数
```

```
y=input('enter the value of ''y'':'); % 输入除数
if y==0          % 如果输入的除数为0，则显示警告
   errordlg('0 不能作为分母!! ','wrong entering data');
else
   n=x/y;        % 当除数为0时，显示警告，程序终止
end
```

（2）另存函数文件，取名为div_error.m，如图8.33所示。

（3）返回MATLAB命令窗口，调用函数文件div_error.m，执行代码。根据提示输入两个数，如果除数不为0，则进行正常的除法运算，得到结果n=x/y，代码如下：

```
>> div_error
enter the value of 'x':34
enter the value of 'y':6
ans =
   5.6667
```

而如果输入的除数为0，则系统给出警告信息，弹出交互式警告对话框，如图8.34所示。

当用户单击对话框中的OK按钮时，代码终止运行，程序自动退出。error语句和warning语句的本质相同，都是警告系统的错误，提示用户程序的缺陷；不同的是error语句还终止程序的执行，而warning语句不执行此项操作。针对两个语句的区别，读者应当根据实际需要，选择到底使用哪一种来警告程序的错误。

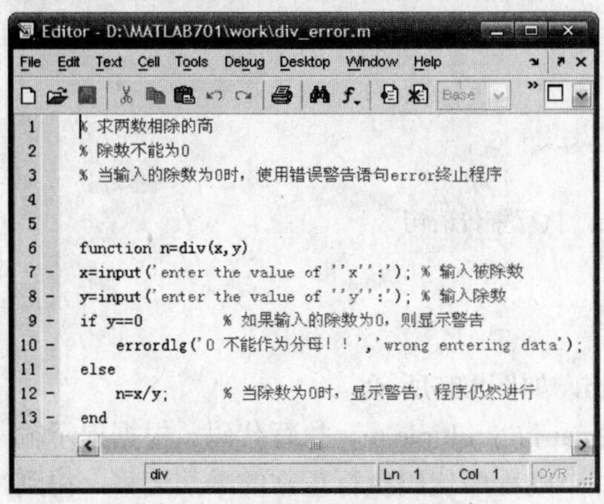

图8.33　保存函数文件div_error.m

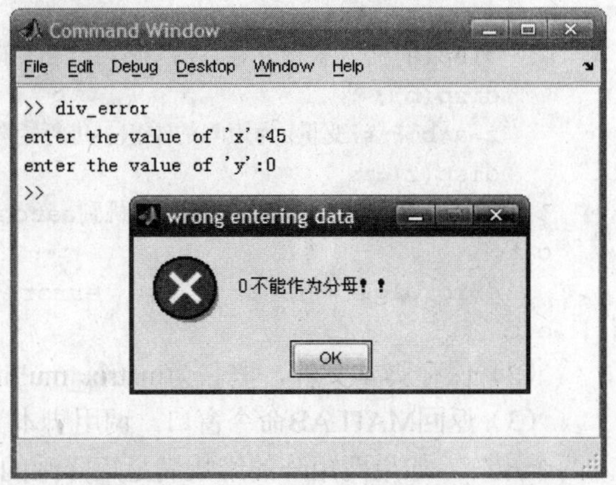

图8.34　MATLAB弹出的错误警告对话框

8.3.6　try-catch纠错模块语句

读者理解了error语句的使用方法后，对于功能类似的try-catch语句的理解，就会感到十分轻松。try-catch语句允许用户对一个程序中的错误进行操作，用户可以使用此语句判断程序的某处代码是否确实有错误。try-catch语句的调用格式和功能如下。

```
try                  % try模块
   statement
   .......
   statement
catch                %catch模块
```

```
    statement
    ……
    statement
end
```

try-catch模块语句分为try模块和catch模块，分别是由try和catch开头的一系列表达式组成。try-catch语句的执行顺序为：如果try模块中的表达式没有错误，则MATLAB顺序执行try模块的所有表达式，并在完成后结束程序；如果try模块中的表达式有错误，则一旦碰到错误语句，MATLAB立即跳到catch模块，执行catch模块中相对应的表达式，对错误进行某种回应。下面举例说明其用法。

【例20】编写程序，实现对用户输入的两矩阵的乘法运算，如果输入的矩阵不满足乘法运算规则，则报错。

（1）打开M-文件编辑器，新建一个脚本文件，编写代码如下。

```
% 两矩阵相乘运算
% 用户输入两个矩阵
a=input('enter the first matrix:');
b=input('enter the second matrix:');

% 如果try模块没有错误，则进行正常的矩阵乘法运算，并输出结果
try
    disp(a);    % 显示输入的矩阵，让用户确定
    disp(b);
    z=a*b;  % 变量z为矩阵的乘积，进行矩阵乘运算
    disp(z);
% 如果try模块中有错误表达式，则跳到catch语句，执行警告语句
catch
    errordlg('#错误矩阵运算#','error');
end
```

（2）保存脚本文件，取名为matrix_multiple.m，如图8.35所示。

（3）返回MATLAB命令窗口，调用脚本文件matrix_multiple.m，执行代码。根据提示输入两个矩阵，如果两矩阵的维数满足矩阵乘的条件，则程序代码执行正常的乘法运算，得到结果z=a*b，代码如下所示。

```
>> matrix_multiple
enter the first matrix:[1 2 3;4 5 6]
enter the second matrix:[1 2;2 3;3 4]
     1     2     3
     4     5     6
     1     2
     2     3
     3     4
    14    20
    32    47
```

如果两个矩阵的维数不满足矩阵乘的条件，则程序代码正常执行完成disp(b)后，在执行z=a*b时出现错误，于是MATLAB立即跳出try模块，执行catch模块的errordlg语句，系统终止

程序，并弹出错误警告对话框，如图8.36所示。

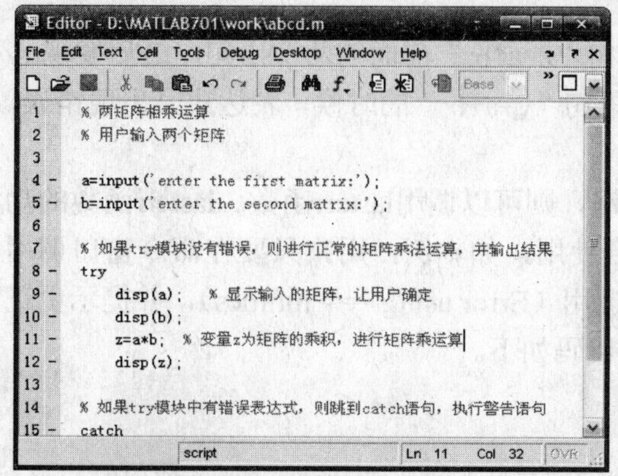

图8.35　保存脚本文件matrix_multiple.m

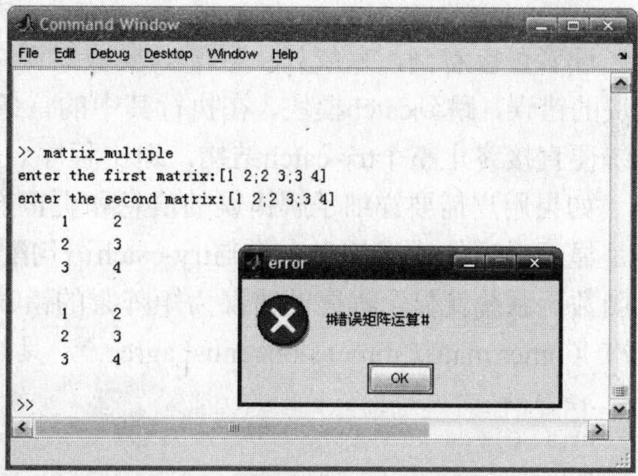

图8.36　MATLAB弹出错误警告对话框

如果在try模块语句出现错误，执行catch模块语句时又出现错误，系统会终止程序的执行，并报错。在上例程序的基础上，如果在errordlg前添加代码对程序进行修改，则可能出现以上的情况，修改后的代码如下。

```
% 两矩阵相乘运算
% 用户输入两个矩阵
a=input('enter the first matrix:');
b=input('enter the second matrix:');
% 如果try模块没有错误，则进行正常的矩阵乘法运算，并输出结果
try
   disp(a);   % 显示输入的矩阵，让用户确定
   disp(b);
   z=a*b;  % 变量z为矩阵的乘积，进行矩阵乘运算
   disp(z);
% 如果try模块中有错误表达式，则跳到catch语句，执行警告语句
catch
   v=a+b;          % 在catch模块添加了两行代码，用来计算两矩阵的加和
   disp(v);          % 变量v代表两矩阵的加和
   errordlg('#错误矩阵运算#','error');
end
```

把修改后的程序代码另存为名为double_error.m的脚本文件，返回MATLAB命令窗口，调用此脚本文件，根据提示输入两个矩阵，如果输入的矩阵维数不但不满足乘法运算的要求，也不满足加法运算的要求，那么不但try模块出现错误，catch模块的语句也将出现错误，系统在执行到catch模块中的“v=a+b;”表达式时，终止程序的执行，并报错，显示代码如下。

```
enter the first matrix:[1 2 3;4 5 6]
enter the second matrix:[1;2]
     1     2     3
     4     5     6
     1
     2
??? Error using ==> plus
Matrix dimensions must agree.
```

```
Error in ==> matrix_multiple at 16
   y=a+b;
```

读者可以看到，系统只执行了try模块错误语句“z=a*b;”前面的两个语句，之后发现try模块的错误，跳到catch模块，在执行其中的首条语句“v=a+b;”的时候，表达式又出现错误，系统便直接终止整个try-catch结构，退出程序。

如果用户需要详细了解错误的信息和更正方法，则可以调用lasterr函数。lasterr函数的功能是显示最后的错误信息，常与try-catch语句配合使用，如本例，用户只要在命令窗口调用此函数，系统就显示程序的错误为矩阵乘的错误调用（Error using ==> mtimes），并提示更正标准（Inner matrix dimensions must agree.），具体代码如下。

```
>> lasterr
ans =
Error using ==> mtimes
Inner matrix dimensions must agree.
```

8.3.7 pause暂停语句

用户在进行程序设计的时候，往往需要在程序执行的过程中，暂停或者终止程序的运行。pause语句就是常用的可以实现这项功能的语句之一。pause语句执行时，系统暂停执行，等待用户按任意键继续执行。pause语句常用于程序的调试过程中和用户需要查看程序执行的中间结果的时候。

pause语句的调用格式和功能如下。

- pause：暂停程序的执行，等待用户按任意键继续。
- pause(n)：暂停程序的执行，n秒后继续执行（n可以是分数）。
- pause on：使后续的pause或者pause(n)指令予以执行。
- pause off：使后续的pause或者pause(n)指令不予以执行。

下面举例说明pasuse语句的使用方法。

【例21】编写一个函数文件，分别绘制3个曲线图形，使用pause语句使程序暂停演示。

（1）打开M-文件编辑器，新建一个函数文件，编写代码如下。

```
% 函数power3分别绘制3个自变量次数不同的函数幂的曲线
% 调用不同格式的pause语句控制曲线的显示
% x为自变量；y1、y2、y3是3个函数值
% 为了便于演示，特划分3个子图区域（07/9）
function [y1,y2,y3]=power3(x)
x=0:.1:5;
y1=x.^(1/2);
subplot(1,3,1);  %划分3个子图区域，首先在第1个子图区域绘图
plot(x,y1);
pause(5)  %第1个图形绘制完成，程序暂停5秒时间，再接着运行
y2=x.^2;
subplot(1,3,2);
plot(x,y2);
pause % 程序再次暂停，等待用户指令，直到用户按任意键继续执行
y3=x.^3;
```

```
subplot(1,3,3);
plot(x,y3);
```

（2）保存函数文件，取名为power3.m，如图8.37所示。

（3）返回MATLAB命令窗口，调用函数文件power3.m，执行代码。MATLAB首先生成一个划分了3个子图窗口的图形窗口，并执行plot(x,y1)，在第1个子图窗口绘制图形，如图8.38所示。之后，系统执行pause(5)指令，暂停运行程序，等待5秒以后继续执行下一步操作，即绘制子图2，如图8.39所示。

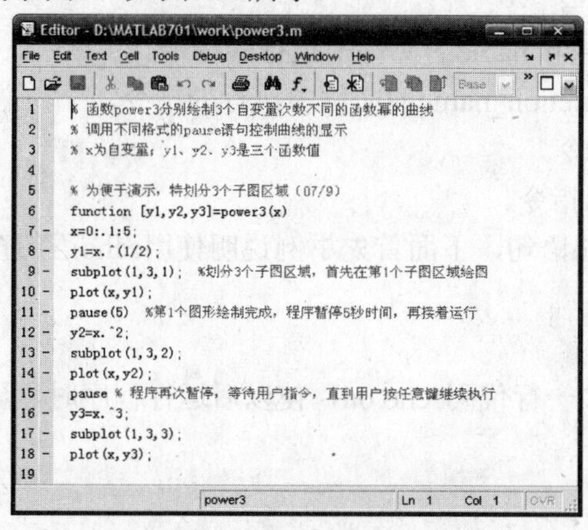

图8.37　保存函数文件power3.m

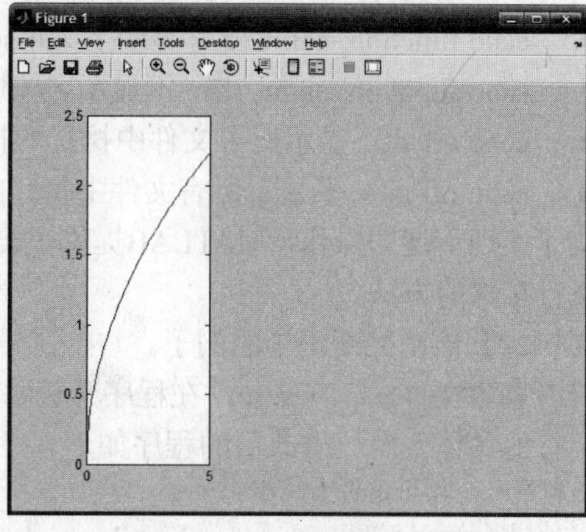

图8.38　绘制子图1（$y = x^{1/2}$）

完成子图2的绘制之后，程序再次执行pause指令，进入第2次暂停。这次的暂停需要用户按任意键，给予继续执行的指令，才能继续执行。当用户按下任意键，系统随即绘制第3个子图，如图8.40所示。

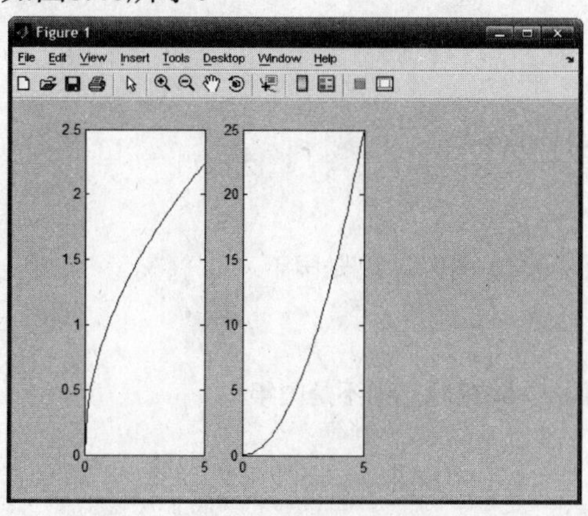

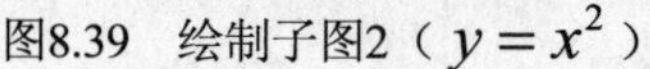
图8.39　绘制子图2（$y = x^2$）

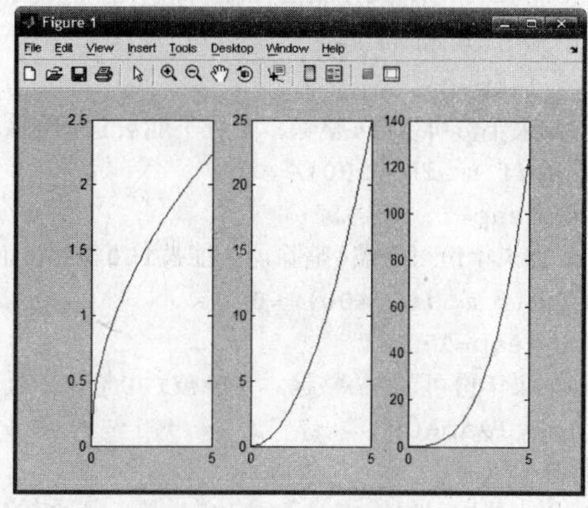

图8.40　绘制子图3（$y = x^3$）

读者应该注意到，pause语句的特殊特点使其在程序调试中有着强大的功能，用户可以在程序中随意地设置若干pause语句的位置，来逐步检验程序各段的正确性。

8.3.8　echo指令查询语句

一般来说，用户在调用M-文件，执行其中的程序代码时，在命令窗口是看不到代码执行的具体过程的，有时为了便于分析、演示和讲解，用户恰恰要对具体的运行过程，甚至每一行代码进行细致地了解。

对于脚本文件和函数文件，echo语句的调用方式有一定的区别，对于脚本文件，其调用格式如下。

- echo on：显示其后所有执行文件的指令。
- echo off：不显示其后所有执行文件的指令。
- echo：在上两种方式之间切换，变换显示状态。

而对于函数文件，echo语句的调用格式如下。

- echo function_name on：显示名为function_name的文件中执行的指令。
- echo function_name off：不显示名为function_name的文件中执行的指令。
- echo on all：显示所有文件中执行的指令。
- echo off all：不显示所有文件中执行的指令。

为了实现上述的操作，MATLAB提供了echo语句，下面首先举例说明使用echo语句查看程序执行步骤的方法。

【例22】借用判断闰年的例子。

打开脚本文件leap_year.m，在程序开头添加一行代码echo on，使以后运行程序时，显示所有运行的具体代码。修改后的程序如下。

```
% 判断一个年份是否为闰年
% 使用多分支if语句
% 变量a为输入的年份
% leap变量为1,则输入的年份为闰年；leap变量为0，则不是闰年
echo on  % 添加的echo语句
a=input('enter the year:');
 % 如果年份不能被4整除，则不是闰年
if mod(a,4)~=0
   leap=0;
% 如果年份可以被4整除，而且不能被100整除，则是闰年
elseif mod(a,100)~=0
   leap=1;
 % 如果年份可以被4整除，并能被100整除，而且能被400整除，则是闰年
elseif mod(a,400)==0
   leap=1;
% 如果年份可以被4整除，并能被100整除，且不能被400整除，则不是闰年
else leap=0;
end
% 以上代码已经完成对于闰年的判断，下面输出结果
% 是否闰年取决于leap的取值
if leap==1
   disp('leap year');
else
   disp('not leap year');
end
```

（2）保存脚本文件，取名为add_echo.m，如图8.41所示。

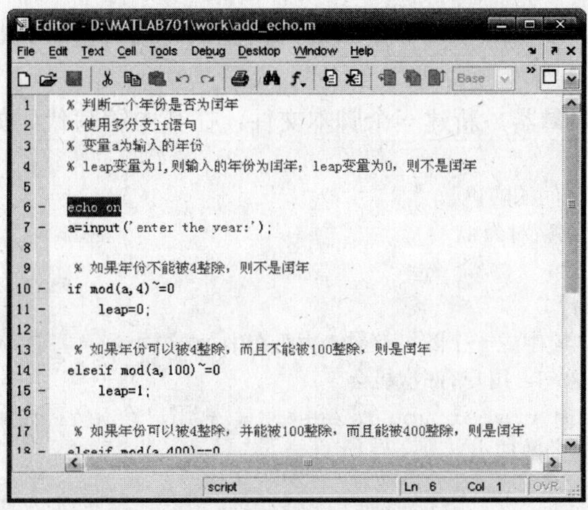

图8.41　保存修改后的脚本文件add_echo.m

（3）按F5键运行程序（与返回MATLAB命令窗口后输入文件名来调用文件的功能一样），根据提示输入年份，按Enter键后，屏幕显示所有系统执行的代码行，如下所示。

```
>> add_echo
echo on
a=input('enter the year:');
enter the year:1994
 % 如果年份不能被4整除，则不是闰年
if mod(a,4)~=0
   leap=0;
end
% 以上代码已经完成了对于闰年的判断，下面输出结果
% 是否闰年取决于leap的取值
if leap==1
else
   disp('not leap year');
not leap year
```

读者可以把实际运行的代码和编写的所有代码进行比较，可以发现，由于输入的参数（年份）不同，使得满足的条件也不一样。if语句只选择执行满足条件的分支，所以有些代码行是不被系统运行的。

8.3.9　input输入控制语句

在前面举例介绍MATLAB程序结构和控制语句时，已经用到了input用户输入语句。Input语句的主要作用是提示用户在程序运行过程中给运算输入参数（包括数据、字符串和表达式），并使系统接收所输入的值。input语句的调用格式和具体功能如下。

- variable=input('prompt')：在屏幕上显示提示信息prompt，等待用户输入，并把用户输入的值赋给变量variable。
- variable=input('prompt','s')：返回字符串作为文本变量，而不是给变量赋一个名称或者数值。

下面举一个猜数游戏的例子，说明input语句的用法。

【例23】猜数游戏，随机产生一个0~10之间的整数，用户有5次机会，猜错则给出提示，猜对则退出程序。

（1）打开M-文件编辑器，新建一个脚本文件，在其中编写代码如下。

```
% 猜数游戏
% 随机产生一个0~10之间的随机数
% 用户可以猜5次，直到猜对为止
%开始游戏
disp('Game start!')
x=fix(10*rand);  % 生成一个随机整数，大小在0~10之间
for n=1:5  % 循环语句，用户有5次机会
a=input('enter the number you guess:'); % 用户输入所猜数字
  if a<x     % 所猜的数偏小
    disp('lower');
  elseif a>x % 所猜的数偏大
    disp('higher');
  else disp('you are right!'); %猜中
    return  %退出
  end
end
```

（2）保存脚本文件，取名为guess.m，如图8.42所示。

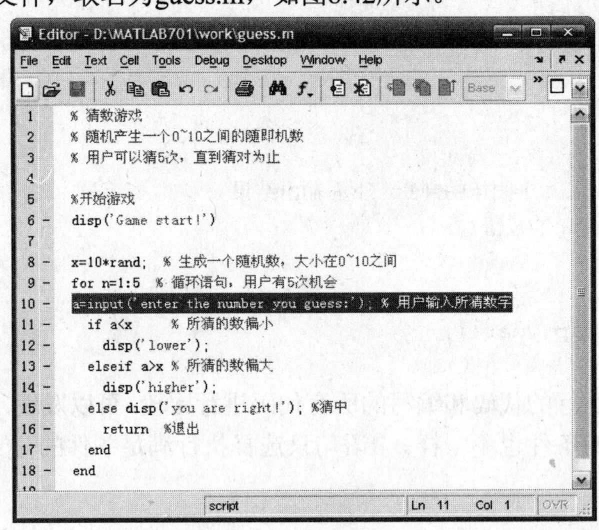

图8.42　保存脚本文件guess.m

（3）返回MATLAB命令窗口，输入guess，调用脚本文件。根据提示，用户有5次机会输入所猜数字，结果是第4次猜中，随机数为3，则系统显示“您是正确的”，并且退出程序。

```
>> guess
Game start!
enter the number you guess:2
lower
enter the number you guess:8
higher
enter the number you guess:5
```

```
higher
enter the number you guess:4
you are right!
```

在此例中，用户在5次机会内，不断使用input语句给变量a赋新值，比较a和x，并输出比较结果。

8.3.10　Keyboard键盘控制语句

MATLAB中的keyboard语句常用于程序调试和运行中的变量修改。在程序中使用keyboard语句，当系统执行此语句时，将停止文件的执行，显示提示符“K>>”，并把控制权交给键盘，等待用户的输入，显示如下。

```
K>>
```

当用户输入return指令，并按Enter键后，将控制权交回给程序，程序继续运行，显示如下。

```
K>> return
>>
```

下面举例说明keyboard语句的用法。

【例24】使用keyboard语句修改调试前面的函数文件div_error.m。

（1）打开M-文件编辑器，打开div_error.m函数文件，在其中添加keyboard语句，并修改部分代码，具体代码如下。

```
% 求两数相除的商
% 除数不能为0
% 当输入的除数为0时，使用错误警告语句error终止程序
% function n=div(x,y)      函数声明行前添加%，使函数文件变成脚本文件
x=input('enter the value of ''x'':'); % 输入被除数
y=input('enter the value of ''y'':'); % 输入除数
 if y==0          % 如果输入的除数为0，则显示警告
   errordlg('0 不能作为分母!! ','wrong entering data');
keyboard           %把控制权交给键盘
   n=x/y;          %修改y值后，进行求商运算
 else
   n=x/y;      % 当除数为0时，显示警告，程序仍然进行
 end
disp(n);
```

（2）保存脚本文件，取名为div_keyboard.m，如图8.43所示。

（3）返回MATLAB命令窗口，调用div_keyboard.m，执行代码，用户根据提示输入被除数x和除数y的值，进行运算。如果y不为0，则运算正常进行，程序不选择包含keyboard语句的分支，如下代码所示。

```
enter the value of 'x':2
enter the value of 'y':1.3
   1.5385
```

如果y==0，那么，当代码执行到if语句时，系统弹出报错对话框，如图8.44所示。

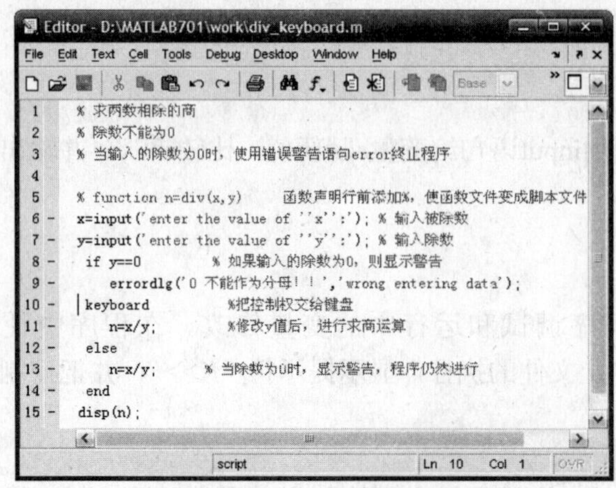

图8.43 保存脚本文件div_keyboard.m

图8.44 MATLAB弹出错误警告对话框

系统继续执行keyboard语句，并如上面介绍的一样，出现屏幕显示提示符“K>>”。这时，用户应该意识到，除数y不能为0，而刚才输入的值有误，所以用户可以直接在“>>”符后，给除数y再次赋值，然后输入return，程序继续进行，执行keyboard语句后的n=x/y语句，计算n的值，如下所示。

```
enter the value of 'x':3
enter the value of 'y':0
K>> y=2.5;
K>> return
1.2000
```

读者需要注意，keyboard语句和return语句往往是配合使用的；keyboard语句与input语句功能较为类似，不同的是，input语句只允许输入变量的值，而keyboard语句允许用户输入多行MATLAB指令。

8.4 关系运算符和逻辑运算符

读者如果有C或者FORTRAN语言的编程经验，那么对于关系和逻辑运算便不会陌生，这两种运算主要是为用户解决程序设计中的“真”、“假”问题。

MATLAB不但提供给用户比较齐全的算数运算符号，作为高级语言之一，同样也支持关系运算和逻辑运算，并且经常在程序中涉及这两种运算。如果读者仔细阅读本章前面的内容，就很容易发现，在M-文件中编写程序代码，特别是在使用各种控制语句的时候，常需要使用这两种运算的结果（“真”或者“假”）作为控制语句的判断条件。

MATLAB中的关系和逻辑运算式，所有输入非0的数都为“逻辑真”，只有0才为“逻辑假”；而对于计算结果，即输出为一个逻辑数组（Logical Array），其中的元素，如果值为1，则表示“真”；如果值为0，则表示“假”。本节主要介绍MATLAB中常用的关系运算符和逻辑运算符，以及MATLAB中各种常用运算符的优先级顺序。

8.4.1 关系运算符

MATLAB中的关系运算符可以实现常见的关系比较，具体符号和功能如表8.3所示。

表8.3　MATLAB关系运算符

运算符	功能
<	小于
<=	小于或者等于
>	大于
>=	大于或者等于
==	等于
~=	不等于

关系运算式的一般格式如下。

x RO y

其中，RO代表关系运算符（Relation Operator），在关系运算符两边进行比较的x和y可以是变量、字符串或者表达式等不同类型的数据，如果表达式正确（True），即x和y之间的关系为RO所描述的关系，则输出结果为“真”，表达式返回数值1；如果表达式不正确（False），即x和y之间的关系不是RO所描述的关系，则输出结果为“假”，表达式返回数值0。

MATLAB的关系运算，一般有3种情况，分别为标量与标量、数组与数组和标量与数组。

1. 标量与标量

对于这种运算方式，由于符合思维的一般定式，所以比较好理解。比如对数字1与3或者字符a和z进行关系运算。

```
>> 1<=3
ans =
    1
>> 'a'=='z'
ans =
    0
```

数值1小于数值3，这个表达式是正确的，所以关系运算返回值为“真”，而字符a等于字符z，这个表达式显然是不正确的，所以关系运算返回值为“假”。

2. 数组与数组

在MATLAB中，同维的数组可以进行关系运算，运算原则是把对应的元素逐个进行运算，并使返回的元素组成一个与原来数组同维的逻辑数组，即所有元素为非1即0的数组。

```
>> a=[1,2,3;4,5,6;7,8,9]
a =
    1     2     3
    4     5     6
    7     8     9
>> a'
ans =
    1     4     7
    2     5     8
    3     6     9
>> a==a'
```

```
ans =
     1     0     0
     0     1     0
     0     0     1
```

以上代码分别生成矩阵a和其转置矩阵a'，并对两者进行关系运算，关系表达式为“两者相等”。系统分别比较对应的每个元素，得到的结果是一个对角线元素为1，其余元素为0的逻辑矩阵，这说明原矩阵a和a'相等，只对于对角线上的元素为“真”；而其余元素为假，即不相等。

读者要注意的是，非同维的数组之间不能进行关系运算，否则系统会报错。如下代码，2阶和3阶的单位矩阵进行关系运算时，系统将报错“数组（进行关系运算的）必须同维”。

```
>> a=ones(2)
a =
     1     1
     1     1
>> b=ones(3)
b =
     1     1     1
     1     1     1
     1     1     1
>> a==b
??? Error using ==> eq
Matrix dimensions must agree.
```

3. 数组和标量

当数组和标量进行关系运算时，MATLAB逐个将数组的元素与标量进行运算；或者可以理解成系统首先将标量扩展为与数组同大小的数组，添加的元素全部为原标量，然后再按照矩阵之间的关系运算原则进行运算。

```
>> x='matlab'
x =
matlab
>> y='m'
y =
m
>> x==y
ans =
     1     0     0     0     0     0
>> x<=y
ans =
     1     1     0     1     1     1
```

从上面的程序代码可以看出，字符串x为1×6的字符数组，而y为一个字符标量。当x和y进行第1个关系运算时，y分别与x的6个字符元素进行运算，可见y只和x的第1个元素相等，所以返回的1×6的逻辑数组中只有第1个元素为0。

在第2个关系运算中，除了字符t不“小于或等于”字符m外（字符的大小取决于对应的ASCII值），其余元素与字符m的“小于或等于”关系运算都为“真”，所以返回的值都是1。

关系运算还可以与算数运算混合使用，如下代码，m为一数列，在混合运算式中，首先进行（m>5）的关系运算，然后把返回的逻辑数组进行“加2”的算数运算，得到标量n的值。

```
>> m=1:10
m =
    1    2    3    4    5    6    7    8    9   10
>> n=2+(m>5)
n =
    2    2    2    2    2    3    3    3    3    3
```

读者需要注意的是，关系运算符的优先级低与算数运算符，所以上面的混合表达式必须加括号，否则表达的意义将完全不同，结果显然也将不一样，读者可以自行验证。

下面再举一个混合运算的例子，帮助读者理解关系运算的重要作用。使用MATLAB或者其他工程计算软件的读者，经常会碰到算数运算中除数为0的情况，特别是在程序设计中，除数为0往往影响程序的执行与效率。针对这一问题，使用MATLAB的关系运算符，可以很方便地解决。

如有一数列为Q，读者可能不太清楚Q中是否会有等于0的元素，却要面临所有Q中元素都可能作为除数的情况。那么，读者可以使用如下混合运算式进行转换，从而避免这种情况。

```
Q=Q+(Q==0)*eps
```

【例25】Q=－3:3，计算$\frac{\sin Q}{Q}$，并使用关系运算符号，避免系统发生除数为0的错误。

（1）MATLAB虽然可以进行除数为0的算数运算，但是却要给出警告信息，并返回结果为NaN（Not a Number），代码如下。

```
>> Q=-3:3
Q =
   -3   -2   -1    0    1    2    3
>> sin(Q)./Q
Warning: Divide by zero.
ans =
  Columns 1 through 6
    0.0470    0.4546    0.8415       NaN    0.8415    0.4546
  Column 7
    0.0470
```

（2）使用上面介绍的方法对变量Q中的元素进行处理，即非0元素不变，元素0则变成eps（值约为2^{-52}）。

```
>> Q=Q+(Q==0)*eps
Q =
  Columns 1 through 6
   -3.0000   -2.0000   -1.0000    0.0000    1.0000    2.0000
  Column 7
    3.0000
>> sin(Q)./Q
ans =
  Columns 1 through 6
    0.0470    0.4546    0.8415    1.0000    0.8415    0.4546
  Column 7
```

```
0.0470
```

读者可以看到，运算结果数组中的第4个元素不再是NaN，而变成了1，这与$\frac{\sin Q}{Q}$的极限值是相等的，说明问题已解决。

在MATLAB中，读者一定要分清赋值符号“=”和关系运算符“==”，并注意区别。由于赋值号与日常使用的等号“=”形式上是一样的，所以粗心的用户往往会混淆，在程序设计中应注意避免在这方面犯错而导致程序不能运行。

8.4.2 逻辑运算符

MATLAB中的逻辑运算，包括我们常见的“与、或、非、异或”运算。逻辑运算的表现方式有3种，分别是元素方式（Element-wise）、比特方式（Bit-wise）以及短路方式（Short-Circuit）。下面分别介绍3种方式的逻辑运算符。

1. 元素式逻辑运算符

元素式逻辑运算符，只接受逻辑类型的变量输入，一般是对于标量进行操作，具体的运算符和功能如表8.4所示。

表8.4 MATLAB元素式逻辑运算符

运算符	功能
&	与
|	或
~	非
xor	异或

下面举例说明以上运算符号的功能和用法。

【例26】元素式运算符的使用示例。

（1）分别生成逻辑数组x和y，代码如下。

```
>> x=[1 0 1 0 1];
>> y=[1 1 1 0 0];
```

（2）对两个逻辑数组进行元素式的逻辑与运算，代码如下。

```
>> x&y
ans =
    1    0    1    0    0
```

可以看出，只有在进行运算的元素都为1时，返回的运算结果才为1，否则都返回0。

（3）对两个逻辑数组进行元素式的逻辑或运算，代码如下。

```
>> x|y
ans =
    1    1    1    0    1
```

可以看出，只要进行运算的元素有一个为1，则返回的运算结果就为1；只有运算的元素都为0，结果才返回0。

（4）对两逻辑数组分别进行元素式的逻辑非运算，代码如下。

```
>> ~x
ans =
```

```
    0    1    0    1    0
>> ~y
ans =
    0    0    0    1    1
```

以上代码与前面两种运算有所区别，逻辑非运算并不是二元运算符，其对于逻辑数取反，使“真”和“假”互换。

（5）对两逻辑数组进行元素式的逻辑异或运算，代码如下。

```
>> xor(x,y)
ans =
    0    1    0    0    1
```

逻辑异或运算比较两个元素，如果相同，则返回0，如果不同则返回结果1。

从上面的代码可以看出，元素式逻辑运算较为简单，易于理解。元素式逻辑运算符“与”、“或”、“非”都有其相对应的函数，分别为and、or、not。如上面对于x和y的逻辑或操作，可以调用函数or，得到的结果一样，代码如下。

```
>> or(x,y)
ans =
    1    1    1    0    1
```

2. 比特式逻辑运算符

比特式逻辑运算是对运算数的每一个比特位进行逻辑运算，其具体运算符和功能如表8.5所示。

表8.5　MATLAB比特式逻辑运算符

运算符	功能
bitand	位与
bitor	位或
bitcmp	补码
bitxor	位异或

比特式逻辑运算先按照元素式逻辑运算规则对十进制的数值进行操作，再把得到的二进制逻辑数值转换为十进制数值。

【例27】仍以【例26】中的x与y为例，介绍比特式逻辑运算的功能和使用方法。

（1）x和y对应的十进制数分别为21和28。

```
>> strX=bin2dec('10101')
strX =
    21
>> strY=bin2dec('11100')
strY =
    28
```

（2）对strX和strY进行比特式逻辑位与运算，代码如下。

```
>> bitor(strX,strY)
ans =
    29
```

读者可以把以上运算理解为以下分步操作。

（1）把x和y按照元素式逻辑运算规则进行操作，得到结果如下。

```
>> x|y
ans =
   1   1   1   0   1
```

（2）把结果转换为十进制数值。

```
>> str='11101'
str =
11101
>> bin2dec(str)
ans =
29
```

从以上代码可以看出元素式和比特式逻辑运算的联系和区别，由于用法类似，其余比特式逻辑运算符请读者自行验证其功能。

3. 短路式运算符

短路式运算符是MATLAB 7.0新增加的运算符。其功能与元素式运算符类似，返回结果也相同，如表8.6所示。

表8.6 MATLAB短路式逻辑运算符

运算符	功能
&&	逻辑与
||	逻辑或

短路式运算符之所以这样取名，是因为其提供了避绕式的操作，即如果符号左边的数值可以确定返回结果，那么系统不考虑符号右边的数值，只有在左边的数值不能确定结果的情况下，才继续对右边的数值进行操作。

【例28】短路运算符示例。

```
>> p==0;
>> p~=0&1/p
Warning: Divide by zero.
ans =
     0
>> p~=0&&1/p
ans =
     0
```

以上代码分别使用了元素式逻辑与运算符号“&”和短路式逻辑与运算符号“&&”进行运算，得到的结果数值一样，但是在使用前者的时候，出现系统警告：除数为0；而使用符号“&&”时，系统在判断符号左边表达式“p~=0”的时候，就已经得到了结果为“假”，数值为0，对于逻辑与运算，只要有运算数值为0，则结果为0，即不需要考虑右边的“1/p”，所以系统不执行0作为除数的操作，自然也就没有警告出现。

8.4.3 运算符的优先级

本书在前面的章节中介绍了MATLAB的算数运算，本章又进一步总结了关系和逻辑运算。对于不同的运算，优先级是个很重要的问题，读者在程序设计中经常会碰到类似的问题。搞清不同种类运算符的优先级顺序，可以帮助读者更好地理解MATLAB的程序结构和执行规则。

MATLAB在执行包含算数、关系及逻辑运算符的运算时，遵循的原则是：按照优先级从高到低，同级的从左到右的顺序执行。这与一般的运算法则是类似的，下面，列出常用的MATLAB运算符的优先级顺序，从上到下的优先级依次是从高到低，如图8.7所示。

表8.7　MATLAB中常用运算符号的优先级

优先级	运算符
高	括号（）
↓	转秩（.'），幂（.^），复共轭转秩（'），矩阵幂（^）
↓	一元正号（+），一元负号（-），逻辑非（~）
↓	元素点乘（.*），元素右除（./），元素左除（.\），矩阵乘（*），矩阵右除（/），矩阵左除（\）
↓	加法（+），减法（-）
↓	冒号（:）
↓	关系运算符：小于（<），小于等于（<=），大于（>），大于等于（>=），等于（==），不等于（~=）
↓	逻辑与（&）
↓	逻辑或（|）
↓	短路逻辑与（&&）
↓	短路逻辑或（||）
低	

【例29】MATLAB运算符优先级示例。

```
>> z=[1 1 1;2 2 2;3 3 3]
z =
     1     1     1
     2     2     2
     3     3     3
```

计算表达式“~z./3+2*z”的值。分析优先级可以发现，系统执行运算的顺序如下。

（1）对z的逻辑非“~”操作。

```
>> ~z
ans =
     0     0     0
     0     0     0
     0     0     0
```

（2）执行点除“./”和乘法“*”运算。

```
>> (~z)./3
ans =
     0     0     0
     0     0     0
     0     0     0
>> 2*z
ans =
     2     2     2
     4     4     4
     6     6     6
```

（3）执行加法“+”运算。

```
>> ((~z)./3)+(2*z)
ans =
     2     2     2
     4     4     4
     6     6     6
```

与一般程序语言一样，MATLAB中的括号在所有运算符中优先级别最高。建议读者养成使用括号的习惯，特别是在大型程序中，使用括号不但可以使代码的层次结构清楚，还可以减少由于疏忽造成的错误。

8.5　变量

本书的第2章曾用一节的篇幅简要介绍了MATLAB中变量（variables）的命名规则、MATLAB中的特殊变量和关键字。由于变量是MATLAB中的重要概念，且与M-文件的编写和程序的执行有着密切的联系，所以本节还要进一步介绍变量的分类，各种变量的区别及使用、变量的检测传递以及变长度函数。

8.5.1　变量的分类

MATLAB中的变量可分为3类，分别为局部变量（Local Variables）、全局变量（Global Variables）和永久变量（Persistent Variables）。

1. *局部变量*

在MATLAB中，每一个函数有其独立的局部变量，这些临时定义的变量不被加载到MATLAB的工作空间中，与其他函数或是MATLAB基本工作空间中的变量互不影响（除嵌套函数之外）。除非特别定义了全局变量或者永久变量，否则当函数结束调用时，所有局部变量将随之被擦除。

脚本文件没有独立的工作空间，它与其调用系统共用一个工作空间。当在MATLAB的命令窗口调用脚本文件时，二者共用MATLAB的基本工作空间；而当在函数中调用时，则使用函数空间存储变量。所以当脚本文件使用空间中已存在的变量时，将改变变量的值。

2. *全局变量*

用户有时需要定义全局变量来减少数据传递的次数，全局变量是通过global指令来定义的，格式如下：

global VAR1 VAR2;

一旦用户定义了全局变量，则MATLAB允许函数临时空间和基本工作空间共同使用所定义的变量，但是需要使用此变量的空间在使用时，必须对于具体变量进行专门定义，而没有采用global定义的函数或者空间不能使用全局变量。只要有一个与之相联系的函数或者空间存在，则全局变量会存在。

如果由于某函数使用了全局变量而使其值发生了变化，则其余函数和基本工作空间内的同名变量也要随之发生变化。

通常习惯于用大写的变量名来表示全局变量，并在函数体的开头位置进行定义。下面举例说明全局变量的用法。

【例30】全局变量的特性实例。

（1）打开M-文件编辑器，建立一个脚本文件，取名为“script_variable.m”，在其中定义全局变量并保存。具体代码如下。

```
% 脚本 局部变量 演示
global X
disp(X);
```

（2）同样建立函数文件“function_variable.m”并保存。代码如下。

```
function X
% 函数 全局变量
global X
disp(X);
```

（3）返回MATLAB命令窗口，在其中定义全局变量并赋值，代码如下。

```
>> global X
>> X=2008;
```

此时，脚本文件和函数文件中的全局变量的值也都变成了2008。

（4）验证脚本文件和函数文件中全局变量X的值。在命令窗口分别输入脚本名和函数名调用两文件，显示如下。

```
>> scripts_variable
     2008
>> function_variable
     2008
```

（5）在函数文件中再次修改X的值，如图8.45所示。

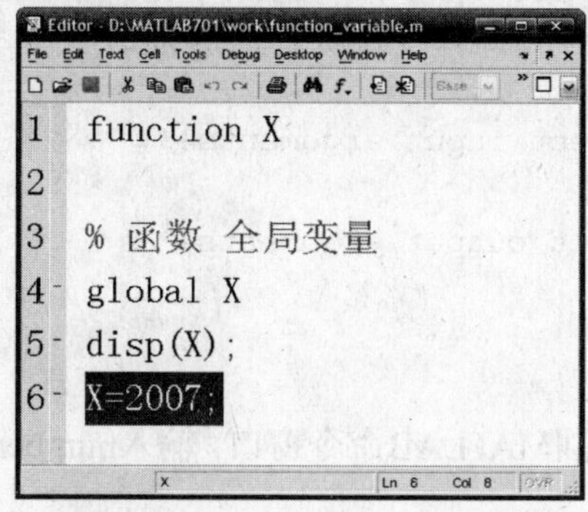

图8.45　在函数文件中修改x的值

（6）验证函数空间中修改变量值对其他空间X值的影响。调用脚本文件，并在命令窗口中调用X的值，显示如下。

```
>> scripts_variable
     2007
>> X
X =
     2007
```

由于全局变量的值又在函数文件中被修改，则MATLAB基本工作空间和脚本文件中的X值也将改变。

3. 永久变量

除了通过全局变量共享数据外，函数式M-文件还可以通过声明一个变量persistent来对两数中重复使用和递归调用的变量的访问进行限制，使用格式如下。

persistent VAR

永久变量和全局变量用法类似，但也有区别。永久变量只在函数文件中被声明和调用，用户如需调用永久变量，必须首先声明，声明一般放置在函数的开头。

当用户退出函数的调用时，函数中定义的永久变量不被擦除，并可以保留原来的值，以传递给其他的函数。当用户使用clear内存清除指令时，或者修改了定义永久变量的函数文件，则文件中调用的所有永久变量被擦除。

8.5.2 变量检测函数

为了提高用户传递参数的效率和进一步优化程序设计的流程，MATLAB提供了多种函数，用于变量检测、传递以及变长度输入输出变量。本节首先将介绍变量检测的功能和用法。

输入、输出变量检测函数专门用于检测输入输出变量的个数，函数的调用格式和功能如下。

- nargin：在函数体内，获取实际输入变量。
- nargout：在函数体内，获取实际输出变量。
- nargin('fun')：获取函数fun中标称的输入变量个数。
- nargout('fun')：获取函数fun中标称的输出变量个数。
- inputname(n)：在函数体内，获取第n个输入变量的实际调用变量名。

【例31】变量检测函数的使用示例。

（1）在M-文件编辑器中编写函数文件number.m，假设函数文件中的程序代码如下。

```
% 输入输出变量检测函数使用示例
function [y1,y2,y3,y4]=number(x1,x2,x3,x4,x5)
if nargin~=5
   errordlg('not correct input arguments!')
elseif nargout~=4
   warning('not correct output arguments!')
else
   ...    %函数体省略
End
```

（2）保存函数文件，并返回MATLAB命令窗口，输入number(2,3,4)，得到的结果如图8.46所示。

读者可以看到，这里使用了if多分支结构，当实际的变量个数不等于5的时候，系统报错，并停止程序的运行。同样，输出变量个数不满足“等于4”的要求时，系统也会警告报错。只有输入输出变量都符合标称的个数时，系统才执行函数体部分。

（3）返回MATLAB命令窗口，输入nargout('number')，检测函数文件number.m标称的输出变量的个数，得到结果如图8.47所示。

从检测函数的功能和上例的演示可以看出，变量检测函数一般都与控制语句配合使用，根据输入输出变量个数的不同，促使函数执行不同的指令。

另外，用户不可以像对变量一样，对于以上函数进行赋值。

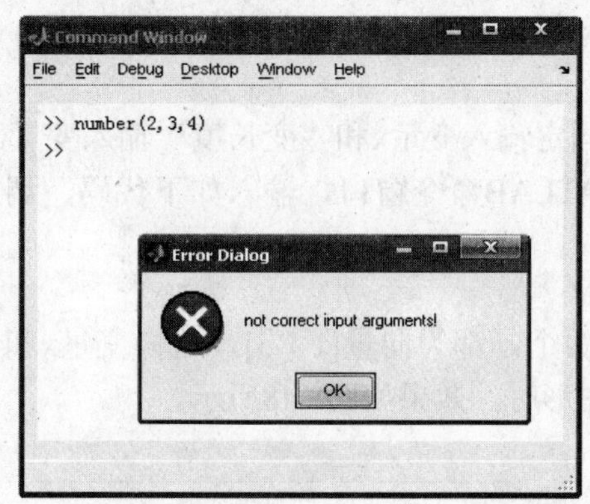

图8.46　输入变量数目不符合指定要求

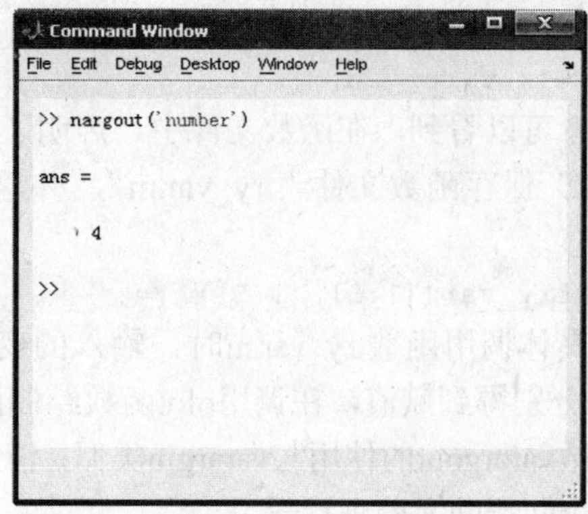

图8.47　检测函数标称的输出变量

8.5.3　“变长度”变量函数

在MATLAB中，用户会接触到一些比较特殊的函数，这些函数可以接受任意数目的输入和输出。比如二维绘图函数plot，plot函数的调用格式如下。

plot(x,y,'PropertyName1',PropertyValue1,'PropertyName2',PropertyValue2,'PropertyName3',PropertyValue3,…)

函数可以接受任意多个输入输出变量，作为“属性名和属性值”，来对绘制的图形进行精细的描绘和控制。

用户可以自行编辑与plot函数具备同样能力的函数，本节主要讲解MATLAB提供的两个函数varargin和varargout。

- varargin：“变长度”输入变量列表（Variable length input argument list）。
- varargout：“变长度”输出变量列表（Variable length output argument list）。

如果在函数中声明varargin作为最后的输入变量，则函数可以接受任意个数的输入变量，同样，如果在函数中声明varargout作为最后的输出变量，则函数可以接受任意多个变量形式的输出变量。varargin和varargout都是用户预定义的元胞数组，数组中的第n个元胞就是函数从列表出现位置起的第n个输入或输出变量。

varargin的主要的调用格式如下。

function y=func_name(varargin)

在函数中进行了以上声明的前提下，如果用户使用y=func_name(a,b,c,d)的方式调用函数，则函数包含4个元胞，varargin{1}为数组a，varargin{2}为数组b，以此类推。如果使用y=func_name(x)的方式调用函数，则函数只有一个变量，即元胞数组varargin的“长度”为1，只包含一个元胞x。

如果用户需要定义某些输出变量在调用函数的任何时候都必须出现，则可以在变量声明时，把变量置于varargin前，例如下面的代码所示，无论何时调用函数anytime_p，变量p都会作为输入参数的变量。

```
function y=anytime_p(p,varargin)
```

下面举例说明函数varargin的用法。

【例32】调用包含“变长度”输入变量的函数示例。

（1）打开M-文件编辑器，编写代码如下。

```
function try_var(x,varargin)
plot(x,varargin{:})
```

读者可以看到，在函数文件中，声明了一个固定输入变量x和“变长度”输入变量。

（2）保存函数文件“try_var.m”，并返回MATLAB命令窗口，输入如下代码，调用函数。

```
>> try_var([1:5],[1:5])
```

在具体调用函数try_var.m时，输入的变量有两个，都为向量[1：5]，这样变量x和函数varargin分别得到赋值，在调用plot函数绘制函数图形时，效果如图8.48所示。

函数varargout的使用与varargin类似，请读者自行查阅帮助文档进行学习。

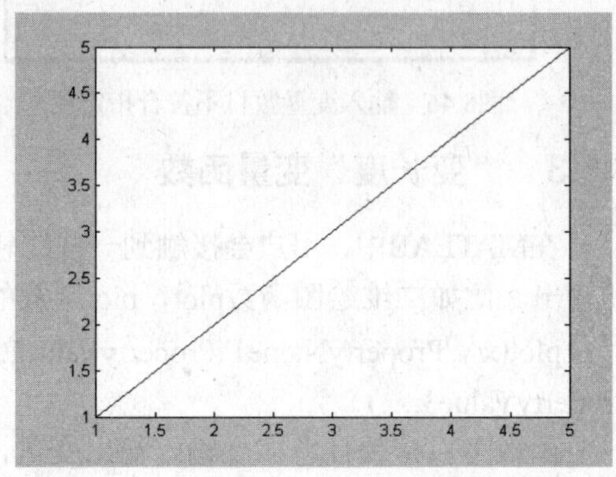

图8.48 调用try_var函数生成的图形

需要注意的是，用户在调用M-文件函数时MATLAB规定，提供的输入、输出变量不能超过函数声明的个数，即“可少不可多”。针对这个硬性要求，MATLAB提供了两个分别对有效输入、输出变量个数进行判断的函数nargchk和nargoutchk。

在函数声明中不使用“变长度”输入、输出变量函数，即不出现varargin和varargout，则可以确定函数的输入、输出变量的个数，在这种情况下，如果用户指定的变量个数不正确，系统会自动报错，用户没有必要调用判断函数。

如果用户使用了“变长度”输入、输出变量函数，那么MATLAB一般不会自动报错，因此用户最好养成调用变量个数判断函数的习惯。

8.5.4 变量的跨空间传递函数

当需要进行所处不同工作空间的函数的互相传递时，用户可以使用全局变量，也可以使用函数的输入、输出变量。针对此类问题，本小节还要介绍一种新的方法，即调用跨空间变量传递函数。

函数evalin可以让用户在非当前工作空间执行一个表达式，并把结果返回到当前工作空间，其调用格式和具体功能如下。

- evalin('workspace','expression')：跨空间计算字符串表达式值。'workspace'可以取base和caller两个值。当workspace取base值，调用eval('expression')时，从MATLAB基本工作空间获取变量值；当'workspace'取caller值，调用eval('expression')时，将从主调函数工作空间获取变量值。
- evalin('workspace','expression1','expression2')：跨空间计算替代字符串表达式值。从所在函数工作空间获取变量值，调用eval('expression1')计算原字符串表达式，如果发生错误，则再从'workspace'指定的工作空间中获取变量值，再调用eval('expression2')计算替代字符串表达式。

下面举例说明函数evalin的调用方法。

【例33】调用evalin函数进行跨空间变量赋值示例。

（1）在MATLAB基本工作空间中定义一个变量x，并给变量赋值，代码如下。

```
>> x=0:.2:2*pi;
```

（2）打开M-文件编辑器，创建函数文件，编写代码如下。

```
% evalin函数使用示例
% x1为函数空间内定义的变量
% x2为MATLAB基本工作空间中定义的变量
% 分别绘制自变量为x1、x2的正弦函数图形
% 输出变量有两个，分别是y1、y2
% 调用evalin函数，跨空间调用变量值
function [y1,y2]=try_evalin(x1)   % 定义函数的输入、输出变量
x1=0:.1:pi;  % x1是函数空间内存储的变量
y1=sin(x1);
subplot(2,1,1)   % 分两个子图
plot(x1,y1);   % 在子图1中绘制曲线
title('函数内一般绘制');
x2=evalin('base','x');  % x为MATLAB基本工作空间中存储的变量
y2=sin(x2);              %  调用evalin函数把x的值赋给x2
subplot(2,1,2)
plot(x2,y2);
title('调用evalin函数，跨空间赋值')
```

（3）保存函数文件try_evalin.m，如图8.49所示。

读者可以看到，在函数文件中，调用了evalin函数把MATLAB基本工作空间变量x的值赋给了临时函数空间中的变量x2，代码如下：

```
x2=evalin('base','x');
```

正如evalin函数调用格式中所述，'workspace'取base，表明函数从基本空间获取变量值。

（4）调用函数文件，执行程序，可见在MATLAB命令窗口返回的函数输出变量的值生成的图形如图8.50所示。

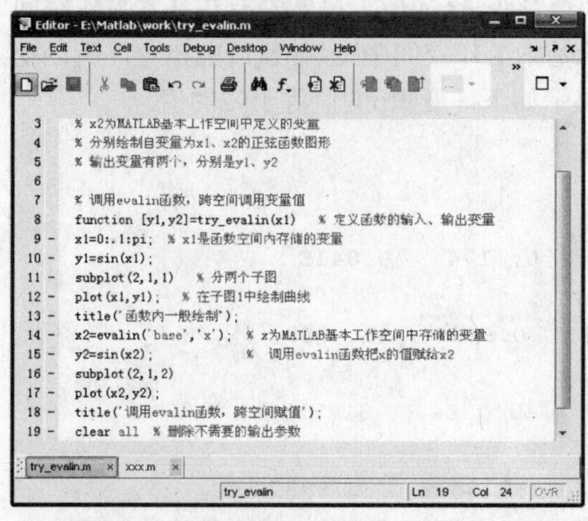

图8.49 保存try_evalin.m函数文件

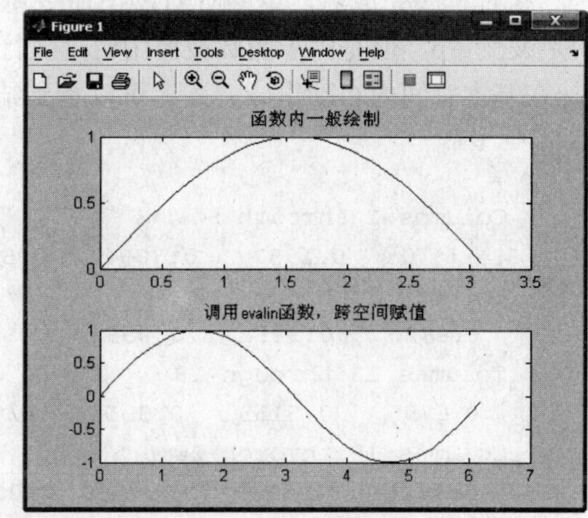

图8.50 执行程序显示的图形

说明：本例涉及了两个空间：函数空间和 MATLAB 基本工作空间。由于不同空间中变量的值不同，绘制的图形当然也就不一样。

上例介绍了调用evalin函数进行跨空间的变量赋值，除了这种变量传递方法外，MATLAB

还提供了函数assignin，用来实现跨空间变量的赋值。

函数assignin的调用格式如下：

assignin('workspace','V',m)

其功能为把当前工作空间中的变量m的值赋给'workspace'所指定空间中的变量V，'workspace'同样可以取base和caller两个值。

打开上例中的函数文件，添加一行调用assignin函数的代码，如下所示。

```
assignin('base','p',y2)
```

保存函数文件，如图8.51所示。

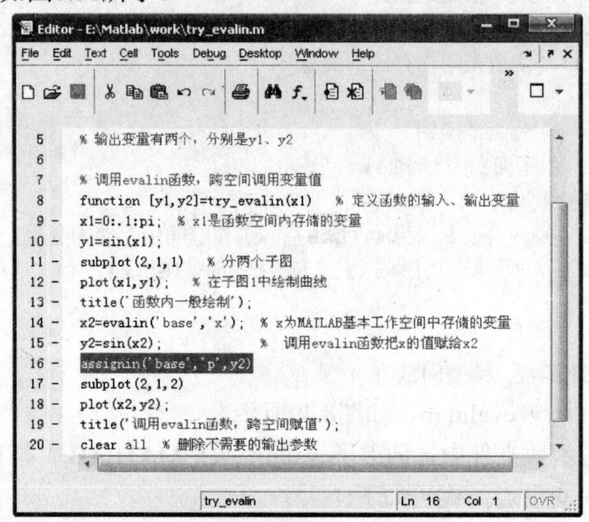

图8.51　添加跨空间赋值函数

调用assignin函数的功能是跨空间地把函数空间中的变量y2的值赋给MATLAB基本工作空间中的变量p。

执行程序完成后，返回MATLAB命令窗口。查看变量p的值。虽然没有在基本工作空间中定义变量p，但是由于函数被调用时，执行了给基本工作空间中变量p赋值的指令，所以变量p在基本空间内自动生成。读者可以看到结果显示如下，变量p的值等于y2的值。

```
>> p
p =
  Columns 1 through 6
         0    0.1987    0.3894    0.5646    0.7174    0.8415
  Columns 7 through 12
    0.9320    0.9854    0.9996    0.9738    0.9093    0.8085
  Columns 13 through 18
    0.6755    0.5155    0.3350    0.1411   -0.0584   -0.2555
  Columns 19 through 24
   -0.4425   -0.6119   -0.7568   -0.8716   -0.9516   -0.9937
  Columns 25 through 30
   -0.9962   -0.9589   -0.8835   -0.7728   -0.6313   -0.4646
  Columns 31 through 32
   -0.2794   -0.0831
```

8.6 函数

函数是MATLAB中的一个重要概念，本书前面的章节也多次涉及到函数的各方面知识。读者对于MATLAB中的函数应该不感到陌生，如果读者认真阅读了本书前面的章节，诸如clear、abs、plot等函数应该已经使读者印象深刻了。调用函数执行某种操作是用户常用的MATLAB功能，当然也已经成为了本书中读者熟知的用语。

函数的作用是使问题解决模块化，用户不需要知道内部步骤，函数只需要接受用户指定的输入、输出参数，返回结果。用户在MATLAB 7.0中创建新函数的方法有以下两种：

- 编写M-函数文件。
- 直接在MATLAB命令窗口进行指令的输入。

本节主要从MATLAB函数创建的不同方法、函数的调用方式以及函数功能的角度进一步阐述函数的概念，并介绍MATLAB中数据类型的一种：函数句柄；另外，还将介绍一种较为特殊的函数：字符串计算函数。

8.6.1 主函数与子函数

正如本节开头综述介绍的，使用M-文件编辑代码创建函数文件是创建函数的方法之一，也是用户最常用的方法，本书之前涉及的所有函数都是使用这种方法得到的。

以M-文件方式存储的函数包含主函数（primary function）、子函数（subfunction）和嵌套函数（nested function）等。本小节主要介绍主函数和子函数。

M-文件可以包含任意多个函数，主函数是指M-文件中的第一个函数。本书之前介绍的所有M-文件都只包含一个函数，即所调用的函数都是主函数。子函数是除了主函数之外的函数，一个M-文件可以有任意多个子函数，但是只能有一个主函数。

一般情况下，在MATLAB命令窗口或者其他M-文件中，只可以对主函数进行调用，而对于子函数的调用，只局限于其所在M-文件中的主函数和并列的子函数。

在M-文件中创建的子函数，需要单独声明，即一个子函数对应一个函数声明行。如果一个M-文件中有多个子函数，那么这些子函数之间不存在优先级，而都是并列关系，所以排列的前后顺序没有要求，子函数中的变量是独立的，除非特别声明为全局变量，否则不能被主函数和其他子函数所访问。用户唯一需要注意的是，一定要把主函数置于M-文件首位，否则主函数将会变成子函数。

下面举例说明主函数和子函数的使用方法。

【例34】主函数和子函数调用示例。

（1）打开M-文件编辑器，编写程序代码如下。

```
% 任意输入两数，求两数分别为底和指数的幂和
% 创建两个子函数，分别求x^y和y^x
% 主函数运用分支语句，当输入数字为0时，警告报错
function z=try_subf(x,y)  % 主函数try_subf
z1=subf1(x,y);
z2=subf2(x,y);
if (x==0)|(y==0) % 关系、逻辑运算判断,如果x、y有一个为0，则报错
error('''0''不能作为底数！')
```

```
else  % 输入的x、y值都不为0
 z=z1+z2;
end
function z1=subf1(x,y)  % 子函数1，求以x为底，y为指数的幂
z1=x^y;
function z2=subf2(x,y)  % 子函数2，求以x为底，y为指数的幂
z2=y^x;
```

（2）保存M-文件，取名为try_subf.m，如图8.52所示。

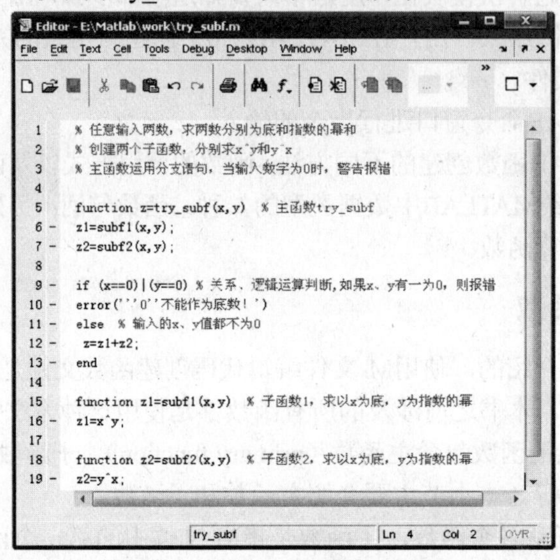

图8.52　保存M-文件try_subf.m

读者可以从代码中看到，此M-文件中包含了3个函数声明行，分别对应3个函数，即一个主函数try_subf和两个子函数subf1和subf2，其各自的功能在代码注释中已经清楚地标明。两个子函数之间不存在从属的关系，它们是平行、并列的实现各自的功能，供主函数调用。

（3）返回MATLAB命令窗口，调用M-文件，输入不同的参数，执行程序得到的结果也不同，具体代码如下。

```
>> try_subf(4,3)
ans =
   145
>> try_subf(4,0)
??? Error using ==> try_subf
'0'不能作为底数!
>> try_subf(0,0)
??? Error using ==> try_subf
'0'不能作为底数
```

注意：MATLAB 在调用 M-文件时，以文件名为依据。一般习惯的做法是，使以 M-文件存储的函数名称与所在文件名保持一致。

上例主要向读者演示了如何创建一个同时包含主函数和子函数的M-文件，读者可以结合详细的代码注释认真理解。在MATLAB的主函数中，还有两种特殊类型的函数：私用函数（private function）和重载函数（overloaded function）。

- 私用函数。私用函数是处于目录private下的函数，又称局部函数。私用函数只可以被处于private目录的父目录里的函数调用。如果用户使用help指令查看私用函数的帮助信息，则需要在函数名前添加目录名private。例如，用户要查询私用函数panorama的帮助信息，则在MATLAB命令窗口输入代码如下。

```
>> help private/panorama
```

- 重载函数。重载函数可以接受不同类型的输入变量。例如，用户需要使函数能够接受字符串和双精度浮点型两种数据类型，而又以不同的方式来进行操作，则可以使用重载函数。用户可以创建两个独立的同名函数，分别解决这两个输入变量类型不同的问题。

8.6.2　嵌套函数

本小节主要介绍的嵌套函数是M-文件函数的一种重要分支。用户在创建M-文件函数时，可以在文件中定义多个函数，这种定义可以使用子函数的方式，即多个并列的、平行的函数；另一种方式就是定义一个主函数，在主函数中再嵌套定义从属的函数，这种包含在函数中的函数，称为嵌套函数。

嵌套函数在M-文件内部定义，与一般主函数一样，其包括函数的所有基本组成部分。嵌套函数的创建格式如下。

```
function x = A(p1, p2)
...
    function y = B(p3)
    ...
    end
...
end
```

上述代码中的主函数是A，A内嵌套了函数B，函数B的声明行为function y=B(p3)。如以上代码所示，定义嵌套函数时，需要使用end指令来结束函数。除了简单的单层嵌套方式外，用户还可以在函数内部定义两种复杂的嵌套结构，分别为：多平行嵌套和多层嵌套。

多平行嵌套函数的格式如下：

```
function x = A(p1, p2)
...
    function y = B(p3)
    ...
    end
    function z = C(p4)
    ...
    end
...
end
```

函数A仍然是主函数，但是其中嵌套了两个函数B和C，并且B和C是并列的平行关系。

多层嵌套函数的格式如下：

```
function x = A(p1, p2)
```

```
...
    function y = B(p3)
    ...
        function z = C(p4)
        ...
        end
    ...
    end
...
end
```

下面举一个平行嵌套函数的例子，使读者进一步理解嵌套函数的用法。

【例35】使用嵌套函数完成【例34】中主函数的功能。

（1）打开M-文件函数try_subf.m，修改代码如下。

```
% 使用并列嵌套函数
function z=try_nest(x,y)  % 主函数try_nest
 z1=nest1(x,y);
 z2=nest2(x,y);
        function z1=nest1(x,y)  % 嵌套子函数1，求以x为底，y为指数的幂
         z1=x^y;
        end
        function z2=nest2(x,y)  % 嵌套子函数2，求以x为底，y为指数的幂
         z2=y^x;
        end
   if (x==0)|(y==0)
    error('''0''不能作为底数！')
   else
        z=z1+z2;
   end
end
```

（2）保存文件，取名为try_nest.m，如图8.53所示。

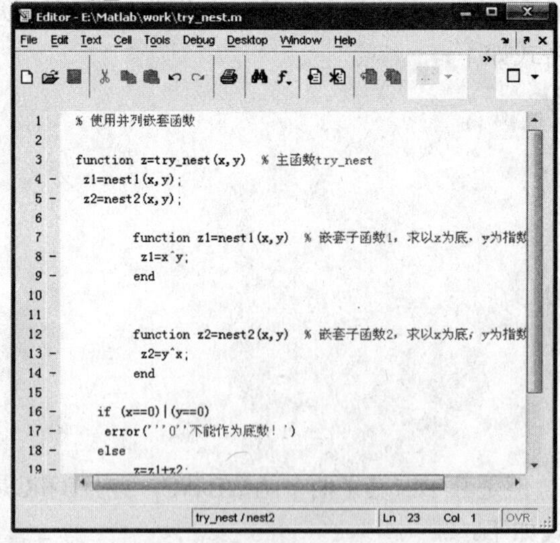

图8.53　保存函数文件try_nest.m

可以看到，在文件的主函数try_nest中，嵌套了两个并列的函数，分别为nest1和nest2。

（3）返回MATLAB命令窗口，调用M-文件，输入不同的参数，执行程序得到的结果也不同，具体代码如下。

```
>> try_nest(2,0)
??? Error using ==> try_nest
'0'不能作为底数!
>> try_nest(0,0)
??? Error using ==> try_nest
'0'不能作为底数!
>> try_nest(8,8)
ans =
33554432
```

此嵌套函数的功能与【例34】中主函数的功能相同。还可以使用多层嵌套函数实现此功能，读者可以自行尝试。

8.6.3　函数句柄

在"数据类型"一章曾介绍过，函数句柄（function handle）是MATLAB 7.0中的一种数据类型。函数句柄作为一种间接访问函数的手段，可以使用户调用函数变得简单，提高过程的效率和可靠性，避免或减少程序设计中的冗余，并在执行函数调用过程中保存相关信息。函数句柄的创建格式如下：

fun_handle=@fun_name

其中，fun_handle代表函数句柄，fun_name为函数名，符号"@"是函数句柄创建时的特殊符号。例如，给上一小节的嵌套函数创建一个函数句柄t，输入代码及得到的结果如下。

```
>> t=@try_nest
t =
@try_nest
```

在句柄t创建完成后，如用户需要调用函数try_nest，则只需要调用其句柄t，代码如下。

```
>> t(1,2)
ans =
    3
>> t(1,0)
??? Error using ==> try_nest
'0'不能作为底数!
```

从上面的代码可以看出，调用有句柄函数的时候，格式一般为：

```
fun_handle(arg1,arg2,…)
```

其中，arg代表参数，如果没有参数变量的函数生成句柄，则在句柄后添加括号，具体格式为：

fun_handle()

8.6.4 匿名函数

在MATLAB中，用户创建函数的方式之一是直接在命令窗口中输入代码，创建匿名函数。上一小节介绍了有关函数句柄的知识，这有助于读者对于匿名函数的理解。

匿名函数使用户可以创建简单的程序，避免M-文件的编写，匿名函数的生成不同于前面章节介绍的M-文件函数，它并不是以编写程序，并以M-文件的形式保存的方式创建的，而是直接在MATLAB命令窗口输入代码。匿名函数的创建格式如下。

fun_handle=@(arg1,arg2,...) expression

其中，fun_handle为创建的函数句柄，arg1、arg2为输入变量，expression为函数的主体表达式。

【例36】创建一个函数，使其具有计算数值立方的功能。

（1）由于需要创建的函数的功能十分简单，所以可以使用匿名函数。在MATLAB命令窗输入如下代码：

```
>> cube=@(x) x.^3
cube =
@(x) x.^3
```

以上代码已经创建了匿名函数，其函数体为x.^3，其句柄为cube，但是没有函数名，这也正是匿名函数得名的原因。

（2）验证函数的功能，计算数字4.3的立方值，输入代码及得到的结果如下。

```
>> cube(4.3)
ans =
   79.5070
```

从上面的代码可以看到，匿名函数的确具有计算数值立方的功能。以上例子介绍了具有一个参数的匿名函数，当输入参数为多个时，同样可以创建匿名函数。例如，创建求解两数积的匿名函数，创建代码如下。

```
>> pro=@(x,y)(x*y)
pro =
    @(x,y)(x*y)
```

调用此匿名函数求解8和8的乘积，代码如下。

```
>> pro(8,8)
ans =
64
```

如果匿名函数没有输入参数，在调用该函数时，需要在输入参数的括号中用空格代替arg，否则MATLAB不执行程序。例如，下面的匿名函数，功能为输出字符串hello，而如果没有添加空格，则不输出字符串。

```
>> show=@() disp('hello')
show =
@() disp('hello')
>> show( )
hello
>> show
show =
```

```
@() disp('hello')
```

8.6.5　字符串调用函数

字符串调用函数的调用参数为字符串，此字符串的内容可以是所有有效的MATLAB形式，如表达式、语句、指令和文件名。本小节主要介绍两个常用的字符串调用函数eval和feval。

eval函数的调用格式及具体功能如下。

- eval('string')：计算字符串的值，string可以是MATLAB的所有有效形式。
- [a1,a2,…]=eval(function(b1,b2,…))：计算参数为b1、b2…的函数function，并把结果返回给名为a1、a2…的输出变量。

举一个简单的例子，调用eval函数计算数列的正弦和正切值，并绘制图形。

```
>> clc
>> x=1:.1:3*pi;   % 生成数列变量
y=sin(x);   % 计算正弦值，并赋给变量y
subplot(2,1,1);
eval('plot(y)');
subplot(2,1,2);
eval('plot(tan(x))')
```

以上代码中两次调用了eval函数，分别绘制正弦和正切值，如图8.54所示。

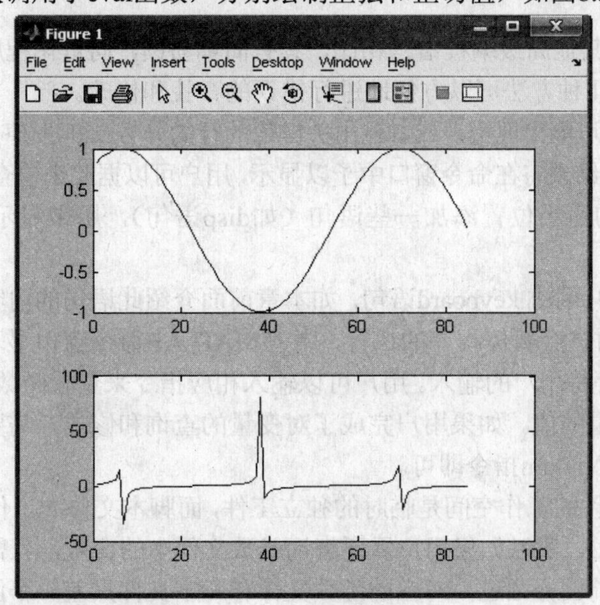

图8.54　调用eval函数绘制的图形

feval函数的调用格式及具体功能如下。

- feval(F,x1,x2,…,xn)：计算F对应参数x1，x2，…，xn的值，其中，F为函数名或函数句柄。
- [y1,y2,…,yn]=feval(F,x1,x2,…,xn)：计算F对应参数x1，x2，…，xn的值，并把结果返回给变量y1，y2，…，yn。

feval函数与eval函数的功能类似，请读者自行参考MATLAB帮助文档的相关内容。

8.7　程序的调试

用户在MATLAB中进行程序设计时，难免会出现错误和漏洞，也就是俗称的bug，在大规模、多人协作的开发环境中，此种情况更容易发生。针对这种情况，程序设计者必须对程序进行调试（Debug），以此提高程序的正确率和运行效率。

一般来说，程序中的错误可以分为两类：语法错误（Syntax Errors）和逻辑错误（Logical Errors）。常见的语法错误包括混淆变量或者函数名称、错误标点符号的运用、部分控制语句的缺少等。在MATLAB中把错误表达式或包含语法错误的函数进行编译，保存于内存时，会发现这些错误，并立即标识出这些错误的类型和所在位置（行数）。根据系统的提示，用户可以方便地修改这些错误。

逻辑错误，一般是涉及编程人员的理解、程序算法、控制语句使用偏差等方面的原因而产生的错误。此类错误不容易发现，发生运行错误时，系统会自动终止对M-文件的调用，这样就关闭了函数的工作区间，所以即使发现错误，由于错误的动态性，一些被擦除的中间变量也无从利用MATLAB工作空间进行查找更正，所以一般不便于修改。包含此类错误的复杂程序，一般需要在经验丰富的程序员指导下进行调试。本节将针对以上两种错误类型，介绍两种调试程序的方法：直接调试法和工具调试法。

8.7.1　直接调试法

MATLAB语言与其他高级编程语言相比，具有简单易读，向量化程度高的优势，对于简单的问题，使用下面几种方法可以方便地进行错误的查找和修改。

（1）将程序中最可能出现错误或者输出关键值的行的分号（;）去掉，或者改成逗号（,），这样，这些运算的中间结果将在命令窗口中予以显示，用户可以据此来检查中间结果的正确性。

（2）在程序中的适当位置添加一些语句（如disp语句），用来显示要查看的重要变量的值。

（3）在M-文件中，添加keyboard语句，如本章前面介绍此语句的内容所述，当MATLAB运行到keyboard语句时，会暂停程序的执行，并在MATLAB命令窗口显示“K>>”提示符，将控制权交给键盘，等待用户的输入。用户可以输入相应指令来查看函数工作空间内的变量，也可根据需要改变变量的值。如果用户完成了对变量的查询和修改，需要继续运行程序，则只需要在提示符后输入return指令即可。

（4）由于函数文件的工作空间是临时的独立工件，而脚本文件的工作空间就是MATLAB工作空间（Workspace），所以如果用户需要查询函数文件中的变量，只需要把其暂时转变为脚本文件即可。本章前面介绍过，对应的函数文件和脚本文件只差一个函数声明行，所以用户只需要在函数文件的声明行前添加百分号“%”，就可以把函数声明行改为注释行，函数文件就变成了脚本文件。

8.7.2　工具调试法

上一小节的直接调试法适用于比较简单的程序，对于调用关系繁琐、大型、复杂的程序，直接调试法往往不能起到很好的效果。为此，MATLAB提供了一个专门的调试工具——“调试器（Debugger）”，用户可以使用工具调试法中的调试图标对程序进行调试。

MATLAB编译器调试工具栏包含7个调试功能图标和一个空间堆栈下拉菜单，如图8.55所示。

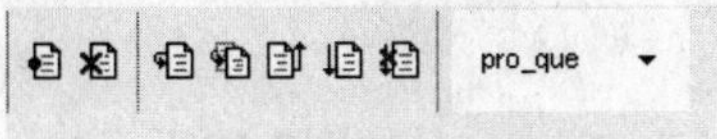

pro_que

图8.55 调试功能图标

其中的7个调试功能图标的功能和各自对应的菜单选项和命令窗口指令如表8.8所示。

表8.8 调试功能图标功能及对应选项、指令

图标	功能	对应Debug子菜单选项	对应指令
	在光标所在行设置或删除断点	Set/clear breakpoint	dbstop/dbclear
	删除设置的全部断点	Clear Breakpoint in All Files	dbclear all
	执行当前行	Step	dbstep
	执行当前行；调用函数时，执行函数	Step in	ddbstep in
	执行当前行；调用函数时，跳到函数出口	Step out	dbstep out
	执行文件，到文件尾或者下一断点处停止	Run	dbcont
	退出调试	Exit Debug Mode	dbquit

说明：对于不同的文件和文件的不同状态，以上图标的被激活情况不同。

①没有在目录中存放的新建文件，只有第2、6键被激活。

②存放于目录中的文件，第1、2、6键被激活。

③进入调试状态的文件，所有键被激活。

在调试过程中，通过在空间堆栈下拉菜单选择空间，可以查看不同空间中的变量。如图8.56所示，选择函数matrix_multiple的工作空间，选择的Base空间为MATLAB基本工作空间。

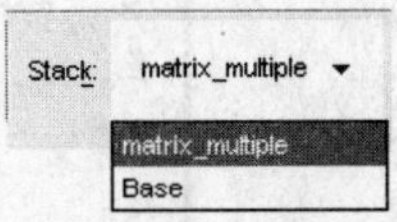

读者应该注意到，在MATLAB用户界面的工作空间中，也存在一个同样的下拉菜单。下面举例说明使用工具调试法来调试程序。

Stack: matrix_multiple
matrix_multiple
Base

图8.56 空间堆栈下拉菜单

【例37】使用工具调试法调试“水仙花”程序。

（1）本例主要讲解调试步骤，所以程序编写的细节从略。所谓水仙花数，是指一个3位数，此数的个、十、百3个数位上的数值的立方和正好等于此数的值，代码如下。

```
% 求100~1000之间的所有水仙花数
% 函数没有输入、输出变量
% 调用FIX函数取整，并使用循环结构
function shuixianhua
for x=100:999   % 所有3位数
   a=fix(x/100);   % a为百位上的数
   b=fix((x-100*a)/10);   % b为十位上的数
   c=x-100*a-10*b;   % c为个位上的数
```

```
        if x==(a^3+b^3+c^3)    % 水仙花数的特征
            disp(x);
        end
end
```

（2）保存文件，取名为shuixianhua.m，如图8.57所示。

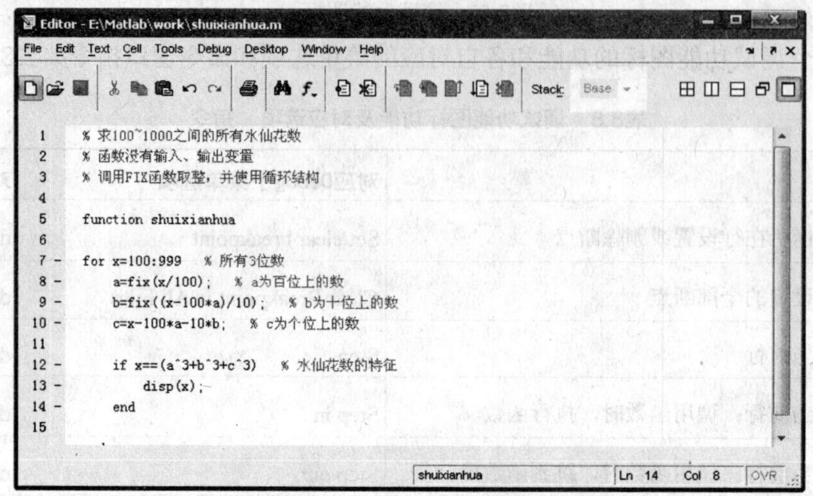

图8.57　保存文件shuixianhua.m

（3）对程序进行调试。在程序中设置断点，目的是使程序执行到一定位置处后停止，便于用户检查错误。设置断点的方法是，直接用鼠标在代码行的左侧，单击短横杠“-”，使横杠变成红色的圆点，如图8.58所示。

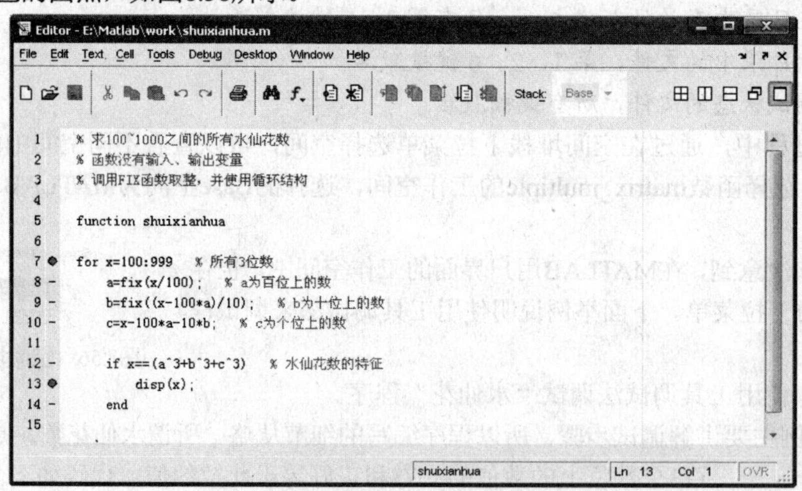

图8.58　在程序中设置断点

（4）运行程序。直接按F5键，或者单击运行图标，使MATLAB执行程序代码。这时，所有调试图标被激活，程序运行到第1个断点处停止，在断点右侧显示绿色右指箭头，并在MATLAB命令窗口显示提示符“K>>”，提示用户输入指令，如图8.59所示。

（5）用户可以在命令窗口提示符后输入return指令，或者单击图标，使程序继续执行，在第2个断点处再次暂停，如图8.60所示。

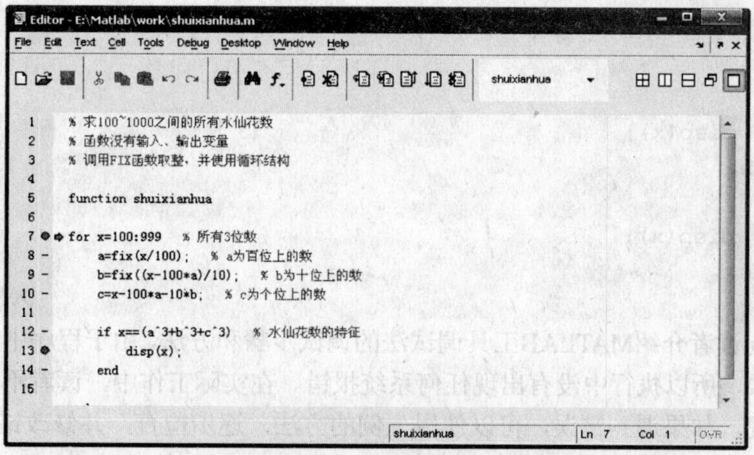

图8.59　程序开始调试，暂停于第1个断点处

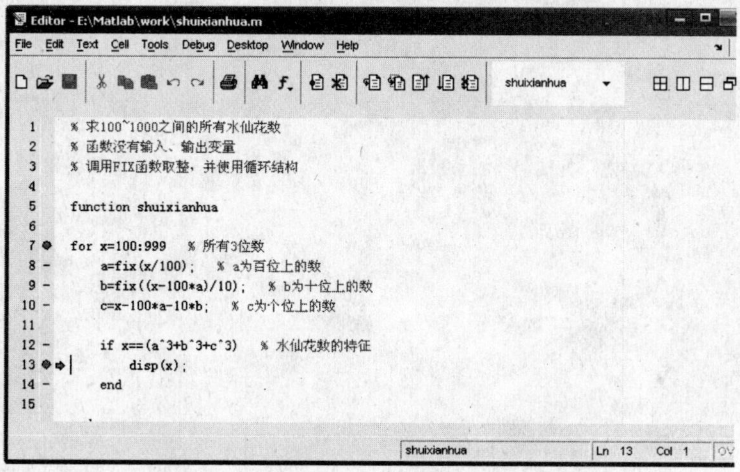

图8.60　程序调试中：在第2个断点处暂停

（6）用户在提示符后查询已经计算出的变量x的值，输入及结果代码如下。

```
K>> x
x =
   153
```

可见，在第2次暂停之前，系统已经计算出了x的值为153，即执行for循环，得到第一个水仙花数为153。

（7）继续运行程序，执行下一条语句disp(x)，输出变量x的值，系统显示x的值与查询的值相同，并按照第一次循环执行的步骤，继续第二次循环，代码如下。

```
153
K>>
```

按照以上步骤，读者可以多次暂停和继续执行程序，综合所有暂停和继续操作，得到的结果如下。

```
K>> return
13          disp(x);
K>> return
   153
```

```
13          disp(x);
K>> return
  370
13          disp(x);
K>> return
  371
13          disp(x);
K>> return
  407
```

此例只是向读者介绍MATLAB工具调试法的调试步骤和方法，由于程序中没有出现任何语法和逻辑错误，所以执行中没有出现任何系统报错。在实际工作中，读者不可能总是遇到如此顺利的情况，如果遇到错误，可以使用上例的方法，逐步检查，并修改错误。

第9章

SIMULINK交互式仿真集成环境

SIMULINK是基于MATLAB的图形化仿真设计环境，是MATLAB提供的进行动态系统建模、仿真和综合分析的集成软件包。在SIMULINK环境中，用户可以脱开理论阐述必须进行理想化假设的无奈，实时了解一些自然因素（如摩擦、风阻等）以及其他一些随机因素对系统行为的影响。

SIMULINK可以处理的系统包括：线性、非线性系统；离散、连续及混合系统；单任务、多任务离散事件系统等。SIMULINK和MATLAB是高度集中在一起的，因此，它们之间可以进行灵活的交互操作。在MATLAB 7.0中，由于有许多可供直接使用的工具箱和模块，因此它在航天、通信、控制、信号处理、电力系统等诸多领域都有广泛的用途。

9.1 安装SIMULINK软件包

SIMULINK是MATLAB的一个工具箱软件包，在MATLAB的典型安装中是默认安装SIMULINK软件包的。而在MATLAB的自定义安装时，SIMULINK软件包是否安装要看在安装MATLAB的过程中，是否勾选了SIMULINK复选框，如图9.1所示。

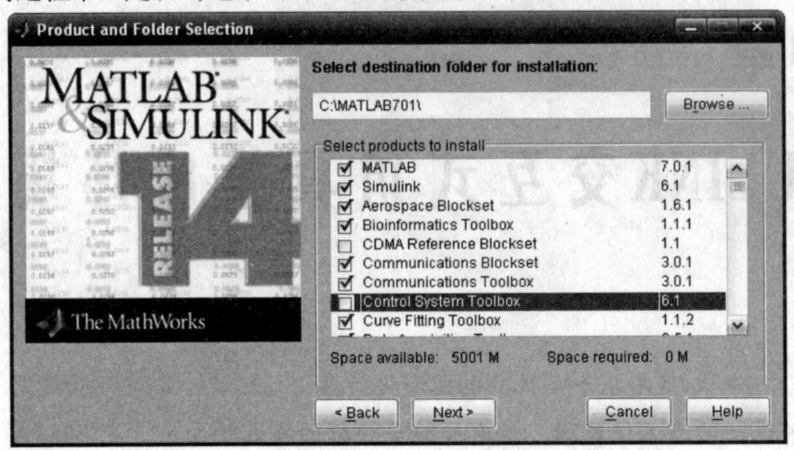

图9.1 安装MATLAB 7.0时的组件对话窗

9.2 SIMULINK的启动

SIMULINK是在启动MATLAB的基础上运行的，在启动MATLAB 7.0后打开SIMULINK界面的方式有两种。

- 快捷启动方式：在MATLAB工具栏上单击SIMULINK按钮，其按钮图标为▣。
- 命令启动方式：在MATLAB命令窗口中直接输入SIMULINK命令。

通过上述方式可以打开SIMULINK的Simulink Library Browser（库模块浏览器），如图9.2所示。

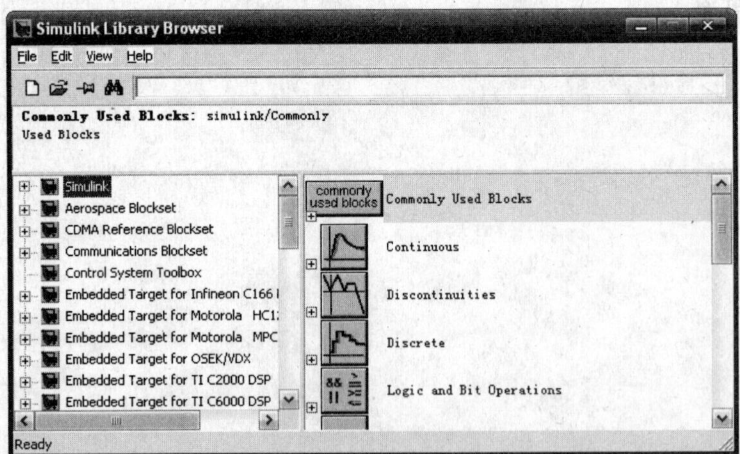

图9.2 库模块浏览器

在库模块浏览器的菜单栏中单击File/New/Model选项或单击工具栏按钮▢，就建立了一个名为untitled的模型窗口，如图9.3所示。在新建立的空窗口中，用户就可以创建自己需要的SIMULINK模型了。

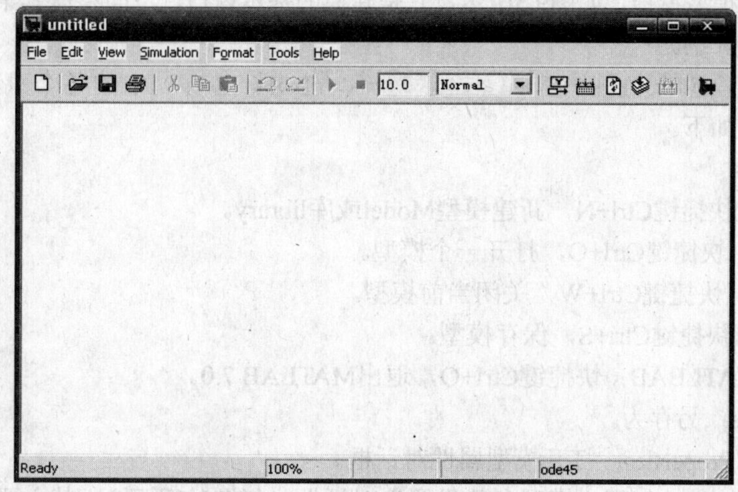

图9.3　新建的空白模型窗口

9.3　SIMULINK的工作环境

在SIMULINK中启动了两个基本的窗口，即库浏览器窗口和模型窗口，下面将对这两个窗口的主界面进行重点介绍，以便读者在实际操作中熟练使用。

9.3.1　SIMULINK库浏览器窗口

SIMULINK库浏览器窗口，如图9.2所示，下面将主要介绍SIMULINK库浏览器窗口包含的菜单栏、工具栏、关键词栏和文字说明框4个部分。

- 菜单栏：File Edit View Help
- 工具栏：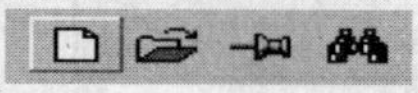

  和按钮为标准的Windows工具。

  按钮使库浏览器窗口总处于桌面的最上面。

  按钮用来查找关键词。
- 关键词栏：product 在栏中写入待查询的关键词，如左侧关键词栏中所示，查找与Product相关的模块。在写入要查询的相关词后，可按Enter键或 进行查找。
- 文字说明框：注释所选对象的简明信息，如图9.4所示，其中的文字说明为所选对象Product的相关信息。

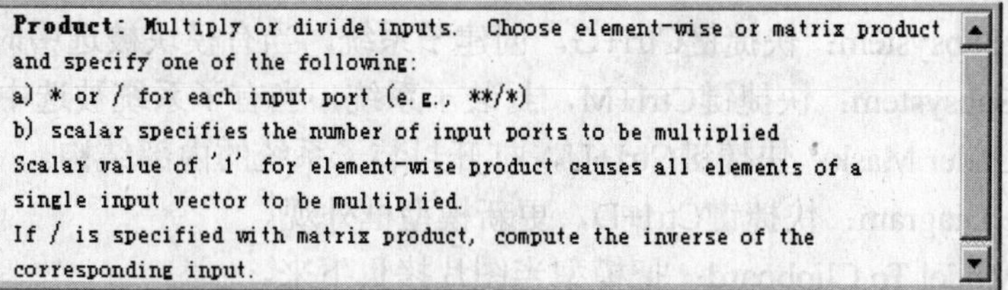

Product: Multiply or divide inputs. Choose element-wise or matrix product and specify one of the following:
a) * or / for each input port (e.g., **/*)
b) scalar specifies the number of input ports to be multiplied
Scalar value of '1' for element-wise product causes all elements of a single input vector to be multiplied.
If / is specified with matrix product, compute the inverse of the corresponding input.

图9.4　文字说明框

9.3.2 SIMULINK模型窗口

SIMULINK模型窗口，如图9.3所示。它是建模的基本窗口，下面将就其菜单栏、工具栏和状态栏作详细介绍。

菜单栏 File Edit View Simulation Format Tools Help 中的各个菜单选项的名称及功能依次介绍如下。

1. File菜单

- New：快捷键Ctrl+N，新建模型Model或库library。
- Open：快捷键Ctrl+O，打开一个模型。
- Close：快捷键Ctrl+W，关闭当前模型。
- Save：快捷键Ctrl+S，保存模型。
- Exit MATLBAB：快捷键Ctrl+Q，退出MATLAB 7.0。
- Save as：另存为。
- Model Properties：打开模型属性对话框。
- Preferences：打开"模型参数设置"对话框（如图9.5所示），其主要用于设置一些用户界面的显示形式，如颜色、字体等。

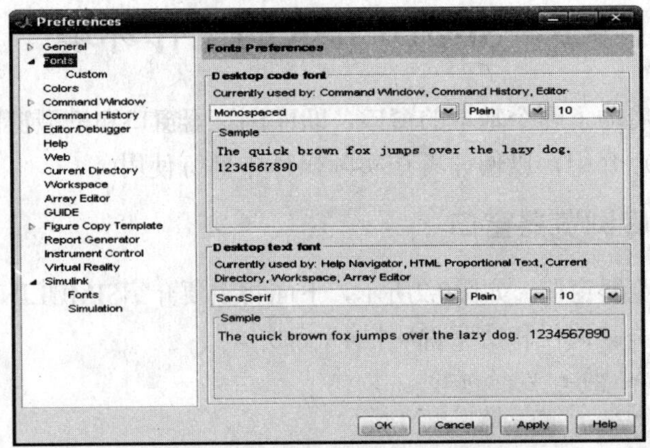

图9.5 模型参数对话框

- Source control：设置SIMULINK与SCS的接口。
- Print：快捷键Ctrl+P，打印模型或模块图标到一个文件中。
- Print Details：生成一个HTML格式的模型报告文件，包括模块的图标和模块参数的设置等，如图9.6所示。
- Print Setup：打印模块或模块图标。

2. Edit菜单

- Create Subsystem：快捷键Ctrl+G，创建子系统，当有模块被选中时才可用。
- Mask Subsystem：快捷键Ctrl+M，封装子系统，当有子系统被选中时才可用。
- Look Under Mask：快捷键Ctrl+U，打开封装子系统的内部结构。
- Update Diagram：快捷键Ctrl+D，更新模型框外观。
- Copy Model To Clipboard：把模型当图片拷贝下来。

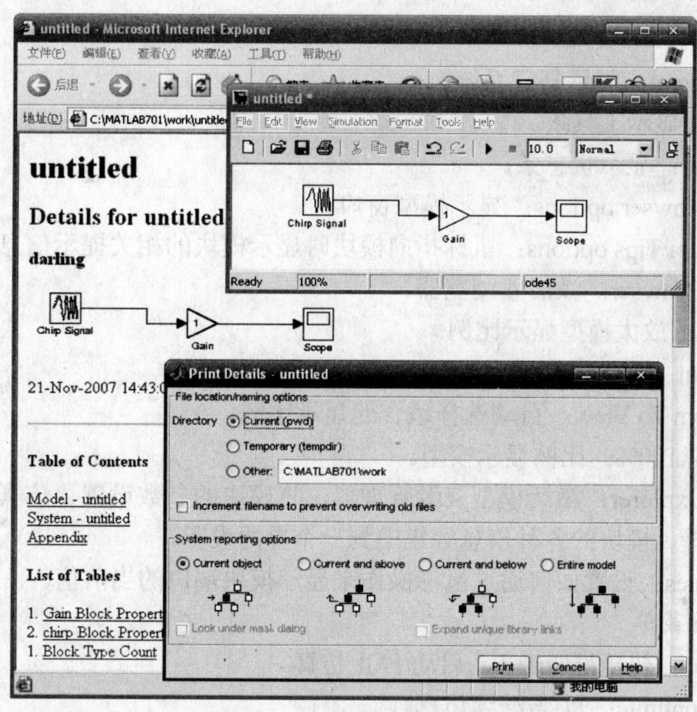

图9.6　模型报告文件

- Explore：选中模块时，打开如图9.7所示的模型资源管理器。
- Block Properties：选中模块时，打开模块属性对话框。
- <Blockname>Parameters：选中模块时，打开该模块的参数设置对话框。
- Signal Properties：选中信号模块时，设置信号属性。
- Edit Mask：编辑封装子系统，当有子系统被选中时才可用。
- Subsystem Parameters：打开子系统参数对话框，当有子系统被选中时才可用。
- Mask Parameters：封装好的子系统的参数设置，当有封装装好的子系统被选中时才可用。

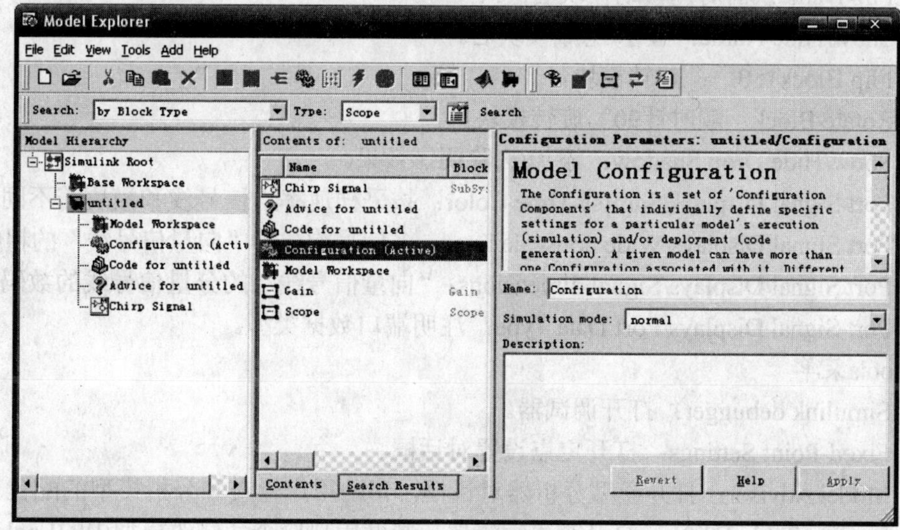

图9.7 模型资源管理器

3. View菜单

- Go To Parent：显示其父系统。
- Toolbar：显示工具条。
- Status Bar：显示状态条。
- Model Browser options：显示模型窗口。
- Block Data Tips options：鼠标指向模块时显示模块的相关提示信息。
- Library Browser：激活库浏览器。
- Zoom In：放大模型显示比例。
- Zoom Out：缩小模型显示比例。
- Fit System To View：自动选择适合的显示比例。
- Normal以100%：比例显示模型。
- Model Explorer：激活模型资源管理器，将模块的参数设置、仿真参数设置以及解法器选择、模块的各种信息等集中到一个界面设置。
- Port Values：设置如何通过鼠标操作来显示模块端口的当前值。

4. Simulation菜单

- Start/Stop：快捷键Ctrl+T，启动/停止仿真。
- Pause/Continue：暂停/继续仿真。
- Configuration Parameter：快捷键Ctrl+E，设置仿真参数和选择解法器。
- Accelerator：加速仿真。
- Normal：正常工作模式。
- External：外部工作模式。

5. Format菜单

- Font设置字体。
- Text alignment：标注文字对齐工具。
- Flip Name：向对侧移动模块名。
- Show/Hide Name：显示/隐藏模块名。
- Flip Block180°：翻转模块。
- Rotate Block：顺时针90°旋转模块。
- Show/Hide Drop Shadow：添加/去除阴影效果。
- Port Signal Displays/Sample Time Color：按采样速率给信号线和模块着不同颜色。
- Port Signal Displays/Wide nonscale lines：多信号构成的“向量信号线”的粗线表示。
- Port Signal Displays/Signal dimensions：“向量信号线”的分量信号线的数码标注。
- Port Signal Displays/Port Data Type：注明端口数据类型。

6. Tools菜单

- Simulink debugger：打开调试器。
- Fixed-Point Settings：打开定点设置对话框。
- Model Advisor：打开模型分析器对话框，帮助用户检查和分析模型的配置。
- Lookup Table Editor：打开查表编辑器，帮助用户检查和修改模型中的Lookup Table（LUT）模块的参数。

- Data Class Designer：打开数据类设计器，帮助用户创建Simulink类的子类，即创建自定义数据类。
- Bus Editor：打开Bus编辑器，帮助用户修改模型中的Bus类型对象的属性。
- Profiler：选中此菜单后，当仿真运行结束后自动生成并弹出一个HTML格式的仿真报告文件。
- Coverage Settings：打开Coverage Settings对话框，在仿真结束后给出仿真过程中有关coverage data 的一个HTML格式的报告文件。
- Signal&Scope Manager ：打开信号示波器管理器，用户可以创建各种类型的信号生成模块和示波器模块。
- Real-Time WorkShop：用于将模块转换为实时可执行的C代码。
- External Mode Control Panel：打开外部模式控制板，用于设置外部模式的各种特性。
- Control Design：用于打开Linear Analysis和Model Discretizer对话框。
- Parameter Estimation：用于打开“参数评估”窗口，如图9.8所示，此窗口用于模型的参数分析。

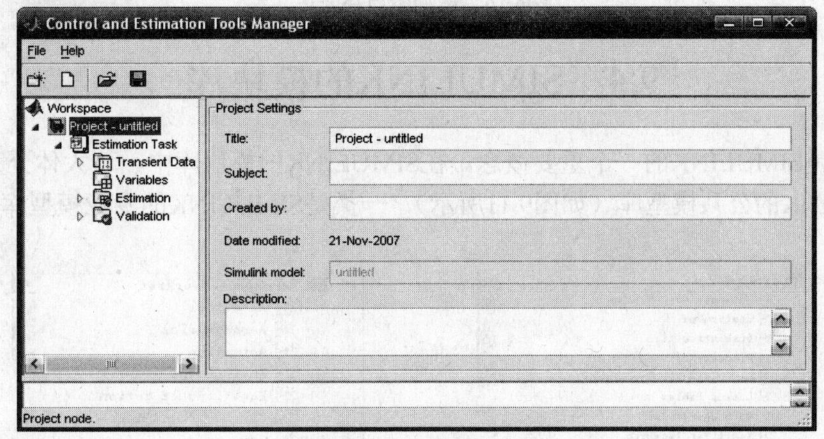

图9.8 评估工具管理器

7. Help菜单

- Using Simulink：打开MATLAB帮助，当前显示在Simulink帮助部分。
- Blocks：打开MATLAB帮助，当前显示在Blocks帮助部分。
- Blocksets：打开按应用方向分类的帮助。
- Block Support Table：打开模型所支持的数据类型的帮助文件。
- Shortcuts：打开MATLAB帮助，当前显示在鼠标和键盘快捷键设置的帮助部分。
- S-Function：打开MATLAB帮助，当前显示S函数的帮助部分。
- Demos：打开MATLAB帮助，当前显示Demos页的帮助部分。
- About Simulink：显示Simulink的版本。

模型窗口的工具栏如图9.9所示：最左边的9个图标具有标准Windows工具栏的相应操作功能。

图9.9 模型窗口工具栏

其余图标的功能如表9.1所示。

表9.1　模型窗口工具栏图标

图标	功能	图标	功能
 ▶	仿真启动或继续		模型框图修改后的一致化
 ■	结束仿真		打开库浏览器
100	设置仿真时间		打开或隐藏模型资源管理器
Normal	设置仿真加速模式		模型窗口的单双窗外形切换
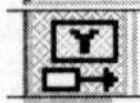	准备		显示当前系统的父系统
	产生RTW代码		启动SIMULINK的调试器

模型窗口的状态栏如图9.10所示。Ready表示模型已经准备好，随时可以建模开始仿真。100%表示编辑窗模型的显示比例。ode45表示仿真所采用的积分算法是ode45。

图9.10　模型窗口状态栏

9.4　SIMULINK的模块库

模块库是SIMULINK的一个重要概念。在SIMULINK的模块库中，可大体分为两类，一类是SIMULINK的公共模型库（如图9.11所示），一类是SIMULINK的专业模型库（如图9.12所示）。

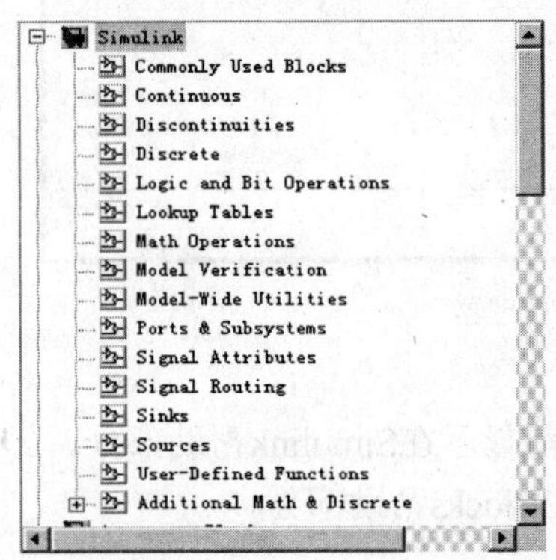

图9.11　SIMULINK公共模型库

图9.12　SIMULINK专业模型库

9.4.1　公共模型库

1. Commonly Used Blocks（常用模型库）

为了方便用户使用，SIMULINK将常用的22种模块放在常用模型库中。其具体功能将在后面的模型库中介绍。

2. Continuous（连续系统模型库）

在SIMULINK公共模型库中单击Continuous，可看到如图9.13所示的连续模块。

- Derivative：连续信号的数值微分。
- Integrator：输入信号的连续时间积分。

- State-Space：线性连续系统的状态方程描述。
- Transfer Fcn：线性连续系统的传递函数描述。
- Transport Delay：对输入信号进行固定时间延迟。
- Variable Transport Delay：对输入信号进行可变时间延迟。
- Zero-Pole：线性连续系统的零极点描述。

3. Discontinuities（非连续系统模型库）

在SIMULINK公共模型库中单击Discontinuities，可看到如图9.14所示的非连续系统模块。

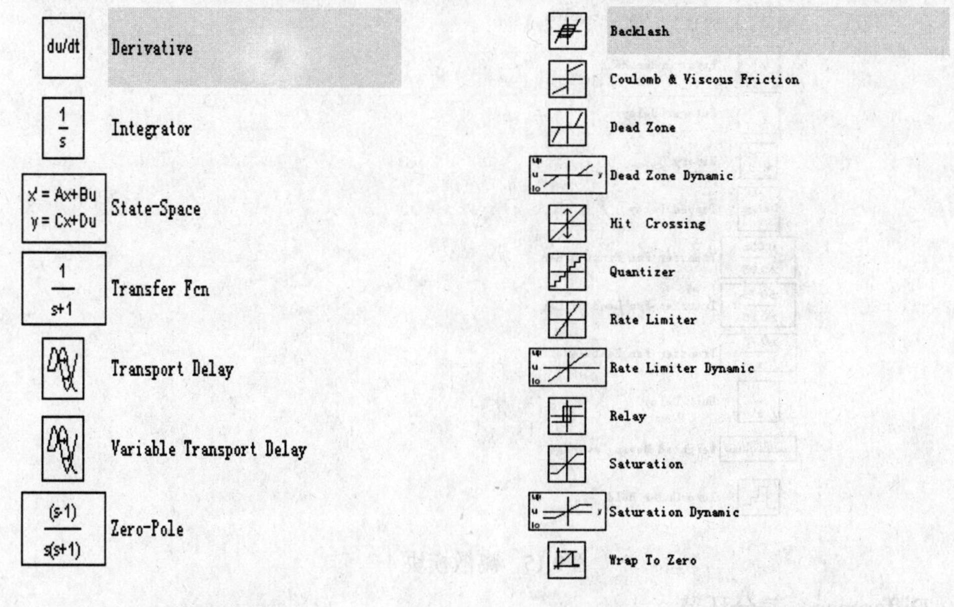

图9.13　连续模块　　　　图9.14　非连续系统模块

- Backlash：间隙非线性。
- Coulomb&Viscous Friction：库仑和黏度摩擦非线性。
- Dead Zone：死区非线性。
- Dead Zone Dynamic：动态死区非线性。
- Hit Crossing：冲击非线性。
- Quantizer：量化非线性。
- Rate Limiter：静态限制信号变化速率。
- Rate Limiter Dynamic：动态限制信号的变化速率。
- Relay：滞环比较器，限制输出值在某一范围内变化。
- Saturation：饱和输出，让输出超过某一值时能够饱和。
- Saturation Dynamic：动态输出饱和。
- Wrap To Zero：环零非线性。

4. Discrete（离散模块）

在SIMULINK公共模型库中单击Discrete，可看到如图9.15所示的离散模块。

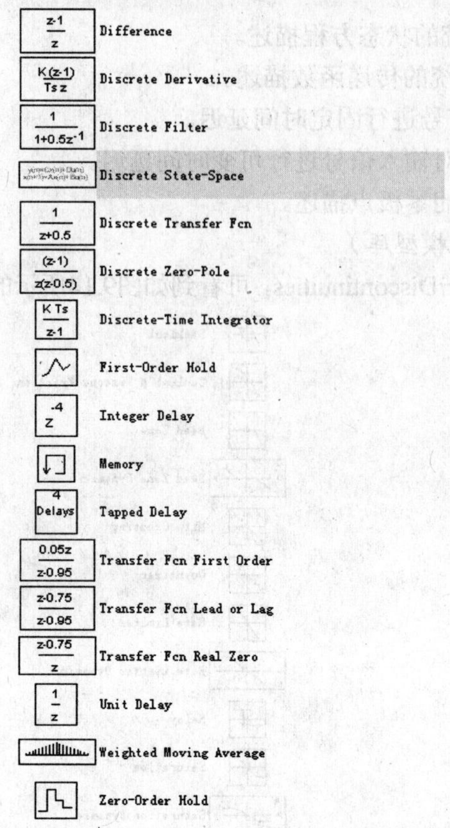

图9.15　离散模块

- Difference：差分环节。
- Discrete Derivative：离散微分环节。
- Discrete Filter：离散滤波器。
- Discrete State-Space：离散状态空间系统模型。
- Discrete Transfer Fcn：离散传递函数模型。
- Discrete Zero-Pole：以零极点表示的离散传递函数模型。
- Discrete-Time Integrator：离散时间积分器。
- First-Order Hold：一阶保持器。
- Integer Delay：N步延迟。
- Memory：单位积分延迟，输出上一刻的输入值。
- Tapped Delay：N步延迟，且输出所有延迟。
- Transfer Fcn First Order：离散一阶传递函数。
- Transfer Fcn Lead or Lag：滞后超前传递函数。
- Transfer Fcn Real Zero：离散零点传递函数。
- Unit Delay：单位延迟。
- Weighted Moving Average：输入加权平均值。
- Zero-Order Hold：零阶保持器。

5. Logic and Bit Operation（逻辑和位操作模块）

在SIMULINK公共模型库中单击Logic and Bit Operation，可看到如图9.16所示的逻辑和位操作模块。

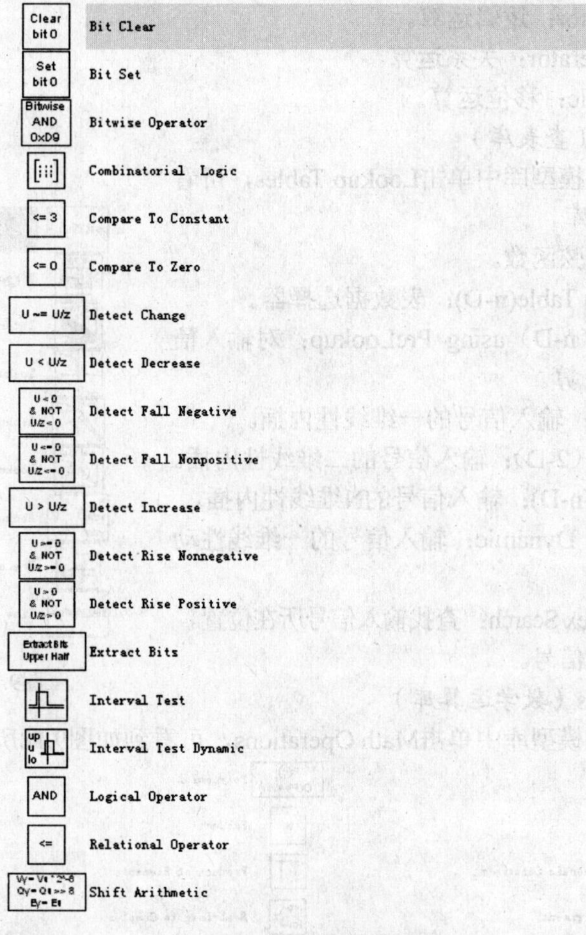

图9.16 逻辑和位操作模块

- Bit Clear：位清零。
- Bit Set：位置位。
- Bitwise Operator：逐位操作。
- Combinatorial Logic：组合逻辑。
- Compare To Constant：和常量比较。
- Compare To Zero：和零比较。
- Detect Change：检测信号变化。
- Detect Decrease：检测信号递减。
- Detect Fall Negative：检测负下降延。
- Detect Fall Nonpositive：检测非负下降延。
- Detect Increase：检测信号递增。
- Detect Rise Nonnegative：检测非负上升延。
- Detect Rise Positive：检测正上升延。

- Extract Bits：提取位。
- Interval Test：静态区间检测。
- Interval Test Dynamic：动态区间检测。
- Logical Operator：逻辑运算。
- Relational Operator：关系运算。
- Shift Arithmetic：移位运算。

6. Lookup Tables（查表库）

在SIMULINK公共模型库中单击Lookup Tables，可看到如图9.17所示的查表库。

- Cosine：求余弦函数。
- Direct Lookup Table(n-D)：表数据选择器。
- Interpolation（n-D）using PreLookup：对输入信号进行内插计算。
- Lookup Table：输入信号的一维线性内插。
- Lookup Table（2-D）：输入信号的二维线性内插。
- Lookup Table(n-D)：输入信号的N维线性内插。
- Lookup Table Dynamic：输入信号的一维线性动态内插。
- PreLookup Index Search：查找输入信号所在位置。
- Sine：求正弦信号。

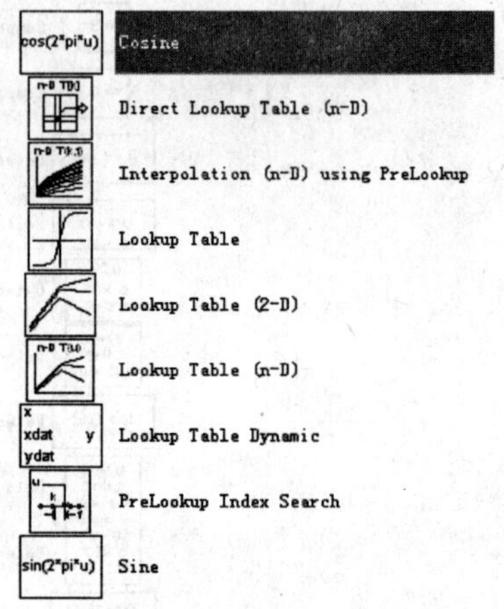

图9.17 查表库模块

7. Math Operations（数学运算库）

在SIMULINK公共模型库中单击Math Operations，可看到如图9.18所示的数学运算模块。

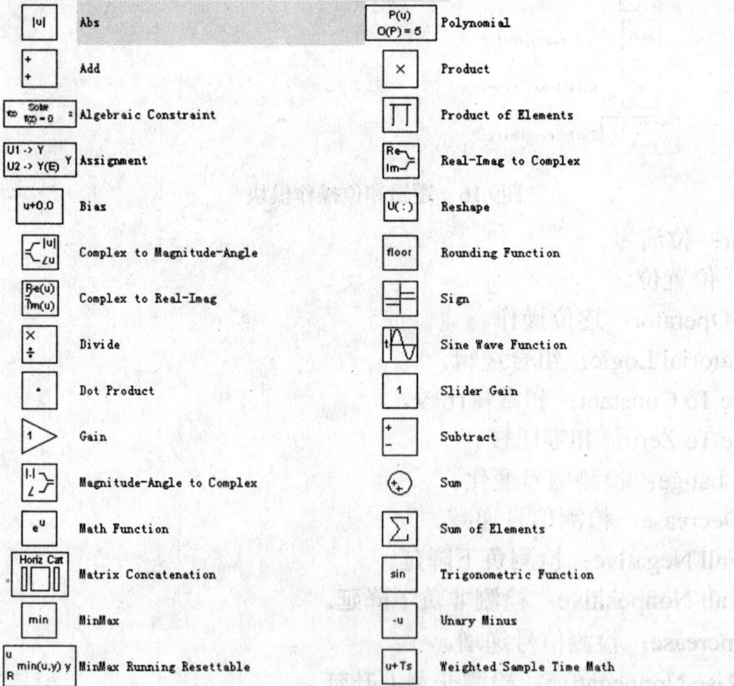

图9.18 数学运算功能

- Abs：求取信号绝对值。
- Add：信号求和。
- Algebraic Constraint：代数约束。
- Assignment：对信号进行赋值。
- Bias：偏移。
- Complex to Magnitude-Angle：复数输入，输出对应的幅值和相角。
- Complex to Real-Imag：复数输入，输出对应的实部和虚部。
- Divide：乘除运算。
- Dot Product：点乘运算。
- Gain：信号增益。
- Magnitude-Angle to Complex：幅值、相角输入，合成复数输出。
- Math Function：常用的数学函数。
- Matrix Concatenation：矩阵级联。
- MinMax：最值运算。
- MinMax Running Resettable：最大值、最小值运算。
- Polynomial：计算多项式。
- Product：乘法或除法器。
- Product of Elements：元素乘除运算。
- Real-Imag to Complex：实部、虚部输入，合成复数输出。
- Reshape：求整运算。
- Rounding Function：舍入函数。
- Sign：符号函数。
- Sine Wave Function：正弦波函数。
- Slider Gain：滑动增益。
- Subtract：信号求差。
- Sum：求和运算。
- Sum of Elements：元素求和。
- Trigonometric Function：三角和双曲函数。
- Unary Minus：信号求负值。
- Weighted Sample Time Math：权值采样时间运算。

8. Model Verification（模型验证库）

在SIMULINK公共模型库中单击Model Verification，可看到如图9.19所示的模型验证模块。

- Assertion：申明输入信号非零。
- Check Discrete Gradient：检查离散梯度。
- Check Dynamic Gap：检查动态偏差。
- Check Dynamic Lower Bound：检查动态下限。
- Check Dynamic Range：检查动态范围。
- Check Dynamic Upper Bound：检查动态上限。

- Check Input Resolution：检查输入精度。
- Check Static Gap：检查静态偏差。
- Check Static Lower Bound：检查静态下限。
- Check Static Range：检查静态范围。
- Check Static Upper Bound：检查静态上限。

9．Model-Wide Utilities（关于模型的实用模型库）

在SIMULINK公共模型库中单击Model-Wide Utilities，可看到如图9.20所示的关于模型的实用模块。

- Block Support Table：模块支持表。
- DocBlock：文档模块。
- Model Info：信息模块。
- Timed-Based Linearization：时间线性分析。
- Trigger-Based Linearization：触发线性分析。

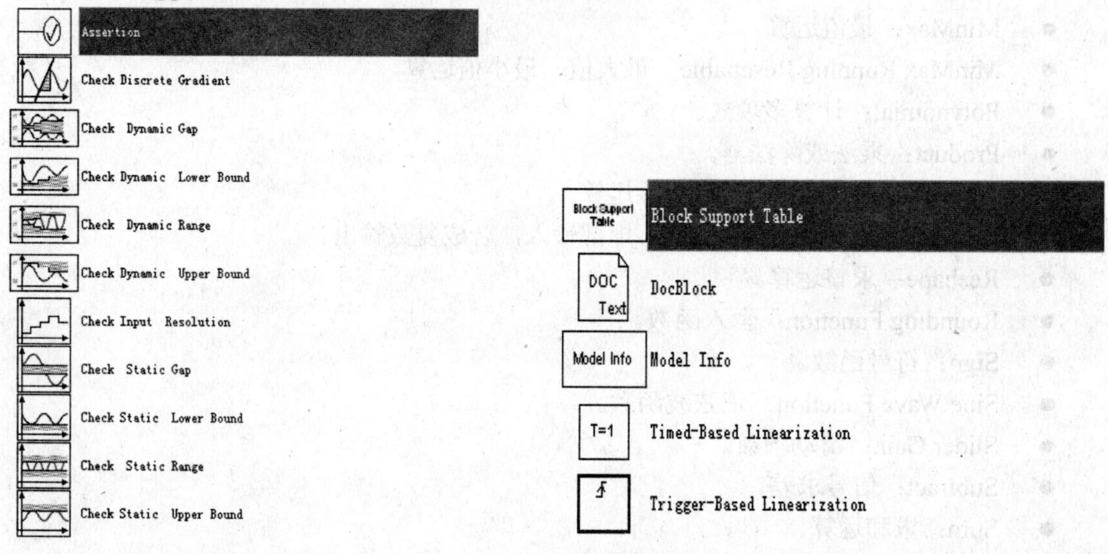

图9.19 模型验证模块　　图9.20 关于模型的实用模块

10. Ports&Subsystems（端口和子系统模块库）

在SIMULINK公共模型库中单击Ports&Subsystems，可看到如图9.21所示的端口和子系统模块库模块。

- Configurable Subsystem：结构子系统。
- Atomic Subsystem：原子子系统。
- CodeReuseSubsystem：代码重用子系统。
- Enable：使能信号设置。
- Enable and Triggered Subsystem：使能触发子系统。
- For Iterator Subsystem：For循环子系统。
- Function-Call Generator：函数调用发生器。

- Function-Call Subsystem：函数调用子系统。
- If：假设操作。
- If Action Subsystem：条件执行子系统。
- In1：子系统输入端口。
- Model：模型。
- Out1：子系统输出端口。
- Subsystem：通用子系统。
- Subsystem Examples：子系统举例。
- Switch Case：输入转换操作。
- Switch Case Action Subsystem：转换动作子系统。
- Trigger：触发信号设置。
- Triggered Subsystem：触发子系统。
- While Iterator Subsystem：While循环子系统。

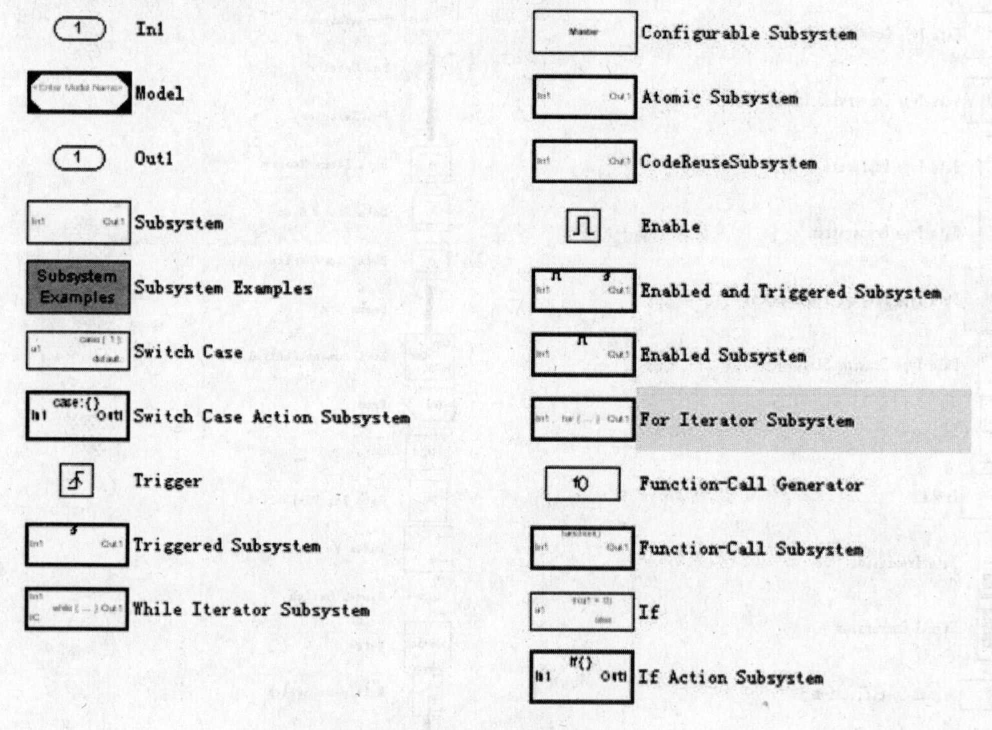

图9.21　端口和子系统模块库

11. Signal Attributes（信号属性模块库）

在SIMULINK公共模型库中单击Signal Attributes，可看到如图9.22所示的信号属性模块库模块。

- Data Type Conversion：数据类型转换。
- Data Type Conversion Inherited：继承的数据类型转换。
- Data Type Duplicate：数据类型复制。

- Data Type Propagation：数据类型传播。
- Data Type Propagation Examples：数据类型传播举例。
- Data Type Scaling Strip：数据类型缩放。
- Ic：信号初始设置。
- Probe：探测器。
- Rate Transition：比率变换。
- Signal Conversion：信号转换。
- Specification：信号技术规范。
- Weighted Sample Time：加权采样时间。
- Width：输入信号宽度。

12. Signal Routing（信号通路模块库）

在SIMULINK公共模型库中单击Signal Routing，可看到如图9.23所示的信号通路模块库模块。

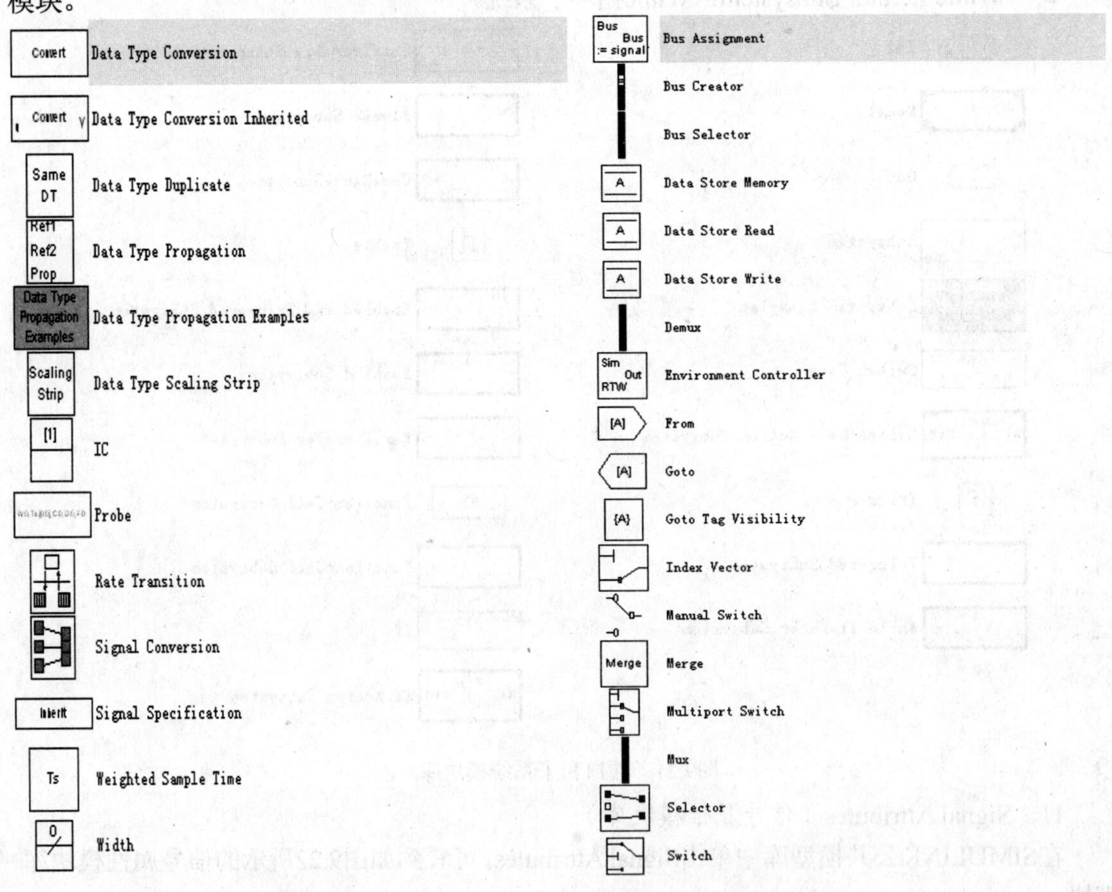

图9.22　信号属性模块库　　　　图9.23　信号通路模块库

- Bus Assignment：总线分配。
- Bus Creator：由输入信号生成总线信号。
- Bus Selector：总线选择。

- Data Store Memory：用户自定义的数据存储区域。
- Data Store Read：从数据存储区域读取数据。
- Data Store Write：向数据存储区域写入数据。
- Demux：将一个复合信号分解为多个单一信号。
- Environment Controller：环境控制器。
- From：从Goto模块获得信号。
- Goto：向Goto模块传递信号。
- Goto Tag Visibility：Goto模块标签可视化。
- Index Vector：索引向量。
- Manual Switch：手动选择开关。
- Mux：将多个输入转化为一个复合输出。
- Selector：信号选择器。
- Switch：选择开关。

13. Sinks（信号输出模块库）

在SIMULINK公共模型库中单击Sinks，可看到如图9.24所示的信号输出模块。

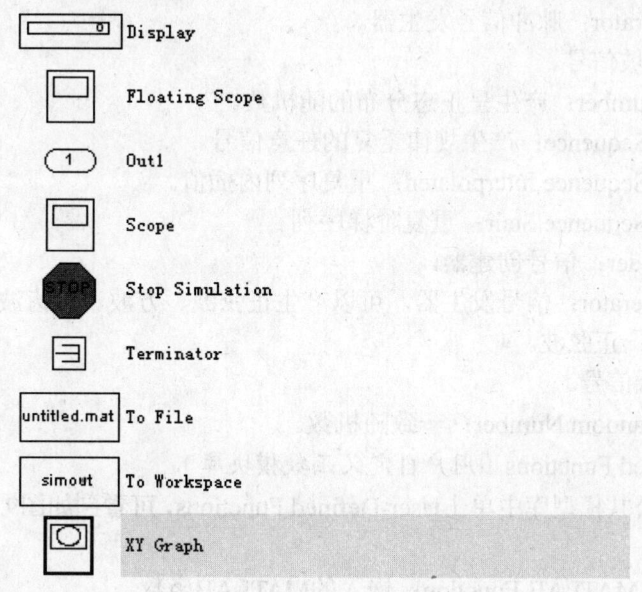

图9.24　信号输出模块

- Display：数字显示器。
- Floating Scope：浮动观察器。
- Out1：子系统或模块输出端口。
- Scope：示波器。
- Stop Simulation：仿真停止。
- Terminator：中断输出信号。
- To File：将输出数据写入数据文件保存。

- To Workspace：将输出数据写入MATLAB的工作空间。
- XY Graph：显示二维图形。

14. Sources（信号源模块库）

在SIMULINK公共模型库中单击Sources，可看到如图9.25所示的信号源模块库模块。

- Band-Limited White Noise：有限带宽白噪声。
- Chirp Signal：输出频率随时间线性变化的正弦信号。
- Clock：输出当前仿真时间。
- Constant：常数信号。
- Counter Free-Running：无限计数器。
- Counter Limited：有限计数器。
- Digital Clock：以固定速率输出仿真时间。
- From File：从文件读取数据。
- From Workspace：从MATLAB空间读取数据。
- Ground：接地信号。
- In1：子系统或模块的输入端口。
- Pulse Generator：脉冲信号发生器。
- Ramp：斜坡信号。
- Random Number：产生呈正态分布的随机数。
- Repeating Sequence：产生规律重复的任意信号。
- Repeating Sequence Interpolated：重复序列内插值。
- Repeating Sequence Stair：重复阶梯序列。
- Signal Builder：信号创建器。
- Signal Generator：信号发生器，可以产生正弦波、方波、锯齿波和任意波。
- Sine Wave：正弦波。
- Step：阶跃信号。
- Uniform Random Number：一致随机数。

15. User-Defined Functions（用户自定义函数模块库）

在SIMULINK公共模型库中单击User-Defined Functions，可看到如图9.26所示的用户自定义函数模块。

- Embedded MATLAB Function：嵌入的MATLAB函数。
- Fcn：用自定义的函数进行计算。
- M-file(level-2) S-Function：M-文件S函数。
- S-Function：S-函数。
- S-Function Builder：S-函数建立器。
- S-Function Examples：S-函数举例。

以上是公共模块集中模块功能的简单介绍，如果读者想了解更为详细的信息，可以参考Help帮助文件，具体操作将在专业模型库中介绍。

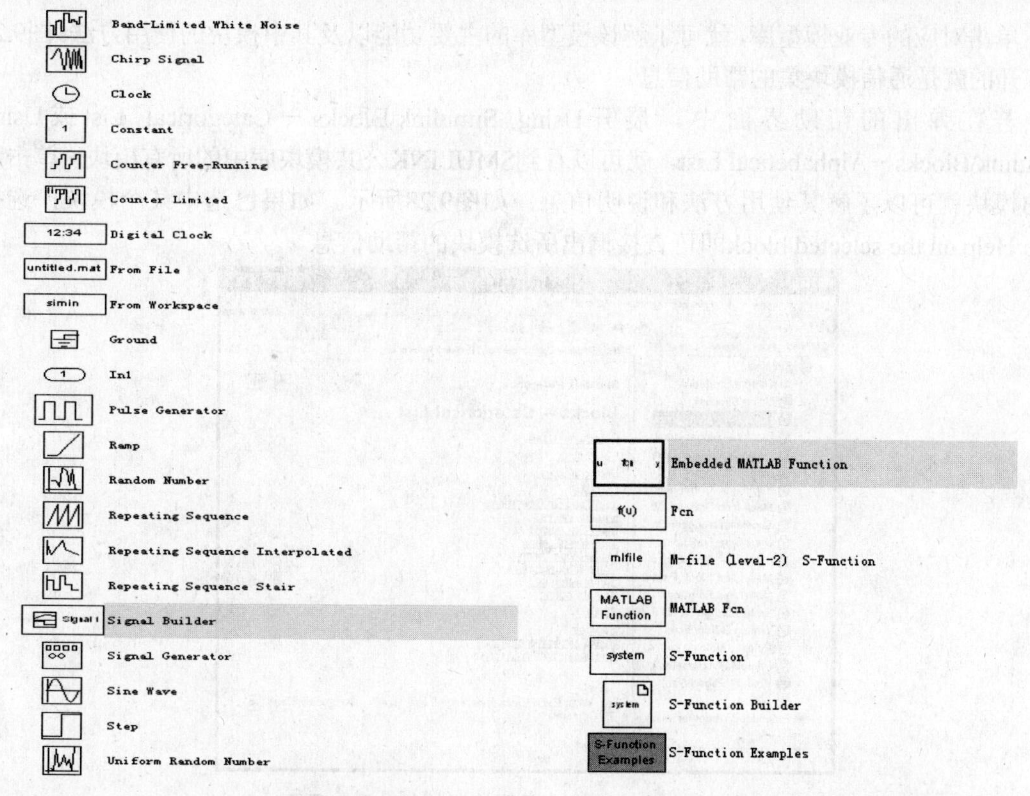

图9.25　信号源模块库模块　　　　图9.26　用户自定义函数模块

9.4.2　专业模型库

除了前面介绍的SIMULINK公共模块库之外，SIMULINK还包含了许多面向不同专业的模块集，以便从事其他领域的设计人员快速建模。在这里就不再一一介绍其功能了，如果读者想进一步了解相关内容可以参考SIMULINK的Help文件。具体操作如下，先打开SIMULINK库浏览器窗口，在菜单栏中选择Help/Simulink help命令，这时就会弹出Help帮助界面，如图9.27所示。

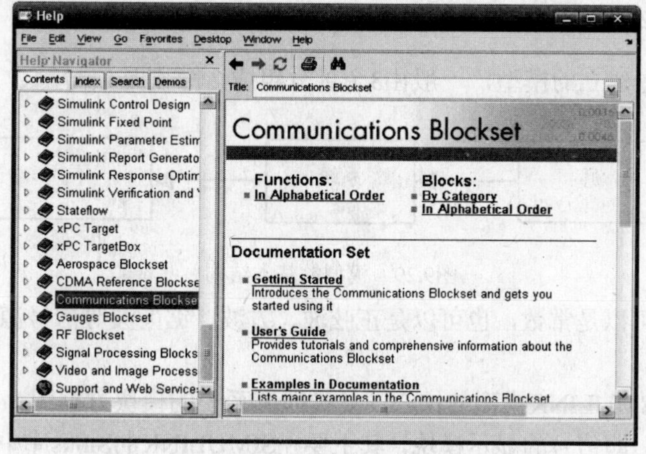

图9.27　SIMULINK专业模块库的帮助文件界面

单击对应的专业模型库，就可了解该模型库的主要功能以及其中模块的使用方法。图9.27中打开的就是通信模块集的帮助信息。

若在弹出的帮助界面中，展开Using Simulink\Blocks－Categorical List或Using Simulink\Blocks－Alphabetical List，就可以看到SMULINK公共模块库中的所有模块，单击对应的模块就可以了解其使用方法和说明信息，如图9.28所示。如果已选中某个模块，选择Help/Help on the selected block即可直接调出所选模块的帮助信息。

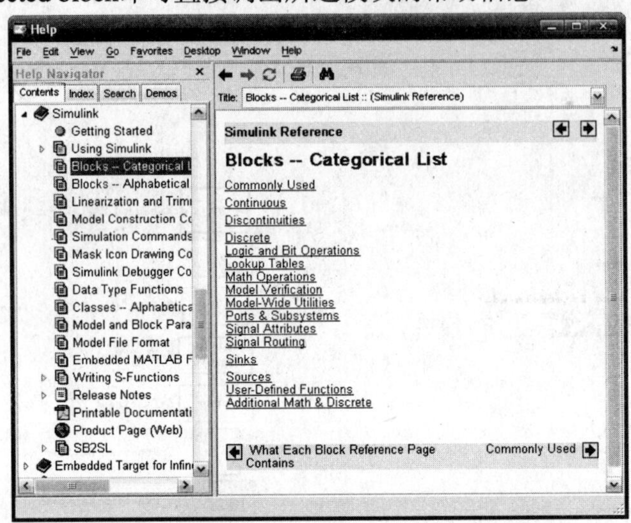

图9.28　SIMULINK公共模块库的帮助文件界面

9.5　了解SIMULINK的工作机理

SMULINK通过其基于Windows的模型化图形设计，屏蔽了许多繁琐的编程，大大简化了我们对实际问题模型化的过程。但若想更加灵活地使用SIMULINK，就必须了解其工作机理。简单来说，SIMULINK建模大体分为两步，一是通过模块组合的方法创建模型，二是对创建的模型进行仿真。下面就来介绍模型的基本结构和其仿真过程。

9.5.1　模型的基本结构

在SIMULINK中建立的模型，一般由3个部分组成，分别是信号源、系统、信号输出，如图9.29所示。

图9.29　模型的基本结构

- 信号源：可以是常数，也可以是正弦波、方波、锯齿波等信号源，或由用户自己定义的信号。
- 系统：是SMULINK模型的核心，是被研究系统的模块方框图。
- 信号输出：即信号的显示模块，其主要在SIMULINK的Sinks库中。信号输出可以在示波器、图形记录仪等上显示，也可以通过文件格式进行显示。

在设计一个模型时，必须首先区分这3部分的含义以及它们之间的联系。但是，并不是说任何仿真模型都必须包含这3个部分，事实上，模型中可以缺少其中的一个或两个，具体情况要根据模型的设计需要决定，比如说，如果设计者只关心输入对于系统和输出的实时影响，这时就不必包含信号源部分。

9.5.2　模型的仿真过程

SIMULINK的仿真就是在用户指定的时间段内按照模型提供的初始条件，按照一定的流程计算系统的状态变化和输出的过程。包括两个执行阶段：初始化阶段和动态计算阶段。

1. 初始化

模型仿真在初始化阶段主要需要完成以下工作。

（1）确定模块计算的实际参数，主要通过评估模型参数得到。

（2）展开模型的继承关系。每个子系统用其所包含的模块代替。

（3）确立模块运行的次序。

（4）确定模型中非显式设置信号的属性，如名称、数据类型等。并检查每个模块是否能够接收到连接它们输入端的信号。

（5）确定模块的采样时间。

（6）分配和初始化存储每个模块状态值和输出当前值的存储空间。

2. 动态计算阶段

一般的仿真模型都是通过数值积分来计算的。在仿真的时间段里，SIMULINK在每一个时间间隔点都是按顺序计算系统状态和输出值的，这些计算状态和输出的时间点成为时间步长，相邻两个时间点间的长度称为步长，步长的大小取决于求解器的类型。在每个时间步长里，SIMULINK计算系统输入、状态和输出，并更新模型来反映计算出的值。

在每个步长里，SIMULINK依次执行下面的步骤。

（1）按确立的运算次序，更新模块中模块的输出。

（2）按确立的运算次序，更新模块中模块的状态。

（3）检查模块连续状态的不连续点。

（4）计算下一个仿真步长的时间。

9.6　SIMULINK模型的构建

在前面的小节中，对于SIMULINK的工作环境以及工作机理进行了简要介绍。在这一节中，将重点介绍如何在SIMULINK模型窗口中建立一个直观的模型，以及如何对模型文件、模块、信号线等进行相关的操作。

9.6.1　对模型文件的操作

对模型文件的操作主要有4个：新建、打开、存盘和打印。

（1）新建模型。新建模型可以打开一个名为untitled的模型窗口。有两种方法可以完成上面的动作。

- 单击库浏览器窗口或模型窗口中的图标□。
- 选择SMULINK菜单栏或模型窗口菜单栏中的File/New/Model。

（2）打开模型。打开已经存在的模型有以下3种方法。

- 单击库浏览器窗口或模型窗口中的图标。
- 选择SMULINK菜单栏或模型窗口菜单栏中的File/Open。
- 在MATLAB指令窗中键入要打开的模型的名字，如果文件不在当前目录或MATLAB的搜索路径上，那么就要注明路径目录。

（3）对模型存盘。SMULINK模型的存储形式是.mdl文件，称为模型文件。其保存方式与Windows操作完全相同，方法有3种。

- 单击图标。
- 选择SMULINK菜单栏或模型窗口菜单栏中的File/Save或File/Save As。

（4）打印模型。单击模型窗口中的图标或选择菜单栏的File/Print，弹出打印对话框，出现一个如图9.30所示的选项框，通过点选上面的复选框，可以打印以下相关内容：当前系统（Current system）、当前系统及其上层（Current system and above）、当前系统及其下层（Current system and below）、整个系统（All systems）。

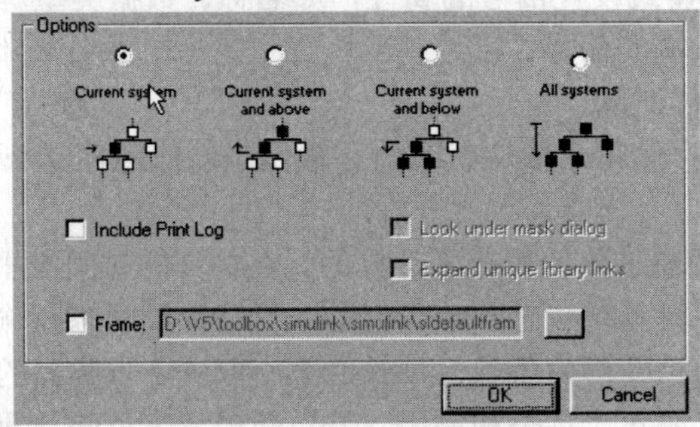

图9.30　打印对话框中的选项框

在MATLAB指令窗中写入print –smodelname –ddevice filename格式的指令来打印SMIMULINK模型。在指令中，第一个参数是被打印的模型名或系统名，此参数是必须的，第二个参数是指输出设备的类型，第三个参数是指用来保存输出的文件名。下面简单举一个例子，如果要打印当前目录下的名为untitled的模型，可在命令窗口中写入：

```
>>print -suntitled
```

9.6.2　对模块的操作

假设读者想把正弦信号放大3倍，并与脉冲信号一起合成为向量信号，再将合成的向量信号分解为标量信号，将所有的信号改变通过示波器显示出来。下面将结合对模块操作的讲解，边讲解边建立模型，以下将该模型称为untitled*。

1．模块的选择

要建立这样一个untitled*模型需要9个模块。在SIMULINK公共模型库的Sources库中选择正弦波（Sine Wave）模块和Pulse Generator（脉冲信号发生器）模块，用来产生正弦波和脉冲信号；在SIMULINK公共模型库的Math Operations库中选择Gain（增益）模块、Mux（信号组合器）模块和Demux（信号分解器）模块，用来改变信号的大小、合成向量信号和分解向量信号；在SIMULINK公共模型库的Sinks库中选择Scope（示波器）模块用来显示结果。

打开新建的模型窗口，选择上面的模块，将其拷贝或按住鼠标左键拖动到新建的模型窗口中，如图9.31所示。

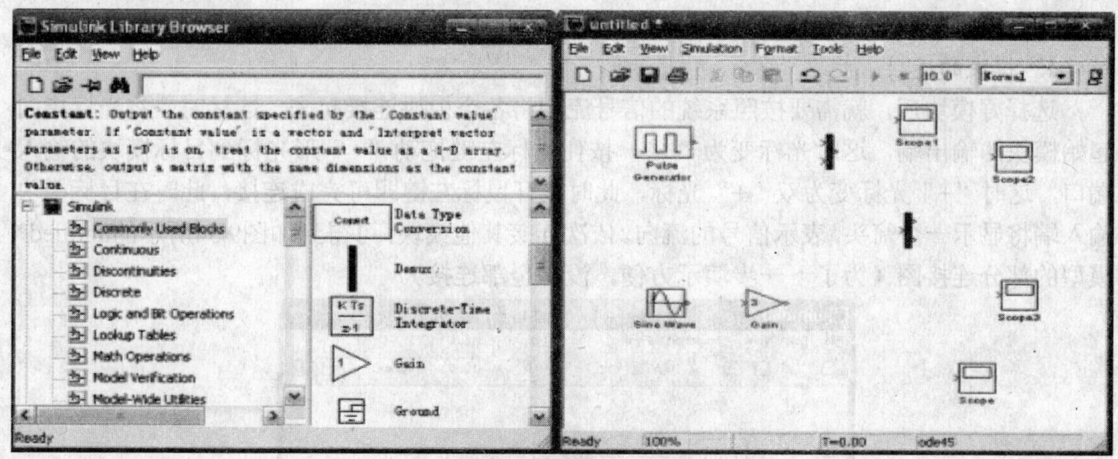

图9.31 untitled*模型的模块选择

2. 模块的选定

要对模型中的模块进行操作，就需要首先选定要操作的模块。当模块被框中或单击时，其四角会出现黑方块，如图9.32所示。

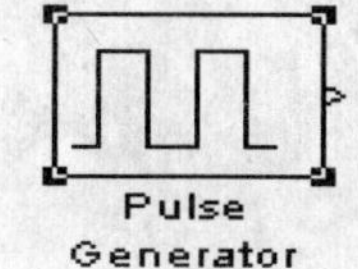

图9.32 被选定的模块

模块的选定可以选定一个也可以选定多个，选定一个时，只需单击被选对象即可，选定多个对象时，有下面两种操作方法。

- 按下Shift键，依次单击所要选定的模块。
- 按住鼠标任意一键，拖动鼠标，拉出一个虚线的矩形框，将要选定的模块圈定在其中，然后松开按键即可选定矩形框中的所有模块，如图9.33所示。

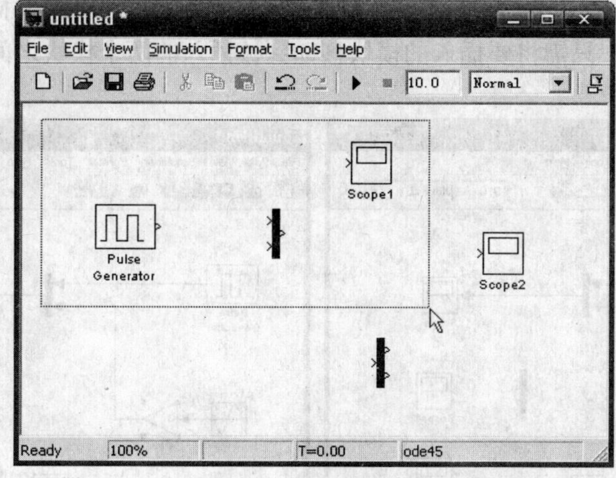

图9.33 选定多个模块

3. 模块的复制

在untitled*模型中，需要4个示波器模块，除了从库浏览器窗口拖动得到的一个模块外，其他3个可用以下方式复制得到。

- 使用鼠标右键单击模块的同时拖动模块。

- 选中模块，单击鼠标右键，弹出右键菜单，选择菜单项Copy和Paste。
- 选中模块，使用复制、粘贴快捷键Ctrl+C和Ctrl+V。

4. 模块的连接

选择好模块后，就需要按照系统的信号流程将各个模块连接起来。连接时，将光标指向起始模块的输出端，这时光标变为“+”，按住鼠标左键拖动“+”形光标到目标模块的输入端口，这时“+”光标变为双“+”光标，此时松开鼠标左键即可完成连接，此时在目标模块输入端将显示一个箭头，表示信号的流向。依次连接其他模块，可得到如图9.34所示的untitled*模型的部分连接图（为了下一步演示方便，没有全部连接）。

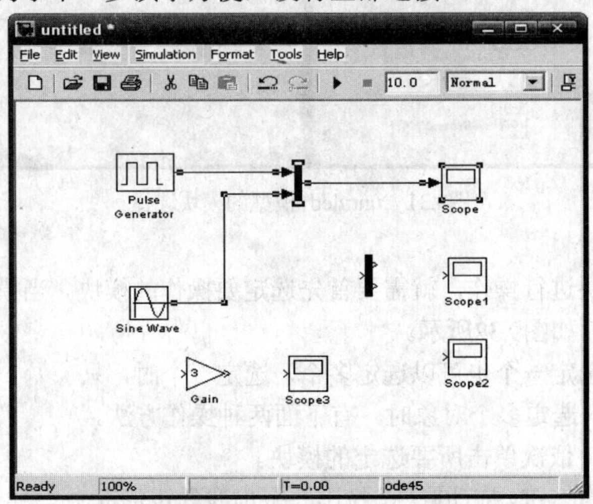

图9.34 模块之间的连接

5. 模块的插入

在untitled*模型中，正弦波信号需要放大3倍，这就需要在正弦波与Mux之间插入增益模块Gain，这个操作用户只需将要插入的模块移动到被插入的两个模块之间的连接线上即可，如图9.35所示。

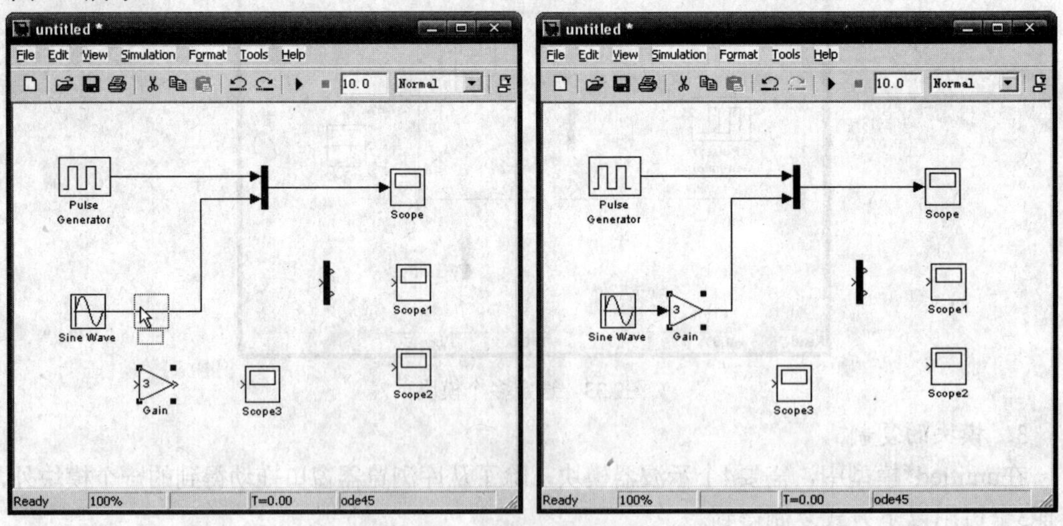

图9.35 模块的插入

6. 模块的移动

选中需要移动的模块，按下鼠标左键的同时将模块拖动到合适的位置，松开鼠标即可。模块在不同的窗口之间移动时，需要同时按下Shift键。若所移动的模块有信号线相连，移动时信号线将随着模块一起移动。

7. 模块的删除

选中模块，只需按下Delete键或采用剪切的方法即可删除所选的模块。

8. 模块的旋转

由于模型设计的需要，模块不可能总是处于输入端在左，输出端在右的缺省状态，如图9.36（a）所示，这时就需要对模块进行旋转。旋转的方式有下面两种。

- 使用快捷键Ctrl+R可顺时针旋转90°，要注意的是，模块名也将一起旋转，如图9.36（b）所示。
- 使用模型窗口菜单栏中的Format菜单。选择Format/Flip Block可将模块旋转180°。注意，旋转后模块名不动，如图9.36（c）所示。选择Format/Rotate Block可将模块旋转90°，这与使用快捷键Ctrl+R的效果相同，如图9.36（d）所示。

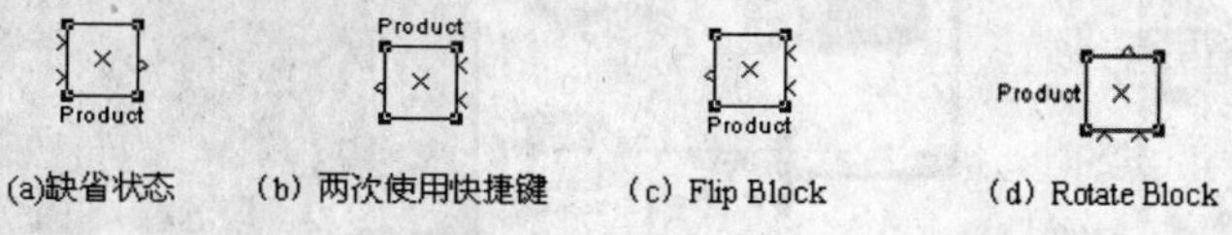

图9.36　模块的旋转

9. 模块名的操作

- 修改模块名：单击模块名，在原名字的四周会出现一个编辑框，此时，可对原来的模块名进行修改，完毕后将鼠标移到编辑框外，单击鼠标确定。
- 模块名字体的设置：选择模型窗口菜单栏的Format/Font，打开字体设置对话框，根据需要进行设置。
- 改变模块名的位置：选择模型窗口菜单栏的Format/Flip Name，可将模块名移至模块的对面，或者单击模块名，出现编辑框后，拖动编辑框将模块名移至模块的对面。
- 隐藏/显示模块名：单击模块后，选择模型窗口菜单栏的Format/Hide Name，即可隐藏模块名，同时Hide Name变为Show Name，通过相同的操作，可恢复模块名的显示。

10. 模块的阴影效果

单击模块后，选择模型窗口菜单栏上的Format/Show Drop Shadow即可显示模块阴影效果，同时，Show Drop Shadow变为Hide Drop Shadow；选择Hide Drop Shadow可去除模块的阴影效果。

11. 模块颜色的改变

- 选中模块，单击鼠标右键，弹出快捷菜单，选择Foreground color或Background color来设置颜色。
- 选中模块后，选择模型窗口菜单栏中的Format / Foreground color或Format / Background color可设置模块的颜色。

注意： 如果模块的前景色发生了变化，那么该模块所有引出的信号线的颜色也将发生相应的变化。

12. 模块大小的改变

选中要改变大小的模块，待模块四周出现小黑方块后，用鼠标点中相应的小黑方块，按住鼠标拖动到合适的位置松开即可。整个过程如图9.37所示。

Scope3 Scope Scope

(a) 原尺寸　(b)拖动边框　(c)拖动后尺寸

图9.37　改变模块的大小

9.6.3　对信号线的操作

在开始介绍信号线的操作之前，首先介绍一下信号的复合与分解。在untitled*模型中，要求将正弦信号与脉冲信号一起合成为向量信号，再将合成的向量信号分解为标量信号，能够完成这种信号的复合和分解的模块是Signal Routes模型库中的Mux模块和Demux模块。使用Mux模块可以使多个标量信号复合成一个向量信号，使用Demux模块可以使向量信号分解为多个标量信号。untitled*模型中信号的复合和分解如图9.38所示。

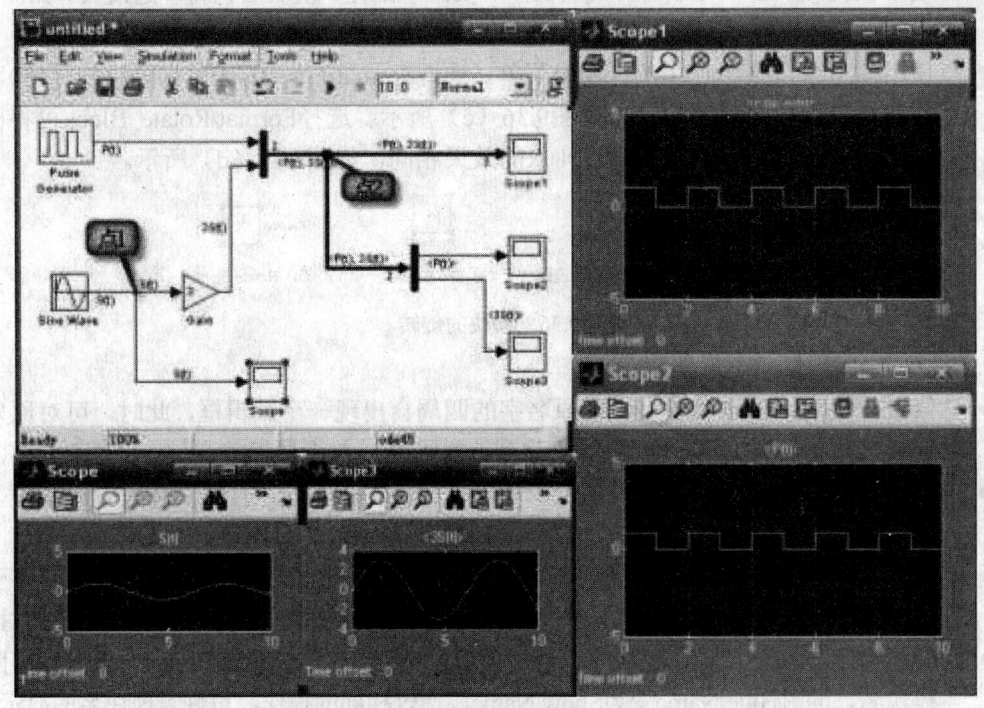

图9.38　信号的复合与分解

在图9.38中，Scope1是正弦信号和脉冲信号复合后得到的向量信号在示波器中的显示。Scope2、Scope3用来显示Demux模块的分解功能。读者同时可以通过Scope、Scope3来查看untitled*模型中正弦信号的三倍放大效果。

1. 信号线的分支

在实际模型设计中，往往需要将一个信号分送到多个输入端，这就需要对信号线进行分支，在untitled*模型中，设计者需要将正弦信号分别输送到增益模块端和Scope示波器端，要完成该操作的步骤如下。

（1）将光标指向分支线的起点，即已存在信号线上的某一点，如图9.38所示，点1、点2作为分支线的起点。

（2）按下鼠标右键，光标变为十字形，或按住Ctrl键的同时按下鼠标左键。

（3）拖动鼠标到目标端口，然后松开鼠标。

2. 信号线的曲折

对信号线路径的改变方式有：

（1）将光标移动到信号线的上方，按住鼠标左键并拖动信号线到合适的位置，然后松开鼠标。

（2）按下Shift键的同时，单击信号线上的某点，将在该点产生一个小黑方块，将光标指向小黑方块时，光标将变为一个小圆圈，此时按下鼠标左键并拖动鼠标到合适的位置，然后松开鼠标。

3. 信号线的彩色显示

SIMULINK建立的离散模型可以有多个采样频率，为了明确显示不同采样频率的模块和信号线，可选择模型窗口菜单栏Format中的Port/Signal Displays的子项Sample Time color。默认红色表示最高采样频率，黑色表示连续信号流经的模块及线。

4. 信号线宽度的设置

信号线传输的信号既可以是标量信号也可以是向量信号，并且不同的信号线所传输的向量信号的长度也不尽相同。为了区别显示，SIMULINK不仅可以用粗信号线表示向量信号，而且还可以将向量的长度用数字标出。通过选择模型窗口菜单栏Format中的Port/Signal Displays的子项Wide nonscale Lines和Signal Dimensions可完成这项功能，如图9.39所示。

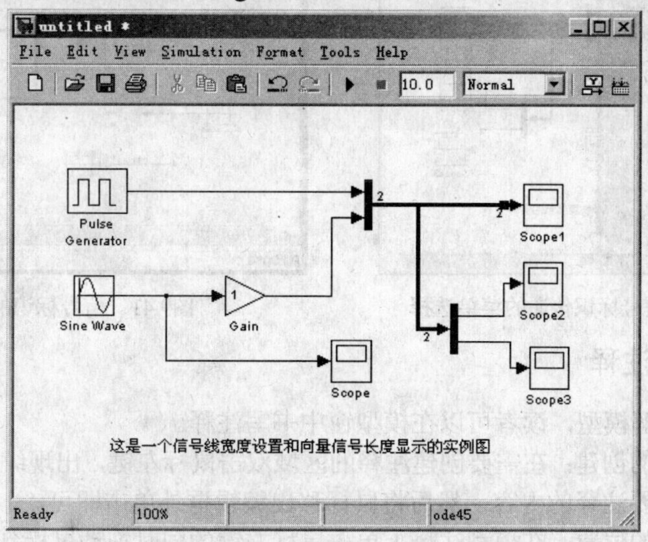

图9.39　信号线宽度的设置以及向量信号长度的显示

5. 信号线的标识

- 添加标识：双击需要添加标识的信号线，将会弹出一个空白的编辑框，在其中输入信号的标识，然后将光标移到编辑框外，单击鼠标键即可。
- 修改标识：单击需要修改的标识，在原标识的四周将会出现一个编辑框，此时对原标识进行修改即可，修改完毕后，在编辑框外单击鼠标键即可。
- 移动标识：单击标识，出现编辑框后，将光标移到编辑框上，此时按住鼠标左键同时拖动鼠标到新的位置即可。
- 复制标识：与移动标识类似，只是在拖动的同时按住Ctrl键即可，或者在出现编辑框后，使用鼠标右键进行复制。

- 删除标识：单击要删除的标识，在出现编辑框后，移动光标到编辑框上，按Delete键即可，或者将编辑框内的标识删除，在空白框外单击即可。

6. 标识传递

（1）分支信号线上的标识传递。如果一条信号线上有若干分支，其中一条信号线上已经添加了标识，此时需要在其他分支上添加标识，以便更加清晰地了解信号的流动路径，读者可以直接在分支信号线上双击鼠标得到信号标识。

（2）模块的标识传递。在SIMULINK模块库中，有一些像Mux、Demux、From的模块具有信号标识的传递功能，用户可以将模块输入端信号标识传递到模块输出端。标识传递的方法有两种：一种是在信号线上双击鼠标左键，在弹出的编辑框中输入“<>”，然后选择模型窗口菜单栏的Edit/Updata Diagram命令刷新模型，即可在编辑框中得到传递后的标识，如图9.40所示。另一种方法是，先选择信号线，然后选择模型窗口菜单栏的Edit/Signal Properties命令，或单击鼠标右键，在弹出的菜单栏中选择Signal Properties，将Signal Properties对话框中的Show Propagated Signals项设置为on即可。信号标识传递的最终显示结果如图9.41所示。

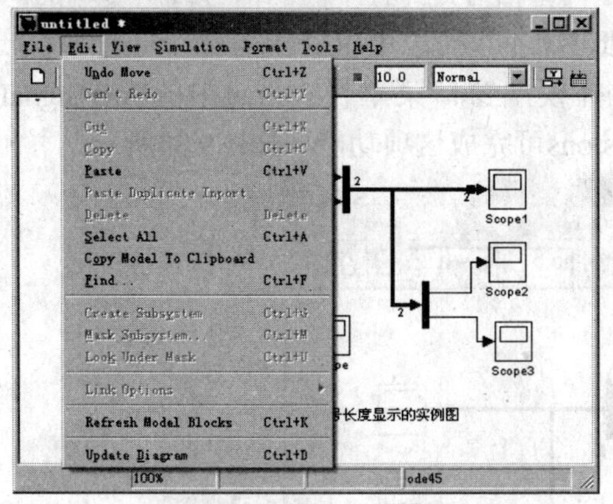

图9.40　信号标识传递的菜单选择

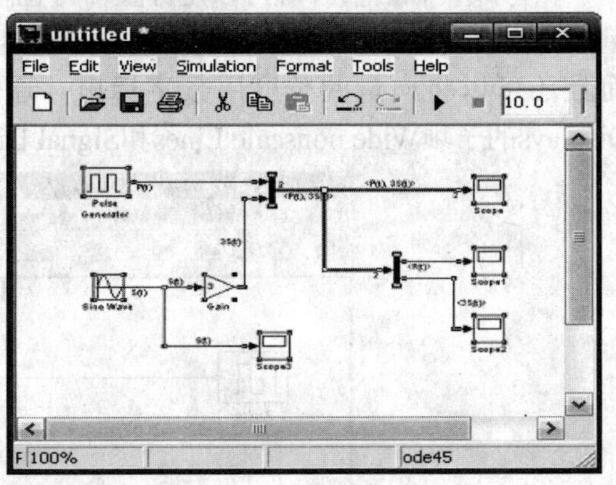

图9.41　信号标识的传递

9.6.4　对模型的注释

为了更好地理解模型，读者可以在模型窗中书写注释。

- 模型注释的创建：在需要创建注释的区域双击鼠标左键，出现编辑框后，只需在其中键入需要注释的内容，然后将鼠标移出编辑框外单击即可。
- 移动注释的位置：在模型注释上单击鼠标左键的同时拖动鼠标到合适的位置即可。
- 注释文字的字体设置：在模型注释上单击鼠标左键，待出现编辑框后，将其中需要更改的内容全选，然后选择模型菜单栏的Format/Font命令，打开字体设置对话框，设置注释的字体及大小，设置完后，将鼠标移出编辑框单击即可。图9.39所示的注释就是选择“小三”号字、Arial字体写成的。

9.7　设置仿真参数

当选中模型窗口菜单栏的Simulation/Start时，SINMULINK就开始用一种数值解算法方法去求解一组微分或差分方程。读者为了得到正确的、想要的仿真结果，必须对各种仿真参数进行设置。其中包括系统模块参数设置、示波器参数设置、仿真起始和终止时刻的确定、仿真步长的选择、数值积分算法的选择、是否从外界获取数据、是否向外界输出数据等。

9.7.1　系统模块参数设置

系统模块只有在参数设置后才能满足用户的要求和仿真要求。不同的模块具有不同的参数设置，用鼠标左键双击模块就可以弹出模块设置对话框，图9.42就是增益模块的对话框。

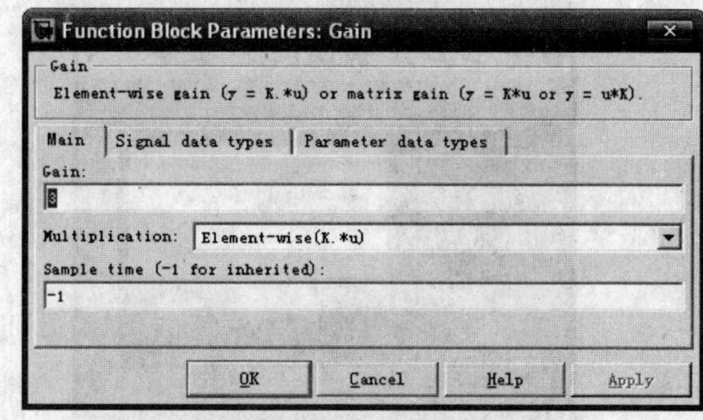

图9.42　系统模块参数设置对话框

参数设置对话框由功能说明框和参数设置框组成。功能说明框用来说明模块的使用方法和主要功能；参数设置框用来设置模块的参数。例如，在增益模块参数设置框中，有“主要”、“信号类型”、“参数数据类型”3个选项卡。每个选项卡下面都有4个按钮：OK（确定）、Cancel（取消）、Help（帮助）、Apply（应用），在输入相应的参数后，使用这4个按钮可以进行相应的操作。图9.41显示了untitled*模型中增益模块的增益系数设置为3。

9.7.2　示波器参数设置

在SIMULINK仿真中，示波器的使用是非常多的。适当的参数设置能够给用户带来更加直观的显示结果。在示波器设置中，数据长度的缺省设置是5000，当数据长度超出5000时，最前面的数据将被遗弃。

1. 示波器的工具条

示波器的工具条中包括以下工具按钮。

打印输出

打开示波器属性对话框

双向变焦

x轴向变焦

y轴向变焦

取当前信号的最大最小值为纵坐标的上下限

保存当前轴的设置为缺省设置

恢复缺省设置

示波器以游离状态出现

去除坐标轴选择

游离时信号选择

2. 示波器的纵坐标设置

示波器的纵坐标设置步骤如下。

（1）在示波器的“坐标框”内单击鼠标右键，在出现的菜单栏中选择Axes properties，弹出纵坐标设置对话框，如图9.43所示。

（2）在Y-min、Y-max栏中填写用户要设置的纵轴坐标上下限。在Title栏中输入信号名称，如图9.44所示。

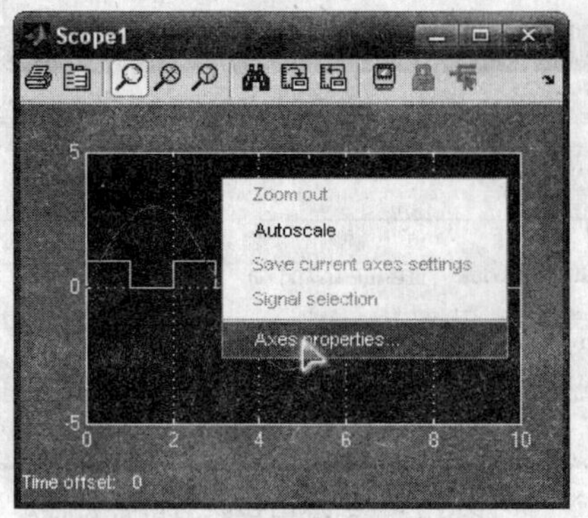

图9.43 选择纵轴设置菜单项

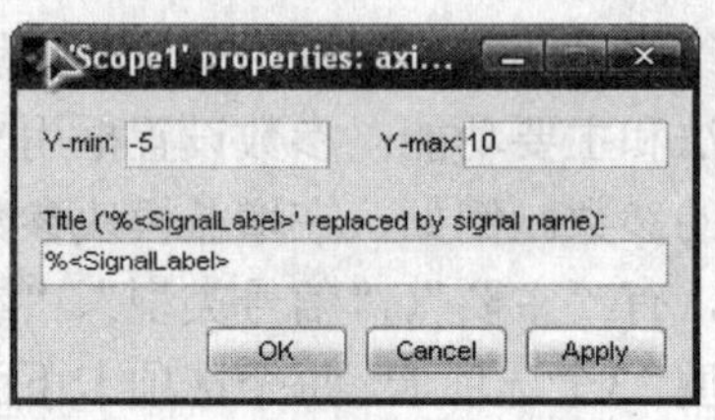

图9.44 设置纵轴参数

（3）修改后的显示结果，如图9.45所示。

3. 示波器属性对话框设置

单击示波器工具条图标，打开如图9.46所示的示波器属性对话框。

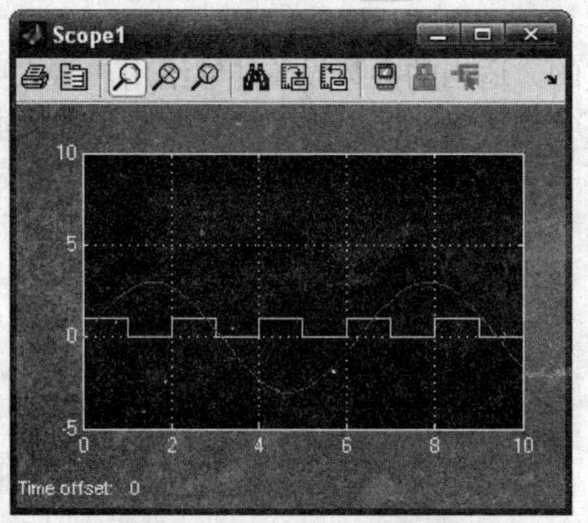

图9.45 修改参数后的显示结果

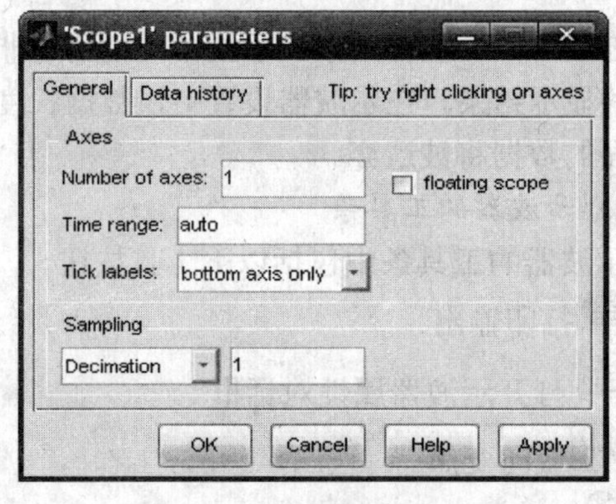

图9.46 General设置

（1）General设置

- Number of axes：设置示波器输入端口的个数，该栏的缺省设置是1，表示示波器只有一个输入端口，示波器窗口只有一个信号显示区。若设置该栏的值为n，则表示示波器有n个输入端口，示波器窗口同时也有n个信号显示区。
- Floating scope：若该栏被勾选，那么示波器将以游离状态出现。
- Time range：设置信号显示区间。缺省设置是10，表示示波器显示[0，10]区间内的信号，若信号的实际持续时间超过了设置时间，那么示波器只显示区间内的信号。
- Sampling/Decimation：设置显示频度，缺省设置是1。若取n，那么每隔（n-1）数据点进行显示。
- Tick labels：设置坐标轴显示，其有3个选项，分别为：all、none、bottom axis only。all表示所有坐标轴显示坐标尺度；none表示不显示坐标尺度；bottom axis only表示，对于多个显示区，只在最下面的显示区显示横坐标尺度。

- Sampling/Sample time：设置显示点的采样步长，缺省为0，表示显示连续信号。如果设置为-1，表示显示方式取决于输入信号。若设置为大于0的任何数，则表示显示离散信号。

（2）Data history设置，如图9.47所示。

- Limit data points to last：设定缓冲区接收数据的长度，缺省设置为5000。如果数据长度超过设置的数值，那么前期的历史数据将被系统清除。
- Save data to workspace：默认状态下，不被勾选。若该项被选中，示波器缓冲区中的数据将被送到MATLAB工作空间，用户可以自己设定变量名，缺省时是ScopeData。

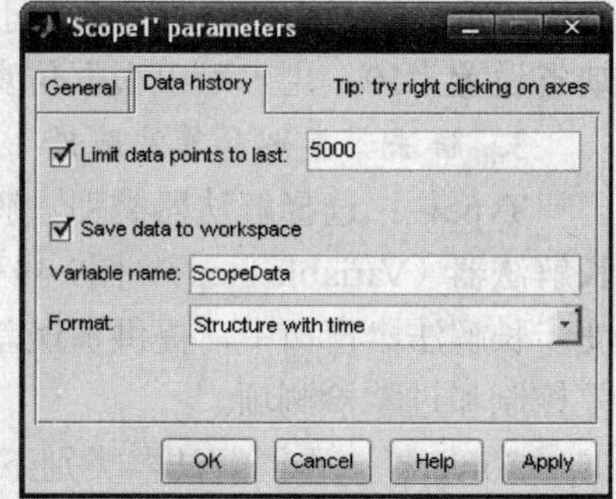

图9.47 Data history设置

9.7.3 仿真参数的设置

仿真参数的设置主要包括：Solver（解法器设置）、Data Import/Export（仿真参数输入输出）、Optimization（仿真优化）、Diagnostics（仿真诊断）、Hardware Implementation（仿真硬件实现）、Model Referencing（参考模型）、Real-time workshop（实时工作间）。在模型窗口菜单栏中选择Simulation/Configuration Parameter，就可以打开Configuration Parameter（参数设置）对话框，如图9.48所示。

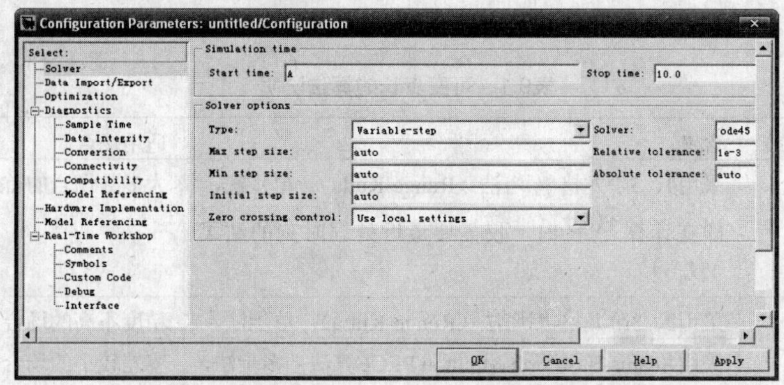

图9.48 仿真参数设置对话框

1．解法器设置（Solver）

解法器参数设置的界面如图9.49所示，包括设置仿真时间和解法器选择。

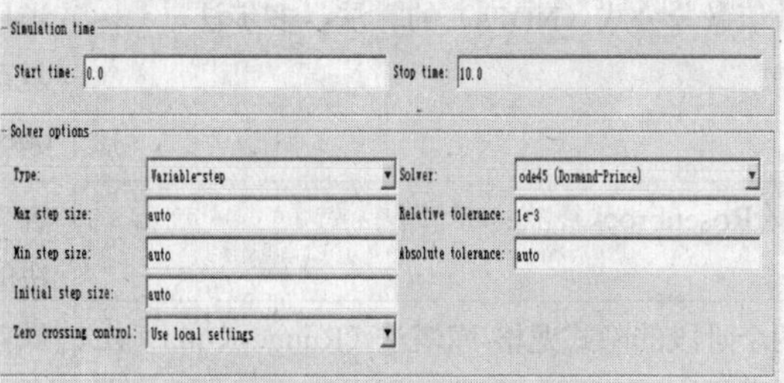

图9.49 解法器参数设置窗口

2. 仿真时间

仿真时间和一般意义上的时间是不同的。比如，10秒的仿真时间往往并不需要10秒。仿真总共需要的时间是依赖于很多因素的，如模型的复杂程度、算法选择和计算机的速度等。一般来说，仿真的结束时间要大于或等于起始时间。Start time栏缺省设置为0，Stop time栏的缺省设置为10。用户可以根据仿真的需要，具体确定仿真的时间段。

3. 解法器类别和算法选择

Type栏：选择解法器类别。解法器分为两大类：固定步长解法器（Fixed-step）和可变步长解法器（Variable-step）。图9.49和图9.50分别显示了选择不同解法器类型的窗口改变，在可变步长解法器窗口中，提供了误差控制和过零检测选择，而选择固定步长后，将无须选择误差控制和过零检测项。

Solver栏：不同解法器类别下的算法选择，如图9.51所示是可变步长解法器的Solver的下拉菜单。

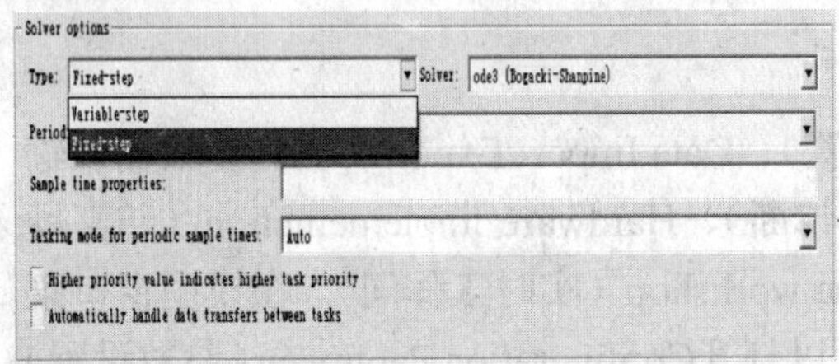

图9.50 选择固定步长解法器

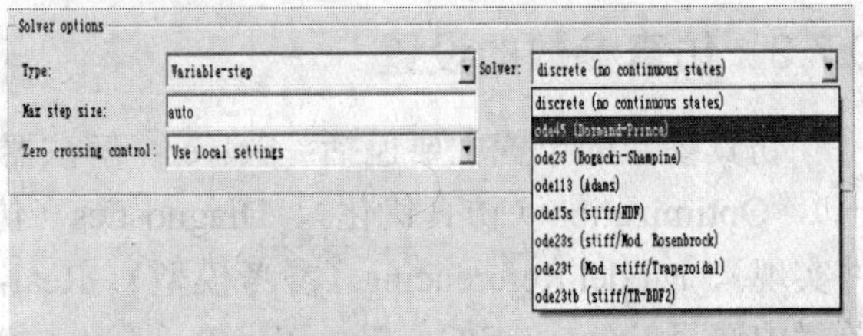

图9.51 算法选择

在表9.1和表9.2中将分别介绍可变步长和固定步长解法器的算法说明。

表9.1 可变步长的算法说明

算法	适用系统	含义	适用场合
ode45	非刚性	采用4、5阶龙格-库塔法（Runge-Kutta）；单步法，即在计算 $y(t_n)$ 时，仅需要最近处理时刻的结果 $y(t_{n-1})$	大多数场合的首选算法
ode23	非刚性	采用2、3阶龙格-库塔法（Runge-Kutta）；单步法。	精度不高的场合
ode113	非刚性	采用Adams-Bashforth-Moulton PECE算法；多步法，即在计算当前输出时，需要前几个时刻的结果	容差较小的场合
ode23t	适度刚性	使用自由内插实现的梯形积分法	求解适度刚性且用户需要一个无数字跳跃结果时使用
ode15s	刚性	基于数值微分公式（NDFs）的算法；多步法	当用户估计要解决的问题比较复杂，不能使用ode45，或使用ode45失败时使用
ode23s	刚性	采用2阶Rosenbrock算式；单步法	容差较大或ode15s不能有效解决的问题
ode23tb	刚性	具有两个阶段的隐式龙格-库塔法（Runge-Kutta）公式的TR-BDF2实现	低精度时可代替ode15s使用

表9.2 固定步长的算法说明

算法	含义
ode5	ode45的固定步长形式
ode4	采用4阶龙格-库塔法（Runge-Kutta）
ode3	ode23的固定步长形式
ode2	定步长的2阶龙格-库塔法（Runge-Kutta），也称Heun法
ode1	固定步长的欧拉法
discrete	纯离散系统的特殊解法

4. 仿真步长设置

对于可变步长算法，用户可以设置最大步长和初始步长。在缺省状态下，步长是自动确定的，用auto值表示。

最大步长参数（Max step size）。该参数决定解法器能够使用的最大时间步长，在缺省设置下，其最大步长是仿真时间跨度的1/50。一般来说，默认值对于仿真来说足够了，若用户确定积分中失去了重要的步骤，可以改变参数以阻止积分采用过大的步长。假如仿真时间过长，默认的步长就可能过长。另外，如果用户的系统是个周期系统，那么把最大步长设置为其周期值的一部分（如1/4）是可行的。

初始步长参数（Initial step size）。默认时积分器通过检查初始时间状态的派生来选择初始步长。初始步长过大可能导致积分中失去一些重要特性。初始步长是个建议值，系统将尝试这个步长，如果发生错误，就要减小这个步长。

5. 仿真精度设置

相对误差（Relative tolerance）。这是可变步长解法器的设置参数。指误差相对于状态的值，用百分比表示，默认值为1e-3，表示状态的计算值要精确到0.1%。

绝对误差（Absolute tolerance）。这也是可变步长解法器的设置参数。表示误差值的门限，或者是在状态值为零的情况下可以接受的误差。

6. 固定步长模式选择

- Multitasking（多任务模式）：选择这种模式时，当SMULINLK检测到模块间非法的采样速率转换时系统会给出错误提示。在实时多任务系统中，如果任务之间存在非法采样速率转换，那么就有可能出现这个模块的输出在另外一个模块需要时无法使用的情况。通过这种转换检查，Multitasking将帮助用户建立一个符合现实的多任务系统的有效模型。使用速率转换模块可以减少模型中的非法速率转换。
- Singletasking（单任务模式）：这种模式不检查模块间的速率突变，其主要用于“单任务”系统。
- Auto（自动模式）：选择这种模式将会对系统进行自动检测，系统自动在Multitasking（多任务模式）和Singletasking（单任务模式）间切换。

7. 仿真参数输入输出（Data Import/Export）

仿真参数的输入输出（Data Import/Export）设置界面如图9.52所示，它主要是对SMULINK和MATLAB工作空间交换数值时的有关选项进行设置。

- Load from workspace：选中前面的复选框可以从MATLAB工作空间获取时间和输入变量。一般时间变量定义为t，输入变量定义为u。Initial state用来定义从MATLAB

工作空间获取的状态初始值的变量名。

- Save to workspace：选中前面的复选框则可以设置存在MATLAB工作空间的变量类型和变量名。一般存在工作空间的变量包括输出时间向量（Time）、状态向量（States）和输出变量（Output）。
- Final stated：定义系统稳态值存往工作空间时使用的变量名。
- Save options：用来设置存往工作空间的有关选项。Limit rows to last用来设置SIMULINK仿真结果存在MATLAB工作空间的向量的维数或矩阵的秩。Decimation设置一个采样因子，默认值为1，表示保存所有的仿真时间点产生的值。若设置为3，表示每隔2个仿真时刻才保存一个值。Format用来设置返回数据的格式，其中包括矩阵（matrix）、结构体（struct）和带时间的结构体（struct with time）。

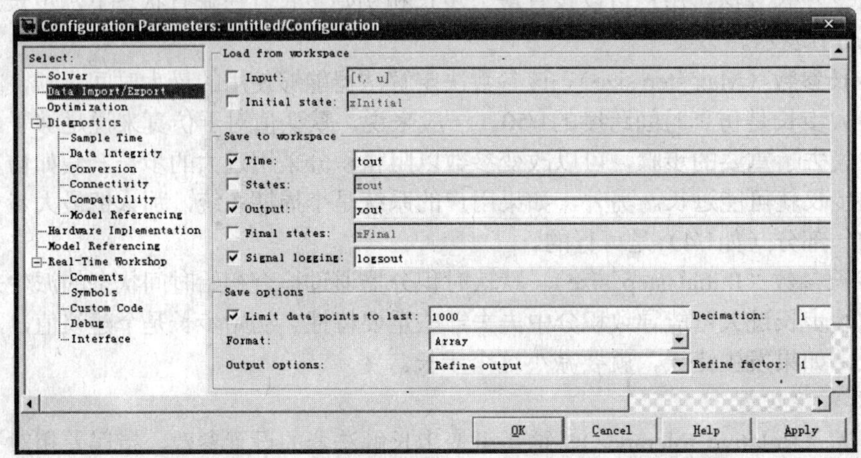

图9.52　输入输出（Data Import/Export）设置界面

8. 仿真诊断

仿真诊断参数设置（Diagnostics）窗口如图9.53所示，其包括了Sample Time（采样时间）、Data Integrity（数据完整性）、Conversion（转换）、Connectivity（连接）、Compatibility（兼容性）和Model Referencing（模型引用）几个子项。在这些子项中，可以设置SIMULINK检查中用户需要进行的诊断动作。由于篇幅限制就不做详细介绍了，读者可以通过系统帮助来了解具体内容。

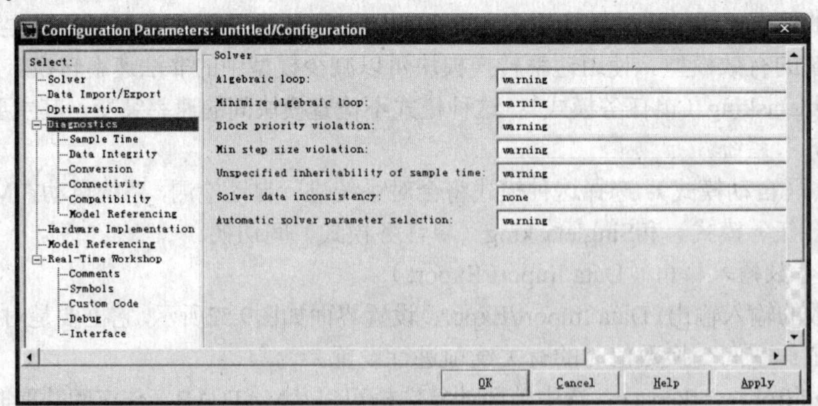

图9.53　诊断参数（Diagnostics）设置界面

9. 实时工作间（Real-time workshop）

实时工作间（Real-time workshop）的设置界面如图9.54所示。主要用于与C语言编辑器的交换，用户可以通过它直接从SMULINK模型生成代码，并自动建立可以在不同环境下运行的程序。

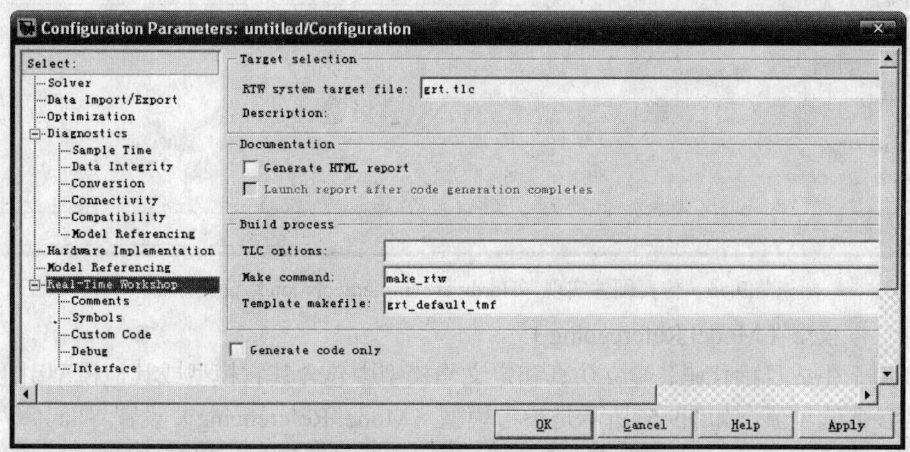

图9.54　实时工作间（Real-time workshop）的设置界面

10. 仿真优化（Optimization）

通过设置各种选项来提高仿真性能和由模型生成的代码的性能，其界面如图9.55所示。

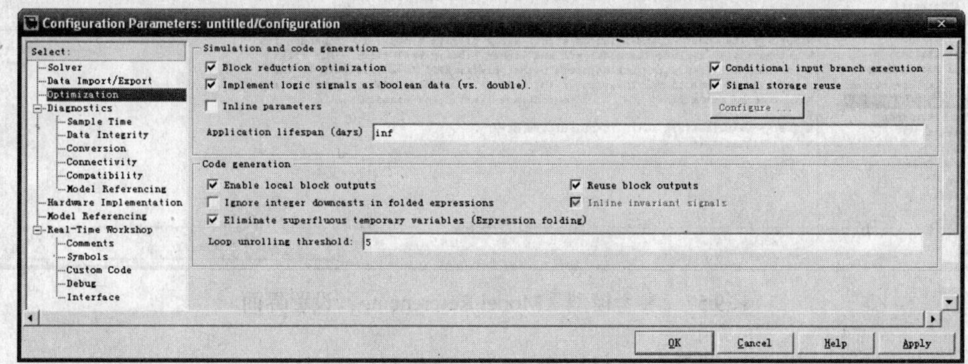

图9.55　仿真优化（Optimization）设置界面

- Block reduction optimization选项：用时钟同步模块来取代一组模块，以加速模型的运行。
- Conditional input branch execution选项：优化模型的仿真和代码的生成。
- Inline parameters选项：选中该复选框，可使模型的所有参数在仿真的过程中不可调。SIMULINK在仿真时，会将那些输出仅决定于模块参数的模块从仿真环中移出，以加快仿真。若用户想使某些参数可调，可单击 Configure ... 按钮，打开Model Parameter Configuration对话框，将这些变量设置为全局变量。

11. 仿真硬件实现（Hardware Implementation）

该界面（如图9.56所示）主要用来定义硬件的特性，这里的硬件是指将来要用来运行模块的物理硬件。这些设置可以帮助用户在模型实际在该硬件上运行之前，通过仿真检测到以后在硬件上运行可能出现的问题，例如溢出等。

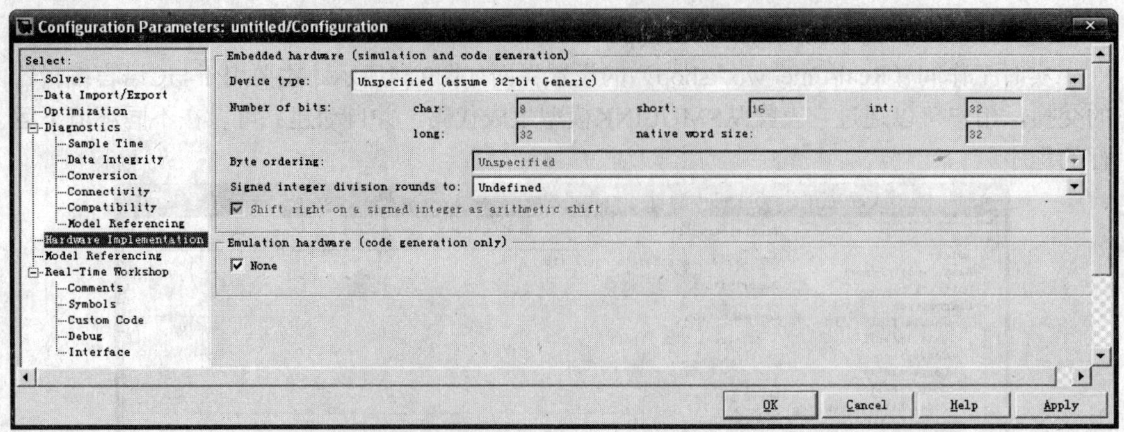

图9.56　仿真硬件实现（Hardware Implementation）设置界面

12. 参考模型（Model Referencing）

主要用于生成目标代码、建立仿真和定义当模型中包含其它模型或其他模型引用该模型时的一些参数选项值，如图9.57所示是参考模型（Model Referencing）设置界面。

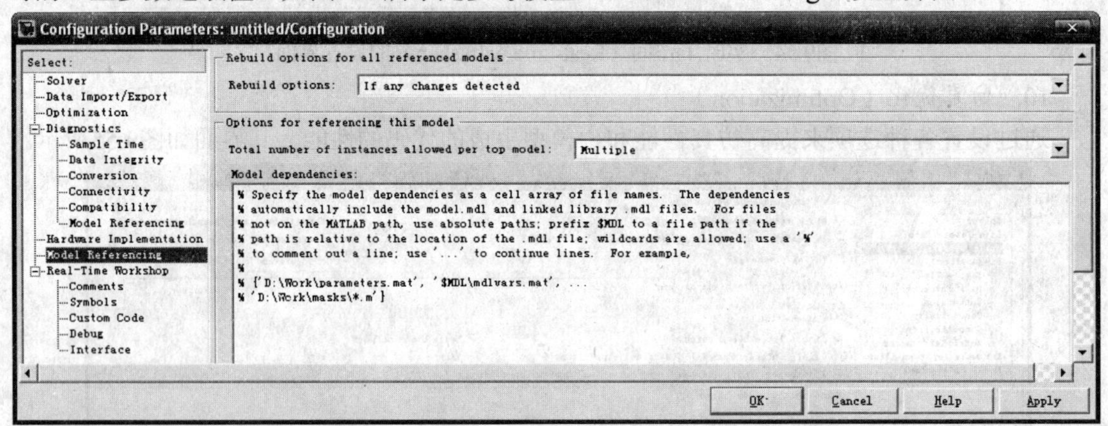

图9.57　参考模型（Model Referencing）设置界面

9.8　连续系统建模实例

连续系统是指可用微分方程来描述的系统。在现实世界中，很多物理系统都是连续时间的，连续系统可分为：线性连续系统和非线性连续系统。下面将主要介绍一些简单的连续数学模型的SIMULINK模型实现，并将这些简单模型应用到相对复杂的SIMULINK建模中。

9.8.1　线性系统

1. 积分模块示例

【例1】带积分的分段函数建模。假设信号g(t)满足：$g(t)=\begin{cases}\int_0 2tdt & 0\le t<5\\ \int_5 2tdt & 5\le t\end{cases}$，请构建模型并图示信号波形。

积分模型在模型设计中是比较常见的，由于其完全可以通过现有的模块实现，故在下面演示的积分模型的实现步骤中将重点介绍参数设置，建模步骤如下。

（1）模块选择，设置参数，构建方框图。由信号满足的函数，就可以确定模型需要的模块有：连续时间信号Clock、增益模块Gain、积分模块、常量输出、信号求差模块以及示波器模块。

在构建如图9.58所示的模型中，对各模块进行如下的配置（默认配置不再列出）。

- Constant模块：Constant value栏设置为5。
- Gain增益模块：增益参数Gain设置为2。
- Integrator积分模块：在External reset下拉菜单中选择rising项，确定之后模块就出现两个输入端口。其下方是一个复位端口，表示该端口信号由负变正的瞬间，积分器被强迫置零。
- Scope示波器模块：打开示波器属性对话框，在Number of axes栏中填写2，确定后示波器获得两个端口，可以同时显示两个信号。

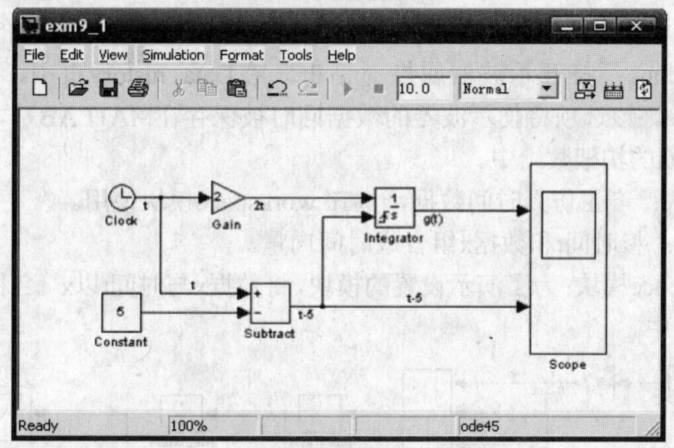

图9.58　分段函数模型

（2）仿真操作。选择模型窗口菜单栏的Simulation/Start命令，再在示波器窗口中单击自动调整刻度图标，即可获得如图9.59所示的波形。

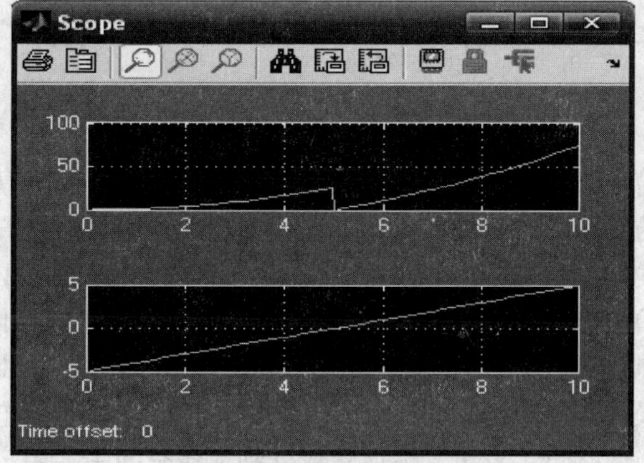

图9.59　波形显示图

（3）仿真结果说明。在仿真启动时，积分器从零开始对2t进行积分。当复位端口信号t-5由负变正的瞬间，积分器被重置为零，之后再对2t进行积分。示波器中的第一个图显示了信号g(t)的波形图，第二个图显示了当t=5时，积分器被置零。

2. 微分方程示例

【例2】求解微分方程$x''+0.2x'+0.5x=0.3u(t)$。其中，$u(t)$是单位阶跃函数，初始值为0。

要求解这样一个问题，关键是建立能够表征例中微分方程的模型，故其模型实现步骤如下。

（1）改写微分方程为：$x''=0.3u(t)-0.2x'-0.5x$。

（2）选择模块、构建模型。在微分问题中，往往是通过积分来解决微分问题，基本思路是：x''经过积分得到x'，x'再经过积分得到x，而x''可由（1）中的代数运算得到。在构建如图9.60所示的模型时，对各模块的参数设置如下。

- u（t）输出模块：将阶跃函数模块名Step改为u(t)，Step time设置为0。
- 求和模块：符号列表List of signs设置为+--。
- 更改增益模块名称，使用菜单Format/Rotate Block选项实现模块的翻转。
- 示波器Scope：打开示波器属性对话框，在Data history页中，勾选Save data to workspace。该选项将使示波器的数据同时被保存在MATLAB基本空间的缺省名为Scope Data的构架数组中。
- Clock模块：产生仿真时间数据，供To workspace模块使用。
- Mux模块：将时间t和数据x组合成时间向量。
- To workspace模块：为了演示设置的模块，将数据x与时间t以x_t名称存放在MATLAB工作空间中。

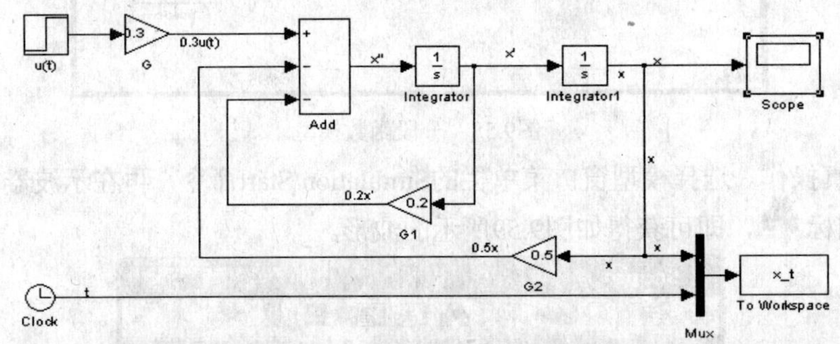

图9.60　微分方程模型

另外，选择模型窗口菜单栏的Simulation/Configuration选项，打开仿真参数设置窗口，在解法器设置界面中将仿真终止时间设置为20。在数据输入输出界面设置中，勾选time和States栏，使得仿真中产生的时间数据tout，以状态名为xout存放在MATLAB工作空间中。

（3）仿真操作。单击仿真开始按钮，打开示波器窗口，可以看到如图9.61所示的波形。

（4）利用存放在MATLAB中的数据绘制曲线。在本例中，以3种独立的方式向MATLAB存储了数据：示波器模块存储数据ScopeData；To workspace模块向工作空间存储了数据x_t；在Configuration设置中，以tout、xout名称存储数据到工作空间中。用户可以选取上述方式的任意一种来存储仿真数据。

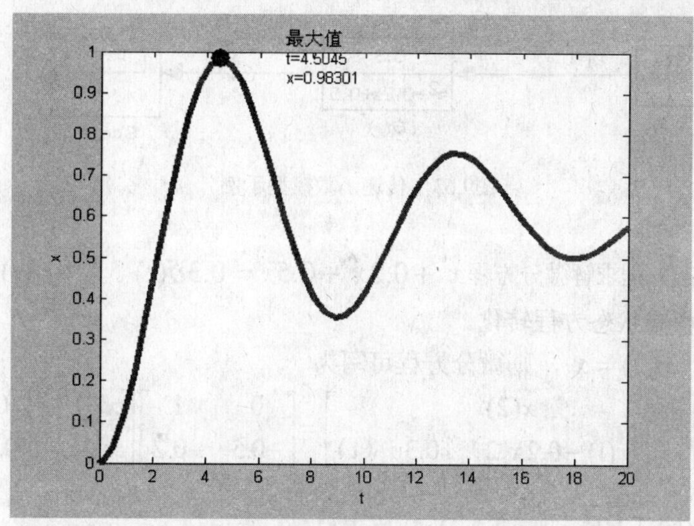

图9.61　利用存放在MATLAB中的数据绘制曲线

下面就来演示通过指令利用示波器存储在MATLAB工作空间中的数据ScopeData绘制所需的图形，如图9.62所示。

```
>> clf
>> tt=ScopeData.time;
>> xx=ScopeData.signals.values;
>> [xm,km]=max(xx);
>> plot(tt,xx,'r','LineWidth',4),hold on
>> plot(tt(km),xm,'b.','MarkerSize',36),hold on
>> strmax=char('最大值',['t=',num2str(tt(km))],['x=',num2str(xm)]);
>> text(7,xm,strmax),xlabel('t'),ylabel('x')
```

3. 传递函数示例

【例3】利用传递函数模块求解【例2】的微分方程 $x''+0.2x'+0.5x=0.3u(t)$。

利用传递模块实现步骤如下。

（1）对方程进行拉普拉斯变换，得到

$$s^2X(s)+0.2sX(s)+0.5X(s)=0.3U(s)$$

整理后得到

$$G(s)=\frac{X(s)}{U(s)}=\frac{0.3}{s^2+0.2s+0.5}$$

（2）构建模型，设置参数、仿真操作。该模型相对简单，只是给读者提供一个思路，具体操作这里不再赘述，其模型如图9.63所示。

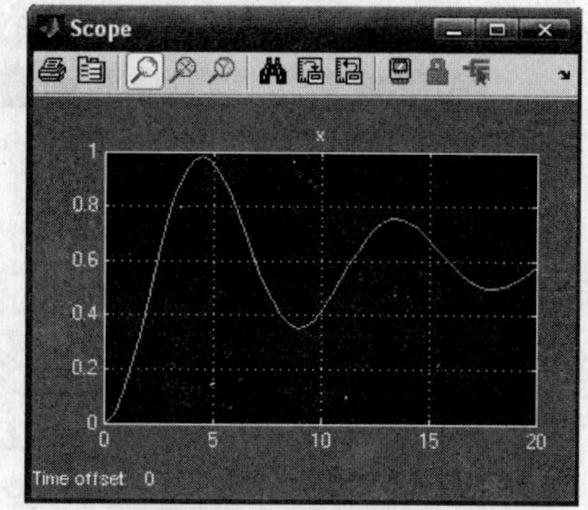

图9.62　微分方程仿真解图

- U（t）模块：设置初始值项Step time为0。
- 传递函数模块：在分子分母栏中分别输入对应的系数。在图例中，在分子栏Numerator中输入[0.3]，在分母栏Denominator中输入[1 0.2 0.5]。

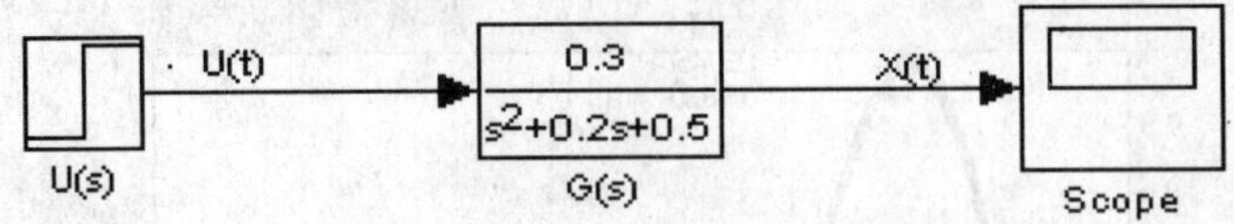

图9.63　传递函数模型示例

4. 状态方程示例

【例4】使用状态方程求解微分方程$x''+0.2x'+0.5x=0.3\delta(t)$。其中$\delta(t)$是单位脉冲信号。

（1）微分方程向状态方程转化。

假定$x(1)=x,x(2)=x'$，则微分方程可写为

$$x=\begin{bmatrix}x(1)\\x(2)\end{bmatrix}=\begin{bmatrix}x(2)\\-0.5x(1)-0.2x(2)+0.3\mathrm{u}(\mathrm{t})\end{bmatrix}=\begin{bmatrix}0&1\\-0.5&-0.2\end{bmatrix}\begin{bmatrix}x(1)\\x(2)\end{bmatrix}+\begin{bmatrix}0\\0.3\end{bmatrix}\delta(\mathrm{t})$$

简化为$\begin{cases}\dot{\mathrm{x}}=\mathrm{Ax}+\mathrm{B}\delta\\ \mathrm{y}=\mathrm{Cx}+\mathrm{D}\delta\end{cases}$

在式中，A=$\begin{bmatrix}0&1\\-0.5&-0.2\end{bmatrix}$，B=$\begin{bmatrix}0\\0.3\end{bmatrix}$，C=[1，0]，D=0。

（2）生成单位脉冲函数。脉冲函数可以用窄高矩形脉冲近似模拟。设d为脉冲宽度，M为脉冲幅度，那么这个窄高脉冲要求满足：脉冲幅度与脉冲宽度的乘积等于1（Md=1）。具体方法为用两个经过特殊设置的阶跃函数作差得到。脉冲宽度的取值一般要考虑两个方面的因素：一是脉冲宽度要小于被研究系统的特征根实部；二是脉冲宽度不能太小，以免造成失真。在本例中，取d=0.01，M=100，则$\delta\approx100\mathrm{u(t)}-100\mathrm{u(t-0.01)}$。

（3）选择模块、设置参数，构建模型。阶跃信号模块：本例中选取两个此模块，分别改名为u1(t)、u2(t)。将u1(t)模块的Step time设置为0，Final value设置为100；u2(t)模块的Step time设置为0.01，Final value设置为100。求和运算模块Sum：符号列表List of signs设置为+-，模块外形Icon shape设置为矩形rectangular。状态方程模块State-Space：具体设置如图9.64所示。

（4）仿真结果，如图9.65所示。设置仿真终止时间为30，单击▶按钮开始仿真。

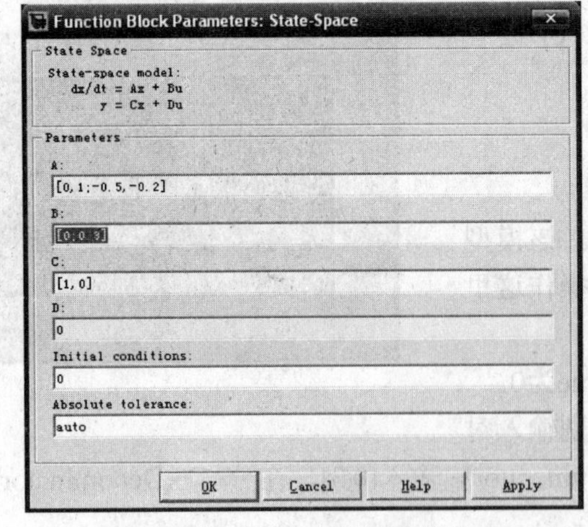

图9.64　状态方程模块设置

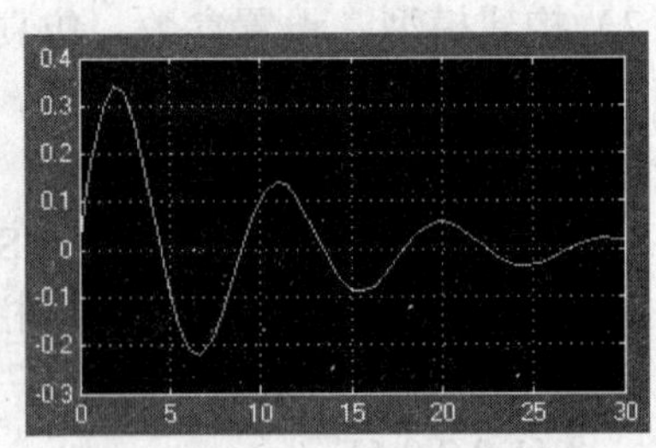

图9.65　仿真结果

9.8.2　非线性系统

【例5】计算方程：$\begin{cases} x_1(k+1)=x_1(k)+0.1x_2(k) \\ x_2(k+1)=-0.05\sin x_1(k)+0.094x_2(k)+u(k) \end{cases}$，并用示波器显示变量 x_1 和 x_2。

（1）系统模型创建。建立系统模型需要的模块有：

- Math Operations中的Gain、Slider Gain、Product和Sum模块；Product模块实现 x_1 和 x_2 之间的组合乘法运算，如 $x_1\ x_2$、 x_1^2 等。
- Source中的Constant模块；
- Continuous中的Integrator模块；
- Signal Routing中的Mux模块；
- Sinks中的Scope模块和XYGraph模块。XYGraph模块显示系统的相平面曲线。

按照图9.66所示构建系统模型。

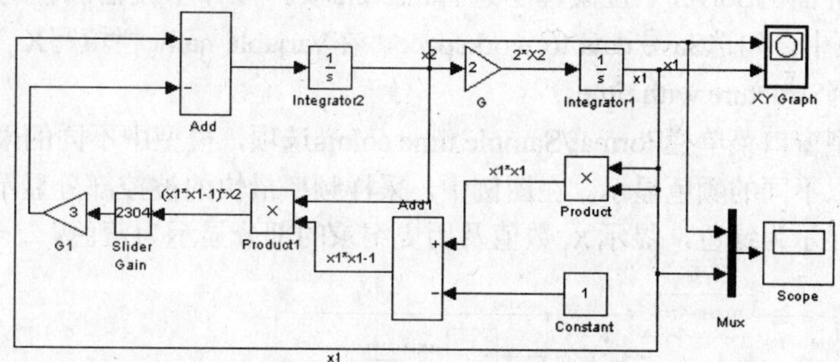

图9.66　非线性系统模型实例图

（2）模型和系统仿真参数设置，启动仿真，仿真结果如图9.67所示。积分模块：Integrator1和Integrator2的初始值分别设置为2、-3。XY Graph模块：将X轴和Y轴的最小、最大值均设为-4和4。

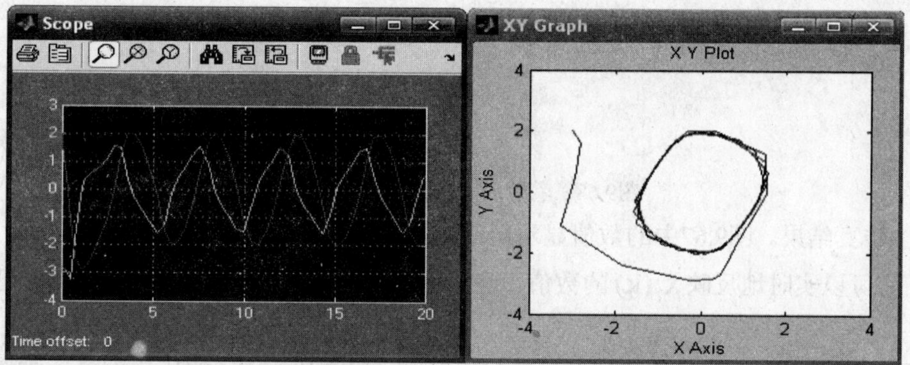

图9.67　变量 x_1 和 x_2 的时间响应曲线和相平面曲线

9.9　离散系统建模实例

离散系统就是可用差分方程来描述的系统。在许多离散系统中，包含了多种不同的采样频率。计算机就是这样的系统。在离散系统中，控制器的更新频率一般低于对象本身的工作频率。显示系统的更新频率总比显示器的读取速度低得多。

【例6】假设有某一过程的离散状态方程：

$$\begin{cases} x_1(k+1) = x_1(k)+0.1x_2(k) \\ x_2(k+1) = -0.05\sin x_1(k) + 0.094x_2(k) + u(k) \end{cases}$$

式中，u(k)是输入。该过程的采样周期是0.1秒。控制器采样周期为0.25秒。显示系统的更新周期是0.5秒。

（1）选择模块，设置参数，建立如图9.68所示的模型。

- 单位延迟模块Unit Delay：采样周期Sample time栏设置为0.1。
- 零阶保持器Zero-Order Hold：Zero-Order Hold1的采样周期Sample time栏设置为0.25，Zero-Order Hold2的采样周期Sample time栏设置为0.5。
- 选择模型窗口菜单栏Simulation/Configuration选项，打开仿真参数设置窗口，在解法器设置界面的Solver下拉菜单中选择discrete项。打开示波器属性对话框，在Data history页中，勾选Save data to workspace，在Variable name栏填写X_T，Format下拉菜单选择Structure with time。
- 选择模型窗口菜单栏Format/Sample time colors选项，模型中不同的采样周期以及连线将会以不同的颜色显示。在图例中，采样频率最快的被控部分显示为红色，频率次之的显示为绿色，显示x_1数值及历史纪录的部分显示为蓝色。

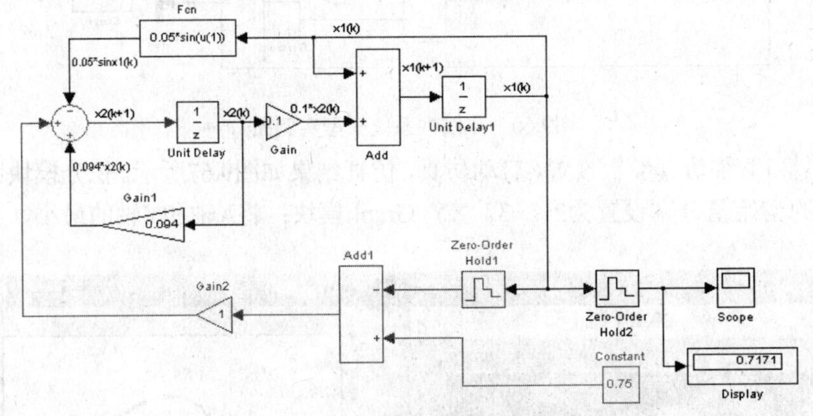

图9.68　着色后的多频率离散系统

（2）仿真结果。图9.67中的数值显示器Display显示的是仿真结束时$x_1(k)$的值，在仿真过程中，它可以实时地反映$x_1(k)$的数值。在Scope示波器中显示的是$x_1(k)$的历史记录，如图9.69所示。

利用存储在MATLAB工作空间里的变量T_X也可以画出$x_1(k)$的历史记录，如图9.70所示，具体指令如下：

```
>> tt=T_X.time;
>> x1=T_X.signals.values;
>> plot(tt,x1),grid on,
>> xlabel('t'),ylabel('x1(t)')
```

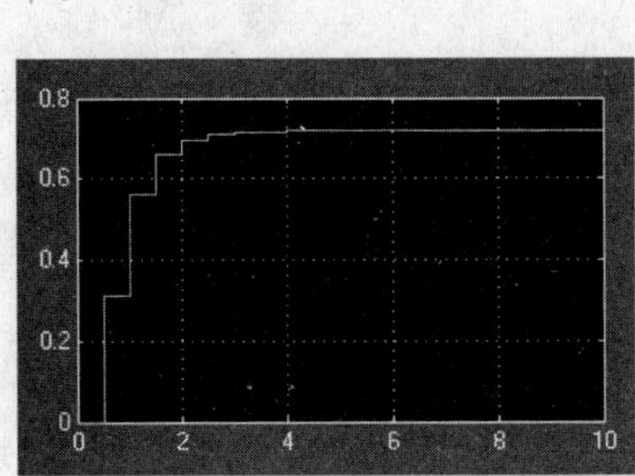

图9.69 $x_1(k)$的历史记录

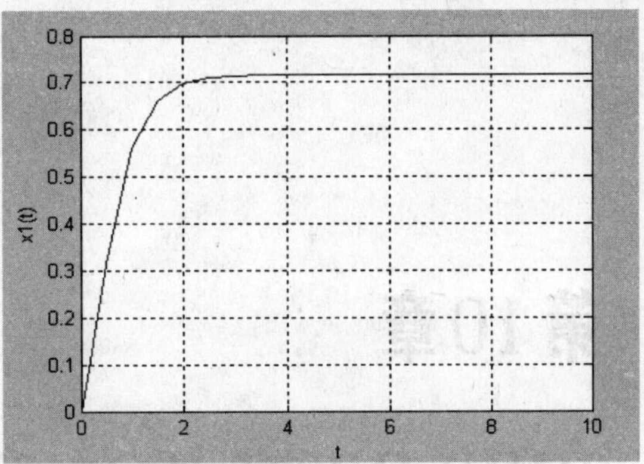

图9.70 MATLAB指令画出的$x_1(k)$历史记录

第10章

SIMULINK高级仿真技术

在上面的章节中，对SIMULINK使用的一些基础知识、动态系统建模方法及仿真方法做了详细的介绍，这些对于简单的模型仿真已经足够了，但事实上，SIMULINK在许多领域有着更为广泛的应用，如航空、航天、控制、通信等，这就要求用户了解一些SIMLINK的高级技术，如子系统的创建、模型调试、S—函数等。

本章主要介绍SIMULINK的高级仿真技术，主要包括：SIMULINK子系统、SIMULINK高级子系统、SIMULINK模型调试、仿真分析以及系统代数环形成与处理、S函数的创建与使用等。

10.1　创建SIMULINK子系统

对于简单的系统，可以使用前面介绍的方法建立SIMULINK仿真模型进行动态系统仿真。然而，对于复杂的系统，直接建立的模型会显得功能模块繁多、输入输出关系复杂，这将给用户的仿真和分析带来极大不便。子系统技术就可以很好地解决这种情形。通常把复杂的框图进行分解，然后对分解后的若干独立功能子系统进行处理。此外，用户还可以将自己开发的模块做成模块组，作为系统的一个子系统。

使用子系统技术，可以使整个模型更加简洁、可读性更强、操作分析更为便捷。创建子系统有两种方法：

- 将已经存在的模型的某些部分或全部使用模型窗口菜单栏Edit /Create Subsystem子项，将其压缩转换，使之成为子系统。
- 使用Subsystems模块库中的Subsystem模块直接创建子系统。

通过创建子系统，可以实现以下作用：

- 减少模型窗中显示模块的个数，使得模型简洁整齐，可读性提高。
- 模型层次化增强，便于用户按照层次来设计模型。
- 子系统可以反复调用，节省建模时间。

10.1.1　压缩已有模块创建子系统

这是一种比较简单的方法，也易于用户操作。压缩已有模块创建子系统的方法其实也是种自下而上的设计方法。这里将通过一个实例来说明通过压缩来创建子系统的具体方法。

【例1】建立一个PID模型，如图10.1所示。

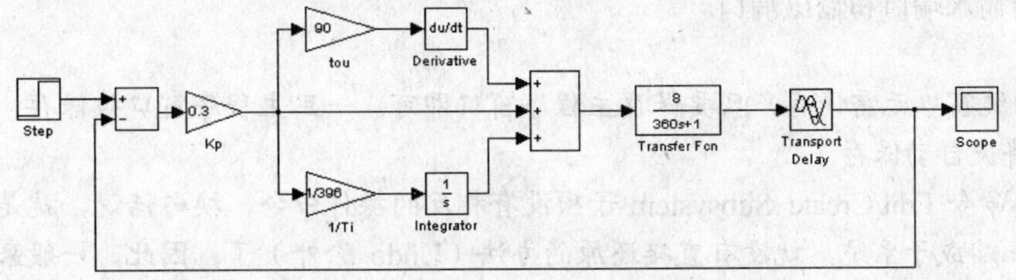

图10.1　创建一个PID模型

（1）使用虚线框将要压缩的子系统部分选中，包括模块和信号线。

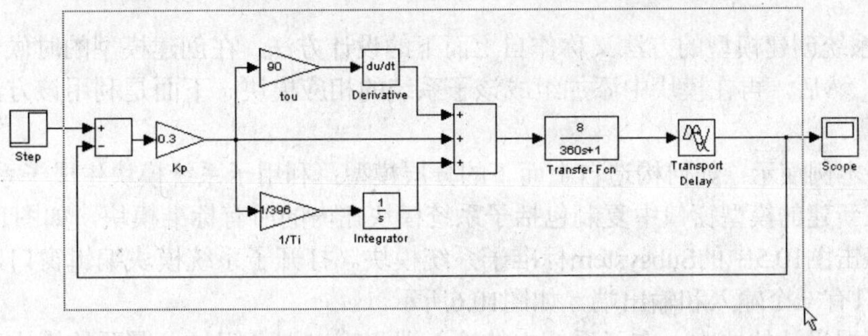

图10.2　选择创建子系统的对象

注意：只能使用虚线框选中，而不能使用 Shift 键逐个选中。

（2）选择模型窗口菜单栏的Edit/Create Subsystem子项，SIMULINK将会用一个子系统模块代替所选中的模块组。适当调整系统模块和信号线，这时就会发现模型被极大地简化了，如图10.3所示。

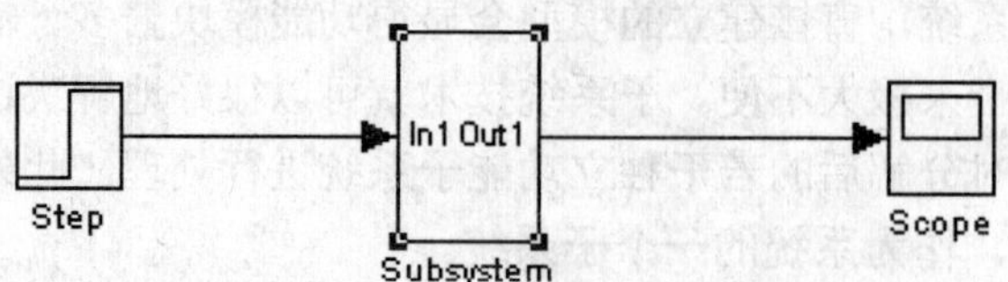

图10.3　带有子系统的模型

要查看如图10.3所示的Subsystem子系统，最简捷的办法就是双击模块，这样就能看到子系统模块的内部结构图，如图10.4所示。

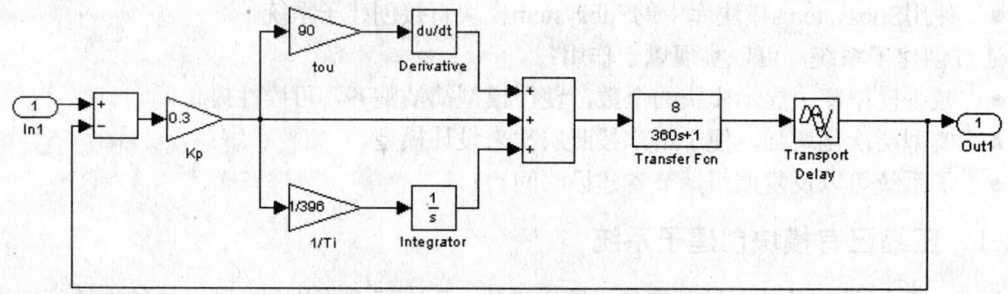

图10.4　子系统模块的内部结构图

在图10.4中，除了原有的模块外，SIMULINK自动添加了输入模块和输出模块，分别代表了系统的输入端口和输出端口。

说明：

①子系统窗口无需保存，只要保存主程序窗口即可。一旦主程序窗口被保存，子系统窗口将被自动保存。

②菜单命令 Edit/Create Subsystem 子项没有相反的操作命令，换句话说，就是一旦将模块压缩成子系统，就没有直接还原的办法（Undo 除外）了。因此，一般来说，在压缩之前，应将原始模型进行另存，作为备份。

10.1.2　利用子系统模块创建子系统

通过子系统创建模型的方法又称作自上而下的设计方法。在创建模型的时候，直接使用子系统模块，然后，再在模块中添加组成该子系统的相应模块。下面是利用该方法创建子系统的演示步骤。

【例2】本例演示：如何构造自上而下的分层模型；利用子系统模块生成子系统的方法。

（1）在新建的模型窗口中复制包括子系统模块在内的所有标准模块，如图10.5所示。

（2）双击图10.5中的Subsystem标准子系统模块。打开子系统模块编辑窗口，此时，可以看到系统只有一个输入和输出端，如图10.6所示。

（3）根据设计的要求，在子系统中的输入端和输出端之间加入需要的模块和信号线，以实现其应有的功能，如图10.7所示。

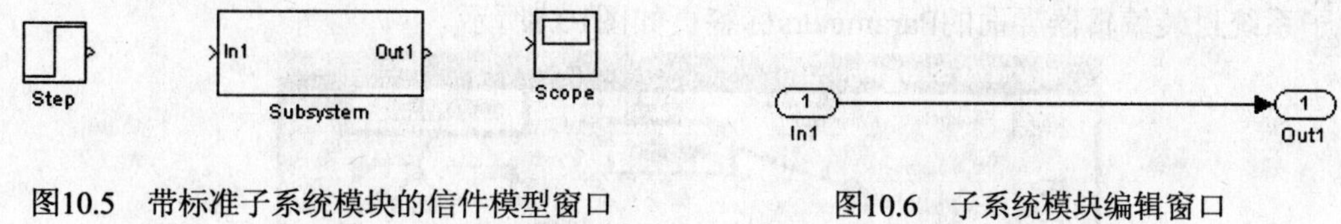

图10.5 带标准子系统模块的信件模型窗口　　图10.6 子系统模块编辑窗口

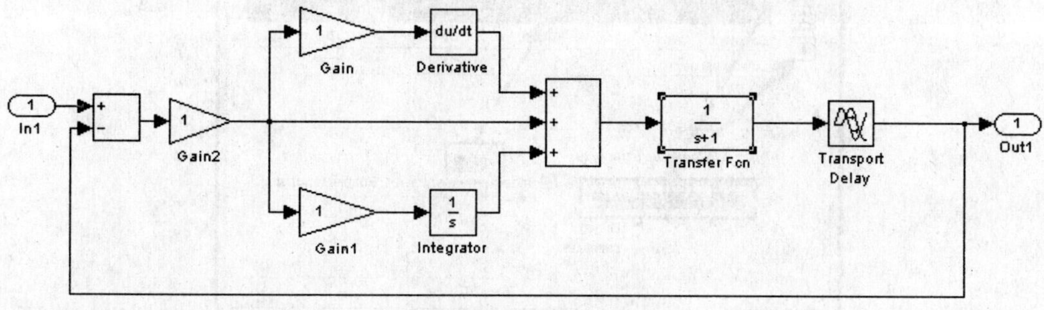

图10.7 修改后的子系统

（4）连接模块，设置模块和仿真参数，进行仿真。这些内容在上一章中已经作过详细的介绍，这里不再赘述。

说明:

①输入端口 In1 和输出端口 Out1 可以有多个输入和输出端口，这两种端口只是完成对主系统和子系统之间的通信，并不改变信号的任何属性。

②信号可以穿越子系统实现信号的标识传递。

③对于多个输入端口和输出端口，最好使用恰当的名称对他们进行命名，以增强模型的可读性。

10.2 子系统的封装

使用子系统技术可以很好地优化系统模型的界面，使系统模型的可读性更强。在对系统进行仿真时，首先要对系统模块参数进行设置，对子系统也是如此，需要对子系统所有模块进行合适的参数设置。

在第8章的例子中，子系统中模块的参数是逐一设置的，这会给用户带来极大的不便。子系统的封装技术则是对子系统的包装，使其成为一个真正意义上的SIMULINK模块，通过封装，可以简化模型，用户使用一个动态设置的对话框代替多个静态对话框，省去了对子系统内部结构的了解，为用户的直接调用提供了方便。

一个已经创建的子系统的封装方法主要是通过使用图10.8所示的封装编辑器来实现的，在封装编辑器中用户可以设置封装参数、图标、初始以及文本。归纳起来，即设定子系统的初始值及特性、生成模块图标以及创建模块帮助文档和描述信息。

10.2.1 Parameters标签页

子系统封装的目的之一就是提供一个友好的参数设置界面。用户无需了解子系统的内部结构，只需要输入参数，就可以对系统进行设计和仿真。只有使用子系统编辑器中的Parameters标签页进行了参数设置，才算是真正意义上的完成封装，从而使得封装之后，双击模块能够出现与SIMULINK模块库中模块一样的参数设置界面。

子系统封装编辑器界面的Parameters标签页如图10.8所示。

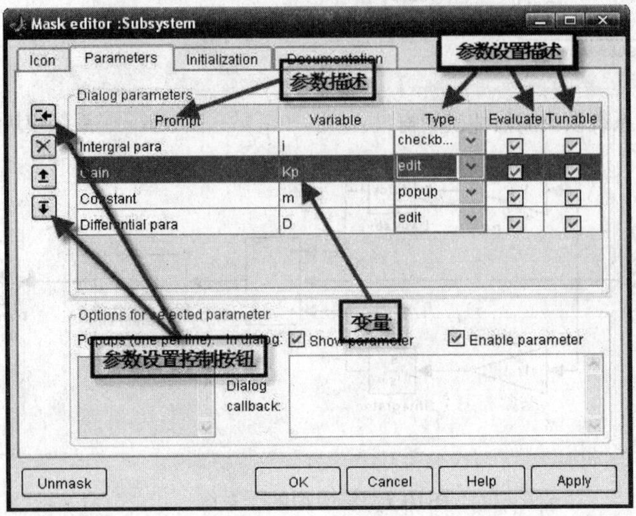

图10.8　子系统封装编辑器Parameters标签页

参数设置页中包括如下4种设置内容。

- 参数设置控制按钮：参数设置控制按钮包括Add（添加）按钮，Delete（删除）按钮，Move up（上移）按钮和下移按钮，它们分别表示在即将生成的参数设置界面中添加、删除、上移或下移需要输入的参数栏。
- 参数描述（Prompt）：参数描述是对子系统中模块输入的参数作简要的说明，在子系统参数界面中用来区分不同的参数，因此，描述最好能够反映参数的意义和作用。
- 变量（Variable）：用来在参数设置界面的参数输入值与子系统内部模块参数之间建立传递关系。此处设置的变量必须与子系统中设置的变量名相同。
- 参数设置描述：参数设置描述分为参数控制类型（Type）、是否为求值字符串（Evaluate）、是否可调整复选框（Tunable）。控制类型给用户提供了参数设置界面中变量输入编辑区域的不同设计。选择Edit会在参数设置对话框的参数描述后出现供输入的空白区域；选择Popup则在参数设置对话框的参数描述后提供可选择的列表框，此时标签页左下方的Popups栏被激活，用户可以在其中设置列表框中要选择的值；Checkbox选项则用于on和off的选择设定。如图10.8所示的参数设置描述，将得到如图10.9所示的子系统参数设置界面。

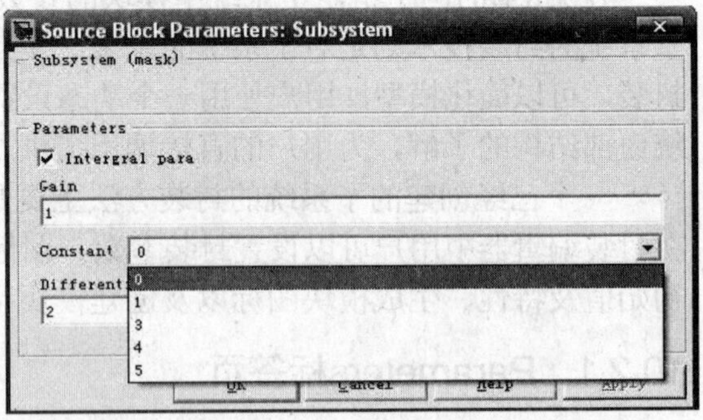

图10.9　Parameters标签页设定后的子系统参数设置界面

10.2.2　Initialization标签页

初始化设置标签页如图10.10所示。其中的对话变量表是在用户设置了参数设置页（Parameters）之后自动生成的。初始化命令（Initialization conmmands）一般是MATLAB指令，可以通过MATLAB命令定义封装后子系统空间中的各种变量，以便这些变量可以被封装子系统模块的图标绘制指令或其他初始化指令所使用。

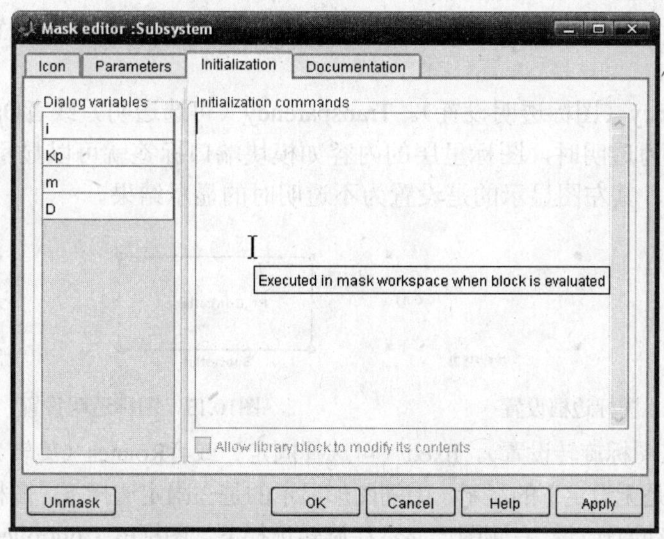

图10.10　封装编辑器的界面及默认的Initialization标签页

在下列情形中，SIMULINK将执行初始化命令。

- 绘制封装子系统模块图标时。
- 模型文件被载入时。
- 模块被旋转或框图被更新时。

10.2.3　Icon标签页

Icon标签页（如图10.11所示）的作用就是让用户能够自定义系统模块图标，同时给使用者提供一个更为友好的框图，并且使得模块功能更加明确化。默认状态下，封装子系统是不使用图标的。Icon标签页包括Icon option（图标选项）栏、Drawing commands（绘图命令）栏以及Examples of drawing commands（绘图命令举例）栏。

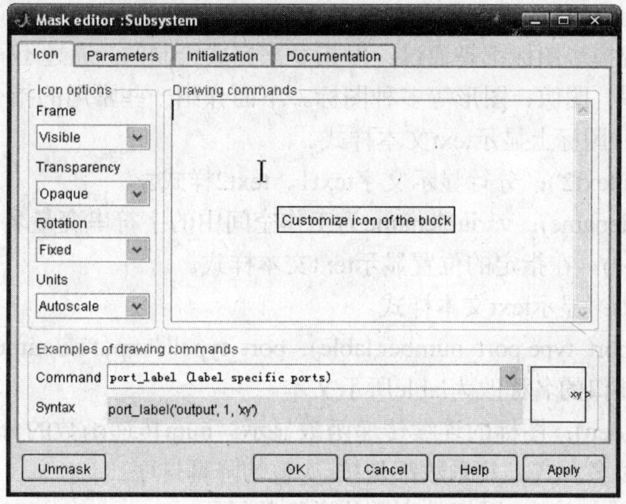

图10.11　Icon标签页

1. Icon option（图标选项栏）

- Frame（图标边框设置）。可选Visible或者Invisible。即选择模型外框是否可见。如图10.12所示，左侧图为设置为可见选项的显示结果，右侧图为设置为不可见选项的显示结果。
- Transparency（图标透明设置）。Transparency（可选透明）或者Opaque（不透明）。图标设置为透明时，图标里层的内容如模块端口标签就可以显示出来，如图10.13右图所示，其左图显示的是设置为不透明时的显示结果。

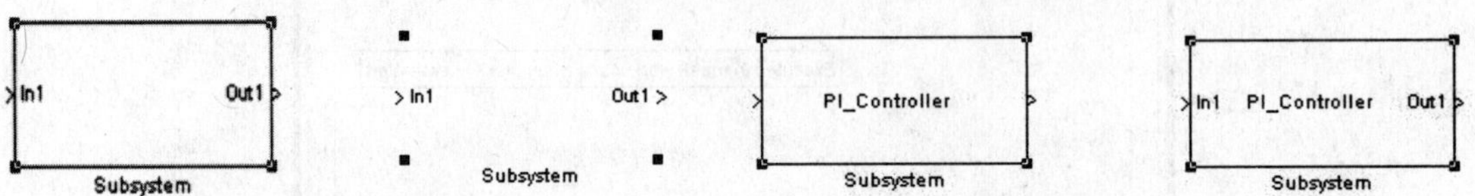

图10.12　图标边框设置　　　　图10.13　图标透明设置

- Rotation（图标旋转设置）。fixed（可选择固定）或者Rotates（旋转）。如图10.14所示，左侧图形是无设定下的显示，中间图形显示的是在固定选择下，图标PI_Controller不随模块的转动而转动，右侧图形显示在旋转选择下，图标PI_Controller和模块一起旋转。

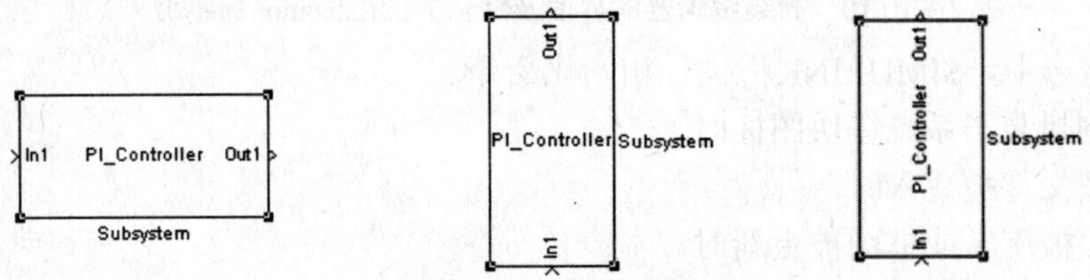

图10.14　图标旋转设置

- Units（图标单位设置）。针对plot和text指令，设置图标绘制指令使用的坐标系单位。可选择Autoscale（自动缩放）、Pixels（像素）以及Normalized（归一化表示）。自动缩放表示图标自动调谐到模块大小，与模块一起按比例缩放；像素表示绘制图标采用像素作为单位；归一化表示绘制指令中的坐标值不得超过单位值1。

2. Drawing commands（绘制指令栏）

封装后的子系统模块图标都是通过绘制指令来完成绘制的。通过不同的绘制指令可以生成如文本、数学模型、图像、图形等多种图标。下面介绍一些常用的指令。

- disp('text')：图标上显示text文本样式。
- disp('text1\ntext2')：分行显示文字text1、text2样式。
- disp(variablename)：variablename为工作空间中的字符串变量名。
- text(x,y,'text')：在指定的位置显示text文本样式。
- fprintf('text')：显示text文本样式。
- port_label(port_type,port_number,lable)：port_type即'input'或'output'。此指令将输入端口或输出端口的名称改为lable所示文本。
- dpoly(num,den)：图标的连续传递函数显示。num传递函数的分子多项式，den传递函数的分母多项式，其系数都是按s次数的降幂排序。
- dpoly(num,den,'z')：图标的离散传递函数显示。

- droots(z,p,k)：图标的零极点传递函数显示。Z表示传递函数零点，p表示传递函数极点，k传递函数系统增益。

【例3】显示传递函数 $G(s)=\dfrac{X(s)}{U(s)}=\dfrac{0.3}{s^2+0.2s+0.5}$ 图标。

在Drawing commands中输入指令：dpoly([0 0 0.3],[1 0.2 0.5])，就可以得到如图10.15所示的传递函数图标。

- plot(x,y)：绘制图形指令。绘制y-x曲线。
- plot([x1 x2 x3 … xn],[y1 y2 y3 … yn])：在图标上画出由[x1 y1]经过[x2 y2]再经过[x3 y3]一直到[xn yn]为止的折线。
- image(imread('photoname'))：图像设置指令。将图标设置为名为'photoname'的图像。

【例4】将子系统图标设置成图像。

在Drawing commands中输入指令：image(imread('b747.jpg'))就可以得到如图10.16所示的传递函数图标。

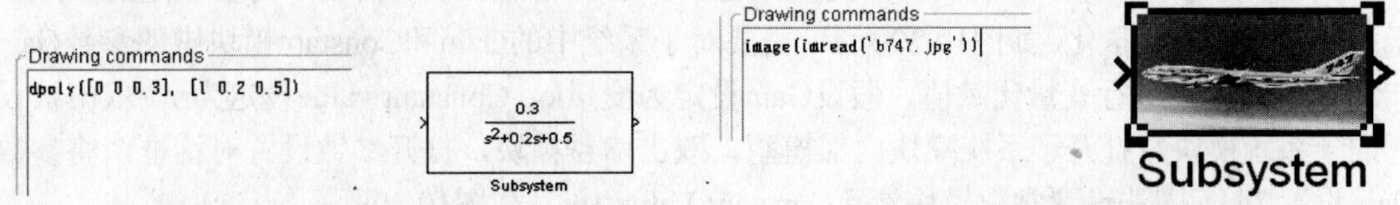

图10.15　图标的传递函数显示　　　　图10.16　图标的图像显示

10.2.4　Documentation标签页

为了方便用户的理解和使用，Documentation标签页（如图10.17所示）可以帮助用户建立全面的帮助文档。

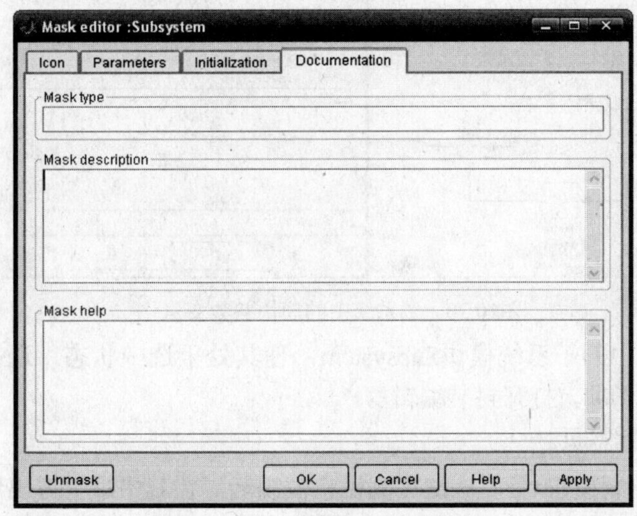

图10.17　Documentation标签页

- Mask type栏：在Mask typ栏中输入封装子系统的标注性说明。在选择模型窗口菜单View/Block Data Tips/Show Block Data Tips子项之后，当鼠标停留在模块上时，模块将会显示该标注。

- Mask description栏：在其中输入的文字会出现在参数设置窗口的说明部分。
- Mask help栏：在其中输入的帮助信息将在单击参数设置窗口的Help按钮后在浏览器加载的网页中出现。

10.2.5 子系统封装举例

【例5】对如图10.18所示的模型进行封装。

（1）创建如图10.19所示的子系统。

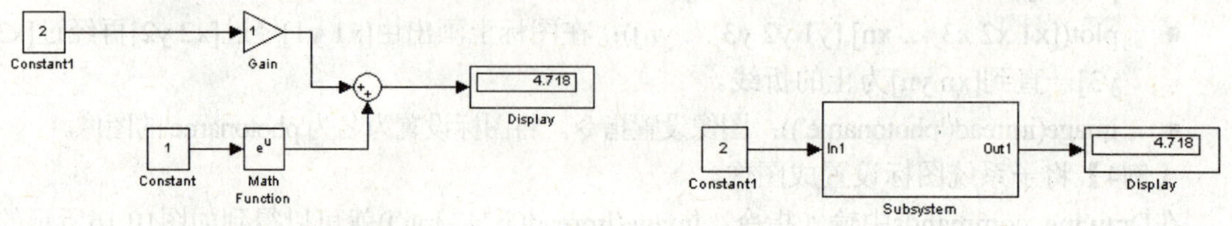

图10.18 被封装模型　　　　图10.19 创建子系统

（2）设置子系统中的模块参数变量。这一步主要是将子系统模块中需要设定的参数在子系统模块内部变量化。如图10.20所示，需要对子系统中的Gain和Constant模块中的参数Gain和Constant Value进行变量化赋值，假设Gain设定为变量k。Constant value设定为n，双击被设置的子系统模块，打开子系统模块内部模型，双击增益模块，打开参数设置对话框，将参数Gain设置为k，同法设置常数模块参数Constant Value为n，如图10.20所示。

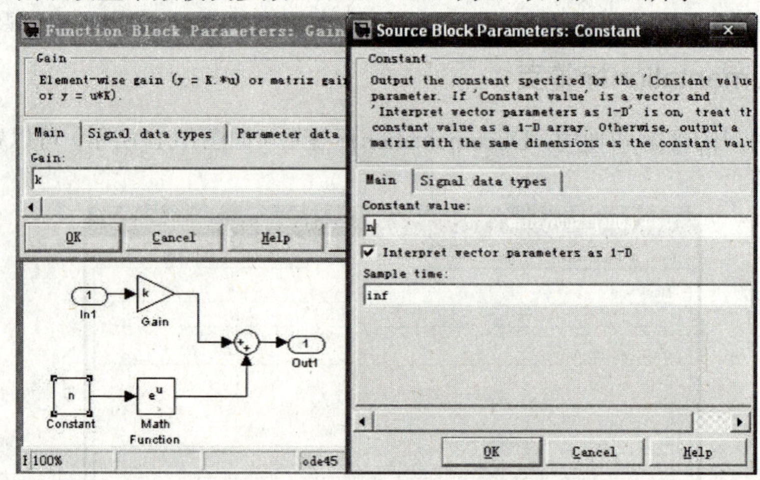

图10.20 子系统中的模块参数变量化

（3）单击模型中的子系统模块Subsystem，使其处于选中状态，选择模型窗口菜单栏Edit/Mask Subsystem子项，打开封装编辑器。

（4）设置参数标签页。

单击参数设置控制按钮，该键右侧栏将被激活，在其中最上方出现一行空行。

在Prompt栏中写入Gain，在Variable栏中输入变量名k；在Type栏取缺省的Edit类型，表示封装后子系统参数设置界面中Gain的变量值通过编辑框输入；勾选Evaluate栏，表示输入量是“数值类”的数值或者结果为数值的表达式。

再单击参数设置控制按钮，参照前面的方法写入新的一行。按照相同的方法，设置子系统所需的全部参数。设置结果如图10.21所示。

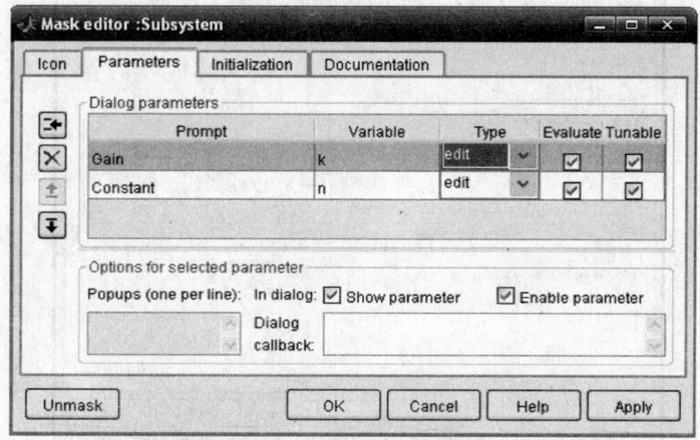

图10.21　参数标签页设置

注意： 在封装后，参数设置界面中参数的显示顺序是按照设置页写入的参数顺序显示的。用户若想调整显示顺序，选择要调整的行，单击参数设置按钮、，可向上或向下调整显示顺序。

（5）设置标图页。在Drawing commands栏中写入如图10.22所示的绘制指令。设置Transparency选项为不透明设置。

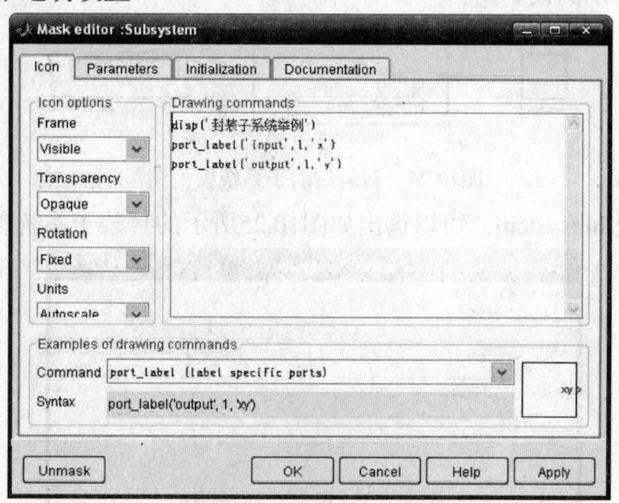

图10.22　图标标签页设置

注意：

①如果写入的绘图指令不正确，将在被封装子系统的模块中出现3个问号"？？？"，说明绘图指令不正确，需要对其进行检查和修改。

②如果在此栏中写入多个绘制指令，则图标的显示将按照绘制指令的顺序显示。

（6）设置文档标签页。

- 在Mask type栏中写入$y=k*x+e^n$。
- 在Mask description栏中写入"这是一个示例模型！"。
- 在Mask help栏中写入http://www.mathworks.com，设置界面如图10.23所示。

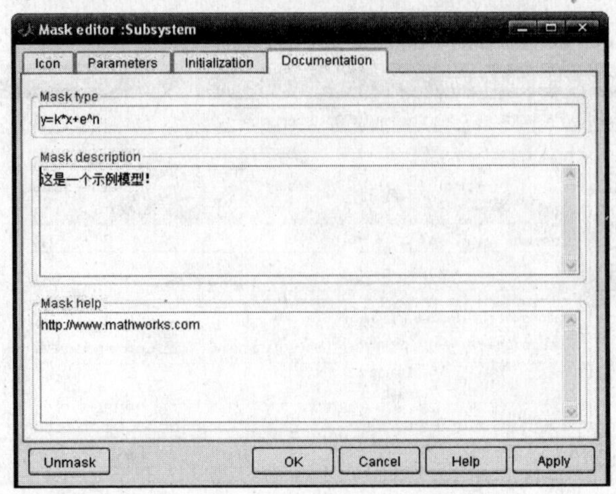

图10.23 文档标签页设置界面

注意： Mask help栏中支持的格式有显示在IE浏览器中的静态文本、Web命令、URL资源（如http://、www、ftp:等）。当输入例中所示的网址后，单击封装后子系统参数设置界面中的Help按钮，将会打开Mathworks公司的网站。

（7）查看显示结果。至此，基本完成了对子系统的封装，在单击封装编辑器的OK按钮后将看到如图10.24所示的模型图。

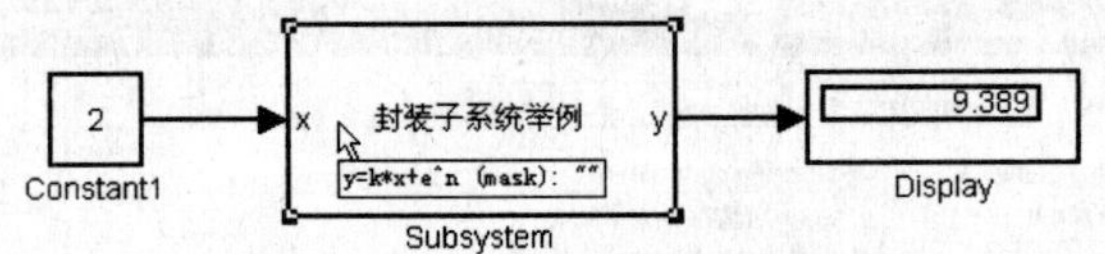

图10.24 封装后的子系统模型图

双击封装子系统Subsystem，可以调出如图10.25所示的封装子系统参数设置窗口。

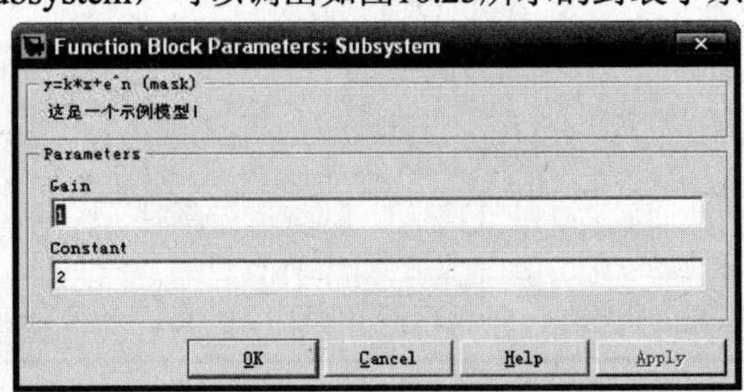

图10.25 封装后子系统的参数设置对话框界面

改变封装子系统参数设置对话框中Gain和Constant的值，设置Gain为1，Constant为2，即表示赋值k=1、n=2，将变量值传递给子系统内的模块。在Display中可以实时地看到输出值的变化。如图10.26所示，Display中显示的值就是上图参数设置的模块输出值。

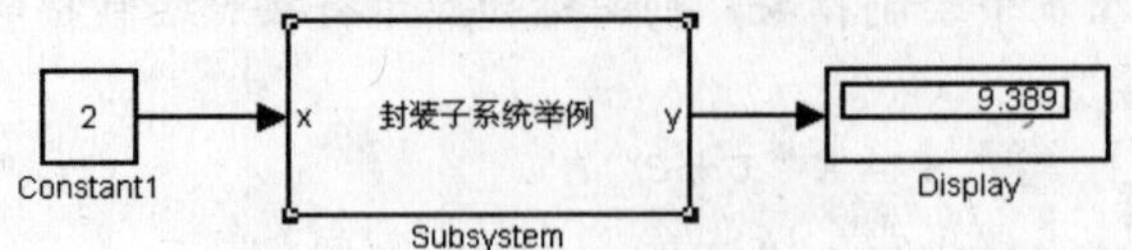

图10.26 参数调整后的输出变化

10.3　SIMULINK高级子系统技术

在SIMULINK模块库中，有这样一类子系统，它只有在满足一定的条件下才有动作。也就是说，系统的输出受输入信号之外的另一个信号控制。这个控制信号是从子系统的一个单独端口输入的。这类子系统就是SIMULINK中的条件执行子系统。按照控制方式的不同，可以将控制施行子系统划分为以下几类。

- 使能子系统（Enable Subsystem）：当子系统为正时，子系统将被执行。
- 触发子系统（Triggered Subsystem）：当控制信号的符号发生变化时，即当信号过零时，子系统将被执行。其触发方式有3种，控制信号上升沿时触发，控制信号下降沿时触发，控制信号上升或下降沿时触发。
- 使能触发子系统（Enable and Triggered Subsystem）：在使能状态下被触发时执行子系统。即在控制信号为正的同时出现触发信号，子系统才被执行。

10.3.1　使能子系统

使能子系统（Enable Subsystem）将控制信号分为允许（enable）和禁止（disenable）两种。当控制信号为正时，即控制信号为允许状态，系统可以执行使能子系统中的模块；否则就禁止模块功能。

【例6】构建如图10.27所示的模型图。在本例中演示使能子系统的创建以及工作原理。

（1）构建模型、设置参数。在本模型中，采用方波作为控制信号，当信号为正时，执行子系统2；当信号为负时，执行子系统1。

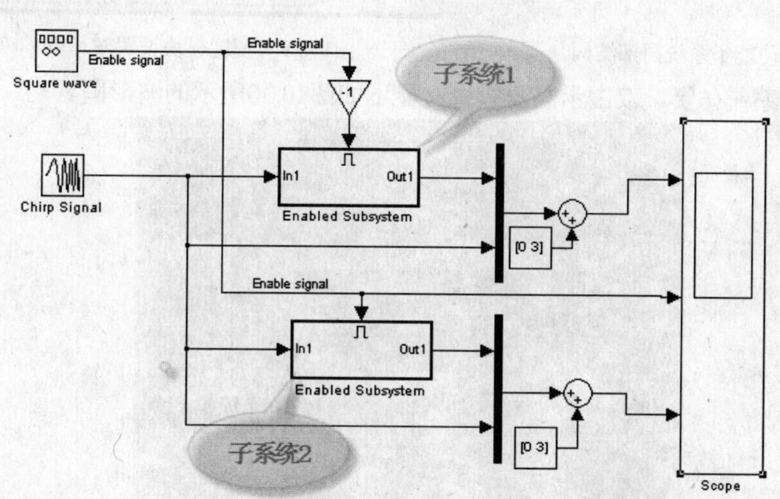

图10.27　使能子系统模型

系统参数设置如下。

信号生成器模块（Signal generator）：设置一个幅值为3，周期为10的方波，作为控制信号。

输出随频率线性变化的正弦波模块（Chirp Signal）：设置其初始频率为0.1。

增益模块（Gain）：设置增益系数Gain为-1。

常数模块（Constant）：Constant value设置为[0 3]。

显示器模块（Scope）：设置为3个显示窗口。即设置Number of axes的值为3。

使能子系统（Enable Subsystem）：设置使能子系统1的使能状态为held，设置使能子系统2的使能状态为reset。

设置仿真终止时间为100。

其余采取默认设置。

说明：

①双击使能子系统，即可打开如图 10.28 所示的子系统内部结构。其包含一个输入端口（In）、一个输出端口（Out）以及一个使能模块（Enable）。使能模块与其他模块没有任何连接。并且根据仿真系统的需要可以在输入和输出端口之间添加需要的模块，以达到某种功能。为了便于读者了解其工作原理，本例中不添加任何模块。

②双击使能模块，可打开如图 10.29 所示的设置对话框。States when enabling 有两个选项，held 和 reset。选择 held 表示在使能子系统开始执行时，把系统内的状态值保持在前次使能的最后计算值上。选择 reset 表示在使能子系统开始执行时，把系统内的状态值重置为系统指定的初值。

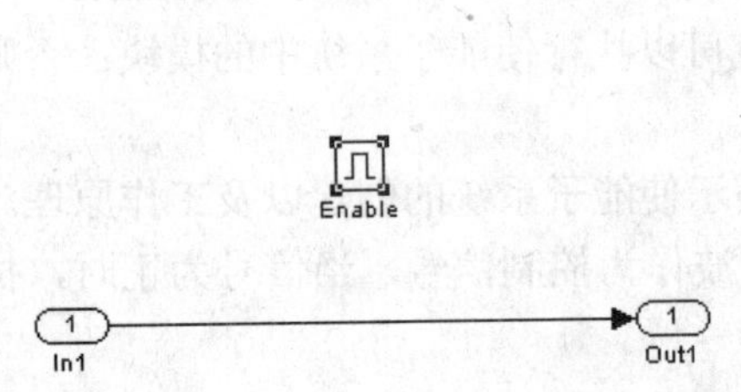

图10.28　使能子系统内部结构

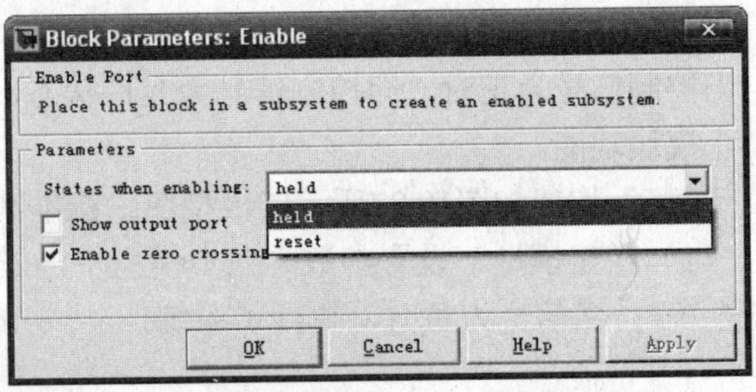

图10.29　使能模块设置对话框

（2）运行系统仿真，双击示波器模块，显示如图10.30所示的波形图。

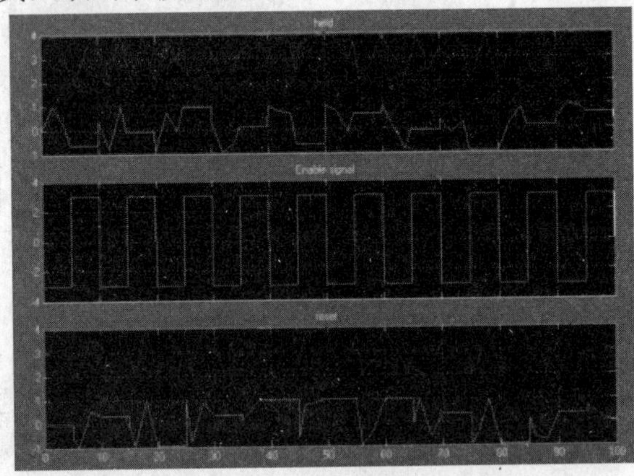

图10.30　使能子系统仿真波形

从图10.30中可以看出，重置装态下，子系统2每次开始执行时，其波形必经零点，因为零点是该系统的初始值，而子系统1没有这个特性。

10.3.2　触发子系统

触发子系统是指当控制信号发生符号变换时（包括信号由负变正和信号由正变负），子系统才开始执行。当控制信号触发子系统之后，子系统将保持系统的输出状态，直到下一次触发信号的到来。按照控制信号符号变化方式的不同，触发子系统可分为3类：上升沿触发子系统、下降沿触发子系统以及上升或下降沿（双边沿）触发子系统。

【例7】构建如图10.31所示的模型图。在本例中演示触发子系统的创建以及工作原理。

（1）构建模型、设置参数。在本模型中，同样采用方波作为控制信号，当信号由负变正时，执行图中的触发子系统Triggered Subsystem；当信号由负变正时，执行图中触发子系统Triggered Subsystem1；当信号变化时（由负变正或由正变负），执行图中触发子系统Triggered Subsystem2。

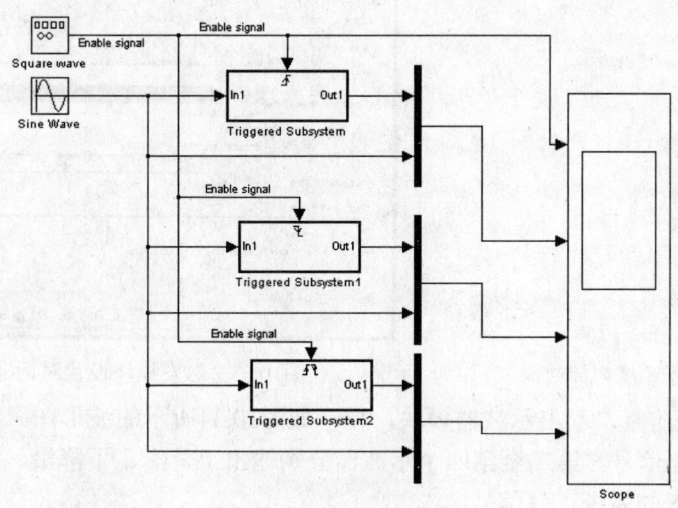

图10.31　触发子系统模型

系统参数设置如下。

信号生成器模块（Signal generator）：设置一个幅值为3，周期为1的方波，作为控制信号。

正弦信号模块（Sine Wave）：设置其初始频率为3,幅值为3。

显示器模块（Scope）：设置为4个显示窗口。即设置Number of axes的值为4。

触发子系统（Triggered Subsystem）：设置图中Triggered Subsystem的触发类型（Trigger type）为上升沿触发（rising）；设置图中触发子系统Triggered Subsystem1的触发类型（Trigger type）为下降沿触发（falling）；设置图中触发子系统Triggered Subsystem2的触发类型（Trigger type）为双边沿触发（either）。

设置仿真终止时间为10，其余采取默认设置。

说明:

①双击触发子系统，即可打开如图 10.32 所示的触发子系统内部结构。与使能子系统内部结构类似，其包含一个输入端口(In)、一个输出端口（Out）以及一个触发模块（Trigger）。触发模块与其他模块没有任何连接。并且根据仿真系统的需要可以在输入和输出端口之间添加需要的模块，以达到一些特定功能。为了便于读者了解其工作原理，本例中不添加任何模块。

②双击触发模块，可打开如图 10.33 所示的设置对话框。Trigger type 有 4 个选项。

- rising上升沿触发，控制信号由负变正时，或表述为信号以增大方式穿越零时，子系统接入那时的输入信号值。

- falling下降沿触发，控制信号由正变负时，或表述为信号以减少的方式穿越零时，子系统接入那时的输入信号值。
- either双边沿触发，每当控制信号的符号变化时，或表述为每当信号穿越零时，子系统接入那时的输入信号值。
- function-call函数调用触发，这种触发方式必须与S-函数配合使用。

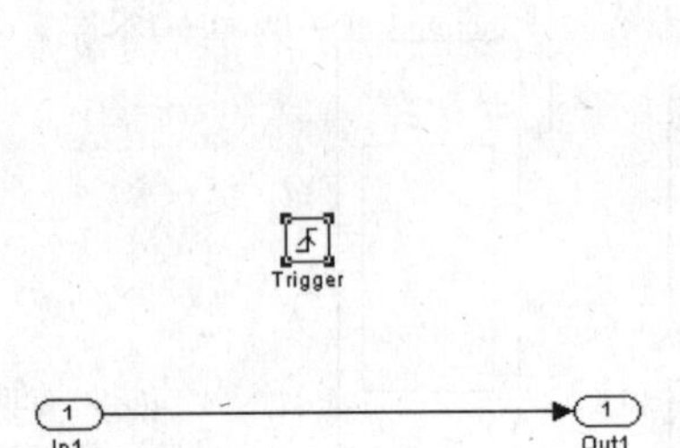

图10.32　触发子系统内部结构

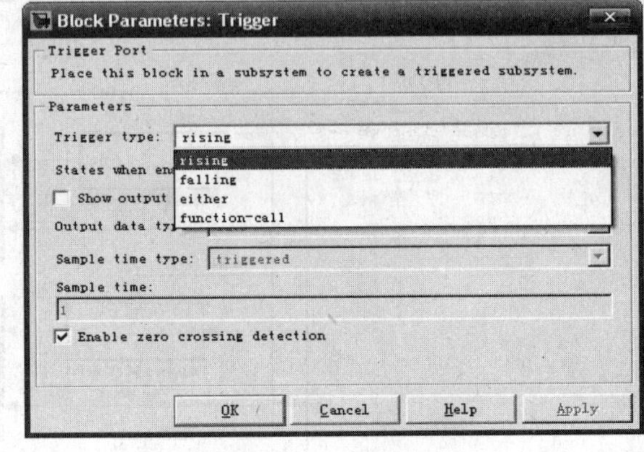

图10.33　触发模块设置对话框

（2）运行系统仿真，双击示波器模块，显示如图10.34所示的波形图。其中，第一个示波器输出的方波控制信号。第二至第四个示波器分别输出上升沿、下降沿、双边沿触发子系统的输出信号和输入的系统正弦信号。

说明：通过仿真结果中触发子系统输入和输出信号的对比，可以明显地看出，触发子系统的零阶保持性，即在控制信号触发子系统的瞬间，系统由输入值产生输出值，当控制信号离开零值时，系统的输出将保持在原来的输出值，不再变化，直到下一次触发时刻的来临。

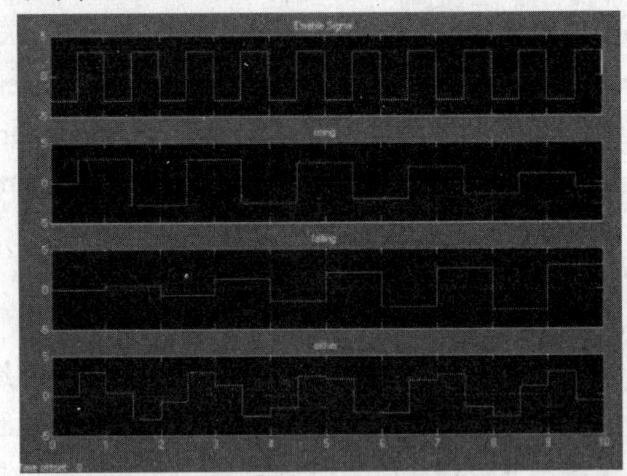

图10.34　触发子系统仿真波形

10.3.3　使能触发子系统

当触发模块和使能模块同时设置在同一个系统中时，就构成了使能触发子系统。该系统的工作原理和上两节介绍的使能子系统和触发子系统工作原理相似。这里不再赘述。

注意：

①系统在使能状态下被触发才会执行。即系统在接受到触发事件后，将监测使能信号，若使能信号为正，则子系统执行一次，否则不执行。

②当系统由多个使能或触发信号时，可先将相关的信号组合，以便接入单一的使能或触发输入端口。

10.4　SIMULINK的模型调试

如同诸多系统设置平台一样，SIMULINK也具有界面友好、功能强大的调试功能。SIMULINK提供了一个图形化的调试界面，简化了调试操作。simulink调试器是一个定位和诊断模型错误的工具．通过SIMULINK调试工具，用户可以采用多种方式对模型进行调试，发现其中可能存在的问题并加以修改，从而使得用户的模型设计、仿真、分析更加方便、快捷。

10.4.1　SIMULINK调试器的启动

SIMULINK图形调试界面的启动方式有以下两种。

- 单击模型窗口工具栏按钮，打开图形调试窗口。
- 选择菜单栏Tools/Debugger子项，打开图形调试窗口，如图10.35所示。

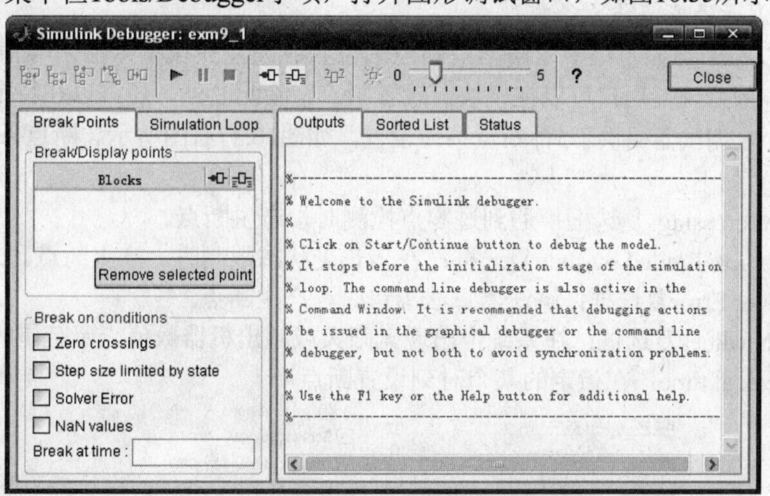

图10.35　SIMULNIK图形调试器界面

10.4.2　SIMULINK调试窗口

如图10.35所示的是SIMULINK调试器窗口，在窗口的标题栏中显示被调试模型的名称。调试器由3部分组成：工具栏、断点显示及断点设置条件、仿真回路窗和信息显示标签页。

1．工具栏快捷按钮

SIMULINK调试器工具栏如图10.36所示。下面依次介绍各个按钮的功能。

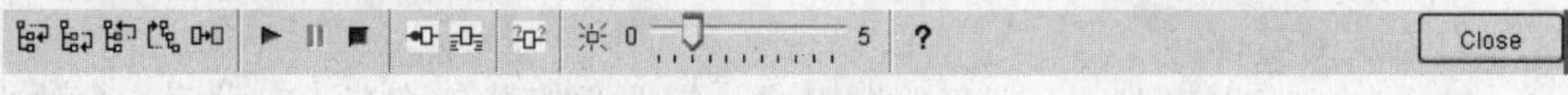

图10.36　调试器工具栏

进入下一种方法，中断于当前和下一种方法之前。

跳过下一种方法。

跳出当前状态。

在下一时间步中执行第一种状态。

运行到下一模块。

开始或继续仿真。

暂停仿真。

中止仿真。

在制定模块之前设置断点。

运行时，显示制定模块的输入输出。

显示当前模块在当前时间步下的输入输出。

选择动画方式开或关。

调试帮助。

Close 关闭调试器。

2. 断点显示及断点设置条件

用户可以在断点显示框中了解当前断点的位置、断点模块输入输出等信息，如图10.37左图所示。一般来说，用户可以在模块前设置断点，除此之外，还可以在特定条件下设置断点，SIMULINK调试器提供了5种断点条件设置，如图10.37右图所示。断点条件设置（Break on conditions）如下。

- Zero crossings复选框：遇到过零点检测时，产生断点。
- Step size limited by state复选框：在步长受状态限制时，产生断点。
- Solver Error复选框：解法器算法出错时，产生断点。
- NaN values复选框：在系统中出现无限大或超出机器数值表示范围时，产生断点。
- Break at time：在指定的某个时刻设置断点。

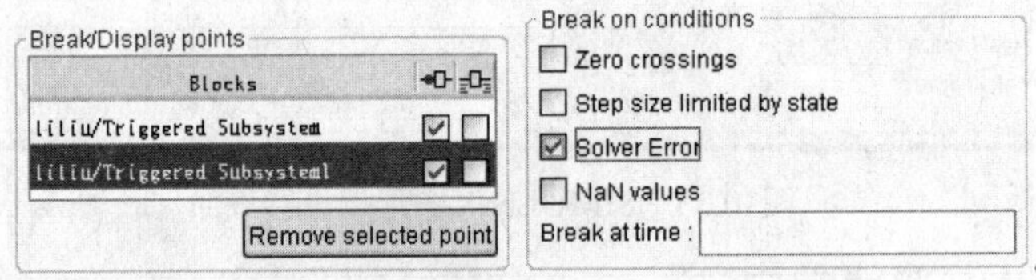

图10.37　断点显示及断点条件设置

3. 仿真回路标签页（Simulink Loop）

单击仿真回路标签页，可以打开如图10.38所示的仿真回路窗口。

- 方法列（Method）。方法列给出系统执行到当前所调用的各种方法，以树状结构进行显示。当仿真结束时，调试器显示仿真终止时执行的方法及间接调用此方法的所有方法的名称。
- 断点列。断点列由一系列复选框组成，勾选意味着在该方法中设置一个断点。
- 标识列（ID）。标识是方法在仿真过程中第一次执行时，SIMULINK给其制定的一个整数标号。有些SIMULINK指令用方法标识来指代方法。

在如图10.38所示的图中可以看出，回路窗包括：方法（Method）、断点和断点标识。

4. 信息显示标签页

在调试器刚打开的时候，下列标签页并不显示任何信息，一旦调试开始，将在相应的标签页显示有关仿真的信息。

- 调试器输出标签页（Outputs）：在对选择的模型系统调试时，调试结果都将在SIMULINK调试器输出标签页中显示。图10.39所示的就是调试器输出标签页的界面。在该窗口中将显示调试时刻、调试模块和模块的输入输出。

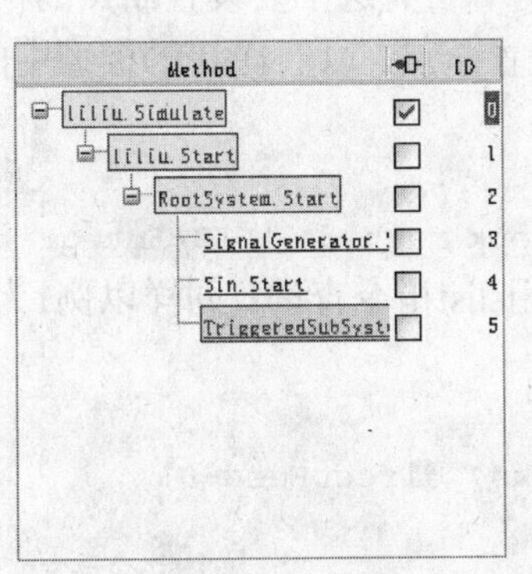

图10.38　仿真回路窗口

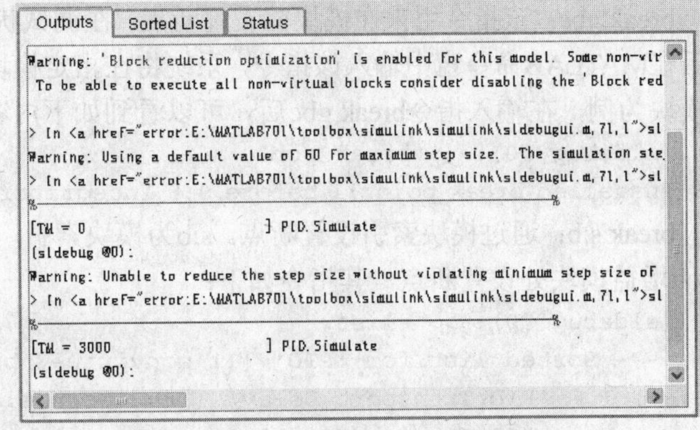

图10.39　SIMULINK调试器输出标签页

- 调试器类型标签页（Sorted List）：调试器类型标签页显示模型根系统及子系统类型和它们的执行顺序，如图10.40所示。

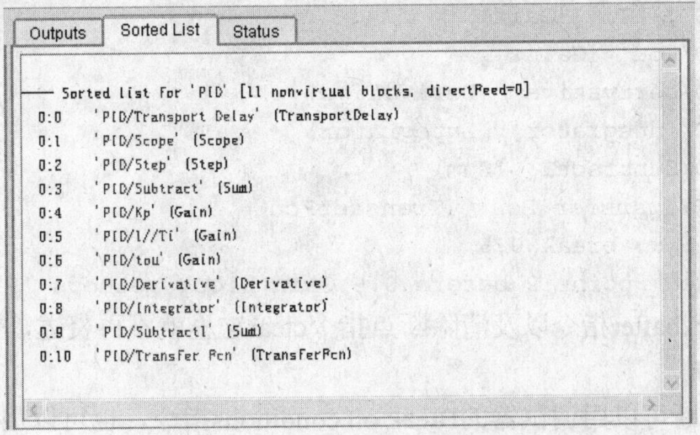

图10.40　SIMULINK调试器类型标签页

- 调试器状态标签页（Status）：调试器状态标签页显示调试器当前设置的信息，包括当前仿真时间、调试断点设置、断点数等状态信息，它将随着用户的操作而不断变化。

10.4.3　设置断点

如果用户知道自己系统执行到某些点或者满足一定条件就会出错，那么设置断点就将显得很有用。简单来说，断点就是仿真执行到该处时会暂停仿真，这时用户可以通过Continue指令跳过这一断点继续执行到下一断点。SIMULINK调试器允许用户设置的断点有两类：无条件中断和有条件中断。

1. 无条件中断

无条件中断是指在任何条件下，系统执行到该模块或执行到设定的时间步时都将停止仿真。设置无条件断点的方式有：

- 通过调试器工具栏设置断点。
- 通过调试器仿真回路标签页设置断点。
- 通过MATLAB命令窗口设置断点。

前两种方式在上面的章节中已经介绍了，这里主要介绍设置断点的调试指令。

break gbc：该指令用来在模块前设置断点。在调试状态下，首先选中要设置断点的模块，然后在MATLAB命令窗中输入该指令，系统将在指定模块设置断点。以例1的PID模型中的积分模块为例，在输入指令break gbc后，可以看到如下内容：

```
(sldebug @0): >> break gcb
Installed break point:1 before 0:8 Integrator block methods 'PID/Integrator'
```

break s:b：通过模块索引设置断点。s:b为模块索引，可用slist指令查询。同样以例1为例，在tou增益模块处设置断点，其指令如下：

```
(sldebug @0): >> slist
---- Sorted list for 'PID' [11 nonvirtual blocks, directFeed=0]
  0:0    'PID/Transport Delay' (TransportDelay)
  0:1    'PID/Scope' (Scope)
  0:2    'PID/Step' (Step)
  0:3    'PID/Subtract' (Sum)
  0:4    'PID/Kp' (Gain)
  0:5    'PID/1//Ti' (Gain)
  0:6    'PID/tou' (Gain)
  0:7    'PID/Derivative' (Derivative)
  0:8    'PID/Integrator' (Integrator)
  0:9    'PID/Subtract1' (Sum)
  0:10   'PID/Transfer Fcn' (TransferFcn)
(sldebug @0): >> break 0:6
Installed break point:2 before 0:6 Gain block methods 'PID/tou'
```

其他break指令、bafter指令以及清除断点指令clear这里就不再赘述，请用户查看Help信息。

2. 有条件中断

设置有条件中断可以用调试器的Break on conditions指令，也可以用以下指令。

- tbreak中断，在特定时间步内设置中断：这种设置用来指定当仿真执行到指定的时间时，仿真进程中断，这个指定的时间是仿真时间，而不是时间步个数，但其真实终止时刻是在大于指定时间且与指定时间最接近的时间步内。依旧以例1为例，看如下指令：

```
(sldebug @0): >> tbreak 2
Time break point                           : enabled (t>=2)
(sldebug @0): >> continue                                    %继续仿真
> In sldebugui at 71
%----------------------------------------------------------------%
[TM = 2.000000000000004      ] PID.Outputs.Major     %中断时刻
```

- nanbreak中断，在仿真出现无限大值时中断。这种设置是在仿真计算中出现无穷大或者计算数据限制，即上溢或下溢时，系统将结束仿真进程。如果在计算中出现了计算错误，可以利用该指令的中断功能来查找。
- xbreak中断，在仿真要选择可采用的时间步长时中断。如果模型中采用了可变步长解法器，那么当解法器遇到对其采用步长受限的情况时，系统将中断仿真进程。
- zcbreak中断，出现过零时发生中断。这种中断设置是指，当系统检测到可能产生过零现象的模块时，暂停仿真进程，并在命令窗口中显示中断的位置、时间。下面仍以例1为例，看如下指令：

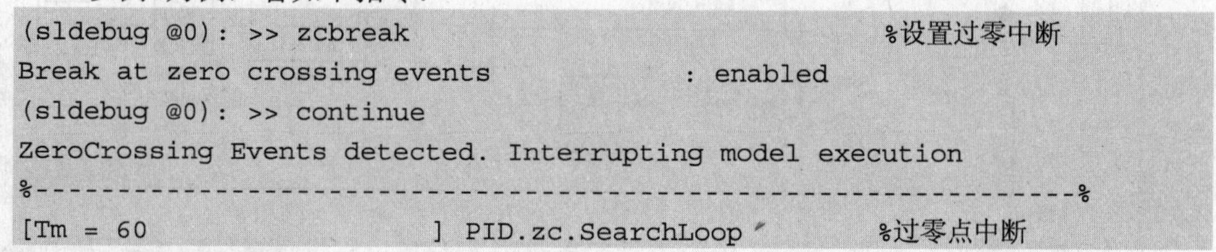

```
(sldebug @0): >> zcbreak                                        %设置过零中断
Break at zero crossing events                    : enabled
(sldebug @0): >> continue
ZeroCrossing Events detected. Interrupting model execution
%-----------------------------------------------------------------%
[Tm = 60                         ] PID.zc.SearchLoop            %过零点中断
```

10.4.4　系统调试举例

【例8】以例1所建模型说明SIMULINK调试技术，例1建立的系统仿真模型如图10.1所示。

（1）设置模型系统调试断点。单击模型窗口工具栏按钮，打开图形调试窗口。在微分模块（Derivative模块）前设置断点，其方法为：选中微分模块（Derivative模块），单击SIMULINK调试器工具栏中的按钮，在该模块之前设置断点。用户还可以按照一定的条件设置断点，完成该设置只需在断点条件设置（Break on conditions）栏中勾选或输入断点时刻即可。本例中设置在过零点时产生断点。此时，断点显示框中将显示断点的设置情况，如图10.41所示。

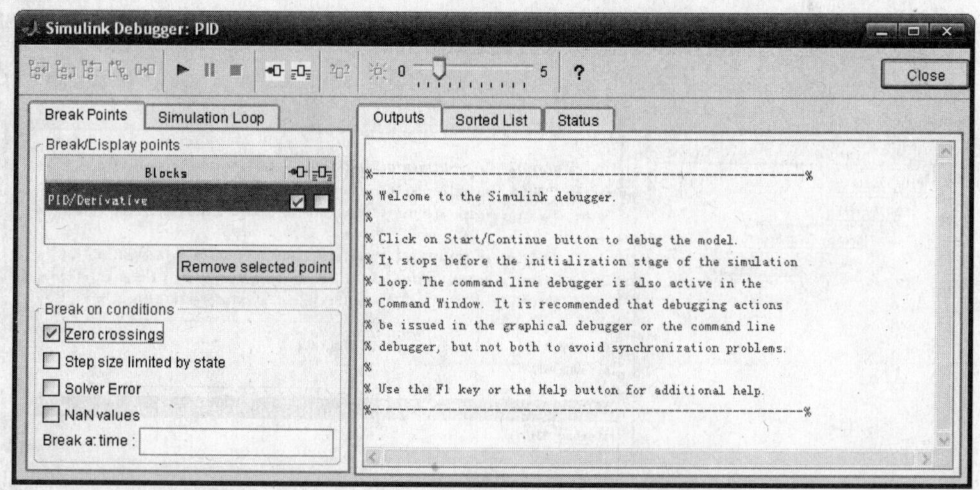

图10.41　系统调试断点设置

（2）调试。单击调试工具栏中的开始仿真按钮，系统将进入调试模式，所有的工具栏按钮将被激活。SIMULINK的调试方法有逐模块调试法和逐法调试法。

- 逐模块调试法。使用SIMULINK调试器工具栏的按钮，可以逐模块地对系统进行调试。在调试过程中，用户可以看到，即将被运行的模块在模型窗口中用箭头做了标记。如图10.42所示。

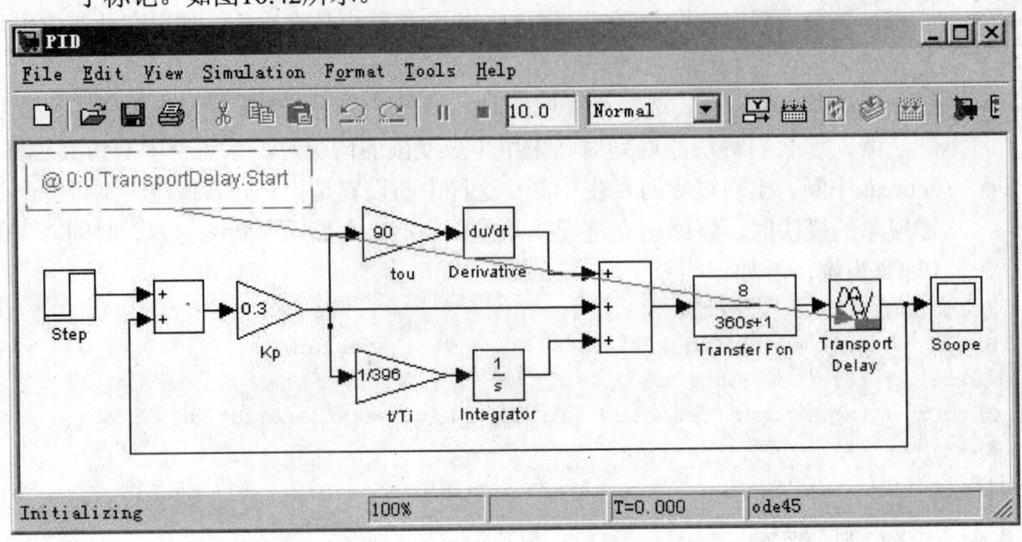

图10.42 模型窗口中逐模块调试显示

在图例中，系统进入调试模式后，调试器输出窗口显示相应的系统仿真时刻，和即将被运行的模块。如图10.43中调试器输出标签页阴影部分所示，显示仿真时间为TM=0，即将被运行的模块是Transport Delay模块。再次单击SIMULINK调试器工具栏的按钮之后，调试器将运行Transport Delay模块，被运行模块为Scope模块。如此反复，实现系统逐模块的调试。

注意:

①当系统中出现子系统时，调试器将自动打开子系统。

②在 Sorted List 标签页中将显示系统模块的运行次序和类型。

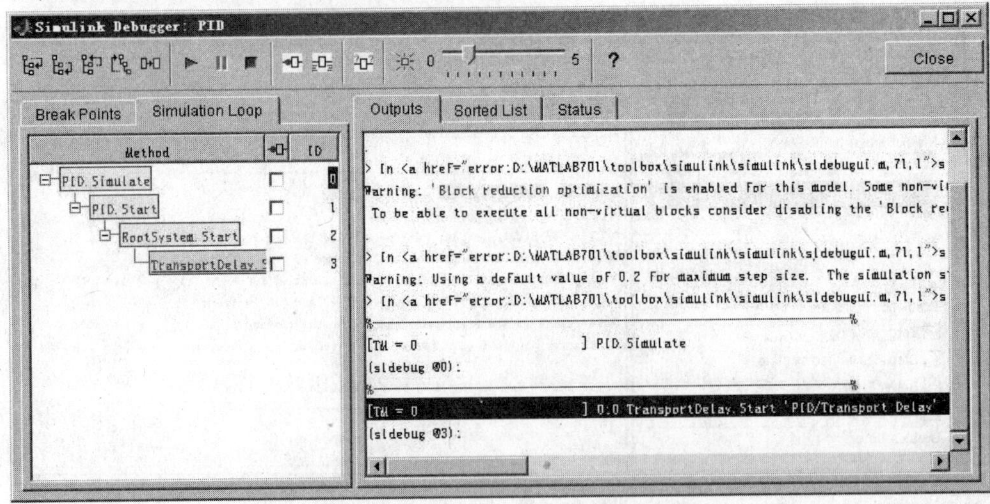

图10.43 逐模块调试输入输出标签页信息显示

- 逐法调试法。使用SIMULINK调试器工具栏上最左面的4个按钮，可以使得用户在每步调试时，能够进入下一种方法、跳出下一种方法、退出当前方法或直接跳到仿真开始。单击一次4个按钮中的任何一个，系统将执行一次指令，之后，调试器仿真回路标签页将显示当前调用堆栈的方法，并用黄色显示下一步要执行的方法，如图10.43中仿真回路标签页所示。

在调试过程中，系统将按照一定的顺序对系统模块进行仿真，具体见SIMULINK调试器中的Sorted List显示的模块仿真顺序，这对于复杂系统的调试是很有用的。除此之外，用户可以通过随时查看Status标签页来对调试器所处的状态进行观察。

10.5　对仿真进行分析

10.5.1　使用sim指令运行模型

在SIMULINK中进行仿真，用户除了可使用模型窗口菜单栏外，还可以使用MATLAB指令来进行仿真。这使得模型参数值和输入值的更改更加方便，给模型仿真和分析带来了方便。在MATLAB中，可以通过sim、simset、simget指令来实现SIMULINK的MATLAB指令仿真。

1. sim指令

sim指令可以对一个SIMULINK模型系统进行仿真，其调用方式有两种：

- [t,x,y]=sim('modelname',timespan,options,ut)
- [t,x,y1,y2,⋯,yn]=sim('modelname',timespan,options,ut)

说明：

①'modelname'：不带扩展名的被仿真模型名称，模型文件必须在MATLAB的搜索路径上。

②timespan：指定仿真的时间区间。其格式有以下几种：

[ ]：表示将以系统原始设置时间来进行仿真。

T_finaltime：表示只指定终止时间，而起始时间为0。

[T_starttime,T_finaltime]：表示在指定的仿真区间内仿真。

③options：MATLAB特定的一种数据结构，在设置仿真参数上有最高级别优先权，它可以覆盖参数设置对话框中的参数设置。

④ut：仿真对象输入端口的外部输入，具有最高优先设置权。

⑤t：返回仿真的时间矢量。

⑥x：返回仿真的状态矩阵。状态变量的排列顺序是先连续状态，后离散状态。

⑦y：返回仿真的输出矩阵。每一列对应着一个输出口模块的端口输出。

⑧y1,y1,…,yn：分别输出n个输出模块的端口输出。

注意：只有modelname参数是必须的，其他参数可以设置为空，或缺省。

【例9】运行已建立的模型PID，并显示其在区间[2,2000]上的仿真结果。

在MATLAB命令窗口中输入如下指令：

```
>>[t,x,y]=sim('PID',[2,2000]);                %运行模型PID在区间[2,2000]上的仿真
```

2. simset指令

- Options=simset('property',value,⋯)：将参数'property'设置为value，并将修改结果保存在构架Options中。后面的省略号表示，若有多个参数的话，可以按照相同的格式进行设置。
- Options=simset('oldopstruct','property',value,⋯)：将其中的参数设为值，表存在Options中。
- Options=simset('oldopstruct','newopstruct')：结合和的参数，出现重复时优先采用后

者的值。

- Simset：显示所有可以设置的参数名以及可能取值、缺省值。

在MATLAB命令窗中输入下面的simset指令，得到可以设置的参数。

```
>> simset%输入指令，以下为指令运行结果。
Solver: [ 'VariableStepDiscrete' |
      'ode45' | 'ode23' | 'ode113' | 'ode15s' | 'ode23s' | 'ode23t' | 'ode23tb'
|
      'FixedStepDiscrete' |
      'ode5' | 'ode4' | 'ode3' | 'ode2' | 'ode1' | 'ode14x' ]   %设置解法器
算法。
RelTol: [ positive scalar {1e-3} ]                              %设置相对误差
AbsTol: [ positive scalar {1e-6} ]                              %设置绝对误差
Refine: [ positive integer {1} ]                                %设置输出点
MaxStep: [ positive scalar {auto} ]                             %设置最大步长
MinStep: [ [positive scalar, nonnegative integer] {auto} ]   %设置最小步长
InitialStep: [ positive scalar {auto} ]                         %设置初始步长
MaxOrder: [ 1 | 2 | 3 | 4 | {5} ]                               %最大积分参数
FixedStep: [ positive scalar {auto} ]                           %设置固定步长
ExtrapolationOrder: [ 1 | 2 | 3 | {4} ]
NumberNewtonIterations: [ positive integer {1} ]
OutputPoints: [ {'specified'} | 'all' ]                         %设置输出点类型
OutputVariables: [ {'txy'} | 'tx' | 'ty' | 'xy' | 't' | 'x' | 'y' ]        %
设置输出变量
SaveFormat: [ {'Array'} | 'Structure' | 'StructureWithTime']
MaxDataPoints: [ non-negative integer {0} ]
Decimation: [ positive integer {1} ]
InitialState: [ vector {[]} ]                                   %设置初始状态
FinalStateName: [ string {''} ]                                 %设置最终状态名称
Trace: [ comma separated list of 'minstep', 'siminfo', 'compile',
'compilestats' {''}]
                                              %设置跟踪信息属性
SrcWorkspace: [ {'base'} | 'current' | 'parent' ]           %指定模型中表达
式计算的所在空间。
DstWorkspace: [ 'base' | {'current'} | 'parent' ]         %向To Workspace
模块指定该去的空间
ZeroCross: [ {'on'} | 'off' ]                                   %设置过零点检测开关
Debug: [ 'on' | {'off'} ]
```

注意：simset 指令所设置的参数并不修改仿真参数设置对话框中的参数设置，simset 设置的参数只在指令执行时有效。

【例10】设置相对误差为0.01，解法器为5阶定步长算法，过零检测开。

在MATLAB命令窗口中输入如下指令：

```
>>Options=simset('reltol',1.0e-2,'Solver','ode5','zero cross','on');
```

3. simget指令

- Options=simget('modelname')获得模型当前的仿真参数设置。

- value=simget('modelname','property')获得指定参数的值。

【例11】获得模型PID的整个仿真参数设置、解法器算法和最大步长。在MATLAB命令窗口中输入如下指令：

```
>> Options=simget('PID')
%运行结果
Options =
                    AbsTol: 'auto'
                     Debug: 'off'
                Decimation: 1
              DstWorkspace: 'current'
            FinalStateName: ''
                 FixedStep: 'auto'
              InitialState: []
               InitialStep: 'auto'
                  MaxOrder: 5
                SaveFormat: 'Array'
             MaxDataPoints: 1000
                   MaxStep: 'auto'
                   MinStep: 'auto'
              OutputPoints: 'all'
           OutputVariables: 'ty'
                    Refine: 1
                    RelTol: 1.0000e-003
                    Solver: 'ode45'
              SrcWorkspace: 'base'
                     Trace: ''
                 ZeroCross: 'on'
        ExtrapolationOrder: 4
    NumberNewtonIterations: 1
>> Value1=simget('PID','solver')
%运行结果
Value1 =
ode45
>> Value2=simget('PID','MaxStep')
%运行结果
Value2 =
auto
```

10.5.2 线性化的方法

有这样一种通用的解决问题的办法，那就是复杂问题简单化，未知问题已知化。非线性问题也是如此，常用的方法是通过一定的方式将其线性化，得到线性化模型之后，就可利用成熟的线性分析方法来研究非线性问题了。

1. 非线性系统的线性化描述

通常，非线性系统的一般化状态方程描述为：$\begin{cases}\dot{x}_1 = f(x,u,t) \\ y = g(x,u,t)\end{cases}$。在式中，$\dot{x}, f, x$ 都是n阶向量；u 是m阶向量。y和g是p阶向量。在状态向量x、输入向量u和时间t指定的情况下，通过变换可以得到方程：$\begin{cases}\delta \dot{x} = A\delta x + B\delta u \\ \delta y = C\delta x + D\delta u\end{cases}$；在式中，A、B、C、D矩阵中的元素分别为

$$A_{ji} = \frac{\delta}{\delta x_i} f_j(x,u,t)，B_{ji} = \frac{\delta}{\delta u_i} f_j(x,u,t)，C_{ji} = \frac{\delta}{\delta x_i} g_j(x,u,t)，D_{ji} = \frac{\delta}{\delta u_i} g_j(x,u,t)。$$

为了和已有的线性模型保持一致，可简化为：$\begin{cases}\dot{x} = Ax + Bu \\ y = Cx + Du\end{cases}$。

说明:

①上面的线性化结果只有在标准输入点（x,u,t）附近很小的范围内成立。

②这种线性化处理并不适用与所有的非线性系统。

2. 连续系统的线性化函数

SIMULINK为连续系统线性化提供了两个函数：linmod、linmod2。linmod2函数表示在相同的情形下使用不同的差分方法。其调用格式如下：

```
[A,B,C,D]=linmod('modelname',x,u,para,xpert,upert)
[A,B,C,D]=linmod2('modelname',x,u,para,Apert,Bpert,Cpert,Dpert)
```

说明:

①'modelname'：表示需要线性化处理的系统模块名称。

②x：表示状态向量，缺省为适当的零向量。

③u：表示输入向量，缺省为适当的零向量。

④para：三元向量。para(1)指定仿真计算偏导数时的扰动值。linmod的缺省值是1.0e-5。para(2)指定时间点，缺省值为0。

⑤xpert、upert：分别为每个状态和输入设置扰动值。其缺省的计算公式为：xpert=para(1)+1.0e-3*para(1)*abs(x)，upert=para(1)+1.0e-3*para(1)*abs(u)。

⑥Apert, Bpert, Cpert, Dpert：分别用来设置与各元素相关联的状态和输入的扰动水平。其缺省情况可以通过函数[A，B，C，D，Apert，Bpert，Cpert，Dpert]=linmod2('sys',x,u)来查看。

⑦linmod函数得到的是用常微分方程描述的线性模型，返回的是状态空间A、B、C、D形式表示的输入输出关系。函数中的参数并不都是必需的，只有第一个参数modelname是必需的，其余是可选的。

⑧用linmod函数对有微分模块（Derivative）和传输延迟模块（Transport Delay）的模型进行线性化时，应将微分模块（Derivative）和传输延迟模块（Transport Delay）用Switched derivative模块和Switched transport delay模块替代。

3. 离散系统和混合系统的线性化函数

SIMULINK为离散系统和混合系统线性化提供了dlinmod函数。其调用格式如下：

[A,B,C,D]=dlinmod('modelname',Ts,x,u,para)

说明：

①Ts：近似线性模型的采样时间。

②在函数参数中，前两个参数是必需的，即参数 modlename 和 Ts。

③如果系统满足以下条件。

采样时间 Ts 是原系统所有采样时间的整数倍。

采样时间 Ts 大于等于系统最小的采样时间。

系统稳定。

那么对这样的系统进行 dlinmod 函数线性化，将得到采样时间为 Ts 且具有与原系统相同频率和响应的线性模型。

④若设置 Ts=0，将使得原系统近似为连续系统模型。

⑤系统稳定性判断：利用输出状态空间 A 可以判断系统的稳定性。当 Ts=0 时，并且 A 的所有特征值具有负实部，则可判断系统稳定；当 Ts>0 时，并且 A 的特征值在单位圆内时，系统稳定。当 Ts<0 时，情况不定。

⑥如果系统不稳定或者采样时间不是原系统采样时间的整数倍时，输出状态空间 A、B 可能是复数。但这时 A 的特征值依然对于判断系统稳定性有极大的参考价值。

4. 模型线性化实例

【例12】对非线性系统$\begin{cases}\dot{x}_1 = 3x_1^2 + 2x_2^2 - 5 \\ \dot{x}_2 = 3x_1 - x_2\end{cases}$在原点处线性化处理。

（1）采用本节中的线性化公式 $A_{ji} = \dfrac{\delta}{\delta x_i} f_j(x,u,t)$，手算求出 $A = \begin{bmatrix} 0 & 0 \\ 3 & -1 \end{bmatrix}$。

（2）创建如图10.44所示的模型li12。

注：所有的设置均采取缺省值。

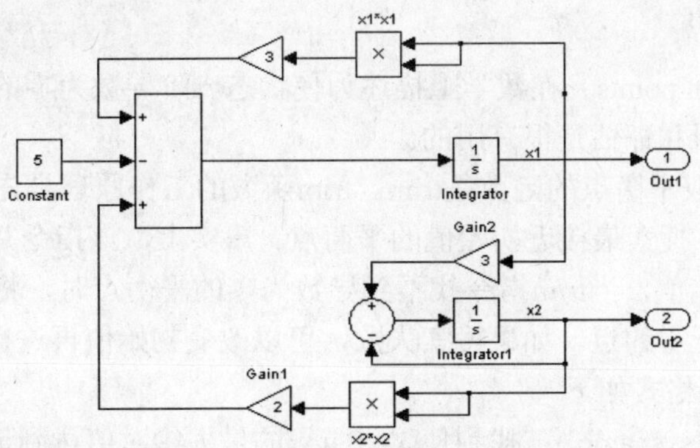

图10.44　被线性化的非线性系统模型

（3）利用指令求取原点处的线性化模型。

注意：当 linmod 函数只有第一个参数时，表示系统在原点处进行线性化处理。在 MATLAB 命令窗中输入如下指令：

```
>> [A,B,C,D]=linmod('li12')%以下为运行指令后的结果。
A =
     0     0
     3    -1
B =
   Empty matrix: 2-by-0
C =
     1     0
     0     1
D =
   Empty matrix: 2-by-0
```

可见，计算结果与我们第一步手算出的结果一致。

（4）利用指令求取点[1 2]处的线性化模型。在MATLAB命令窗中输入如下指令：

```
>> [A1,B1,C1,D1]=linmod('li12',[1 2]);A1
%以下为运行指令后的结果。
A1 =
     6     8
     3    -1
```

（5）求取A、A1的特征值，判断系统的稳定性。在MATLAB命令窗中输入如下指令：

```
>> eigenvalueA=eig(A)'
%以下为运行指令后的结果。
eigenvalueA =
    -1     0
>> eigenvalueA1=eig(A1)'
%以下为运行指令后的结果。
eigenvalueA1 =
8.5208   -3.5208
```

可见，原系统在原点处处于稳定状态，而在点[1 2]处则不稳定。

10.5.3 平衡点的分析

平衡点（Equilibrium points）在数学上描述为使状态一阶导数为零的点。其对于非线性系统的系统稳定性的分析和评估是很有用的。

MATLAB中用于求取平衡点的函数是trim。trim函数的工作原理是先从一个指定的初始值开始，借助数值运算，搜索最接近初始值的平衡点。事实上，该指令并不保证搜索到的平衡点就一定是最接近初始值，当trim指令找不到导数为零的平衡点时，将返回搜索中使得状态导数最大绝对值最接近零的点。如果搜索失败，可以改变初始值再进行尝试。

trim函数的具体调用格式如下。

- [x,u,y,dx]=trim('sysname')：找到使[x-x0,u,y]的最大绝对值达到最小的平衡点。
- [x,u,y,dx]=trim('sysname',x0,u0,y0)：找到使[x-x0,u-u0,y-y0]的最大绝对值达到最小的平衡点。
- [x,u,y,dx]=trim('sysname',x0,u0,y0,ix,iu,iy)：找到使[x(ix)-x0(ix),u(iu)-u0(iu),

y(iy)-y0(iy)]的最大绝对值达到最小的平衡点。

说明：

①所有格式中，参数'sysname'是必需的。

②x，u，y：分别代表系统平衡点输出为状态向量、输入向量和输出向量。

③dx：代表状态的微分向量。

④x0，u0，y0：分别代表开始搜索[x,u,y]点的状态、输入、输出的初始值。

⑤ix，iu，iy：分别表示制定状态、输入、输出向量中固定元素的分量下标。

【例13】求取非线性系统 $\begin{cases} \dot{x}_1 = 3x_1^2 + 2x_2^2 - 5 \\ \dot{x}_2 = 3x_1 - x_2 \end{cases}$ 在x点（0，1）和点（0，-1）附近的平衡点；求取x在点（0，1）和点（0，-1）附近的平衡点，在MATLAB命令窗中，输入如下指令：

```
>> trim('li12',[0,1]')
> In trim at 102
%以下为运行指令后的结果。
ans =
    0.4880
    1.4639
>> trim('li12',[0,-1]')
> In trim at 102
%以下为运行指令后的结果。
ans =
   -0.4880
   -1.4639
```

10.5.4　仿真速度和精度

SIMULINK仿真性能和精度受很多因素的影响，其中包括模型的设计和仿真参数的选择。在大多数情况下，用户只需要使用系统默认的算法和仿真参数值就可以解决问题了。但对于一些特殊的模型，用户必须选择适当的仿真参数和解法器，才能得到更加理想的仿真结果。

1．加快仿真速度

如果模型的仿真速度很慢，可能是以下因素造成的，应采取适当的解决方法。

- 仿真时间过长。可以适当减小仿真时间间隔。
- 仿真精度设置要求太高。一般来说，相对误差设置为0.1%就可以了。如果设置绝对误差的值太小，将会使得仿真在接近零状态时，耗费更多的时间。
- 仿真的时间步长太小。可将其设置为auto。
- 模型中包含一个外部存储模块。应尽量采取内置的存储模块。
- 模型中包含代数环。由于代数环是通过迭代方式进行计算的，所以仿真的速度有些慢。
- 模型中包含有MATLAB Fcn模块。如果模型中包含MATLAB Fcn模块，SIMULINK仿真时，每个时间步都要调用MATLAB解释器。所以要尽可能地使用内置Fcn模块或者用Math Function模块。
- 模型中包含有M-文件的S-函数。这也会在每一个仿真步调用MATLAB解释器。所以，应该建立功能等价的子系统或者是转化为C-MEX文件的S-函数。

- 选择了错误的解法器算法，解决办法是改变解法器。比如，解一个刚性问题却选择了非刚性解法器，这时可以使用ode15s。
- 多采样频率模型，采样频率之间不是整数倍，解法器会选择足够小的时间步长来确保所有的采样点都能取到，因此会导致仿真速度下降。

2. 提高仿真精度

过大的时间步长将可能使得仿真错过一些关键行为。因此，用户可以通过设置较小的仿真步长来保证仿真的精确性。检验仿真精度的方法是：通过修改仿真的相对误差和绝对误差，对比仿真结果的变化，如果变化不大，说明解是收敛的，仿真精度是有效的，结果是稳定的。如果仿真结果精度较低，那么可能是以下原因造成的。

- 模型中含有取值接近零的状态。如果设置的绝对误差太大，在零状态附近仿真运行的时间步就较少。用户可以通过设置较少的绝对误差参数或者改变初始状态值来解决这个问题。
- 如果改变绝对误差参数设置还不能得到较为理想的结果的话，用户可以适当减小相对误差的值，来降低可容忍的误差和减小仿真步长。

10.6 代数环的形成与处理

在介绍代数环（Algebraic Loops）前，先看这样一个简单例子。

【例14】求解方程组$\begin{cases} y = k_1 x - u \\ u = k_2 y \end{cases}$。

（1）建立如图10.45所示的模型（含有代数环）。

（2）设置仿真模块参数。

- 设置增益模块k1的增益参数Gain为3。
- 设置增益模块k2的增益参数Gain为5。
- 用Constant模块替代输入模块作为x。设置其Constant value为1。

设置后如图10.46所示。

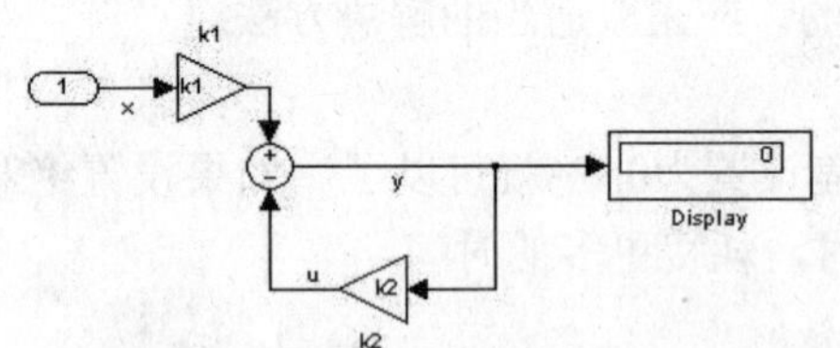

图10.45 按原始方程组建立的模型

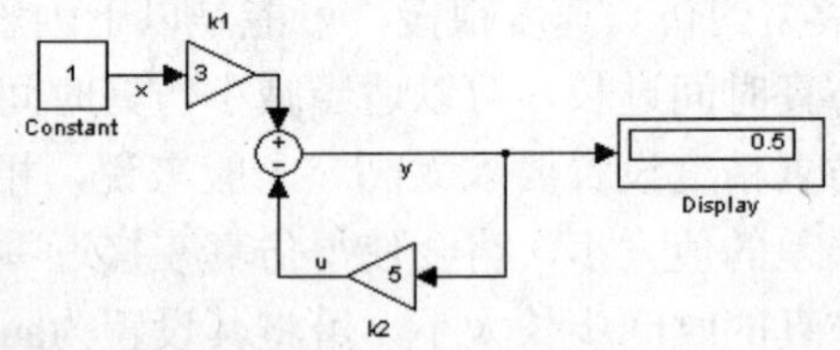

图10.46 参数设置后的模型图

（3）运行仿真。将在MATLAB命令窗口中看到如下信息。

```
Found algebraic loop containing:
  'li14/k2'
  'li14/Sum' (algebraic variable)
```

在Display中显示计算结果。

10.6.1　构成代数环的常见模块及表征

在上面的例子中，我们看到了一个这样的提示：系统中发现代数环，且代数环包括k2(Gain)模块和Sun模块。在代数环中包含的模块都具有这样的特性：当前时刻模块的输出依赖于当前时刻模块的输入。这种输入输出关系在时间上的"无延时"模块被称为直通模块（Direct feedthrough）。

在SMULINK中具有这种"无延时"特性的模块有：

- 增益模块：Gain模块。
- 乘法运算模块：Product模块。
- 简单Math operations模块：Math Function模块、Abs模块、Sign模块。
- 求和模块：Sum模块。
- 积分模块：Integrator模块。
- 矩阵D不为零时的状态空间模块：State-Space模块。
- 零点和极点数目相同时的零极点模块：Zero-Pole模块。
- 分子分母多项式同价时的传递函数模块：Transfer Fcn模块。

一般来说，简单的代数环具有如下表征：

- 代数环在模型图中表现为含有直通模块的闭合回路。如图10.47所示。模型中的灰色阴影部分就是一个闭合的含有直通模块的代数环，读者可以在运行模型后在MATLAB命令窗口中验证。

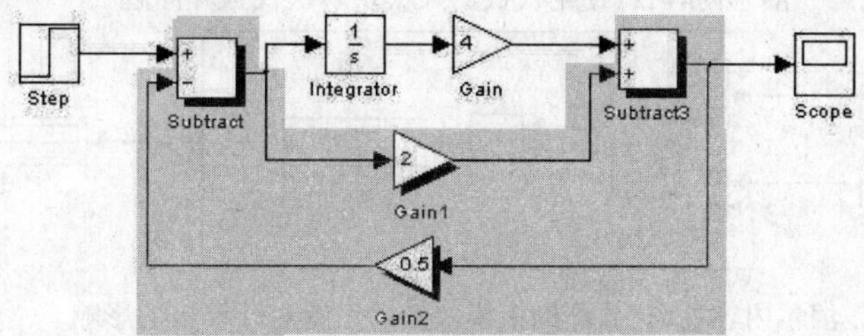

灰色阴影部分有模块Subtract、Gain1、Subtract3、Gain2构成的闭合环路表示

图10.47　代数环的框图表征

MATLAB命令窗口的代数环信息。

```
>> run s12
Found algebraic loop containing:
  's12/Gain1'
  's12/Subtract3'
  's12/Gain2'
  's12/Subtract' (algebraic variable)
```

- 在代数式上表现为变换后同一变量出现在方程的两边。

将例1方程组中的第二个方程代入第一个方程可得：$y = k_1 x - k_2 y$，由此可见，变量y出现在方程两边，这是代数环的方程表征的一种形式。

10.6.2　如何处理代数环问题

计算机在处理代数环计算时，采用的是一种迭代算法，也就是说每个时间步里，计算机都将进行这样的计算，这会使得计算机的计算时间增长。同时，由于这种代数环包含的模块的"无延时”特性，要求环上所有模块的输出在同一时刻计算，这与系统顺序仿真的要求不符。

要解决代数环问题，可以采取以下方式：

- 设计模型时尽量不采用代数环设计。
- 在计算速度可以忍受的范围内，可以不必介意代数环问题。
- 对代数环采取代数约束。
- 切断模型中的代数环。

【例15】使用代数约束模块解方程 $x^2-6x-16=0$。很明显，其根是 $x_1=-2, x_2=8$。

在模型设计中，使用代数约束模块（Algebraic Constraint），对本例中这种方程一端为零的方程建模是非常方便的。代数约束方程模块的输入F(z)是一个代数表达式，输出是模块的代数状态。其功能是通过调整其输出的代数状态，使其输入为零。

（1）将方程分解因式为：$(x-8)(x+2)=0$。

（2）依据变换后的方程建立模型，如图10.48所示。

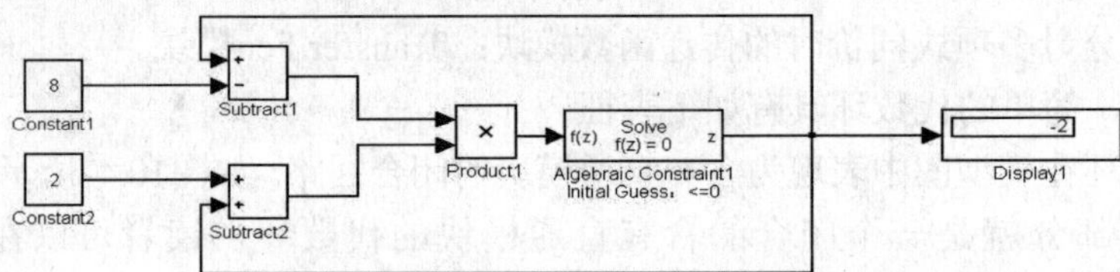

演示内容1：使用代数约束模块解决代数环问题

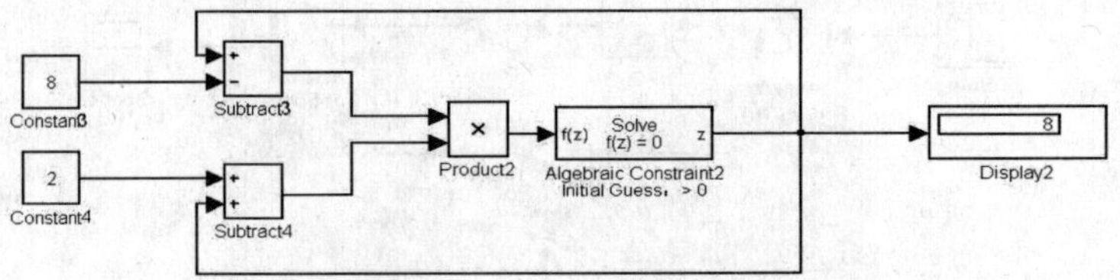

演示内容2：代数环约束模块初始设置对计算机的影响

图10.48　使用代数约束的仿真模型

（3）设置参数，执行仿真。

- 设置Algebraic Constraint1模块中的Initial Guess为-4。
- 设置Algebraic Constraint2模块中的Initial Guess为4。

其余模块如图进行设置，或采用默认值。执行结果见图10.48中在Display1和Display2。在MATLAB命令窗口有如下信息。

```
Found algebraic loop containing:
  'li15/Algebraic Constraint1/Initial Guess'
  'li15/Subtract2'
  'li15/Subtract1'
  'li15/Product1'
  'li15/Algebraic Constraint1/Sum' (algebraic variable)
Found algebraic loop containing:
  'li15/Algebraic Constraint2/Initial Guess'
  'li15/Subtract4'
  'li15/Subtract3'
  'li15/Product2'
```

```
'li15/Algebraic Constraint2/Sum' (algebraic variable)
```

注意：

①代数环约束，是使用SIMULINK内置的代数环求解器对系统代数环问题进行仿真，因此，系统使用代数约束时，系统依旧将出现代数环。

②在使用代数约束模块时，SIMULIN使用牛顿迭代法，这是一种相对稳定的算法，但是如果代数状态初始值选择不合适，算法将不一定收敛。如果代数初始值选择不同，可能造成最终结果的不同，在图10.48中可以明显看出，在不同的初始值设置下，将得到不同的结果。

【例16】演示使用记忆模块切断代数环。例子背景依旧是解算方程$x^2-6x-16=0$。

（1）变换方程。

将方程移项后分解因式得到：$\begin{cases} y = f_0(t,x,u) \\ \dot{x}_c = f_d(t,x,u) \\ x_{d_{k+1}} = f_u(t,x,u) \end{cases}$，其中，　$x=x_c+x_d$。

（2）依据变换后的方程建立如图10.49所示的模型，并设置参数。

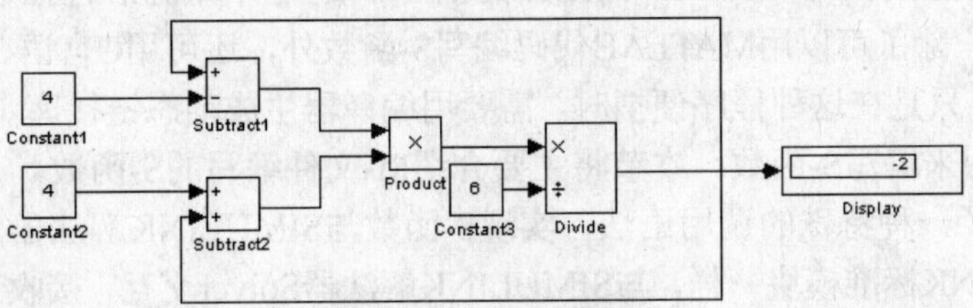

图10.49　建立原始模型

（3）执行建立的原始模型，可以看到如下代数环信息。

```
Found algebraic loop containing:
  's2/Subtract2' (algebraic variable)
  's2/Subtract1'
  's2/Product'
  's2/Divide' (algebraic variable)
```

（4）在模型中插入记忆模块（Memory），如图10.50所示。然后执行仿真，查看MATLAB命令窗口中的信息变化。

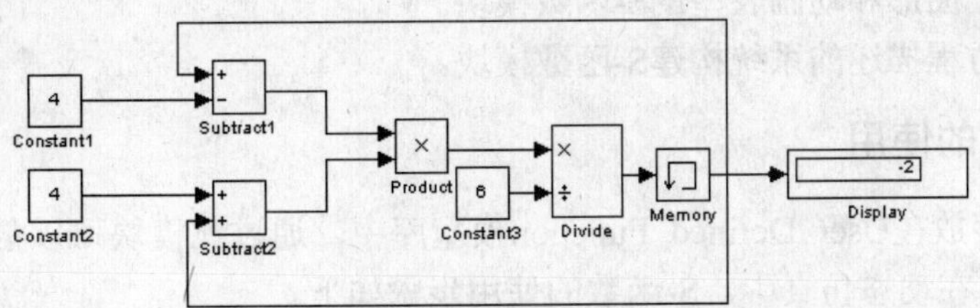

图10.50　用记忆模块切断代数环后的模型

在MATLAB命令窗中可见，当插入记忆模块时，将消除系统代数环。但同时读者可以做这样的一个实验，当将Memory模块中初始条件参数Initial condition设置在[-8，8]之间时，将得到正确结果，否则将得到inf。

说明： 在代数环中插入记忆模块（Memory）或单位延迟模块（Unit Delay）是切断代数环的常用方法。尽管这种方法可以有效地消除代数环，但是系统有时会因为记忆模块或者延迟模块的插入而改变其性质，并且不合适的初始值还可能造成系统的不稳定。

10.7　S-函数（系统函数）的创建和使用

SIMULINK为用户提供了许多内置模块库，诸如连续模块库（Continous）、离散系统模块库（Discontinous）等，用户通过使用这些系统提供的模块即可构建模型。但在实际问题中，很多情况下，这些系统模型对于构建模型显得力不从心，这时就需要一些特殊的模块，它们由基本模块构成，是基本模块的扩展。

S-函数就是SIMULINK提供的这样一个扩展模型库的工具，它是由那些系统内置模块组合后封装得到的可以重复使用的模块。S-函数结合了SIMULINK图形化的特点和MATLAB编程灵活的优点，从而给用户扩展SIMULINK提供了强大的支持。

10.7.1　S-函数的概述

S-函数是系统函数（System function）的简称，是用计算机语言描述的功能模块。在MATLAB中，用户除了可以用MATLAB代码编写S-函数外，还可用C言语、FORTRAN、Ada语言编写S-函数。只是在这种程序便携时，需要用编译器生成动态链接库（.dll）文件。此外，Mex文件也可以用来编写S-函数。本节将主要介绍M-文件编写的S-函数。

S-函数采用了一种特殊的调用语法，实现S-函数与SIMULINK解法器的交互。S-函数可以像其他SIMULINK标准模块一样，与SIMULINK解法器Solver交互，接收来自SIMULINK解法器的相关信息，并对解法器的指令做出适当的响应，以实现其功能。并且，S-函数的这种交互性具有广泛的适应性，适用于连续、离散和混合系统。

S-函数可以利用MATLAB的丰富资源，其不仅仅局限于SIMULINK提供的模块，而且可用C或C++等语言写S-函数，此外还可以实现对硬件端口的操作，如操作Windows API等。

S-函数具有像其他模块一样可以重复调用的性质，用户可以通过对S-函数模块不同的参数设置，实现不同的功能，如：

- 生成用户系统中要反复调用的S-函数模块。
- 把已经存在的C码程序购造成S-函数模块。
- 构建用于图形和动画表型的S-函数模块。
- 为数学方程描述的系统构建S-函数模块。

10.7.2　S-函数的使用

S-函数模块存放在User Defined Function模型库中，通过此模块可以创建包含S-函数的SIMULINK模型。在动态仿真中，S-函数的使用步骤如下。

（1）打开SIMULINK库浏览器，将User Defined Function模型库中的S-Function模块拖入到用户模型中。

（2）双击S-Function模块，打开其参数设置对话框，设置S-函数参数。在S-函数文件名区域要填写S-函数不带扩展名的文件名，并且此栏不能为空。在S-函数参数区填入S-函数所需要的参数。参数并列给出，参数间以逗号分隔开即可。S-函数参数对话框如图10.51所示。

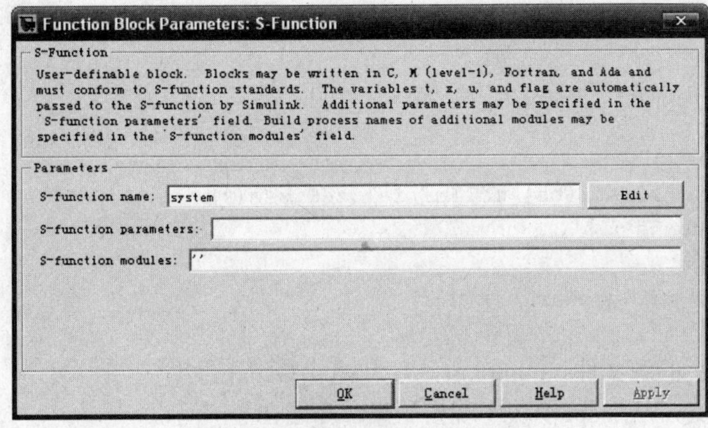

图10.51　S-函数模块参数对话框

（3）创建S-函数源代码。S-函数源代码的创建方式有很多种，一般来说，不采用S-函数语法格式自行编写代码，一是因为这样做非常麻烦，二是因为在SIMULINK的S-function Example模型库中，为用户提供了针对不同语言的S-函数模版和例子。用户通过修改S-函数的模版和例子可实现S-函数源文件的编写工作。

（4）在SIMULINK仿真模型中，连接模块实现预定的功能。

注意：

①S-函数是一个单输出、单输入的模块。如果系统有多个输入或输出信号，可以通过 Mux 模块和 Demux 模块将其组合成单个的输入或输出信号。

②S-函数参数设置中的 S-函数文件名必须与用户建立的 S-函数源文件名完全相同。

③用户可以使用子系统封装技术对 S-函数进行封装。

为了给读者一个直观的印象，下面通过一个例子来说明S-函数的使用方法。

【例17】使用S-函数实现系统信号的放大：y=k*x。

（1）打开MATLAB库浏览器，将User Defined Function模型库中的S-Function模块拖入到要创建的模型中，在模型窗口中建立如图10.52所示的模型。

（2）双击S-Function模块，打开其参数设置对话框，设置S-函数参数，如图10.53所示。

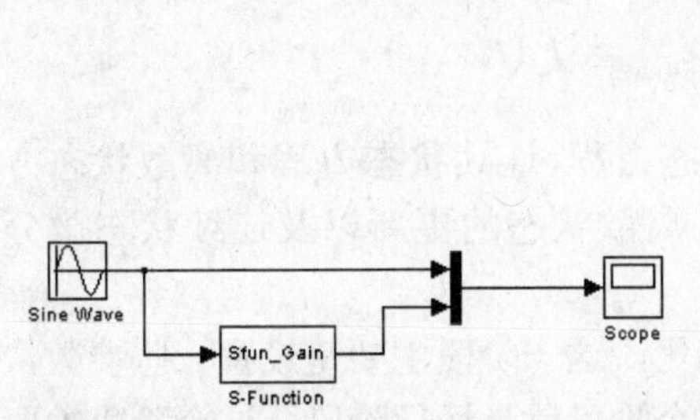

图10.52　S-函数模块构成的系统信号放大模型

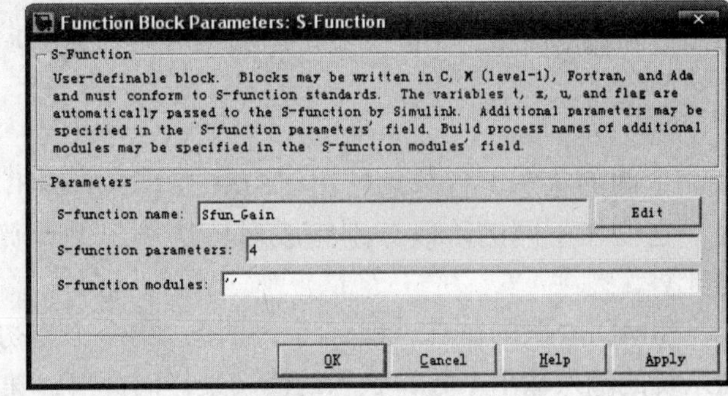

图10.53　模型参数设置

（3）创建S-函数源代码。打开模板文件，方法有两种：在MATLAB命令窗口中输入：

```
>> edit sfuntmpl
```

修改模板。找到程序，并作相应修改。

```
function [sys,x0,str,ts] = Sfun_Gain(t,x,u,flag,k)
  case 0,
    [sys,x0,str,ts]=mdlInitializeSizes(k);
  case 3,
    sys=mdlOutputs(t,x,u,k);
function [sys,x0,str,ts]=mdlInitializeSizes(k)
sizes.NumOutputs     = 1;
sizes.NumInputs      = 1;
function sys=mdlOutputs(t,x,u,k)
sys = k*u;
```

（4）将修改后的源文件sfuntmpl.m另存为Sfun_Gain.m文件。

（5）运行仿真，从Scope模块中观察结果，如图10.54所示。

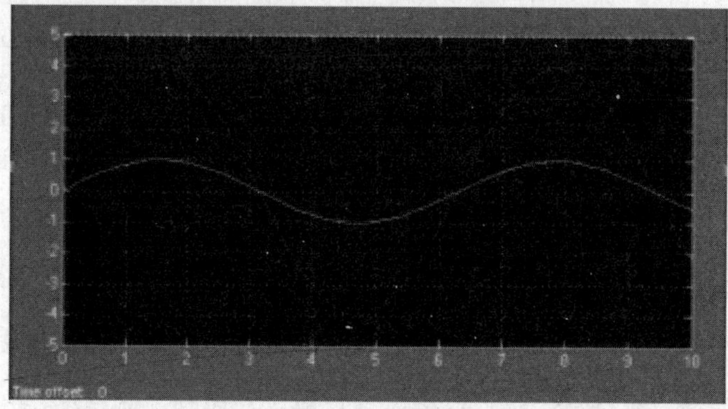

图10.54　S-函数信号放大模型仿真结果

10.7.3　S-函数的工作机理

在编写S-函数之前，了解S-函数的工作原理是非常有用的。在了解S-函数前，首先要回顾一下SIMULINK的工作原理。

SIMULINK模块包含3个基本元素：输入向量u，状态向量y和输出向量x。输入向量、状态向量和输出向量之间的关系可用状态方程描述为：$\begin{cases} y = f_0(t,x,u) \\ \dot{x}_c = f_d(t,x,u) \\ x_{d_{k+1}} = f_u(t,x,u) \end{cases}$。其中，$x=x_c+x_d$。

上面的状态方程分别给出了SIMULINK的输出状态方程、连续状态方程和离散状态方程，它们在不同的阶段分别完成对模块输出的计算、离散状态的更新以及连续状态微分的计算。

SIMULINK的仿真过程有两个阶段：第一个为初始化，这一阶段主要是设置一些参数，如系统的输入输出个数、状态初值、采样时间等；第二个阶段就是运行阶段，这个阶段中要进行模块输出的计算、离散状态的更新以及连续状态微分的计算等。在这个仿真阶段，包括仿真的初始和结束阶段，SIMULINK都将不断地调用模块。

S-函数具有不同的调用方法，在SIMULINK仿真过程中将反复调用S-函数。在模型仿真的不同阶段，SIMULINK会对模型中的S-函数采用适当的方法进行调用，在调用过程中，SIMULINK将调用S-函数的例程来完成各项工作。这些工作包括：

（1）初始化工作。在SIMULINK仿真执行之前，SIMULINK首先初始化S-函数，完成以下工作。

- 初始化包括S-函数的信息结构体（SimStruct）。
- 确定输入输出端口的数目和维数。
- 选择模块采样时间。
- 分配内存和Size数组。

（2）计算下一个采样点。如果用户采用变步长解法器，那么模型在前一阶段需要计算下一阶段采样的时间点，即计算下一个时间步长。

（3）计算主时间步的输出。计算所有端口的输出值。

（4）更新主时间步的离散状态。这是一个在每个仿真时间步内都要执行一次的例程，为当前时刻仿真更新状态。

（5）数值积分。并非所有模块都具有这个阶段，只有当仿真模块具有连续状态和非采样零点时才会具有。

10.7.4 S-函数的常用术语

S-函数将经常涉列到一些常用术语，如：直通（Direct feedthrough）、动态输入（Dynamically sized inputs）、采样时间和延迟设置（Setting smaple times and offsets）。对这些基本术语的理解将有助于S-函数的创建和使用。

1. 直通（Direct feedthrough）

直通又称直接馈入，是指系统的输出或可变采样时间受到输入的控制。这类似于在代数环一节中已经介绍过的直通模块。有些系统具有直通性，而有些系统没有。比如：系统y=k*u (u是输入，k是增益系数，y是输出)，就具有直通性。而系统y=x，dx=u，x表示状态，就不具有直通性。

判断S-函数有无直通性，对于确定系统中模块的执行顺序是很重要的。判断S-函数输入端口是否总具有直通性的依据如下。

- 从S-函数的角度看，输出函数中包含有输入u的函数。
- 下一采样时刻的计算需要输入u。

2. 动态输入（Dynamically sized inputs）

S-函数可以动态设置输入向量宽度（维数）。S-函数的输入变量的宽度取决于S-函数输入模块的宽度。动态输入主要是给出：输入连续状态数目（Size.NumContStates），离散状态数目（Size.NumDiscStates），输出数目（Size.NumOutputs），输入数目(Size.NumInputs)，直通数目(Size.Dir Feedthrough)。

动态设置输入向量宽度时，可以将指定Size结构的对应成员设置为-1。也可以在仿真开始时，调用length函数来确定实际输入向量的宽度。若指定宽度为0，则对应的输入端口将会在S-函数模块中去掉。由于S-函数只有一个输入输出端口，所以其只能接收一维输入向量。

【例18】三维信号的动态输入，设置动态输入演示。

（1）建立如图10.55所示的动态输入S-函数模块。

（2）修改sfuntmpl模板中的下列信息。

```
function [sys,x0,str,ts] = Dyn_s_input(t,x,u,flag)
sizes.NumOutputs      = -1;
sizes.NumInputs       = -1;
function sys=mdlOutputs(t,x,u)
sys = u;
```

（3）保存sfuntmpl.m文件为Dyn_s_input.m文件。设置S-函数名为Dyn_s_input。

（4）运行仿真，输出结果如图10.56所示。

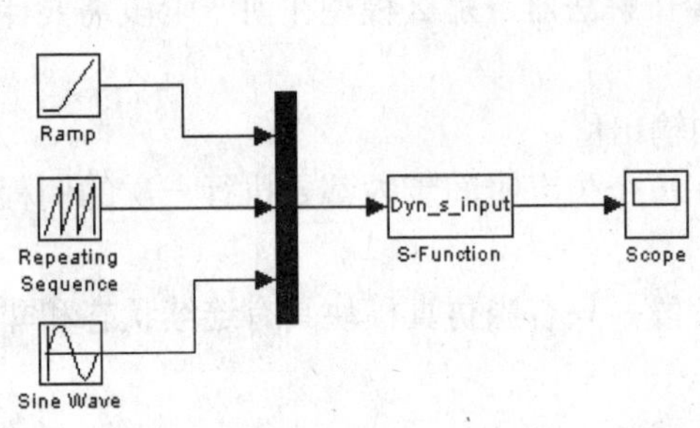

图10.55　动态输入S-函数模块

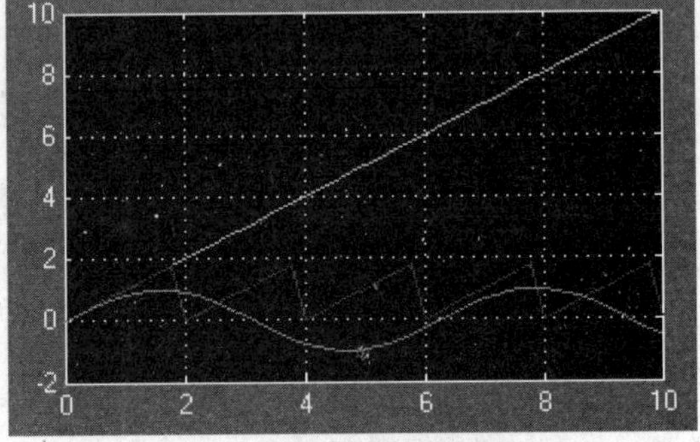

图10.56　动态输入设置的仿真输出

可见，当S-函数设置了动态输入，模块就会自动识别处理不同输入宽度的信号。同样，当S-函数设置了动态输出，模块就会自动将输出设置为与实际输入相同的信号宽度。

3. 采样时间与延迟设置（Setting sample times and offsets）

采样时间与延迟设置主要用于设置采样时间。M-文件的S-函数和C语言的S-函数都具备在指定S-函数的执行时间上有高度的自适应度。SIMULINK为采样时间提供了一些不同的选择。

- 连续采样时间（Continuous sample time），适用于具有连续状态和非采样过零点的S-函数，其输出按照最小时间步改变。
- 固定最小步长的连续采样时间（Continuous but fixed in minor time step sample time）。适用于需要在每一个仿真时间步执行，但在最小仿真步内值不改变的S-函数。
- 离散采样时间（Discrete sample time），在S-函数发生了具有离散时间间隔的函数行为时，用户可以定义一个采样时间来规定SIMULINK何时调用函数。而且用户还可以定义一个延迟时间offset来延迟采样时间，这个延迟时间不能超过采样时间。若用户定义了一个离散采样时间，则SIMULINK就会在所定义的每个采样点调用S-函数的mdlOutput例程和mdlUpdate例程。
- 可变采样时间（Variable sample time），相邻采样点的时间间隔可变的离散采样时间。在这种采样时间的情况下，S-函数将会在下一步仿真开始的时候，计算下一个采样点的时刻。
- 继承采样时间（Inherited sample time），在某些情况下，S-函数自身没有特定的采样时间，它本身的状态是连续的还是离散的完全取决于系统中的其他模块。此时，S-函数模块的采样时间属性可设置为继承（inherited）。通常，一个模块可以从以下方式中继承采样时间：继承驱动模块（The driving block）、继承目标模块（The destination block）、系统中最快的采样时间。

关于采样时间的确定，可以遵循以下规则。

- 在最小积分步长内会发生变化的连续S函数，应将采样时间设置为：[continous_sample_time,0.0]
- 在最小积分步长内不会发生变化的连续S函数，应将采样时间设置为：［continous_sample_time,fixed_in_minor_step,offset］
- 以固定速率变化的离散S函数，应将采样时间设置为：［discrete_sample_time_period,offset］
- 变速率的离散S函数，应将可变步长的离散采样时间设置为：［variable_sample_time,0.0］

10.7.5　S-函数的模板

在本节中，主要介绍M-文件编写的S-函数。由于MATLAB提供了M-文件的S-函数标准模板，这使得程序的开发效率大大提高。在S-函数模板中，定义了S-函数的框架结构，用户可以按照自己的需要对其进行修改。

打开模板的方式除了例17所列的两种方式之外，还可以从MATLAB的根目录toolbox\simulink\blocks中找到S-函数的sfuntmpl.m模板文件。打开S-函数模板文件之后，就将看到如下代码。为了便于读者理解，本书在适当的位置添加了中文注释。

```
function [sys,x0,str,ts] =sfuntmpl(t,x,u,flag)
% 函数名sfuntmpl是模板文件名，用户在编辑时应填写自己的文件名。
% t是采样时间，x是状态变量，u是输入。
% flag是仿真过程中的状态标志，它的6个不同取值，指向6个功能不同的子函数。
% 这些子函数也称为回调方法（Callback methods）。
% sys输出根据flag的不同而不同，下面将结合flag来讲sys的含义。
% x0是状态变量的初始值。
% ts是一个1×2的向量，ts(1)是采样周期，ts(2)是偏移量。
% 一般在初始化中将str置空就可以了。
switch flag,
%判断flag，看当前处于哪个状态。
  case 0,
    [sys,x0,str,ts]=mdlInitializeSizes;
%调用“模块初始化”子函数。
  case 1,
    sys=mdlDerivatives(t,x,u);
%调用“计算模块导数”子函数。
  case 2,
    sys=mdlUpdate(t,x,u);
%调用“更新模块离散状态”子函数。
  case 3,
    sys=mdlOutputs(t,x,u,k);
%调用“计算模块输出”子函数。
  case 4,
    sys=mdlGetTimeOfNextVarHit(t,x,u);
%调用“计算下一个采样时间点”子函数。
```

```
  case 9,
    sys=mdlTerminate(t,x,u);
%调用“结束仿真”子函数。
  otherwise
    error(['Unhandled flag = ',num2str(flag)]);
end
%=====================================================================
function [sys,x0,str,ts]=mdlInitializeSizes
%模块初始化子函数。
sizes = simsizes;
%调用simsize S-函数，返回规范的Sizes构架，这个指令用户无需改动。
sizes.NumContStates  = 0;
%模块连续状态的数目。这里0是模板的缺省值，用户可根据自己所描述的系统进行修改。
sizes.NumDiscStates  = 0;
%模块离散状态的数目。这里0是模板的缺省值，用户可根据自己所描述的系统进行修改。
sizes.NumOutputs     = 0;
%模块输出的数目。这里0是模板的缺省值，用户可根据自己所描述的系统进行修改。
sizes.NumInputs      = 0;
%模块输入的数目。这里0是模板的缺省值，用户可根据自己所描述的系统进行修改。
sizes.DirFeedthrough = 1;
%模块是否存在直接馈入。有则设置为1，无则设置为0，这里1是模板的缺省值。
sizes.NumSampleTimes = 1;
%模块的采样时间个数，至少是一个。用户可根据自己所描述的系统进行修改。
sys = simsizes(sizes);
%初始完后sizes向sys赋值。
x0  = [];
%设置初始状态，缺省为空。
str = [];
%保留参数，缺省为空，用户不必修改。
ts  = [0 0];
%设置采样时间和偏移量。
%=====================================================================
function sys=mdlDerivatives(t,x,u)
%计算模块导数子函数。在此处填写计算导数向量的指令。
sys = [];
%用户必须把算好的导数向量赋给sys。这里[]是缺省设置。
%=====================================================================
function sys=mdlUpdate(t,x,u)
%更新模块离散状态子函数。在此处填写计算离散状态向量的指令。
sys = [];
%用户必须把算好的离散状态向量赋给sys。这里[]是缺省设置。
%=====================================================================
function sys=mdlOutputs(t,x,u,k)
%计算模块输出子函数。在此处填写计算模块输出向量的指令。
sys =[];
%用户必须把算好的模块输出向量赋给sys。这里[]是缺省设置。
```

```
%==========================================================================
function sys=mdlGetTimeOfNextVarHit(t,x,u)
%计算下一个采样时间点子函数。该子函数只有在“变采样时间”下使用。
sampleTime = 1;
%表示在当前时刻1秒后再调用本模块。用户可根据需要修改。
sys = t + sampleTime;
%将算好的下一采样时刻赋给sys。用户无需修改。
%==========================================================================
function sys=mdlTerminate(t,x,u)
%结束仿真子函数。
sys = [];
%系统缺省为[]，一般不需改动。
```

说明:

①模板文件中的 Case 并非必需的。用户可以根据需要删掉不需要的 Case。例如当模块不采用变采样时间时，Case4 和相应的子函数 mdlGetTimeOfNextVarHit 就可以删去。

②S-函数默认的 4 个输入参数 t、x、u、flag，以及 S-函数默认的 4 个输出参数 sys、x0、str、ts，它们的次序不能变动。

③用户设置的参数可以设置在 S-函数默认的 4 个参数之后，其值将通过 S-函数模块对话框向 S-函数内部传递。

④flag 的取值是在 SIMULINK 调用时自动取值。不同的 flag 值实现不同的计算功能，具体如下。

0　使模块初始化。

1　计算模块导数。

2　更新模块离散状态。

3　计算模块输出。

4　计算下一采样时间点。

9　结束仿真。

10.7.6　S-函数的创建和调用

在前面的小节中已经给出了编写S-函数的基本步骤，即基于模板的方式编写S-函数。下面结合例子来进一步说明S-函数的创建和调用。

【例19】假设线性连续系统的状态方程为：$\begin{cases} \dot{x} = Ax+Bu \\ y=Cx+Du \end{cases}$；

其中，A=$\begin{bmatrix} -2 & -1 \\ 1 & 0 \end{bmatrix}$，B=$\begin{bmatrix} 0 & -5 \\ 0 & -3 \end{bmatrix}$，C=$\begin{bmatrix} 0 & 3 \\ 2 & 0 \end{bmatrix}$，D=$\begin{bmatrix} -1 & 0 \\ 1 & 0 \end{bmatrix}$。创建S-函数描述该系统。

打开sfuntmpl模板，该系统可通过在sfuntmpl模板中编写如下源代码来实现。

```
function [sys,x0,str,ts] =Scontinuous(t,x,u,flag)
%定义连续系统的S-函数Scontinuous。
%生成连续系统状态。
A=[-2   -1 ;1   0];
```

```
B=[1   -5 ;0  -3];
C=[0   3 ;2   0];
D=[-1   0;1   0];
switch flag,
%初始化状态。
 case 0,
   [sys,x0,str,ts]=mdlInitializeSizes(A,B,C,D);
%计算连续状态变量。
 case 1,
   sys=mdlDerivatives(t,x,u,A,B,C,D);
 case 2,
   sys=mdlUpdate(t,x,u);
%计算系统输出。
 case 3,
   sys=mdlOutputs(t,x,u,A,B,C,D);
 case 4,
   sys=mdlGetTimeOfNextVarHit(t,x,u);
 case 9,
   sys=mdlTerminate(t,x,u);
%处理错误。
 otherwise
   error(['Unhandled flag = ',num2str(flag)]);
end
%==================初始化状态函数========================================
function [sys,x0,str,ts]=mdlInitializeSizes(A,B,C,D)
sizes = simsizes;

sizes.NumContStates  = 2;
sizes.NumDiscStates  = 0;
sizes.NumOutputs     = 2;
sizes.NumInputs      = 2;
sizes.DirFeedthrough = 1;
sizes.NumSampleTimes = 1;
sys = simsizes(sizes);
x0 =zeros(2,1);                    %设置为零初始状态。
str = [];
ts  = [0 0];
%============================计算连续状态变量==============================
function sys=mdlDerivatives(t,x,u,A,B,C,D)
sys = A*x+B*u;
%========================================================================
function sys=mdlUpdate(t,x,u)
sys = [];
%==============================计算输出向量==============================
function sys=mdlOutputs(t,x,u,A,B,C,D)
sys = C*x+D*u;
```

```
%==========================================================================
function sys=mdlGetTimeOfNextVarHit(t,x,u)
sampleTime = 1;
sys = t + sampleTime;.
%==========================================================================
function sys=mdlTerminate(t,x,u)
sys = [];
%结束仿真。
```

【例20】假设离散系统的状态方程为：$\begin{aligned} x(k+1) &= Ax(k)+Bu(k) \\ y(k) &= Cx(k)+Du(k) \end{aligned}$；

其中，A=$\begin{bmatrix} -1 & -0.5 \\ 1 & 0 \end{bmatrix}$，B=$\begin{bmatrix} 2 & -4 \\ 0 & -2 \end{bmatrix}$，C=$\begin{bmatrix} 0 & 1 \\ 2 & 0 \end{bmatrix}$，D=$\begin{bmatrix} -3 & 0 \\ 3 & 0 \end{bmatrix}$。创建S-函数描述该离散系统。

打开sfuntmpl模板，该系统可通过在sfuntmpl模板中编写如下源代码实现。

```
function [sys,x0,str,ts] =Sdispersed(t,x,u,flag)
%定义离散系统的S-函数Sdispersed。
%生成离散线性系统。
A=[-1  -0.5 ;1   0];
B=[2   -4 ;0  -2];
C=[0    1 ;2   0];
D=[-3    0;3   0];
switch flag,
  case 0,                                %初始化
    [sys,x0,str,ts]=mdlInitializeSizes(A,B,C,D);
  case 1,
    sys=mdlDerivatives(t,x,u);
  case 2,                                              %更新离散状态
    sys=mdlUpdate(t,x,u,A,B,C,D);
  case 3,                                              %计算输出
    sys=mdlOutputs(t,x,u,A,C,D);
  case 4,
    sys=mdlGetTimeOfNextVarHit(t,x,u);
  case 9,
    sys=mdlTerminate(t,x,u);
  otherwise                                            %处理错误
    error(['Unhandled flag = ',num2str(flag)]);
end
%==========================================================================
function [sys,x0,str,ts]=mdlInitializeSizes(A,B,C,D)          %初始化子函数
sizes = simsizes;
sizes.NumContStates  = 0;
sizes.NumDiscStates  = size(A,1);
sizes.NumOutputs     =size(D,1);
sizes.NumInputs      = size(D,1);
sizes.DirFeedthrough = 1;
```

```
sizes.NumSampleTimes = 1;
sys = simsizes(sizes);
x0 =zeros(sizes.NumDiscStates,1);
str = [];
ts  = [1 0];
%==========================================================================
function sys=mdlDerivatives(t,x,u)
sys =[];
%==========================================================================
function sys=mdlUpdate(t,x,u,A,B,C,D)                    %更新离散状态子函数
sys = A*x+B*u;
%==========================================================================
function sys=mdlOutputs(t,x,u,A,C,D)                     %计算输出子函数
sys = C*x+D*u;
%==========================================================================
function sys=mdlGetTimeOfNextVarHit(t,x,u)
sampleTime = 1;
sys = t + sampleTime;
%==========================================================================
function sys=mdlTerminate(t,x,u)
sys = [];
%结束仿真。
```

【例21】正弦波和锯齿波的组合信号为分别通过连续和离散系统后的输出。假设连续系统和离散系统即例19和例20描述的系统。

（1）新建模型窗口。

（2）在打开的新建窗口中，建立如图10.57所示的模型。

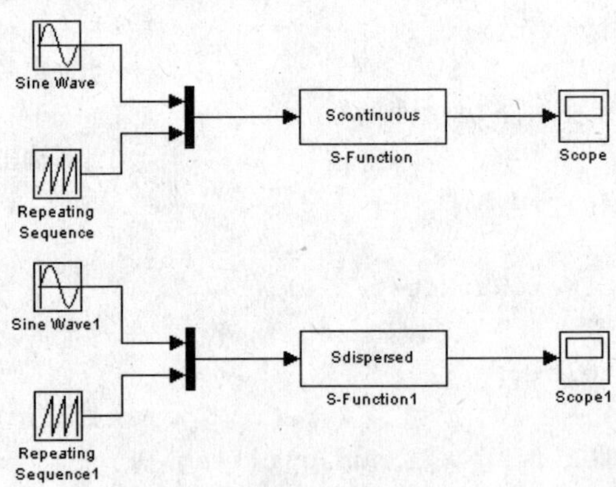

图10.57　建立模型

（3）编写连续系统S-函数和离散系统S-函数。直接采用例19和例20所编写的S-函数。并将其分别保存为Scontinuous.m文件和Sdispersed.m文件。

（4）设置参数。主要是设置S-函数模块参数，如图10.58所示，注意，设置参数窗口的参数名必须与S-函数源代码保存的文件名一致。其余采用默认设置。

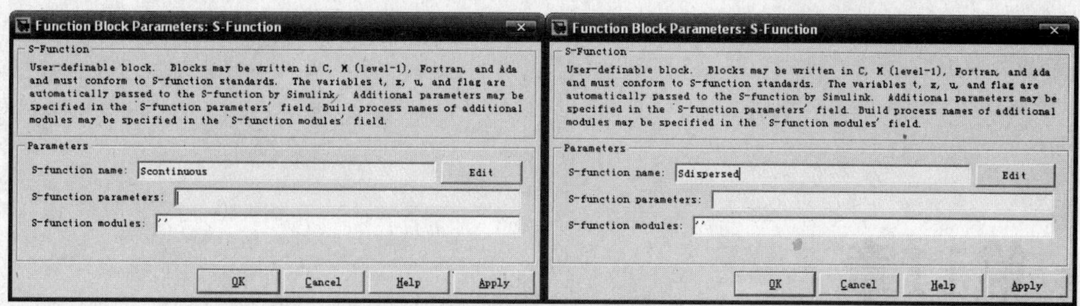

图10.58 设置S-函数参数对话框

（5）运行仿真，其结果如图10.59所示。

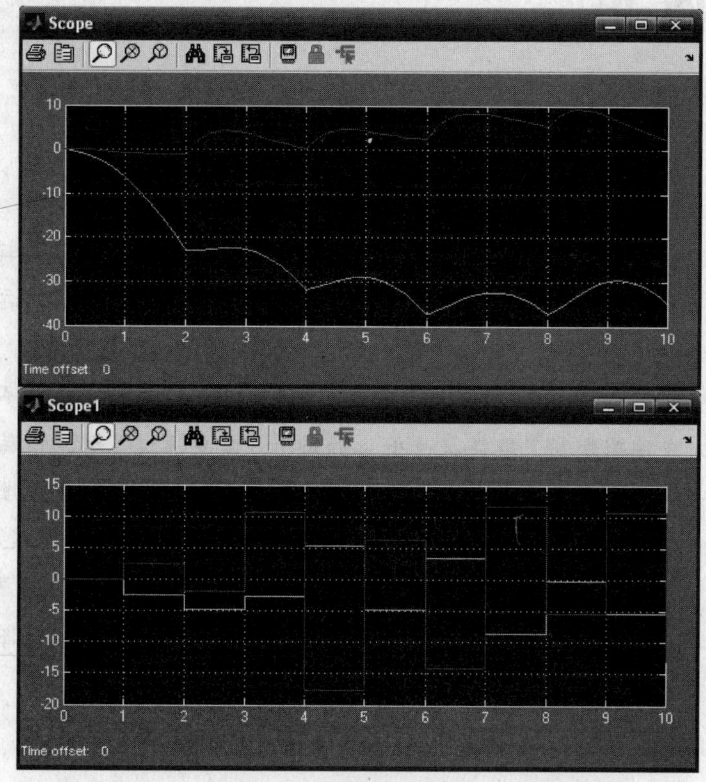

图10.59 组合信号通过连续和离散系统后的输出

第11章

句柄图形

本书在第7章向读者详细介绍了MATLAB的数据可视化功能，即如何通过运用MATLAB的绘图函数和图形绘制窗口绘制用户需要的二维、三维图形，相信读者通过学习，已经应该对于“高级”绘图的运用有了一定程度的了解。

正如笔者提到的，MATLAB 7.0中的“高级”绘图指令往往不能使用户对于图形绘制了解得很透彻，如果用户需要通过了解“低层”绘图指令和图形对象属性开发函数，来对高级绘图指令的形成原理进行深入理解，并绘制出更加个性化的图形，那么读者应该仔细阅读本章。

本章所介绍的主要内容包括：句柄图形的各个对象，对象属性，设置和访问对象的属性，访问对象句柄，控制图形的输出以及图形窗口对象和轴对象这两个常用对象的属性设置。

11.1 句柄图形的体系结构

句柄图形（Handle Graphics）是MATLAB 7.0提供给用户的一种用于创建计算机图形的面向对象的图形系统，该系统提供给用户创建线、字、网格、面及图形用户界面（GUI）的多种绘图指令。第6章所介绍的各种“高级”指令都是以句柄图形为基础生成的，所以句柄图形也称为低层图形。

低层指令没有高层指令那样简明清晰、通俗易懂，但是低层指令可以直接对图形的基本要素进行操作的特点决定了使用者可以让绘制的图形更加个性化，更加具有表现力。

11.1.1 句柄图形的等级关系

句柄图形对象是MATLAB中用来显示数据和创建GUI的基本绘图元素，对象的每个实例（instance）都对应唯一的标识符（Identifier），此标识符称为对象的句柄（handle），句柄由系统设定，用户不可以改变。用户可以利用句柄轻松地操作现有图形的各项特征，即设置对象属性。

MATLAB的句柄图形体系结构中包含各种具有继承关系的对象，其关系有“父子”（从属）关系和“兄弟”（平行）关系两种，具体如图11.1所示。

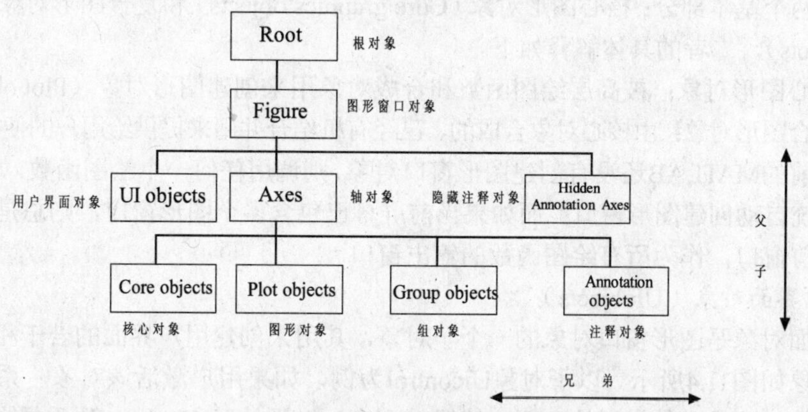

图11.1 句柄图形对象的结构关系

从图中可以看出，所有MATLAB句柄图形中的对象都是相互关联的，但是任何一个图形对象都可以被用户单独地操作。

任何PC机的根对象都是唯一的，即屏幕，屏幕是所有对象的“父”（Parent），所有对象都是屏幕的“子”（Children）其句柄为数字0，对于所有对象，数字可以直接作为调用对象的句柄。

MATLAB中的所有图形都包含图11.1中的一个或者多个对象，MATLAB遵循面向对象的基本原则，每个图形对象都有一个相应的构造函数，用于创建属于该对象类的实例，并且对象构造函数的名称与其对应的对象名相同，例如，figure函数创建figure对象的实例，而line函数创建线对象的实例。

11.1 2 句柄图形的对象类型

本小节主要在上一节的基础上向用户详细介绍句柄图形的各级对象。

1. 根对象

MATLAB中对象的最上层是唯一的一个对象，即Root（根对象），上面提过，根对象是唯一的，其他所有对象均是根对象的各级子对象，如图11.2所示。根对象在MATLAB启动时，由系统自动创建，并可以直接响应计算机屏幕，虽然不是自行创建，但用户可以对根对象的属性进行设置，从而影响图形的显示。

2. 图形窗口对象（Figure）

MATLAB根对象之下的第一级子对象是Figure（图形窗口对象），图形窗口是用来在根对象（屏幕）上显示MATLAB图形的独立窗口，图形窗口中可以包含数据图形和图形用户界面，其包含的子对象如图11.3所示。用户可以在MATLAB屏幕中创建任意多个图形窗口（除非受到计算机本身资源的限制），所有的图形窗口都是根对象的子对象，而所有其他的图形又都是图形窗口的子对象。

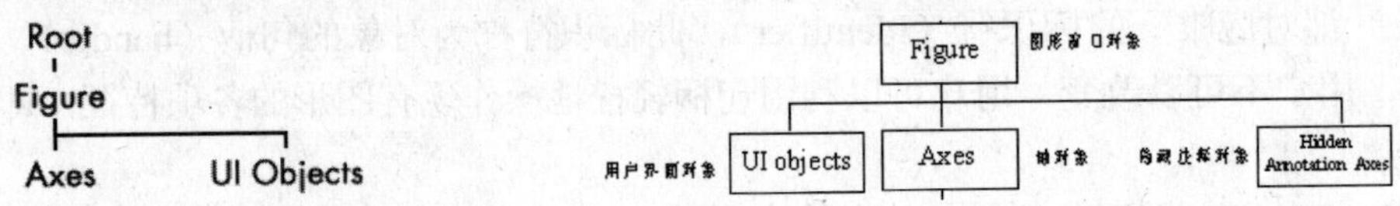

图11.2 根对象的子对象结构图　　图11.3 图形窗口对象的子对象结构图

对象有两个基本部分：核心图形对象（Core graphics objects）和复合图形对象（Composite graphics objects），二者的具体解释如下。

- 核心图形对象：被高层绘图函数和合成对象用来创建图形对象（Plot objects）。
- 复合图形对象：由核心对象合成的、已经有机结合并用来提供给用户的便捷绘图界面。

如果当前的MATLAB还没有创建图形窗口对象，则调用任何一个绘图函数，如plot、mesh，都可以让系统自动创建图形窗口；而如果当前屏幕已包含多个图形窗口，则总是有一个窗口被指定为当前窗口，作为所有绘图函数的输出窗口。

3. 用户界面对象（UIobjects）

用户界面对象是图形窗口对象的一个子对象，其用来创建用户界面的若干相关图形，其包含的子对象如图11.4所示。以子对象Uicontrol为例，如果用户激活该对象，系统则执行相应的回调函数，生成多种类型的实例：按钮、列表框、滑块等Windows对话框的基本选项。用户界面对象的其余子对象，本书将不一一介绍，请读者参考MATLAB帮助文档。

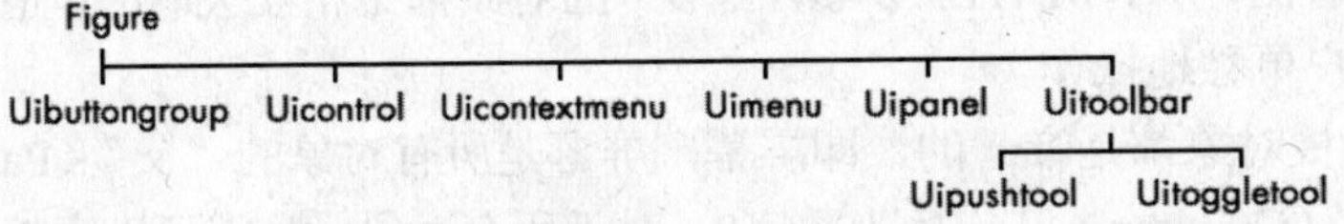

图11.4 用户界面对象所包含的内容

4. 轴对象（Axes）

轴对象和用户界面对象是平行的兄弟关系。轴对象在图形窗口中定义一个特定的区域，并将自身的所有子对象都限制在该区域内，其包含的4个子对象分别是：核心对象（Core objects）、图形对象（Plot objects）、组对象（Group objects）和注释对象（Annotation objects），如图11.5所示。

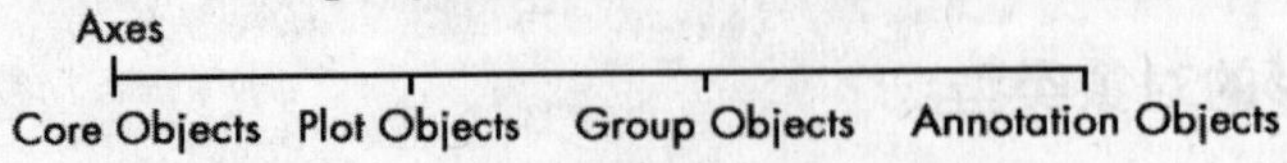

Axes

Core Objects　Plot Objects　Group Objects　Annotation Objects

图11.5 轴对象的子对象结构图

- 核心对象（Core objects）：包含基本的核心对象，如line、text、axes、patch、rectangular等，用于一般图形绘制函数以及较为特殊的核心对象，如surface、images、light等，如图11.6所示。

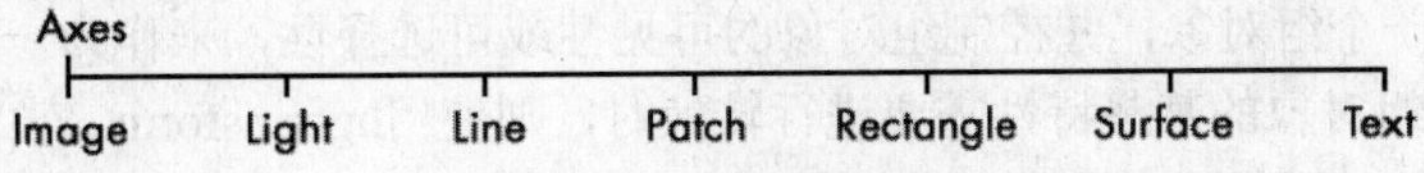

图11.6　核心对象包含的内容

虽然这些函数不会显示，但是将影响一些对象的属性设置，具体如表11.1所示。

表11.1　核心对象的绘制函数

对象	功能
Axes	创建轴
Line	创建线
Patch	创建片
Rectangular	创建方
Text	创建字
Images	创建图
Surface	创建面
Light	创建光

- 图形对象（Plot objects）：一些可以用高级绘图方式绘制图形的函数都可以返回对应的句柄值，从而创建图形对象，其内容如图11.7所示。

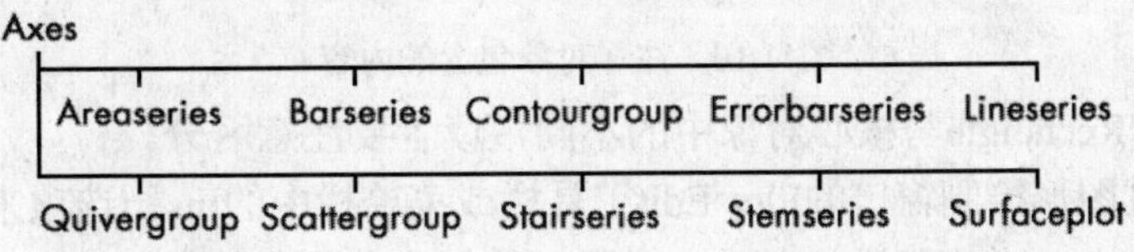

图11.7　图形对象包含的内容

在MATLAB中，有些图形对象是由核心对象所组成的，所以通过核心对象的属性可以控制这些图形对象的相关属性，其包含的绘制函数如表11.2所示。

表11.2　图形对象包含的绘制函数

对象	功能
areaseries	绘制area图
barseries	绘制bar图
contourgroup	绘制contour图
errorbarseries	绘制errorbar图
lineseries	绘制曲线图
quivergroup	绘制quiver图
scattergroup	绘制scatter图
stairseries	绘制stairs图
stemseries	绘制stem图
surfaceplot	绘制surf图

- 组对象（Group objects）：允许用户将轴对象的子对象设置为一个组，以便设置整个

组内的对象属性。例如，设置整个组为可见（visible）或者不可见（invisible）。一旦选取了一个组对象，则其中的所有对象都将被选取。MATLAB中的组对象有两种，分别是hggroup和hgtransform，如图11.8所示。

当用户创建一个组对象，并控制组对象的可见性或可选择性，来作为一个独立对象时，使用hggroup；当组对象的某些特性需要进行转换时，则使用hgtransform。轴对象是组对象和图形对象的父对象，而组对象也可以作为图形对象的父对象，如图11.9所示。

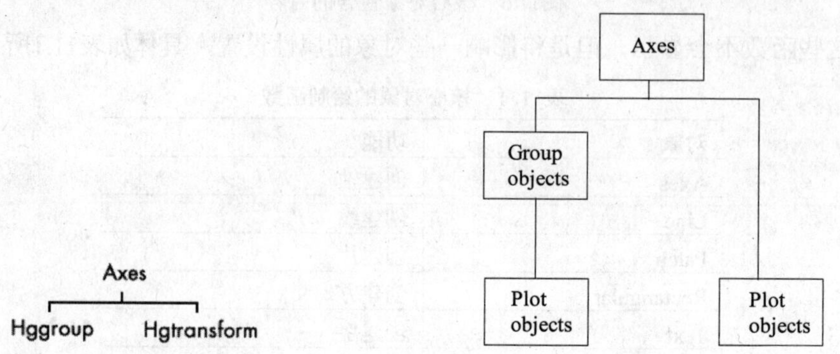

图11.8　组对象包含的内容　　图11.9　组对象、图形对象及轴对象三者关系

- 注释对象（Annotation objects）：MATLAB中的注释对象包含的内容如图11.10所示。

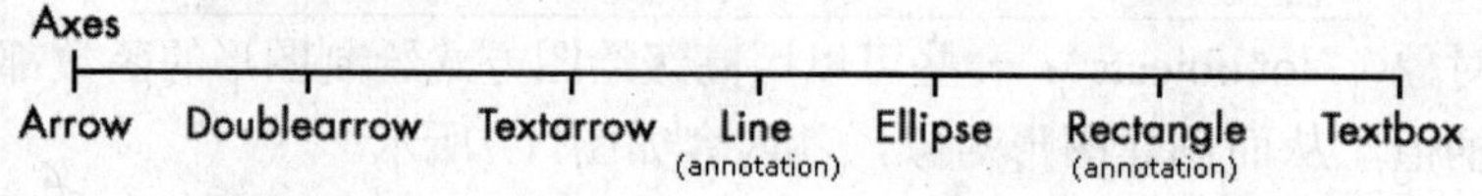

图11.10　注释对象包含的内容

其中，Line和Rectangle与核心对象中的不同，读者要注意区分。

用户可以通过图形绘制窗口的Plot Edit工具栏或菜单栏中的Insert选项来创建注释对象，另一种方式是通过annotation函数来创建。注释对象创建在隐藏的坐标轴中，即可以延伸宽和高来在整个窗口中显示，用户可以通过正规化坐标，即以左下角为原点（0,0），右上角为（1,1）的方式来定义注释对象在图形绘制窗口内的位置。

11.2　MATLAB中对象的属性

在MATLAB中，各级对象的属性控制着对象的各种外观和显示特性。对象的属性包括公共属性（如对象类型、父、子对象、是否可见等）和不同类型对象的特有属性。

例如，通过任何给定的图形对象，用户可以获取窗口中的最后击键、鼠标指针位置或是最后选中的菜单句柄。

- 对象信息的存储：MATLAB将图形信息组织在一个有序的金字塔式的阶梯图表中，并将其存储在对象属性中。例如，根对象的属性包含当前图形窗口对象的句柄和鼠标指针的当前位置；而图形窗口对象属性则包含其子对象的列表，同时跟踪发生在当前图形窗口中的某些Windows事件；坐标轴对象属性包含其每个图形子对象使用图形色彩映射表的信息和每个绘图函数对色彩的分配信息。从MATLAB中每个对象的构造函数的定义中，用户可以查看完整列表。

- 修改对象的属性：一般来说，虽然对象的某些属性被系统设置为只读的，但用户还是可以随时查询并修改对象的绝大多数属性的当前值。需要注意，任何属性值仅对MATLAB对象的某个对应的具体实例起作用，即在修改同种对象不同实例的相同属性时，互相独立，彼此不影响。
- 设置默认属性值：用户可以为对象设置一个默认值。设置之后，所创建的所有该对象的实例所对应的此属性值将全部自动设置为此默认值，而如果用户没有指定属性值，则MATLAB将为新创建的对象实例自动设置为“出厂设置”（factory-defined）值。

由于MATLAB对象的某些属性属于公共属性，这些属性的操作函数适用于所有MATLAB中的对象，下表归纳了MATLAB中对象的公共属性。

表11.3 MATLAB中对象的公共属性

属性	描述
BusyAction	控制MATLAB句柄回调函数的中断方式
ButtonDownFcn	单击按钮时执行回调函数
Children	该对象所有子对象的句柄
Parent	该对象的父对象
Clipping	剪切模式（仅对轴对象的子对象）
CreateFcn	同种类型的对象创建时执行回调函数
DeleteFcn	同种类型的对象被用户发出删除指令时执行回调函数
HandleVisibility	允许用户控制来自MATLAB命令行和回调函数内部的对象句柄的可用性
HitTest	确定被鼠标单击选中的对象能否成为当前对象
Interruptible	确定当前的回调函数是否可以被后继的回调函数中断
Selected	指出该对象是否被选中
SelectionHighlight	指定选中的对象时可以可视化显示
Tag	用户指定的对象标签
Type	该对象的类型(Figure、Line、Text等)
UserData	用户希望与该对象关联的任意数据
Visible	指定该对象是否可见

11.3 设置和访问对象属性值

MATLAB提供了set和get两个函数，分别可以使用户设置和返回现有图形对象的属性值。利用这两个函数，还可以列出具体固定设置的属性的所有值。

两个函数的基本调用格式如下：

```
set(object_handle,'PropertyName','NewPropertyValue')
returned_value=get(object_handle,'PropertyName')
```

在以上两函数的调用格式中，object_handle代表对象句柄，'PropertyName'代表属性名称，'NewPropertyValue'代表用户设置的属性值。

需要注意的是，函数调用格式中的属性名称为引用的字符串，而属性值则根据不同的属性而变换类型。

11.3.1 设置属性值

调用set函数，并利用对象的返回句柄，用户可以设置现有对象的属性，例如，下面的代码将y轴移动到图形的当前坐标系的左边：

```
set(gca,'YAxisLocation','left')
```

如果句柄参数是一个矢量，则MATLAB将所有标识的对象均进行属性的设置。

用户还可以运用构架和元胞数组设置属性名称和属性值，这在设置多个对象的相同属性时非常奏效，代码如下：

```
view1.CameraViewAngleMode = 'manual';
view1.DataAspectRatio = [1 1 1];
view1.ProjectionType = 'Perspective';
```

所以，在当前坐标系统中设置这些属性值的代码如下：

```
set(gca,view1)
```

调用set函数可以显示多个属性的所有可能值，而不必为其赋予新值。例如，下面的代码将获取用户指定的线对象标记符号的所有值：

```
set(obj_handle,'Marker')
```

MATLAB将返回由obj_handle句柄对应对象的属性Marker的属性值列表（默认值为none）：

```
[+|o|*|.|x|square|diamond|v|^|>|<|pentagram
|hexagram|{none}]
```

如果用户希望查看所有可设置属性的所有可能值，可以调用只含有句柄参数格式的set函数，如：

```
set(object_handle)
```

如果用户把set函数的输出结果赋给一个变量，则MATLAB将该结果返回为一个构架数组。

需要注意的是，属性名称对大小写不敏感，但是MATLAB中的构架数组的字段名称却相反，即大小写可以代表不同的字段名称，例如，用户误将GridLineSytle属性的名称变为小写的gridlinesytle，那么系统在执行用户指令时，会出现如下报错信息：

```
??? Reference to non-existent field 'gridlinestyle'.
```

11.3.2 查询属性值

在MATLAB中，用户可以调用get函数来查询对象属性的当前值。

- 单个属性值的查询：调用get函数获取对象属性，用户可以得到该属性中的所有数据，例如，查询当前坐标轴的PlotBoxAspectRatio属性值，代码如下：

```
>> get(gca,'PlotBoxAspectRatio')
ans =
   1    1    1
```

如果用户希望查询ColorOrder属性，代码如下：

```
>> get(gca,'ColorOrder')
ans =
        0         0    1.0000
        0    0.5000         0
```

```
1.0000        0        0
     0   0.7500   0.7500
0.7500        0   0.7500
0.7500   0.7500        0
0.2500   0.2500   0.2500
```

- 返回构架：如果用户将get函数的返回值赋给一个变量，那么MATLAB将创建一个构架数组，例如，用户首先调用plot函数绘制了数据曲线，并把句柄赋给变量h。

```
h=plot(x,y);
```

接着调用get函数获取由plot函数创建的线对象的属性，并将其返回值赋给变量a，代码如下：

```
a=get(h);
```

那么用户就可以利用构架a的字段名称便捷地访问线对象的属性值，代码如下：

```
text(x(1),y(1),'x and y data','Color',a.Color)
```

如果x、y是矩阵，则代码变为：

```
text(x(1,2),y(1,2),'Second set of data','Color',a(2).Color)
```

- 查询属性组：用户也可以首先定义属性名称的元胞数组，然后便捷地获取相应的属性值，例如，需要查询坐标轴的camera mode属性组，那么，首先定义元胞数组的代码如下：

```
camera_props(1) = {'CameraPositionMode'};
camera_props(2) = {'CameraTargetMode'};
camera_props(3) = {'CameraUpVectorMode'};
camera_props(4) = {'CameraViewAngleMode'};
```

利用此元胞数组作为get函数的一个参数，用户就可以获取相关属性的当前值，代码如下：

```
get(gca,camera_props)
ans =
    'auto' 'auto' 'auto' 'auto'
```

11.3.3　默认属性

以上两小节介绍了如何设置和查询MATLAB中对象的属性，实际上，MATLAB中的所有对象属性都有系统内建的默认值，即出厂设置值；当然，用户也可以自行定义任何一个MATLAB对象的默认属性值。

1. 默认属性值的搜索

MATLAB对于默认值的搜索是从当前对象出发，沿着对象树型等级结构上行，直到发现用户自定义的默认值或出厂设置值。在定义对象默认值时，读者需要注意以下几点：

- 该对象的等级关系离Root越近，其作用范围就越广，如果用户在Root对象层面给线对象定义了一个默认值，则MATLAB将该值应用于所有的线对象；而如果用户仅在轴对象层面给线对象进行了默认值的定义，则MATLAB只将该值应用于当前的坐标系中。
- 如果用户在不同层次上定义了同一个属性的不同默认值，则MATLAB选择最下层的属性值作为最终的属性值。

- 自定义的属性值只影响该属性创建之后的对象，而对于已经创建的图形对象不起作用。
- 读者可以参考图11.11所示，对于MATLAB确定对象属性值的步骤进行理解。

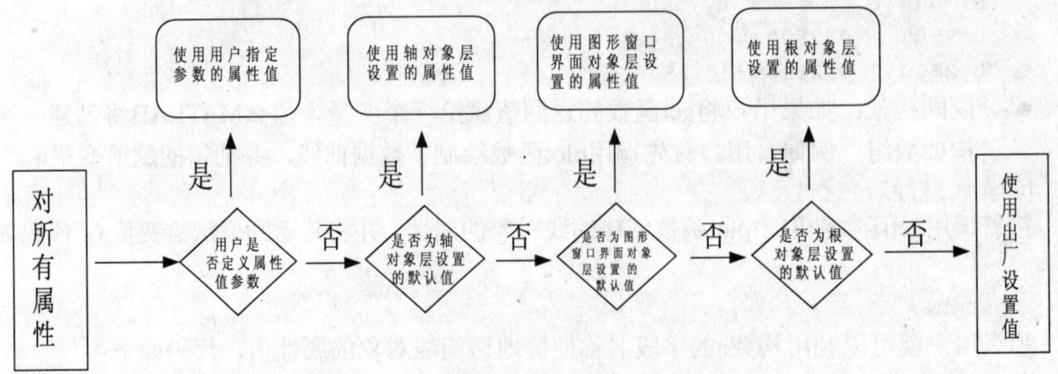

图11.11　MATLAB对于默认属性值的搜索

2. 默认属性值的设置

指定MATLAB对象的默认值时，首先创建一个以Default开头的字符串，其格式为：中间为对象类型，其余部分为对象的属性名称，例如，用户需要指定当前图形窗口对象层面上的线对象的线宽属性的默认值为3，代码如下：

```
set(gcf,'DefaultLineLineWidth',3)
```

其中，字符串'DefaultLineLineWidth'中的第一个'Line'代表对象类型是线对象；而'LineWidth'则代表需要设置的对象属性名称是'LineWidth'，开头的'Default'是固定格式字符串。整个字符串'DefaultLineLineWidth'表示需要设定的默认值的属性为线对象的线宽属性，句柄gcf则设定了设置的默认值所在的对象层，有关对象层的设定本书将于后续章节中专门讲解。

如果用户输入如下代码：

```
set(0,'DefaultFigureColor','b')
```

则对图形窗口界面对象的色彩进行设置，使用了字符串'DefaultFigureColor'，此时句柄参数为0，代表只在根对象层指定图形窗口对象的色彩。

另外，调用get函数还可以确定当前的默认值设置是在对象结构的哪一层面，例如代码：

```
get(gcf,'default')
```

其作用是返回当前图形窗口中的所有默认设置。

3. 对象属性的出厂设置值

当用户没有设定对象属性的默认值，或不把属性值作为参数使用时，MATLAB为其对象的所有属性都设定了特定的值，一般把这个值称为“属性的出厂设置值（Factory-Defined Property Values）”，用户可以通过输入以下代码来获得对象属性的出厂设置值的完整列表：

```
a=get(0,'factory')
```

代码中的get函数返回一个构架数组，结果如下：

```
a =
factoryFigureAlphamap: [1x64 double]
factoryFigureBackingStore: 'on'
factoryFigureBusyAction: 'queue'
factoryFigureButtonDownFcn: ''
```

```
factoryFigureClipping: 'on'
factoryFigureCloseRequestFcn: 'closereq'
factoryFigureColor: [0 0 0]
factoryFigureColormap: [64x3 double]
factoryFigureCreateFcn: ''
factoryFigureDeleteFcn: ''
factoryFigureDockControls: 'on'
factoryFigureDoubleBuffer: 'on'
%由于篇幅限制，部分属性值省略
factoryRootHitTest: 'on'
factoryRootInterruptible: 'on'
factoryRootRecursionLimit: 2.1475e+009
factoryRootScreenPixelsPerInch: 96
factoryRootSelectionHighlight: 'on'
factoryRootShowHiddenHandles: 'off'
factoryRootTag: ''
factoryRootUserData: []
factoryRootVisible: 'on'
```

所有出厂设置值都包含在该构架数组的相应字段中，例如：

```
factoryRootVisible: 'on'
```

以上显示的代码表明根对象（Root）的Visible（是否可见）属性的出厂设置值为on，即根对象的Visible属性的出厂设置默认值为“可见”。另外，用户还可以单独获取个别属性的出厂设置值，get函数调用格式为：

get(0,'Factory<ObjectType><PropertyName>')

例如，用户希望查询获取Figure类型对象的Color的属性，则只需输入如下代码：

```
>> get(0,'FactoryFigureColor')
ans =
     0     0     0
```

其调用格式中的<ObjectType>为Figure；<PropertyName>为Color。

【例1】对MATLAB中的某层对象设置默认线型。

用户在调用plot函数绘制多条曲线时，MATLAB依次调用轴对象的ColorOrder属性所指定的色彩。如果用户为轴对象的LineStyleOrder属性指定了多个值，则MATLAB会在每次色彩调用循环后自动对线型进行扩充。

用户可以创建一个具有白色背景的图形，并在根对象层为轴对象设置默认值，代码如下。

```
whitebg('w')
set(0,'DefaultAxesColorOrder',[0 0 0],...
    'DefaultAxesLineStyleOrder','-|--|:|-.')
Z = peaks;   %调用plot函数绘制曲线
plot(1:49,Z(1:3,:))
```

如图11.12所示，绘制的曲线虽然是同色，但具有不同的线型，便于用户进行区分。

如果用户不进行默认设置，则图形中的曲线色彩不同，但线型相同，如图11.13所示，在没有色彩显示的条件下，用户很难区分。上例具体介绍了如何在MATLAB中的某层设置对象属性，如果用户需要在不同的层面设置对象属性的默认值，则请看下面的例子。

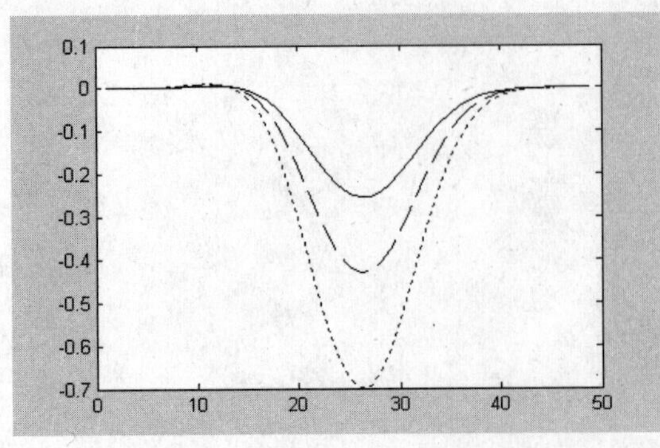

图11.12 设置默认线型绘制的图形

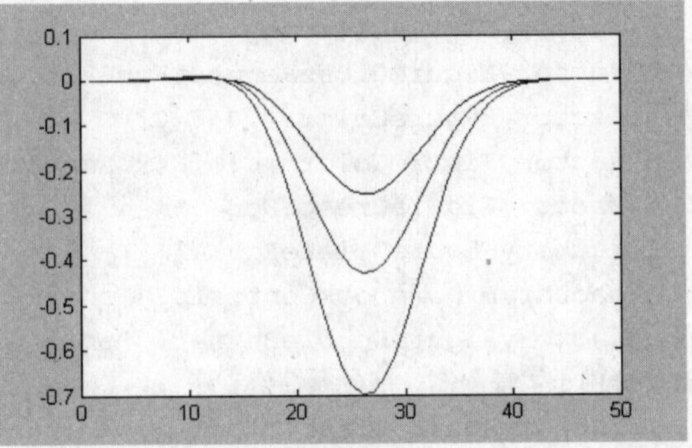

图11.13 没有设置默认线型绘制的图形

【例2】设置不同层面的对象属性默认值示例。

在图形窗口对象中创建两个轴对象，并分别在图形窗口对象层和轴对象层设置默认值，代码如下。

```
t = 0:pi/20:2*pi;
s = sin(t);
c = cos(t);
%设置坐标轴色彩属性的默认值
figh=figure('Position',[30 100 800 350],...
   'DefaultAxesColor',[.8 .8 .8]);

axh1 = subplot(1,2,1); grid on
%在第1个坐标轴中设置线对象属性的默认值
set(axh1,'DefaultLineLineStyle','-.')
line('XData',t,'YData',s)
line('XData',t,'YData',c)
text('Position',[3 .4],'String','Sine')
text('Position',[2 -.3],'String','Cosine',...
   'HorizontalAlignment','right')
axh2 = subplot(1,2,2); grid on
%在第2个坐标轴中设置字对象旋转属性的默认值
set(axh2,'DefaultTextRotation',90)
line('XData',t,'YData',s)
line('XData',t,'YData',c)
text('Position',[3 .4],'String','Sine')
text('Position',[2 -.3],'String','Cosine',...
   'HorizontalAlignment','right'
```

代码执行的结果如图11.14所示。

说明： 由于轴对象的颜色属性默认值是在父对象Figure层面上设置的，所有两个不同的轴对象图形都采用了轴背景为灰色的设置；在轴对象层面上设置了线型属性，左侧的图形为“点划线”（-.），而右侧的图形为“实线”（出厂属性设置），所以两个图形的曲线线型不相同。

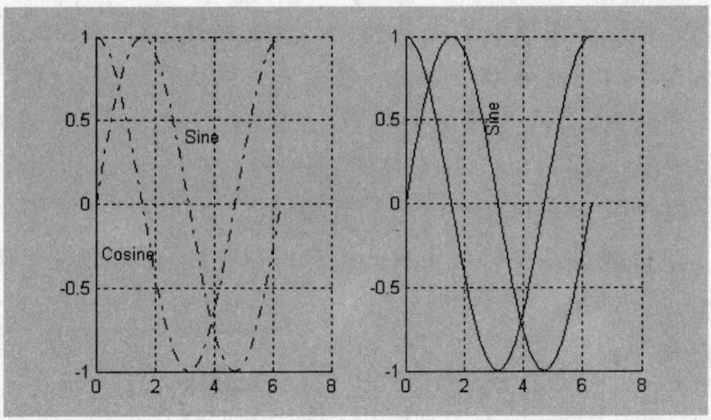

图11.14　设置不同层面的默认属性显示的图形

11.4　图形窗口对象的属性

MATLAB图形窗口对象是用于显示MATLAB中图形输出的窗口，所以图形窗口对象的属性可以决定输出窗口的多种特征。本节主要介绍图形窗口对象的属性设置，这些属性与窗口的大小、位置、色彩、曲线绘制方式及指针样式有关。

11.4.1　图形窗口的定位

图形窗口对象的位置（Position）属性决定图形窗口在屏幕上的大小和位置，位置属性的默认设置是：图形大小是屏幕大小的1/4，且位于上半屏幕的中间位置。在MATLAB中，图形窗口的位置属性是一个矢量：[left bottom width height]。其中，left和bottom确定窗口左下角的位置，而width和height分别确定窗口的宽和高，如图11.15所示。

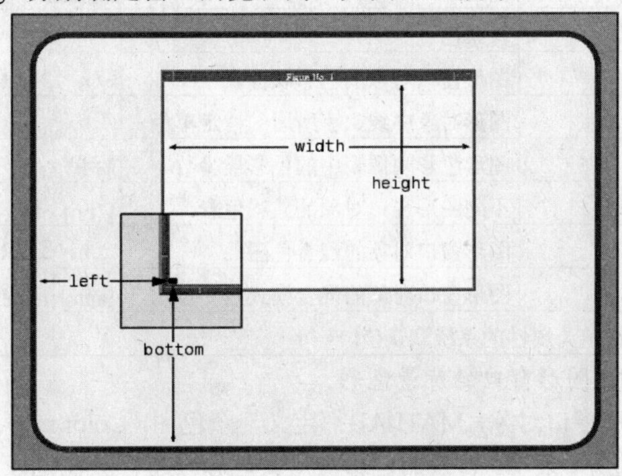

图11.15　图形窗口的位置属性

说明： MATLAB 不考虑边界的大小，而只按内部可用区域大小来计算。

如果用户使用交互的方式（例如用鼠标拖动）来改变图形窗口的大小，系统将接受用户的操作，并按照用户的改动自动改变图形窗口的位置属性值。与位置属性相关的另一个属性为单位属性（Unit），该属性用于指定位置属性的单位，MATLAB默认的单位属性为“像素”（pixels）。

说明： 像素的含义为组成图像的最小单位，也就是发光“点”。比如，640×480 的分辨率是说在水平方向上有 640 个像素，在垂直方向上有 480 个像素。为了控制像素的亮度和彩色深度，每个像素需要很多个二进制位来表示，如果要显示 256 种颜色，则每个像素至少需要 8 位(一个字节)来表示，即 2 的 8 次方等于 256；当显示真彩色时，每个像素要用 3 个字节的存储量。

MATLAB提供了单位属性值的多种选择，用户可以使用set函数进行查询，输入代码及得到的结果如下。

```
>> set(gcf,'unit')
[ inches | centimeters | normalized | points | {pixels} | characters ]
```

在可能的选择中，默认属性pixels用{}标识。用户在选择了任何一种属性值后，应该通过对根对象screensize属性的查询，明确此种属性设置下的屏幕范围，输入代码如下，

```
>> get(0,'screensize')
```

得到的结果显示如下：

```
ans =
         1         1      1024       768
```

以上结果说明当前屏幕设置为1024×768像素。

11.4.2 设置色彩属性

色彩属性关系到MATLAB使用系统色彩资源的方式，用户对色彩属性的设置，将影响图形窗口子对象的绘制上色速度和精确度。MATLAB中图形对象的色彩属性如表11.4所示。

表11.4 MATLAB中图形对象的色彩属性

属性	描述	属性值
color	背景色	
Colormap	图形窗口对象的色彩映像表	（n×3）RGB数组
FixedColors	图形对象中线、字所用的特定单色	
MinColormap	图形色彩映像表中的色彩最少数	标量
ShareColors	不同图形窗口对象的共用色彩	[{on}|off]
Dithermap	图形窗口对象的混合色图	（n×3）RGB数组
DithermapMode	图形窗口对象的混合模式	[auto|{manual}]

说明：{}中的属性值为属性的系统默认值。

color 属性用来描述图形窗口的背景色彩。

对于任何一个图形窗口对象，MATLAB都定义一个色图（Color map）和若干单色（Fixed colors）。系统把视窗边界、菜单、背景的色彩与定义色彩一起存放在色表（Color lookup table）中。一般计算机系统的色彩资源有限，色表的大小也是有限的。

如果色表没有被预定，则各颜色的优先级为：单色、视图色、色图。如果MinColormap为预定色表大小，则优先级改变为：预定色图、单色、视图色。一般来说，三者之和小于系统资源的最小色彩数。单色一般供线和字使用，为了节省资源，用户应该尽量减少单色的定义和使用。

11.4.3　图像窗口绘制方式和光标指针样式

MATLAB允许用户选择不同的方式来绘制图形，方式的选择主要取决于所绘制图形的类型。决定MATLAB绘制图形的方式有下面4种。

- BackingStore：当图形被遮挡部分显露出来时，确定是否重绘。
- DoubleBuffer：为简单动画生成渲染效果。
- Renderer和RendererMode：指定不同的渲染方法，或由MATLAB选择。

除了对绘制方式的选择，MATLAB还提供了多种指针符号，供用户选择。在图形窗口中，图形符号表示指针的位置，用户可以选择系统预定义的15种指针符号，也可以自行设置指针符号。指针符号的属性值、标识及具体功能如表11.5所示。

表11.5　MATLAB预定义的指针符号

指针符号的属性值	标识	功能
crosshair		定位点
arrow		任意位置指定点
watch		系统忙
topl		从左上角调整大小
topr		从右上角调整大小
botl		从左下角调整大小
botr		从右下角调整大小
circle		观察绘图“热”点
cross		定位点
fleur		移动对象
left		从对象左边调整大小
right		从对象右边调整大小
top		从对象上边调整大小
bottom		从对象下边调整大小
fullcross		给点赋值
custom		自定义形状查看下一个区域

如果用户自定义指针形状，可以通过设置3个属性来描述其值，如表11.6所示。

表11.6　MATLAB自定义指针属性

属性	功能	可能取值
Pointer	确定是否为自定义光标指针及所取形状	自定义则取custom
PointerShapeCData	定义包含像素信息的（16×16）的矩阵来指定自定义指针形式	可能取值为1、2和（16×16）的NaN数值矩阵
PointerShapeHotSpot	定义光标指针位置的像素	（16×16）的数值矩阵中某元素的行列二元数组位置

说明:

①PointerShapeCData 属性值对应色彩为：1-黑；2-白；NaN-透明。

②PointerShapeHotSpot 属性值默认为[1,1]，即（16×16）矩阵的左上角位置的像素，如果是[16,16]，则取右下角的像素；若是[9,9]，则是矩阵正中心位置的像素。

11.5 轴对象的属性

轴对象是图形窗口对象的子对象，也是众多重要对象的父对象（参看11.1节），在句柄图形对象的结构中，它是十分重要的一环。轴对象的属性众多，主要功能为控制图像各方面信息的显示。本节就其重要的属性进行介绍。

11.5.1 轴对象的几何属性

同图形窗口对象一样，轴对象的几何属性分别是位置属性Position和单位属性Units，这些属性决定了轴对象在图形窗口对象中的位置、大小和轴对象的单位。值得注意的是，这些属性与图形窗口对象有不同之处。在图形是二维曲线时，轴位框和坐标框两者完全重合，如图11.16所示。

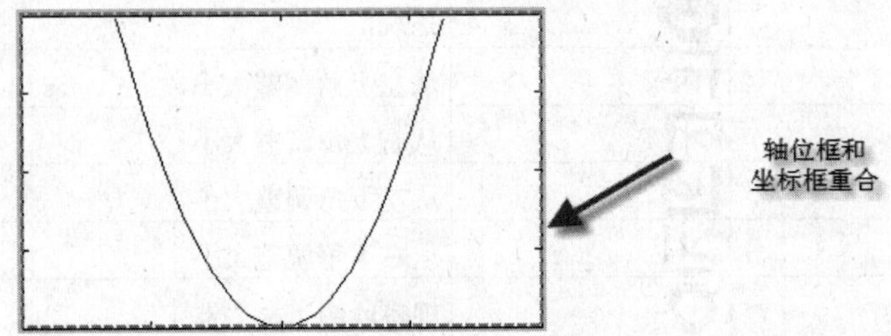

图11.16　轴位框和坐标框完全重合的二维图形

而对于三维图形，轴位框不显示，但是坐标框会尽量“填满”轴位框，如图11.17所示。

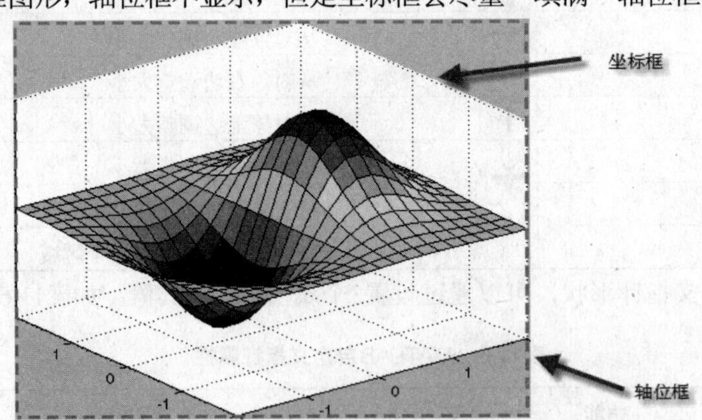

图11.17　轴位框和坐标框不重合的三维图形

轴对象的单位属性值查询方法与图形窗口对象类似，代码如下。

```
>> set(gca,'Units')
[ inches | centimeters | {normalized} | points | pixels | characters ]
```

其默认值仍然是normalized，此单位值描述了轴和图形窗口的相对大小，当图形窗口缩放时，轴也随之缩放。

11.5.2　轴对象多轴重叠属性

在第6章中曾介绍过的subplot函数可以完成单图多轴的绘制，subplot函数是把一个图形窗口按位置等分成多个“子块”，分别在每一部分绘制独立的图形。在此基础上，本小节讲解轴对象的“多轴重叠属性”，即允许用户在一个图形窗口对象中绘制多个重叠轴对象。

如果用户需要给图形添加注释，可以使用高级绘图函数在同一个轴对象中添加字，这也是第6章所介绍过的内容。另外一种方法是直接在图形窗口中再创建一个专门用于注释的轴对象，下面举例说明。

【例3】控制轴对象多轴重叠属性，给图形添加注释示例。

（1）在MATLAB命令窗口中输入如下代码，创建一个轴对象。

```
h = axes('Position',[0 0 1 1],'Visible','off');
```

读者可以看到，以上代码所创建的轴对象的大小是与图形窗口相同的，并且将坐标轴的显示属性设置为“隐藏”，即不显示坐标轴。

（2）创建第2个轴对象，代码如下。

```
axes('Position',[.25 .1 .7 .8])
```

第2个轴对象的定位属性设置如图11.18所示。

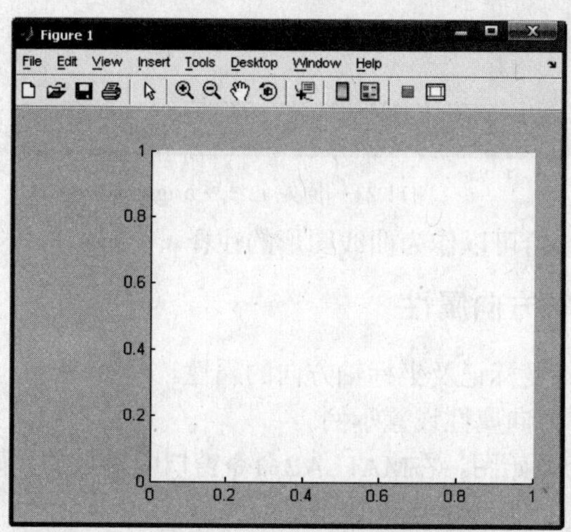

图11.18　创建了两个重叠轴对象的图形窗口

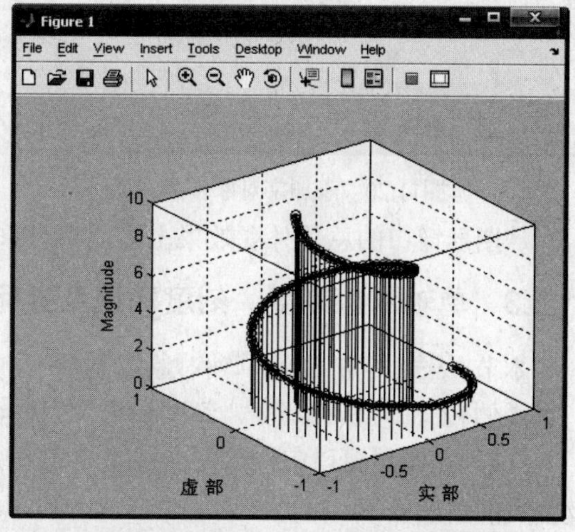

图11.19　在第2个轴对象中绘制曲线图

（3）在刚创建的第2个轴对象中绘制曲线图形，代码如下。

```
>> t = 0:.1:10;       % 时间范围
s = 0.1+i;
y = exp(-s*t);  % 计算延迟指数
stem3(real(y),imag(y),t)
hold on
hline=plot3(real(y),imag(y),t, 'k')
hold off
set(hline,'LineWidth',3)     % 设置线宽
xlabel('实 部 ')
```

```
ylabel('虚 部 ')
zlabel('Magnitude')
```

生成的图形如图11.18所示。

（4）在第一个轴对象，即占满图形窗口空间的轴对象中，添加字对象，代码如下。

```
>> set(gcf,'CurrentAxes',h)
text(.025,.7,str,'FontSize',12)
```

生成的图形如图11.19所示。

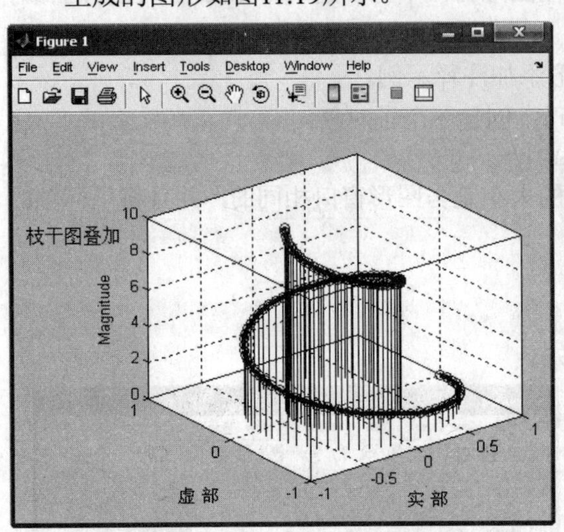

图11.20 添加字对象作为注释

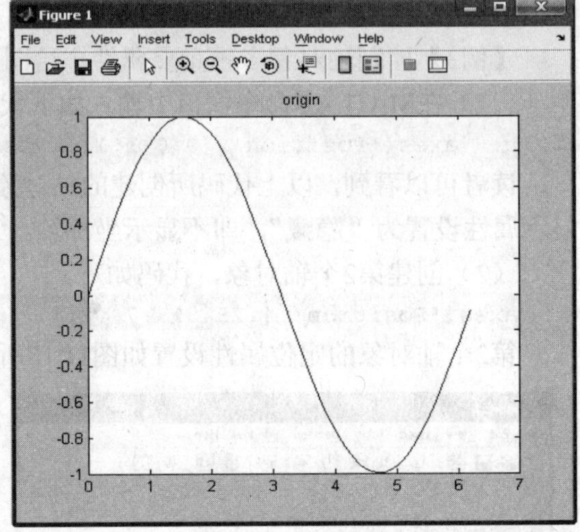

图11.21 原始曲线图origin

从图形窗口的总体外观效果上看，字对象恰恰可以作为曲线图形的注释。

11.5.3 单轴对象刻度、刻度标记及坐标轴方向属性

本节以一个实例讲解单轴对象控制刻度、刻度标记及坐标轴方向的属性。

【例4】轴对象的刻度、刻度标记及坐标轴方向属性设置示例。

（1）在图形窗口中，绘制曲线 $y = e^x$ 作为原始图。在MATLAB命令窗口中输入的代码及生成的图形如下。

```
>> clf
x=0:.1:2*pi;
plot(x,sin(x));
title('origin')
```

（2）为原始图origin设置刻度，并把修改刻度属性的图形显示为图anno-pic。输入代码如下。

```
>> h=get(gcf,'CurrentAxes');
set(h,'XLim',[0 pi]);
title('anno-pic')
```

以上代码的第一句是获取轴对象的句柄，第二句是设置轴对象的“X轴”的刻度范围。结果如图11.21所示。

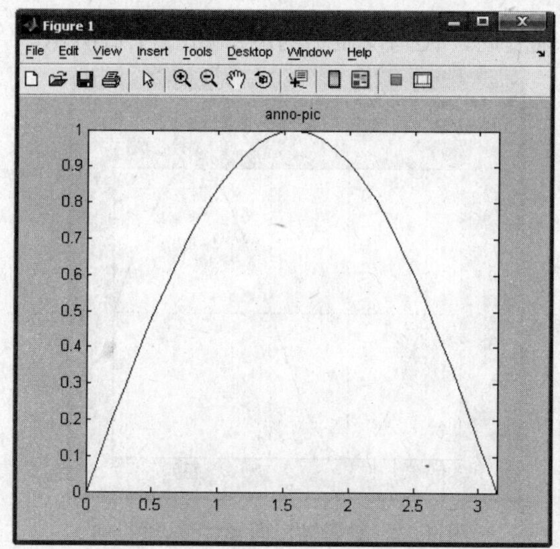

图11.22　设置x轴刻度范围

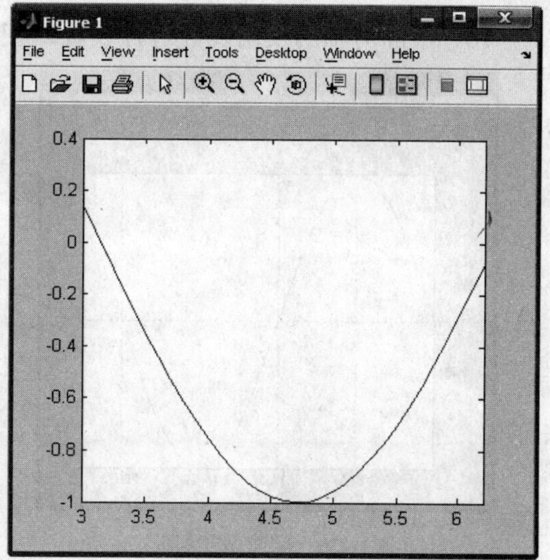

图11.23　设置刻度的起点（左边界）

（3）对于原始图形设置刻度的“半边”范围，即只设定起点或者终点。如果分别输入如下代码设置其起点和终点。

```
>> set(h,'XLim',[3 inf]);
>> set(h,'XLim',[-inf 4]);
```

则生成的图形分别如图11.22和图11.23所示。

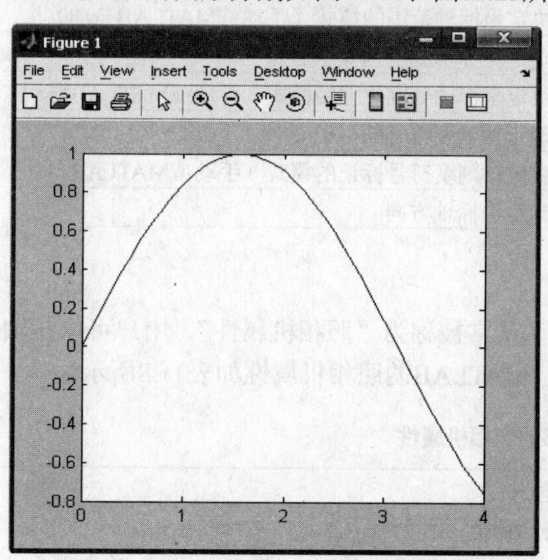

图11.24　设置刻度的终点（右边界）

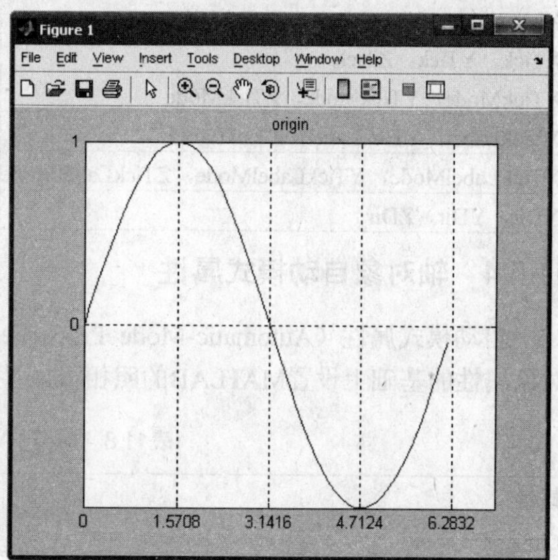

图11.25　刻度点的标记属性设置

（4）给原始图origin设置刻度标记点，突出重要的取值点（临界点或者极值点），代码如下。

```
>> set(gca,'xTick',[0 pi/2 pi (3/2)*pi 2*pi])
set(gca,'YTick',[0 1])
```

以上代码分别给轴对象的x、y轴的若干刻度进行了标记，如图11.24所示。

（5）同样也可以把标记的类型改为字符数组，输入代码及生成图形如下。

（6）下面对轴的反向属性进行设置，使x轴反向，代码及显示的图形如图11.27所示。

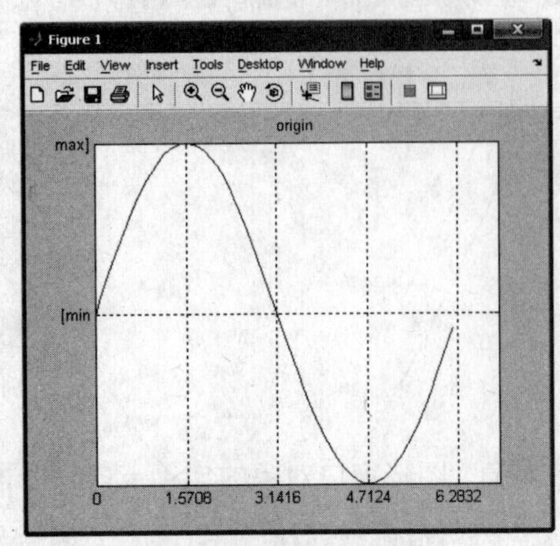

图11.26 字符数组标记

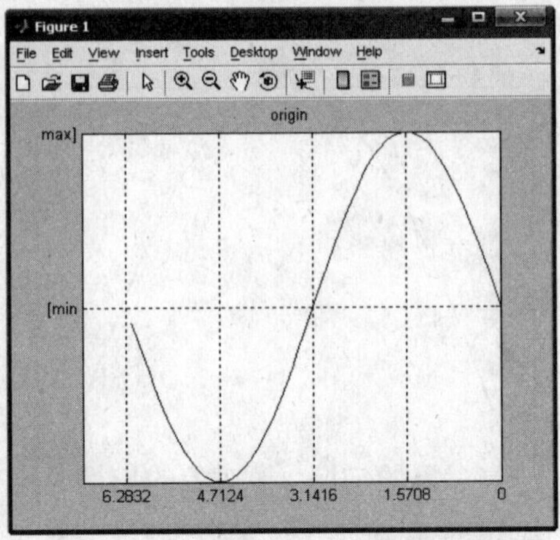

图11.27 设置轴反向属性使x轴反向

```
>> set(gca,'XDir','reverse')
```

除了以上讲解的3个常用属性外，MATLAB对单轴对象的常用控制属性如表11.7所示。

表11.7 MATLAB单轴对象的常用控制属性

属性	含义
XLim，YLim，ZLim	确定坐标轴范围
XLimMode，YLimMode，ZLimMode	决定坐标轴范围的模式（手动或MATLAB自动）
XTick，YTick，ZTick	确定坐标轴刻度位置
XTickMode，YTickMode，ZTickMode	决定坐标轴刻度位置的模式（手动或MATLAB自动）
XTickLabel，YTickLabel，ZTickLabel	确定轴刻度符号的标记
XTickLabelMode，YTickLabelMode，ZTickLabelMode	决定轴刻度符号标记的模式（手动或MATLAB自动）
XDir，YDir，ZDir	确定坐标轴方向

11.5.4 轴对象自动模式属性

自动模式属性（Automatic-Mode Properties）又常被称为“照相机属性”。用户可以在轴对象属性的基础上设置MATLAB的照相机属性，MATLAB的照相机属性如表11.8所示。

表11.8 MATLAB的照相机属性

属性	含义
CameraPosition	照相机的位置：[x,y,z]
CameraPositionMode	照相机的位置的取值模式：[{auto}|manual]
CameraTarget	照相机的目标：[x,y,z]
CameraTargetMode	照相机的目标的取值模式：[{auto}|manual]
CameraUpVector	照相机的正位向量：[x,y,z]
CameraUpVectorMode	照相机的正位向量的取值模式：[{auto}|manual]
CameraViewAngle	照相机的视角：[0 180°]
CameraViewAngleMode	照相机的视角的取值模式：[{auto}|manual]
Projection	投影方式：[{orthographic}|perspective]

之所以把照相机属性放在轴对象属性一节中讲解，是因为用户可以通过对轴对象属性的设置，来直接控制照相机属性，从而控制照相机的角度和位置。

11.6　访问对象句柄

MATLAB中创建的任何对象都由系统赋予一个句柄，所有构造函数的返回值即为其所创建对象的句柄。

上一节已经介绍了对对象属性的查询和设置方法。如果需要对对象的属性进行操作（查询或设置），则必须在对象创建之初，就将其句柄保存在变量中，作为准备；如果用户觉得这样做比较繁琐，或者偶尔忘记了保存，还可以调用findobj函数或罗列其父对象的Children属性来获取现有对象的句柄。根对象的句柄为0，而其子对象，图形窗口对象的句柄一般有下面两种情况。

- 整数：默认显示在窗口标题栏中。
- 浮点数：具有完全的MATLAB内部精度。

对象句柄的取值类型由图形窗口对象的IntegerHandle属性来控制。

11.6.1　获取当前对象的句柄

在MATLAB中，句柄图形的一个极为重要的概念是当前性（Be Current）。例如，当前的窗口即为接受绘制函数输出的窗口；当前的坐标轴就是创建坐标轴子对象的命令输出目标坐标轴；而当前的图形对象则为最后创建的图形对象，或被用户鼠标单击选中的图形对象。

用户可以直接把调用绘图函数的返回值存放在一个变量中，那么这个变量就是相应图形的句柄。另外一种获取当前对象句柄的常用方法是调用get函数，在第11.3节中曾经提到过get函数的调用，现在，将系统地阐述一下get函数的调用格式和功能。通常情况下，MATLAB保存3个句柄，分别对应于父对象属性列表中的对象，如图11.28所示。

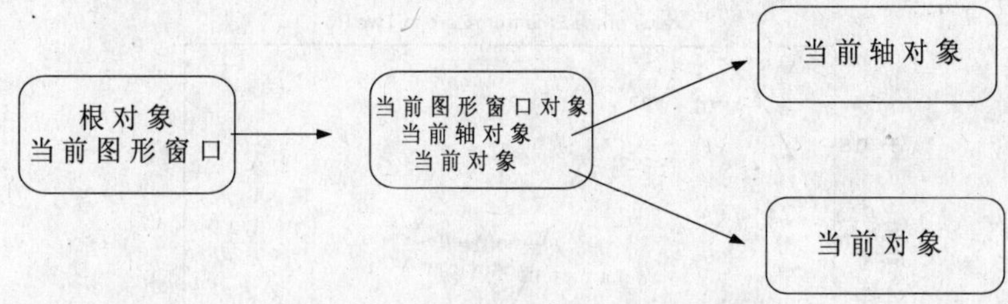

图11.28　MATLAB当前句柄保存路径

- 这些属性使用户可以便捷地获取这些常用对象的句柄，下面的代码分别调用get函数获取3个层面对象的句柄。

```
get(0,'CurrentFigure');
get(gcf,'CurrentAxes');
get(gcf,'CurrentObject');
```

用户也可以使用如下方式进行简单记忆。

- gcf：返回根对象的CurrentFigure属性值。
- gca：返回当前图形窗口对象的CurrentAxe属性值。

- gco：返回当前图形窗口对象的CurrentObject属性值。

用户可以通过以上3个简单记忆的命令作为句柄参数传递给相关的函数，例如，用户首先单击一个线对象，后调用gco命令，将其返回的句柄作为参数传递给set函数，代码为：

```
set(gco,'Marker','square')
```

用户如果需要列举所有当前轴对象的属性值，则使用如下代码：

```
get(gca)
```

另外，用户还可以获取当前所有图形对象的句柄。

```
h = get(gca,'Children');
```

然后，由得到的h确定对象的类型，代码如下：

```
get(h,'type')
```

按Enter键，执行后的结果显示如下：

```
ans =
     'text'
     'patch'
     'surface'
     'line'
```

虽然gcf和gca提供了一个简单地获取当前图形窗口对象和轴对象句柄的方法，但这个方法却很少在M-文件中被使用，因为遵循一般设计的M-文件，不必根据用户的行为来获得当前对象。

11.6.2 调用findobj函数通过属性值查询对象

MATLAB提供了findobj函数，用于通过对属性值的搜索来查询对象句柄。findobj函数可以快速形成一个结构层次的截面，并获得具有指定属性值的对象句柄，如果用户没有指定起始对象，那么系统默认findobj函数从Root对象开始，搜索与用户指定属性名和属性值相符的所有对象。例如，如图11.29所示，正弦函数sin图形上包含用以标注函数特定值的字对象。

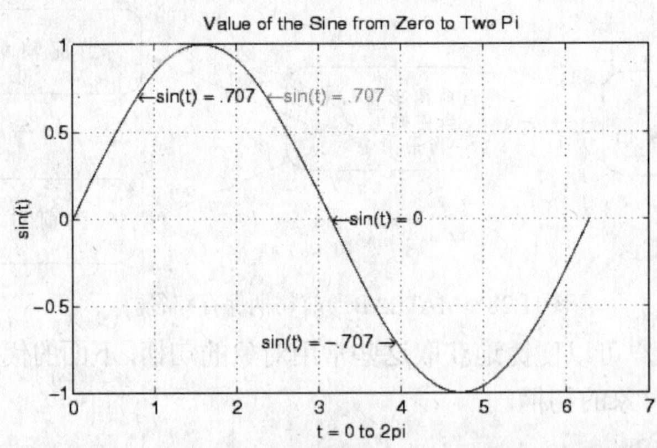

图11.29　包含字的正弦曲线图

如果用户希望将字符串'sin(t)=.707'从当前位置点[pi/4,sin(pi/4)]移动到点[3*pi/4,sin(3*pi/4)]处，这两个位置点的函数值相同。为了实现移动操作，首先要获得字对象的句柄，然后通过使用这个获得的句柄修改字对象的属性Position。利用findobj函数获得对象的句柄，代码如下：

```
text_handle = findobj('String','\leftarrowsin(t) = .707');
```

然后设置其Position属性，将对象移动到新的位置点，代码如下：

```
set(text_handle,'Position',[3*pi/4,sin(3*pi/4),0])
```

这样就完成了移位的操作。

findobj函数允许用户通过指定多起点来缩小搜索范围，当结构层次表中的对象众多时，这样可以节省搜索时间，提高搜索效率。如上例，如果用户知道所需要的字对象是当前的轴对象的下层子对象，则可以使用下面的代码搜索：

```
text_handle = findobj(gca,'String','\leftarrowsin(t) = .707');
```

11.6.3　使用句柄操作对象

本节主要讲解如何利用句柄，完成对对象的复制和删除操作。

1. 调用copyobj函数复制对象

利用MATLAB中的copyobj函数可以将对象a1从其父对象中复制到另一个对象中，生成新的对象a2。a1和a2的区别有2点：

- 父对象不同。
- 对象句柄不同。

用户还可以将多个对象复制到一个新的父对象中，或者将一个对象复制到多个父对象中，条件是只要复制对象与被复制对象之间是正确的父-子关系。

需要注意的是，当用户复制含有子对象的对象时，MATLAB将同时复制其所有的子对象。

例如，用户需要对绘制的一组数据上的所有位置为[5π/4,sin(5π/4)]的点都进行标注。text函数允许用户在坐标系范围内指定标注的位置，使字定位简化：

```
text('String','\{5\pi\div4, sin(5\pi\div4)\}\rightarrow',...
    'Position',[5*pi/4,sin(5*pi/4),0],...
    'HorizontalAlignment','right')
```

以上代码的主要功能是：

- 利用text函数绘制右指箭头的相关数字符号，并将{5π÷4,sin(5π÷4)}标注在相应的位置。
- 根据将要绘制的数据指定Position的属性值。
- 通过设置HorizontalAlignment属性值为right（默认为left），来将数据点放置在字符串的右侧。

执行代码，结果如图11.30所示。

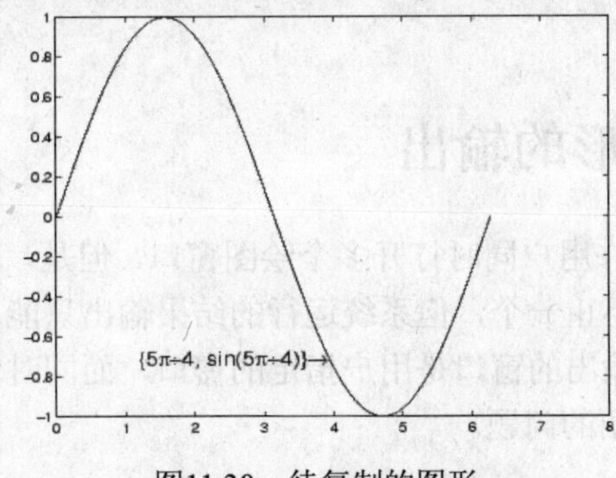

图11.30　待复制的图形

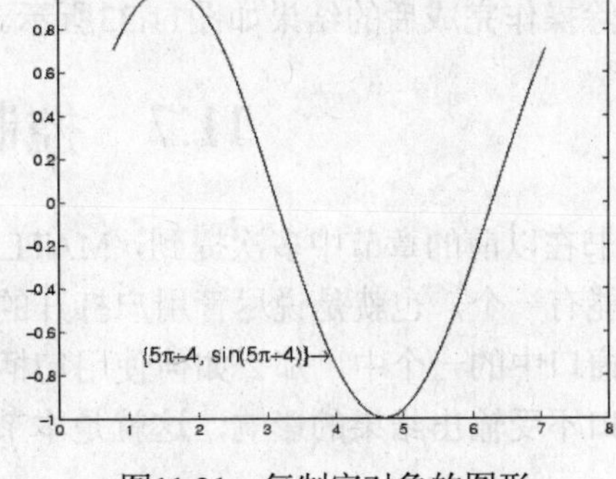

图11.31　复制字对象的图形

为了在另一个图形中标注相同的点，即{5π÷4,sin(5π÷4)}，可使用copyobj函数将其复制，由于此时字对象的句柄还不知道，所以首先需要调用findobj函数来获得字对象的句柄。

```
text_handle = findobj('String',...
            '\{5\pi\div4,sin(5\pi\div4)\}\rightarrow');
```

下一个图形创建完成后，把标注复制到图形上，代码如下：

```
copyobj(text_handle,gca).
```

代码执行的结果如图11.31所示。

字对象在轴数据空间内定义其位置，本例利用了这个性质，所以字位置属性不需要从一点变换到另一点。

2. 调用delete函数删除对象

在MATLAB中，用户可以使用delete函数来删除一个对象，其参数是此对象的句柄。例如，用户若要删除当前的坐标轴，代码如下：

```
delete(gca)
```

在删除对象操作之前，利用findobj函数首先获得其句柄。例如，用户需要删除图11.32中的点线。

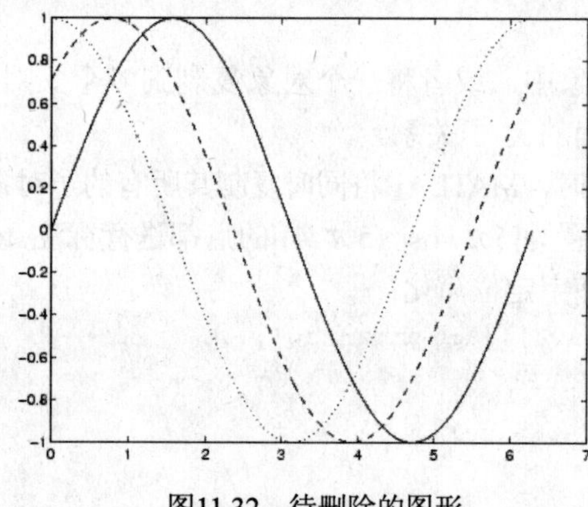

图11.32 待删除的图形

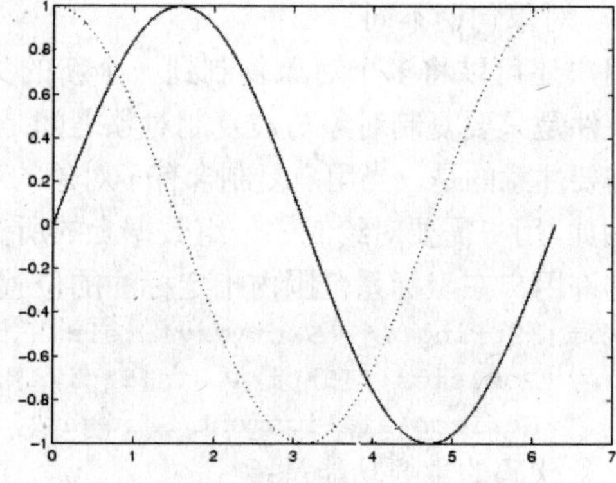

图11.33 删除操作完成后的图形

首先使用findobj函数获得点线“:”的句柄，代码如下：

```
line_handle = findobj('LineStyle',':');
```

然后在delete函数中使用句柄，进行删除操作，代码如下：

```
delete(line_handle)
```

用户也可以直接输入一条代码，实现以上的两步操作：

```
delete(findobj('LineStyle',':'))
```

删除操作完成后的结果如图11.33所示。

11.7 控制图形的输出

本书在以前的章节中多次提到，MATLAB允许用户同时打开多个绘图窗口，但是，当前窗口只能有一个，也就是说尽管用户打开的窗口不止一个，但系统运行的结果输出只能显示在众多窗口中的一个中，那么如何使用句柄保证输出的窗口是用户指定的窗口，而同时保证其他窗口不受输出结果的影响，这就是本节要介绍的问题。

11.7.1 指定图形输出的目标窗口

在默认情况下，创建图形对象的MATLAB函数把结果显示在当前图形窗口对象和轴对象上(前提为图形对象是轴对象的子对象)，用户也可以通过创建函数明确地指定其父对象属性，使结果输出到用户需要的父对象中，例如下列代码。

```
plot(1:10,'Parent',axes_handle)
```

以上代码中，用户指定了axes_handle为输出目标轴对象的句柄。另外，uicontrol和uimenu函数可提供一种更加简便的调用格式，即第一个参数就是指定目标父对象的名称，代码如下。

```
uicontrol(Figure_handle,...)
uimenu(parent_menu_handle,...)
```

11.7.2 为图形对象准备图形窗口对象和轴对象

默认情况下，图形绘制函数将输出的图形对象直接显示在当前的图形窗口中，而并不清除或重设图形窗口的属性，但是，如果图形对象是轴对象的子对象，MATLAB在显示图形对象之前，会将绝大多数的轴对象属性设置为其默认设置。

用户可以通过改变图形窗口对象和轴对象的NextPlot属性来改变MATLAB的此种默认设置。在MATLAB 7.0中，高级绘图函数在绘制图形之前首先要检查NextPlot属性，然后决定是直接添加图形，还是擦除重置图形窗口对象和轴对象；而低级对象创建函数则不检查NextPlot的属性，只是进行简单地添加图形的操作。MATLAB中NextPlot属性的可能取值如表11.9所示。

表11.9 Nextplot属性

NextPlot	图形窗口对象	轴对象
New	创建一个作为当前图形窗口对象的图形窗口对象	创建一个作为当前轴对象的图形轴对象
Add	不擦除或重置当前图形窗口属性而添加新的图形窗口对象	不擦除或重置当前轴属性而添加新的轴对象
Replacechildren	擦除所有子对象但不重置图形窗口对象属性，等同与clf函数	擦除所有子对象但不重置轴对象属性，等同与cla函数
Replace	擦除所有子对象，并且将图形窗口对象属性重置为默认值，等同与clf reset函数	擦除所有子对象，并且将轴对象属性重置为默认值，等同与cla reset函数

需要注意的是，reset函数会把除了位置和单位属性之外的所有属性都回归为默认设置。

另外，用户还可以通过简便的方法来改变NextPlot属性。hold on和hold off函数可以把图形窗口对象和轴对象的NextPlot属性设置为Add和Replace。

11.7.3 利用newPlot函数指定图形输出目标对象

MATLAB提供了newplot函数，用以简化编写与NextPlot属性值设置保持一致的M-文件的过程。

newplot函数首先检查NextPlot属性值的设置情况，然后根据不同的情况采取相应的操作方法。所以，应该把newplot函数放置于任何调用图形对象构造函数的M-文件的起始位置。

当用户在M-文件中调用newplot函数时，MATLAB进行如下操作。newplot函数首先检查当前图形窗口对象的NextPlot属性值设置情况：

- 如当前尚未创建任何图形窗口对象，则newplot函数首先创建一个图形窗口对象，并将其设置为当前图形窗口对象。
- 如NextPlot属性为add，则newplot函数将相应的图形窗口对象设置为当前图形窗口对象。
- 如NextPlot属性为new，则newplot函数创建一个图形窗口对象，并将其设置为当前图形窗口对象。
- 如NextPlot属性为replacechildren，则newplot函数将相应的图形窗口对象中的所有子对象删除，并将删除操作之后的图形窗口对象设置为当前图形窗口对象。
- 如NextPlot属性为replace，则newplot函数将相应的图形窗口对象中的所有子对象删除，并将删除操作之后的图形窗口对象的属性设置为默认值，同时将设置完成的图形窗口对象设置为当前图形窗口对象。

需要注意的是，MATLAB在默认情况下，图形窗口对象的NextPlot属性为add，而轴对象的NextPlot属性为replace。

11.8 句柄的存储及MATLAB内建函数

图形的M-文件往往使用句柄来访问属性值，并通过句柄直接定义图形输出的目标。MATLAB 7.0提供了一些函数来获得图形关键对象（例如当前窗口和坐标轴）的句柄，然而在M-文件中，使用这些函数并非优选的方法，原因如下。

- 在MATLAB 7.0中，将句柄直接存储在一个变量中比查询对象句柄或其他信息的执行效率高。
- 当前轴对象、图形窗口对象或者其他对象可能因为用户的交互而产生变化，查询方式难以保证句柄的完全正确，相反，使用变量来存储句柄却可以保证正确地反映对象产生的变化。

需要注意的是，在MATLAB中，无论句柄可见与否，用户都可以使用句柄进行对象属性的查询和设置。为了存储句柄信息，通常在M-文件的开始处存储MATLAB 7.0的相关状态信息。

例如，用户可以使用下面的代码作为M-文件的开头：

```
cax = newplot;
cfig = get(cax,'Parent');
hold_state = ishold;
```

这样用户就省去了每次需要时，对这些信息的重新查询。如果用户在M-文件中暂时改变了保持状态，则应当将NextPlot的当前属性存储下来，以便以后重新设置，具体代码如下：

```
ax_nextplot = lower(get(cax,'NextPlot'));
fig_nextplot = lower(get(cfig,'NextPlot'));
.
set(cax,'NextPlot',ax_nextplot)
set(cfig,'NextPlot',fig_nextplot)
```

MATLAB中提供了一些特定的内置函数，用来修改坐标轴属性，从而实现某种特定的效果，这些MATLAB的内置函数可以对M-文件产生一定的影响，具体内置函数的名称和功能如表11.10所示。

表11.10 MATLAB内置函数对属性的修改

函数	改变后的轴对象属性	函数	改变后的轴对象属性
fill	Box: on CameraPosition: 2-D view CameraTarget: 2-D view CameraUpVector: 2-D view CameraViewAngle: 2-D view	plot	Box: on CameraPosition: 2-D view CameraTarget: 2-D view CameraUpVector: 2-D view CameraViewAngle: 2-D view
fill3	CameraPosition: 3-D view CameraTarget: 3-D view CameraUpVector: 3-D view CameraViewAngle: 3-D view XScale: linear YScale: linear ZScale: linear	plot3	CameraPosition: 3-D view CameraTarget: 3-D view CameraUpVector: 3-D view CameraViewAngle: 3-D view XScale: linear YScale: linear ZScale: linear
image (高层函数命令)	Box: on Layer: top CameraPosition: 2-D view CameraTarget: 2-D view CameraUpVector: 2-D view CameraViewAngle: 2-D view XDir: normal XLim: [0 size(CData,2)]+0.5 XLimMode: manual YDir: reverse YLim: [0 size(CData,1)]+0.5 YLimMode: manual	semilogx	Box: on CameraPosition: 2-D view CameraTarget: 2-D view CameraUpVector: 2-D view CameraViewAngle: 2-D view XScale: log YScale: linear
loglog	Box: on CameraPosition: 2-D view CameraTarget: 2-D view CameraUpVector: 2-D view CameraViewAngle: 2-D view XScale: log YScale: log	semilogy	Box: on CameraPosition: 2-D view CameraTarget: 2-D view CameraUpVector: 2-D view CameraViewAngle: 2-D view XScale: linear YScale: log

笔者力求做到本章内容的逻辑性和讲解的层次感，当然，限于本书的篇幅，本章不可能对于MATLAB句柄图形对象的所有内容都详细介绍，只是对于基本的知识架构做系统地分析，争取做到覆盖常用和重点的内容。如果读者需要了解本章没有涉及的内容，可自行查阅MATLAB帮助文档的Handle Graphics Objects部分。

第12章

图形用户界面（GUI）

如果读者接触过程序设计的有关知识，应该清楚：一个可发布的应用程序一般都需要一个友好的图形用户界面（Graphical User Interface），简称GUI。用户界面是指：用户与硬件（或程序）之间交互作用的工具和方法，是硬件（或程序）与用户之间进行通讯的场所和实现交互的方式，所以它又被称为“用户接口”。对于一个系统或程序而言，拥有一个优秀的用户界面是十分必要的，因为它决定了系统或程序给用户的视觉外观和使用感觉。

图形用户界面是指：由窗口、光标、按键、菜单、文字注释等对象构成的一个用户界面，用户通过选中或者激活这些对象而使系统执行某种用户需要的动作，如计算、图形绘制。特别是当用户作为一个程序设计者，需要设计一个简单易操作的演示方式来验证设计时，图形用户界面往往是一个比较好的选择。

本书在第1章中提到了MATLAB帮助系统中demo文档的帮助方式，其实演示程序demo就是图形用户界面的典型一例，用户可以通过在命令窗口中输入demo来调用相关的演示程序，然后再使用鼠标和键盘直接进行操作的选择，查看演示结果。

本书在上一章介绍了图形句柄的知识，如果说图形句柄可以使MATLAB用户定义信息的显示方式，那么GUI的功能则可以理解为定义了MATLAB信息与用户的交互方式，本章的内容需要读者熟悉句柄图形的有关内容，建议读者在阅读本章之前先行阅读第10章。本章主要介绍GUI的设计和制作方法，内容包括：GUI的创建原则、步骤和方式；GUIDE的使用方法；GUI的编程设计。

12.1　GUI的设计基础

本节主要介绍GUI的对象结构、GUI的设计原则及基本步骤、GUI的设计方式。

12.1.1　GUI的对象层次结构

从本质上说，MATLAB是利用一系列函数来创建图形用户界面的，这些函数的主要作用是创建用户界面类型的句柄图形对象（UI objects），对于此对象，本书上一章已做过一定的介绍，为了方便读者阅读，现再把其层次结构图具体表示出来，如图12.1所示。

从图12.1可以看出，UI objects包含多种类型的GUI对象，各种用户界面对象的具体说明如表12.1所示。

表12.1　各种用户界面对象

UI对象	描述
Uicontrol	用户界面控制对象
Uimenu	用户界面菜单对象
Uicontextmenu	用户界面上下文菜单对象
Uitoolbar	用户界面工具栏对象，其中包含Uitoggletool和Uipushtool
Uitoggletool	用户界面双向切换对象
Uipushtool	用户界面按键对象
Uibuttongroup	用户界面按钮融合对象
Uipanel	用户界面可设边界融合对象

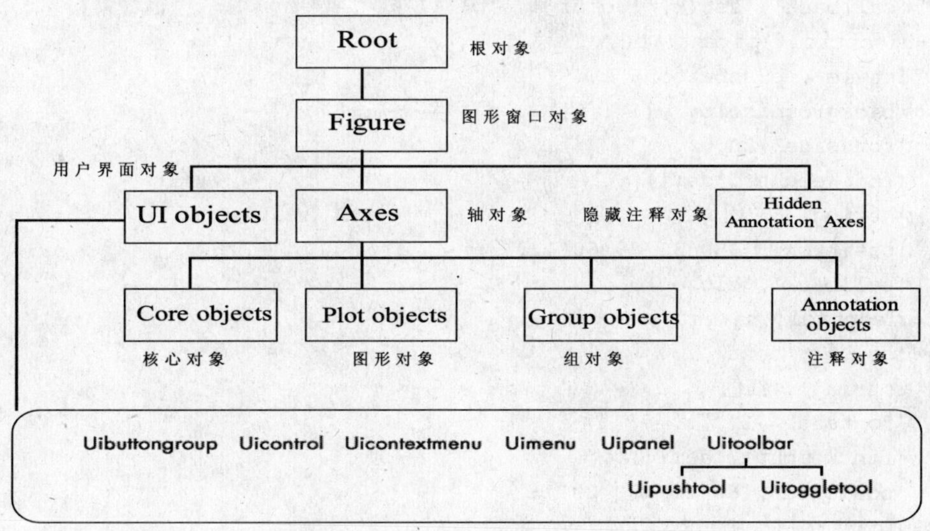

图12.1　对象结构层次关系图

12.1.2　GUI的创建原则及基本步骤

首先举一个GUI的例子，使读者对GUI的完整设计流程有一个直观的认识。

【例1】　设计一个GUI，使用户可以自行选择曲线的3种色彩。

```
h0=figure('toolbar','none',...
    'position',[198 56 408 468],...
    'name','my first GUI');
h1=axes('parent',h0,...
    'position',[0.15 0.45 0.7 0.5],...
    'visible','on');
x=0:0.1:2*pi;
k=plot(x,sin(x));
xlabel('自变量X');
ylabel('函数值Y');
title('图形色彩改变');
p1=uicontrol('parent',h0,...
    'style','pushbutton',...
    'backgroundcolor','r',...
    'position',[60 100 50 30],...
    'callback','set(k,''color'',''r'')');
p2=uicontrol('parent',h0,...
    'style','pushbutton',...
    'backgroundcolor','g',...
    'position',[170 100 50 30],...
    'callback','set(k,''color'',''g'')');
p3=uicontrol('parent',h0,...
    'style','pushbutton',...
    'backgroundcolor','b',...
    'position',[280 100 50 30],...
    'callback','set(k,''color'',''b'')');
p4=uicontrol('parent',h0,...
    'style','pushbutton',...
    'backgroundcolor',[1 1 1],...
    'fontsize',20,...
    'fontweight','demi',...
    'string','关闭',...
    'position',[350 30 80 60],...
    'callback','close');
t1=uicontrol('parent',h0,...
    'style','text',...
    'string','红色',...
    'fontsize',12,...
    'fontweight','demi',...
    'position',[60 120 50 20]);
t2=uicontrol('parent',h0,...
    'style','text',...
    'string','绿色',...
    'fontsize',12,...
    'fontweight','demi',...
    'position',[170 120 50 20]);
```

```
t3=uicontrol('parent',h0,...
    'style','text',...
    'string','蓝色',...
    'fontsize',12,...
    'fontweight','demi',...
    'position',[280 120 50 20]);
```

运行以上代码，系统生成一个GUI，如图12.2所示。

从上面的例子可以看出，GUI的设计者完全可以控制所设计GUI的所有属性，包括风格、形状和布局，而由于设计者习惯的不同，实际要求也多种多样，所以，GUI也就有各种样式，但是，一般对于GUI设计的评价要参照以下两个方面。

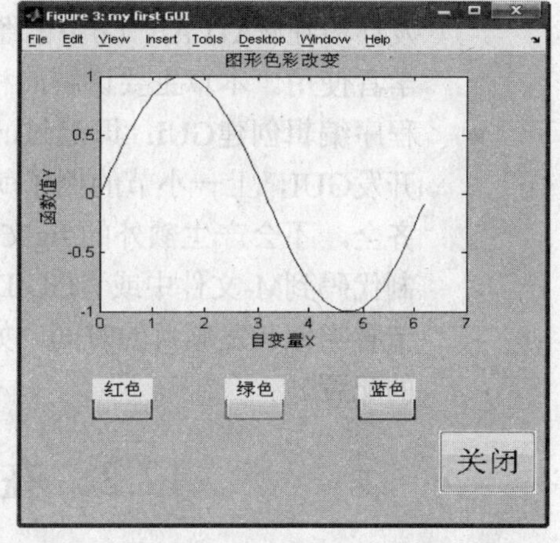

图12.2　用于改变曲线色彩的图形用户界面

- 简单易操作：作为用户界面，让使用者感觉容易上手，操作方便是最重要的，因此设计者应尽量使所设计的GUI规范、通用，减少专业、特殊、生僻标志的使用，力求简洁明了，一目了然，符合用户的一般思维习惯，清晰地表现出界面的功能和使用方法，让各层次的用户减少使用前的准备工作。
- 风格统一性：与程序的基本要求类似，作为一个有一定素质和规范意识的设计者，应尽量保证设计的一系列GUI都遵循基本一致的风格，也应该使设计的同类型GUI遵循一贯的风格，而不应该让用户在版本升级后对于完全相异的界面一筹莫展。

在满足以上设计原则的基础上，下面向读者介绍创建GUI的基本步骤。

（1）审视GUI的设计任务：GUI的设计目的是提供给用户使用，此步骤就是要明确GUI的功能，确定用户在GUI中需要进行什么样的操作。此步是需要设计者周密考虑的一步，如果在设计过程中，又有额外的灵感或需要添加更多的功能，则设计者需要重新审视GUI的设计目的。

（2）绘出GUI的布局（Layout）草图：帮助设计者对于GUI的大致布局有一个基本的了解和规范。对于层次比较高的设计者，此步可以省略。如果是刚刚接触GUI设计的初学者，则尽量不要为了求快而忽略此步。

（3）使用UI对象开始设计：根据第2步构思的草图，设计者可以运用合适的用户界面对象在MATLAB中编写M-文件，或者在MATLAB的图形界面开发环境中进行GUI的具体设计。

（4）创建回调代码（callback code）：回调代码用于与用户进行交互，回调代码通常与创建GUI的代码存储于一个文件中。

（5）验证和调试GUI：与一般程序设计的最终步骤类似，不再赘述。

以上5步只是针对一般的GUI设计而言的基本步骤，在实际操作中，步骤的顺序可存在交叉和复合的情况，读者不必过于拘泥。

12.1.3 GUI的设计方式

在MATLAB中，GUI的设计方式有以下两种。

- 通过使用MATLAB提供的GUI开发环境——GUIDE来创建GUI：这个开发环境与VB、VC类似，只要设计者直接用鼠标把需要的对象拖拽到目的位置，就完成了GUI的布局设计，除此之外，此种方法在对M-文件保管上也比较人性化，允许设计者在需要修改设计时，快速地找到相对应的内容。和MATLAB以往的版本相比，这个开发环境在MATLAB 7.0中已经得到了很大的改进和完善，它易于掌握，比较适合初学者使用。本章主要讲解此种方式的GUI设计。
- 程序编辑创建GUI：即通过uicontrol、uimen、unicontextmenu等函数编写M-文件来开发GUI，上一小节的例子就是使用这种方式，此方式的优点在于GUI的菜单创建齐全，不会产生额外的.fig文件，程序代码可移植性和通用性强，用户可以直接复制代码到M-文件中或者GUIDE的M-文件中，在GUIDE的Opening Function中使用，节省类似开发项目的时间。如果使用此种方式，设计者需要特别注意GUI对象位置的配置。

12.2 在GUIDE中创建GUI

上一节已经介绍过，在GUIDE中，创建GUI是设计GUI的方式之一，GUIDE是MATLAB提供的用来开发GUI的专用环境，全称为Graphical User Interface development environment，其主要包含一个界面设计工具集（Layout editor），MATLAB在其中集中了所有GUI支持的用户控件，并且允许设计者对界面的外观、属性和行为响应方法进行设置。

使用GUIDE创建GUI，简便高效，且GUIDE将用户设计完成的GUI存储在一个FIG文件中，同时自动生成包含GUI初始化和GUI界面布局设置代码的M-文件。

- FIG文件：二进制文件，用以保存图形窗口所有对象的属性。用户在完成GUI的设计，保存图形窗口时，MATLAB自动生成该文件。当用户再次打开图形窗口时，系统将按照FIG文件中保存的对象属性，构成图形窗口。
- M-文件：用于存储GUI初始化和回调函数两部分，并不包含用户编写的代码。用户控键的回调函数根据具体交互操作来分别调用。

本节将着重介绍GUIDE的具体特点和在GUIDE中创建GUI的步骤及注意事项。下面，首先以一个实例为主线，讲解在GUIDE中创建GUI的步骤。

12.2.1 在MATLAB中启动GUIDE

【例2】创建一个GUI，使其具备如下功能：用户随机输入两个频率值 f_1 和 f_2，以及一个时段向量值 t，GUI把频率值代入如下表达式 $x=\sin(2\pi f_1 t)+\sin(2\pi f_2 t)$，计算出 x 的值；并对 x 进行快速傅立叶变换，分别在不同的坐标轴中输出频域和时域的图形。

为了让读者更加直观地感受到本例的效果，首先把最终需要生成的GUI呈现给读者，如图12.3所示。

下面分步介绍GUI的设计和制作。

（1）在MATLAB中启动GUIDE。单击MATLAB工具栏中的图标，或在MATLAB命令窗口中输入以下代码可以启动GUIDE。

```
>> guide
```

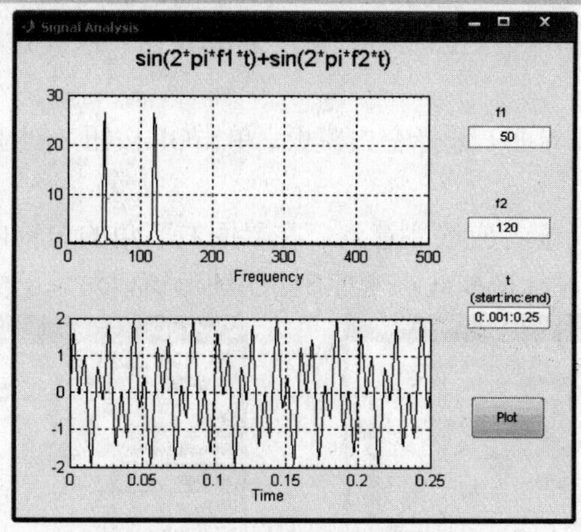

图12.3　需要创建的GUI效果图

注意：如果用户选择输入guide的方式启动GUIDE，要注意字母的大小写，如果输入代码为GUIDE，系统会提示如下警告信息。

```
Warning: Could not find an exact (case-sensitive) match for 'GUIDE'.
```

以此来提醒用户注意字母的大小写。当然，用户可以通过设置MATLAB的属性来使系统对于字母大小写的敏感性降低，可以查阅相关提示进行设置。

（2）选择模板。系统接受指令，弹出GUIDE快速启动（GUIDE Quick Start）对话框，如图12.4所示。

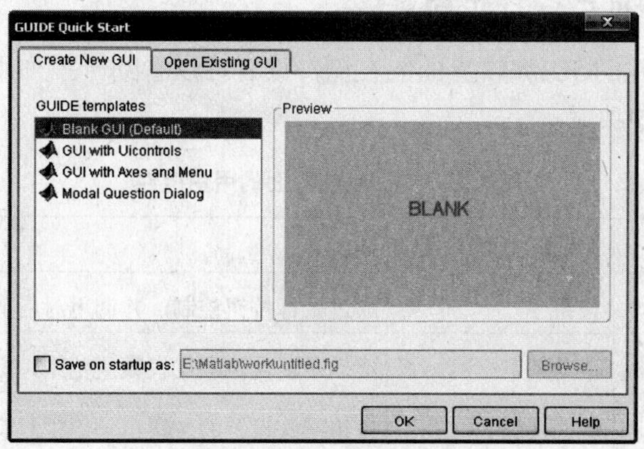

图12.4　GUIDE快速启动对话框

从上面的对话框中可以看到，MATLAB提供了4种GUIDE模板，其名称与功能如下。

- 空白GUI模板（Blank GUI）：这是MATLAB默认的模板，如果用户选择空模板，则在GUI编辑区域内没有任何对象存在，用户需要自行添加需要的所有对象。
- 含用户交互对象的GUI模板（GUI with Uicontrol）：此模板本身包含若干具有计算功能的用户交互控键。
- 含轴对象和菜单对象的GUI模板（GUI with Axes and Menu）：包含轴对象和菜单对

象控键的模板，具有计算和输出功能。

- 问题对话框模板（Modal Question Dialog）：包含问题对话框的模板。

快速启动对话框右侧是每种模板的预览外观，下侧是Save on startup as复选框，如果选中此复选框，则GUIDE每打开一次GUI文件，就会将其存储一次。这样设置有利于GUI文件的管理和控制。

（3）打开GUIDE编辑界面。选择空白模板，单击OK按钮，创建GUI编辑界面，如图12.5所示。

（4）设置界面尺寸。读者应该注意到，在界面右下角的边框内，有一个黑色的边界交点，用户可以通过直接用鼠标拖拽此点来控制GUI图形窗口对象的大小，如图12.6所示。

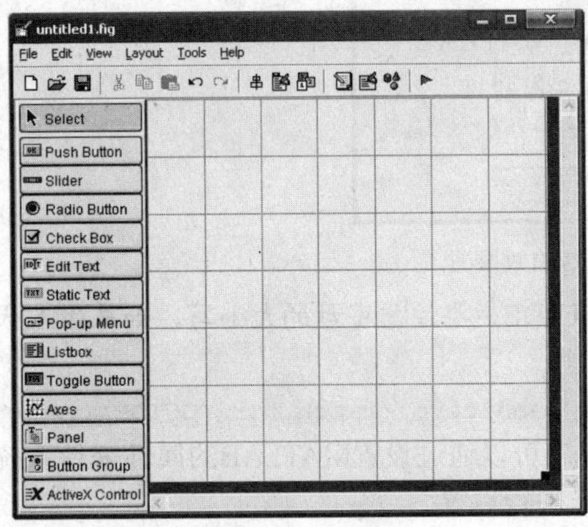

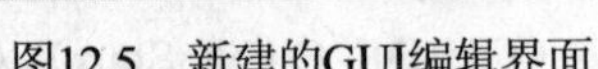
图12.5 新建的GUI编辑界面

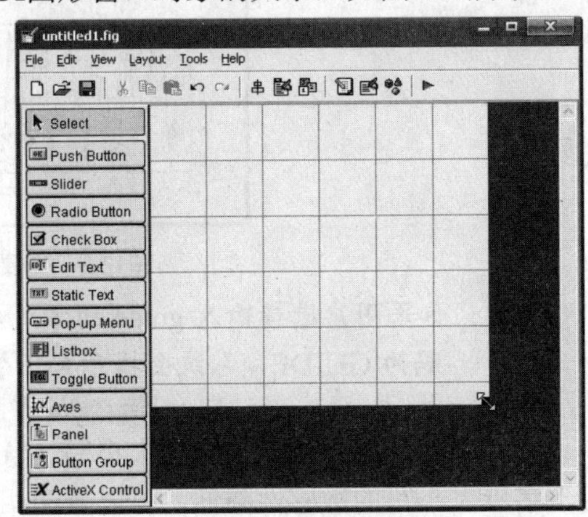

图12.6 设置GUI图形窗口的尺寸

12.2.2 GUI编辑界面的控件布局

在上一小节中创建的GUI编辑界面的左侧，读者可以看到一系列用户控件，表12.2列出了控件的图标、名称和功能。

表12.2 GUI编辑界面的用户控件

图标	名称	功能
Push Button	按钮	通过鼠标按钮控制，并调用对应的回调子函数
Slider	滚动条	滚动条活动范围代表数值范围，滚动条代表数值的变化
Radio Button	单选按钮	以组形式设置的按钮，一组中只有一个有效
Check Box	复选框	提供多个选项
Edit Text	编辑框	控制用户输入和修改字符串
Static Text	静态文本	不能调用回调子函数，常用作其他按钮的标签
Pop-up Menu	弹出式菜单	提供多个互相独立的选项
Listbox	列表框	提供多个列表项

续表

图标	名称	功能
Toggle Button	螺栓按钮	根据不同的状态（on或off）选择调用回调子函数
Axes	坐标轴	显示GUI中的图形，并设置外观参数
Panel	组合框	连接关联控件的封闭区域
Button Group	按钮组	连接关联按钮和螺栓按钮的封闭区域
ActiveX Control	ActiveX控制	允许用户进行ActiveX控制

说明：“按钮组”和“ActiveX 控制”控件是 MATLAB 7.0 新增的功能控件。

用户可以自行选择GUI编辑界面是否显示控件的名称，如果用户不需要显示，则可以选择界面菜单栏中File子菜单的“Preferences...”选项，进行自定义的参数设置。

取消对于第2个复选框Show names in component palette的选择，单击OK按钮，则GUI编辑界面中取消了控件名称的显示，如图12.8所示。

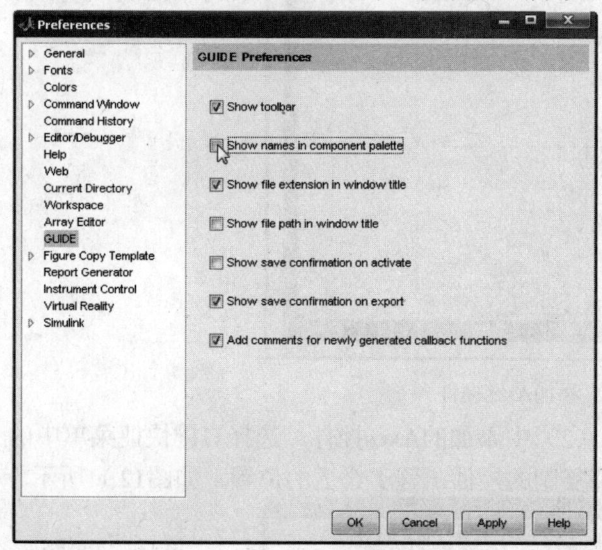

图12.7 GUI的参数设置对话框

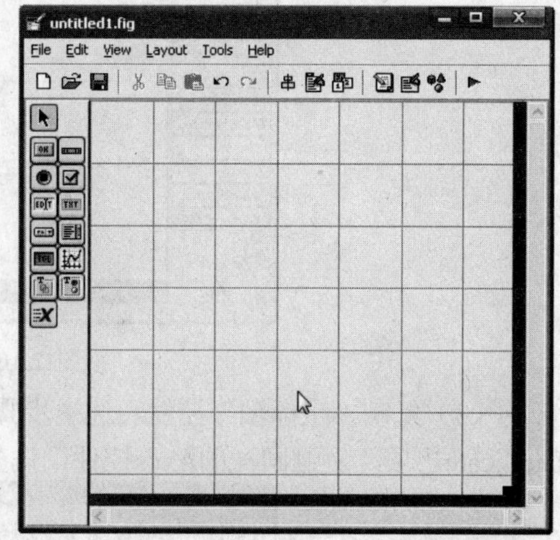

图12.8 不显示控件名称的GUI编辑界面

说明：对于初学者来说，笔者建议不要进行此步操作，控件名可以帮助那些对于控件并不熟悉的用户实时地查看控件的功能。

12.2.3 在GUI中添加控件

在上一小节的基础上（选择界面显示控件图标），针对例子的要求，为GUI添加必要的控件。

（1）添加“静态文本”控件。选择Static Text图标，用鼠标将其拖到GUI模板的合适位置，并根据设计，调整其大小，如图12.9所示。

（2）添加“坐标轴”控件。用鼠标单击Axes图标，然后在界面上绘制Axes控件，如图12.10所示。

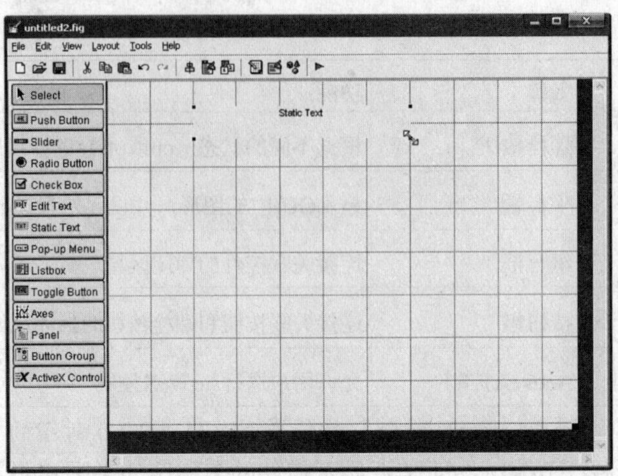

图12.9 添加Static Text控件

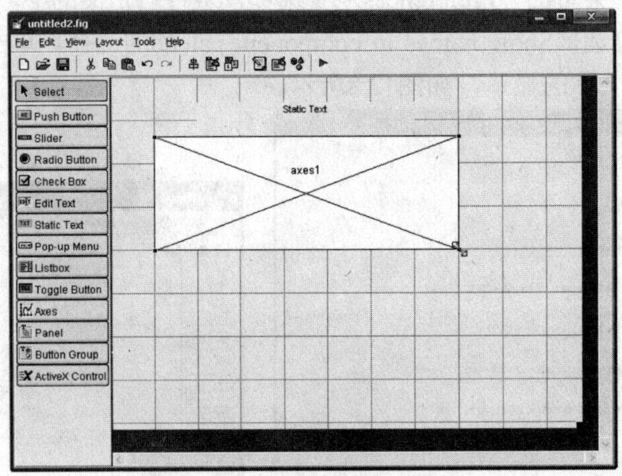

图12.10 添加Axes控件

（3）复制“坐标轴”控件。选中步骤（2）中添加的Axes控件，选择右键快捷菜单中的Duplicate选项，复制同样的Axes控件。调整复制的控件，置于合适的位置，如图12.11所示。

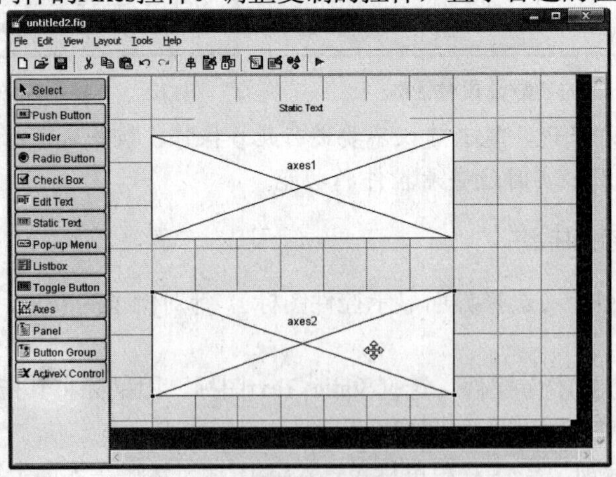

图12.11 复制Axes控件

（4）添加“编辑框”控件。使用以上步骤类似的方式，添加Edit Text控件，生成的GUI如图12.12所示。

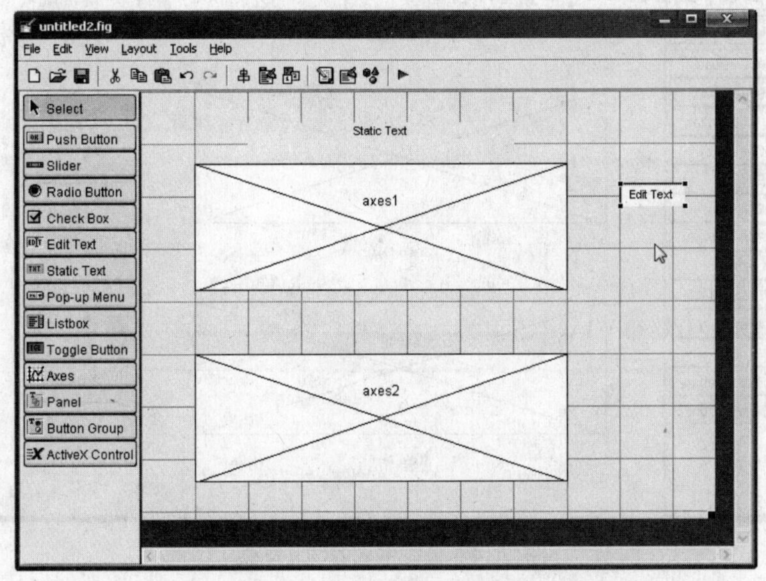

图12.12　添加Edit Text控件

（5）添加“按钮”控件。使用类似方法，添加Push Button控件，生成的GUI如图12.13所示。

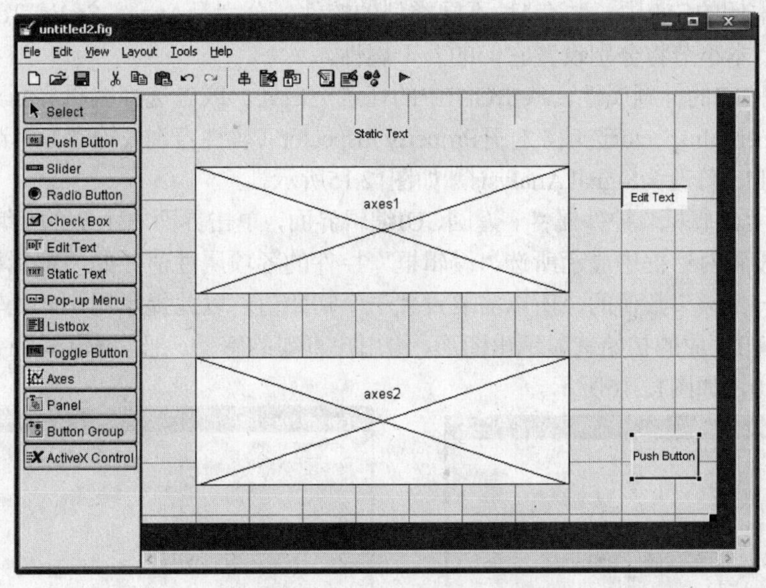

图12.13　添加Push Button控件

（6）添加同类型的“静态文本”及“编辑框”控件。根据例子需要达到的功能，在以上5步的基础上，补充若干“静态文本”及“编辑框”控件。由于控件类型相同，添加方式相似，所以具体步骤操作留给读者自行完成，最终生成的GUI外观如图12.14所示。

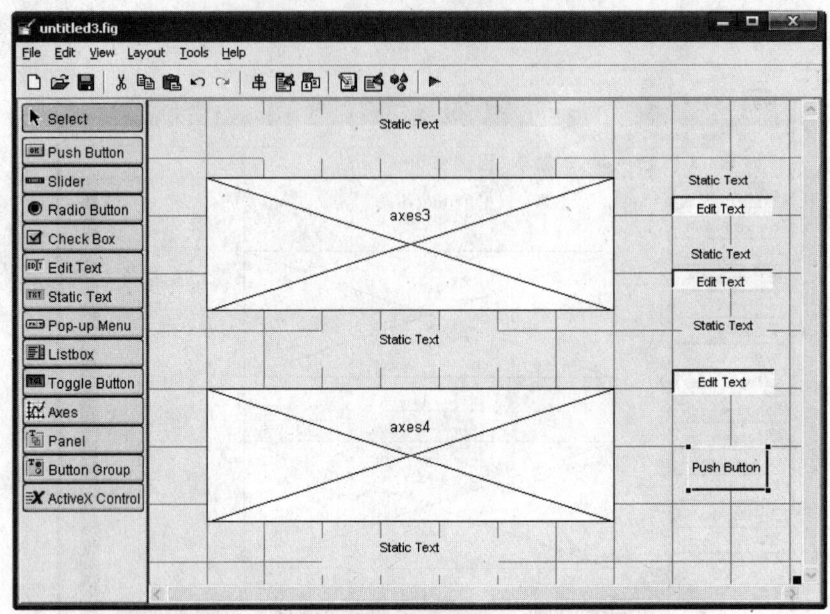

图12.14　最终生成的GUI外观

12.2.4　设置GUI及控件属性

在完成控件的添加后，用户还要根据需要，对应各控件的功能和所起的作用，给各控件设置属性。在本例的GUI中，共有4种不同类型的控件，分别是Axes、Static Text、Edit Text和Push Botton，本小节将分别设置它们的若干属性。

（1）设置GUI的标题属性。双击GUI中的任意空白处，或者选择编辑界面菜单栏中View子菜单中的Property Inspector选项，打开Property Inspector（属性查询及设置）对话框。在Name属性栏中把Untitled修改为Signal Analysis，如图12.15所示。

（2）设置“编辑框”控件属性。返回GUI编辑界面，单击界面右上侧的“编辑框”控件，在属性查询及设置对话框中显示所选“编辑框”控件的各项属性值。此“编辑框”控件是显示用户输入第一个频率数值的，所以需要设置一个初始值，以此提示用户此处输入数值的类型，并可以在GUI生成的初始就显示出图形，给用户直观的感受。把“编辑框”控件中的String的属性值设为50，如图12.16所示。

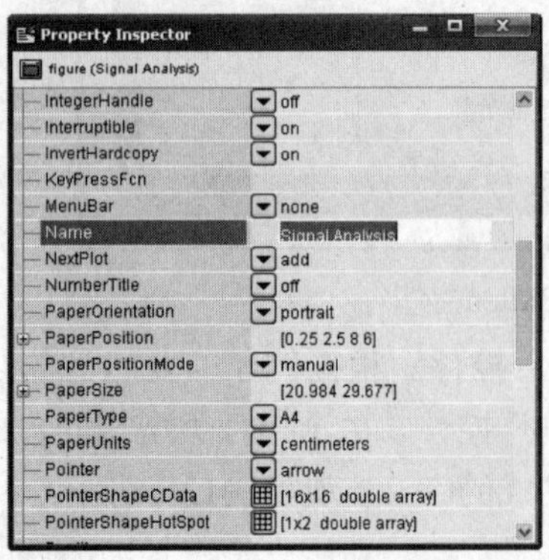

图12.15　给GUI设置标题

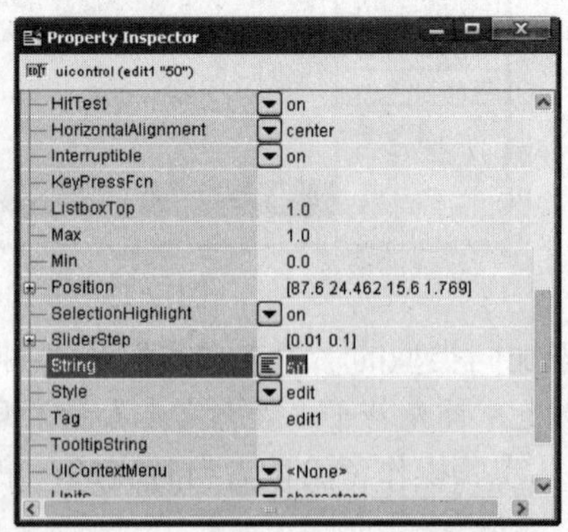

图12.16　设置“编辑框”控件属性

说明： 同理，对下面两个“编辑框”控件进行类似的设置，String 值分别为 120 和“0:.001:0.25”。

（3）设置“静态文本”控件属性。选择界面顶端的“静态文本”控件，将其String属性值设置为“sin(2*pi*f1*t)+sin(2*pi*f2*t)”，如图12.17所示。

调整字体属性（FontSize）和色彩属性（ForegroundColor），分别设置为16和红色Red，完成设置后，GUI的显示如图12.18所示。

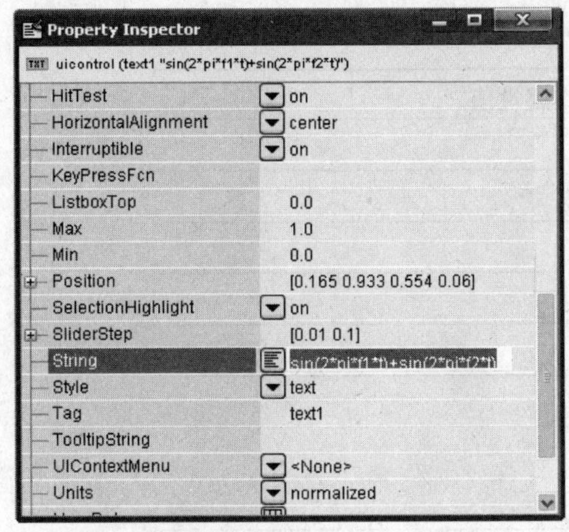

图12.17　设置“静态文本”控件属性

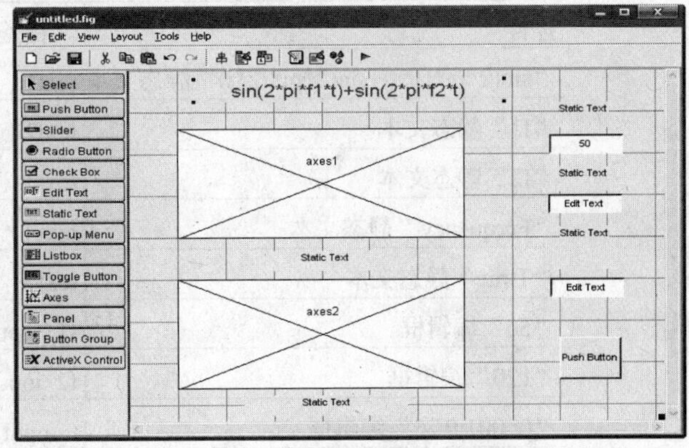

图12.18　设置字体和色彩后的效果

说明： 同理，读者可以自行对于其他“静态文本”控件进行属性设置，这里不再赘述。

（4）设置“按钮”控件属性。String的属性值设置为Plot，Enable的属性保持默认值On，如图12.19所示。

（5）设置回调属性。Creatfcn属性决定MATLAB将在创建对象时调用回调函数，Callback属性决定MATLAB将在删除对象之前调用回调函数。在本例中，分别把3个“编辑框”控件的以上两个属性值删除掉。至此为止，GUI中所有的控件属性全部设置完毕（Axes默认属性一般不需要设置），最终得到的结果如图12.20所示。

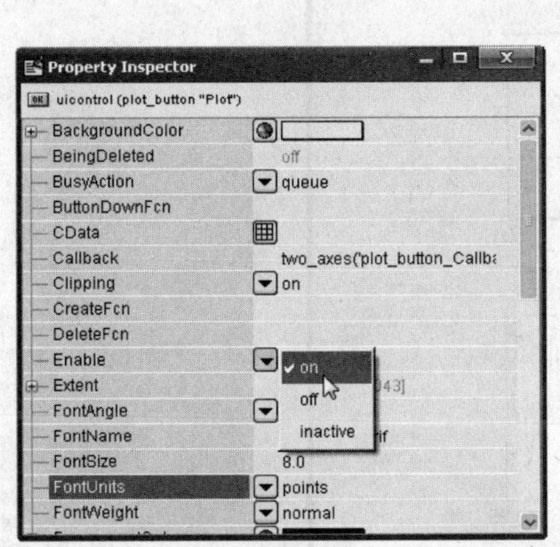

图12.19　设置“按钮”控件属性

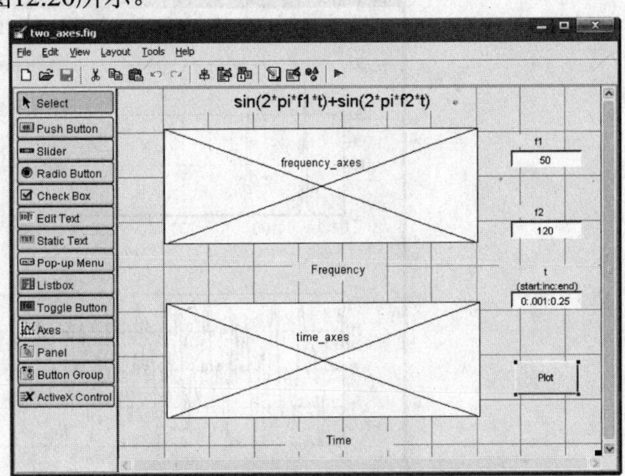

图12.20　完成属性设置的GUI编辑界面

12.2.5 确定“标签”属性

在这一小节单独讲解Tag（标签）属性主要是因为此属性的设置和后续程序代码的添加有着密切的关系，“标签”属性主要起到一个标定的作用，便于用户查找各控件的回调函数，并在确切的位置添加程序代码。设置“标签”属性的方法与上面一样，本例中设置各控件的“标签”属性值如表12.3所示。

表12.3 各控件的“标签”属性值

控件	“标签”属性值
“sin(2*pi*f1*t)+sin(2*pi*f2*t)”静态文本	text1
“f1”静态文本	text2
“f2”静态文本	text3
“Frequency”静态文本	text4
“Time”静态文本	text5
“50”编辑框	f1_input
“120”编辑框	f2_input
“0:.001:0.25”编辑框	t_input
频域坐标轴	frequency_axes
时域坐标轴	time_axes
按钮	plot_button

12.2.6 GUI设计编程

（1）运行GUI并显示M-文件代码。在完成控件添加和属性设置后，读者可以选择GUI编辑界面工具栏中的▶图标来运行GUI，生成的GUI如图12.21所示。

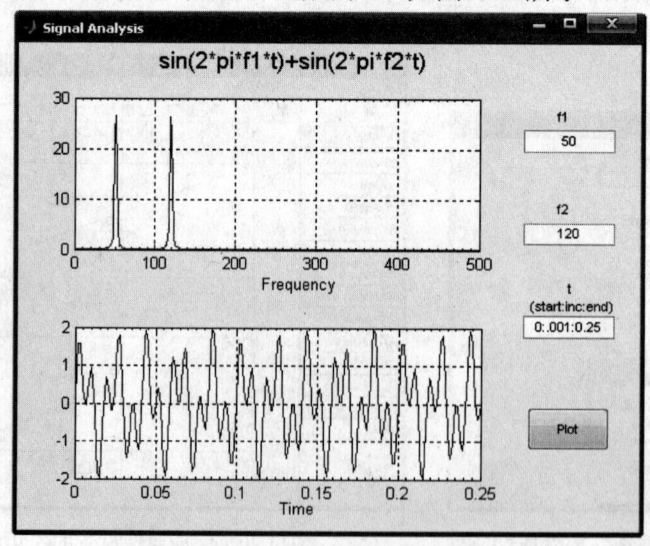

图12.21 生成的GUI

与此同时，MATLAB自动打开M-file Editor，显示生成的M-文件，具体代码如下。

```
function varargout = two_axes(varargin)
% TWO_AXES Application M-file for two_axes.fig
%   TWO_AXES, by itself, creates a new TWO_AXES or raises the existing
%   singleton*.
%
%   H = TWO_AXES returns the handle to a new TWO_AXES or the handle to
%   the existing singleton*.
%
%   TWO_AXES('CALLBACK',hObject,eventData,handles,...) calls the local
%   function named CALLBACK in TWO_AXES.M with the given input arguments.
%
%   TWO_AXES('Property','Value',...) creates a new TWO_AXES or raises the
%   existing singleton*.  Starting from the left, property value pairs are
%   applied to the GUI before two_axes_OpeningFunction gets called.  An
%   unrecognized property name or invalid value makes property application
%   stop.  All inputs are passed to two_axes_OpeningFcn via varargin.
%
%   *See GUI Options - GUI allows only one instance to run (singleton).
%
% See also: GUIDE, GUIDATA, GUIHANDLES
% Copyright 2001-2002 The MathWorks, Inc.
% Edit the above text to modify the response to help two_axes
% Last Modified by GUIDE v2.5 25-Mar-2002 12:19:15
% Begin initialization code - DO NOT EDIT
gui_Singleton = 1;
gui_State = struct('gui_Name',       mfilename, ...
                   'gui_Singleton',  gui_Singleton, ...
                   'gui_OpeningFcn', @two_axes_OpeningFcn, ...
                   'gui_OutputFcn',  @two_axes_OutputFcn, ...
                   'gui_LayoutFcn',  [], ...
                   'gui_Callback',   []);
if nargin & isstr(varargin{1})
   gui_State.gui_Callback = str2func(varargin{1});
end
if nargout
   varargout{1:nargout} = gui_mainfcn(gui_State, varargin{:});
else
   gui_mainfcn(gui_State, varargin{:});
end
% End initialization code - DO NOT EDIT
% --- Executes just before two_axes is made visible.
function two_axes_OpeningFcn(hObject, eventdata, handles, varargin)
% This function has no output args, see OutputFcn.
% hObject    handle to figure
% eventdata  reserved - to be defined in a future version of MATLAB
% handles    structure with handles and user data (see GUIDATA)
```

```
% varargin   command line arguments to two_axes (see VARARGIN)
% Choose default command line output for two_axes
handles.output = hObject;
% Update handles structure
guidata(hObject, handles);
% UIWAIT makes two_axes wait for user response (see UIRESUME)
% uiwait(handles.figure1);
% --- Outputs from this function are returned to the command line.
function varargout = two_axes_OutputFcn(hObject, eventdata, handles)
% varargout  cell array for returning output args (see VARARGOUT);
% hObject    handle to figure
% eventdata  reserved - to be defined in a future version of MATLAB
% handles    structure with handles and user data (see GUIDATA)
% Get default command line output from handles structure
varargout{1} = handles.output;
% ----------------------------------------------------------------------
function varargout = plot_button_Callback(h, eventdata, handles, varargin)
% hObject    handle to plot_button (see GCBO)
% eventdata  reserved - to be defined in a future version of MATLAB
% handles    structure with handles and user data (see GUIDATA)
```

（2）添加代码，编辑“按钮”控件的回调子函数。以上显示的代码有很大一部分都是系统自动生成的，用户针对本例需要添加的仅仅是“按钮”控件的回调子函数的调用程序。用户可以通过M-file Editor窗口工具栏中的**f**▾（Show Functions）图标，来选择不同控件的回调子函数。在本例中，选择“按钮”控件的plot_button_callback（回调函数），如图12.22所示。

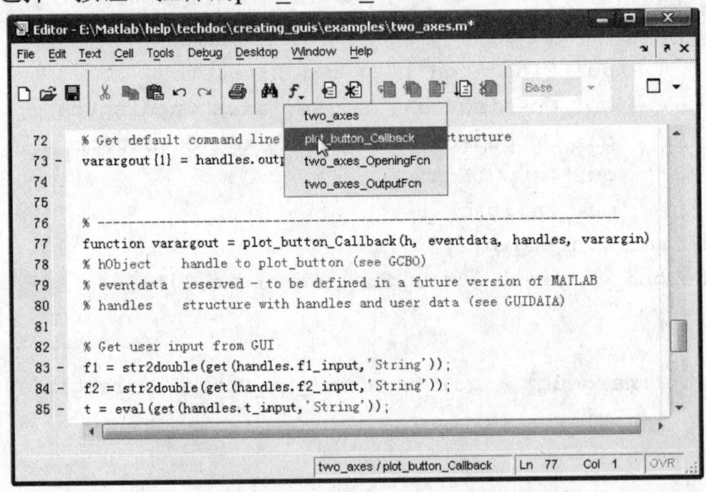

图12.22　选择“按钮”控件的回调函数

当用户选择plot_button_callback选项时，系统自动把光标移动到指定的回调函数所在位置，回调函数的代码如下。

```
function varargout = plot_button_Callback(h, eventdata, handles, varargin)
% hObject    handle to plot_button (see GCBO)
% eventdata  reserved - to be defined in a future version of MATLAB
% handles    structure with handles and user data (see GUIDATA)
```

根据本例的要求，用户应在函数中添加如下代码。

```
% Get user input from GUI
f1 = str2double(get(handles.f1_input,'String'));
f2 = str2double(get(handles.f2_input,'String'));
t = eval(get(handles.t_input,'String'));
% Calculate data
x = sin(2*pi*f1*t) + sin(2*pi*f2*t);
y = fft(x,512);
m = y.*conj(y)/512;
f = 1000*(0:256)/512;;
% Create frequency plot
axes(handles.frequency_axes)
plot(f,m(1:257))
set(handles.frequency_axes,'XMinorTick','on')
grid on
% Create time plot
axes(handles.time_axes)
plot(t,x)
set(handles.time_axes,'XMinorTick','on')
grid on
```

以上代码分为4块，分别起到获取用户输入数据、FFT数据计算、创建频域图和创建时域图的作用。具体细节请读者参阅本书的相关章节。

（3）运行GUI。保存M-文件，返回MATLAB命令窗口，输入M-文件名，运行创建的GUI，代码如下。

```
>> two_axes
```

显示的GUI正如用户预期的结果，如图12.23所示。

说明： 图 12.21 与图 12.23 显示的 GUI 外观上是一样的，但是并不表明两个 GUI 完全相同，前者没有进行回调函数的编辑，所以不具备应有的曲线绘制功能。

（4）验证GUI功能。读者可以自行设置 f_1、f_2 和 t 的值，如果分别取100、200和“0:.005:0.88”，GUI的结果如图12.24所示。

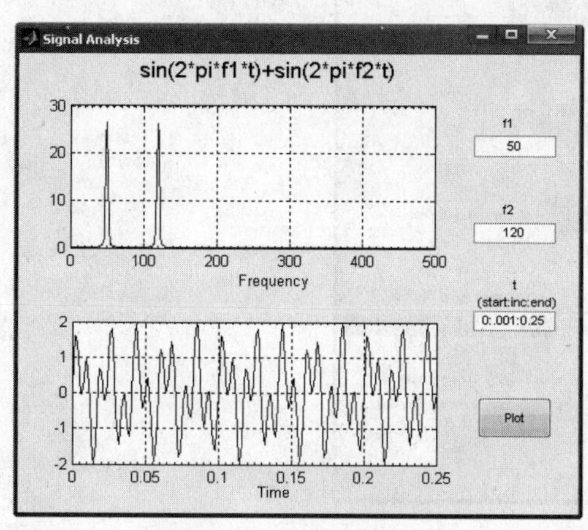

图12.23　运行GUI

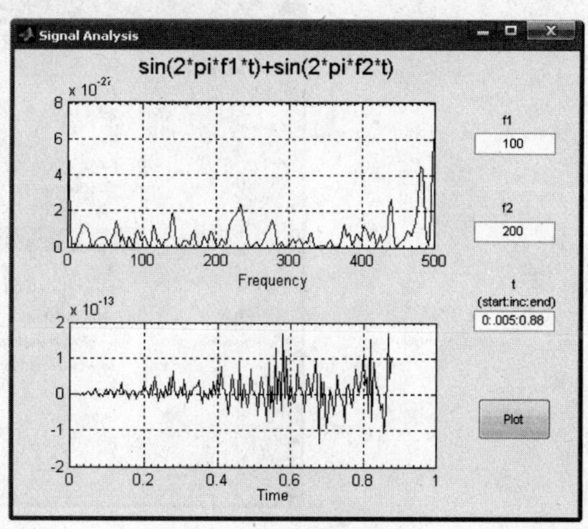

图12.24　验证GUI功能

12.3　在GUIDE中编辑菜单

上一节主要介绍的是如何在GUIDE中编辑界面控件（uicontrol），在GUI交互控件对象（uiobjects）中，界面菜单（uimenu）也是用户常用的GUI组成部分，它是与界面控件并列的，并以图形窗口对象为父对象的对象（详见本章开头部分的内容）。本节主要讲解如何在GUIDE中创建界面菜单，包括标准菜单和用户自定义菜单。

12.3.1　标准菜单的创建

标准菜单是MATLAB默认的菜单，用户往往不需要特意去创建，而是在创建图形窗口时自动生成。一般情况下，如果用户在命令窗口输入如下代码来创建图形窗口对象，系统会自动创建一个包含标准菜单的图形窗口，如图12.25所示。

```
>> h=figure   %“h”为图形窗口的句柄
```

其菜单栏中的所有菜单选项都是标准菜单的一部分，如图12.26所示。

图12.25　包含标准菜单的图形窗口

图12.26　标准菜单栏

标准菜单栏包括8个子菜单，分别是File、Edit、View、Insert、Tools、Desktop、Window和Help。当用户单击任何一个子菜单时，MATLAB都默认提供给用户多个子菜单选项，例如，单击Tools子菜单，系统弹出下拉菜单条，如图12.27所示。

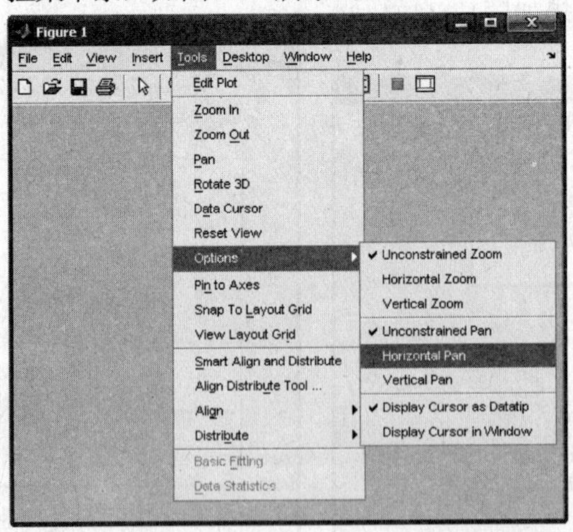

图12.27　Tools菜单的子菜单选项

用户可以通过输入指令查询标准菜单的属性，代码如下。

```
>> get(h,'menubar')    % 调用get函数，查询图形窗口对象的menubar属性值
```

按Enter键，得到的结果显示如下。

```
ans =
figure
```

由以上显示结果可知，上面创建的图形窗口对象Figure 1的menubar（菜单栏）属性值为figure。如果用户需要知道，“菜单栏”属性的所有可能值，或者需要设置其属性值，可以调用set函数，代码如下。

```
>> set(h,'menubar')
```

按Enter键，得到结果为menubar属性值的可能取值，显示如下。

```
[ none | {figure} ]
```

读者可以看到，menubar属性值可以为none和figure，而后者为MATLAB默认设置的属性值。如果用户不需要显示菜单栏，可以把属性值设置为none，代码如下。

```
>> set(h,'menubar','none')
```

MATLAB执行以上代码后，隐藏图形窗口的菜单栏，如图12.28所示。

图12.28　菜单栏属性设置为none的图形窗口

说明：输入并执行 set(h,'menubar',menubar)，可以得到同样的结果，读者可以自行验证。

如果用户需要恢复菜单栏的显示，只需要把menubar属性值设置为figure，代码如下。

```
>> set(h,'menubar','figure')
```

则图形窗口恢复为图12.25所示的状态。

12.3.2　在GUIDE中创建自定义菜单

通常设计GUI时，用户仅仅使用MATLAB的标准菜单是不能满足要求的。这时用户可以使用GUIDE的菜单编辑器（Menu Editor），下面将分步讲解自定义菜单的创建方法。

（1）打开菜单编辑器。单击GUI编辑界面工具栏中的图标，打开GUIDE的菜单编辑器，如图12.29所示。

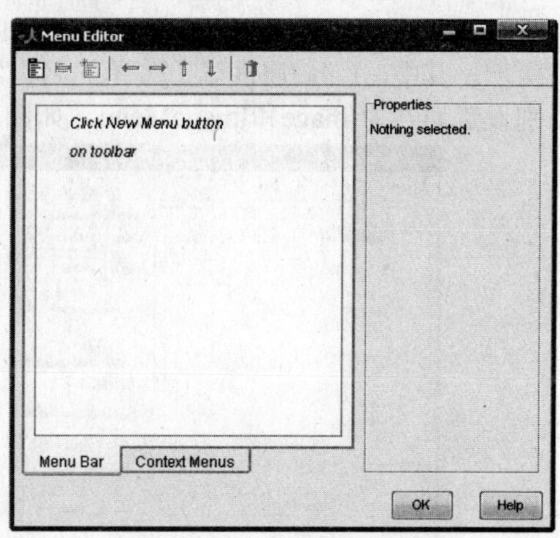

图12.29　Menu Editor对话框

以上是GUIDE的Menu Editor对话框，用户可以利用此对话框创建和设置需要的菜单。对话框标题栏下的工具栏中有8个图标，功能如表12.3所示。

表12.3　Menu Editor对话框工具栏选项

图标	功能
	添加新菜单
	添加新的子菜单选项
	添加新的现场菜单
	对选中子项进行位置操作
	删除选中子项目

在GUIDE中，可以通过Menu Editor创建两种类型的菜单，分别是：菜单栏菜单（Menu Bar）和现场菜单（Context Menus）。

- 菜单栏菜单：标题位于图形窗口菜单栏的下拉式菜单。
- 现场菜单：用户单击鼠标右键弹出的菜单，又称“快捷菜单”。

用户可以在对话框的左下角选择需要创建的菜单类型，如图12.30所示。

（2）添加菜单栏菜单。若需要添加菜单栏菜单，则在图12.30所示的位置单击Menu Bar选项（由于创建菜单栏菜单是MATLAB的默认设置，所以用户一般不需要选择）；在工具栏上单击图标，新的菜单项Untitled 1就显示到对话框的左侧窗口中了，如图12.31所示。

Menu Bar　Context Menus

图12.30　选择创建的菜单类型

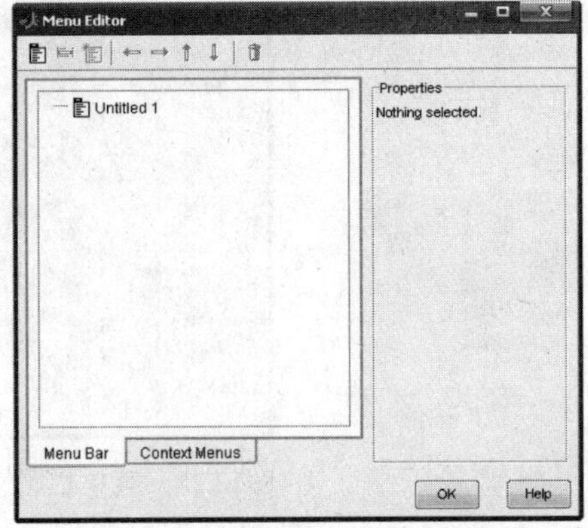

图12.31　添加新的菜单栏菜单项Untitled 1

（3）设置菜单属性。单击选中Untitled 1图标，在对话框右侧显示其各项属性，如图12.32所示。其中，Label属性确定菜单的名称，而Tag属性确定其标签的名称。对于Untitled 1，分别设置属性为Image和ImageMenu，如图12.33所示。

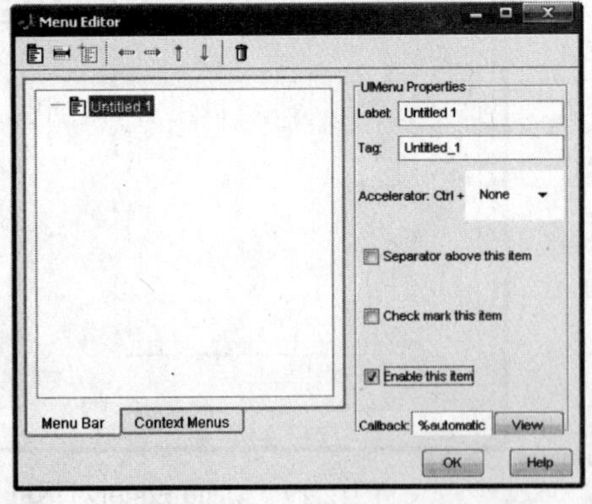

图12.32　新建菜单项Untitled 1的各项属性

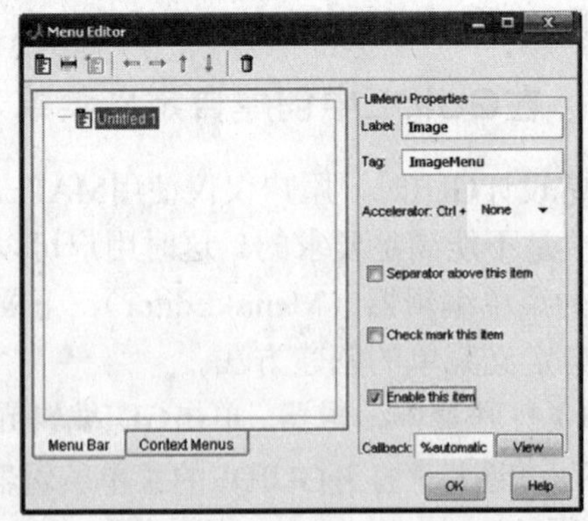

图12.33　设置菜单项名称和标签属性

（4）添加子菜单。在Image菜单中添加子菜单项Open，选中菜单项Image，单击图标，则在菜单项Image下新建子菜单选项Untitled 2；并按照步骤（3）所述的方法设置其属性，如图12.34所示。使用上述方式，分别新建子菜单项Close和Save，完成后的两极菜单结构如图12.35所示。

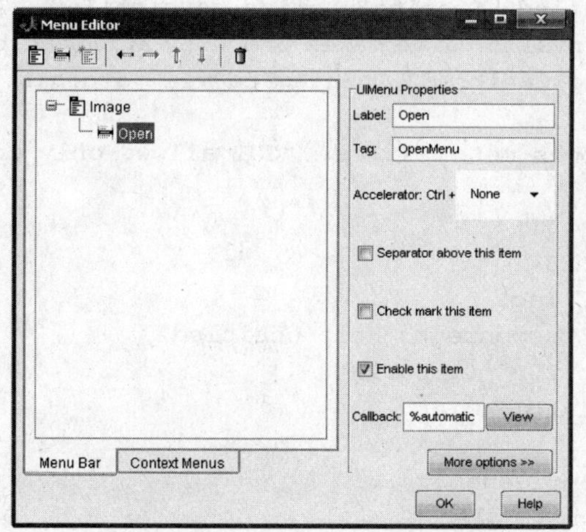

图12.34　新建子菜单项Open

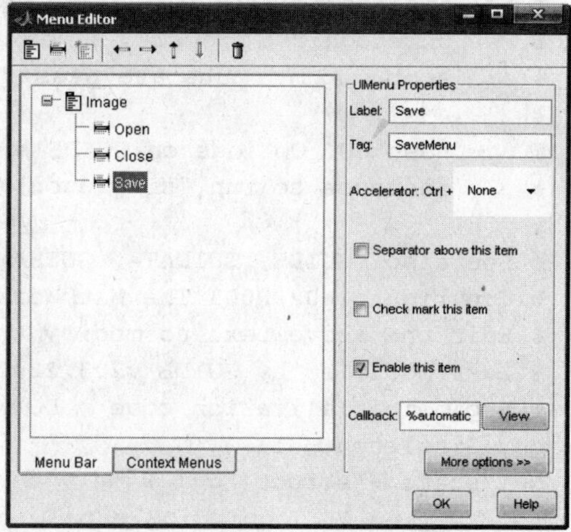

图12.35　两极菜单结构

（5）运行GUI。完成以上4步之后，单击Menu Editor对话框右下角的OK按钮。返回GUI编辑界面，运行创建的GUI，显示所创建的包含菜单的GUI，如图12.36所示。

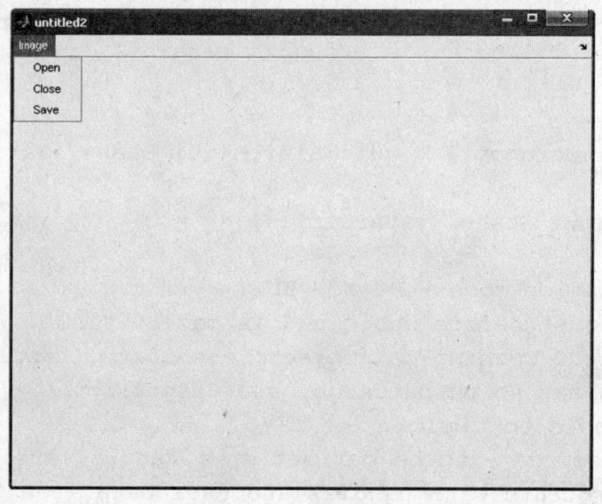

图12.36　包含菜单的GUI

需要注意的是，与创建包含用户控件的GUI类似，系统创建包含用户菜单GUI的同时，也自动显示相关的M-文件，代码如下。

```
function varargout = untitled2(varargin)
% UNTITLED2 M-file for untitled2.fig
%      UNTITLED2, by itself, creates a new UNTITLED2 or raises the existing
%      singleton*.
%
%      H = UNTITLED2 returns the handle to a new UNTITLED2 or the handle to
%      the existing singleton*.
%
```

```
%       UNTITLED2('CALLBACK',hObject,eventData,handles,...) calls the local
%       function named CALLBACK in UNTITLED2.M with the given input arguments.
%
%       UNTITLED2('Property','Value',...) creates a new UNTITLED2 or raises the
%       existing singleton*.  Starting from the left, property value pairs are
%       applied to the GUI before untitled2_OpeningFunction gets called.  An
%       unrecognized property name or invalid value makes property application
%       stop.  All inputs are passed to untitled2_OpeningFcn via varargin.
%
%       *See GUI Options on GUIDE's Tools menu.  Choose "GUI allows only one
%       instance to run (singleton)".
%
% See also: GUIDE, GUIDATA, GUIHANDLES
% Copyright 2002-2003 The MathWorks, Inc.
% Edit the above text to modify the response to help untitled2
% Last Modified by GUIDE v2.5 22-Oct-2007 01:09:19
% Begin initialization code - DO NOT EDIT
gui_Singleton = 1;
gui_State = struct('gui_Name',       mfilename, ...
                   'gui_Singleton',  gui_Singleton, ...
                   'gui_OpeningFcn', @untitled2_OpeningFcn, ...
                   'gui_OutputFcn',  @untitled2_OutputFcn, ...
                   'gui_LayoutFcn',  [] , ...
                   'gui_Callback',   []);
if nargin && ischar(varargin{1})
    gui_State.gui_Callback = str2func(varargin{1});
end
if nargout
    [varargout{1:nargout}] = gui_mainfcn(gui_State, varargin{:});
else
    gui_mainfcn(gui_State, varargin{:});
end
% End initialization code - DO NOT EDIT
% --- Executes just before untitled2 is made visible.
function untitled2_OpeningFcn(hObject, eventdata, handles, varargin)
% This function has no output args, see OutputFcn.
% hObject    handle to figure
% eventdata  reserved - to be defined in a future version of MATLAB
% handles    structure with handles and user data (see GUIDATA)
% varargin   command line arguments to untitled2 (see VARARGIN)
% Choose default command line output for untitled2
handles.output = hObject;
% Update handles structure
guidata(hObject, handles);
% UIWAIT makes untitled2 wait for user response (see UIRESUME)
% uiwait(handles.figure1);
% --- Outputs from this function are returned to the command line.
function varargout = untitled2_OutputFcn(hObject, eventdata, handles)
% varargout  cell array for returning output args (see VARARGOUT);
% hObject    handle to figure
```

```
% eventdata  reserved - to be defined in a future version of MATLAB
% handles    structure with handles and user data (see GUIDATA)
% Get default command line output from handles structure
varargout{1} = handles.output;
% ----------------------------------------------------------------------
function OpenMenu_Callback(hObject, eventdata, handles)
% hObject    handle to OpenMenu (see GCBO)
% eventdata  reserved - to be defined in a future version of MATLAB
% handles    structure with handles and user data (see GUIDATA)
% ----------------------------------------------------------------------
function CloseMenu_Callback(hObject, eventdata, handles)
% hObject    handle to CloseMenu (see GCBO)
% eventdata  reserved - to be defined in a future version of MATLAB
% handles    structure with handles and user data (see GUIDATA)
% ----------------------------------------------------------------------
function SaveMenu_Callback(hObject, eventdata, handles)
% hObject    handle to SaveMenu (see GCBO)
% eventdata  reserved - to be defined in a future version of MATLAB
% handles    structure with handles and user data (see GUIDATA)
% ----------------------------------------------------------------------
function ImageMenu_Callback(hObject, eventdata, handles)
% hObject    handle to ImageMenu (see GCBO)
% eventdata  reserved - to be defined in a future version of MATLAB
% handles    structure with handles and user data (see GUIDATA)
```

（6）修改菜单项的属性。读者应该注意到，在Menu Editor对话框右侧的菜单属性窗口中，还有几项属性，下面对它们分别进行介绍。

- 快捷键（Accelerator）：为菜单项设置对应的快捷键。
- 分隔线（Seperator above this item）：在菜单项上方设置分隔线。
- 选中标记（Check mark this item）：在菜单项前设置选中标记“√”。
- 激活使可用（Enable this item）：决定菜单项是否被激活，并处于可用状态。

例如，对于子菜单项Save的各个属性进行设置，如图12.37所示。

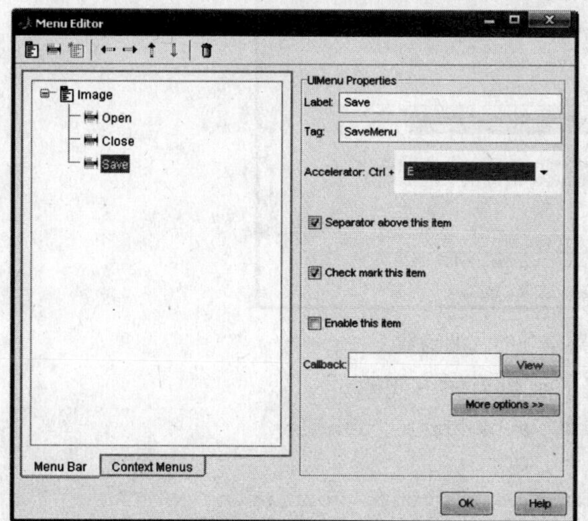

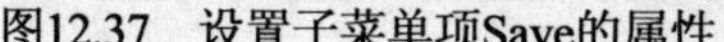
图12.37　设置子菜单项Save的属性

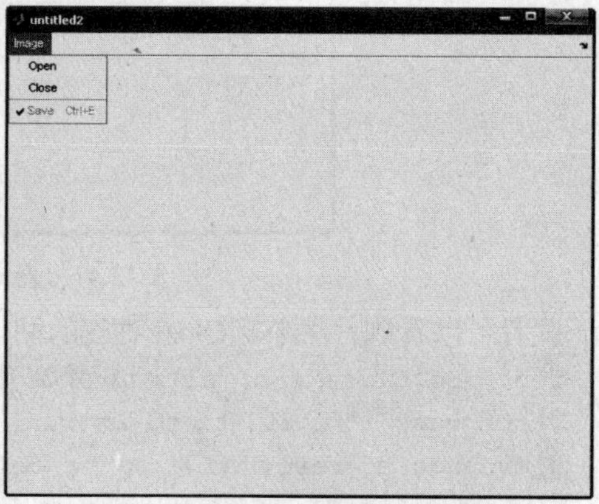

图12.38　修改了属性的子菜单项Save

则再次运行GUI，可以看见子菜单项Save发生的变化：与上一子菜单项Close间出现了分隔线；前面出现了✔标记；快捷键为Ctrl+E；图标呈灰色，表示未被激活，即处于不可用状态。如果用户需要设置菜单项的其他属性，还可以选择Menu Editor对话框右下侧的More Options选项，例如，设置菜单项Close的色彩属性，选择"红色"，如图12.39所示。

查看修改后的GUI，如图12.40所示。

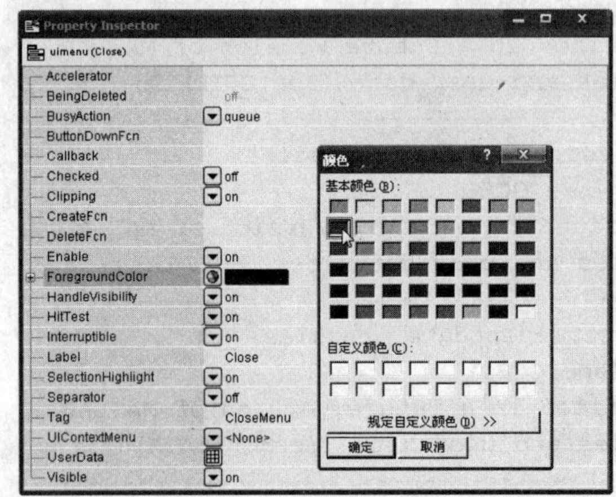

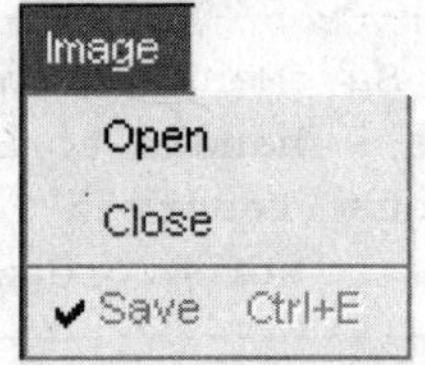

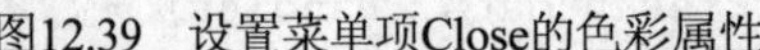

图12.39 设置菜单项Close的色彩属性　　图12.40 色彩为红色的菜单项Close

（7）添加菜单项的回调函数。回调函数的概念在上一节已经做过讲解，对于包含菜单项的GUI，用户同样需要针对具体的目的，对某些菜单项的回调函数进行添加。下面仍以菜单项Close为例进行介绍，选中并单击Menu Editor对话框中Callback文本框右侧的View按钮，则系统自动把光标切换到GUI的M-文件中菜单项Close对应的回调子函数位置处，如图12.41所示。

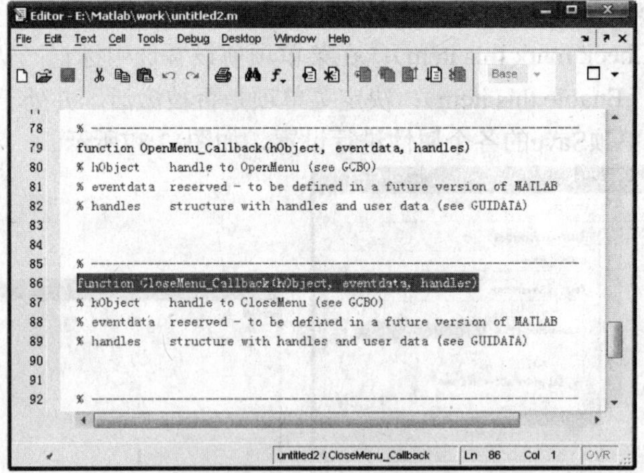

图12.41 查询菜单项的回调函数

读者可以看到，菜单项Close对应的回调子函数为如下代码。

```
function CloseMenu_Callback(hObject, eventdata, handles)
% hObject    handle to CloseMenu (see GCBO)
% eventdata  reserved - to be defined in a future version of MATLAB
    % handles    structure with handles and user data (see GUIDATA)
```

第13章

高级数值计算

本章是第5、6章初等数值计算的扩展，将要讨论的是数值计算的一些高级主题，包括插值、曲线拟合、傅立叶分析、解微分方程等，这些内容分别在第13.2节~第13.6节中介绍。多项式作为高级数值计算中的一个基础又重要的部分，将在本章的第一节进行介绍。

13.1 多项式

多项式在数学理论分析和数值计算中具有一些很好的性质，这些性质使得多项式在插值、微积分、解微分方程等方面具有非常重要的应用。本节将介绍多项式表示、多项式求值、多项式方程求解、多项式微分、多项式卷积和反卷积等内容。另外，还有多项式插值和多项式拟合等，这些内容分别在第13.2节和第13.6节中介绍。

13.1.1 多项式表示

在MATLAB中，用向量表示多项式，向量的元素为多项式系数按阶数的降序排列。例如，对下面的多项式 $p(x)=a_n x^n + a_{n-1}x^{n-1}+\cdots+a_1 x+a_0=\sum_{n=0}^{n} a_n x^n$ 。其多项式表示为 $p=[a_n,a_{n-1},\cdots,a_1,a_0]$

【例1】多项式的表示。求多项式x^3+x+1的表示。

$x^3+x+1=1gx^3+0gx^2+1gx+1$，所以$x^3+x+1$的多项式表示为：

```
>> p = [1,0,1,1]
p =
    1    0    1    1
```

13.1.2 矩阵的特征多项式

对N（N>1）阶方阵A，特征多项式定义为$\det(\lambda E-A)$。其中，E为N阶单位矩阵。$\det(\lambda E-A)$是关于λ的N阶多项式，使$\det(\lambda E-A)=0$的λ为多项式$\det(\lambda E-A)$的根。

当A为对角阵时，即

$$A=\begin{bmatrix}\lambda_1 & & & \\ & \lambda_2 & & \\ & & \ddots & \\ & & & \lambda_N\end{bmatrix}$$

时，A的特征多项式$\det(\lambda E-A)=\prod_{n=1}^{N}(\lambda-\lambda_n)$

因此，对于N个根$\{\lambda_n\}_{n=1}^{N}$已知，求多项式的问题可以转换为求下面的对角矩阵

$$\Lambda=\begin{bmatrix}\lambda_1 & & & \\ & \lambda_2 & & \\ & & \ddots & \\ & & & \lambda_N\end{bmatrix}$$

特征多项式的问题。MATLAB中调用函数poly计算N阶方阵的特征多项式，调用格式如下。

```
p = poly(A)
```

其中，A为N阶方阵，p为A的多项式表示，是长度为N+1的向量。

下面是一个已知多项式根，求多项式表示的例子。

【例2】根已知的多项式表示

求多项式 $p(x)=2(x-1)(x-2)(x-3)$ 的多项式表示。首先求

$$l(x)=\frac{p(x)}{2}=(x-1)(x-2)(x-3)$$

的多项式表示。$l(x)$ 的根为1、2、3，所以，$l(x)$ 可以看作是对角矩阵 $A=\begin{bmatrix}1 & & \\ & 2 & \\ & & 3\end{bmatrix}$ 的特征多项式。

（1）创建对角矩阵A。

```
>> %创建对角矩阵
>> A = diag([1,2,3])
A =
     1     0     0
     0     2     0
     0     0     3
```

（2）求对角矩阵A的特征多项式l。

```
>> %求A的特征多项式，即为l
>> l = poly(A)
l =
     1    -6    11    -6
```

（3）由于 $p(x)=2l(x)$，所以 $p(x)$ 的多项式表示为p。

```
>> p = 2*l
p =
     2   -12    22   -12
```

13.1.3　多项式求值

函数polyval和polyvalm的功能是求多项式 $p(x)$ 在 $x=a$ 的取值。Polyval函数的输入可以是标量或矩阵，调用格式如下。

pv = polyval(p, a)

pv = polyval(p, A)

其中，p 为多项式表示，a 为标量输入，A为矩阵输入。当输入参数为 $M\times N$ 矩阵A时，函数返回值 pv 也是 $M\times N$ 矩阵，且 $pv(i,j)=polyval(p,A(i,j))$。

polyvalm的输入参数只能是 N 阶方阵（$N=1$ 时，函数返回值与polyval相同），这时可以将多项式看作矩阵函数。例如，对下面的多项式 $p(x)=x^2+1$。polyvalm(p,X)表示 X^2+E，其中E为单位矩阵。

【例3】多项式求值的应用。已知 $a=1$，$v=[1,2,3]$，S 为3阶Hilbert矩阵，分别求 $a^3-6a^2+11a-6$、$[b^3-6b^2+11b-6,c^3-6c^2+11c-6,d^3-6d^2+11d-6]$（$b=1,c=2,d=3$）、$S^3-6S^2+11S-6$ 的值。以上三个式子的值可以看作多项式 $p(x)=x^3-6x^2+11x-6$ 在 a、v 和S上的取值。

（1）创建多项式 $p(x)$。

```
>> p = [1, -6, 11, -6]
p =
    1    -6    11     6
```

（2）创建向量v和3阶Hilbert矩阵S。

```
>> v = [1,2,3]
v =
    1     2     3
>> %创建3阶Hilbert矩阵S
>> S = hilb(3)
S =
    1.0000    0.5000    0.3333
    0.5000    0.3333    0.2500
    0.3333    0.2500    0.2000
```

（3）求$a^3-6a^2+11a-6$。

```
>> polyval(p,1)
ans =
0
```

（4）求$[b^3-6b^2+11b-6,c^3-6c^2+11c-6,d^3-6d^2+11d-6]$。

```
>> polyval(p,[1,2,3])
ans =
    0     0     0
```

（5）$S^3-6S^2+11S-6$为S的矩阵函数，应调用函数polyvalm求其值。

```
>> polyvalm(p,S)
ans =
   -1.2556    2.0618    1.2629
    2.0618   -4.2838    1.3659
1.2629    1.3659   -4.7889
```

（6）将polyvalm(p, S)与polyval(p, S)进行比较。

```
>> polyval(p, S)
ans =
         0   -1.8750   -2.9630
   -1.8750   -2.9630   -3.6094
   -2.9630   -3.6094   -4.0320
```

可以看到，两者是不同的，这也是读者在进行多项式求值时应该注意的一个主要问题。

13.1.4 求多项式根

多项式$p(x)$的根即是使$p(x)=0$的x。MATLAB提供了专门的函数roots用于多项式根求解，roots的调用格式如下：

s = roots(p)

其中，p为多项式表示，返回值s为$N\times1$解向量，N为多项式$p(x)$的阶数。

【例4】roots求多项式根。求多项式$p(x)=(x-1)(x-2)(x-3)$的根。

显然，$p(x)$的根为[1，2，3]，但下面我们利用函数roots求$p(x)$的根。

求 $p(x)$ 的表达式，$p(x)$ 可以看作是对角阵 $A=\begin{bmatrix}1 & & \\ & 2 & \\ & & 3\end{bmatrix}$ 的特征多项式。

```
>> A = diag([1,2,3]);        %创建对角矩阵
>>    %求特征多项式
>> p = poly(A)
p =
    1    -6    11    -6
```

利用函数roots求多项式 $p(x)$ 的根。

```
>> roots(p)
ans =
    3.0000
    2.0000
    1.0000
```

说明： 利用 fzero 函数求多项式的根虽然也是可能的，但是用户必须提供根的初始猜测值，并且不能保证得到根。而 roots 函数能够求得多项式的所有根，包括复数根，因此用户在求多项式根时，应尽量使用 roots 函数。

13.1.5　多项式卷积和反卷积

多项式的卷积运算解决下面的问题：已知多项式 $f(x)$、$g(x)$，求 $f(x)g(x)$。$f(x)$、$g(x)$ 的多项式表示分别为f、g，则 $f(x)g(x)$ 的多项式表示fg为fg = conv(f, g)。

相应地，多项式反卷积解决下面的问题：已知多项式 $f(x)$、$g(x)$，求 $f(x)/g(x)$。$f(x)$、$g(x)$ 的多项式表示分别为f、g，则 $f(x)/g(x)$ 的商和余数的多项式表示q、r为[q, r] = deconv(f, g)。下面通过一些简单的例子演示利用多项式卷积和反卷积求多项式的积和商。

【例5】多项式的卷积和反卷积。

已知多项式 $f(x)$、$g(x)$，且

$f(x)=x^2+x+1$

$g(x)=x-1$

求 $f(x)g(x)$、$f(x)/g(x)$。

（1）创建多项式 $f(x)$、$g(x)$。

```
>> f = [1,1,1];        %创建f(x)
>> g = [1,-1];         %创建g(x)
```

（2）求 $f(x)g(x)$ 的多项式表示。

```
>> %求f(x)g(x)
>> fg = conv(f,g)
fg =
    1    0    0    -1
```

所以 $f(x)g(x)=x^3-1$。

（3）求 $f(x)/g(x)$。

```
>> %求f(x)/g(x)
>> [q,r] = deconv(f,g)
q =
     1     2
r =
     0     0     3
```

所以 $\dfrac{f(x)}{g(x)}=x^2+2+\dfrac{3}{x-1}$。

13.1.6 多项式微分

下面是关于多项式微分的应用，对 n 阶多项式 $p(x)=a_nx^n+a_{n-1}x^{n-1}+\cdots+a_1x+a_0$，其微分为 $n-1$ 阶，多项式为 $dp(x)=na_nx^{n-1}+(n-1)a_{n-1}x^{n-2}+\cdots+a_1$。多项式及其微分多项式的表示分别为 $p=[a_n,a_{n-1},\cdots,a_0]$，$dp=[na_n,(n-1)a_{n-1},\cdots,a_1]$。

在MATLAB中，利用函数polyder可建立多项式表示到微分多项式表示的映射，即 p 到 dp 的映射。函数polyder的一般调用格式为：dp = polyder(p)。其中，p、dp 分别为多项式及其微分多项式的表示。除了上面的调用格式外，polyder还支持下面的两种调用格式：

dp = polyder(p1, p2)

[dp, dq] = polyder(p1, p2)

这两种格式分别用于求两个多项式积和商的微分。

下面通过一些简单的例子说明polyder求多项式微分的使用方法。

【例6】多项式的微分。

已知 $f(x)=x^2+x+1$，$g(x)=x-1$，分别求 $f(x)$、$g(x)$、$f(x)\ g(x)$、$f(x)/g(x)$ 的微分多项式。

（1）创建 $f(x)$、$g(x)$ 的多项式表示。

```
>> f = [1,1,1];          %创建f(x)
>> g = [1,-1];           %创建g(x)
```

（2）polyder(f)、polyder(g)求 $f(x)$、$g(x)$ 的微分。

```
>> df = polyder(f)
df =
     2     1
>> dg = polyder(g)
dg =
     1
```

df、dg对应的多项式分别为2x+1和1。

（3）用polyder的第二种调用格式求 $f(x)*g(x)$ 的微分多项式。

```
>> dfg = polyder(f,g)
dfg =
     3     0     0
```

（4）$f(x)*g(x)$ 的微分多项式为 $3x^2$。

$f(x)/g(x)$ 的微分不是一个多项式，而是两个多项式相除，polyder返回分子多项式和分母多项式。

```
>> [dp, dq] = polyder(f,g)
dp =
     1    -2    -2
dq =
     1    -2     1
```

其中，dp、dq分别为分子、分母多项式，所以，$f(x)/g(x)$ 的微分为 $\frac{x^2-2x-2}{x^2-2x+1}$。

13.1.7　多项式分式的部分展开

多项式分式的部分展开在表示信号系统传递函数方面有着很重要的应用。对多项式 $f(x)$、$g(x)$，$f(x)$、$g(x)$ 没有相同的根，$\frac{f(x)}{g(x)}$ 的部分展开为

$$\frac{f(x)}{g(x)}=\frac{r_1}{x-p_1}+\frac{r_2}{x-p_2}+\cdots+\frac{r_n}{x-p_n}+k(x)$$

如果 $g(x)$ 有 m 阶重根 p_m，则 $\frac{f(x)}{g(x)}$ 的部分展开为

$$\frac{f(x)}{g(x)}=\frac{r_1}{x-p_1}+\frac{r_2}{x-p_2}+\cdots+\frac{r_m}{x-p_m}+\frac{r_{m+1}}{(x-p_m)^2}+\cdots+\frac{r_{2m-1}}{(x-p_m)^m}+\cdots+\frac{r_n}{x-p_n}+k(x)$$

MATLAB中利用函数residue来求 $\frac{f(x)}{g(x)}$ 的部分展开，其调用格式为

[r,p,k] = residue(f,g)

其中，f、g 为 $f(x)$、$g(x)$ 的多项式表示，r(1), r(2), …, r(n)对应前式中的 r_1，r_2，…，r_n，p(1), p(2), …, p(n)对应前式中的 p_1，p_2，…，p_n，k为 $k(x)$ 的多项式表示。如果 $g(x)$ 有 m 阶重根 p_m，则 $p_m=p_{m+1}=\cdots=p_{2m-1}$。

【例7】多项式分式的部分展开。

求 $\frac{f(x)}{g(x)}=\frac{x^4+2x^2+x+1}{x^3-x^2-x+1}$ 的部分展开式。

首先，创建分子、分母多项式 $f(x)$、$g(x)$。

```
>> f = [1,0,2,1,1];
>> g = [1,-1,-1,1];
```

求 $\frac{f(x)}{g(x)}$ 的部分展开。

```
>> [r,p,k] = residue(f,g)
r =
    0.7500
    3.2500
```

```
   2.5000
p =
  -1.0000
   1.0000
   1.0000
k =
1    1
```

所以$\dfrac{x^4+2x^2+x+1}{x^3-x^2-x+1}=\dfrac{\frac{3}{4}}{x+1}+\dfrac{\frac{13}{4}}{x-1}+\dfrac{\frac{5}{2}}{(x-1)^2}+x+1$。

函数residue除了可以用于多项式分式的部分展开，还可以利用residue作相反的变换，即多项式分式的合并，相应的调用格式为[f,g] = residue(r,p,k)。

【例8】多项式分式的合并。

求$\dfrac{1}{x-1}+\dfrac{1}{x-2}+\dfrac{1}{x+1}+x$的r、p、k分别为

```
>> r = [1,1,1]
r =
    1     1     1
>> p = [1,-1,2]
p =
    1    -1     2
>> k = [1,0]
k =
    1     0
```

求$\dfrac{1}{x-1}+\dfrac{1}{x-2}+\dfrac{1}{x+1}+x$。

```
>> [f,g] = residue(r,p,k)
f =
    1    -2     2    -2    -1
g =
    1    -2    -1     2
```

所以，$\dfrac{1}{x-1}+\dfrac{1}{x-2}+\dfrac{1}{x+1}+x=\dfrac{x^4-2x^3+2x^2-2x-1}{x^3-2x^2-x+2}$。

13.2 插　　值

已知$f(x)$的N个数据点$\{(x_i,f(x_i))\}_{i=1}^N$，但函数$f(x)$的函数表达式未知。现在要通过$f(x)$的N个数据点$\{(x_i,f(x_i))\}_{i=1}^N$估计任意点$x\neq x_i$上的函数值$f(x)$，这个过程称为插值，$f(x)$称为被插值函数。插值际上是利用函数$g(x)$近似$f(x)$，$g(x)$称为插值函数。插值在数据分析、信号处理等领域都有重要应用。

13.2.1　一维插值

被插值函数为一元函数时，插值过程称为一维插值。MATLAB中利用函数interp1实现一维插值，该函数利用多项式插值函数，将被插值函数近似为多项式函数（包括分段多项式函数）。interp1的一般调用格式为

yi = interp1(x, y, xi, method)

其中，x、y、xi、yi 为向量，x、y 是等长的向量时，$\{(x(n),y(n))\}_{n=1}^{N}$ 是已知的 N 个数据点。xi、yi 是等长的向量时，通常 xi 是比 x 更加密集的数据网格，$\{(xi(n),yi(n))\}_{n=1}^{L}$ 是待估计的 L 个数据点。x、xi 应该是单调上升或下降的数据网络。Method是字符串变量，表示不同的插值方法，有下面的4种插值方法可选。

- method = ‘nearest’，最近邻插值法，将与待插值点最近的已知点的函数值作为待插值点函数值的估计。例如，$xi(l)$ 与 $x(n)$ 的距离最近，则 $xi(l)$ 处的函数值估计 $yi(l)$ 为 $y(n)$。
- method = ‘linear’，线性插值法，根据相邻已知数据点间的线性函数估计落在该区域内待插值数据点的函数值。例如，$xi(l)\in[x(n-1),x(n)]$，则 $xi(l)$ 处的函数值估计 $yi(l)$ 由 $(x(n-1),y(n-1))$、$(x(n),y(n))$ 确定的线性函数得到。
- method = ‘spline’，三次样条插值，这种方法在相邻已知数据点间建立三次多项式函数，根据该多项式函数确定待插值数据点的函数值。例如，$xi(l)\in[x(n-1),x(n)]$，则 $xi(l)$ 处的函数值估计 $yi(l)$ 由 $(x(n-1),y(n-1))$、$(x(n),y(n))$ 确定的三次多项式函数得到。
- method = ‘pchip’或’cubic’，这两种方法是相同的，利用pchip函数分段地进行三次Hermite插值。例如，$xi(l)\in[x(n-1),x(n)]$，则 $xi(l)$ 处的函数值估计 $yi(l)$ 由 $(x(n-1),y(n-1))$、$(x(n),y(n))$ 确定的三次Hermite函数得到。

下面介绍一维插值的一个简单例子，重点是介绍interp1函数的使用。

【例9】一维插值示例。

$f(x)=x^2+1, x\in[0,1]$ 为光滑曲线函数，假设 $f(x)$ 未知，但是知道 $f(x)$ 的6个采样点如下：

(0, 1)，(0.2, 1.04)，(0.4, 1.16)，(0.6, 1.36)，(0.8, 1.64)，(1.0, 2)。

作上述6个采样点的折线图，如图13.1所示。

```
>> x = 0:0.2:1;
>> y = x.^3 + 1;
>> plot(x, y)
```

用样条插值方法对以上采样数据进行插值，插值网络为 $(0:0.05:1)$。

```
>> xi = 0:0.05:1;
>> yi = interp1(x,y,xi,'spline');
```

将插值得到的数据点与理论数据点显示在同一图上（如图13.2所示）进行比较。

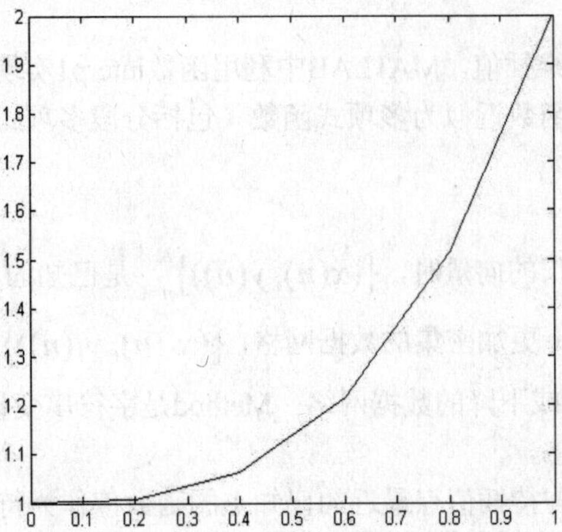

图13.1 $f(x)=x^2+1$ 采样点折线图

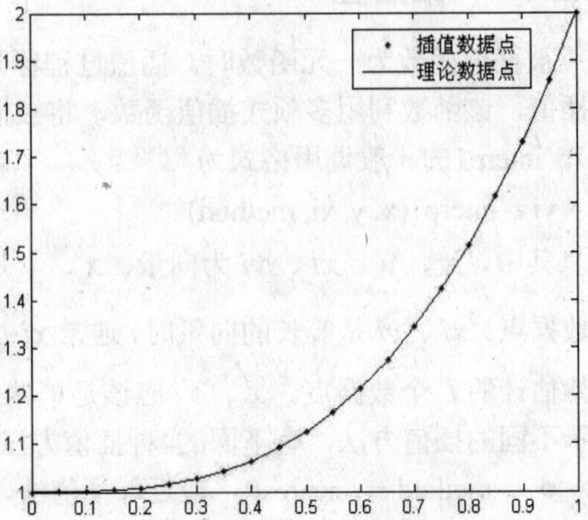

图13.2 $f(x)=x^2+1$ 样条插值的效果

```
>> plot(xi,yi,'r.')
>> hold on;
>> plot(xi,xi.^3+1)
>> legend('插值数据点', '理论数据点');
```

用线性插值法对以上采样数据进行插值，插值网络为 $(0:0.05:1)$。

```
>> xi = 0:0.05:1;
>> yi = interp1(x,y,xi,'linear');
```

比价插值点与理论数据点，如图13.3所示。

```
>> plot(xi,yi,'r.')
>> hold on;
>> plot(xi,xi.^3+1)
```

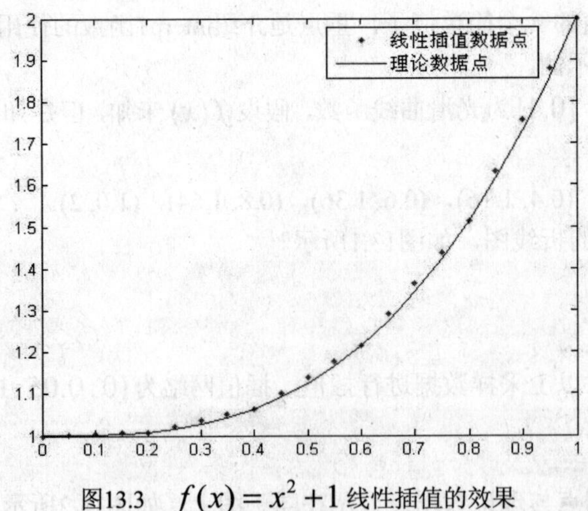

图13.3 $f(x)=x^2+1$ 线性插值的效果

比较图13.2和图13.3，可以看到，样条插值具有更好的效果，这是由于本例中的被插值函数为多项式，具有较强的非线性，利用线性插值必然造成较大的误差。而样条插值是利用分段多项式近似被插值函数，因此能够得到非常好的效果。

13.2.2 二维插值

被插值函数为二元函数时，插值过程为二维插值，依此类推，有三维插值等。本节仅介绍二维的插值，至于更高维的插值，请参考MATLAB的帮助文档。

在MATLAB中，函数interp2实现二维插值，interp2的一般调用格式为

ZI = interp2(X, Y, Z, XI, YI, method)

其中，X、Y、Z是具有相同大小的矩阵，Z 的元素 $Z(i,j)$ 是采样点($X(i,j),Y(i,j)$)上的函数值。XI 、YI 、ZI 是具有相同大小的矩阵，($XI(i,j),YI(i,j)$)为待插值的数据点，$ZI(i,j)$ 是函数在插值点($XI(i,j),YI(i,j)$)上的估计值。method是一个字符串变量，表示不同的插值方法，有下面3种插值方法可选。

- method = ‘nearest’，最近邻插值法，将待插值点周围4个采样点中离待插值点最近的采样点的函数值作为插值点的函数值估计。
- method = ‘linear’，双线性插值，将待插值点周围4个采样点函数值的线性组合作为待插值点的函数值估计。
- method = ‘cubic’，双立方插值，该方法利用到插值点周围的16个采样点，相对于前两种方法，此方法得到的曲面更加光滑，但是也消耗更多的内存和时间。
- method = ‘spline’，三次样条插值。该方法是实际过程中经常使用的插值方法，得到的曲面光滑，并且具有很高的效率。

X、Y、XI、YI应该是单调的网络，可以是等距的或是不等距的。数据网格一般由函数meshgrid得到，至于meshgrid的使用方法将在下面的例子中演示。如读者想更深入地了解meshgrid，请参考MATLAB的帮助文档。

【例10】利用二维插值作peaks的精细图形。

通过对peaks数据的稀疏采样，得到peaks的粗糙图，如图13.4所示。

```
>> x = -3:1:3;
>> y = x;
>> [X,Y] = meshgrid(x,y);      %建立数据网格
>> Z = peaks(X,Y);
>> mesh(X,Y,Z)
```

下面利用二维插值的方法，在更加稠密的数据网格上构建peaks的精细图形。

（1）细化数据网格。

```
>> xi = linspace(-3,3,100);
>> yi = xi;
>> [XI,YI] = meshgrid(xi,yi);
```

（2）利用双立方插值法在数据网格[XI,YI]上插值，得到peaks的插值数据，由此得到peaks的精细图形，如图13.5所示。

```
>> ZI = interp2(X,Y,Z,XI,YI,'cubic');
>> mesh(XI,YI,ZI);
```

（3）将插值得到的peaks精细图与下面peaks(XI,YI)得到的理论精细图（如图13.6所示）比较，可以看到，双立方插值对peaks函数具有很好的效果。

注意: 对 M 长的向量 x、N 长的向量 y, [X,Y] = meshgrid(x, y), 返回结果 X、Y 均为 M×N 矩阵，且满足: $X(i,j)=x(i)$ ，$Y(i,j)=y(j)$ 。

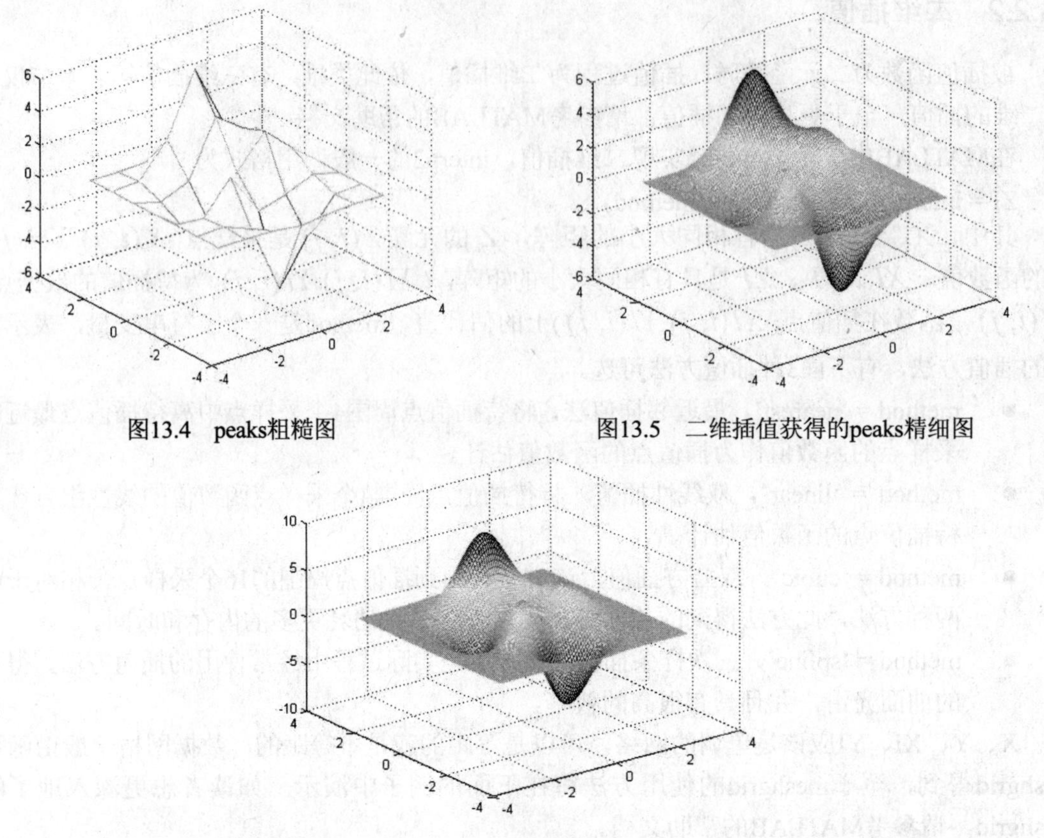

图13.4　peaks粗糙图

图13.5　二维插值获得的peaks精细图

图13.6　peaks理论精细图

除了一维、二维插值，MATLAB也支持N维插值，其使用方法与二维插值相似。

13.2.3　样条插值和FFT插值

利用分段多项式逼近函数可以降低插值多项式的阶数，使曲线连接处更加光滑，这种插值方法称为样条插值，分段插值多项式称为样条函数，采样点称为节点。

样条插值的应用领域很广，广泛地应用于各种制造业的计算机辅助设计（CAD），各种图形的绘制工作、地理信息系统、实验数据的拟合以及现在热门的计算机动画制作。在样条函数中，应用最广的是三次样条函数。

定义：设对 $y=f(x)$ 在区间 $[a,b]$ 上给定一组节点 $a=x_0<x_1<x_2<\cdots<x_n=b$ 和相应的函数值 $y_0,y_1,\cdots,y_n$，如果 $s(x)$ 具有下面的性质：

- 在每个子区间 $[x_{i-1},x_i](i=1,2,\cdots n)$ 上 $s(x)$ 是不高于三次的多项式；
- $s(x)$，$s'(x)$，$s''(x)$ 在 $[a,b]$ 上连续；则称 $s(x)$ 为三次样条函数；
- 如再有 $s(x_i)=y_i\ (i=0,1,2,\cdots n)$，则称 $s(x)$ 为 $y=f(x)$ 的三次样条插值函数。

前面提到的插值函数interp1、interp2、interpn，通过将method设置为‘spline’支持样条插值。此外，MATLAB提供了专门的样条工具箱。样条工具箱中的spline函数能够根据已知采样数据点获得三次样条函数，待插值点在样条函数上的取值即是待插值点的函数值估计。

利用spline函数作一维插值的一般调用格式为yi = spline(x, y, xi)。其中，x、y 为等长的向量，$x(m)$为采样数据点，$y(m)$为对应的函数值。xi、yi为等长的向量，$xi(l)$为待插值点，$yi(l)$为对应的函数值估计。数据网格x、xi应该是单调网格。y也可以是矩阵，这时y的列数与x的长度相同，每一行表示不同的曲线。

下面的例子中给出了一些spline函数插值的例示。

【例11】spline三次样条插值示例。

- sin曲线插值

对sin曲线采样得到采样数据点(x,y)。

```
>> x = pi*(0:0.2:2);
>> y = sin(x);
```

作采样数据点(x,y)图，如图13.7中的空心圆点图。

```
>> plot(x,y,'ro')
>> hold on;
```

下面对sin采样数据作样条插值。

（1）细化网格，得到待插值的数据网格xi。

```
>> xi = linspace(0,2*pi,100);
```

（2）利用spline函数插值在数据网格xi作三次样条插值，得到插值数据点(xi,yi)。

```
>> yi = spline(x,y,xi);
```

（3）作插值数据点(xi,yi)点图，如图13.7中的实心圆点图。

```
>> plot(xi,yi,'g.')
```

（4）作出sin的精确曲线，以检验spline插值效果，如图13.7中的+点图。

```
plot(xi,sin(xi),'b+')
```

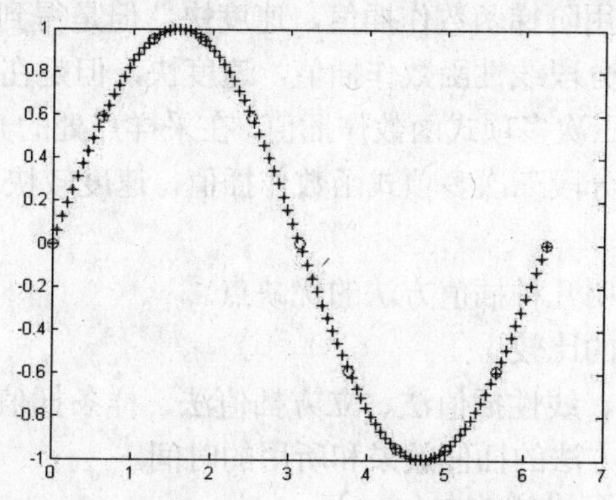

图13.7　sin曲线的Spline插值效果

从图13.7中可以看到，spine对sin曲线具有很好的插值效果。

- 对sin、cos曲线插值

对sin、cos曲线采样得到采样数据点(x,y)。

```
>> x = pi*(0:0.1:0.5);
>> y = [sin(x); cos(x)];
```

作采样数据点(x,y)点图，如图13.8中的空心圆点图。

```
>> plot(x,y,'ro')
>> hold on;
```

（1）细化网格，得到待插值的数据网格xi。

```
>> xi = linspace(0,0.5*pi,60);
```

（2）利用spline函数插值在数据网格 xi 作三次样条插值，得到插值数据点 (xi, yi) 。

```
>> yi = spline(x,y,xi);
```

（3）作插值数据点 (xi, yi) 点图，如图13.8中的实心圆点图。

```
>> plot(xi,yi,'g.')
```

（4）最后作出sin、cos的精确曲线，以检验插值效果，如图13.8中的线图。

```
plot(xi,[sin(xi);cos(xi)],'b')
```

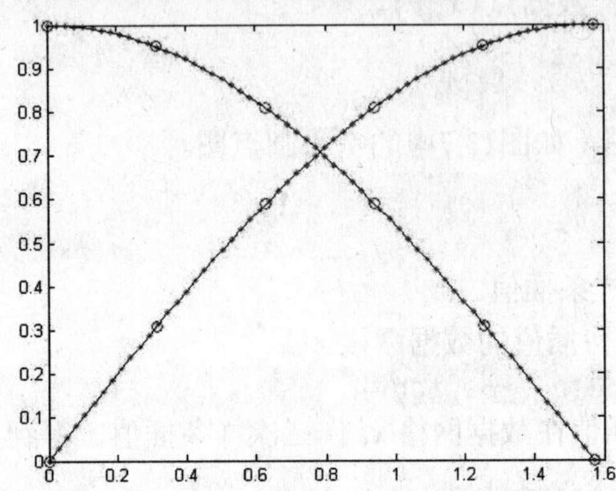

图13.8　sin、cos曲线的Spline插值效果

13.2.4　各种插值方法比较

通常MATLAB中使用的插值方法有下面4种。

- 最近邻插值法，利用阶梯函数作插值，速度快，但是得到的插值数据不光滑。
- 线性插值法，利用分段线性函数作插值，速度快，但是在采样点处的光滑性能差。
- 立方插值法，利用三次多项式函数作插值，在采样点处的光滑性能好，但是效率低。
- 样条插值法，利用分段三次多项式函数作插值，速度较快，得到的插值数据光滑性能好。

下面通过一个例子来说明几种插值方法的优缺点。

【例12】各种插值方法的比较

分别利用最近邻插值法、线性插值法、立方插值法、样条插值法对sinc曲线的采样数据点进行插值，比较各种插值方法的插值效果和所用的时间。

（1）对sinc曲线抽样得到采样数据 (x, y) 。

```
>> x = (-3:0.5:3);
>> y = sinc(x);
```

（2）细化网格，得到插值数据网格 xi 。

```
>> xi = linspace(-3,3,130);
```

（3）利用最近邻插值法得到插值数据，并求插值过程所用时间。

```
>> tic; yi = interp1(x,y,xi,'nearest'); toc
Elapsed time is 0.016000 seconds.
```

（4）求最近邻插值的插值误差 $E\_nearest$ 。

```
>> E_nearest = yi - sinc(xi);
```

（5）分别作采样数据点 (x, y) 图、插值数据点 (xi, yi) 图和sinc曲线精确图，如图13.9所示。

```
>> plot(x,y,'ro');
>> hold on;
>> plot(xi,yi,'g.');
>> plot(xi,sinc(xi),'b');
>> hold off;
>> legend('采样数据点','插值数据点','精确曲线');
```

（6）利用线性插值法得到插值数据，并求插值过程所用的时间。

```
>> tic;yi = interp1(x,y,xi,'linear');toc
Elapsed time is 0.078000 seconds.
```

（7）求线性插值的插值误差 E_linear 。

```
>> E_linear = yi - sinc(xi);
```

（8）分别作采样数据点 (x,y) 图、插值数据点 (xi,yi) 图和sinc曲线精确图，如图13.10所示。

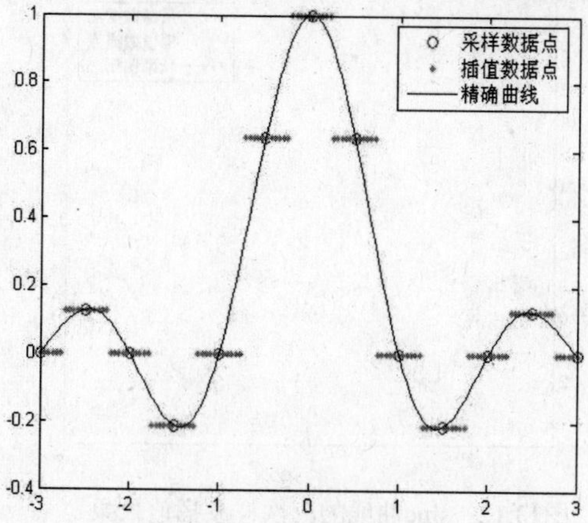

图13.9　sinc曲线的最近邻插值效果

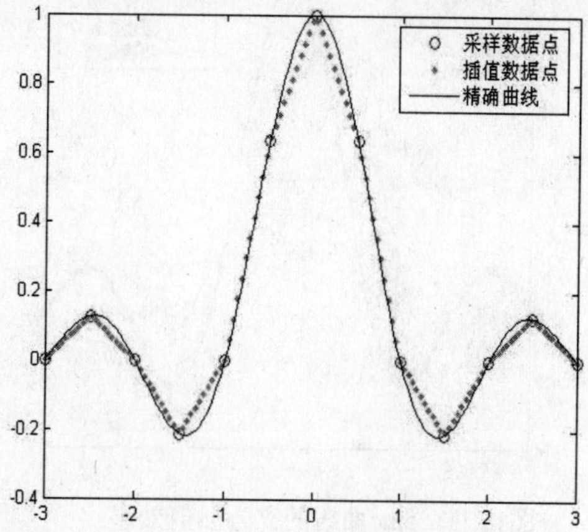

图13.10　sinc曲线的线性插值效果

```
>> plot(x,y,'ro');
>> hold on;
>> plot(xi,yi,'g.');
>> plot(xi,sinc(xi),'b');
>> hold off;
>> legend('采样数据点','插值数据点','精确曲线');
```

（9）利用立方插值法得到插值数据，并求插值过程所用时间。

```
>> tic;yi = interp1(x,y,xi,'cubic');toc
Elapsed time is 1.203000 seconds.
```

求线性插值的插值误差 E_cubic 。

```
>> E_cubic = yi - sinc(xi);
```

（10）分别作采样数据点 (x,y) 图、插值数据点 (xi,yi) 图和sinc曲线精确图，如图13.11所示。

```
>> plot(x,y,'ro');
>> hold on;
>> plot(xi,yi,'g.');
>> plot(xi,sinc(xi),'b');
>> hold off;
>> legend('采样数据点','插值数据点','精确曲线');
```

（11）利用立方插值法得到插值数据，并求插值过程所用时间。

```
>> tic;yi = interp1(x,y,xi,'spline');toc
Elapsed time is 0.703000 seconds.
```

（12）求线性插值的插值误差 E_spline。

```
>> E_spline= yi - sinc(xi);
```

（13）分别作采样数据点 (x, y) 图、插值数据点 (xi, yi) 图和sinc曲线精确图，如图13.12所示。

```
>> plot(x,y,'ro');
>> hold on;
>> plot(xi,yi,'g.');
>> plot(xi,sinc(xi),'b');
>> hold off;
>> legend('采样数据点','插值数据点','精确曲线');
```

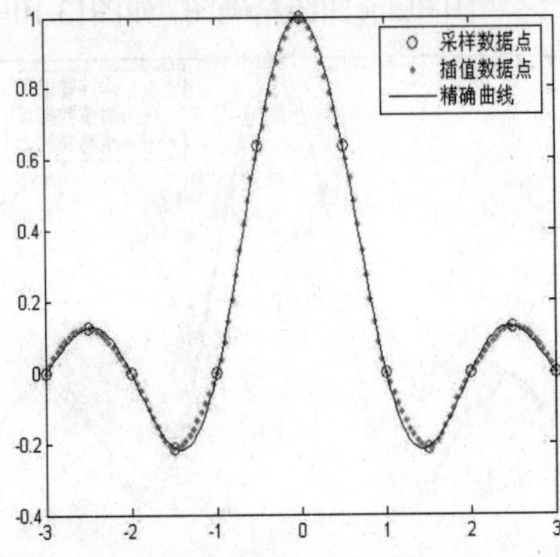

图13.11　sinc曲线的立方插值效果

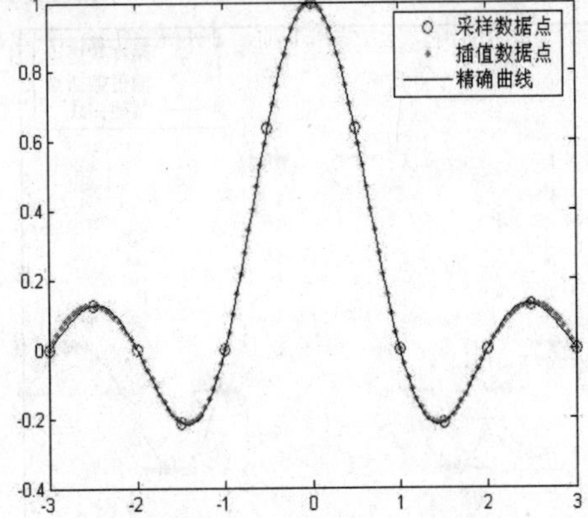

图13.12　sinc曲线的三次样条插值效果

分析4种插值方法的误差，得到误差曲线，如图13.13所示。

```
>> plot(xi,E_nearest,'r');
>> hold on;
>> plot(xi,E_linear,'b');
>> plot(xi,E_cubic,'g');
>> plot(xi,E_spline,'k');
>> legend('最近邻插值误差','线性插值误差','立方插值误差','Spline插值误差');
```

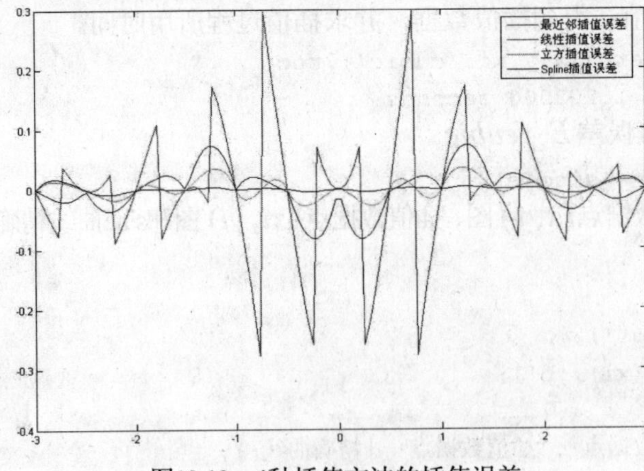

图13.13　4种插值方法的插值误差

分析各种插值方法所用的时间及效果可以得到以下结论。

- 最近邻插值、线性插值的效率高，但是一般效果很差。
- 立方插值具有较好的效果，但是效率低。
- 三次样条插值具有最好的效果，而且效率也比较高。

13.3 常微分方程

解微分方程是数学中一个重要的问题，在物理学、控制理论等方面都有着很重要的应用。本节讨论这一领域中一个基础而又重要的主题，即常微分方程求解。

13.3.1 一阶常微分方程

考虑下面的运动学问题：物体初始位置为0，从$t=0$时刻开始，以速度$v=at^2$沿s轴正向运动，求物体在t时刻的位移$s(t)$。上述问题实际上是解下面的常微分方程的问题：

$$\begin{cases}\dot{s}(t)=v=at^2\\ s(0)=0\end{cases}，其中，\dot{s}(t)=\frac{ds(t)}{dt}。$$

一阶常微分方程可以概括为以下形式

$$\begin{cases}\dot{y}=f(y,t)\\ y(t_0)=y_0\end{cases}$$

MATLAB对一阶常微分方程的求解一般基于Runge-Kutta法，对应的函数为ODE（Ordinary Differential Function）。例如，ode45、ode23、ode23s、ode15s等，分别用于不同类型常微分方程的求解。关于ODE的不同方法将在下面的小节中介绍。

ODE各个函数的用法（除ode15i之外）都是相同的，下面对其作统一的介绍。对下文中出现的solver，可以用ode45、ode23、ode113、ode15s、ode23s、ode23t、ode23tb替代。

ODE函数的一般调用格式如下：

```
[t,Y] = solver(odefun,tspan,y0)
[t,Y] = solver(odefun,tspan,y0,options)
sol = solver(odefun,[t0 tf],y0...)
```

其中，odefun为微分函数$f(y,t)$的句柄，$tspan$或$[t0,tf]$为解的自变量区间，y_0为初值，即$y(t_0)=y_0$。option是构架数据，可以利用函数odeset（关于函数odeset的使用将在下文中介绍）创建。t为时间列向量，Y的每一行是随时间t变化的解序列。当ODE函数只返回一个输出变量sol时，sol为构架数据，sol.x = t，sol.y = Y，sol.solver是ODE函数的名称。

除了ODE函数，解常微分方程过程中还经常用到一些相关的协作函数，如表13.1所示。

表13.1 ODE协作函数

函数名称	调用格式	说明
deval	sxint = deval(sol,xint) sxint = deval(xint,sol)	sol是由ODE函数返回的构架数据利用函数deval可以计算任意时刻xint（$x\text{int}\in[t0,tf]$）的解。该函数支持时间向量输入

续表

函数名称	调用格式	说明
odeset	options = odeset('name1',value1,'name2',value2,...) options = odeset(oldopts,'name1',value1,...) options = odeset(oldopts,newopts)	设置或更改ODE Solver的参数，常用的有：误差控制(Error tolerance)、输出属性(Solver output)、事件响应（Event location)、迭代步长（Step size）
odeget	o = odeget(options,'name') o = odeget(options,'name',default)	获得ODE Solver的属性设置
odeplot		ODE Solver的一种输出函数，以动画的方式显示微分方程的解。通过设定options的输出属性（'OutputFcn'），可以使该函数生效
odeprint		同odeplot一样，也是ODE Solver的一种输出函数，该函数将ODE Solver的结果输出到命令提示窗口。通过设定options的输出属性（'OutputFcn'），可以使该函数生效

在众多的ODE函数中，ode45是大部分场合首选的方法。下面的例子中利用ode45求解一个简单的常微分方程问题，主要目的是通过这个例子熟悉ODE函数及相关协作函数的使用。

【例13】ode45求解常微分方程

求常微分方程 $\begin{cases}\dot{y}=2y\\ y(0)=1\end{cases}$ 在 $t\in[0,2]$ 上的数值解。

很容易得到上述常微分方程的理论解为 $y=e^{2t}$ 。

下面利用ode45求其数值解，并与理论解进行比较。

（1）创建微分方程odefun1。

新建一个名为odefun1.m的M-文件，在M-文件中输入下面的代码。

```
function dy = odefun1(t,y)
% 微分函数 dy/dt =  2*y
% t为第一输入变量
% y为第二输入变量

dy = 2*y;
```

（2）ODE solver属性设置。

设置ODE Solver的输出属性，将ODE solver的输出函数设置为odeplot。

```
>> options = odeset('OutputFcn', @odeplot);
```

（3）调用ODE函数，求解常微分方程。

本例中解的自变量区间为[0,2]，初始值为 $y(0)=1$ 。

```
[t,y] = ode45(@odefun1,[0,2],1, options);
```

（4）结果显示。

分别作ODE solver得到的数值解和理论解在[0,2]上的曲线，如图13.14所示。

```
>> plot(t,y,'r.');
```

```
>> hold on;
>> plot(t, exp(2*t), 'g')
>> xlabel('time t');
>> ylabel('solutions y')
>> legend('ODE45 解', '解析解')
>> hold off;
```

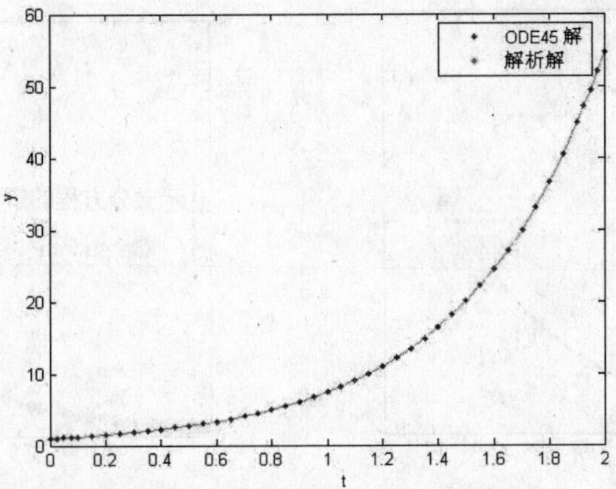

图13.14　y' = 2y, y(0) = 1 的ode45解

由图13.14可以看到，ode45所得的数值解与理论解在时间区间[0,2]上是吻合的。

ODE函数还有另外一种非常重要的调用格式，如下

sol = solver(odefun,[t0 tf],y0...)

返回结果sol为构架数据。例如，对【例13】中解常微分方程的问题，使用上面的调用格式得到sol。通过sol可得到关于ODE solver的更多信息。

```
>> sol = ode45(@odefun1,[0,2],1, options)

sol =
     solver: 'ode45'
    extdata: [1x1 struct]
          x: [0 0.1005 0.3005 0.5005 0.7005 0.9005 1.1005 1.3005 1.5005 1.7005
1.9005 2]
          y: [1 1.2226 1.8239 2.7209 4.0591 6.0554 9.0336 13.4766 20.1047 29.9927
44.7439 54.5984]
      stats: [1x1 struct]
      idata: [1x1 struct]
```

sol.x、sol.y分别对应前面的t和y，sol.solver为solver的名称。利用sol和函数deval，用户能够得到$[t0, tf]$内任意时刻的解。

```
>> ti = linspace(0,2,101);
>> yi = deval(sol, ti);
```

分别作(t, y)（t = sol.x，y = sol.y）和(ti, yi)的点图，如图13.15所示。

```
>> t = sol.x;
>> y = sol.y;
>> plot(t,y,'r+')
```

```
>> hold on;
>> plot(ti,yi,'g.')
>> xlabel('time t');
>> ylabel('solutions y')
```

例13中的步骤（2）通过odeset设置输出函数为odeplot，该函数以动画的形式显示常微分方程的解，图13.16是其中一幅截图。

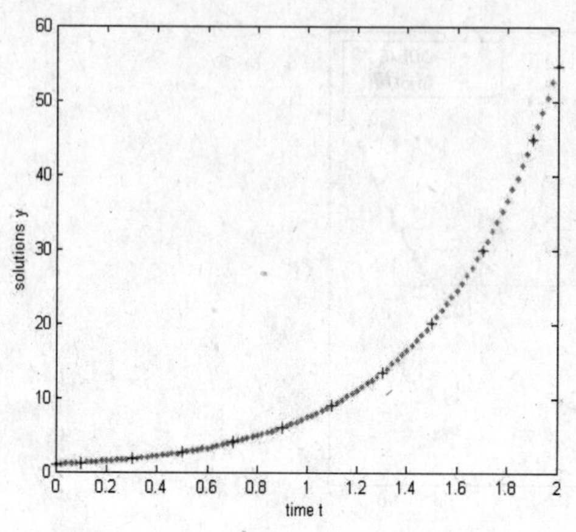

图13.15　deval求任意时刻t的解

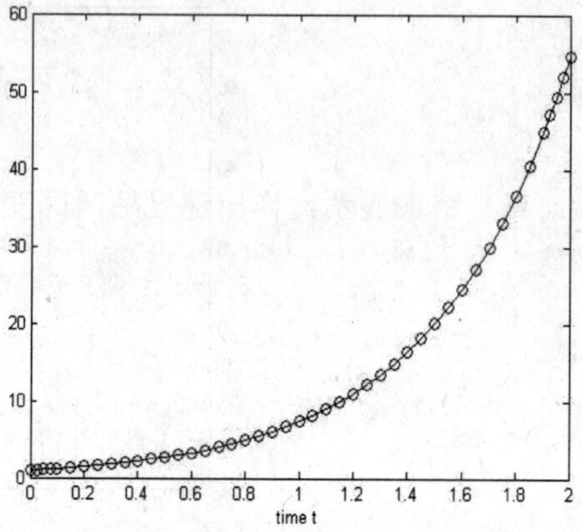

图13.16　odeplot输出常微分方程的解

也可以将常微分方程的解以文字的方式输出到命令窗口中，只要将输出函数设置为odeprint即可。

```
>> options = odeset('OutputFcn','odeprint');
>> sol = ode45(@odefun1,[0,2],1, options)
```

通过上述简单的例子，读者应该对ODE及相关函数的用法有了一定的了解，下面将介绍一个相对复杂的应用例子。

【例14】某质量为 m 的物体从距地面 h 的高处垂直落下，在下落的过程中，物体受到空气的阻力 f ， f 与物体的运动速度 v 成正比， $f=kv$ ，求该物体落地前的速度 $v(t)$ 。

物体运动过程中的受力情况如图13.17所示。

由运动学定律得

$$\begin{cases}\dfrac{dv}{dt}=a=\dfrac{mg-kv}{m}\\ v(0)=0\end{cases}$$

其中， a 为加速度， g 为重力加速度常数， $g=9.8m/s^2$ 。

设 $m=1kg$ ， $k=0.5$ ，代入上述运动方程，得

$$\begin{cases}\dfrac{dv}{dt}=9.8-0.5v\\ v(0)=0\end{cases}$$

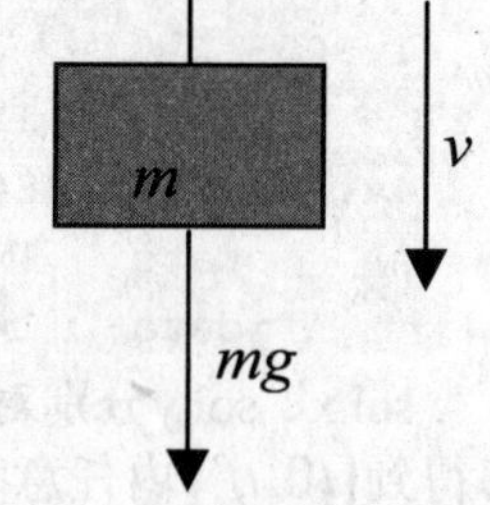

图13.17　物体受力分析

$v(t)$ 即是上述常微分方程的解。

（1）创建微分函数odefun2。

新建一个名为odefun2.m的M-文件，并在M-文件中输入以下代码。

```
function dv = odefun2(t,v)
%常微分函数 dv/dt = 9.8 - 0.5v
%t为第一输入变量 时间
%v为第二输入变量 速度
dv = 9.8 - 0.5*v;
```

（2）ODE solver属性设置。

本例中对属性不做任何设置，即使用默认属性。

（3）调用ode45求解微分方程。

设定时间自变量区间为 [0,10]，初值 $v(0)=0$，调用ode45函数。

```
>> [t,v] = ode45(@odefun2, [0,10],0);
```

（4）结果显示，作出速度随时间变化的曲线图，如图13.18所示。

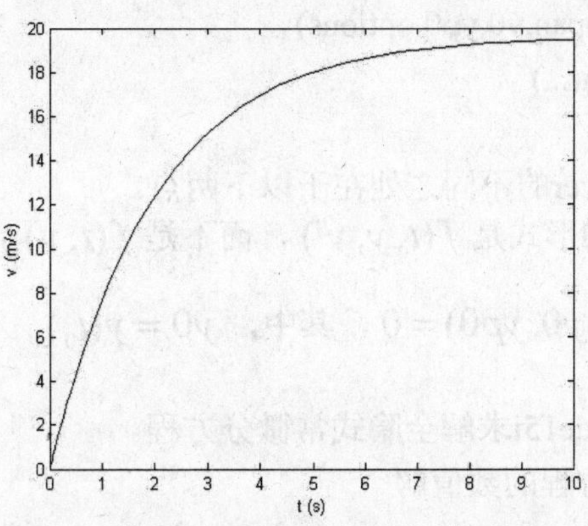

图13.18　速度 $v(t)$ 与时间 t 的关系

```
>> plot(t,v)
>> xlabel('t (s)')
>> ylabel('v (m/s)');
```

由图13.18可以看到，经过一段时间之后，物体接近匀速。

13.3.2　各种ODE函数比较

MATLAB提供了8种ODE函数用于常微分方程的求解，它们分别是ode45、ode23、ode113、ode15s、ode23s、ode23t、ode23tb、ode15i，前面介绍的ode45是比较常用的一种。这8个ODE函数分别用于不同类型的常微分方程的求解，使用的算法也各不相同，见表13.2。

表13.2　不同ODE函数的比较

ODE Solver	针对的常微分方程类型	算法
ode45	非刚性微分方程	Kutta Runge
ode23	非刚性微分方程	Runge-Kutta
ode113	非刚性微分方程	Adams
ode15s	刚性微分方程和 DAEs	NDFs (BDFs)

续表

ODE Solver	针对的常微分方程类型	算法
ode23s	刚性微分方程	Rosenbrock
ode23t	中等刚性微分方程DAEs	Trapezoidal rule
ode23tb	刚性微分方程	TR-BDF2
ode15i	全隐式微分方程	BDFs

前面介绍的两个例子都是显式常微分方程，下面介绍全隐式微分方程及其解法。

形如 $f(t,y,y')=0$ 的常微分方程称为全隐式微分方程。MATLAB中利用ode15i函数求解全隐式微分方程，其一般的调用格式为：

[t,Y] = ode15i(odefun,tspan,y0,yp0)

[t,Y] = ode15i(odefun,tspan,y0,yp0,options)

[t,Y,TE,YE,IE] = ode15i(...)

sol = ode15i(...)

ode15i与其他ODE Solver的不同之处在于以下两点。

- 微分方程odefun的形式是 $f(t,y,y')$，而不是 $f(t,y)$。
- 初值条件为 $f(t_0,y0,yp0)=0$，其中，$y0=y(t_0)$，$yp0=\left.\frac{dy}{dt}\right|_{t=t_0}$。

下面的例子利用函数ode15i求解全隐式常微分方程。

【例15】全隐式微分方程的数值解

求Weissinger'微分方程 $\begin{cases} ty^2(y')^3-y^3(y')^2+t(t^2+1)y'-t^2y=0 \\ y(1)=\sqrt{\dfrac{3}{2}} \end{cases}$ 的解。

上面Weissinger'微分方程的精确解为 $y=\sqrt{\frac{1}{2}+t^2}$

下面利用ode15i函数求Weissinger'微分方程的数值解。

（1）创建微分函数odefun3。

新建一个名为odefun3.m的M-文件，并在M-文件中输入下面的代码。

```
function f = odefun3(t,y,yp)
% 全隐式常微分方程 f(t,y,y') = 0
f = t*y^2*yp^3 - y^3*yp^2 + t*(t^2+1)*yp - t^2*y;
```

（2）设置ODE solver属性。这里使用默认属性。

（3）设置初始条件 $t0=1, y(t0)=\sqrt{\dfrac{3}{2}}$，但由于 $y'(t0)$ 未知，为此MATLAB为用户提供了函数decic。函数decic根据 $t0$、$y(t0)$ 以及用户提供的 $y'(t0)$ 猜测值得到 $y'(t0)$。

```
>> t0 = 1;
>> y0 = sqrt(3/2);
>> yp0 = 0;   %y'(t0)猜测值
>> [y0,yp0] = decic(@odefun3, t0, y0,1, yp0,0)
```

```
y0 =
    1.2247
yp0 =
    0.8165
```

得到 $y'(t0)=0.8165$。

（4）调用ode15i函数求解Weissinger'微分方程。

```
>> [t,y] = ode15i(@odefun3, [1,4], y0, yp0);
```

（5）作Weissinger'微分方程精确解和ode15i得到的数值解的曲线，结果如图13.19所示。

```
>> plot(t,y,'r.')
>> hold on;
>> plot(t,sqrt(t.^2+1/2),'g')
>> hold off;
>> legend('ode15i解','精确解');
>> xlabel('t')
>> ylabel('y')
```

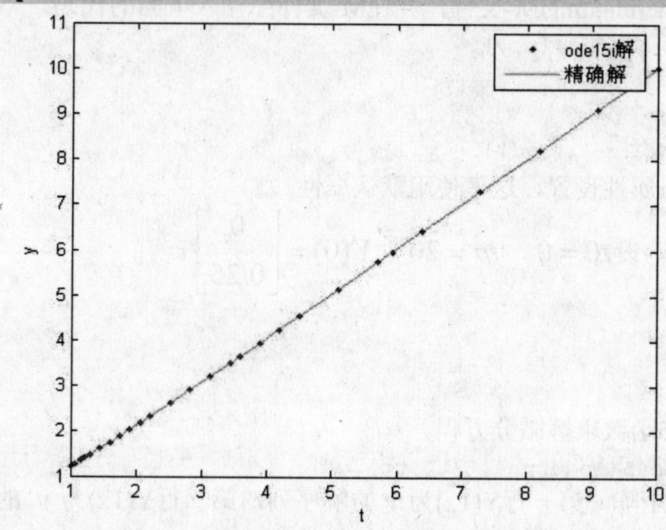

图13.19　Weissinger微分方程

从图13.19可以看到，ode15i得到的数值解与精确解吻合。

13.3.3 高阶常微分方程

MATLAB对高阶常微分方程的求解是基于一阶常微分方程的，用户需要将高阶常微分方程转换为一阶常微分方程。

对于 n 阶常微分方程 $y^{(n)}=f(y^{(n-1)},y^{(n-2)},\cdots,y',y,t)$

其中，$y^{(n)}=\dfrac{d^n f}{dt^n}$，令 $Y=\begin{bmatrix} y^{(n-1)} \\ \vdots \\ y' \\ y \end{bmatrix}$，则 $\dot{Y}=\begin{bmatrix} y^{(n)} \\ \vdots \\ y'' \\ y' \end{bmatrix}=F(Y,t)$。

因此，高阶常微分方程变成了一阶常微分方程。

下面通过一个例子演示MATLAB求高阶常微分方程数值解的方法。

【例16】求Vander Pol方程 $y''+(y^2-1)y'+y=0$ 在[0,20]上的数值解。

令 $\begin{cases} y_1 = y \\ y_2 = y' \end{cases}$，

则有 $\begin{cases} y_1' = y' = y_2 \\ y_2' = -(y_1^2-1)y_2 - y_1 \end{cases}$，

令 $Y=\begin{bmatrix} y_1 \\ y_2 \end{bmatrix}$，则上式可写成 $\dot{Y}=f(Y)$

下面利用ode45函数解该一阶常微分方程。

（1）创建微分函数odefun4。

新建一个名为odefun4.m的M-文件，并在M-文件中输入下面的代码。

```
function dy = odefun4(t,y)
% Vander Pol微分方程
dy(1) = y(2);
dy(2) = -(y(1)^2 - 1)*y(2) - y(1);
```

（2）ODEsolver属性设置。这里使用默认属性。

（3）设置初值。设 $t0=0$，$tp=20$，$Y(0)=\begin{bmatrix} 0 \\ 0.25 \end{bmatrix}$。

```
>> t0 = 0;
>> tp = 20;
>> y0 = [0;0.25];
```

（4）调用ode45函数求解微分方程。

```
>> [t,Y] = ode45(@odefun4, [t0,tp],y0);
```

得到的Y为2×N矩阵，第一行Y(1,:)为 y 的解序列，第二行Y(1,:)为 y' 的解序列。

（5）结果显示，作 y、y' 随时间变化的曲线，如图13.20所示。

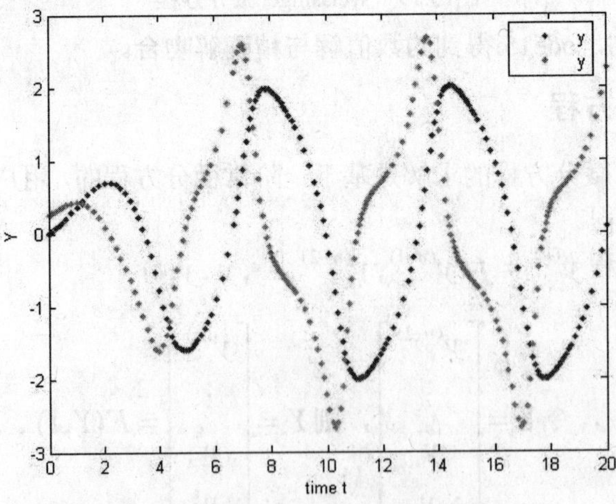

图13.20　Vander Pol微分方程

```
>> plot(t,Y(:,1), 'r.')
>> hold on;
>> plot(t, Y(:,2), 'g.')
>> hold off;
>> legend('y', 'y');
>> xlabel('time t');
>> ylabel('Y')
```

13.4　傅立叶分析

傅立叶分析在信号处理、图像处理等众多的领域中都有极其重要的应用。傅立叶变换（Fourier Transform）将函数表示为不同频率的正弦、余弦函数之和，对于离散数据，傅立叶变换为DFT，即离散傅立叶变换。

对于长度为N的输入序列x，其DFT是长度为N的向量X，且 $X(k)=\sum_{n=1}^{N}x(n)e^{-j2\pi(k-1)(\frac{n-1}{N})}$。

MATLAB用函数fft实现离散傅立叶变换。另外，由x的DFT X也可以得到x，x称为X的IDFT（逆傅立叶变换），$x(k)=\sum_{k=1}^{N}X(k)e^{j2\pi(k-1)(\frac{n-1}{N})}$。MATLAB用函数IFFT实现IDFT。

13.4.1　FFT、IFFT

FFT、IFFT分别实现离散傅立叶变换和逆傅立叶变换。FFT、IFFT具有相同的调用格式，下面主要介绍FFT函数的使用方法。FFT一般的调用格式为

X = fft(x,L)

其中，x为N×1（或1×N）向量，L为FFT长度，X为L×1（或1×L）向量。这里的L可以与N不相等，若L>N，则在x后填充L>N个零；若L<N，则截去x后面的N−L个元素。默认情况下L=N。

FFT也支持矩阵输入，此时FFT的调用格式为

Y = fft(X, L, dim)

FFT沿dim所指定的维进行长度为L的FFT变换。例如，X为M×N矩阵，dim = 1，Y = fft(X, L, dim)的结果为

$$Y=\begin{bmatrix} fft(X(1,:),L) \\ fft(X(2,:),L) \\ \vdots \\ fft(X(M,:),L) \end{bmatrix}$$

若dim = 2，则 $Y=\begin{bmatrix} fft(X(:,1),L) & fft(X(:,2),L) & \cdots & fft(X(:,N),L) \end{bmatrix}$。

【例17】一维傅立叶变换和逆变换示例

（1）全1向量的FFT和IFFT。

```
>> v = ones(1,6);
>> fft(v)
ans =
    6     0     0     0     0     0
>> ifft(v)
ans =
    1     0     0     0     0     0
```

（2）Sin信号采样的FFT。

```
>> x = pi*(0:0.2:1);
>> y = sin(x);
>> fft(y)
ans =
  Columns 1 through 5
   3.0777             -1.4266 - 0.8236i  -0.1123 - 0.1944i  -0.0000    -0.1123 +
0.1944i
  Column 6
  -1.4266 + 0.8236i
```

（3）Vandermon矩阵的FFT。

```
>> X = vander(1:4);   %创建Vandermon矩阵
>> %沿列向作FFT
>> fft(X)
ans =
  1.0e+002 *
   1.0000              0.3000              0.1000              0.0400
  -0.2600 + 0.5600i  -0.0800 + 0.1200i  -0.0200 + 0.0200i        0
  -0.4400             -0.1000             -0.0200              0
  -0.2600 - 0.5600i  -0.0800 - 0.1200i  -0.0200 - 0.0200i        0
>> %沿行向作FFT
>> fft(X,[],2)
ans =
   4.0000               0                  0                  0
  15.0000          6.0000 - 3.0000i   5.0000          6.0000 + 3.0000i
  40.0000         24.0000 - 8.0000i  20.0000         24.0000 + 8.0000i
  85.0000         60.0000 -15.0000i  51.0000         60.0000 +15.0000i
```

以上讨论的是一维傅立叶变换（1D DFT）。高维傅立叶变换（2D DFT及ND DFT）由函数FFTN得到。FFTN依次沿所有的维作FFT变换。例如，fftn(X)等价于

```
Y = X;
for p = 1:length(size(X))
    Y = fft(Y,[],p);
end
```

对应的N维逆傅立叶变换为ifftn(X)。

高维傅立叶分析中较常用的是2维傅立叶分析，这在图像处理、信号处理中有很重要的应用。

13.4.2 FFT幅度、相位

FFT的幅度和相位在数据分析、信号处理中具有明确的物理意义，在MATLAB中，利用

函数abs和angle得到傅立叶变换的幅度和相位信息。

- A = abs(X)
- P = angle(X)

其中，X为数据向量 x 的傅立叶变换 $fft(x)$。angel(X)得到的相位在 $[-\pi,\pi]$ 之间，unwrap(P)通过增加或减去 2π 对相位进行调整，使得相邻的相位差不超过 π。

【例18】离散正弦信号的振幅和相位

（1）对 $\sin x$（$x\in[0,2\pi]$）采样得到离散正弦信号。

```
>> N = 128;  %采样点数
>> x = (0:N-1)/N*2*pi;
>> y = sin(x);
```

（2）作 $\sin x$ 曲线图，如图13.21所示。

```
>> plot(x,y,'k.');
>> xlabel('x');
>> ylabel('sin(x)');
```

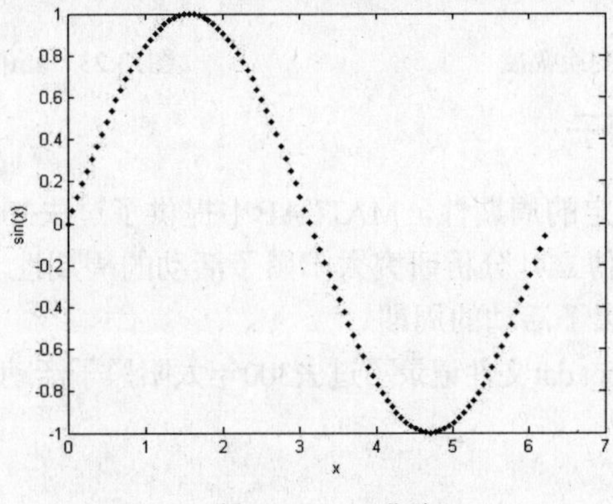

图13.21　sin曲线

（3）对 y 作离散傅立叶变换。

```
>> Y = fft(y);
>> Y = fftshift(Y);
```

（4）求傅立叶变换的幅度A和相位P。

```
>> A = abs(Y);
>> P = angle(Y);
>> P_unwrap = unwrap(P);   %相位修正
```

（5）作幅度图（如图13.22所示）和相位图（如图13.23所示）。

```
>> figure(1);
>> f = (-N/2+1:N/2)/N*2*pi;  %频率
>> stem(f,A,'r.')
>> xlabel('frequency');
>> ylabel('幅度')
>> figure(2);
>> plot(f,P,'r.');
>> hold on;
>> plot(f,P_unwrap,'g.');
>> legend('相位','修正相位');
```

```
>> xlabel('频率');
>> ylabel('相位');
```

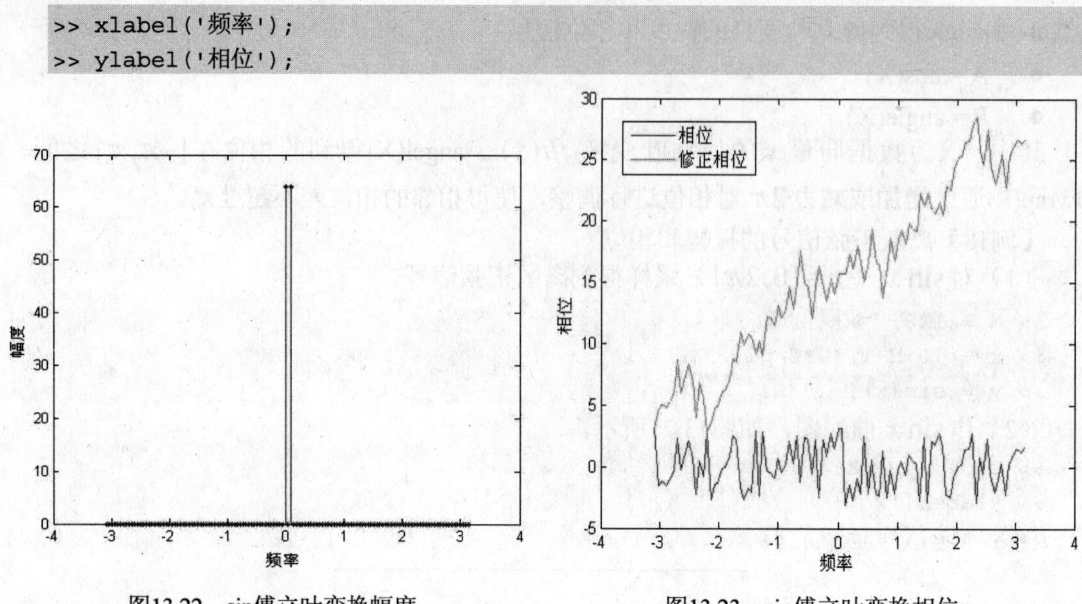

图13.22　sin傅立叶变换幅度　　　　图13.23　sin傅立叶变换相位

13.4.3　傅立叶分析的例子

太阳黑子的活动具有一定的周期性，MATLAB中提供了过去300年内的太阳黑子活动的数据，下面通过对该数据的傅立叶分析研究太阳黑子活动的周期性。

【例19】FFT分析太阳黑子活动的周期

（1）MATLAB中的sunspot.dat文件记录了过去300年太阳黑子活动的情况，首先导入sunspot数据。

```
>> load sunspot.dat;
```

此时MATLAB工作区间内生成了一个sunspot数据变量，sunspot的第一列是年份，第二列是对应年份太阳黑子的数量（天文学中称为wolfer number）。

```
>> year = sunspot(:,1);
>> wolfer = sunspot(:,2);
```

（2）以图形的方式显示太阳黑子活动的情况，如图13.24所示。

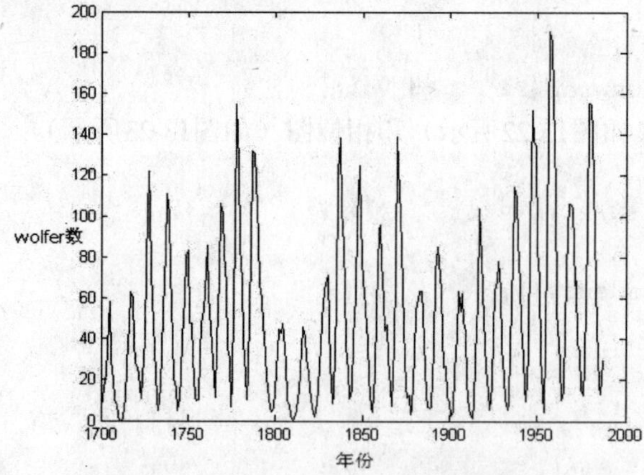

图13.24　过去300年sunspot的活动情况

```
>> plot(year, wolfer, 'k');
>> xlabel('year');
>> ylabel('wolfer number');
```

（3）对wolfer作傅立叶变换，并取其幅度。

```
>> Y = fft(wolfer);
>> A = abs(Y);
```

（4）这里仅考虑正频部分，忽略零频和负频分量。

```
>> N = length(A);
>> A = A(1:N/2); %忽略负频
>> A(1) = 0; %忽略零频
```

（5）作正频部分的幅度图，如图13.25所示。

```
>> plot(1:N/2, A, 'k')
>> xlabel('year cycle');
```

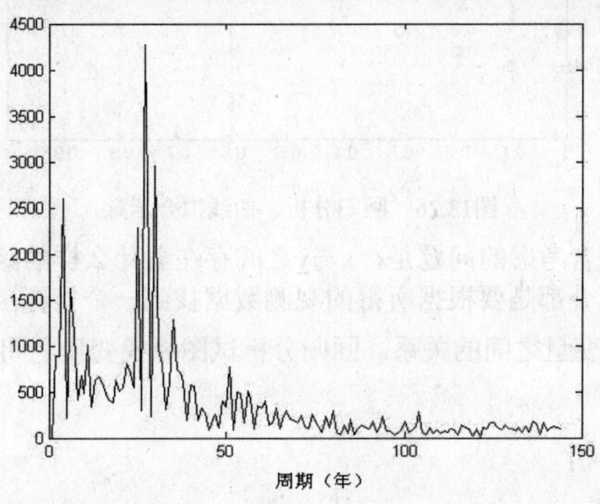

图13.25 sunspot傅立叶变换的幅度

从图13.25中可以看到，sunspot傅立叶变换的幅度有一个较大的峰值，因此可以得到sunspot具有较强周期性的结论。取幅度最大值对应的横向量。

```
>> [maxi, ind] = max(A);
>> ind
ind =
27
```

$ind\dfrac{2\pi}{N}$为对应的数字频率，周期为$2\pi/(ind\dfrac{2\pi}{N})=\dfrac{N}{ind}$。

```
>> N/ind
ans =
  10.6667
```

所以太阳黑子的活动周期大约为11年。

13.5 回归分析

回归分析和下节将要介绍的曲线拟合都是统计学中非常重要的分析方法，在信号处理、经济学等众多领域中都有广泛的应用。假设得到了以下观测数据。

x = [0, 0.1, 0.2, 0.3, 0.4, 0.5, 0.6, 0.7, 0.8, 0.9, 1],

y = [0.99567,0.99334,1.0413,1.0929,1.1485,1.2619,1.3719,1.4896,1.6433,1.8117,.9981]。

作 (x, y) 点图，如图13.26所示。

```
plot(x,y,'o'), grid on;
```

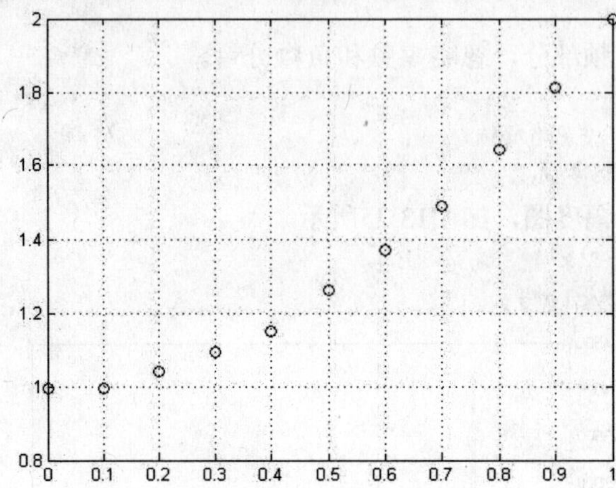

图13.26 回归分析、曲线拟合示意

回归分析和曲线拟合考虑的问题是，x与y之间存在着什么样的函数关系。

回归分析和曲线拟合都是要根据所得的观测数据找到一个目标函数 $f(x)$，这个函数能够描述两个或两个以上变量之间的关系。回归分析试图寻找变量之间的线性依存关系，但是曲线拟合不受此限制。

13.5.1 线性回归分析

线性回归分析约束目标函数 $f(x)$ 为几个简单的已知函数的线性组合，即

$$f(x) = \sum_{m=0}^{M-1} a_m f_m(x)$$

将观测数据 (x_i, y_i) 代入上式得

$$\begin{bmatrix} f_0(x_1) & f_1(x_1) & \cdots & f_{M-1}(x_1) \\ f_0(x_2) & f_1(x_2) & \cdots & f_{M-1}(x_2) \\ \vdots & \vdots & \ddots & \vdots \\ f_0(x_N) & f_1(x_N) & \cdots & f_{M-1}(x_N) \end{bmatrix} \begin{bmatrix} a_0 \\ a_1 \\ \vdots \\ a_{M-1} \end{bmatrix} = \begin{bmatrix} y_1 \\ y_2 \\ \vdots \\ y_N \end{bmatrix}$$

一般地，M=N。

$$令 F = \begin{bmatrix} f_0(x_1) & f_1(x_1) & \cdots & f_{M-1}(x_1) \\ f_0(x_2) & f_1(x_2) & \cdots & f_{M-1}(x_2) \\ \vdots & \vdots & \ddots & \vdots \\ f_0(x_N) & f_1(x_N) & \cdots & f_{M-1}(x_N) \end{bmatrix},\quad a = \begin{bmatrix} a_0 \\ a_1 \\ \vdots \\ a_{M-1} \end{bmatrix},\quad \begin{bmatrix} y_1 \\ y_2 \\ \vdots \\ y_N \end{bmatrix}$$

通过最小二乘拟合得到参数a，$a=F\backslash y$，从而得到$f(x)=\sum_{m=0}^{M-1}a_m f_m(x)$。

上面的回归分析方法称为线性回归分析。

【例20】线性回归分析

已知t = [0;0.5;1;1.5;2]，y = [0.32003;0.76778;1.9713;3.5003;6.0883]为某飞机的航迹数据，试找到t、y的关系$y=f(t)$。

（1）对$f(t)$建模。

这里将$f(t)$表示为$\{1,e^{-t},e^{-2t}\}$的线性组合，即$f(t)=a_0+a_1e^{-t}+a_2e^{-2t}$。$f(t)$为指数函数的线性组合，因此称为指数函数线性回归分析。

（2）求系数矩阵F。

```
>> F = [ones(size(t)), exp(-t), exp(-2*t)];
```

（3）最小二乘拟合求线性参数$a=F\backslash y$。

```
>> a = F\y
a =
   8.1022
 -20.7474
  13.0705
```

所以得到$f(t)=8.1022-20.7474e^{-t}+13.0705e^{-2t}$。根据$f(t)$求得更加精细的轨迹数据。

```
>> T = (0:0.1:2)';
>> Y = [ones(size(T)) exp(-T) exp(-2*T)]*a;
```

（4）结果显示，作已知数据点的点图和$f(t)$曲线图，如图13.27所示。

```
>> plot(t,y,'ko');
>> hold on;
>> plot(T,Y,'k');
>> hold off;
>> xlabel('时间t');
>> ylabel('y');
```

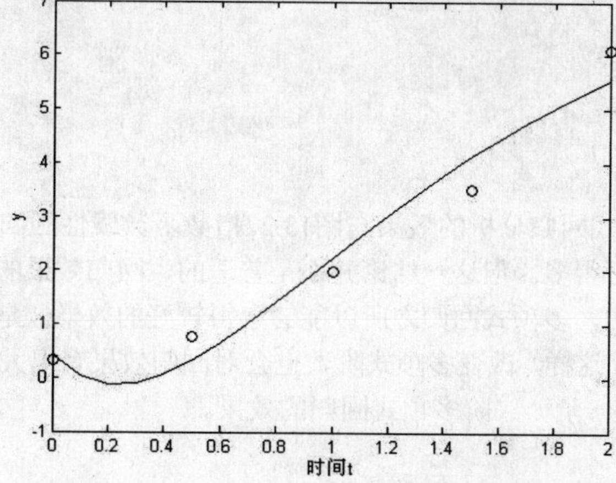

图13.27 飞机航迹数据的线性回归分析

13.5.2 多项式回归分析

当 $f_m(x)$ 为多项式时，且 $f_m(x)=x^m$ 时，

$$F=\begin{bmatrix}1 & x_1 & \cdots & x_1^{M-1}\\ 1 & x_2 & \cdots & x_2^{M-1}\\ \vdots & \vdots & \ddots & \vdots\\ 1 & x_N & \cdots & x_N^{M-1}\end{bmatrix}$$

此时的线性回归分析为多项式回归分析。

【例21】多项式回归分析

对例20中某飞机的航迹数据进行多项式回归分析。

（1）建立 $f(t)$ 的模型。对于多项式回归分析，函数模型的确定需要考虑多项式阶数的选择。关于多项式阶数的选择是一个比较复杂的问题，本例中将多项式的阶数定为3，即

$$f(t)=a_0+a_1t+a_2t^2+a_3t^3$$

（2）求系数矩阵F。

```
>> F = [ones(size(t)), t, t.^2, t.^3];
```

（3）最小二乘求线性参数 $a=F\backslash y$ 。

```
>> a = F\y
a =
   0.3034
   0.6565
   0.7095
   0.2022
```

所以得到 $f(t)=0.3034+0.6565t+0.7095t^2+0.2022t^3$，根据 $f(t)$ 求得更加精细的轨迹数据。

```
>> T = (0:0.1:2)';
Y = [ones(size(T)) T T.^2 T.^3]*a;
```

（4）结果显示，作已知数据点的点图和 $f(t)$ 曲线图，如图13.28所示。

```
>> plot(t,y,'ko');
>> hold on;
>> plot(T,Y,'k');
>> hold off;
>> xlabel('时间t');
>> ylabel('y');
```

比较图13.28中多项式回归分析的效果与图13.27指数函数线性回归分析的效果，可以看到多项式回归的效果要好得多。但这一结论并不是普适的，回归效果的好坏取决于模型与数据相适应的程度，该例中，多项式回归之所以能够取得较好的效果，是因为数据与多项式模型有较好的适应性。即使这样，改变多项式阶数也会对回归效果有很大的影响，图13.29中实心圆点图和+点图分别是一阶、二阶多项式回归的效果。

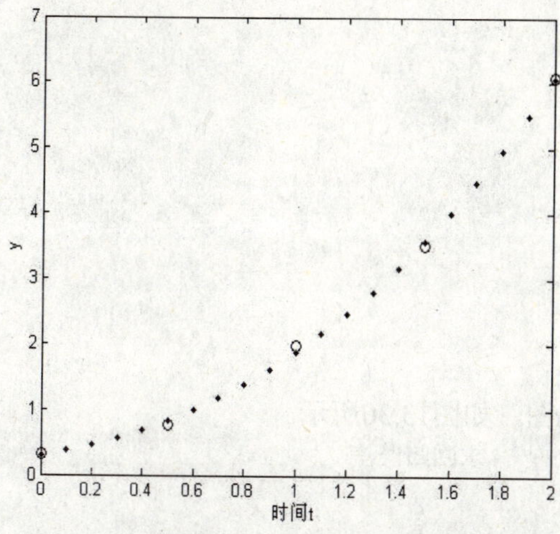

图13.28　飞机航迹数据的多项式回归分析

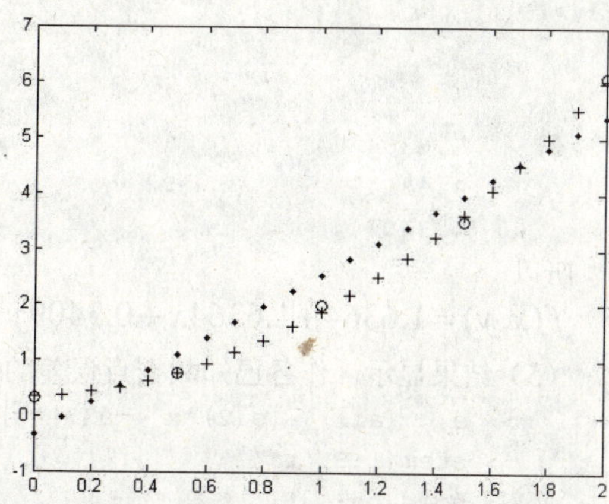

图13.29　阶数对多项式回归分析效果的影响

13.5.3　多变量回归分析

前面介绍的是单个自变量的回归分析方法，下面对多个自变量的回归分析进行介绍。对于多个自变量的回归分析类似于单个自变量的回归分析，首先对函数建模，要求函数模型与未知参数的关系是线性的，代入观测数据得到 $Fa=y$ 。

由 $a=F\backslash y$ 得到线性参数，从而得到 $y=f(x)$ ，这里的 x 为自变量组成的向量。与单自变量回归分析唯一不同的是 F 的形式。下面通过一个简单的例子介绍多自变量回归分析。

【例22】多自变量回归分析

z 是 x 、 y 的线性函数，得到一组 x 、 y 、 z 的一组观测数据如下：

x = [1,2,4,6,7]，y = [1,1,2,3,5]，z = [3,6,9,12,15]

求 $z=f(x,y)$ 。

（1）建立 $f(x,y)$ 的模型，由于 $f(x,y)$ 为 x 、 y 的线性函数，所以有

$f(x,y)=a_0+a_1x+a_2y$

（2）输入观测数据。

```
>> x = [1,2,4,6,7]';
>> y = [1,1,2,3,5]';
>> z = [3,6,9,12,15]';
```

（3）求系数矩阵F。

```
>> F = [ones(size(z)), x, y]

F =

     1     1     1
     1     2     1
     1     4     2
     1     6     3
     1     7     5
```

（4）最小二乘求线性参数$a = F \backslash y$。

```
>> a = F\z

a =

    1.6364
    1.6364
    0.3409
```

所以

$$f(x,y) = 1.6364 + 1.6364x + 0.3409y$$

（5）结果显示，作各已知数据点误差的stem图，如图13.30所示。

```
>> e = (a(1) + a(2)*x + a(3)*y) - z;  %求回归误差
>> stem(1:5,'r*');
>> hold on;
>> stem(1:5,z,'ro');
>> hold off;
>> legend('回归误差e','z')
```

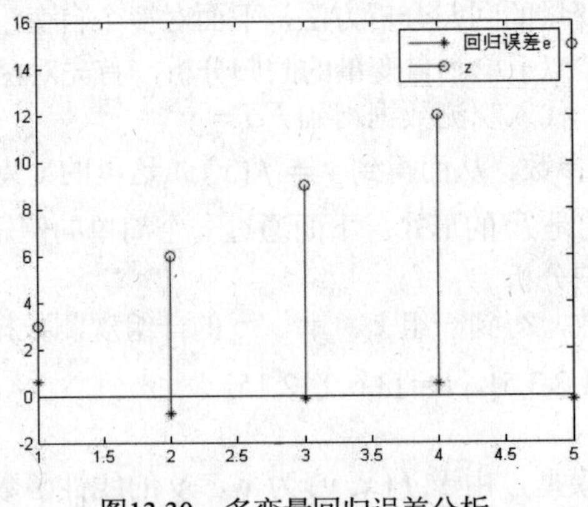

图13.30　多变量回归误差分析

在图13.30中，横坐标为各数据点的索引，红色stem图为z的幅度，蓝色stem为对应的回归误差，可以看到，回归分析的效果较好。

13.6　曲线拟合

曲线拟合是要找到一条光滑曲线，使其最佳地拟合数据，该曲线不必经过数据点，这正是曲线拟合及回归分析与插值的不同之处。

曲线拟合涉及两个基本问题：光滑曲线的形式是怎样的，以及最佳拟合的概念。第一个问题即是函数建模的问题，是多项式模型，或是指数模型，还是其他更复杂的函数模型。最佳拟合是在某个误差准则下的最佳，常用的误差准则是误差平方和最小，也可以是最大误差最小准则，误差的绝对值和等。以下的讨论均是以误差平方和最小作为误差准则。

根据函数模型的不同，曲线拟合可以分为多项式拟合、指数函数拟合等，用户甚至可以自己定义新的拟合形式。

13.6.1　多项式拟合

顾名思义，多项式拟合是利用多项式最佳地拟合观测数据，使得在所有观测数据点处的误差平方和最小。MATLAB中利用函数polyfit和polyval进行多项式拟合。函数polyfit根据观测数据及用户指定的多项式阶数得到光滑曲线的多项式表示，polyfit的一般调用格式为：

P = polyfit(x, y, n)

其中，x为自变量，y为应变量，n为多项式阶数。至于polyval的用法已经在第13.1.3节中介绍过，这里不再赘述。

$\ln(1+x)$ 在 $x=0$ 处的泰勒展开式为

$$\ln(1+x)=x-\frac{x^2}{2}+\frac{x^3}{3}-\cdots$$

下面的例子对 $\ln(1+x)$ 在 $[0,1]$ 的采样数据作多项式拟合。

【例23】$\ln(1+x)$ 的多项式拟合

对 $\ln(1+x)$ 在 $[0,1]$ 内采样得到观测数据 x、y。

```
>> x = 0:0.1:1.0;
>> y = log(1+x);
```

对观测数据 x、y 作3阶多项式拟合。

```
>> P = polyfit(x,y,3)
P =
   0.1079   -0.3974    0.9825    0.0004
```

P对应的多项式为：

$$0.1079-0.3973x+0.9825x^2+0.004x^3$$

分别作观测数据点、拟合曲线和理论曲线，如图13.31所示。

```
>> xi = 0:0.01:1.0;
>> yi = polyval(P,xi);  %多项式求值
>> plot(x,y,'ro');
>> hold on;
>> plot(xi, yi, 'k')
>> plot(xi, log(1+xi), 'g')
>> xlabel('x');
>> ylabel('y');
>> legend('采样数据','拟合曲线','精确曲线')
```

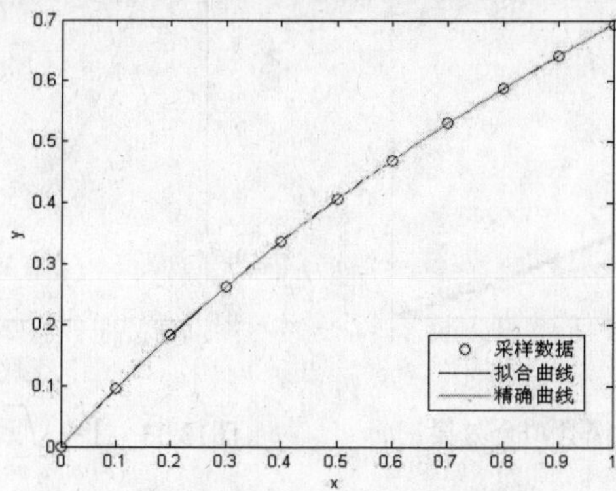

图13.31　ln(1+x)的多项式拟合效果

从图13.31可以看到，对$\ln(1+x)$ ($x\in[0,1]$) 利用3阶多项式拟合具有很好的拟合效果。

13.6.2 指数函数拟合

指数函数拟合利用指数函数 $y=f(x)=e^{ax+b}$ 对观测数据进行拟合。MATLAB对指数函数拟合没有提供专门的函数支持，通常利用一阶多项式拟合来解决指数函数的拟合问题。对上式的两边取对数，得到$\ln y=ax+b$。因此，x、$\ln y$ 构成一阶多项式拟合问题。这里以对$1-\sqrt{x}$ 的拟合为例。

【例24】$1-\sqrt{x}$ 的指数函数拟合

（1）对$1-\sqrt{x}$ 在$[0,1]$内采样，得到观测数据x、y。

```
>> x = 0:0.01:0.99;
>> y = 1- sqrt(x)
```

（2）对x、$\ln y$ 作一阶多项式拟合。

```
>> P = polyfit(x,log(y),1)
P =
   -3.3761    0.2071
```

（3）求得拟合曲线。

```
>> yi = exp(polyval(P,x));
```

（4）分别作观测数据点、拟合曲线和理论曲线，如图13.32所示。

```
>> plot(x,y,'k.');
>> hold on;
>> plot(x,yi,'r');
>> xlabel('x');
>> ylabel('y');
>> legend('采样数据','拟合曲线');
>> hold off;
```

分析拟合误差，如图13.33所示。

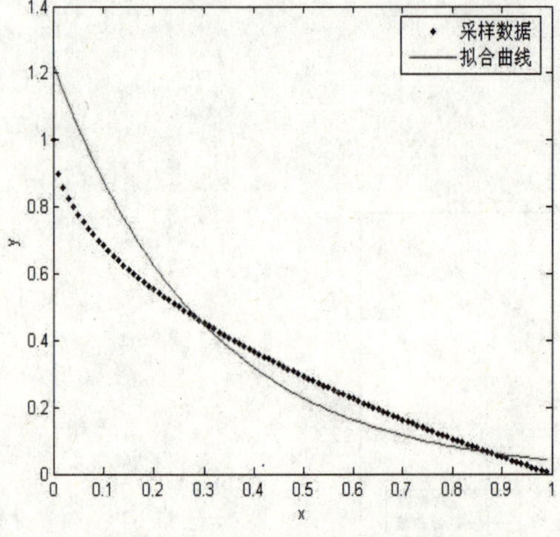

图13.32 $1-\sqrt{x}$ 的指数函数拟合效果

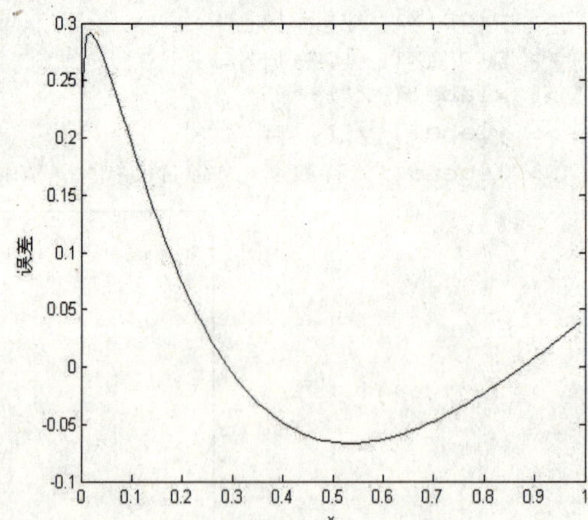

图13.33 $1-\sqrt{x}$ 的指数函数拟合误差

```
>> e = yi - y;
>> plot(x, e);
>> xlabel('x');
>> ylabel('误差')
```

从图13.32、图13.33可以看出，指数函数对[0,1]上$1-\sqrt{x}$的拟合效果不佳，其根本原因是函数模型与观测数据的不匹配。

第14章

符号计算

同一般的数值计算不同，MATLAB的符号计算是对字符串进行符号分析和运算。在进行符号计算时，MATLAB负责将计算请求提交给其内置的MAPLE组件，并返回MAPLE的计算结果。

MATLAB的符号计算历经多次的改进和完善，其功能已经非常强大。本章介绍的内容包括符合表达式、符号表达式的复合和化简、符号矩阵的运算、符号微积分、符号代数方程求解、符号微分方程解等。

14.1　符号对象和一般数值类型比较

符号对象（Symbolic Objet）是MATLAB符号工具箱中定义的一种新的数据类型。一般的MATLAB数值类型，如logical、int、float、double等，都是简单的数据类型，而符号对象是一种保存了符号字符串表示的复杂数据结构。例如，对double型数值2求自然对数。

```
>> log(2)
ans =
0.6931
```

返回结果为double型数值。下面首先将double型数值2转换成符号类型，再求其自然对数。

```
>> log(sym(2))
ans =
log(2)
```

查看结果数据类型。

```
>> whos
  Name      Size                    Bytes  Class
  ans       1x1                       136  sym object
Grand total is 7 elements using 136 bytes
```

可以看到，运算结果为符号对象，其使用的内存大小为136字节。符号对象中保存了结果的字符串表示，即log(2)，而不是log(2)的近似值。

说明： 对上文中出现的 sym 的使用方法将在第 14.2 节中介绍。

符号计算能够得到问题的解析解，而不是数值近似解，再看下面例子中解一元二次方程的问题。

【例1】符号计算解一元二次方程的解析解。求下面的一元二次方程 $x^2+x-1=0$ 的解析解。

利用函数roots求其数值解。

```
>> roots([1,1,-1])
ans =
-1.6180
0.6180
```

下面利用符号计算求该一元二次方程的解析解。创建一元二次多项式的符号表达式。

```
>> f = sym('x^2 + x - 1');
```

利用solve函数求该一元二次方程的精确解。

```
>> solve(f)
ans =
 1/2*5^(1/2)-1/2
 -1/2-1/2*5^(1/2)
```

将该结果写成通常的数学表达式 $\dfrac{-1\pm\sqrt{5}}{2}$。这也即是该方程的解析解。

说明： 对于本例中符号表达式的创建将在第 14.2 节作详细介绍。

符号在计算过程中没有近似，没有由字长限制引起的截取效应。符号计算实际上实现的是一种自动的逻辑推导过程，是人工数学推导的自动化。

14.2 符号对象的创建

MATLAB符号工具箱定义的数据类型——符号对象（Symbolic Object），是一种存储了符号的字符串表示的复杂数据结构。MATLAB利用符号对象表示符号变量、符号表达式、符号函数、符号矩阵。本节介绍符号变量、符号表达式和符号函数的创建，至于符号矩阵，将在第14.4节进行详细介绍。

14.2.1 创建符号变量

sym函数可用于创建符号常量和变量，其调用格式为

$$sym\_variable = sym(sym\_expression)$$

上述命令创建符号变量（或常量）$sym\_variable$，其中，$sym_expression$为符号变量的字符串表示。如果$sym_expression$为常数（例如pi、1、2.01等），则函数返回符号常量；如果$sym_expression$是符合命名规则的字符串（该字符串只能包含数字、英文字母和下划线，且不能以数字开头），则函数返回符号变量。

另外，对符号变量的创建，MATLAB提供了syms指令。syms指令可以一次创建多个符号变量，并且变量名与变量字符串表达式相同。Syms函数的调用格式为

syms var1 var2 var3

值得注意的是，变量之间只能以空格分开，而不能用‘,’或‘;’。下面以两个例子分别介绍利用sym函数创建符号常量和变量的方法。

【例2】符号常量的创建。

创建π符号常量。

```
>> pai = sym(pi)
pai =
pi
```

创建符号常量$\sqrt{5}$，并求其自然对数。

```
>> sym(5^(1/2))
ans =
sqrt(5)
>> log(ans)
ans =
1/2*log(5)
```

注意： 利用sym函数创建符号常量时，输入参数为数值常量。

【例3】符号变量的创建。创建符号变量x。

```
>> x = sym('x')
x =
x
```

这里的符号变量名与变量字符串是相同的。当然，两者也可以是不同的，例如：

```
>> y = sym('x')
y =
x
```

如果输入字符串不符合命名规则，如下面的符号变量创建方式。

```
y = sym('4x')
```

该函数调用会引发下面的运行错误。

```
??? Error using ==> sym.sym>char2sym
Not a valid symbolic expression.
Error in ==> sym.sym at 92
  S = char2sym(x);
```

MATLAB认为输入的变量字符串是无效的。

注意： 创建符号变量时，要求输入参数字符串符合命名规则，当然，符号变量名也应当符合命名规则。

当需要创建的符号变量比较多时，利用syms函数比较方便。Syms函数能同时创建多个符号变量，符号变量名与变量字符串表达式相同，例如，创建符号变量a、b、c。

```
>> syms a b c
>> a, b, c
a =
a
b =
b
c =
c
```

说明：

①创建符号变量时，输入的变量字符串表达式应符合变量命名规则。

②利用 syms 函数创建多个符号变量时，符号变量之间以空格隔开。

14.2.2 创建符号表达式

符号表达式是符号变量或常量的组合，有些情景下，也将符号变量和符号常量认为是符号表达式。符号表达式的创建依然使用函数sym，其调用格式为

$$sym\_variable = sym(sym\_expression)$$

这里的输入字符串参数$sym_expression$与第14.2.1节中有所不同，它是由多个子字符串通过数值运算符组合而成的，每个子字符串或者是符号命名规则的字符串，或者是数值常量。因此，符号变量和常量可以看作是符号表达式的特例。

下面是一个利用sym函数创建符号表达式的例子，通过这个例子，读者可以很容易地掌握符号表达式的创建。

【例4】符号表达式的创建。创建符号表达

$$ax^2 + bx + c$$

这里有两种方法可以创建上述的符号表达式，第一种是直接输入法，即

```
>> f = sym('a*x^2 + x*x + c')
f =
a*x^2 + x*x + c
```

下面这种方式是用户使用得比较多的一种方法，即首先创建符号变量a、b、c、x，然后用数值运算符组合符号变量得到符号表达式，例如，

```
>> syms a b c x;   %创建基本符号变量
>> f = a*x^2 + b*x + c
```

```
f =
a*x^2+b*x+c
```

14.2.3 符号函数

可以通过下面两种方法创建符号函数。

- 符号表达式
- M-文件

利用符号表达式创建符号函数的方法在【例4】中已经介绍了，这种方法适合于创建一些比较简单的函数，对于比较复杂的符号函数的创建，应该利用M-文件。下面是一个利用M-文件创建符号函数的例子。

【例5】M-文件中的符号函数。

创建下面的符号函数

$$f(x)=\frac{\sin x-x}{x^3}$$

这里要注意到的是，当x=sym(0)时，$f(x)$ 无意义，可以取 $f(0)=\lim_{x\to 0}\frac{\sin x-x}{x^3}=-\frac{1}{6}$（关于符号函数极限的问题将在第14.5节介绍）。

新建一个名为f.m的M-文件，在M-文件中输入下面的代码。

```
function y = f(x)
% 创建符号函数f
% f(x)=(sin(x)-x)/x
% 输入参数x为符号变量
if isequal(x, sym(0))
   y = 1/6;
else
   y = (sin(x)-x)/x;
end
```

注意：在利用符号表达式创建符号函数时，应尽量先申明相关的符号变量，以避免后续符号计算过程出现未申明符号变量的错误。

14.3 符号对象的转换

本节介绍符号表达式的显示、符号表达式的各种表达形式及其相互转换、符号常量与一般数值类型的相互转换、符号表达式的替换。本节中的符号表达式是广义的符号表达式，包括了符号变量和符号常量。

14.3.1 符号表达式的显示

在显示符号表达式时，默认的方式是MATLAB式的显示，例如，

```
>> f = a*x^2 + b*x + c
f =
a*x^2+b*x+c
```

另外，MATLAB符号工具箱中的函数pretty，允许用户将符号表达式显示为符合一般数学表达习惯的数学表达式，对上述的f，其pretty显示为

```
>> pretty(f)
                                          2
                                      a x  + b x + c
```

14.3.2 符号表达式间的相互转换

对数学表达式的展开、化简、因式分解等是在数学学习和应用中经常要做的工作，MATLAB符号工具箱同样也具备这些功能。MATLAB符号工具箱为符号表达式的展开、化简等提供了强大的支持，下面列出了一些相关的函数及其使用方法。

- 函数collect的调用格式为

collect(f, s)

collect(f)

将符号表达式f看作符号变量s的多项式（如果未指定s，则默认s为x），函数对具有相同阶数的项进行合并。

- 函数expand对符号表达式进行展开，调用格式为

R = expand(S)

符号表达式S具有因子乘积的形式，一般为多项式，也可以是三角函数、指数函数或对数函数。

- 函数factor对符号表达式进行因式分解，调用格式为

R = factor(X)

X可以是符号表达式或正整数符号常量。

- 函数simple和simplify都用于对符号表达式进行化简，但simple函数会尝试多种方法，直到找到认为“最简”的表达式。
- 函数numden将有理分式形式的符号表达式表示为简单分式之和。

下面用一个例子介绍符号表达式的展开、分解、化简等。

【例6】符号表达式的展开、分解、化简

（1）函数collect展开多项式符号表达式。对符号表达式 $f(x)=x^2-x-3x+3$，$g(x)=x\cos t+(1+x)*t$ 按 x 合并同类项。创建符号表达式f、g。

```
>> syms x t;                          %创建符号变量
>> f = x^2-x-3*x+3, g = x*cos(t) + (1 + x)*t
f =
x^2-x-3*x+3
g =
x*cos(t)+(1+x)*t
```

（2）利用collect函数对符号表达式f、g合并同类项。

```
>> collect(f)
ans =
3+x^2-4*x
>> collect(g)
ans =
```

```
(cos(t)+t)*x+t
```

（3）函数expand展开符号表达式。展开符号表达式 $f(x)=(x-1)(x-3)$，$g(x)=\tan(x+y)$。创建符号表达式f、g。

```
>> syms x y;                    %创建符号变量
f = (x-1)*(x-3), g = tan(x+y)
f =
(x-1)*(x-3)
g =
tan(x+y)
```

（4）函数expand展开符号表达式f、g。

```
>> expand(f)
ans =
3+x^2-4*x
>> expand(g)
ans =
(tan(x)+tan(y))/(1-tan(x)*tan(y))
```

（5）函数factor对符号表达式作因式分解。对符号表达式 $3+x^2-4x$ 和符号常量 $\prod_{i=1}^{6} i$ 作因式分解。对 $3+x^2-4x$ 作因式分解。

```
>> factor(3+x^2-4*x)
ans =
(x-1)*(x-3)
```

（6）对正整数符号常量 $\prod_{i=1}^{6} i$ 进行因式分解。

```
>> factor(sym(1*2*3*4*5*6))
ans =
(2)^4*(3)^2*(5)
>> pretty(ans)
                                          4      2
                                       (2)    (3)    (5)
```

（7）函数simple和simplify对符号表达式进行化简，一般来说，simple更能找到最简化的表达式。

分别利用simplify和simple函数化简下面的符号表达式：

$\dfrac{x^3-1}{x-1}$，$\sqrt{(\dfrac{1}{x^2}+\dfrac{2}{x}+1)}$，$\sin^2 x+\cos^2 x$，$\sin x\cos x$，并创建符号表达式。

```
>> sym x;   %声明符号变量
>> % 创建符号表达式
>> f1 = (x^3 - 1)/(x - 1);
>> f2 = (1/x^2  + 2/x + 1)^(1/2);
>> g1 = cos(x)^2 + sin(x)^2;
>> g2 = sin(x)*cos(x);
```

（8）函数simple对上述符号表达式进行化简。

```
>> simple(f1)
```

```
ans =
x^2+x+1
>> simple(f2)
ans =
(1+x)/x
>> simple(g1)
ans =
1
>> simple(g2)
ans =
1/2*sin(2*x)
```

simple函数会依据多种方法对符号表达式进行化简，然后在这些结果中选取最简表达式作为最终结果，上面仅列出了最终结果，而省略了中间结果。相对于simple而言，simplify函数有时不能得到最简表达式。

```
>> simplify(f1)
ans =
x^2+x+1
>> simplify(f2)
ans =
((1+x)^2/x^2)^(1/2)
>> simplify(g1)
ans =
1
>> simplify(g2)
ans =
sin(x)*cos(x)
```

14.3.3　符号表达式的替换

符号表达式的替换有两种，一是利用符号变量或符号表达式替换目标符号表达式中的符号变量（包括符号常量），利用函数subs实现；二是用符号变量替代目标符号表达式中的某个子符号表达式，利用函数subexpr实现。函数subs的一般调用格式为：

R = subs(S)

R = subs(S, new)

R = subs(S,old,new)

R = subs(S)替换S中与调用函数空间或基本工作空间同名的符号变量。例如，对$S=a^2+b$，基本工作区间中存在$b=3$，subs(S)得到a^2+3。

```
>> S = sym('a^2+b');
>> b = 3;
>> R = subs(S)
R =
a^2+3
```

R = subs(S, new)用new替换S的默认符号变量，对前面的S，sub(S，'x^2')用 x^2替换b。

```
>> R = subs(S,'x^2')
R =
```

```
a^2+(x^2)
```

new除了可以是符号常量、符号变量或符号变达式外，还可以是数值标量、向量及矩阵。例如：

```
>> subs(S,-1)
ans =
a^2-1
>> subs(S,-1:1)
ans =
[ a^2-1,   a^2, a^2+1]
```

R = subs(S,old,new)将S中old指定的符号变量由new替换，new可以是符号变达式（包括符号常量、符号变量）和数值量。这种格式由于意义明显，是实际运用中经常使用的一种调用格式。

另外，为了同时替换多个变量，old和new可以是元胞类型。例如对前面的S，同时替换a、b。

```
>> R = subs(S,{'a','b'},{0,1})
R =
    1
```

[Y,SIGMA] = subexpr(X,SIGMA) or [Y,SIGMA] = subexpr(X,'SIGMA')搜索X中共同的子符号表达式，并用SIGMA替换。该函数可以用于符号表达式的化简。

例如，$x^3+ax+1=0$ 的解

```
>> syms a x;
>> s = solve(x^3+a*x+1)
s =
1/6*(-108+12*(12*a^3+81)^(1/2))^(1/3)-2*a/(-108+12*(12*a^3+81)^(1/2))^(1/3)
-1/12*(-108+12*(12*a^3+81)^(1/2))^(1/3)+a/(-108+12*(12*a^3+81)^(1/2))^(1/
3)+1/2*i*3^(1/2)*(1/6*(-108+12*(12*a^3+81)^(1/2))^(1/3)+2*a/(-108+12*(12*
a^3+81)^(1/2))^(1/3))
-1/12*(-108+12*(12*a^3+81)^(1/2))^(1/3)+a/(-108+12*(12*a^3+81)^(1/2))^(1/
3)-1/2*i*3^(1/2)*(1/6*(-108+12*(12*a^3+81)^(1/2))^(1/3)+2*a/(-108+12*(12*
a^3+81)^(1/2))^(1/3))
```

这里涉及到符号代数方程求解，读者可以暂时抛开这个问题，只需关注s的表达式。

利用subexpr对s化简。

```
>> [S,sigma] = subexpr(s,'sigma')
S =
                                        1/6*sigma^(1/3)-2*a/sigma^(1/3)
-1/12*sigma^(1/3)+a/sigma^(1/3)+1/2*i*3^(1/2)*(1/6*sigma^(1/3)+2*a/sigma^(1/3))
-1/12*sigma^(1/3)+a/sigma^(1/3)-1/2*i*3^(1/2)*(1/6*sigma^(1/3)+2*a/sigma^(1/3))
sigma =
-108+12*(12*a^3+81)^(1/2)
```

14.3.4 符号常量与数值类型的转换

在符号常量与数值类型的相互转换中，数值向符号常量的转换即是符号常量的创建，由函数sym实现，如有疑问请参考第14.2.1节。这里主要介绍符号常量向数值类型的转换。

MATLAB中的函数vpa用于符号常量向一般数值类型的转换，vpa的调用格式为

v = vpa(s, d)或v = vpa(s)

其中，s为符号常量，d为转换结果v的小数位个数，未设定时，d是函数digits（关于digits的使用，不是本节所要讨论的内容，如有疑问请参考帮助）设定的值。

下面是符号常量与一般数值类型转换的一个例子。

【例7】符号常量与一般数值类型的转换

用两种方法求下列一元二次方程 $x^2+x-1=0$ 的数值解。

第一种解法可以利用多项式求根的方法，得到一元二次方程的数值解。

```
>> roots([1,1,-1])
ans =
   -1.6180
   0.6180
```

第二种解法：

（1）利用MATLAB符号工具箱求上述一元二次方程的解析解。

```
>> sym x;
>> s = solve(x^2+x-1)              %求解析解
s =
  1/2*5^(1/2)-1/2
 -1/2-1/2*5^(1/2)
```

（2）然后将解析解转换为数值解，小数位个数为4。

```
>> vpa(s, 4)
ans =
  .6180
 -1.618
```

所得结果与第一种方法得到的结果相同。

14.4 符号矩阵

符号矩阵是数值矩阵的扩展，符号矩阵的每个元素都是符号表达式。同一般的数值矩阵一样，符号矩阵也有四则运算，可以求符号矩阵的奇异值，对符号进行奇异值分解。对于符号方阵，有符号矩阵的行列式、特征值，符号方阵可逆时，还可以求符号方阵的逆。本节涉及到的符号矩阵运算大多与数值矩阵相同，读者在学习本节内容时可以参考第5章的内容。

14.4.1 符号矩阵的创建

MATLAB的符号工具箱中没有专门用于创建符号矩阵的函数，用户可以通过下面的几种方式创建符号矩阵。

- 直接输入符号矩阵的各个元素——符号表达式。
- 利用sym函数将数值矩阵转化为符号矩阵，这种方法只能用于符号常量矩阵的创建。
- 简单符号矩阵的组合创建复杂符号矩阵。

下面通过一些简单的例子介绍上面3种符号矩阵的创建方法。

【例8】符号矩阵的创建。

（1）直接法创建符号矩阵。

```
>> syms x;
>> S = [sin(x),cos(x);-cos(x),sin(x)]
S =
[  sin(x),  cos(x)]
[ -cos(x),  sin(x)]
```

（2）将2阶Vanderman矩阵转换为符号矩阵。

```
>> V = vander([1,2])
V =
     1     1
     2     1
>> V = sym(V)
V =
[ 1, 1]
[ 2, 1]
```

S+V，S*V分别得到新的符号矩阵。

```
>> S+V
ans =
[  sin(x)+1,  cos(x)+1]
[ -cos(x)+2,  sin(x)+1]
>> S*V
ans =
[  sin(x)+2*cos(x),    sin(x)+cos(x)]
[ -cos(x)+2*sin(x),   -cos(x)+sin(x)]
```

14.4.2 符号矩阵的基本代数运算

同数值矩阵一样，符号矩阵也能进行加、减、乘、除四则运算，并且具有与数值矩阵几乎相同的运算规则，只是矩阵元素由数值变成了符号表达式。表14.1列出了符号矩阵支持的代数运算符。

表14.1 符号矩阵支持的代数运算符

运算符	说明
+	矩阵加法
-	矩阵减法
*	矩阵乘
\	矩阵左除
/	矩阵右除
.*	按位乘
.\	按位左除
./	按位右除
^	矩阵幂
.^	数组幂
'	Hermite转置
.'	转置

对于上表中列出的符号矩阵运算符的涵义及运算规则，读者可以参考第5章数值矩阵的运算符。下面仅以一些简单的例子介绍符号矩阵的各种代数运算。

【例9】符号矩阵的基本代数运算。

已知 $A=\begin{bmatrix} a & b \\ c & d \end{bmatrix}$，$B=\begin{bmatrix} e & f \\ g & h \end{bmatrix}$，$x=\begin{bmatrix} u \\ v \end{bmatrix}$

求 $A+B$、$A-B$、$A*x$、$A\backslash x$、A/x、$A.*B$、$A.*B$、$A\hat{}2$、$A.\hat{}2$、A'、$A.'$。

（1）创建相关的符号变量。

```
>> syms a b c d e f g h u v; %声明符号变量
```

（2）创建符号矩阵 A、B、x。

```
>> A = [a,b;c,d]
A =
[ a, b]
[ c, d]
>> B = [e,f;g,h]
B =
[ e, f]
[ g, h]
>> x = [u;v]
x =
 u
 v
```

（3）求 $A+B$、$A-B$。

```
>> A + B
ans =
[ a+e, b+f]
[ c+g, d+h]
>> A - B
ans =
[ a-e, b-f]
[ c-g, d-h]
```

（4）求 $A*x$。

```
>> A*x
ans =
 a*u+b*v
 c*u+d*v
```

求 $A\backslash x$、A/x。

```
>> A\x
ans =
  (d*u-b*v)/(-c*b+a*d)
 -(c*u-a*v)/(-c*b+a*d)
>> A/x
??? Error using ==> sym.mrdivide
Second dimensions must agree.
```

矩阵右除要求 x 的列数与 A 的行数相等。

（5）求 $A.*B$、$A.*B$。

```
>> A*B
ans =
[ a*e+b*g, a*f+b*h]
[ c*e+d*g, c*f+d*h]
>> A.*B
ans =
[ a*e, b*f]
[ c*g, d*h]
```

（6）求 $A\char`^2$、$A.\char`^2$。

```
>> A^2
ans =
[ a^2+c*b, a*b+b*d]
[ c*a+d*c, c*b+d^2]
>> A.^2
ans =
[ a^2, b^2]
[ c^2, d^2]
```

（7）求Hermite转置 A' 和转置 $A.'$。

```
>> A'
ans =
[ conj(a), conj(c)]
[ conj(b), conj(d)]
>> A.'
ans =
[ a, c]
[ b, d]
```

14.4.3 符号矩阵的关系运算

MATLAB符号工具箱对关系运算符的支持很有限，仅支持==和~=。例如，对 $(a+b)^2$ 与 $a^2+2ab+b^2$ 相等关系的判断。

```
>> syms a b;
>> (a+b)^2 == a^2+2*a*b+b^2
ans =
     0
```

虽然两式在数学上是相等的，但很明显，在MATLAB符号工具箱中并没有发现这一事实。另外用户不能对两个符号表达式作大于或小于关系运算，否则MATLAB会报出错误。

```
>> (a+b)^2 > a^2+2*a*b+b^2
??? Function 'gt' is not defined for values of class 'sym'.
Error in ==> gt at 16
  builtin('gt', varargin{:});
```

14.4.4 符号矩阵的行列式

符号矩阵的行列式与数值矩阵的行列式具有相同的定义，只是符号矩阵的行列式为符号函数。当然，行列式仅对符号方阵才有意义。在MATLAB中，利用同名函数det计算符号矩阵的行列式，该函数在符号工具箱中被重载。

【例10】符号矩阵的行列式。

矩阵$\begin{bmatrix} \sin x & \cos x \\ -\cos x & \sin x \end{bmatrix}$被称为单位旋转矩阵，求该矩阵的行列式。

（1）创建单位旋转矩阵Q。

```
>> syms x;  %定义符号变量
>> %创建符号矩阵
>> Q = [sin(x), cos(x); -cos(x), sin(x)]
Q =
[  sin(x),  cos(x)]
[ -cos(x),  sin(x)]
```

（2）求Q的行列式。

```
>> det(Q)
ans =
sin(x)^2+cos(x)^2
>> simple(ans)
ans =
1
```

（3）求xQ的行列式。

```
>> simplify(det(x*Q))
ans =
x^2
```

符号矩阵的行列式与符号矩阵的可逆性相关，当符号矩阵的行列式为非0时，则符号矩阵可逆，否则符号矩阵不可逆。

14.4.5 符号矩阵的逆

对M阶符号方阵A，满足AB=BA=E的符号方阵B称为A的逆，记为A^{-1}，其中，E为单位符号方阵，对角线上的元素为符号常量*sym*(1)，其余为0。MATLAB符号工具箱提供了同名函数inv计算符号方阵的逆，这里的inv在符号工具箱中被重载。下面是符号矩阵求逆应用的例子。

【例11】符号矩阵的逆。

已知符号矩阵Q、B，且$QX=B$。求符号矩阵X。其中，Q为$N\times N$符号矩阵，且可逆，X、B为$N\times M$符号矩阵。由于Q是可逆的，在$QX=B$的两边同时乘以Q^{-1}得$X=Q^{-1}B$。当$M=1$时，X即为N元线性方程组的解。考虑Q为单位旋转矩阵的情况，即

$Q=\begin{bmatrix} \sin x & \cos x \\ -\cos x & \sin x \end{bmatrix}$，$B=\begin{bmatrix} a \\ b \end{bmatrix}$，求$X$。

（1）创建符号矩阵Q、B。

```
>> syms x a b;  %定义符号变量
>> %创建符号矩阵Q、B
>> Q = [sin(x), cos(x); -cos(x), sin(x)]
```

```
Q =
[  sin(x),  cos(x)]
[ -cos(x),  sin(x)]
>> B = [a; b]
B =
 a
 b
```

（2）求Q的逆Q^{-1}，用Inv_Q表示。

```
>> Inv_Q = inv(Q)
Inv_Q =
[  sin(x)/(sin(x)^2+cos(x)^2), -cos(x)/(sin(x)^2+cos(x)^2)]
[  cos(x)/(sin(x)^2+cos(x)^2),  sin(x)/(sin(x)^2+cos(x)^2)]
>> Inv_Q = simplify(Inv_Q)
Inv_Q =
[  sin(x), -cos(x)]
[  cos(x),  sin(x)]
```

（3）求$X = Q^{-1}B$。

```
>> X = Inv_Q*B
X =
 sin(x)*a-cos(x)*b
 cos(x)*a+sin(x)*b
```

14.4.6 符号矩阵的特征值

符号矩阵的特征值反映了符号矩阵的一些重要的性质，符号矩阵特征值的分析在信号处理、自动控制中有着重要的应用。符号方阵A的特征值是满足$|\lambda E - A| = 0$的λ，其中，E为单位符号矩阵。

由于$|\lambda E - A|$即为A的特征多项式，所以A的特征值为特征多项式的根。回忆一下第12章中的介绍，利用函数poly求数值矩阵的特征多项式，事实上，在符号工具箱中该函数被重载，利用poly(A)可以得到符号方阵A的特征多项式$|\lambda E - A|$，对特征多项式求根solve(poly(A))即可得到符号方阵A的特征值。

MATLAB利用符号工具箱中的同名函数eig计算符号矩阵的特征值，这里的eig函数被重载。

函数eig的调用格式为

∧ = eig(A)

[V, ∧] = eig(A)

其中，A为N阶符号方阵。第一种调用格式的返回结果Λ为$N \times 1$向量，向量元素为A的特征值。第二种调用格式返回N×N的符号矩阵V、Λ，且Λ为对角符号矩阵，对角线上的元素为A的特征值。V的每列是A的特征向量，V、Λ、A满足$V^{-1}AV = \Lambda$，上式称为A的特征分解。

下面的两个例子中，第一个例子利用多种方法求符号矩阵的特征值，使读者对符号矩阵的特征值及其计算有一个较全面的了解；第二个例子是符号矩阵特征值在判断矩阵级数收敛性方面的应用。

【例12】符号矩阵的特征值。

已知$A=\begin{bmatrix} a & b & 0 \\ c & d & 0 \\ 0 & 0 & e \end{bmatrix}$。求$A$、$e^A$的特征值。

（1）创建符号矩阵A。

```
>> syms a b c d e;   %声明符号变量
>> A = [a,b,sym(0);c,d,sym(0);sym(0),sym(0),e]
A =
[ a, b, 0]
[ c, d, 0]
[ 0, 0, e]
```

（2）利用函数eig求A的特征值。

```
>> V = eig(A)
V =
                                           e
 1/2*a+1/2*d+1/2*(a^2-2*a*d+d^2+4*b*c)^(1/2)
 1/2*a+1/2*d-1/2*(a^2-2*a*d+d^2+4*b*c)^(1/2)
>> V = simplify(V)
V =
                                           e
 1/2*a+1/2*d+1/2*(a^2-2*a*d+d^2+4*b*c)^(1/2)
 1/2*a+1/2*d-1/2*(a^2-2*a*d+d^2+4*b*c)^(1/2)
```

（3）求A的特征多项式。

```
>> P = poly(A)
P =
x^3-x^2*e-x^2*d+x*d*e-a*x^2+a*x*e+a*d*x-a*d*e-c*b*x+c*b*e
>> P = simple(P)
P =
(-x^2+x*d+a*x-a*d+c*b)*(-x+e)
```

（4）求特征多项式P的根即为特征值。

```
>> V = solve(P)
V =
                                           e
 1/2*d+1/2*a+1/2*(d^2-2*a*d+a^2+4*c*b)^(1/2)
 1/2*d+1/2*a-1/2*(d^2-2*a*d+a^2+4*c*b)^(1/2)
```

可以看到，两种方法求得的特征值是相同的。

（5）计算e^A的特征值。由矩阵理论得知，e^A的特征值为e^λ，这里的λ为A的特征值，所以e^A的特征值可以由exp(V)得到。

```
>> exp(V)
ans =
                                              exp(e)
 exp(1/2*d+1/2*a+1/2*(d^2-2*a*d+a^2+4*c*b)^(1/2))
 exp(1/2*d+1/2*a-1/2*(d^2-2*a*d+a^2+4*c*b)^(1/2))
```

另一方面，也可以利用函数eig直接求e^A的特征值。

```
>> eig(expm(A))
ans =
                                          exp(e)
 exp(1/2*d+1/2*a-1/2*(d^2-2*a*d+a^2+4*c*b)^(1/2))
 exp(1/2*d+1/2*a+1/2*(d^2-2*a*d+a^2+4*c*b)^(1/2))
```

【例13】矩阵级数的收敛性。

已知 $A=\begin{bmatrix} a & 1 \\ 0 & 1-a \end{bmatrix}$，其中，$0<a<1$，

判断级数 $\sum_{n=1}^{\infty}(-1)^{n-1}\frac{A^n}{n}=A-\frac{A^2}{2}+\frac{A^3}{3}-\cdots+\frac{A^n}{n}$ 的收敛性。

上式中，矩阵级数收敛的条件是A的谱半径 $\sigma(A)<1$，谱半径 $\sigma(A)$ 定义为A特征值的最大绝对值，即 $\sigma(A)=\max\{|\lambda_n|\}$，其中 λ_n 为A的第 n 个特征值。

（1）创建符号矩阵A。

```
>> syms a;  %声明符号变量
>> %创建符号矩阵A
>> A = [a,1;0,1-a]
A =
[   a,   1]
[   0, 1-a]
```

（2）求符号矩阵A的特征值E。

```
>> E = eig(A)
E =
   a
 1-a
```

A的特征值为 a 和 $1-a$，由于 $0<a<1$，所以A的谱半径 $r=\max(a,1-a)<1$，故矩阵级数 $\sum_{n=1}^{\infty}(-1)^{n-1}\frac{A^n}{n}$ 收敛。

14.4.7　符号矩阵的SVD分解

关于符号矩阵SVD分解的概念，可以参考第5章数值矩阵SVD分解，这里不再赘述。需要强调的是，MATLAB符号工具箱仅支持元素为符号常量的符号矩阵的SVD分解，原因可能是，对于一般的符号矩阵，SVD分解过于复杂而变得不可用。在MATLAB中，利用同名函数svd对符号矩阵进行SVD分解，其一般的调用格式为

[U，S，V] = svd(A)

其中，U、V为酉矩阵，S为对角矩阵，对角线上的元素为A的奇异值，U、V、S的元素均为符号常量。U、V、S、A满足下面的关系 $USV^H=A$，对于一般的符号矩阵（即元素不全为符号常量的符号矩阵）A，虽然不能求得SVD分解，但是利用svd函数可以求奇异值，其调用格式为

∧ = svd(A)

其中，∧为 A 奇异值组成的向量。

例如，对符号矩阵 A， $A=\begin{bmatrix} a & b \\ c & d \end{bmatrix}$，求 A 的奇异值。

```
>> syms a b c d;
>> A = [a,b; c,d]
A =
[ a, b]
[ c, d]
>> svd(A)
ans =
1/2*(2*a*conj(a)+2*d*conj(d)+2*b*conj(b)+2*c*conj(c)+2*(a^2*conj(a)^2-2*a
*conj(a)*d*conj(d)+2*a*conj(a)*b*conj(b)+2*a*conj(a)*c*conj(c)+d^2*conj(d
)^2+2*b*conj(b)*d*conj(d)+2*d*conj(d)*c*conj(c)+b^2*conj(b)^2-2*b*conj(b)
*c*conj(c)+c^2*conj(c)^2+4*a*conj(c)*d*conj(b)+4*b*conj(d)*c*conj(a))^(1/
2))^(1/2)
1/2*(2*a*conj(a)+2*d*conj(d)+2*b*conj(b)+2*c*conj(c)-2*(a^2*conj(a)^2-2*a
*conj(a)*d*conj(d)+2*a*conj(a)*b*conj(b)+2*a*conj(a)*c*conj(c)+d^2*conj(d
)^2+2*b*conj(b)*d*conj(d)+2*d*conj(d)*c*conj(c)+b^2*conj(b)^2-2*b*conj(b)
*c*conj(c)+c^2*conj(c)^2+4*a*conj(c)*d*conj(b)+4*b*conj(d)*c*conj(a))^(1/
2))^(1/2)
>> simple(ans)
ans =
1/2*(2*a*conj(a)+2*d*conj(d)+2*b*conj(b)+2*c*conj(c)+2*(a^2*conj(a)^2-2*c
onj(a*d)*a*d+2*conj(a*b)*a*b+2*conj(a*c)*a*c+d^2*conj(d)^2+2*conj(b*d)*b*
d+2*conj(d*c)*d*c+b^2*conj(b)^2-2*conj(b*c)*b*c+c^2*conj(c)^2+4*conj(b*c)
*a*d+4*conj(a*d)*b*c)^(1/2))^(1/2)
1/2*(2*a*conj(a)+2*d*conj(d)+2*b*conj(b)+2*c*conj(c)-2*(a^2*conj(a)^2-2*c
onj(a*d)*a*d+2*conj(a*b)*a*b+2*conj(a*c)*a*c+d^2*conj(d)^2+2*conj(b*d)*b*
d+2*conj(d*c)*d*c+b^2*conj(b)^2-2*conj(b*c)*b*c+c^2*conj(c)^2+4*conj(b*c)
*a*d+4*conj(a*d)*b*c)^(1/2))^(1/2)
```

但是不能对 A 作SVD分解，否则MATLAB会提示错误。

```
>> [U,S,V] = svd(A)
??? Error using ==> sym.svd
Error, (in evalf/Svd) matrix contains unknowns
```

下面的例子对Hilebert矩阵作SVD分解。

【例14】求3阶Hilbert矩阵的SVD分解。

（1）创建3阶Hilebert数值矩阵H。

```
>> H = hilb(3)
H =
    1.0000    0.5000    0.3333
    0.5000    0.3333    0.2500
    0.3333    0.2500    0.2000
```

（2）对H作SVD分解。

```
>> [U, S, V] = svd(H)
U =
   -0.8270    0.5474    0.1277
```

```
   -0.4599   -0.5283   -0.7137
   -0.3233   -0.6490    0.6887
S =
    1.4083         0         0
         0    0.1223         0
         0         0    0.0027
V =
   -0.8270    0.5474    0.1277
   -0.4599   -0.5283   -0.7137
   -0.3233   -0.6490    0.6887
```

（3）求SVD分解误差$H-USV^H$。

```
>> E1 = H - U*S*V'
E1 =
  1.0e-015 *
   -0.2220    0.1665    0.1110
    0.0555    0.1665    0.0833
    0.0555    0.0833    0.0833
```

（4）下面利用符号矩阵的SVD分解对H作SVD分解。

将H转换为符号矩阵。

```
>> H = sym(H)
H =
[   1, 1/2, 1/3]
[ 1/2, 1/3, 1/4]
[ 1/3, 1/4, 1/5]
```

对符号矩阵H作SVD分解。

```
>> [U, S, V] = svd(H)
U =
```

$$\begin{bmatrix} -.827044926972009409220277036472 83, & .5474484307206746198228684565518 7, & .127659329746534171478312500042 86 \\ -.459863904365543921048525689818 87, & -.528290235067436888441533143765 11, & -.713746885803412910655140268644 27 \\ -.323298435244498976291571791519 75, & -.649006658851712396562210049108 08, & .688671531671373435818496292613 39 \end{bmatrix}$$

```
S =
```

$$\begin{bmatrix} 1.4083189271236539575374891694337, & 0, & 0 \\ 0, & .12232706585390584656480114262329, & 0 \\ 0, & 0, & .26873403557735292310430212761776e-2 \end{bmatrix}$$

```
V =

[ -.82704492697200940922027703647281, .54744843072067461982286845655182, .12765932974653417147831250004278]
[ -.45986390436554392104852568981881, -.52829023506743688844153314376515, -.71374688580341291065514026864420]
[ -.32329843524449897629157179151969, -.64900665885171239656221004910790, .68867153167137343581849629261347]
```

（5）求SVD分解误差$H-USV^H$：

```
>> E2 = H - U*S*V'
E2 =
[ .17e-30, .15e-30, .11e-30]
[  .7e-31,  .6e-31,  .4e-31]
[  .5e-31,  .2e-31,  .1e-31]
```

可以看到，利用符号矩阵的SVD分解能得到更小的分解误差。

14.5　符号微积分

第5章已经介绍了数值积分，数值积分的适用范围广泛，但对问题的描述一般是近似的，而符号微积分可能得到问题的精确描述。本节内容包括符号的极限、微分、积分、Taylor级数以及级数求和。

14.5.1　极限

极限是当变量无限接近特定值时函数的值，例如，一元函数 $f(x)$ 微分 $f'(x)$ 的定义为下面的极限 $f'(x)=\lim\limits_{h\to 0}\dfrac{f(x+h)-f(x)}{h}$ 。MATLAB符号工具箱利用函数limit计算符号极限，表14.2列出了五种不同形式的极限及其对应的limit调用格式。

表14.2　limit计算极限

数学运算符	limit调用格式
$\lim\limits_{x\to\infty} f(x)$	limit(f(x), x, inf)或limit(f(x), inf)
$\lim\limits_{x\to-\infty} f(x)$	limit(f(x), x, -inf)或limit(f(x), -inf)
$\lim\limits_{x\to a} f(x)$	limit(f(x), x, a)或limit(f(x), a)
$\lim\limits_{x\to a^+} f(x)$	limit(f(x), x, a, 'right')
$\lim\limits_{x\to a^-} f(x)$	limit(f(x), x, a, 'left')

函数limit的调用要求第一个输入变量为符号函数。limit不支持符号函数句柄，但是对符号函数句柄 f ，可以将 $f(x)$ 作为输入变量。下面的两个例子中，第一个例子分别介绍5种极限的计算，主要目的是熟悉limit函数的使用；第二个例子是符号极限在判断函数连续性方面的应用。

【例15】limit函数计算极限。已知函数 $f(x)$ $f(x)=\dfrac{\sin x-x}{x^3}$，求下列极限：

$\lim\limits_{x\to\infty} f(x)$、$\lim\limits_{x\to-\infty} f(x)$、$\lim\limits_{x\to 0} f(x)$、$\lim\limits_{x\to 0^+} f(x)$、$\lim\limits_{x\to 0^-} f(x)$

（1）创建函数 $f(x)$ 。

```
>> syms x;   %创建符号变量x
>> %创建符号函数f(x)
>> f = (sin(x) - x)/x;
```

（2）求 $\lim\limits_{x\to\infty} f(x)$ 。

```
>> limit(f, x, inf)
ans =
-1
```

（3）求 $\lim\limits_{x\to-\infty} f(x)$ 。

```
>> limit(f, x, -inf)
```

```
ans =
-1
```

（4）求 $\lim_{x\to 0} f(x)$。

```
>> limit(f, x, 0)
ans =
0
```

（5）求 $\lim_{x\to 0^+} f(x)$、$\lim_{x\to 0^-} f(x)$。

```
>> limit(f, x, 0, 'right')
ans =
0
>> limit(f, x, 0, 'left')
ans =
0
```

【例16】利用符号极限判定函数的连续性。

讨论函数 $f(x)=\begin{cases}\dfrac{(\cos x-1)}{x^2} & x\neq 0\\ 0 & x=0\end{cases}$ 的连续性。$x<0$、$x>0$ 时，$f(x)$ 为初等函数，其连续性是显然的，只要考虑在 $x=0$ 处的连续性。

首先要创建符号函数，由于 $f(x)$ 的形式比较复杂，可以通过M-文件的方式创建 $f(x)$。新建名为example_7_5_2的M-文件，在M-文件中输入以下代码。

```
function y = example_7_5_2(x)
%创建符号函数
%y:   x~=0时，(cos(x)-1)/x^2
%     x==0时，0
%输入x为符号变量
if (x ~= sym(0))
    y = (cos(x)-1)/x^2;
else
    y = sym(0);
end
```

（1）求极限之前，首先得到函数example_7_5_2的函数句柄。

```
>> f = @example_7_5_1
f =
    @example_7_5_1
```

（2）分别求 $\lim_{x\to 0} f(x)$、$\lim_{x\to 0^+} f(x)$、$\lim_{x\to 0^-} f(x)$。

```
>> syms x;   %声明符号变量
>> limit(f(x),0)
ans =
-1/2
>> limit(f(x),x,0,'right')
ans =
-1/2
```

```
>> limit(f(x),x,0,'left')
ans =
-1/2
```

可以看到，$\lim_{x\to 0} f(x) = \lim_{x\to 0^+} f(x) = \lim_{x\to 0^-} f(x) = -1/2 \neq 0 = f(0)$，所以在$x=0$处不连续。

注意：limit 函数不接受函数句柄，因此例中的第一输入变量为 f(x)而不是 f。

14.5.2 微分

对一元函数$f(x)$，其微分$f'(x)$定义为$f'(x)=\lim_{h\to 0}\frac{f(x+h)-f(x)}{h}$。记为$\frac{df}{dx}$，$n$阶微分记为$\frac{d^n f}{dx^n}$。对多元函数，以二元函数$F(x,y)$为例，$F(x,y)$对$x$、$y$的偏微分$F'_x(x,y)$ 、 $F'_y(x,y)$ 分别为 $F'_x(x,y)=\lim_{h\to 0}\frac{F(x+h,y)-F(x,y)}{h}$，$F'_y(x,y)=\lim_{h\to 0}\frac{F(x,y+h)-F(x,y)}{h}$。记为$\frac{\partial F}{\partial x}$和$\frac{\partial F}{\partial y}$。对自变量个数多于2的多元函数，依此类推。

还有一种情形，即应变量的个数大于1，如$\begin{bmatrix} F(x,y) \\ G(x,y) \end{bmatrix}$，其微分为Jocabian矩阵

$$J=\begin{bmatrix} \frac{\partial F}{\partial x} & \frac{\partial G}{\partial x} \\ \frac{\partial F}{\partial y} & \frac{\partial G}{\partial x} \end{bmatrix}$$，记为$J=\frac{\partial(F,G)}{\partial(x,y)}$。

对于一元函数，MATLAB利用函数diff求其各阶微分，一般的调用格式为

d = diff(f, n)
d = diff(f)

返回f的n阶微分$\frac{d^n f}{dx^n}$，其中，f为符号函数。当n未指定时，默认$n=1$。

对于多元函数，MATLAB利用相同的函数diff求其偏微分，一般的调用格式为

pd = diff(f, s, n)
pd = diff(f, x)
pd = diff(f)

返回f的n阶偏微分$\frac{\partial^n f}{\partial s^n}$，其中，$f$为符号函数，$s$为符号变量。当$n$未指定时，默认$n=1$，当$s$未指定时，将$s$设定为$f$的默认符号变量，即$f$中依字母表序最靠近$x$的符号变量。另外，用户也可以利用函数findsym得到f的默认变量，例如，$f=a+bs+bt$，最靠近x的变量为t。

```
>> syms a b s t;
>> f = a + b*s +s*t
>> findsym(f,1)
ans =
t
```

对于多输出函数的Jacobian矩阵的计算，MATLAB提供了函数jacobian，其一般的调用格式为

J = jacobian(F, x)

J = jacobian(F)

其中，F为符号函数组成的列向量，x为自变量组成的行向量，如果x未指定，则默认x为F中所有自变量依字母表顺序组成的行向量。下面的例子对求符号函数微分进行了全面的演示，并对读者可能存在的疑问进行了详细的介绍。

【例17】求符号函数微分。

已知 $f(x)=e^{ax}+b$，$F(x,y)=\begin{bmatrix} ax+by \\ by \end{bmatrix}$。求 $\frac{df}{dx}$、$\frac{df}{da}$、$\frac{df}{db}$、$\frac{d^2 f}{dx^2}$ 和Jocabian矩阵 $J=\frac{\partial F}{\partial(x,y)}$。

（1）创建符号函数 $f(x)$ 和 $F(x,y)$。

```
>> syms x y a b;   %声明符号变量
>> %创建符号函数f(x)
>> f = exp(a*x)+b
f =
exp(a*x)+b
>> %创建符号函数F(x)
>> F = [a*x+b*y; b*y]
F =
 a*x+b*y
    b*y
```

（2）求 $\frac{df}{dx}$。

```
>> diff(f,x)
ans =
a*exp(a*x)
```

（3）由于x是f(x)的默认自变量，因此diff(f)返回相同的结果。

```
>> diff(f)
ans =
a*exp(a*x)
```

（4）求 $\frac{df}{da}$。

```
>> diff(f,a)
ans =
x*exp(a*x)
```

（5）求$\dfrac{df}{db}$。

```
>> diff(f,b)
ans =
1
```

（6）求$J=\dfrac{\partial F}{\partial(x,y)}$。

```
>> J = jacobian(F,[x,y])
J =
[ a, b]
[ 0, b]
```

值得注意的是，该结果与J = jacobian(F)是不同的。

```
>> J = jacobian(F)
J =
[ x, y, a, b]
[ 0, y, 0, b]
```

14.5.3　积分

f 为符号表达式，则 $F=\text{int}(f)$ 返回 f 的积分，使得 $diff(F)=f$ 。同diff相似，如果 f 为多变量的符号表达式，应该指定对某个自变量积分，即F = int(f, v)。

如果 v 未指定，则 v 设定为由函数fingsym(f, 1)决定的默认符号变量。下面的例子介绍如何利用函数int求符号积分。

【例18】利用函数int求符号积分。

求下列积分 $\int x^n dx \quad (n\neq -1)$、$\int\frac{1}{x}dx$、$\int\cos(ax+b)dx$、$\int e^{-x^2}dx$、$\int\cos x^2 dx$。

（1）创建相关的符号变量 x 、a 、b 、n 。

```
>> syms x a b n;  %声明符号变量
```

（2）求 $\int x^n dx$，$(n\neq -1)$。

```
>> int(x^n,x)
ans =
x^(n+1)/(n+1)
```

这与int(x^n)的结果是相同的，因为 x 是默认积分变量。

```
>> findsym(x^n,1)
ans =
x
>> int(x^n)
ans =
x^(n+1)/(n+1)
```

（3）求 $\int\frac{1}{x}dx$。

```
>> int(1/x)
ans =
log(x)
```

（4）求 $\int \cos(ax+b)dx$。可以是int(cos(a*x + b), x)或int(cos(a*x + b))，两者结果相同。

```
>> int(cos(a*x + b), x), int(cos(a*x + b))
ans =
1/a*sin(a*x+b)
ans =
1/a*sin(a*x+b)
```

（5）求 $\int e^{-x^2}dx$。

```
>> int(exp(-x^2))
ans =
1/2*pi^(1/2)*erf(x)
```

（6）求 $\int \cos x^2 dx$。

```
>> int(cos(x^2))
ans =
1/2*2^(1/2)*pi^(1/2)*FresnelC(2^(1/2)/pi^(1/2)*x)
```

MATLAB符号工具箱并非对所有的积分式都能成功地得到解析解。MATLAB在求积分式时可能会遇到以下几种情况，使积分失败。

- F不存在解析解。
- 解析解虽然存在，但是MATLAB不能得到。
- 解析解存在，而且MATLAB也能得到该解析解，但是消耗的内存过大、时间过长。

如果int(f)不能成功地得到解析解，MATLAB将返回字符串int(f)作为积分结果。例如，求积分 $\int \cos(x^2+\sqrt{x})dx$。

```
>> int(cos(x^2+sqrt(x)))
Warning: Explicit integral could not be found.
> In sym.int at 58
ans =
int(cos(x^2+x^(1/2)),x)
```

上面介绍的是符号函数的不定积分，函数int不仅能够求不定积分，还能计算下面的定积分 $\int_a^b f(x)dx$。相应的int函数调用格式为

int(f, v, a, b)

int(f, a, b)

对 f 关于 v 求积分，其中，f 为符号表达式；默认情况下v = findsym(f, 1)；$[a,b]$ 为积分区间。下面是一些求定积分的例子。

【例19】int计算符号函数定积分。

求下列定积分 $\int_0^1 x^6 dx$、$\int_1^2 \frac{1}{x}dx$、$\int_0^1 \frac{1}{1+x^2}dx$、$\int_0^\infty e^{-x^2}dx$。

（1）创建相关符号变量。

```
>> syms x n;
```

（2）求 $\int_0^1 x^6 dx$。

```
>> int(x^6, 0, 1)
```

```
ans =
1/7
```

（3）求 $\int_1^2 \frac{1}{x} dx$。

```
>> int(1/x, 1, 2)
 ans =
log(2)
```

（4）求 $\int_0^1 \frac{1}{1+x^2} dx$。

```
>> int(1/(x^2+1), 0, 1)
ans =
1/4*pi
```

（5）求 $\int_0^\infty e^{-x^2} dx$。

```
>> int(exp(-x^2), 0, inf)
ans =
1/2*pi^(1/2)
```

14.5.4 Taylor级数

多项式具有很多良好的性质，函数 $f(x)$ 的Taylor展开是利用了多项式 $T(x)$ 对 $f(x)$ 作近似。$T(x)$ 为 $f(x)$ 在 $x=a$ 处的 n 阶Taylor级数，$T(x)=\sum_{n=0}^{\infty}(x-a)^{n-1}\frac{f^{(n-1)}(a)}{n!}$。当 $a=0$ 时，$T(x)$ 称为马克劳林级数。MATLAB利用函数taylor求函数的Taylor级数，其一般的调用格式为

taylor(f, n, a)

taylor(f, n, a)为 f 在 $x=a$ 处的 n 次Taylor展开。其中，f 为符号表达式，默认 $a=0$。例如，求 e^x 的4次马克劳林级数。

```
>> taylor(exp(x),4)
ans =
1+x+1/2*x^2+1/6*x^3
```

下面的例子利用Taylor展开对函数作多项式逼近。

【例20】函数的Taylor级数逼近。

求 $\tan x$ 在 $x=0$ 处的5阶Taylor级数。

（1）创建符号函数 $\tan x$。

```
>> syms x;    %声明符号变量x
>> f = tan(x)
f =
tan(x)
```

（2）求 $\tan x$ 在 $x=0$ 处的5阶Taylor级数 $T(x)$。

```
>> T = taylor(f,5)
T =
x+1/3*x^3
```

（3）作出 $\tan x$ 和 $T(x)$ 在 $[-1,1]$ 的曲线，如图14.1所示。

```
>> y1 = subs(f, (-1:0.05:1));
>> y2 = subs(T, (-1:0.05:1));
>> plot((-1:0.05:1), y1);
>> plot((-1:0.05:1), y1);
>> hold on;
>> plot((-1:0.05:1), y2, 'r');
>> legend('tan(x)','tan(x)的5阶Taylor级数');
```

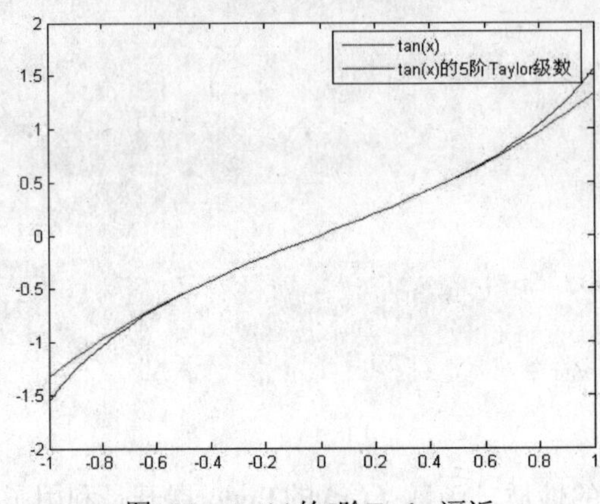

图14.1　tan(x)的5阶Taylor逼近

从图14.1中可以看到，在 $[-0.6, 0.6]$ 上5阶Taylor逼近有很好的效果，而在这个区间之外，逼近误差较大。

14.5.5　级数求和

级数是高等数学中的一个重要概念，例如，

$$\sum_{n=0}^{\infty}\frac{x^n}{n!}=1+x+\frac{x^2}{2!}+\cdots+\frac{x^n}{n!}+\cdots$$

$$\sum_{n=1}^{\infty}\frac{1}{n^2}=1+\frac{1}{2^2}+\cdots+\frac{1}{n^2}+\cdots$$

MATLAB符号工具箱中利用函数symsum求级数，其调用格式如下：

r = symsum(s)

r = symsum(s, v)

r = symsum(s, a, b)

r = symsum(s, v, a, b)

其中，s 为符号函数，symsum(s, v, a, b)等同于 $\sum_{v=a}^{b}s$，默认情况下，$a=0$、$b=v-1$，$v=findsym(s,1)$。以下是一些利用函数symsum求级数的例子。

【例21】symsum求级数。

求下列级数 $\sum_{k=0}^{n-1}k^2$、$\sum_{k=1}^{\infty}\frac{1}{k^2}$、$\sum_{k=0}^{\infty}\frac{x^k}{k!}$

（1）创建相关的符号变量。

```
>> syms x n;
```

（2）求$\sum_{k=0}^{n-1} k^2$。

```
>> symsum(n^2, n, 0, n-1)
ans =
1/3*n^3-1/2*n^2+1/6*n
```

这与下面的结果是相同的。

```
>> symsum(n^2, n)
ans =
1/3*n^3-1/2*n^2+1/6*n
>> symsum(n^2)
ans =
1/3*n^3-1/2*n^2+1/6*n
```

（3）求$\sum_{k=1}^{\infty} \frac{1}{k^2}$。

```
>> symsum(1/n^2,1,inf)
ans =
1/6*pi^2
```

（4）求$\sum_{k=0}^{\infty} \frac{x^k}{k!}$。

```
>> symsum(x^n/sym('n!'),n,0,inf)
ans =
exp(x)
```

14.6　符号方程求解

14.6.1　一般的代数方程求解

考虑下面两个解方程的问题。

问题1：求一元二次方程$ax^2+bx+c=0$的解。

问题2：求二元二次方程组$\begin{cases} x^2+y^2=a^2 \\ xy=b \end{cases}$的解。

总结上面解方程的问题，已知

$$\begin{cases} f_1(x,\alpha)=0 \\ f_2(x,\alpha)=0 \\ \quad\vdots \\ f_M(x,\alpha)=0 \end{cases}$$

求x，其中，x为$N\times 1$向量，α为$L\times 1$向量。MATLAB符号工具箱利用函数solve解上面的代数方程组，其调用格式为：

S = solve(eq1, eq2, …, eqn, var1, var2, …,varn)

S = solve(eq1, eq2, …, eqn)

solve(eq1, eq2, …, eqn, var1, var2, …,varn)对var1、var2、…、varn求解，默认情况下，var1、var2、…、varn由findsym决定。其中，eqn为第n个方程，eqn = '$f_n(x,\alpha)=p$'；或eqn = '$f_n(x,\alpha)$'，此时默认等式右边为0，或者eqn = $f_n(x,\alpha)$，相当于eqn = '$f_n(x,\alpha)=0$'，可以将n个等式合在一起，如下面的调用格式

S = solve('eq1, eq2, …, eqn', var1, var2, …, varn)

S = solve('eq1, eq2, …, eqn')

例如，利用solve对问题2求解，下面的调用格式具有相同的结果。

```
S = solve('x^2 + y^2 = a^2', 'x*y = b', x, y)
S = solve('x^2 + y^2 - a^2', 'x*y - b', x, y)
S = solve('x^2 + y^2 - a^2', 'x*y - b')
S = solve('x^2 + y^2 - a^2, x*y - b')
S = solve(x^2 + y^2 - a^2, x*y - b)
```

当方程个数为1时，返回结果S为解向量。当方程个数大于1时，返回结果S为构架（structure）数据类型，S.var1、S.var2、…、S.varn为方程组的解，也可以采用以下的调用格式直接返回方程组的解。

```
[s1、s2、…、sn] = solve('eq1, eq2, …, eqn', var1, var2, …, varn)
```

其中。sn为varn的解向量。下面以两个例子分别介绍单个代数方程和代数方程组的求解。

【例22】求一元二次方程$ax^2+bx+c=0$的符号解。

solve('a*x^2+b*x+c = 0','x')返回结果为

```
>> solve('a*x^2+b*x+c = 0','x')
ans =
 1/2/a*(-b+(b^2-4*a*c)^(1/2))
 1/2/a*(-b-(b^2-4*a*c)^(1/2))
```

solve('a*x^2+b*x+c = 0')返回结果为

```
>> solve('a*x^2+b*x+c = 0')
ans =
 1/2/a*(-b+(b^2-4*a*c)^(1/2))
 1/2/a*(-b-(b^2-4*a*c)^(1/2))
```

由于x是默认的自变量，因此上面两种调用格式得到相同的结果。

另外，输入变量也可以是符号函数。

```
>> syms a b c x; %声明符号变量
>> solve(a*x^2+b*x +c)
ans =
 1/2/a*(-b+(b^2-4*a*c)^(1/2))
 1/2/a*(-b-(b^2-4*a*c)^(1/2))
```

但是此时输入变量不能为等式，否则MATLAB会给出错误。

```
>> solve(a*x^2+b*x +c = 0)
??? solve(a*x^2+b*x +c = 0)
                         |
Error: The expression to the left of the equals sign is not a valid target
for an assignment.
```

值得注意的是，并不是所有的代数方程都存在解，当解不存在时，solve返回空的符号，并且，MATLAB会给出警告。例如对 $e^x = 0$ ，利用solve对其求解。

```
>> solve('exp(x)')
Warning: Explicit solution could not be found.
> In solve at 140
ans =
[ empty sym ]
```

【例23】二元代数方程组的符号解。

求下面的代数方程组 $\begin{cases} x^2 + y^2 = a^2 \\ xy = b \end{cases}$ 的解。

利用solve函数解上述方程时，以下调用格式的结果是相同的。

```
[x,y] = solve('x^2 + y^2 = a^2', 'x*y = b', x, y)
[x,y] = solve('x^2 + y^2 - a^2', 'x*y - b', x, y)
[x,y] = solve('x^2 + y^2 - a^2', 'x*y - b')
[x,y] = solve('x^2 + y^2 - a^2, x*y - b')
[x,y] = solve(x^2 + y^2 - a^2, x*y - b)
```

结果为

```
x =
  b/(1/2*(a^2+2*b)^(1/2)+1/2*(a^2-2*b)^(1/2))
  b/(1/2*(a^2+2*b)^(1/2)-1/2*(a^2-2*b)^(1/2))
 b/(-1/2*(a^2+2*b)^(1/2)+1/2*(a^2-2*b)^(1/2))
 b/(-1/2*(a^2+2*b)^(1/2)-1/2*(a^2-2*b)^(1/2))
y =
  1/2*(a^2+2*b)^(1/2)+1/2*(a^2-2*b)^(1/2)
  1/2*(a^2+2*b)^(1/2)-1/2*(a^2-2*b)^(1/2)
 -1/2*(a^2+2*b)^(1/2)+1/2*(a^2-2*b)^(1/2)
 -1/2*(a^2+2*b)^(1/2)-1/2*(a^2-2*b)^(1/2)
```

但是对最后一种调用格式，在调用之前应该有如下的符号变量声明。

```
>> syms a b x y;
```

如果输出变量的个数为1时，返回结果为构架数据类型。

```
>> S = solve('x^2+y^2-a^2,x*y-b')
S =
    x: [4x1 sym]
    y: [4x1 sym]
```

S.x、S.y分别为解向量。值得注意的是，方程组的解并不总是存在，当solve不能得到方程组的解时，solve返回空的符号，并且MATLAB会给出警告。

例如，对于方程组 $\begin{cases} e^x + |y| = 0 \\ e^y + |x| = 0 \end{cases}$ ，利用solve求解。

```
>> solve('exp(x)+abs(y), exp(y)+abs(x)')
Warning: Explicit solution could not be found.
> In solve at 140
ans =
[ empty sym ]
```

14.6.2 线性方程求解

对于求解代数方程组$\begin{cases} f_1(x,\alpha)=0 \\ f_2(x,\alpha)=0 \\ \vdots \\ f_M(x,\alpha)=0 \end{cases}$的问题，当$f_i(x,\alpha)$均为x的线性函数时，问题变成了下面的线性方程组Ax=B的求解问题。其中，A为M×N符号矩阵，B为M×1符号向量。线性方程组的解由通解和特解组成。通解x_g即是满足Ax=0的解，由null(A)得到；特解x_s是满足Ax=B的任意x。由通解和特解得到线性方程组的解为x=rgx_g+x_s。其中，r为实数，通解直接由null(A)直接得到，当下面的条件满足时，rank([A,B])=rank(A)=M。特解由下式得到x_s=A\B。

【例24】求线性方程组的符号解。

求线性方程组$\begin{cases} ax_1-bx_2+bx_3=c \\ bx_1+ax_2+ax_3=d \end{cases}$的解。

令$A=\begin{bmatrix} a & -b & b \\ b & a & a \end{bmatrix}$，$B=\begin{bmatrix} c \\ d \end{bmatrix}$，$x=\begin{bmatrix} x_1 \\ x_2 \\ x_3 \end{bmatrix}$。

上面的线性方程组可简化为Ax=B，对该方程的求解要分别求通解和特解。

（1）创建符号矩阵A、B。

```
>> syms a b c d;   %声明符号变量
>> A = [a,-b,b;b,a,a]
A =
[ a, -b,  b]
[ b,  a,  a]
>> B = [c;d]
B =
 c
 d
```

（2）检查$rank([A,B])\overset{?}{=}rank(A)$。

```
>> rank([A,B])
ans =
2
>> rank(A)
ans =
2
```

所以$rank([A,B])=rank(A)$。

（3）求特解x_s。

```
>> x_s = A\B
x_s =
(b*d+c*a)/(a^2+b^2)
```

```
(a*d-b*c)/(a^2+b^2)
                  0
```

（4）求通解x_g。

```
>> x_g = null(A)
x_g =
     -2*b*a/(a^2+b^2)
 -(a^2-b^2)/(a^2+b^2)
                    1
```

所以，Ax=B的解为x=rgx_g+x_s。

```
>> syms r;
>> x = r*x_g + x_s
x =
     -2*r*b*a/(a^2+b^2)+(b*d+c*a)/(a^2+b^2)
 -r*(a^2-b^2)/(a^2+b^2)+(a*d-b*c)/(a^2+b^2)
                                         r
```

（5）验证解x。

```
>> A*x - B
ans =
a*(-2*r*b*a/(a^2+b^2)+(b*d+c*a)/(a^2+b^2))-b*(-r*(a^2-b^2)/(a^2+b^2)+(a*d
-b*c)/(a^2+b^2))+b*r-c

b*(-2*r*b*a/(a^2+b^2)+(b*d+c*a)/(a^2+b^2))+a*(-r*(a^2-b^2)/(a^2+b^2)+(a*d
-b*c)/(a^2+b^2))+a*r-d
>> simplify(ans)
ans =
0
 0
```

所以，Ax=B，x为Ax=B的解。

14.6.3　微分方程求解

MATLAB符号工具箱利用函数dsolve求常微分方程组的符号解，其调用格式为

r = dsolve(eq1, eq2, ..., eqn, cond1, cond2,...,condn, v)

r = dsolve(eq1, eq2, ..., cond1, cond2 ,...,condn)

r = dsolve(eq1, eq2 ,...,eqn)

[…] = dsolve(…)

其中，eqn为第n个微分方程，eqn的形式为 $f_n(x,\alpha)=p$ 或 $f_n(x,\alpha)$（此时默认等式右边为0）。在 $f_n(x,\alpha)$ 中，通过在应变量前加D表示微分，D、D2、D3分别表示一阶、二阶、三阶微分，依此类推。

condn表示第n个初始条件或边界条件，同eqn的输入格式相似，condn可以是含等号或不含等号的符号字符串，并且有诸如 $y(a)=b$ 、$Dy(a)=b$ 的形式。如果条件的个数小于微分方程的个数，那么解中可能会包含诸如 $C1$、$C2$ 的积分常量。

v为自变量，Dy表示的是$\frac{dy}{dt}$，Dny表示的是$\frac{d^n y}{dt^n}$，默认情况下$v=t$。

dsolve的返回结果与solve的返回结果形式相同。

下面是利用dsolve求微分方程符号解的例子，主要目的是让读者熟悉dsolve函数的使用方法。

【例25】dslove解微分方程。

求微分方程$\begin{cases} y'+ay=0 \\ y(0)=1 \end{cases}$的解。

（1）利用dsolve('Dy + a*y = 0', 'y(0) = 1', 'x')求解上述微分方程。

```
>> dsolve('Dy + a*y = 0', 'y(0) = 1', 'x')
ans =
exp(-a*x)
```

（2）利用dsolve('Dy + a*y = 0', 'y(0) = 1') 求解上述微分方程。

```
>> dsolve('Dy + a*y = 0', 'y(0) = 1')
ans =
exp(-a*t)
```

（3）dsolve('Dy + a*y = 0') 不含条件等式，返回结果包含一个积分常量。

```
>> dsolve('Dy + a*y = 0')
ans =
C1*exp(-a*t)
```

要注意的是，上面求得的微分方程的解虽然是t或其它指定的自变量v的函数，但是由于t和v未被声明为符号变量，对其求关于t或v的微分时会出错。

```
>> diff(ans, t)
??? Undefined function or variable 't'.
```

如果后续的编程工作需要求微分方程解的微分，那么首先要声明变量t或v。

```
>> syms t;
>> dy = diff(ans, t)
dy =
-C1*a*exp(-a*t)
```

由于$y=-C1 \cdot e^{-at}$，因此$\frac{dy}{dt}=-ay$。

求微分方程组$\begin{cases} y'=-x \\ x'=y \\ x(0)=-1 \\ y(0)=1 \end{cases}$的解。

（1）[x,y] = dsolve('Dx = y', 'Dy = -x')没有代入初始条件，返回结果包含两个积分常量。

```
>> [x,y] = dsolve('Dx = y', 'Dy = -x')
x =
-C1*cos(t)+C2*sin(t)
y =
C1*sin(t)+C2*cos(t)
```

（2）[x,y] = dsolve('Dx = y', 'Dy = -x', 'y(0) = 1')仅代入一个初始条件，返回结果包含一个积分常量。

```
>> [x,y] = dsolve('Dx = y', 'Dy = -x', 'y(0) = 1')
x =
-C1*cos(t)+sin(t)
y =
C1*sin(t)+cos(t)
```

（3）[x,y] = dsolve('Dx = y', 'Dy = -x', 'y(0) = 1', 'x(0) = -1')有两个初始条件，返回结果中无积分常量。

```
>> [x,y] = dsolve('Dx = y', 'Dy = -x', 'y(0) = 1', 'x(0) = -1')
x =
-cos(t)+sin(t)
y =
sin(t)+cos(t)
```

下面的调用格式得到的结果与上面的结果相同。

```
>> [x,y] = dsolve('Dx = y, Dy = -x', 'y(0) = 1, x(0) = -1')
x =
-cos(t)+sin(t)
y =
sin(t)+cos(t)
```

当输出变量的个数为1时，返回结果为构架（structure）数据结构。

```
>> S = dsolve('Dx = y, Dy = -x', 'y(0) = 1, x(0) = -1')
S =
    x: [1x1 sym]
    y: [1x1 sym]
```

S.x、S.y为微分方程组的解向量。

```
>> S.x,S.y
ans =
-cos(t)+sin(t)
ans =
sin(t)+cos(t)
```

上例中的两组微分方程的解都具有较简单的形式，但是dsolve并不能总是得到显式的解。如果dsolve不能得到显式的解， dsolve会尝试求隐式解。如果dsolve得到了隐式解，MATLAB会给出一个警告；如果连隐式解也不能得到的话，MATLAB会给出警告并返回空的符号，这时读者可以尝试利用ODE函数求数值解。

例如，求微分方程 $\dfrac{dy}{dt}=\cos(y^2)$ 的解。

```
>> dsolve('Dy - cos(y^2) = 0')
Warning: Explicit solution could not be found; implicit solution returned.
> In dsolve at 312
ans =
t-Int(1/cos(_a^2),_a =  .. y)+C1 = 0
```

dsolve只能得到隐式解。

第15章

图像处理工具箱

数字图像处理的研究主要在两个方面:其一是为了便于人们的分析而对图像信息的改进,包括图像增强和图像恢复;其二是为了便于机器自动理解而对图像的分割等。本章主要针对的是数字图像处理的增强和恢复。

本章首先讨论数字图像处理中涉及的一些概念,以及MATLAB中一些基本的图像数据操作,第15.2节至第15.6节分别介绍数字图像的灰度变换、代数运算、几何运算及图像滤波等内容。

15.1　数字图像基础

本节介绍一些与数字图像相关的概念，包括数字图像的采样和量化、数字图像的类型及表示，这些概念以及相关的符号将会在本章后续内容中经常用到。

本节另一个重要的内容是对MATLAB中图像数据的读入、显示、输出等操作进行介绍，这些操作是图像处理的前提。

15.1.1　图像的采样和量化

一般得到的图像都是连续的，可以用连续函数 $y=f(x,y)$ 表示，需要对连续图像进行采样和量化，得到数字图像，然后才能用于计算机处理。

图15.1说明了图像采样和量化的基本概念。图15.1（a）显示的是一幅连续图像 $f(x,y)$，需要将其转化为数字形式以便于计算机处理。图像的x、y坐标值和幅度值都有可能是连续的，为了把它转化为数字形式，必须在坐标和幅度上进行采样操作。数字化坐标称为采样，数字化幅值称为量化。

图15.1（b）中的一维函数是图15.1（a）中连续图像沿线段AB的图像幅度值（灰度值）的曲线。沿AB线段等间隔地对该函数采样，如图15.1（c）所示，采样位置由图15.1（c）底部的垂直小线段给出。采样操作使坐标离散化，但是采样值在灰度级上仍是连续分布的，为了形成数字图像，灰度值也必须变成离散值。图15.1（c）右侧是具有8个离散级别的灰度级标尺，每个采样值的连续灰度值简单地量化为其中一个离散灰度级。经过采样和量化得到数字图像，如图15.1（d）所示。上面仅对 x 坐标进行了采样，对x、y同时采样离散化、幅度值量化后即可得到数字图像。

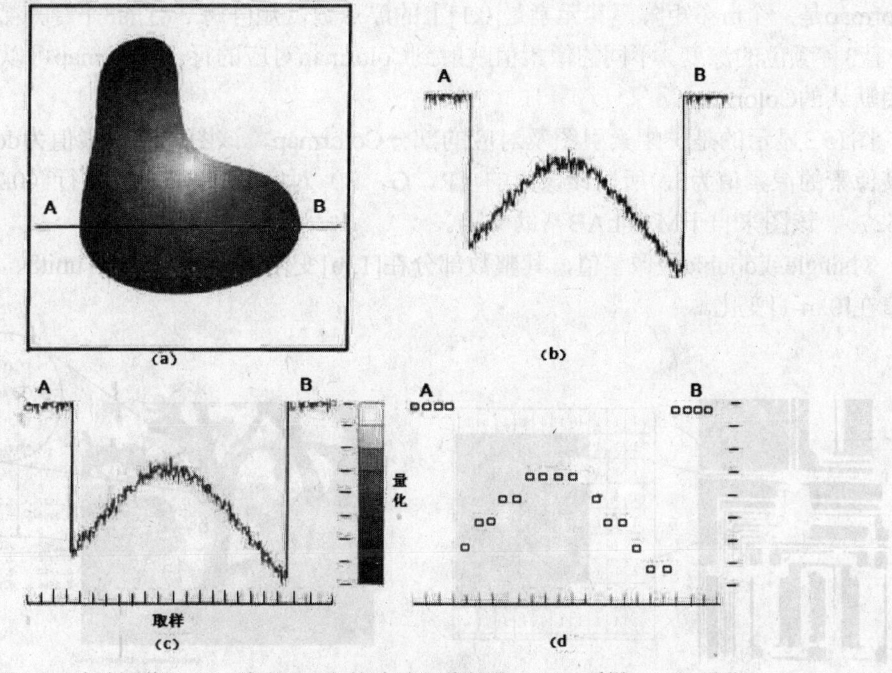

（a）连续图像，（b）线段A B上的连续图像幅值，（c）采样，（d）量化

图15.1　连续图像通过采样和量化得到数字图像

对连续图像 $f(x,y)$ 采样和量化的结果是一个 $M\times N$ 实矩阵 F，

$$F=\begin{bmatrix} \overline{f}(x_0,y_0) & \overline{f}(x_0,y_1) & \cdots & \overline{f}(x_0,y_{N-1}) \\ \overline{f}(x_1,y_0) & \overline{f}(x_1,y_1) & \cdots & \overline{f}(x_1,y_{N-1}) \\ \vdots & \vdots & \ddots & \vdots \\ \overline{f}(x_{M-1},y_0) & \overline{f}(x_{M-1},y_1) & \cdots & \overline{f}(x_{M-1},y_{N-1}) \end{bmatrix}$$

其中，$\overline{f}(x_i,y_j)$ 表示 $f(x_i,y_j)$ 的量化值。物理坐标 (x_i,y_j) 与矩阵下标 (i,j) 是一一对应的，称 F 为数字图像，$\overline{f}(x_i,y_j)$ 为数字图像F的像素。对于本章后续内容中出现的图像，如无特别说明，一律是数字图像。离散灰度级一般是2的整次幂$L=2^k$，存储数字图像F所需的比特数b为b=M × N × k。

15.1.2 图像类型

不同类型的数字图像的差别在于对像素的表示方法不同。在MATLAB图像处理工具箱中支持的图像类型有以下4种。

1. 二值图（Binary image）

其像素值为逻辑类型（logical），有两个离散灰度级，即0和1。二值图即是通常所称的黑白图。

图15.2显示的是一幅二值图及其部分像素，该图来自于MATLAB帮助文档。

2. 索引图（Indexed image）

像素值可以是逻辑类型（logical）、8位无符号整型（unit8）、16位无符号整型（unit16）、单精度浮点型（single）、双精度浮点型（double）。将像素值映射到一个色图（Colormap），Colormap是一个m×3矩阵，其元素是[0,1]上的浮点数，矩阵每一行的3个浮点数分别表示红、绿、蓝3种颜色的深度。不同的像素值映射到Colormap对应的行，Colormap可以由用户指定或使用默认的Colormap。

图15.3显示的是一幅索引图及对应的部分Colormap，该图像的像素值为double类型。图中某像素的像素值为5，所以该像素的（R，G，B）对应Colormap的第5行（0.2902，0.0627，0.0627）。该图来自于MATLAB帮助文档。

对single或double型像素值，其整数部分在[1,m]变化；对于logical、unit8、unit16像素值，其值在[0,m-1]变化。

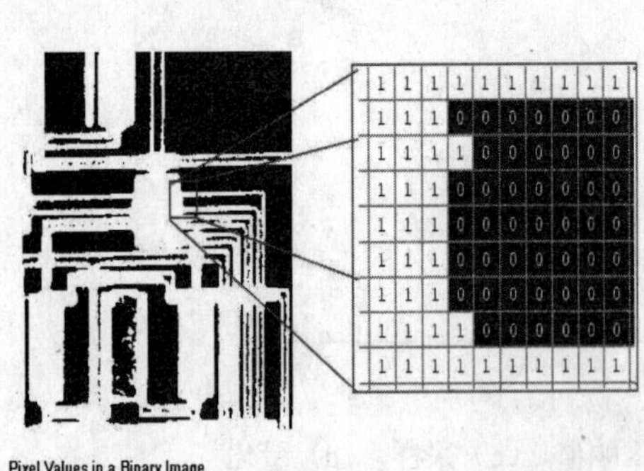

图15.2 数字图像类型：二值图

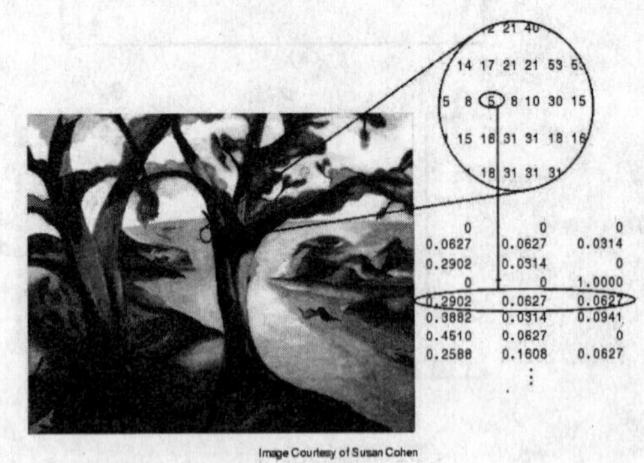

图15.3 数字图像类型：索引图

3. 灰度图（Grayscale image）

像素值可以是8位无符号整型（unit8）、16位无符号整型（unit16）、16位整型（int16）、单精度浮点型（single）、双精度浮点型（double），表示灰度级别。MATLAB利用自带的Colormap显示灰度图。

图15.4显示的是一幅double型的灰度图及其部分像素，该图来自于MATLAB帮助文档。

对于single或double型像素值，其值在[0,1]变化；对于unit8像素值，其值在[0,255]变化，对于unit16像素值，其值在[0, 65535]变化；对于int16像素值，其值在[-32768,32767]变化。

4. RGB图

具有R（红）、G（绿）、B（蓝）3个颜色通道，每个像素由1×3 的向量[R, G, B]表示，R、G、B可以是8位无符号整型（unit8）、16位无符号整型（unit16）、单精度浮点型（single）、双精度浮点型（double），它们分别表示3种颜色的深度级别。

图15.5显示的是一幅double型RGB图及其部分像素，该图来自于MATLAB帮助文档。

对于single或double像素值，其值在[0,1]变化；对于unit8像素值，其值在[0,255]变化，对于unit16像素值，其值在[0, 65535]变化。

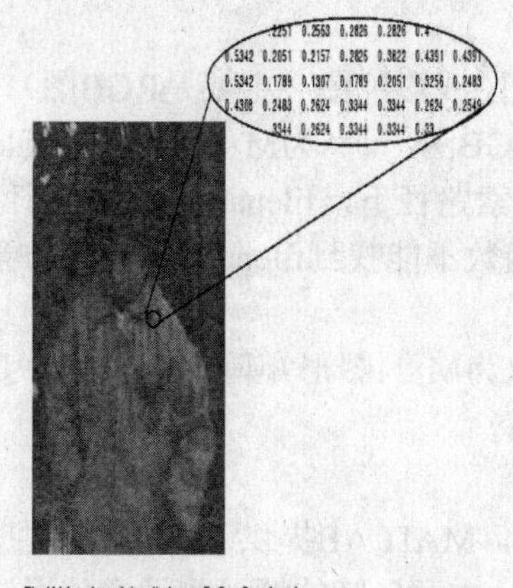

图15.4　数字图像类型：灰度图

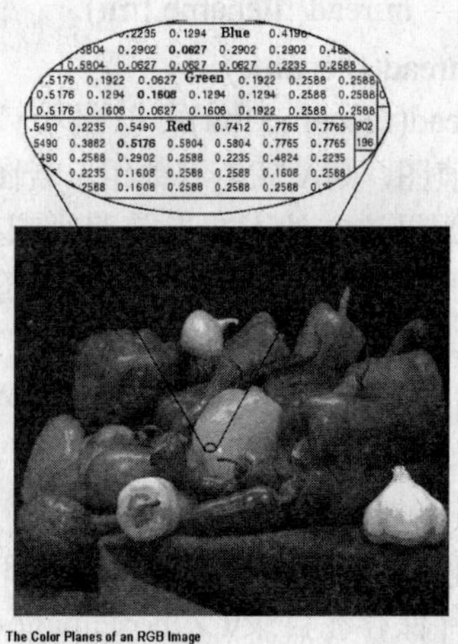

图15.5　数字图像类型：RGB图

15.1.3　图像数据的读写和显示

1. 读入图像

函数imread从图像文件中读取图像数据，imread支持大多数常用的图像格式，表15.1列出了imread支持的图像格式。

表15.1　imread支持的图像格式

图像格式	全名
'bmp'	Windows Bitmap (BMP)
'cur'	Windows Cursor resources (CUR)
'gif'	Graphics Interchange Format (GIF)
'hdf'	Hierarchical Data Format (HDF)

续表

图像格式	全名
'ico'	Windows Icon resources (ICO)
'jpg' 或 'jpeg'	Joint Photographic Experts Group (JPEG)
'pbm'	Portable Bitmap (PBM)
'pcx'	Windows Paintbrush (PCX)
'pgm'	Portable Graymap (PGM)
'png'	Portable Network Graphics (PNG)
'pnm'	Portable Anymap (PNM)
'ppm'	Portable Pixmap (PPM)
'ras'	Sun Raster (RAS)
'tif' 或 'tiff'	Tagged Image File Format (TIFF)
'xwd'	X Windows Dump (XWD)

函数imread的常用调用格式为：

A = imread(filename,fmt)

[X,map] = imread(filename,fmt)

[...] = imread(filename)

A = imread(filename,fmt)可以读入二值图、灰度图或彩色图（主要是RGB图）。若图像为灰度图或二值图，则A为M×N数组；若图像文件为RGB图，则A为M×N×3数组。filename为图像文件名，如果该文件不在当前路径或MATLAB搜索路径下，filename应该是图像文件的全路径。fmt是包含图像文件后缀名的字符串，如果函数不能找到filename，imread会尝试搜索filename.fmt。

[X,map] = imread(filename,fmt)读入索引图，X为M×N图形矩阵，map为索引图对应的Colormap，如果该图像类型不是索引图，则map为空。

【例1】imread读入图像。

为了方便用户学习和使用MATLAB图像工具箱，MATLAB提供了丰富的图像数据资源，这些图像文件保存在目录\toolbox\images\imdemos下。本章后续的例子将经常使用这些图像数据。

读入灰度图pout，可以使用下面两种方式。

```
>> I = imread('pout.tif','tif');
```

或

```
>> I = imread('pout','tif');
```

读入索引图trees。

```
>> [I,map] = imread('trees.tif','tif');
```

或

```
>> [I,map] = imread('trees.tif');
```

2. 显示图像

MATLAB图像处理工具箱有两个函数可以用于数字图像的显示，它们是mshow和imtools函数。Imshow函数是基本的显示函数，例如，对前面已经读入的图像数据I（pout图像数据），输入下面的指令：

```
>> imshow(I)
```

显示结果如图15.6所示。

可以看到，imshow仅返回一个普通figure窗口。

对于索引图的显示，用户需要传递一个Colormap给imshow，否则按灰度图显示。例如：

```
>> [X,map] = imread('trees.tif');
>> imshow(X,map);
```

图15.6　imshow显示结果

imtool实际上是MATLAB图像处理工具箱的一个交互式图像处理工具，除了显示图像，还能完成很多图像处理的任务。在命令窗口输入下述内容：

```
>> imtool
```

得到imtool的运行界面，如图15.7所示。

根据图15.7中光标的提示，导入工作区间中的图形数据I，得到imtool图像处理界面，如图15.8所示。通过这个工具无需输入任何代码就可以完成一些比较复杂的图像处理任务。

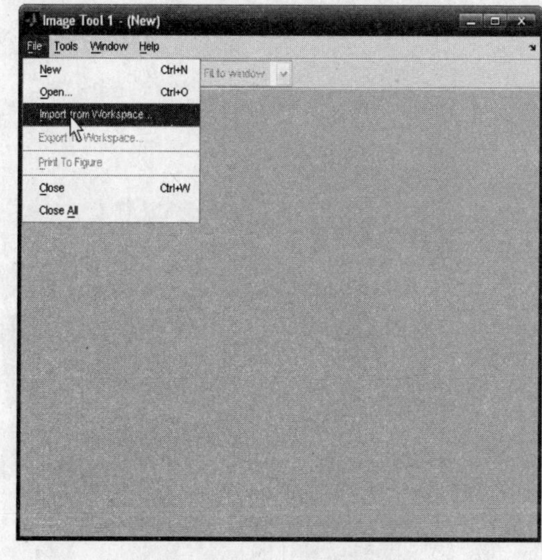

图15.7　imtool运行界面1

图15.8　imtool运行界面2

3. 图像数据的写入

函数imwrite将工作区间的图像数据保存到图像文件中，例如对上述的图像数据I（pout.tif图像数据）。

```
>> imwrite(I,'pout1.png')
```

默认情况下，imwrite将图像文件保存在当前路径之下，除非用户在文件名中指定全路径。函数imfinfo(filename)返回图像文件的信息，如文件名、格式、大小、宽度、高度等，例如对上面写入的图像文件pout1.png，查看其信息，

```
>> imfinfo('pout1.png')
ans =
                 Filename: 'pout1.png'
              FileModDate: '01-Oct-2007 19:03:14'
                 FileSize: 31559
                   Format: 'png'
            FormatVersion: []
                    Width: 240
                   Height: 291
                 BitDepth: 8
                ColorType: 'grayscale'
          FormatSignature: [137 80 78 71 13 10 26 10]
                 Colormap: []
                Histogram: []
            InterlaceType: 'none'
             Transparency: 'none'
  SimpleTransparencyData: []
          BackgroundColor: []
          RenderingIntent: []
           Chromaticities: []
                    Gamma: []
              XResolution: []
              YResolution: []
           ResolutionUnit: []
                  XOffset: []
                  YOffset: []
               OffsetUnit: []
          SignificantBits: []
             ImageModTime: '1 Oct 2007 11:03:14 +0000'
                    Title: []
                   Author: []
              Description: []
                Copyright: []
             CreationTime: []
                 Software: []
               Disclaimer: []
                  Warning: []
                   Source: []
                  Comment: []
                OtherText: []
```

15.1.4　图像的转换

图像的转换是图像处理过程中经常要做的工作，往往需要将图像从一种格式转换为另一种格式，这样才能完成某些图像处理任务，之后再将图像转换到原来的格式。图像的转换包括图像类型的转换，如灰度图转换为二值图，还包括图像数据存储格式之间的转换，如uint8型灰度图转换为single型灰度图。

1. 图像类型的转换

- dither，X = dither(RGB,map)将RGB图转换为灰度图，这里需要提供一个Colormap；BW = dither(I)将灰度图I转换为二值图。

（1）读入灰度图cameranman。

```
>> I = imread('cameraman.tif');
```

（2）将I转换为二值图。

```
>> BW = dither(I);
```

（3）显示灰度图I和对应的二值图BW，如图15.9所示。

```
>> subplot(1,2,1), imshow(I),title('灰度图');
>> subplot(1,2,2),imshow(BW),title('二值图');
```

图15.9　dither将灰度图转换为二值图

- gray2ind，[X,map] = gray2ind(I,n)、[X,map] = gray2ind(BW,n)将灰度图或二值图转换为索引图，索引图的map由gray(n)产生。对于灰度图，n的默认值为64；对于二值图，n的默认值为2。

（1）读入灰度图coins。

```
>> I = imread('coins.png');
```

（2）将I转换为索引图。

```
>> [Ind,map] = gray2ind(I,256);
```

（3）显示灰度图I和对应的索引图Ind，如图15.10所示。

```
>> subplot(1,2,1),imshow(I),title('灰度图');
>> subplot(1,2,2),imshow(Ind,map),title('索引图');
```

图15.10　gray2ind将灰度图转换为索引图

- graylice，X = grayslice(I,n)将灰度图I根据门限$\frac{1}{n}$、$\frac{2}{n}$、…、$\frac{n-1}{n}$转换为索引图；X = grayslice(I,v)将灰度图I根据给定的门限v（v为向量）转换为索引图。

（1）读入灰度图snowflakes。

```
>> I = imread('snowflakes.png');
>> figure(1),imshow(I),title('灰度图');
```

（2）将灰度图I转换为索引图。

```
>> X = grayslice(I,16);
>> figure(2),imshow(X,jet(16)),title('索引图');
```

转换前后的灰度图和索引图如图15.11所示。

灰度图

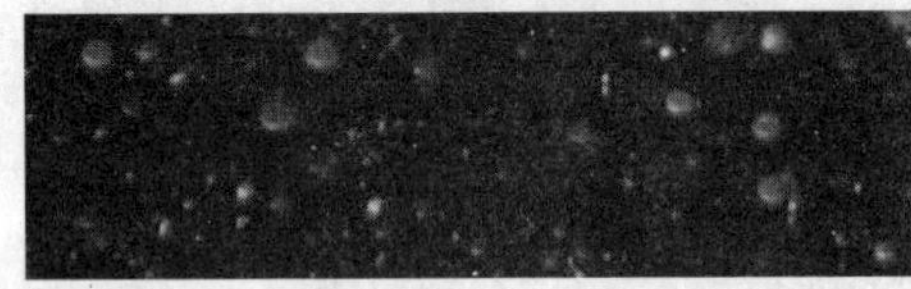

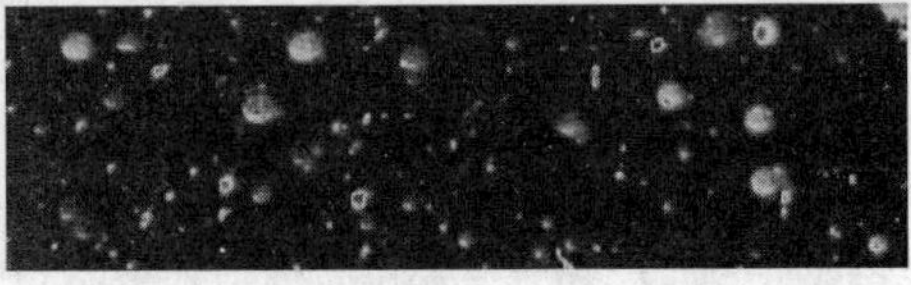

图15.11　graylice 将灰度图转换为索引图

- im2bw，BW = im2bw(I,level)、BW = im2bw(X,map,level)、BW = im2bw(RGB,level)分别将灰度图、索引图和RGB图转换为二值图。level为转换门限，输入图像中的亮度超过level的像素值为1，其余为0，其中level在[0，1]之间。

（1）读入RGB图peppers。

```
>> I = imread('peppers.png');
>> figure(1),imshow(I);title('RGB');
```

（2）将I转换为二值图，门限为0.5。

```
>> BW = im2bw(I,0.5);
>> figure(2),imshow(BW);title('二值图');
```

转换前后的RGB图和二值图如图15.12所示。

RGB

二值图

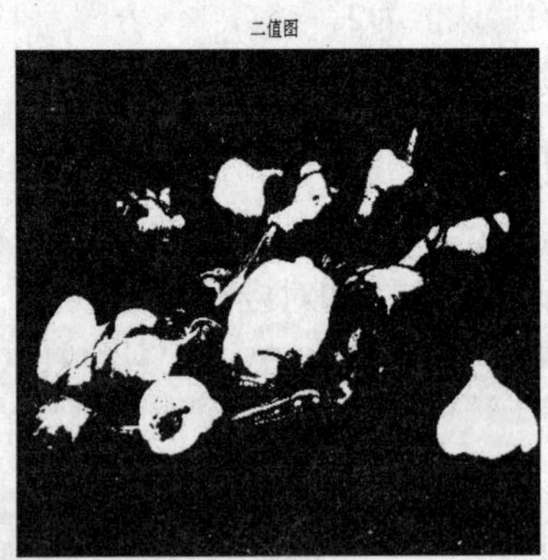

图15.12　im2bw将RGB转换为二值图

- ind2gray，I = ind2gray(X,map)将索引图转换为灰度图。

（1）读入索引图trees。

```
>> [X, map] = imread('trees.tif');
>> figure(1),imshow(X,map),title('索引图');
```

（2）将索引图X转换为灰度图。

```
>> I = ind2gray(X,map);
>> figure(2),imshow(I),title('灰度图');
```

转换前后的索引图X和灰度图如图15.13所示。

图15.13　ind2gray将索引图转换为灰度图

- ind2rgb，RGB = ind2rgb (X,map)将索引图转换为RGB图。
- mat2gray，I = mat2gray(A)将数组转换为灰度图。

（1）创建数组A。

```
>> V = 1:250;
>> A = repmat(V,250,1);
```

（2）将数组A转换为灰度图I，并显示I，如图15.14所示。

```
>> I = mat2gray(A);
>> imshow(I)
```

图15.14　mat2gray将数组转换为灰度图

- rgb2gray，I = rgb2gray(RGB)将RGB转换为灰度图。

（1）读入RGB图football。

```
>> RGB = imread('football.jpg');
>> figure(1),imshow(RGB),title('RGB图');
```

（2）将RGB图转换为灰度图。

```
>> I = rgb2gray(RGB);
>> figure(2),imshow(I),title('灰度图');
```

转换前后的RGB图和灰度图如图15.15所示。

图15.15　rgb2gray将RGB图转换为灰度图

- rgb2ind，X = rgb2ind(RGB,map)将RGB转换为索引图。

2. 图像数据存储格式转换

对于图像数据存储格式的转换，MATLAB提供了下面的函数支持：im2uint8，im2uint16，im2int16，im2single，im2double。

在使用这些函数时，要注意转换过程的信息损失，例如int16转换为uint8。

15.2　图像的灰度变换

输入图像$F(x,y)$经灰度变换得到输出图像$G(x,y)$，输出图像$G(x,y)$每个像素的灰度值由对应的输入图像$F(x,y)$的灰度值决定，即$G(x_i,y_i)=GST(F(x_i,y_i))$，我们把$GST$称为灰度变换函数。

灰度变换是一种像素到像素的图像处理方法，这种图像处理方法也称为点处理（Block Operation），本节将要介绍的灰度变换和15.3节的图像代数运算都是图像点处理。另外一种图像处理方法涉及到像素点的邻域，即处理后的像素值不仅与该像素有关，而且与其相邻的像素也有关，这种图像处理方法称为邻域处理（Neighborhood Operation）。15.3节至15.6节将要介绍的图像几何运算、线性滤波和排序滤波都是邻域处理。

Block Operation可完全由灰度变换函数GST确定，灰度变换函数GST描述了输入灰度值与输出灰度值之间的关系，如图15.16所示。

事实上，MATLAB图像处理工具箱中用于灰度变换的函数不仅仅针对灰度图，对二值图、索引图、RGB同样适用。

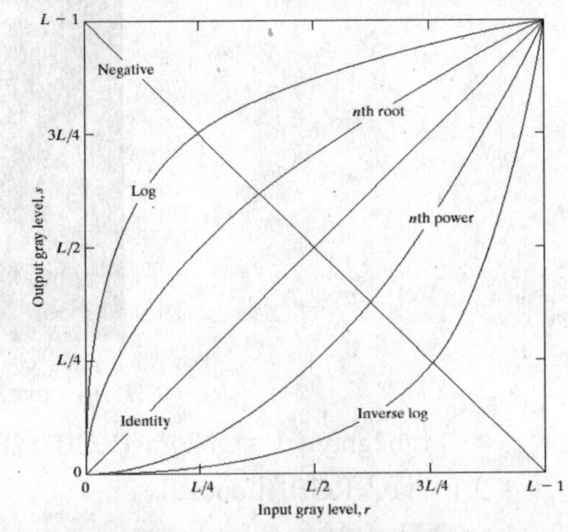

图15.16　灰度变换函数GST

15.2.1　直方图

灰度图（包括二值图）的直方图表示每个灰度级范围内像素点的个数，索引图的直方图表示每个色条（即Colormap矩阵的每一行）对应的像素点个数。

MATLAB图像处理工具箱利用imhist得到灰度图、索引图的直方图，一般的调用格式为

imhist(I)

imhist(I,n)

imhist(X,map)

其中，I为灰度图或二值图，n为直方图的柱数，X为索引图，map为对应的Colormap。imhist(I,n)得到灰度图（二值图）I的直方图，n为直方图的柱数，对于二值图，n只能为2。当n未指定时，n根据I的不同类型取256（灰度图）或2（二值图）。imhist(X,map)得到索引图X的直方图，map为X的colormap。

【例2】二值图、灰度图和索引图的直方图。

（1）分别读入二值图blobs、灰度图moon和索引图trees。

```
>> BW = imread('blobs.png');     %读入二值图
>> I = imread('moon.tif');     %读入灰度图
>> [X,map] = imread('trees.tif');     %读入索引图
```

（2）作二值图BW的直方图，如图15.17所示，直方图的底部为色条（Colorbar）。

```
>> subplot(2,1,1),imshow(BW),title('二值图blobs');     %作二值图
>> subplot(2,1,2),imhist(BW),title('bolbs的直方图');     %作bolbs的直方图
```

（3）作灰度图I的直方图，如图15.18所示。

```
>> subplot(2,1,1),imshow(I),title('灰度图moon');     %作灰度图moon
>> subplot(2,1,2),imhist(I),title('moon的直方图');     %作moon的直方图
```

从图15.18可以看到，灰度图I的大部分像素集中在灰度级别小的区域，对应图中的黑色背景。

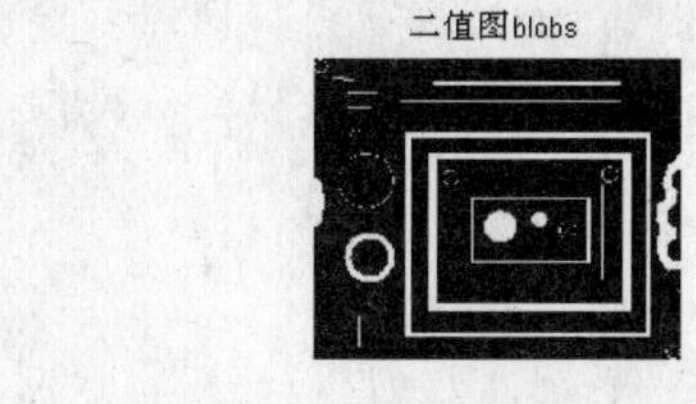

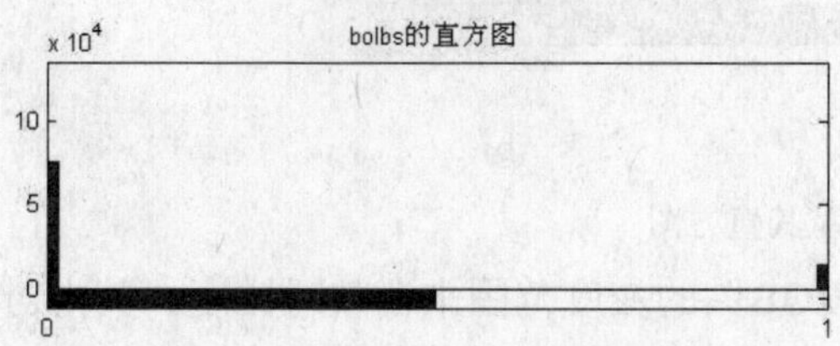

图15.17　二值图blobs的直方图

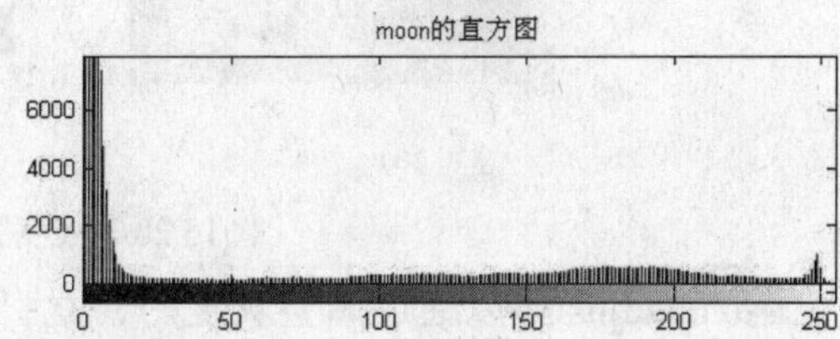

图15.18　灰度图moon的直方图

（4）作索引图X的直方图，如图15.19所示。

```
>> subplot(2,1,1),imshow(X,map),title('索引图trees');     %作索引图trees
>> subplot(2,1,2),imhist(X,map),title('trees的直方图');     %作trees的直方图
```

用户要注意的是，作索引图的直方图时，应该传入索引图的色图（Colormap）作为第二参数。

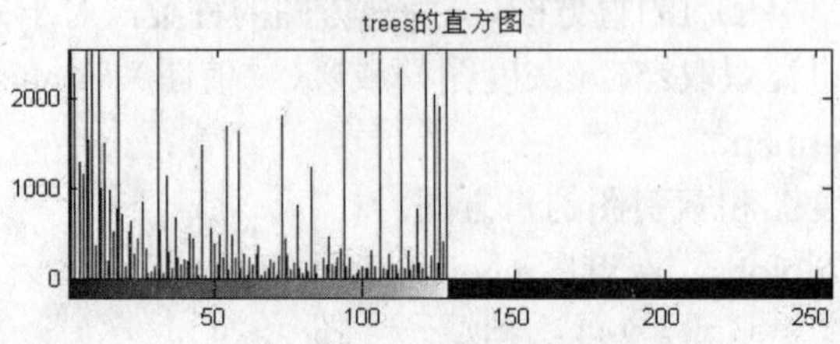

图15.19　索引图trees的直方图

15.2.2　灰度变换

灰度变换经常用于改变图像的对比度。例如，对灰度图pout（图15.20（a）），其直方图如图15.20（b）所示。从直方图上可以看到，pout的大部分像素分布在中间较窄的灰度范围内，使得pout整体对比度较低。利用灰度变换，将pout直方图中间部分拉伸至整个灰度范围[0,255]，能够增强图像的对比度，MATLAB图像处理工具箱中实现该功能的函数是imadjust。

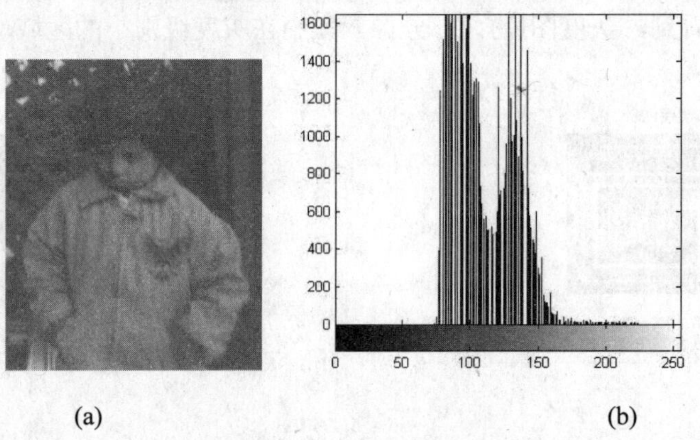

图15.20　灰度图pout及其直方图

函数imadjust可以通过调整灰度图、索引图和RGB图的灰度范围来调整对比度。其中对索引图的灰度调整是通过调整其对应的色图（Colormap）实现的；对RGB的灰度调整指的是分别对R、G、B 3个通道的灰度级别进行调整。函数imadjust的一般调用格式为

```
J = imadjust(I)
J = imadjust(I,[low high],[bottom top])
J = imadjust(...,gamma)
newmap = imadjust(map, [low high],[bottom top],gamma)
RGB2 = imadjust(RGB1,...)
```

其中，I、J为灰度图，map、newmap为索引图的色图，RGB1、RGB2为RGB图。灰度变换函数为

$$y=\begin{cases} bottom & x \le \text{low} \\ (\dfrac{\text{top-bottom}}{high\text{-low}})^{\text{gamma}}(\text{x-low})^{\text{gamma}} & \text{else} \\ \text{top} & x \ge \text{high} \end{cases}$$

对应的变换函数曲线如图15.21所示，imadjust将不大于low的灰度值映射为bottom，不小于high的灰度值映射为top，默认情况下gamma = 1。

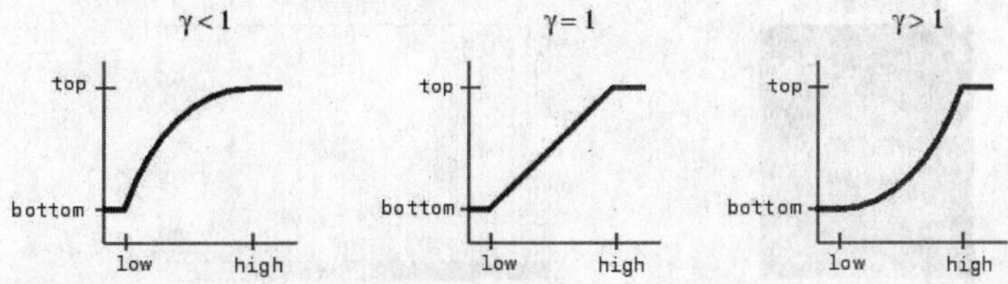

图15.21 imadjust的灰度变换曲线

$low,high,bottom,top \in [0,1]$，imadjust作灰度变换之前会事先将low、high、bottom、top乘以 N ，N 根据图像的存储格式有所不同，unit8对应的 N 为255，unit16对应的 N 为65535。如果 $low > high$ ，imadjust对图像作反色处理。

如果[low; high]或[bottom,top]传入的参数为[]，那么[low; high]或[bottom,top]为[0,1]。例如，imadjust(I, [], [])与imadjust(I,[0,1],[0,1])等效。

对于RGB图，low、high、bottom、top为 1×3 向量，例如，RGB2 = imadjust(RGB1,[.2 .3 0; .6 .7 1],[0 0 0; 1 1 1])，如果[low; high]或[bottom,top]传入的参数为[]，那么，[low; high]或[bottom,top]为[0 0 0; 1 1 1]。

J = imadjust(I)等同于J = imadjust(I, stretchlim(I)，[0,1])，其中，stretchlim(I)取灰度值1%、99%百分位点。

【例3】imadjust调整灰度图、索引图、RGB图的对比度

（1）分别读入灰度图pout、索引图trees、RGB图football。

```
>> I = imread('pout.tif');              %读入灰度图pout
>> [X,map] = imread('trees.tif');       %读入索引图trees
>> RGB1 = imread('football.jpg');       %读入RGB图football
```

（2）增强pout的对比度，如图15.22所示。

```
>> J = imadjust(I, [0.3,0.7], []);     %调整pout灰度范围
>> subplot(2,2,1),imshow(I),title('灰度图pout');    %显示灰度图pout
>> subplot(2,2,2),imhist(I), title('pout调整前的直方图');   %显示pout调整前的直方图
>> subplot(2,2,3),imshow(J),title('调整后的灰度图pout');    %显示调整后的灰度图
pout
>> subplot(2,2,4),imhist(J), title('pout调整后的直方图');   %显示pout调整后的直方图
```

（3）降低索引图trees的对比度，如图15.23所示。

```
>> subplot(2,1,1),imshow(X,map),title('trees');    %显示调整前的trees
>> subplot(2,1,2),imhist(X,map),title('trees的直方图');  %显示调整前trees的直方图
>> map = imadjust(map, [], [0.3 0.7]);     %调整索引图trees的色图
>> subplot(2,1,1),imshow(X,map),title('trees');    %显示调整后的trees
>> subplot(2,1,2),imhist(X,map),title('trees的直方图');  %显示调整后trees的直方图
```

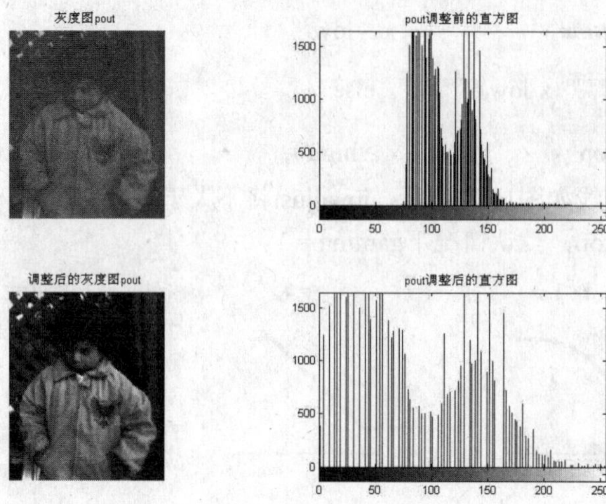

图15.22　pout灰度调整可提高对比度

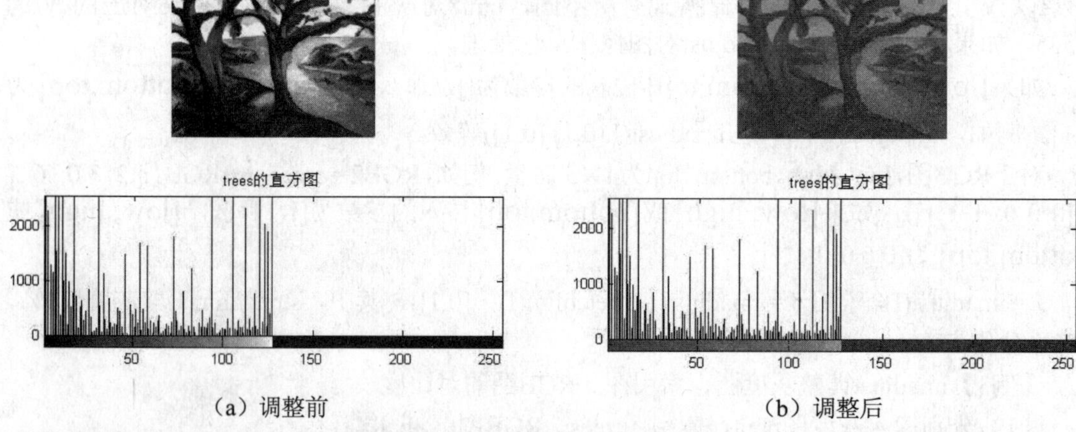

（a）调整前　　（b）调整后

图15.23　trees灰度调整降低对比图

（4）降低RGB图football的对比度，如图15.24所示。

```
>> RGB2 = imadjust(RGB1,[],[0.2 0.3 0.4; 0.8 0.7 0.6]);  %RGB图football灰度调整
>> subplot(2,1,1),imshow(RGB1),title('调整前的football');  %显示调整前的football
>> subplot(2,1,2),imshow(RGB2),title('调整后的football');  %显示调整后的football
```

图15.24　RGB图football灰度调整

15.2.3　直方图均衡

在15.2.2节中介绍的灰度变换实际上是指定了灰度变换函数的灰度变换，对不同的图像需要设定不同的参数，因此这种方法的效率是很低的。

直方图均衡能够根据待处理图像的直方图自适应地给出灰度变换函数，使得调整后图像的直方图尽可能地接

近预先定义的直方图。

MATLAB图像处理工具箱利用函数histeq对灰度图和索引图作直方图均衡，histeq函数的一般调用格式为

J = histeq(I,hgram)

J = histeq(I,n)

J = histeq(I)

[J,T] = histeq(I,...)

newmap = histeq(X,map,hgram)

newmap = histeq(X,map)

[newmap,T] = histeq(X,...)

其中，I、J为灰度图，X为索引图，map、newmap为对应的色图，T为histeq得到的灰度变换函数，hgram为预先定义的直方图，通过n可以指定预定的直方图为n柱的平坦直方图，默认n = 64。

【例4】histeq对灰度图作直方图均衡

读入灰度图coins。

```
>> I = imread('coins.png');  %读入灰度图coins
```

对灰度图coins作直方图均衡，如图15.25所示，(a)为直方图均衡前后的灰度图，可以看到直方图均衡增强了对比度，(b)是直方图均衡前后的直方图，直方图均衡使直方图更加平坦，接近预定义的直方图。

```
>> J = histeq(I);    %对I作直方图均衡
>> figure(1),subplot(2,1,1),imshow(I),title('直方图均衡调整前的coins');  %显示直方图均衡调整前的coins
>> subplot(2,1,2),imshow(J),title('直方图均衡调整后的coins');  %显示直方图均衡调整后的coins
>> figure(2), subplot(2,1,1),imhist(I),title('直方图均衡调整前coins的直方图');
%显示直方图均衡调整前coins的直方图
>> subplot(2,1,2),imhist(J),title('直方图均衡调整后coins的直方图');  %显示直方图均衡调整后coins的直方图
```

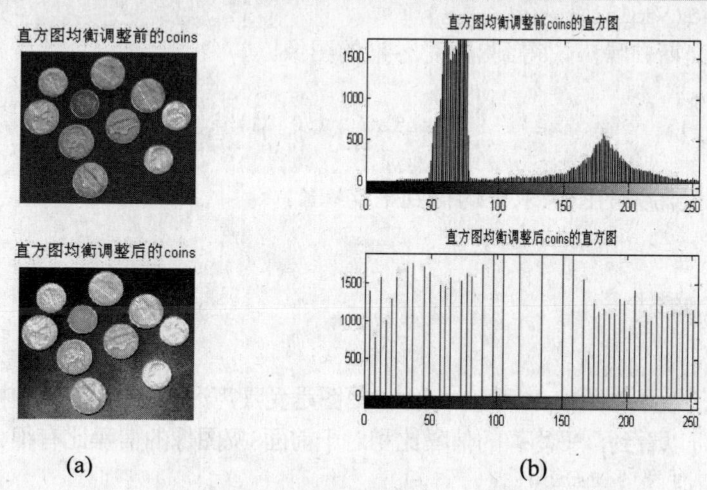

图15.25　灰度图coins的直方图均衡

15.3 图像的代数运算

图像的代数运算包括加、减、乘、除，即

$$C(x,y)=A(x,y)+B(x,y)$$
$$C(x,y)=A(x,y)-B(x,y)$$
$$C(x,y)=A(x,y)\times B(x,y)$$
$$C(x,y)=A(x,y)\div B(x,y)$$

图像的代数运算是像素对像素的运算，因此上面的矩阵运算是按位运算。图像的代数运算不改变图像的数据存储格式，以浮点数进行运算，运算结果转换为原来的数据类型。用户可以利用数组的加减乘除实现图像的代数运算，但是要注意灰度值的取值范围。当图像的数据类型为unit8、uint16、int16时，要注意下面两点。

- 如果图像的代数运算使某像素值超过了数据类型的表示范围，那么该像素值取数据类型所能表示的最大值或最小值。例如，对uint8，如果运算结果为300，那么结果应为255；如果运算结果为-2，那么结果应该为0。当涉及到减法运算时，用户最好将无符号整型转换为int16。
- 图像的代数除法可能会产生分数，这时要对结果取圆整。例如，对像素值为$\frac{2}{5}$的像素，取圆整为0。

另外，对于single、double型的灰度图或RGB图，由于像素值的范围在[0,1]之间，因此代数运算结果超过这个范围内的像素值应该取0或1。

实际上，MATLAB图像工具箱已经为用户提供了相关的函数，用于图像的加、减、乘、除，它们分别是imadd、imsubtract、immultiply、imdivide。

15.3.1 图像加法

对同一幅受加性噪声污染的图像求平均可以提高图像的信噪比。

【例5】图像加法去除加性噪声

（1）读入灰度图coins。

```
>> I = imread('coins.png');
```

（2）对I施加高斯白噪声，得到8幅受污染的图像。

```
>> for i = 1:8
     J(:,:,i) = imnoise(I,'gaussian',0,0.01);
   end
```

（3）对这8幅受污染的图像求平均得到平均像K。

```
>> K = J(:,:,1);
>> for i = 2:8
     K = imadd(K,J(:,:,i));
   end
>> K = K/8;
```

平均像对去噪的效果如图15.26所示，第1~8幅图是受噪声污染的图像，第9幅图为原图，第10幅图是平均像。可以看到，平均像的信噪比相对于前面8幅图像的信噪比有很大提高。

```
>> subplot(5,2,1),imshow(J(:,:,1));
>> subplot(5,2,2),imshow(J(:,:,2));
```

```
>> subplot(5,2,3),imshow(J(:,:,3));
>> subplot(5,2,4),imshow(J(:,:,4));
>> subplot(5,2,5),imshow(J(:,:,5));
>> subplot(5,2,6),imshow(J(:,:,6));
>> subplot(5,2,7),imshow(J(:,:,7));
>> subplot(5,2,8),imshow(J(:,:,8));
>> subplot(5,2,9),imshow(I);
>> subplot(5,2,10),imshow(K);
```

图15.26　利用图像加法改善信噪比

15.3.2　图像乘法

利用1、0组成的掩膜图与待处理图像相乘可以遮住图像的某部分。

【例6】利用图像乘法遮住图像的某部分

（1）读入灰度图moon，并将数据存储格式转换为double，如图15.27(a)。

```
>>I = imread('moon.tif');
>> I = im2double(I);
>> imshow(I);
```

（2）产生掩膜图mask。

```
>> mask = ones(size(I));
>> mask(260:280,170:190) = 0;
```

（3）mask与I相乘使moon的中间部分被遮住，如图15.27 (b)。

```
>> J = immultiply(I,mask);
>> imshow(J);
```

(a)　　(b)

图15.27　利用图像乘法

15.3.3 图像减法

图15.28 利用图像减法检测目标

图像减法可以用于去除背景和运动目标检测等。

比较上例图15.27中的(a)、(b)，假设(b)中间的黑色小方块是一个运动目标，通过图像的减法能够检测到该目标。

图15.27中的(a)、(b)相减得到的差如图15.28所示。

```
>> imshow(imsubtract(I,J))
```

15.3.4 图像除法

图像除法可以产生对彩色或多光谱图像十分重要的比率图像，关于这部分内容，这里不作介绍，读者如有兴趣可以查阅相关的书籍和MATLAB帮助文档。

15.4 图像的几何运算

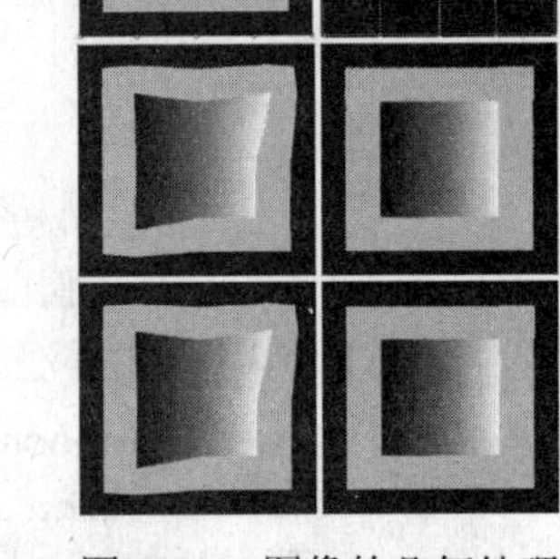

图15.29 图像的几何处理

几何运算改变图像的形状，如图15.29所示。图像的几何运算涉及到空间变换和灰度插值，空间变换防止图像内容支离破碎，灰度插值计算目标图像中对应原图像非整点的像素点灰度值。本节中介绍几种最基本的几何运算，包括图像的缩放、旋转和裁剪。

15.4.1 缩放

MATLAB图像处理工具箱利用函数imresize对图像进行缩放操作，imresize的一般调用格式为

B = imresize(A,m)

B = imresize(A,m,method)

B = imresize(A,[mrows ncols],method)

其中，A、B分别为输入、输出图像。method是缩放过程中使用的插值方法，可以是nearest（最近邻插值）、bilinear（双线性插值）或bicubic（双立方插值），默认的插值方法是最近邻插值。m为放大因子，m大于1时，图像被放大，小于1时，图像被缩小。也可以分别设置变换后图像的高度mrows和宽度ncols，这种方法能克服放大因子只能对高度和宽度同比缩放的缺陷。

【例7】图像的缩放处理

（1）读入灰度图circuit，如图15.30(a)所示。

```
>> I = imread('circuit.tif');
>> imshow(I),title('原图');   %显示原图
```

I的高度和宽度分别为：

```
>> [mrows,mcols] = size(I)
mrows =
   280
mcols =
```

```
  272
```

（2）将I放大为原来的1.5倍，如图15.30 (b)所示。

```
>> J = imresize(I,1.5);
>> imshow(J),title('1.5倍图');   %显示1.5倍图
```

新图的高度和宽度分别为：

```
>> [mrows,mcols] = size(J)
mrows =
  420
mcols =
  408
```

（3）将I缩小为原图的1/2，如图15.30 (c)所示。

```
>> J = imresize(I,0.5);
>> imshow(J),title('0.5倍图');   %显示0.5倍图
```

（4）将I放大为高、宽均为400的图像，如图15.30 (d)所示。

```
>> J = imresize(I,[400,400]);
>> imshow(J),title('400*400图');   %显示400*400图
```

(a)　为circuit原图

(b)　为1.5倍图

(c)　为0.5倍图

(d)　为高400、宽400的circuit

图15.30　图像的缩放

15.4.2 旋转

MATLAB图像处理工具箱利用函数imrotate对图像进行旋转操作，imrotate的一般调用格式为

B = imrotate(A,angle)

B = imrotate(A,angle,method)

其中，A、B分别为输入、输出图像，angle为逆时针旋转的角度，angle为负时，表示顺时针旋转。method是旋转过程中使用的插值方法，可以是nearest（最近邻插值）、bilinear（双线性插值）或bicubic（双立方插值），默认的插值方法是最近邻插值。

旋转操作会使图像尺寸变大，imrotate对原图像边界之外的像素用0填充，显示的是黑色的背景。

【例8】图像的旋转

（1）读入二值图logo的图像数据BW，如图15.31(a)所示。

```
>> BW = imread('logo.tif');
>> imshow(BW),title('原图');   %显示原图
```

（2）对BW逆时针旋转45度，如图15.31(b)所示。

```
>> BW45 = imrotate(BW, 45);
>> imshow(BW45),title('逆时针45度');   %逆时针45度
```

（3）对BW顺时针旋转45度，如图15.31(c)所示。

```
>> BW45N = imrotate(BW, -45);
>> imshow(BW45N),title('顺时针45度');   %顺时针45度
```

（4）对BW逆时针旋转180度，即反转，如图15.31(d)所示。

```
>> BWR = imrotate(BW, 180);
>> imshow(BWR),title('反转');   %旋转180度
```

(a) logo原图

(b) 逆时针旋转45度

(c) 顺时针旋转45度

(d) 反转

图15.31 图像的旋转

15.4.3 裁剪

图像的裁剪得到图像的部分图。MATLAB图像工具箱利用函数imcrop实现图像的裁剪，其一般的调用格式为

I2 = imcrop(I,rect)

X2 = imcrop(X,map,rect)

RGB2 = imcrop(RGB,rect)

上述3种格式分别用于灰度图（包括二值图）、索引图和RGB图的裁剪。rect定义裁剪的矩形区域，如果不指定rect，MATLAB允许用户通过鼠标选定裁剪区域。

例如，对灰度图circuit，读入图像数据I，

```
>> I = imread('circuit.tif');
```

输入以下指令，

```
>> I_crop = imcrop(I);
```

MATLAB显示灰度图I，当鼠标进入MATLAB显示窗口（Figure）的客户区域时，鼠标变指针成十字光标，此时用户可以通过鼠标选择待裁剪的区域，如图15.32（a）所示。

I_crop为裁剪得到的图像，如图15.32（b）所示。

```
>> imshow(I_crop);
```

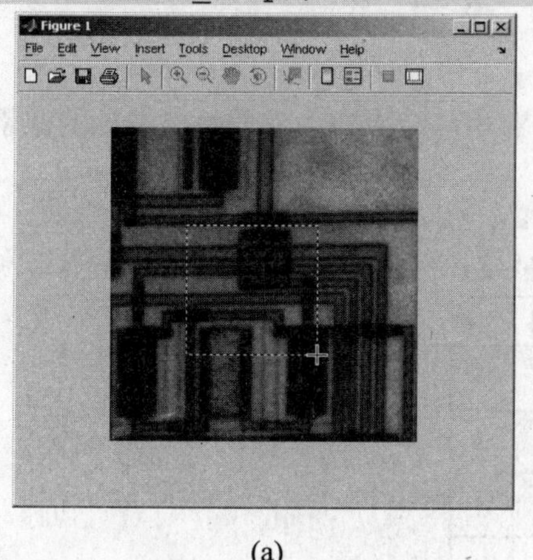

(a)

(b)

图15.32　图像的裁剪

15.5　线性滤波

线性滤波是一类非常重要的图像处理方法，主要用于图像增强、图像去噪等。线性滤波是一种邻域处理（Neighbothood Operation）方法，输出图像的像素值是输入图像对应像素及其邻域像素的线性组合。本节首先介绍与线性滤波相关的两个概念，卷积和相关，接着介绍线性滤波函数imfilter。

15.5.1　卷积和相关

线性滤波可以用卷积实现，输出图像的像素值是输入图像对应像素及其邻域像素的线性加权，权重矩阵称为卷积窗。

图15.33说明了图像卷积的过程。图像I为：

$$I=\begin{bmatrix}17 & 24 & 1 & 8 & 15\\ 23 & 5 & 7 & 14 & 16\\ 4 & 6 & 13 & 20 & 22\\ 10 & 12 & 19 & 21 & 3\\ 11 & 18 & 25 & 2 & 9\end{bmatrix}$$

卷积窗为：

$$h=\begin{bmatrix}8 & 1 & 6\\3 & 5 & 7\\4 & 9 & 2\end{bmatrix}$$

现在计算像素点(2,4)卷积后的结果，卷积过程如下。

（1）将卷积窗相对于中心旋转180度，得到$h'=\begin{bmatrix}2 & 9 & 4\\7 & 5 & 3\\6 & 1 & 8\end{bmatrix}$。

（2）将卷积窗的中心滑动至(2,4)。

（3）计算(2,4)邻域和卷积窗对应像素的积，并求和，结果即为卷积后(2,4)处的像素值。因此(2,4)卷积结果为：

1*2 + 8*9 + 15*4 + 7*7 + 5*14 + 16*3 + 6*13 + 1*20 +8*22 = 575

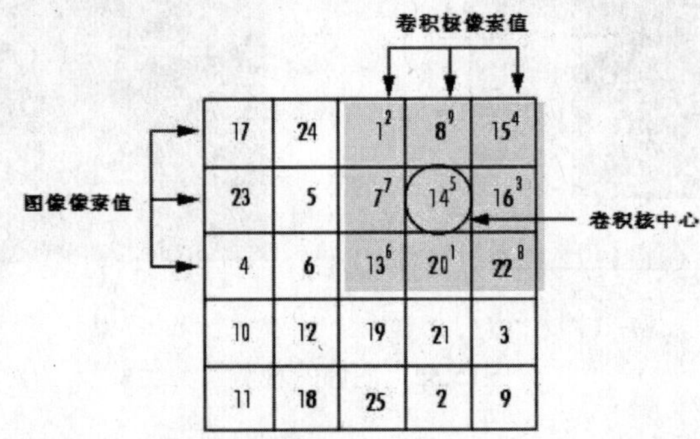

图15.33　图像卷积过程

卷积窗的滑动过程中有可能超出图像的边界，如图15.34(a)所示。对于图像边界外的像素值，一般有两种方法处理，其一是用0填充（图15.34(b)），其二是用最邻近的边界值填充（图15.34(c)）。

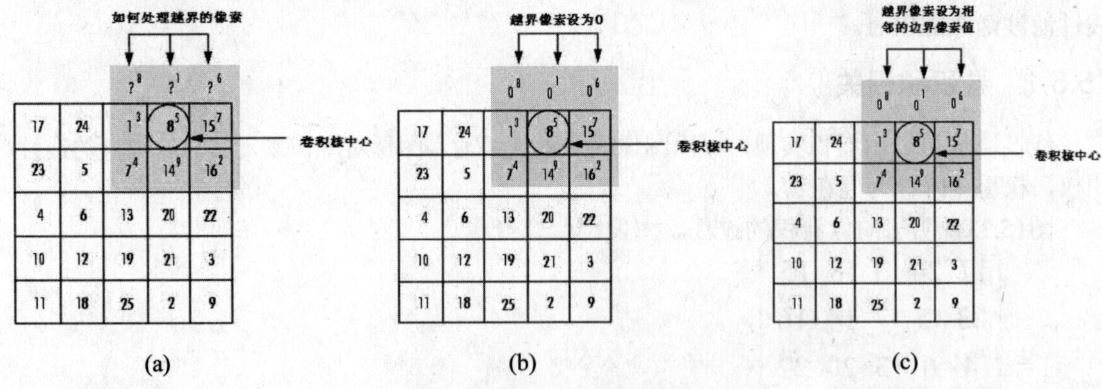

图15.34　卷积过程的边界处理

相关与卷积类似，输出图像的像素值是输入图像对应像素及其邻域像素的线性加权，权重矩阵称为相关窗。

在计算相关时，不需要对相关窗口旋转，这是相关与卷积在计算时的唯一差别。

图像相关也需要考虑到边界的处理，处理的方式与卷积相同。

15.5.2　线性滤波

线性滤波器由相关或卷积实现，默认情况下由相关实现。在MATLAB中利用函数imfilter对图像线性滤波，imfilter的一般调用格式为

B = imfilter(A,H)

B = imfilter(A,H,option1,option2,...)

其中，A、B为输入输出图像。H为相关窗或卷积窗，默认情况下为相关窗，可以通过设置option3 ='conv'，使线性滤波由卷积实现。通过设置option1决定线性滤波器对边界的处理方式，'replicate'使用最近邻边界填充，默认情况下，用0填充。

下面的例子利用5×5等权重的滤波器对受加性噪声污染的coins图像作线性滤波，通常称这种等权重的线性滤波器为均值滤波器（averaging filter）。

【例9】均值滤波器

（1）读入coins的图像数据I，如图15.35(a)所示。

```
>> I = imread('coins.png');
>> imshow(I);
```

（2）对I施加高斯噪声，得到受噪声污染的图像，如图15.35 (b)所示。

```
>> I = imnoise(I,'gaussian');
>> imshow(I);
```

（3）利用5×5等权重的滤波器对受加性噪声污染的coins图像作线性滤波，如图15.35 (c)所示，可以看到，均值滤波器降低了噪声，但是也使得图像更加模糊。

```
>> h = ones(5,5)/25;   %滤波窗口
>> I = imfilter(I,h);    %线性滤波
>> imshow(I);
```

(a) coins原图

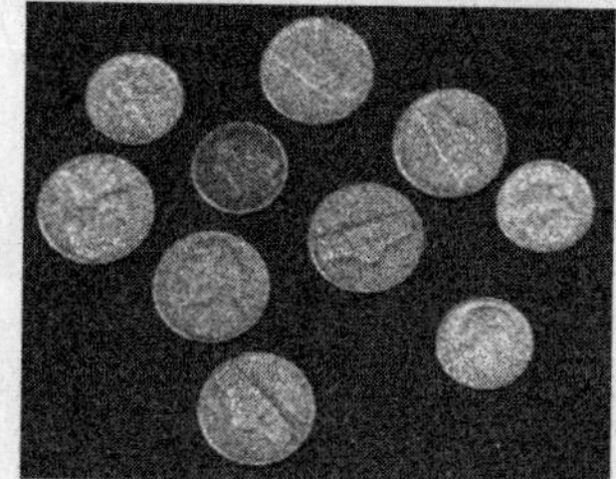

(b) 受加性高斯噪声污染的coins

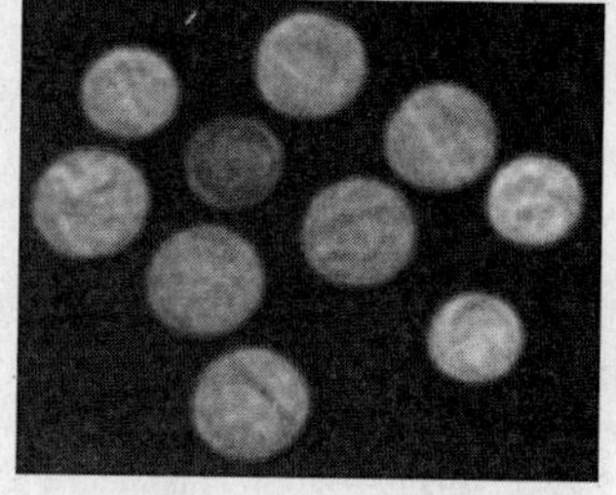

(c) 5×5均值滤波效果

图15.35　均值滤波器

函数imfilter在考虑图像的数据类型时，遵循图像代数运算相同的运算规则，读者如有疑问，请参考15.3节。

在利用MATLAB图像处理工具箱对图像作线性滤波时，用户除了使用自定义的滤波器外，还可以使用一些MATLAB预定义的滤波器。

MATLAB预定义的滤波器由函数fspecial产生。例如，h = fspecial('gaussian',HSIZE,SIGMA)产生高斯滤波器，HSIZE为滤波窗口的大小，默认为[3，3]，SIGMA表示高斯滤波器的峰度。SIGMA越小，h越接近冲击函数，SIGMA越大，h越接近均值滤波器。

下面的例子利用高斯滤波器对受污染的rice图作线性滤波，并将其与均值滤波比较。

【例10】高斯滤波器

（1）读入rice的图像数据I，如图15.35 (a)所示。

```
>> I = imread('rice.png');
>> imshow(I);
```

（2）对I施加加性高斯噪声，得到受高斯噪声污染的图像J，如图15.35 (b)所示。

```
>> J = imnoise(I,'gaussian');
>> imshow(J);
```

（3）利用5×5均值滤波器对J作线性滤波，如图15.35 (c)所示。

```
>> h = ones(5,5)/25;  %均值滤波器窗口
>> K = imfilter(J, h);  %均值滤波
>> imshow(K);
```

（4）利用HSIZE = [5,5]，SIGMA分别为5、1、0.5的高斯滤波器对J作线性滤波，滤波结果如图15.35 (d)、(e)、(f)所示。

```
>> h = fspecial('gaussian',[5,5],5);
>> K = imfilter(J, h);  %sigma = 5的高斯滤波
>> imshow(K);
>> h = fspecial('gaussian',[5,5],1);
>> K = imfilter(J, h);  % sigma = 1的高斯滤波
>> imshow(K);
>> h = fspecial('gaussian',[5,5],0.5);
>> K = imfilter(J, h);  % sigma = 0.5的高斯滤波
>> imshow(K);
```

从图中可以看到，SIGMA = 5时，图像信噪比提高，但是变得模糊，其效果与均值滤波器相近。SIGMA = 0.5时图像比较清晰，但是信噪比较低。SIGMA = 1的情况是前两者的折中。

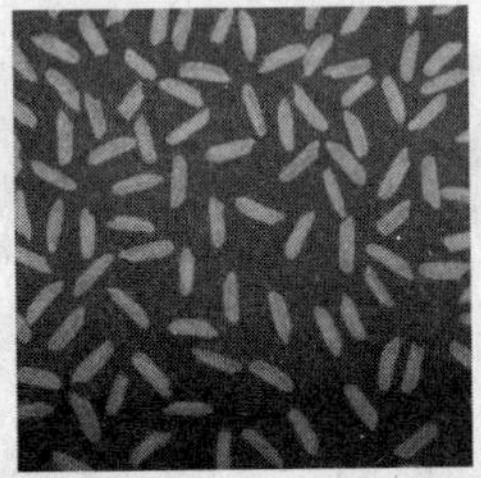

(a) rice原图

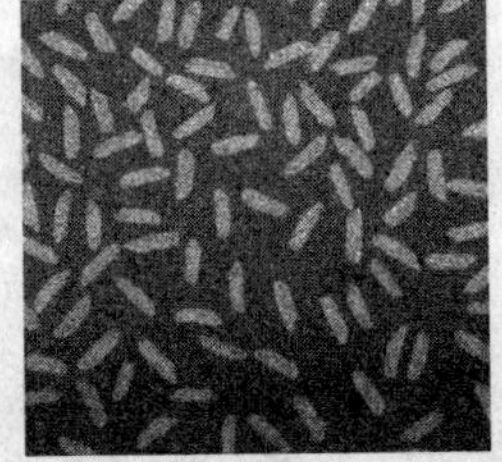

(b) 受加性高斯噪声污染的rice图

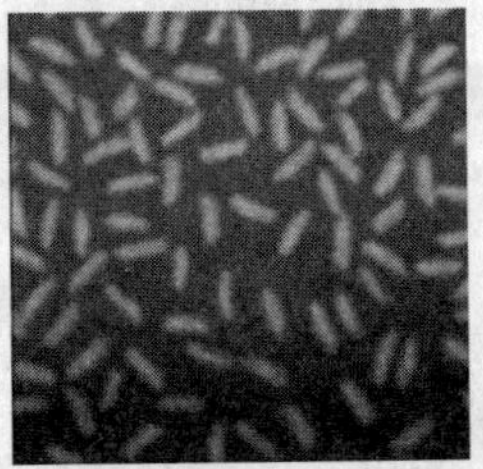

(c) 均值滤波效果

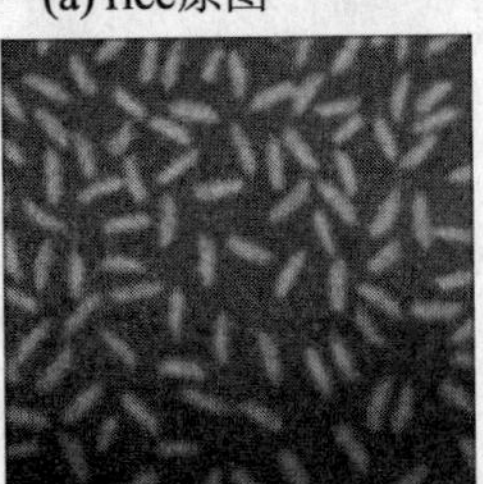

(d) SIGMA = 5时高斯滤波效果

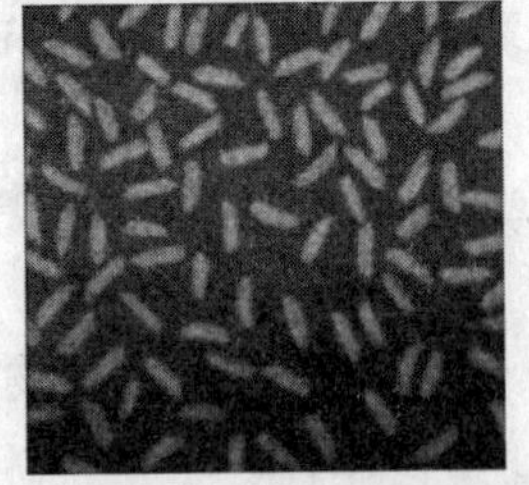

(e) SIGMA = 1时高斯滤波效果

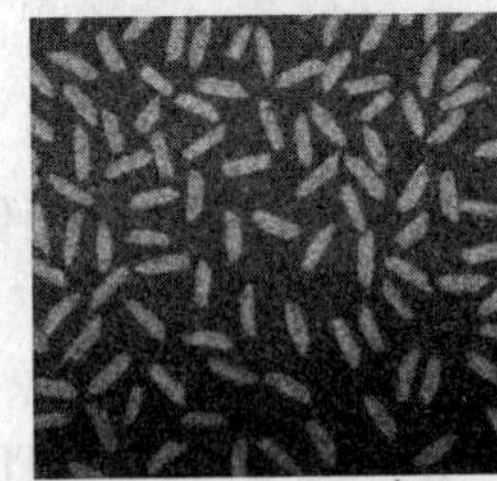

(f) SIGMA = 0.5时高斯滤波效果

图15.36　高斯滤波器

除了高斯滤波器，MATLAB还提供了其它预定义的滤波器，如unsharp、sobel、laplacian、

prewitt等，读者如有兴趣，请参考fspecial的相关帮助文档。

15.6　图像的排序滤波

15.5节介绍的线性滤波，通过对邻域像素的线性组合得到输出图像的像数值，这是一种线性处理方法。本节将要介绍的排序滤波是一种非线性处理方法。排序滤波通过对邻域像素的升序排序，取第r个像素值作为输出图像的像素值。

排序滤波也有对应的滤波窗口，滤波窗口超出图像边界时需要考虑边界的处理，可以用0填充或是最近邻边界填充等。

MATLAB图像处理工具箱利用函数ordfilt2对图像作排序滤波，一般的调用格式为

B = ordfilt2(A, order, h)

其中，A、B为输入输出图像，取邻域像素的第order个值作为输出值。h 为滤波窗口，h 的元素为0或1，0对应的元素不参与排序。

排序滤波中应用比较多的是中值滤波和最大值、最小值滤波，最大值、最小值滤波同时构成了形态学图像处理的基础。

15.6.1　中值滤波

中值滤波是排序滤波的一种，通过取邻域像素值的中位数作为输出图像的像素值。MATLAB图像处理工具箱为中值滤波提供了专门的函数medfilt2，其一般的调用格式为

B = medfilt2(A, [M N])

其中A、B为输入输出图像，[M,N]为滤波窗口的大小，默认情况下[M,N]=[3,3]。

虽然也可以利用odrfilt2实现中值滤波，但是考虑到效率因素，通常不这样做。

通过15.5节的例子可知，线性滤波不能在去噪和保留细节方面同时兼顾。中值滤波器在去噪的同时，能够较好地保留细节，另外，中值滤波在去除噪声方面有着优良的性能。

下面的两个例子分别介绍中值滤波在去高斯噪声和噪声方面的应用。

【例11】中值滤波改善高斯噪声污染图像的质量

（1）读入coins的图像数据I，如图15.37（a）所示。

```
>> I = imread('coins.png');
>> imshow(I);
```

（2）对I施加高斯噪声，得到受噪声污染的图像J，如图15.37（b）所示。

```
>> J = imnoise(I,'gaussian');
>> imshow(J);
```

（3）利用5×5的均值滤波器对J作均值滤波，如图15.37（c）所示。

```
>> h = ones(5,5)/25;
>> K = imfilter(J,h);
>> imshow(K);
```

（4）利用5×5的中值滤波对J作中值滤波，如图15.37（d）所示。

```
>> K = medfilt2(J,[5,5]);
>> imshow(K);
```

(a) coins 原图

(b) 高斯噪声污染的coins

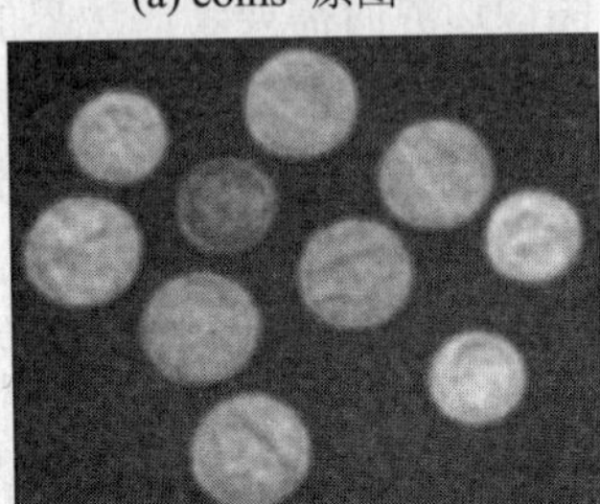

(c) 均值滤波效果

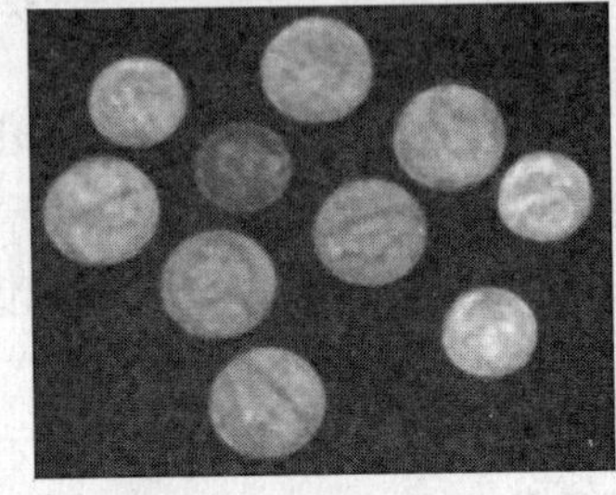

(d) 中值滤波效果

图15.37 中值滤波去除高斯噪声的效果

从图15.37中可以看到，中值滤波在保持细节和去噪方面的表现比均值滤波都要好，虽然优势并不明显。实际上，中值滤波主要用于含椒盐噪声的图像处理。

【例12】中值滤波改善受椒盐噪声污染图像的质量

（1）读入coins的图像数据I，如图15.38(a)所示。

```
>> I = imread('coins.png');
>> imshow(I);
```

（2）对I施加5%的椒盐噪声得到J，如图15.38 (b)所示。

```
>> J = imnoise(I, 'salt & pepper',0.05);
>> imshow(J);
```

（3）利用5×5的均值滤波器对J作均值滤波，如图15.38 (c)所示。

```
>> h = ones(5,5)/25;
>> K = imfilter(J,h);
>> imshow(K);
```

（4）利用5×5的中值滤波对J作中值滤波，如图15.38 (d)所示。

```
>> K = medfilt2(J,[5,5]);
>> imshow(K);
```

(a) coins 原图

(b) 受5%椒盐噪声污染的coins

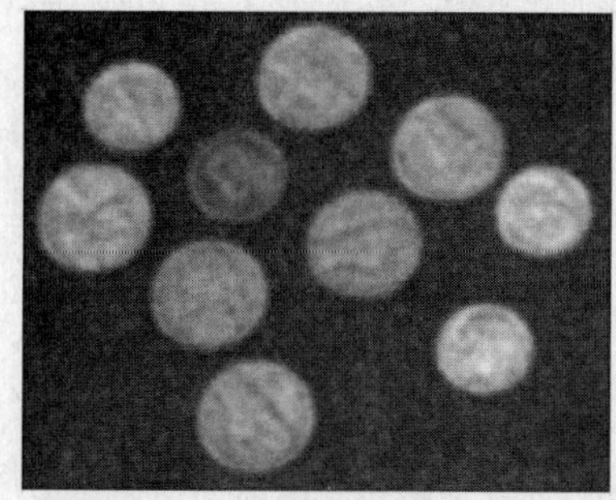

(c) 均值滤波效果

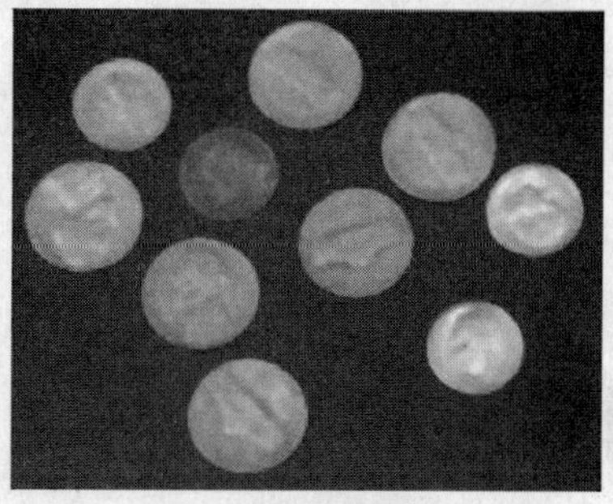

(d) 中值滤波效果

图15.38 中值滤波去除椒盐噪声的效果

从图中明显看到，中值滤波对椒盐噪声污染图像质量的改善是非常明显的，而均值滤波要逊色很多。

15.6.2 最大值、最小值滤波

最大值、最小值滤波，通过取邻域像素的最大或最小值作为输出图像的像素值。MATLAB图像处理工具箱中并没有专门针对最大值、最小值滤波的函数，如有需要，读者可以自行编写相关的函数。一种替代的方案是利用形态学处理中的扩散函数imdilate和腐蚀函数imerode。imdilate、imerode一般的调用格式为：

```
B = imdilate(A, SE)
B = imerode(B, SE)
```

其中，A、B为输入输出图像。当imdilate、imerode用于最大值、最小值滤波时，SE为$M \times N$的全1矩阵。

最大值滤波可以去除图像中的暗斑，同时也会使亮斑增大；最小值滤波可以去除图像中的亮斑，同时也会增大暗斑，如图15.39所示。

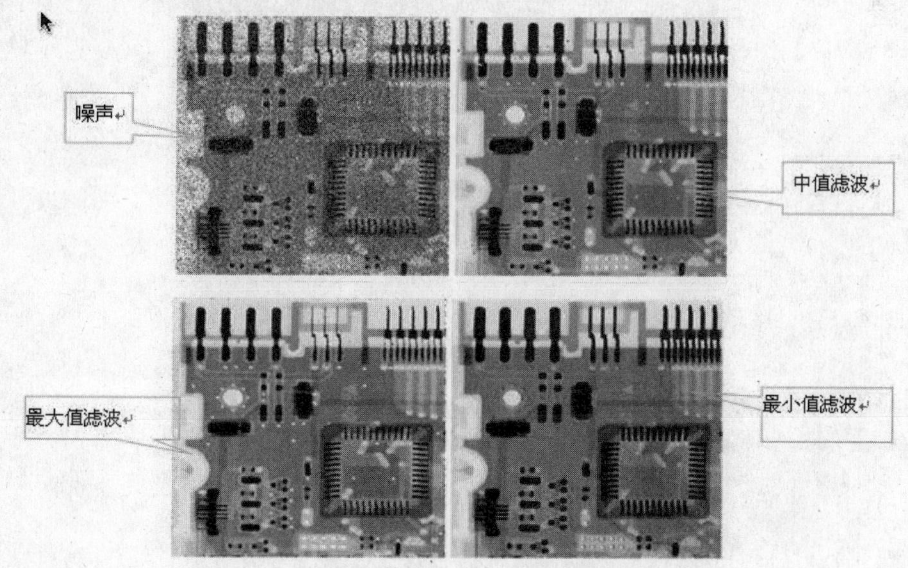

图15.39 最大值、最小值滤波

第16章

信号处理工具箱

MATLAB信号处理工具箱提供的函数主要用于处理信号与系统问题，并可对数字或离散的信号进行变换和滤波。工具箱为滤波器设计和谱分析提供了丰富的支持，通过信号处理工具箱的有关函数，可以直接设计数字滤波器，也可以建立模拟原型并离散化。在这章里将主要介绍采样函数、信号生成、滤波器的设计和随机信号功率谱分析。

16.1 MATLAB 7.0中的采样函数

数字信号处理的对象是在采样时钟的控制之下，通过A/D转换器以一定的采样率对模拟信号进行采样得到的。由采样定理可知，采样率必须大于模拟信号的最高频率的2倍。然而在很多情况下，需要对信号进行不同频率的采样，这就需要对采样信号进行处理。这一节将主要介绍常用的改变采样频率的相关MATLAB函数。

16.1.1 upfirdn()函数

upfirdn()函数用于改变信号的采样率，适用于FIR滤波器。upfirdn()函数的调用格式为：

upfirdn（X，H，P，Q）

返回信号X是通过上采样、滤波和下采样3个级联系统后的输出结果。

- 上采样系统：通过插入零值，使得采样频率上升为原来的P倍。
- 滤波系统：用H给定的单位冲激响应的滤波器滤波。
- 下采样系统：通过抽取采样点，使得采样率下降Q倍。

注意：

①通常X和H是向量，因此输出也是向量。但在下列情况下，输出可为矩阵。如果X是矩阵，H是向量，则H对X的每一列分别滤波。如果X是向量，H是矩阵，则H的每一列为一个滤波器的冲激响应，X由各滤波器分别滤波。如果X和H都是矩阵，且列数相同，则H的第 i 列对X的第 i 列分别进行滤波。

②当函数调用格式为 upfirdn(X,H,P)时，Q 缺省值为 1。

③当函数调用格式为 upfirdn(X,H)时，P、Q 缺省值都为 1。此时函数返回信号 X 是通过一冲激响应为 H 的 FIR 滤波器后的输出结果。

【例1】有一信号sig，其最高频率分量是10000 Hz，采样频率为50000 Hz，采样点数为1024，试将其采样频率降低为5000 Hz。

MATLAB相关函数实现：

```
h=firl(112,0.1);
%在进行下采样之前，需要将其在2500 Hz以上的频率分量滤出掉，以避免频率混叠。50000/5000=0.1。
sig1=upfirdn(sig,h,1,50000/5000);
```

16.1.2 decimat()下采样函数

decimat()函数主要用于低通滤波的下采样。decimat()函数的调用格式为Y=decimat(X,R)，函数返回的是向量X的重采样序列，其采样率为原来的1/R倍。decimat()使用的滤波器是一个8阶的Chebyshev I型低通滤波器，其截止频率为0.8*（Fs/2）/R，其中Fs为采样频率。

注意：

①当函数调用格式为 Y=decimat(X,R,N)时，使用的是 N 阶 Chebyshev 滤波器。

②当函数调用格式为 Y=decimat(X,R,'FIR')时，使用的是 30 点的 FIR 滤波器，这一滤波器是由函数 FIR1（30,1/R）产生的。

③当函数调用格式为 Y=decimat(X,R,N,'FIR')时，使用的是 N 点 FIR 滤波器。

【例2】有一个信号sig，其最高频率分量是10000 Hz，采样频率为50000 Hz，采样点数为8000，试将其采样频率降低为500 Hz。

MATLAB相关函数的实现如下：

```
sig1=dicamat(sig,10);
sig2=dicamat(sig1,10);
```

注意： 在例 2 中，将滤波器降低频率 1/100，分解为两个 1/10 来实现。当 R 很大时，设计的 Chebyshev 滤波器由于数字精度限制可能不准确，在这种情况下，decimat()函数将会使用一个阶数较低的滤波器。为了得到较好的抗混性能，可将 R 分解为它的因子，然后以其因子作为参数分几次调用 deciamt()函数。

16.1.3 interp()上采样函数

interp()函数主要用于上采样。interp()函数的调用格式为Y=interp(X,R)，返回的是以原来采样率R倍的重采样序列。

当函数调用格式为Y=interp（X,R,L,ALPHA）时，参数L（缺省值为4）和ALPHA（缺省值为0.5）可以指定。2*L是进行插值时用到的原始数据的长度。理想情况下，L必须小于等于10。

当调用格式为[Y，B]= interp（X,R,L,ALPHA）时，返回插入所用滤波器的系数向量B。

【例3】对信号 $x = \sin(2\pi \times 40t) + \sin(2\pi \times 80t)$ 进行2倍插值。

MATLAB程序实现如下。

```
>> t=0:0.001:1;%初始化时间向量
>> x=sin(2*pi*40*t)+sin(2*pi*80*t);%原始信号
>> y=interp(x,2);%2倍插值
>> subplot(121)%画出原始信号
>> stem(x(1:30));
>> title('Original Signal');
>> subplot(122)%画出插值后的信号
>> stem(y(1:60));
>> title('Interpolated Signal')
```

插值后信号的变化如图16.1所示。

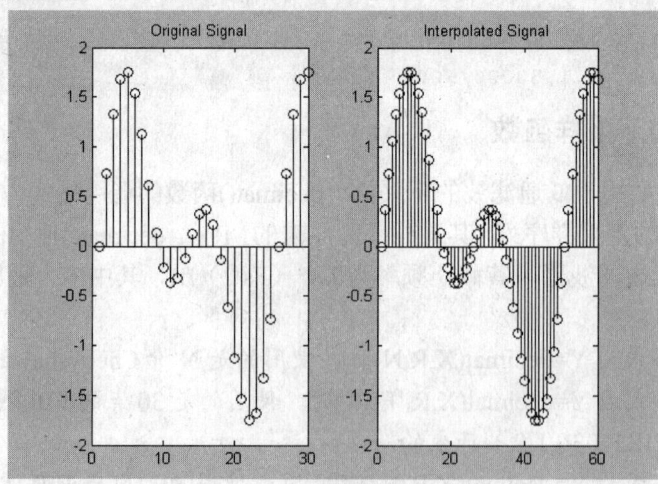

图16.1 原始信号和插值后的信号

16.1.4　resample()重采样函数

resample()函数主要用于改变信号的采样率。resample()函数的调用格式为Y=resample(X,P,Q)，返回的是向量X经重采样后的结果。重采样后，采样率为原来的P/Q倍。在重采样时，resample()采用一个抗混叠低通FIR滤波器对X进行滤波。滤波器使用的是Kaiser窗。

- 当调用格式为Y=resample(X,P,Q,N)时，在重采样时，x(n)的两边都取N点。resample()使用的滤波器长度与N（缺省值为10）成正比；通过增大N值可获得较大的精度，但这会增加计算的时间。
- 当调用格式为Y=resample(X,P,Q,N,BETA)时，BETA为设计用到滤波器使用Kaiser窗的参数，缺省值为5。
- 当调用格式为Y= resample(X,P,Q,B)时，如果B是滤波器系数向量，则用B对X进行滤波。

【例4】对线性信号y=kx+b以原采样率的5/3倍进行重采样。

MATLAB程序实现如下。

```
>> k=2;
>> b=1;
>> t=0:0.1:1;
>> x=t;
>> y=k*x+b;
>> Y=resample(y,5,3);
>> t1=(0:(length(Y)-1))*3/(5*10);
>> plot(t,y,'*',t1,Y,'o',0.5:0.01:1.5,0.5:0.01:1.5,':');
>> legend('Original','resampled');
>> xlabel('time')
```

重采样后的信号变化如图16.2所示。

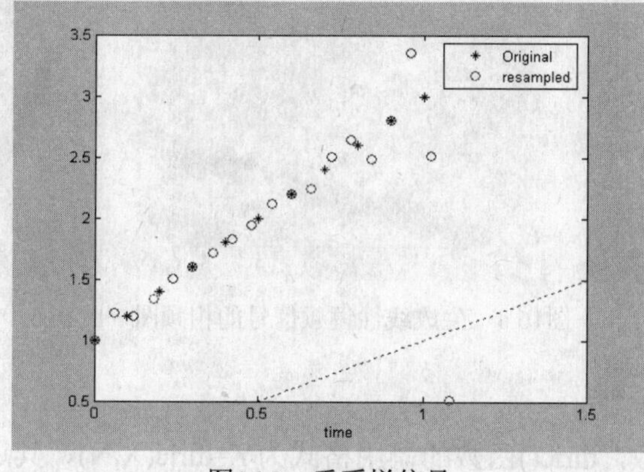

图16.2　重采样信号

16.2　MATLAB中的信号发生函数

MATLAB是一种程序化语言，可以处理各种信号变量，在信号处理工具箱中提供了许多信号生成函数，在实际运用中，可以通过这些基本函数生成其它一些需要的“信号”，用以模拟现实中的信号源。这些函数大多数是需要事先输入时间向量的。

16.2.1 线性调频信号发生器

线性调频信号发生器用chirp()函数来实现，其调用格式为Y=chirp(T,R0,T1,F1)，产生一个频率随时间线性变化的信号的采样，其时间轴的设置由数组T定义。时刻0的瞬时频率为F0；时刻T1的瞬时频率为F1。缺省情况下，F0=0 Hz，T1=1，F1=100 Hz。

- 当函数的调用格式为Y=chirp(T,F0,T1,F1,'method')时，method指定改变扫频的方法。可用的方法有linear（线性调频）、quadratic（二次调频）、logarithmic（对数调频）。缺省时为linear。
- 当函数的调用格式为Y=chirp(T,F0,T1,F1,'method',PHI)时，PHI指定信号的初始相位，缺省时PHI的值为0。

【例5】以1000 Hz的采样频率，在2s的采样时间内，生成一个起始时刻瞬时频率是0 Hz，1s时瞬时频率为100 Hz的线性调频信号。并计算该信号的功率谱。MATLAB程序实现如下。

```
>> fs=1000;
>> t=0:1/fs:0.5;
>> y=chirp(t,0,1,100);
>> plot(t,y);%画出线性调频信号的前四分之一段，如图16.3所示
>> t1=0:1/fs:2;%信号谱图的实现
>> y=chirp(t1,0,1,100);
>> specgram(y,256,1e3,256,250);%线性调频信号的相频图，如图16.4所示
```

【例6】计算二次调频信号的功率谱图。MATLAB程序实现如下。

```
>> fs=1000;
>> t=-2:1/fs:2;
>> y=chirp(t,0,1,100,'q');
>> specgram(y,256,1e3,256,250);
```

程序运行结果如图16.5所示。

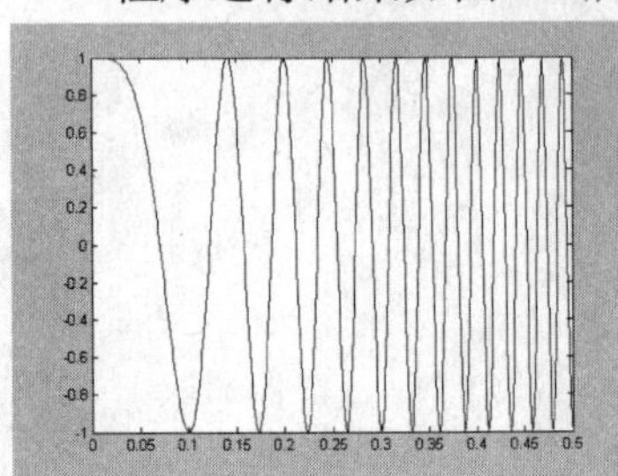

图16.3 线性调频信号

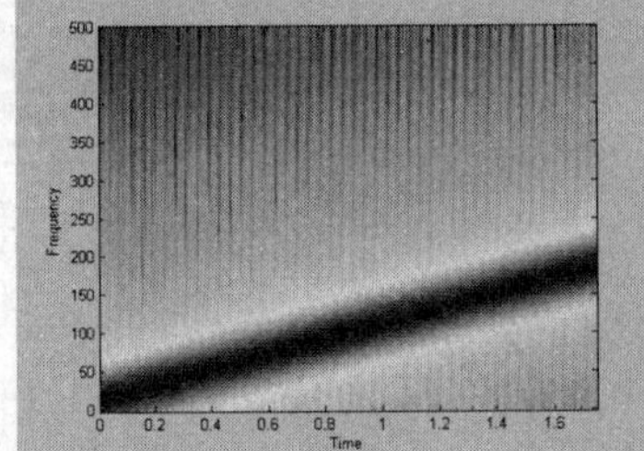

图16.4 生成线性调频信号的相频图

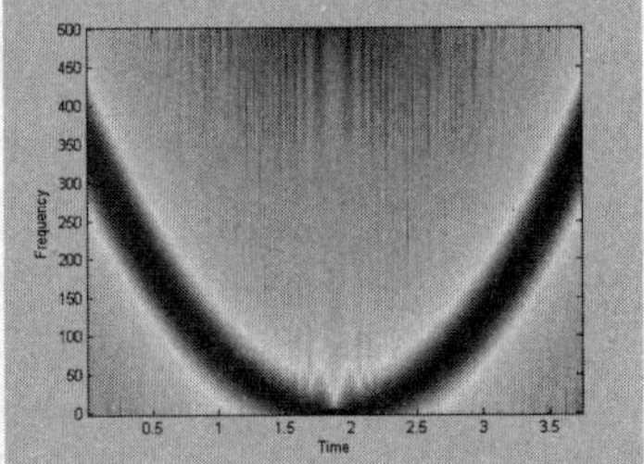

图16.5 二次调频信号的相频图

16.2.2 周期函数发生器

diric()即周期sinc函数，diric()函数的调用格式为Y=diric(X,N)，其返回的是一个大小与X相同的矩阵，其元素为Dirichlet函数。N必须为正整数，该函数将0~2π等间隔地分成N等份。Dirichlet函数的定义是：d(x)=sin(N*x/2)./(N*sin(x/2))

【例7】生成sinc函数。MATLAB程序实现如下。

```
>> x=0:0.04:4*pi;
>> y1=diric(x,6);
>> y2=diric(x,9);
```

```
>> subplot(121)
>> plot(x,y1);
>> subplot(122)
>> plot(x,y2)
```

程序运行结果如图16.6所示。

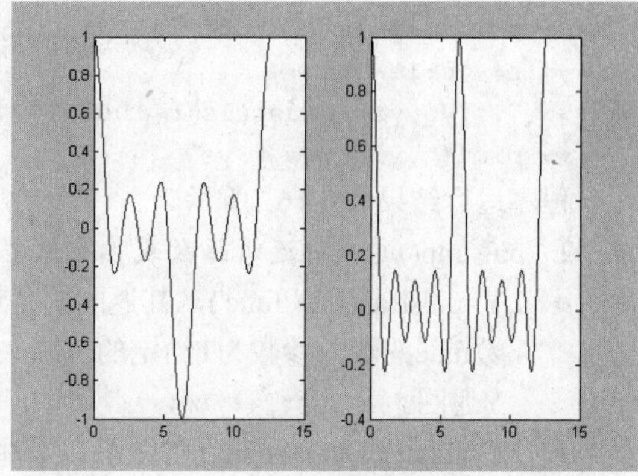

图16.6　sinc函数不同N值下的波形图

square()方波发生器

square(T)产生一个周期为2π，幅值为1的方波，采样时刻由向量T指定。square(T,DUTY)产生一个给定占空比的方波，占空比DUTY是信号为正值的比例。

16.2.3　锯齿波、三角波和矩形波发生器

1. sawtooth()锯齿波和三角波发生器

- sawtooth(T)，产生周期为2π，幅值为1的锯齿波，采样时刻由向量T指定。
- sawtooth(T,WIDTH)，产生三角波，WIDTH指定最大值出现的地方，其取值在0到1之间。当T由0增大到WIDTH*2π时，函数值由-1增大到1，当T由WIDTH*2π增大到2π时，函数值由1减小到-1。

2. tripuls()非周期三角脉冲发生器

- tripuls(T)，产生一个连续的、非周期的、单位高度的三角脉冲的采样，采样时刻由数组T指定。缺省情况下，产生的是宽度为1的非对称三角脉冲。
- tripuls(T,W)，产生一个宽度为W的三角脉冲。
- tripuls(T,W,S)，S为三角波的斜度。参数S满足-1<S>1，当S=0时，产生一个对称的三角波。

3. rectpuls()非周期矩形波发生器

- rectpuls(T)，返回由数组T给定时刻的连续、非对称、单位高度的矩形波的采样。矩形波的中心为T=0，缺省下，矩形宽度为1。
- rectpuls(T,W)，产生一个宽度为W的矩形波。

注意：该函数的边界值，其左侧边界值为 1，右侧边界值为 0。

16.2.4　高斯调幅正弦波发生器和脉冲序列发生器

1. gauspuls()高斯函数调幅的正弦波形发生器

- gauspuls()函数的调用格式为YI=gauspuls(T,FC,BW)，函数返回最大幅值为1的高斯函数调幅的正弦波的采样，其中心频率为FC，相对带宽为BW，时间由数组T给定。注意，BW的值必须大于0。缺省情况下，FC=1000 Hz，BW=0.5。
- 当函数的调用格式为YI=gauspuls(T,FC,BW,BWR)时，BWR指定可选的频带边缘处的参考水平，以相对于正常信号峰值下降了-BWR（单位为dB）为边界的频带，其相对带宽为100*BW%。缺省情况下，BWR的值为-6dB。注意，BWR的值为负值。
- 当函数的调用格式为TC=gauspuls('cutoff',FC,BW,BWR,TPE)时，返回包络相对峰值下降TPE（单位为dB）时的时间TC。缺省情况下，TPE的值是-60dB。注意，TPE

的值必须是负值。

【例8】生成一个中心频率为100 kHz的高斯调幅正弦脉冲，其相对带宽为0.7，采样率为10 MHz，信号在包络相对于峰值下降30 dB时截断。

MATLAB程序实现如下。

```
>> tc=gauspuls('cutoff',100e3,0.7,[],-30);
>> t=-tc:1e-7:tc;
>> [yi,yq,ye]=gauspuls(t,100e3,0.7);
>> plot(t,yi,t,yq,t,ye)
```

程序运行结果如图16.7所示。

2. pulstran()通过对连续函数或脉冲原型进行采样而得到脉冲序列的发生器

- Y=pulstran(T,D,'func')，其返回的是对连续函数func进行采样而得到的脉冲序列。函数func的输入参数为T给定的值减去偏移量D，这样函数求length(D)的次值，其和由Y返回。
- Y=func(t−D(1))+func(t−D(2))+…，注意，函数func必须是能够接受数组T作为其输入参数的函数。
- 通过pulstran(T,D,'func',P1,P2…)向func函数传递必要的参数，函数func的调用格式为func(T−D(1),P1,P2…)。
- pulstran(T,D,P,FS)，产生一个脉冲序列，序列是以FS为采样率，通过对P给定的脉冲原型的多项延迟插值之和进行采样得到的。P被设定在时间间隔[0,(length(P)−1)/FS]之内，在此间隔之外，采样数据都为0。缺省情况下，延迟由线性插值产生。若函数中没有参数FS，则认为FS=1 Hz。

【例9】产生一个非对称的锯齿波形。其重复频率为5 Hz，锯齿宽度为0.15s。信号长度为1s，采样率为4 kHz。MATLAB程序实现如下。

```
>> t=0:1/4e3:1;
>> d=0:1/5:1;
>> y=pulstran(t,d,'tripuls',0.15,0.5);
>> plot(t,y)
>> xlabel('时间')
>> ylabel('幅度')
```

程序运行结果如图16.8所示。

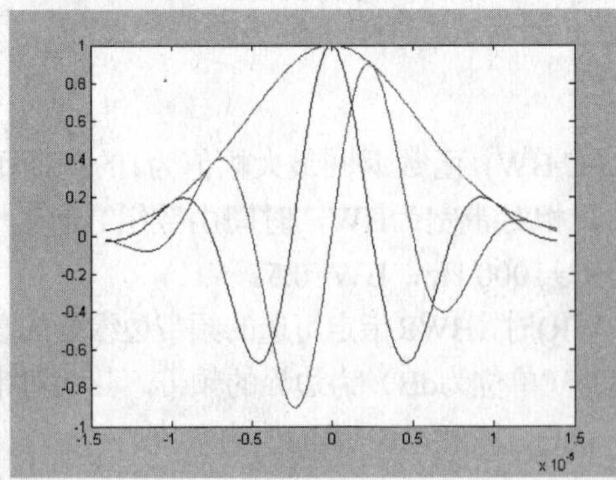

图16.7　高斯调幅正弦波信号

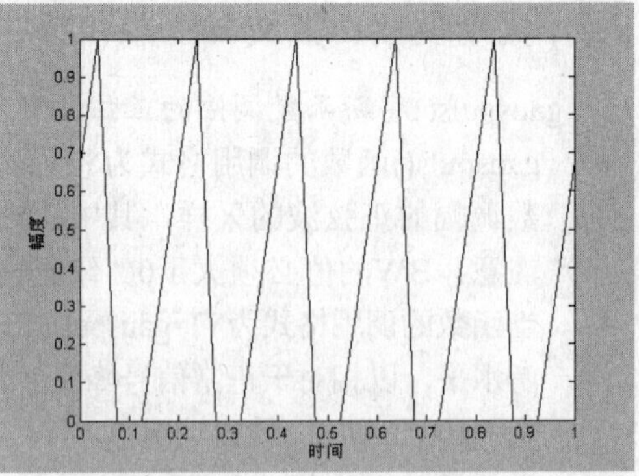

图16.8　非对称锯齿波信号

16.3 模拟滤波器设计

理想滤波器的频率特性可以描述为：

$$H(j\omega)=\begin{cases} ke^{j\omega t_d}, & \text{在通带内} \\ 0, & \text{在阻带内} \end{cases}$$

其作用是让有用信号无失真地通过，使无用信号完全被滤除。事实上，理想滤波器在物理上是不可实现的，在实际中，只能不断地逼近理想滤波器的频率特性。下面将介绍模拟滤波器原形及相关的MATLAB函数。

16.3.1 巴特沃思滤波器

巴特沃思模拟低通滤波器原型的平方幅频响应函数为：$|H(j\omega)|^2=A(\omega^2)=\dfrac{1}{1+(\dfrac{\omega}{\omega_c})^{2N}}$。

在上式中，ω_c 是低通滤波器的截止频率，N为滤波器的阶数。

MATLAB中的Butterworth模拟低通滤波器函数为[Z,P,K]=buttap(N)。其中，N为Butterworth滤波器的阶数，Z、P、K分别为滤波器的零点、极点、增益。该函数返回N阶低通模拟滤波器原型的极点和增益。

【例10】画出7阶和14阶Butterworth低通滤波器的平方幅频响应曲线。MATLAB程序实现如下。

```
>> n=0:0.01:2;
>> N1=7;%设置阶数
>> N2=14;
>> [z1,p1,k1]=buttap(N1);%模拟低通滤波器函数
>> [z2,p2,k2]=buttap(N2);
>> [b1,a1]=zp2tf(z1,p1,k1);%零极点模型转化为传递函数模型
>> [b2,a2]=zp2tf(z2,p2,k2);
>> [H1,w1]=freqs(b1,a1,n);
>> [H2,w2]=freqs(b2,a2,n);
>> magH1=(abs(H1)).^2;
>> magH2=(abs(H2)).^2;
>> plot(w1,magH1,w2,magH2);
>> axis([0 2 0 1]);
>> xlabel('w/wc');
>> ylabel('|H(jw)|^2')
```

程序运行结果如图16.9所示。

注意：Butterworth 滤波器在通带内具有最平坦的幅频特性，且随着频率的增大单调下降；随着阶数 N 的增大，过渡带越窄，特性越接近于矩形。其传递函数没有零点，极点分布在 $|S|=\omega_c$ 为半径的圆周上。

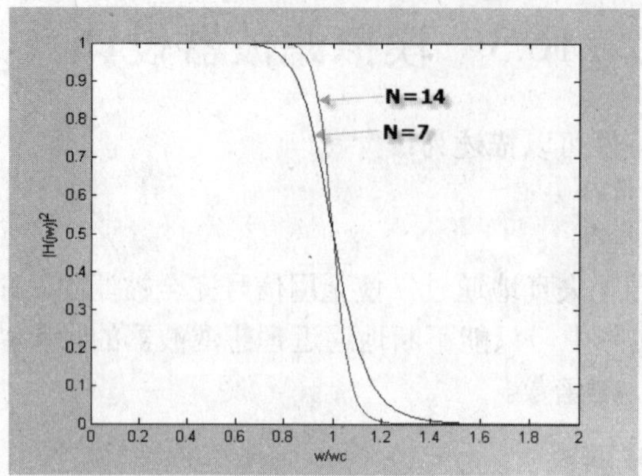

图16.9　巴特沃思低通滤波器原型不同N值下的幅频响应曲线

16.3.2　切比雪夫Ⅰ型滤波器

滤波器的平方幅频响应函数为：

$$|H(j\omega)|^2 = A(\omega^2) = \frac{1}{1+\varepsilon^2 C_N^2(\dfrac{\omega}{\omega_c})}$$

式中，ε 为小于1的正数，表示通带内幅频波纹的情况；ω_c 是截止频率，N为多项式 $C_N(\dfrac{\omega}{\omega_c})$ 的阶数。

$$C_N(x) = \begin{cases} \cos(N\cos^{-1}(x)) & , \quad |x| \le 1 \\ \cosh(N\cosh^{-1}(x)) & , \quad x \le 1 \end{cases}$$

MATLAB中的Chebyshev I型滤波器函数为：[Z,P,K]=cheb1ap(N,Rp)。其中，N为阶数，Z、P、K分别为滤波器的零点、极点、增益；Rp为通带波纹。

【例11】画出7阶Chebyshev I型模拟低通滤波器原型的平方幅频响应曲线。

MATLAB程序实现如下。

```
>> n=0:0.01:2;
>> N=7;
>> Rp=0.5;
>> [z,p,k]=cheb1ap(N,Rp);
>> [b,a]=zp2tf(z,p,k);
>> [H,w]=freqs(b,a,n);
>> magH=(abs(H)).^2;
>> plot(w,magH);
>> axis([0 2 0 1]);
>> xlabel('w/wc');
>> ylabel('|H(jw)|^2')
>> title('N=7');
```

程序运行结果如图16.10所示。

注意：Chebyshev I 型滤波器在通带内具有等波纹起伏特性，阻带内单调下降；随着阶数 N 的增大，过渡带越窄，特性越接近于矩形。其传递函数没有零点，极点分布在椭圆上。

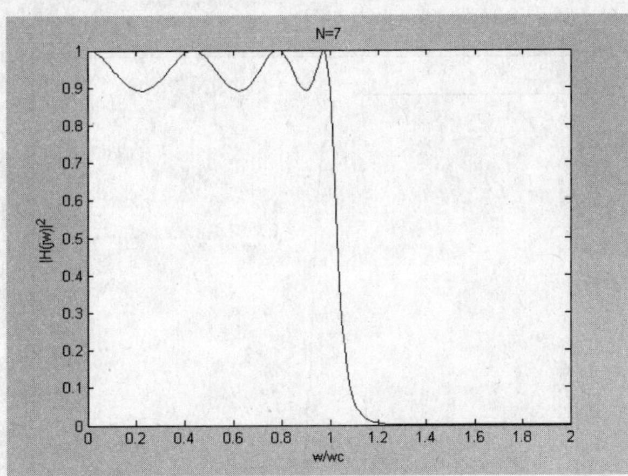

图16.10　7阶Chebyshev I型模拟低通滤波器原型的平方幅频响应曲线

16.3.3　切比雪夫Ⅱ型滤波器

滤波器的平方幅频响应函数为：

$$\left|H(j\omega)\right|^2=A(\omega^2)=\frac{1}{\left[1+\varepsilon^2C_N^2(\dfrac{\omega}{\omega_c})\right]^{-1}}。$$

式中，ε 为小于1的正数，表示阻带内幅频波纹情况；ω_c 是截止频率，N为多项式 $C_N(\dfrac{\omega}{\omega_c})$ 的阶数。

$$C_N(x)=\begin{cases}\cos(N\cos^{-1}(x)) & , \quad |x|\le 1\\ \cosh(N\cosh^{-1}(x)) & , \quad x>1\end{cases}$$

MATLAB中的Chebyshev Ⅱ型滤波器函数为：[Z,P,K]=cheb2ap(N,Rs)。其中，N为阶数，Z、P、K分别为滤波器的零点、极点、增益；Rs为阻带波纹。

【例12】画出7阶Chebyshev Ⅱ型模拟低通滤波器原型的平方幅频响应曲线。MATLAB程序实现如下。

```
>> n=0:0.01:2;
>> N=7;
>> Rs=8;%阻带波纹
>> [z,p,k]=cheb2ap(N,Rs);%切比雪夫Ⅱ型模拟滤波器
>> [b,a]=zp2tf(z,p,k);%零极点模型转化为传递函数模型
>> [H,w]=freqs(b,a,n);%使用基于FFT的算法计算模拟滤波器的频率响应
>> magH=(abs(H)).^2;
>> plot(w,magH);
>> axis([0 2 0 1.1]);
>> xlabel('w/wc');
>> ylabel('|H(jw)|^2')
>> title('N=7');
```

程序运行结果如图16.11所示。

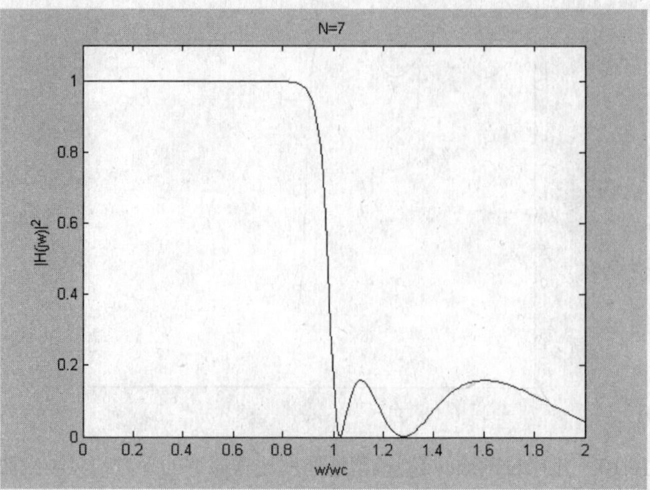

图16.11　7阶Chebyshev Ⅱ型模拟低通滤波器原型的平方幅频响应曲线

注意：Chebyshev Ⅱ型滤波器在阻带内具有等波纹起伏特性，通带内单调、平滑；随着阶数N的增大，过渡带越窄，特性越接近于矩形。其传递函数有零点、极点。

16.3.4 椭圆滤波器

滤波器的平方幅频响应函数为：$\left|H(j\omega)\right|^2 = A(\omega^2) = \dfrac{1}{1+\mu^2 E_N^2(\dfrac{\omega}{\omega_c})}$。

上式中，μ 为小于1的正数，表示波纹情况，ω_c 是截止频率，N为 $h(t) = h_a(t)|_{t=nT} = h_a(nT)$ 的阶数。MATLAB中的椭圆滤波器函数为：[Z,P,K]=ellipap(N,Rp,Rs)。

【例13】画出7阶椭圆低通滤波器原型的平方幅频响应曲线。

MATLAB程序实现如下。

```
>> n=0:0.01:2;
>> N=7;%滤波器阶数
>> Rp=0.5;%带通波纹
>> Rs=10;%带阻波纹
>> [z,p,k]=ellipap(N,Rp,Rs);%椭圆模拟滤波器原型
>> [b,a]=zp2tf(z,p,k);%零极点模型转换为传递函数模型
>> [H,w]=freqs(b,a,n);
>> magH=(abs(H)).^2;
>> plot(w,magH);
>> axis([0 2 0 1.1]);
>> xlabel('w/wc');
>> ylabel('|H(jw)|^2')
>> title('N=7');
```

程序运行结果如图16.12所示。

注意：椭圆滤波器在通带内和阻带内具有等波纹起伏特性，但相频响应具有明显的非线性。

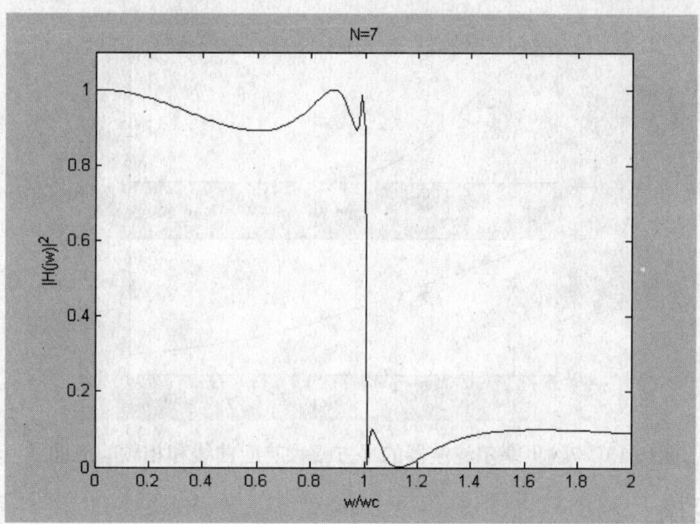

图16.12　7阶椭圆低通滤波器原型的平方幅频响应曲线

16.3.5 贝塞尔滤波器

MATLAB中的贝塞尔滤波器函数为：[Z,P,K]=besselap(N)。其中，N为阶数，其值小于25；Z、P、K分别为滤波器的零点、极点、增益。

【例14】画出7阶贝塞尔滤波器的平方幅频响应曲线和相频响应曲线。

MATLAB程序实现如下。

```
>> n=0:0.01:2;
>> N=10;
>> [z,p,k]=besselap(N);%模拟贝塞尔滤波器
>> [b,a]=zp2tf(z,p,k);%零极点模型转换为传递函数模型
>> [H,w]=freqs(b,a,n);
>> magH=(abs(H)).^2;
>> phaH1=unwrap(angle(H));
>> phaH=phaH1*180/pi;
>> subplot(211)
>> plot(w,magH);
>> xlabel('w/wc');
>> ylabel('|H(jw)|^2')
>> title('N=7');
>> subplot(212)
>> plot(w,phaH);
>> xlabel('w/wc');
>> ylabel('phase')
```

程序运行结果如图16.13所示。

注意： 贝塞尔滤波器在零频时具有最平坦的群延迟，并在整个通带内群延迟几乎不变。

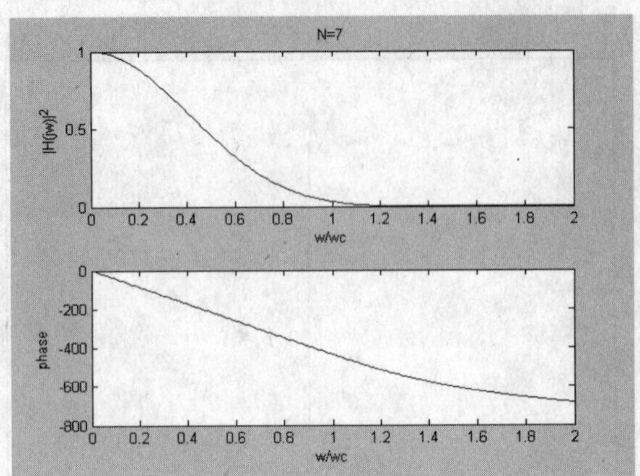

图16.13　7阶贝塞尔滤波器的平方幅频响应曲线和相频响应曲线

16.3.6　频率变换

频率变换函数可以实现传递函数自变量间的变换，可以通过模拟低通滤波器原型得到低通滤波器、高通滤波器、带通滤波器和带阻滤波器，再经S域到Z域的转换，可进行数字IIR滤波器的设计。

1. lp2lp函数

- lp2lp函数调用格式一：[bt,at]=lp2lp(b,a,Wo)。
- lp2lp函数调用格式二：[At,Bt,Ct,Dt]=lp2lp(A,B,C,D,Wo)。

Wo为低通滤波器截止频率。该函数把模拟低通滤波器原型转换成截止频率为Wo的低通滤波器。

2. lp2hp函数

- lp2hp函数调用格式一：[bt,at]=lp2hp(b,a,Wo)。
- lp2hp函数调用格式二：[At,Bt,Ct,Dt]=lp2hp(A,B,C,D,Wo)。

Wo为高通滤波器截止频率。该函数把模拟低通滤波器原型转换成截止频率为Wo的高通滤波器。

3. lp2bp函数

- lp2bp函数调用格式一：[bt,at]=lp2bp(b,a,Wo,Bw)。
- lp2bp函数调用格式二：[At,Bt,Ct,Dt]=lp2bp(A,B,C,D,Wo,Bw)。

Wo为带通滤波器中心频率，Bw为带通滤波器带宽。该函数用于把模拟低通滤波器原型转换成中心频率为Wo，带宽为Bw的带通滤波器。

4. lp2bs函数

- lp2bs函数调用格式一：[bt,at]=lp2bs(b,a,Wo,Bw)。
- lp2bs函数调用格式二：[At,Bt,Ct,Dt]=lp2bs(A,B,C,D,Wo,Bw)。

Wo为带阻滤波器中心频率，Bw为带阻滤波器带宽。该函数用于把模拟低通滤波器原型转换成中心频率为Wo，带宽为Bw的带阻滤波器。

【例15】设计一个7阶Chebyshev I型低通滤波器，通带波纹为5dB，截止频率为40π，然后将其转化为截止频率为320π的高通滤波器，并分别画出对应的幅频和相频响应曲线。MATLAB程序实现如下。

```
>> n=0:0.01:2;
>> N=7;
>> Rp=9;
>> [z,p,k]=cheb1ap(N,Rp);%切比雪夫I型模拟低通滤波器原型
>> [A1,B1,C1,D1]=zp2ss(z,p,k);%零极点模型转化为状态方程模型
>> Wo1=40*pi;截止频率
>> [AT1,BT1,CT1,DT1]=lp2lp(A1,B1,C1,D1,Wo1);%模拟低通滤波器转换为低通滤波器
>> [num1,den1]=ss2tf(AT1,BT1,CT1,DT1);%状态方程模型转化为传递函数模型
>> figure;
>> freqs(num1,den1);%绘制频率响应曲线，如图16.14所示。
```

程序运行结果如图16.14所示。

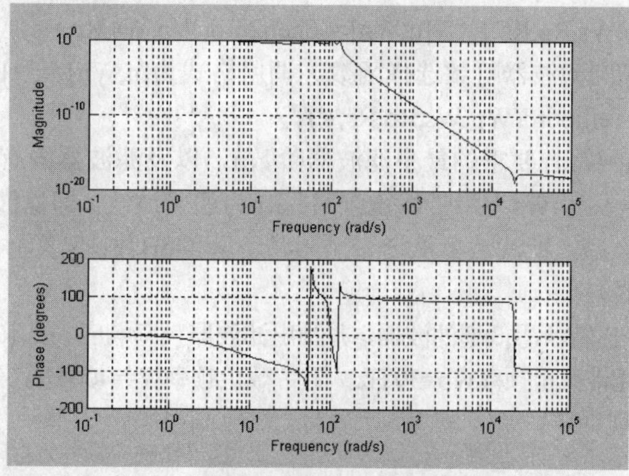

图16.14　低通滤波器幅频和相频响应曲线

```
>> Wo2=320*pi;
>> [AT2,BT2,CT2,DT2]=lp2hp(A1,B1,C1,D1,Wo2);
>> [num2,den2]=ss2tf(AT2,BT2,CT2,DT2);
>> figure;
>> freqs(num2,den2); %绘制频率响应曲线，如图16.15所示。
```

程序运行结果如图16.15所示。

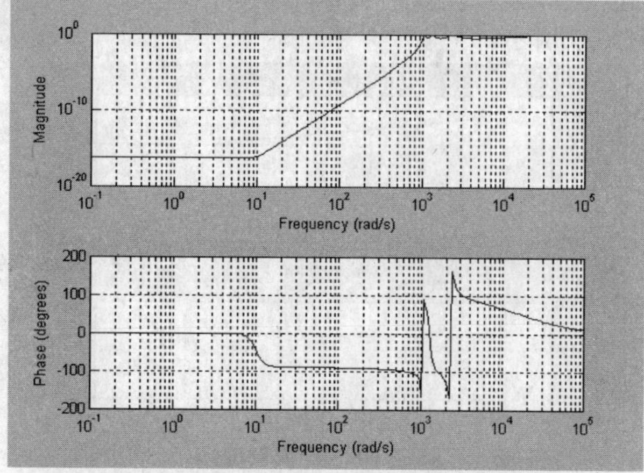

图16.15　高通滤波器幅频和相频响应曲线

16.3.7 滤波器阶数选择

在滤波器设计中，确定滤波器的阶数是非常重要的。这是因为过大的阶数在实际应用中难以实现，而阶数太小则无法满足指标的要求，因此用户面临着选择阶数的问题，在MATLAB中，针对不同的滤波器提供了不同的阶数选择函数。

- buttord()，Butterworth滤波器阶数选择函数。调用格式为[n,Wn] = buttord(Wp,Ws,Rp,Rs)或者[n,Wn] = buttord(Wp,Ws,Rp,Rs,'s')。
- cheby1ord()，Chebyshev Ⅰ型滤波器阶数选择函数。调用格式为[n,Wn] = cheb1ord(Wp,Ws,Rp,Rs)或者[n,Wn] = cheb1ord(Wp,Ws,Rp,Rs,'s')。
- cheby2ord()，Chebyshev Ⅱ型滤波器阶数选择函数。调用格式为[n,Wn] = cheb2ord(Wp,Ws,Rp,Rs)或者[n,Wn] = cheb2ord(Wp,Ws,Rp,Rs,'s')。
- ellipord()，椭圆滤波器阶数选择函数。调用格式为[n,Wn] = ellipord(Wp,Ws,Rp,Rs)或者[n,Wn] = ellipord(Wp,Ws,Rp,Rs,'s')。

以上4个函数都返回符合要求的最小滤波器阶数n，以及滤波器固有频率Wn（即3dB）。其中，Wp为通带截止频率；Ws为阻带截止频率；Rp为通带波纹，即滤波器在0~Wp内的衰减不超过Rp；Rs为阻带衰减，即滤波器从通带至阻带下降的dB数；'s'表示模拟滤波器（调用格式一适用于数字滤波器）。

【例16】设计一个巴特沃思低通滤波器，并画出滤波器频率响应。要求，通带波纹Rp<=3dB，阻带衰减Rs>=70 dB，通带截止频率Wp=30 Hz，阻带截止频率Ws=400 Hz，采样频率Fs=2000 Hz。

MATLAB程序实现如下。

```
>> Rp=3;
>> Rs=70;
>> Wp=30;
>> Ws=400;
>> Fs=2000;
>> [N,Wn]=buttord(Wp/(Fs/2),Ws/(Fs/2),Rp,Rs);%巴特沃思滤波器阶数选择函数
>> [b,a]=butter(N,Wn);%巴特沃思数字滤波器函数
>> freqz(b,a,512,2000);%绘制频率响应曲线，如图16.16所示。
>> title(['N=',num2str(N)]);%显示选择阶数
```

程序运行结果如图16.16所示。

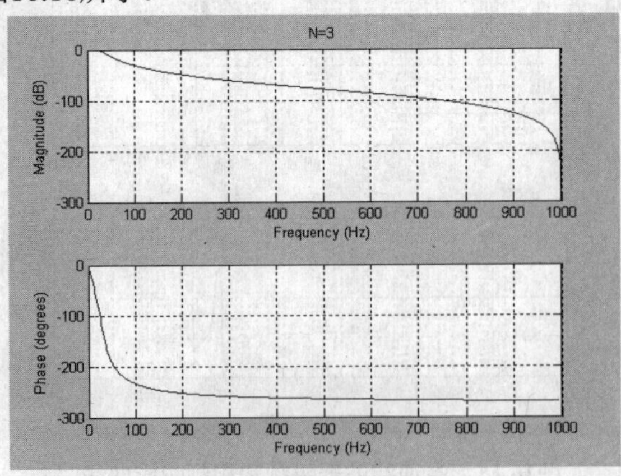

图16.16 选择最小阶数滤波器的频率响应曲线

16.4　数字滤波器设计

数字滤波器在信号处理的应用中发挥着重要的作用，它是通过对采样数据信号进行数学运算处理来得到滤波的目的。数学运算通常有两种实现方式，一种是频域的方法，即利用FFT分离选择信号，再用IFFT恢复信号；另一种是时域的方法，即通过差分方程的数学运算来实现。

MATLAB 7.0信号处理工具箱的两个基本组成就是滤波器的设计和谱分析。这节将主要介绍数字滤波器：IIR和FIR的设计和实现。

16.4.1　数字滤波器的设计方法简介

IIR和FIR不仅在性能上有很大的差别，而且在设计上也有很大不同。IIR滤波器常用的设计方法是利用模拟滤波器来进行设计，而FIR则可以直接由给定的频率特性进行设计。

数字滤波器的设计在整体上来说，无论是IIR还是FIR都可分为以下3步。

- 确定所需滤波器的技术指标。
- 设计一个H（z），使其尽可能地逼近所需的技术指标。
- 实现设计的H（z）。

IIR数字滤波器的设计借助于模拟滤波器原型，首先将模型滤波器原型转化为模拟滤波器，再将模拟滤波器转换为数字滤波器。具体来讲，数字滤波器的设计步骤如下。

（1）按照一定的规则将给出的数字滤波器的技术指标转换为模拟低通滤波器的技术指标。

（2）根据得到的技术指标选择滤波器阶数选择函数，确定最小阶数N和固有频率Wn。

（3）运用最小阶数N产生模拟低通滤波器原型。

（4）将模拟低通滤波器原型转换为模拟低通、高通、带通、带阻滤波器。

（5）利用冲击响应不变法或双线性不变法，把模拟滤波器转化为数字滤波器。

MATLAB信号处理工具箱中提供了几种模拟滤波器原型产生函数，如Bessel低通模拟滤波器原型、Butterworth滤波器原型、Chebyshev滤波器原型、椭圆滤波器原型等。除此之外，还有将模拟滤波器原型转换为低通、高通、带通、带阻滤波器的转换函数，及将模拟滤波器转化为数字滤波器的冲击响应不变法和双线性变换法。这些都给IIR滤波器的设计带来极大的方便。

16.4.2　IIR滤波器设计函数

IIR滤波器的设计可以依赖于许多MATLAB自带的设计函数，下面就介绍一下这些设计函数。

1. butter函数

butter函数主要用于巴特沃思滤波器设计，其调用格式如下：

```
[b,a]=butter(n,Wn)
[b,a]=butter(n,Wn,'ftype')
[b,a]=butter(n,Wn,'s')
[b,a]=butter(n,Wn,'ftype','s')
[z,p,k]=butter(…)
[A,B,C,D]=butter(…)
```

其中，n为滤波器阶数，Wn为滤波器截止频率，在0到1之间取值。'ftype'为滤波器类型参数，默认为低通、带通滤波器，high为高通滤波器，stop为带阻滤波器，其截止频率为

Wn=[ω1,ω2]。b,a分别为滤波器传递函数的分子和分母系数向量；z，p，k分别为滤波器零点、极点和增益。

【例17】设计一个10阶的巴特沃思高通滤波器，截止频率为400 Hz（归一化频率值为0.8）。并画出滤波器频率响应。MATLAB程序实现如下。

```
>> N=10;
>> Wn=400/500;
>> [b,a]=butter(N,Wn,'high');%巴特沃思数字滤波器函数
>> freqz(b,a,512,2000);%绘制频率响应曲线，如图16.17所示。
>> title('N=10');%显示阶数
```

程序运行结果如图16.17所示。

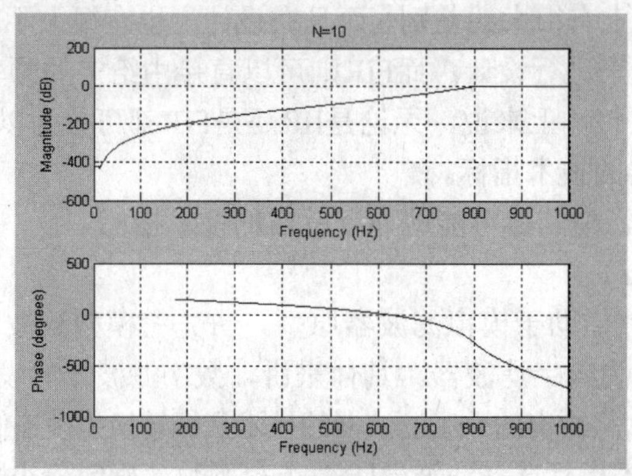

图16.17　巴特沃思高通滤波器频率特性

2. cheby1函数

cheby1函数主要用于切比雪夫I型滤波器设计，其调用格式如下：

[b,a]= cheby1 (n,Rp,Wn)

[b,a]= cheby1 (n,Rp,Wn,'ftype')

[b,a]= cheby1 (n,Rp,Wn,'s')

[b,a]= cheby1 (n,Rp,Wn,'ftype','s')

[z,p,k]= cheby1 (…)

[A,B,C,D]= cheby1 (…)

其中，n为滤波器阶数，Wn为滤波器截止频率，在0到1之间取值。Rp为通带波纹。'ftype'为滤波器类型参数，默认为低通、带通滤波器，high为高通滤波器，stop为带阻滤波器，其截止频率为Wn=[ω1,ω2]。B，a分别为滤波器传递函数的分子和分母系数向量；z,p,k分别为滤波器零点、极点和增益。

【例18】设计一个10阶的cheby1型数字滤波器，采样频率为2000 Hz，通带波纹为2 dB,截止频率为400 Hz（归一化频率值为0.8）。并画出滤波器频率响应。MATLAB程序实现如下。

```
>> N=10;
>> Wn=400/500;
>> Rp=2;
>> [b,a]=cheby1(N,Rp,Wn);%切比雪夫I型数字滤波器函数
>> freqz(b,a,512,2000);%绘制频率响应曲线，如图16.18所示。
>> axis([0 1000 -300 50]);;
>> title('N=10');%显示阶数
```

程序运行结果如图16.18所示。

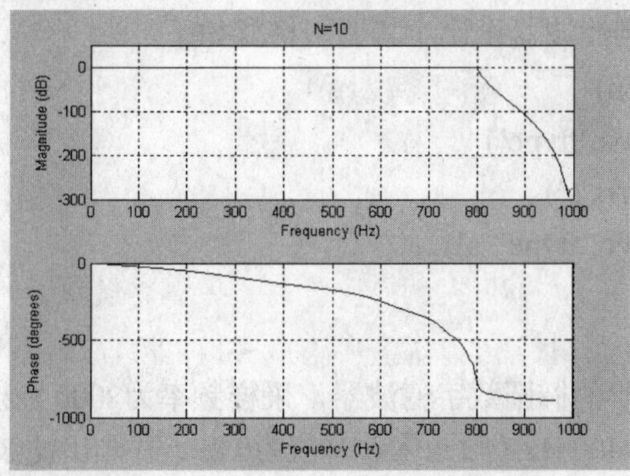

图16.18 切比雪夫I型低通滤波器频率响应曲线

3. cheby2函数

cheby2函数主要用于切比雪夫Ⅱ型滤波器设计，其调用格式如下：

[b,a]= cheby2 (n,Rs,Wn)

[b,a]= cheby2 (n,Rs,Wn,'ftype')

[b,a]= cheby2 (n,Rs,Wn,'s')

[b,a]= cheby2 (n,Rs,Wn,'ftype','s')

[z,p,k]= cheby2 (…)

[A,B,C,D]= cheby2 (…)

其中，Rs 为阻带衰减。其余参数同butter函数。

【例19】设计一个10阶的cheby2型数字滤波器，采样频率为2000 Hz，阻带衰减为70 dB，截止频率为400 Hz（归一化频率值为0.8）。并画出滤波器频率响应。MATLAB程序实现如下。

```
>> N=10;
>> Wn=400/500;
>> Rs=70;
>> [b,a]=cheby2(N,Rs,Wn);%切比雪夫Ⅱ型数字滤波器函数
>> freqz(b,a,512,2000);%绘制频率响应曲线，如图16.19所示。
>> axis([0 1000 -110 50]);;
>> title('N=10');%显示阶数
```

程序运行结果如图16.19所示。

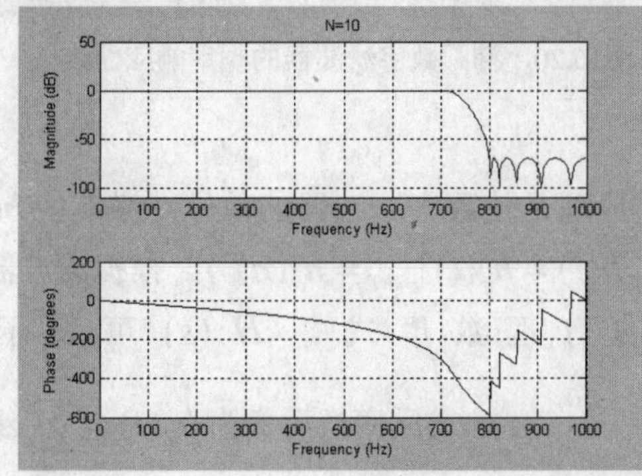

图16.19 切比雪夫Ⅱ型低通滤波器频率响应曲线

4. ellip函数

ellip函数主要用于椭圆滤波器设计，其调用格式如下。

[b,a]= ellip (n,Rp,Rs,Wn)

[b,a]= ellip (n, Rp,Rs,Wn,'ftype')

[b,a]= ellip (n, Rp,Rs,Wn,'s')

[b,a]= ellip (n, Rp,Rs,Wn,'ftype','s')

[z,p,k]= ellip (…)

[A,B,C,D]= ellip (…)

【例20】设计一个10阶的椭圆数字滤波器，采样频率为2000 Hz，阻带衰减为70 dB，通带波纹为2dB，截止频率为400 Hz（归一化频率值为0.8）。并画出滤波器频率响应。MATLAB程序实现如下。

```
>> N=10;
>> Wn=400/500;
>> Rs=70;
>> Rp=2;
>> [b,a]=ellip(N,Rp,Rs,Wn);%椭圆数字滤波器函数
>> freqz(b,a,512,2000);%绘制频率响应曲线，如图16.20所示。
>> axis([0 1000 -110 50]);
>> title('N=10');%显示阶数
```

程序运行结果如图16.20所示。

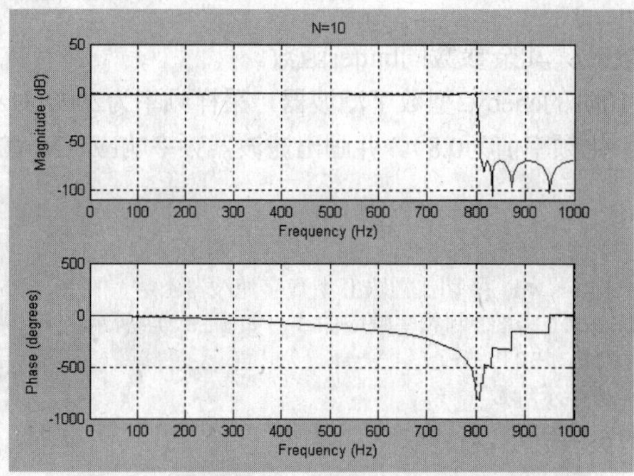

图16.20　椭圆数字滤波器的频率响应曲线

16.4.3　冲激响应不变法

冲激响应不变法的基本原理是使数字滤波器的单位冲激响应$h(t)$等于模拟滤波器的冲激响应$h_a(t)$的抽样值，即：$h(t)=h_a(t)|_{t=nT}=h_a(nT)$。模拟滤波器的系统函数通常是分母阶数高于分子阶数的有理数形式。$H_a(s)$可表示成部分分式形式$\frac{1}{s-s_k}\longleftrightarrow\frac{1}{1-e^{s_kT}z^{-1}}=\frac{z}{z-e^{s_kT}}$。拉式反变换后变为$h_a(t)=\sum_{k=1}^{N}A_k e^{s_kt}u(t)$。式中，$u(t)$为单位阶跃函数。

对$h_a(t)$进行抽样，得到数字滤波器的单位冲激响应为

$$h(t)=h_a(nT)=\sum_{k=1}^{N}A_k e^{s_k nT}u(nT)$$

对$h(n)$进行z变换，得到数字滤波器系统函数

$$H(z)=\sum_{k=0}^{\infty}h(n)z^{-n}=\sum_{n=0}^{\infty}\sum_{k=1}^{N}A_k(e^{s_kT}z^{-1})^n\text{，}=\sum_{k=1}^{N}A_k[\sum_{n=0}^{\infty}(e^{s_kT}z^{-1})^n]=\sum_{k=1}^{N}\frac{A_k}{1-e^{s_kT}z^{-1}}$$

至此，可见$H(z)$与$H_a(s)$的对应关系如下：

$$\frac{1}{s-s_k}\longleftrightarrow\frac{1}{1-e^{s_kT}z^{-1}}=\frac{z}{z-e^{s_kT}}$$

MATLAB信号处理工具箱提供了冲激响应不变法的实现函数，其调用格式如下。

- 调用格式一：[bz,az] = impinvar(b,a,fs)。
- 调用格式二：[bz,az] = impinvar(b,a)。
- 调用格式三：[bz,az] = impinvar(b,a,fs,tol)。

其中，b，a分别为模拟滤波器的分子、分母多项式系数向量；fs为采样频率，默认值为1；bz，az分别为数字滤波器的分子、分母多项式系数向量。tol用来限定是否极点重复。

【例21】用脉冲响应不变法设计一个切比雪夫I型带通滤波器，要求其特性接近一个切比雪夫I型带通模拟滤波器，该模拟滤波器的性能指标为：通带截止频率Wp1= $10\times2\pi$ Hz，Wp2= $20\times2\pi$ Hz，阻带截止频率Ws1= $5\times2\pi$ Hz，Ws2= $25\times2\pi$ Hz，通带波纹小于0.5 dB，阻带衰减大于50 dB，采样频率为100 Hz。

MATLAB程序实现如下。

```
>> Wp1=10*2*pi;
>> Wp2=20*2*pi;
>> Ws1=5*2*pi;
>> Ws2=25*2*pi;
>> Rp=0.5;%通带波纹
>> Rs=50;   %阻带衰减
>> Fs=100;
>> Wp=[Wp1,Wp2];
>> Ws=[Ws1,Ws2];
>> [N,Wn]=cheb1ord(Wp/(Fs/2),Ws/(Fs/2),Rp,Rs,'s');%滤波器阶数选择
>> Bw=Wn(2)-Wn(1);
>> Wo=sqrt(Wn(1)*Wn(2));
>> [z,p,k]=cheb1ap(N,Rp);%模拟切比雪夫I型滤波器
>> [A,B,C,D]=zp2ss(z,p,k);
>> [AT,BT,CT,DT]=lp2bp(A,B,C,D,Wo,Bw);%低通滤波器原型转换为带通滤波器
>> [num1,den1]=ss2tf(AT,BT,CT,DT);
>> [num,den]= impinvar (num1,den1,2);%冲激响应不变法转换函数
>> [H,W]=freqz(num,den);
>> plot(W*Fs/(2*pi),abs(H));%绘制幅频曲线图
>> xlabel('频率');
>> ylabel('幅值');
```

程序运行结果如图16.21所示。

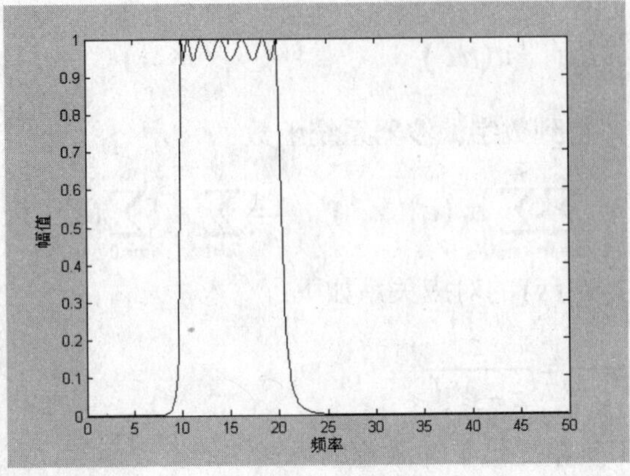

图16.21　脉冲响应不变法实现的带通滤波器

16.4.4　双线性变换法

冲激响应不变法有可能产生混频现象，主要原因是，其在s平面与z平面之间非单值映射。为了克服这种混频现象，引入了双线性变换法。设描述模拟滤波器的微分方程为 $c_1y_a^{'}(t)+c_0y_a(t)=d_0x(t)$，方程两边同时取拉式变换，得到模拟滤波器的系统函数：

$$H_a(s)=\frac{d_0}{c_1s+c_0}$$

把 $y_a(t)$ 写成 $y_a^{'}(t)$ 的积分，得到 $y_a(t)=\int_{t_0}y_a^{'}(\tau)d\tau+y_a(t_0)$，将 $t=nT,t_0=(n-1)T$，代入上式得

$y_a(nT)=\int_{(n-1)T}^{nT}y_a^{'}(\tau)d\tau+y_a[(n-1)T]$ 用梯形近似逼近积分，得

$$y_a(nT)=\frac{T}{2}\left\{y_a^{'}(nT)+y_a^{'}[(n-1)T]\right\}+y_a[(n-1)T]$$

将模拟滤波器微分方程离散化，得到 $y_a^{'}(nT)=-\frac{c_0}{c_1}y_a(nT)+\frac{d_0}{c_1}x(nT)$

将其带入上式，得 $[y(n)-y(n-1)]=\frac{T}{2}\left\{-\frac{c_0}{c_1}[y(n)+y(n-1)]+\frac{d_0}{c_1}[x(n)+x(n-1)]\right\}$

式中，$y(n)=y_a(nT),y(n-1)=y_a[(n-1)T]$ $z=\frac{\frac{2}{T}+s}{\frac{2}{T}-s}$ 对模拟滤波器系统函数的两边取z变换，整理后得到 $H(z)=\frac{Y(z)}{X(z)}=\frac{d_0}{c_1\frac{2}{T}\frac{1-z^{-1}}{1+z^{-1}}+c_0}$。至此，可以得到 $s=\frac{2}{T}\frac{1-z^{-1}}{1+z^{-1}}$，即 $z=\frac{\frac{2}{T}+s}{\frac{2}{T}-s}$。上式即为s平面与z平面的双线性映射关系。

MATLAB信号处理工具箱提供了双线性变换法的实现函数，其调用格式如下：

[zd,pd,kd] = bilinear(z,p,k,fs)

[zd,pd,kd] = bilinear(z,p,k,fs,fp)

[numd,dend] = bilinear(num,den,fs)

[numd,dend] = bilinear(num,den,fs,fp)

[Ad,Bd,Cd,Dd] = bilinear(A,B,C,D,fs)

[Ad,Bd,Cd,Dd] = bilinear(A,B,C,D,fs,fp)

其中，numd,dend分别为模拟滤波器传递函数的分子、分母多项式系数向量；fs为采样频率；fp是预畸变频率；z、p分别为模拟滤波器零极点列向量；k是模拟滤波器增益；zd，pd，kd分别为数字滤波器的零点、极点和增益。

【例22】用双线性变换法设计一个椭圆带阻滤波器，要求其性能指标为：通带截止频率Wp1= $10\times2\pi$ Hz，Wp2= $30\times2\pi$ Hz，阻带截止频率Ws1= $15\times2\pi$ Hz，Ws2= $25\times2\pi$ Hz，通带波纹小于0.1dB，阻带衰减大于50 dB，采样频率为100 Hz。MATLAB程序实现如下。

```
>> Wp1=10*2*pi;
>> Wp2=30*2*pi;
>> Ws1=15*2*pi;
>> Ws2=25*2*pi;
>> Rp=0.1;%通带波纹
>> Rs=50;   %阻带衰减
>> Fs=100;
>> Wp=[Wp1,Wp2];
>> Ws=[Ws1,Ws2];
>> [N,Wn]=ellipord(Wp/(Fs/2),Ws/(Fs/2),Rp,Rs,'s');%滤波器阶数选择
>> Bw=Wn(2)-Wn(1);
>> Wo=sqrt(Wn(1)*Wn(2));
>> [z,p,k]=ellipap(N,Rp,Rs);%模拟椭圆滤波器
>> [A,B,C,D]=zp2ss(z,p,k);
>> [AT,BT,CT,DT]=lp2bs(A,B,C,D,Wo,Bw);%低通滤波器原型转换为带阻滤波器
>> [num1,den1]=ss2tf(AT,BT,CT,DT);
>> [num,den]= bilinear (num1,den1,2);%双线性不变法转换函数
>> [H,W]=freqz(num,den);
>> plot(W*Fs/(2*pi),abs(H));%绘制幅频曲线图
>> axis([0 50 0 1.1]);
>> xlabel('频率');
>> ylabel('幅值');
```

程序运行结果如图16.22所示。

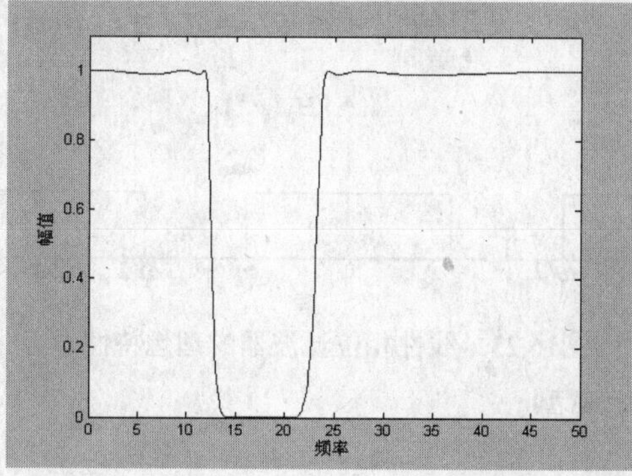

图16.22　双线性不变法实现的带阻滤波器

16.4.5 FIR窗函数设计法设计步骤

在上面几节的介绍中，读者可以看出，尽管IIR滤波器可以在幅频特性上满足各项性能指标，但在相频特性上往往呈现非线性，而FIR滤波器不仅能够满足幅频响应的指标要求，而且可以得到线性的相位特性，只是FIR滤波器的阶数要高于IIR滤波器而产生较大的延迟。

基于窗函数的FIR数字滤波器设计是一种典型的FIR设计，其具体步骤如下。

（1）确定要求的频率响应曲线$H_d(e^{i\omega})$。

（2）选择窗口函数，计算窗口长度。一般来说，$N = A/\Delta\omega$

式中，A为常数，依据窗函数的形状而定，参见表16.1所示。$\Delta\omega$近似等于窗函数频谱$W(e^{i\omega})$的主瓣宽度。

例如，海宁窗过度带宽$\Delta\omega = 8\pi/N$，其$h(n)$序列长度近似为N=$8\pi/\omega$。

表16.1 窗函数的相关指标

窗函数	旁瓣峰值衰减（dB）	过度带宽$\Delta\omega$	阻带最小衰减（dB）
矩形窗	–13	$4\pi/N$	–21
海宁窗	–25	$8\pi/N$	–25
汉明窗	–31	$8\pi/N$	–25
布莱克曼窗	–57	$12\pi/N$	–54
凯泽窗（$\beta = 7.865$）	–57	$10\pi/N$	-80

（3）计算滤波器单位脉冲响应。

$$h(n) = \frac{1}{2\pi}\int_{-\pi}^{\pi} H_d(e^{j\omega})e^{j\omega(n-\frac{N-1}{2})}d\omega$$

（4）用选择的窗函数对$h(n)$进行加窗。

$$h(n) = h(n)\omega(n) \qquad n = 0,1,\ldots,N-1$$

（5）计算滤波器频率响应。

$$H(e^{j\omega}) = \sum_{n=0}^{N-1} h(n)e^{-j\omega n}$$

（6）检验滤波器的性能指标。

【例23】设计一个线性相位滤波器，其理想特性如图16.23所示，通带内幅度为1，阻带内幅度为0，数字截止频率为ω_c。设定截止频率$\omega_c = \pi/6$，$h(n)$的长度为31，求$h(n)$。

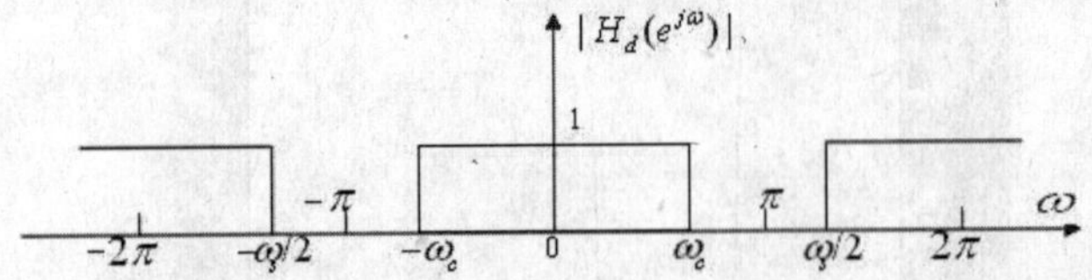

图16.23 线性相位滤波器的理想特性

（1）将图形转化为数学模型。

$$H_d(e^{j\omega})=\begin{cases}1 & 0\le\omega\le\omega_c\\ 0 & \omega_c<|\omega|<\omega_s/2\end{cases}$$

（2）求取$h(n)$。

$$h(n)=\frac{1}{2\pi}\int_{-\pi}^{\pi}H_d(e^{j\omega})e^{j\omega(n-\frac{N-1}{2})}d\omega=\frac{1}{2\pi}\int_{-\omega_c}^{\omega_c}e^{j\omega(n-\frac{N-1}{2})}d\omega$$

$$=\frac{\sin[\omega_c(n-\frac{N-1}{2})]}{\pi(n-\frac{N-1}{2})}$$

（3）MATLAB程序实现如下。

```
>> N=31;
>> Wc=pi/6;
>> n=0:N-1;
>> r=(N-1)/2;
>> hdn=sin(Wc*(n-r))/pi./(n-r);%滤波器单位脉冲响应
>> if rem(N,2)~=0;
hdn(r+1)=Wc/pi;
end
>> Wn1=boxcar(N);%矩形窗函数
>> hn1=hdn.*Wn1';
>> Wn2=hamming(N);%汉明窗函数
>> hn2=hdn.*Wn2';%加窗
>> subplot(2,2,1) %画出矩形窗下的单位脉冲响应
>> stem(n,hn1,'.')
>> line([0,20],[0,0]);
>> title('矩形窗设计的h(n)');
>> xlabel('n');
>> ylabel('h(n)');
>> subplot(2,2,3)%画出汉明窗下的单位脉冲响应
>> stem(n,hn2,'.')
>> line([0,20],[0,0]);
>> title('汉明窗设计的h(n)');
>> xlabel('n');
>> ylabel('h(n)');
>> hn11=fft(hn1,512);
>> w=2*[0:511]/512;
>> subplot(2,2,2)%画出加矩形窗的频幅特性曲线
>> plot(w,20*log10(abs(hn11)))
>> grid;
>> axis([0,2,-80,5]);
>> title('幅频特性')
>> xlabel('w/pi');
>> ylabel('幅度');
>> hn22=fft(hn2,512);
>> subplot(2,2,4)%画出加汉明窗的频幅特性曲线
```

```
>> plot(w,20*log10(abs(hn22)))
>> grid;
>> axis([0,2,-80,5]);
>> title('幅频特性')
>> xlabel('w/pi');
>> ylabel('幅度');
```

（4）查看程序运行结果如图16.24所示。

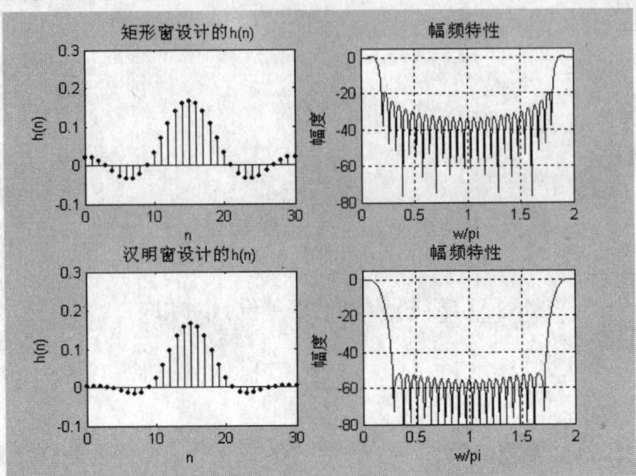

图16.24　窗函数设计的FIR低通滤波器

【例24】设计一个线性相位FIR滤波器，其理想特性如图16.25所示，设定截止频率 $\omega_c = 5\pi/6$，$h(n)$ 的长度为31，求 $h(n)$。

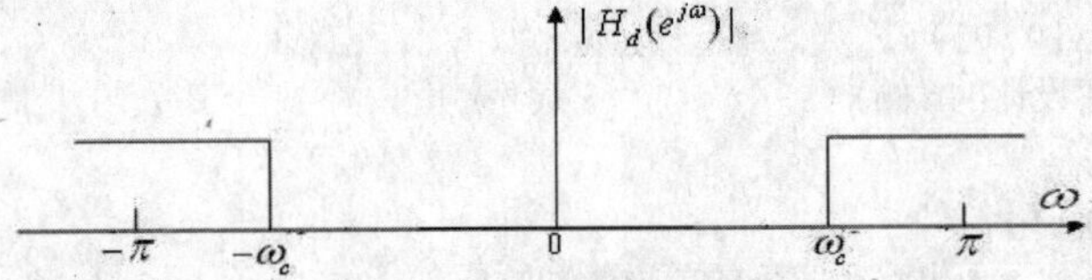

图16.25　线性相位FIR滤波器的理想特性

（1）将图形转化为数学模型。

$$H_d(e^{j\omega}) = \begin{cases} 1 & -\pi \le \omega \le -\omega_c,\ \omega_c \le \omega \le \pi \\ 0 & \text{其他} \end{cases}$$

（2）求取 $h(n)$。

$$h(n) = \frac{1}{2\pi}\int_{-\pi}^{\pi} H_d(e^{j\omega}) e^{j\omega(n-\frac{N-1}{2})} d\omega$$

$$= \frac{1}{2\pi}\int_{-\pi}^{-\omega_c} e^{j\omega(n-\frac{N-1}{2})} d\omega + \frac{1}{2\pi}\int_{\omega_c}^{\pi} e^{j\omega(n-\frac{N-1}{2})} d\omega$$

$$= \frac{\sin[\pi(n-\frac{N-1}{2})]}{\pi(n-\frac{N-1}{2})} - \frac{\sin[\omega_c(n-\frac{N-1}{2})]}{\pi(n-\frac{N-1}{2})}$$

（3）MATLAB程序实现如下。

```
>> N=31;
>> Wc=5*pi/6;
>> n=0:N-1;
>> r=(N-1)/2;
>> hdn=-sin(Wc*(n-r))/pi./(n-r);
>> if rem(N,2)~=0;
hdn(r+1)=1-(Wc/pi);
end
>> hn1=fir1(N-1,Wc/pi,'high',boxcar(N));%设计基于矩形窗的滤波器
>> hn2=fir1(N-1,Wc/pi,'high',hamming(N)); %设计基于汉明窗的滤波器
>> subplot(2,2,1) %画出矩形窗下的单位脉冲响应
>> stem(n,hn1,'.')
>> line([0,20],[0,0]);
>> title('矩形窗设计的h(n)');
>> xlabel('n');
>> ylabel('h(n)');
>> subplot(2,2,3)%画出汉明窗下的单位脉冲响应
>> stem(n,hn2,'.')
>> line([0,20],[0,0]);
>> title('汉明窗设计的h(n)');
>> xlabel('n');
>> ylabel('h(n)');
>> hn11=fft(hn1,512);
>> w=2*[0:511]/512;
>> subplot(2,2,2)%画出矩形窗下的频幅特性曲线
>> plot(w,20*log10(abs(hn11)))
>> grid;
>> axis([0,2,-80,5]);
>> title('幅频特性')
>> xlabel('w/pi');
>> ylabel('幅度');
>> hn22=fft(hn2,512);
>> subplot(2,2,4)%画出汉明窗下的频幅特性曲线
>> plot(w,20*log10(abs(hn22)))
>> grid;
>> axis([0,2,-80,5]);
>> title('幅频特性')
>> xlabel('w/pi');
>> ylabel('幅度');
```

（4）查看程序的运行结果，如图16.26所示。

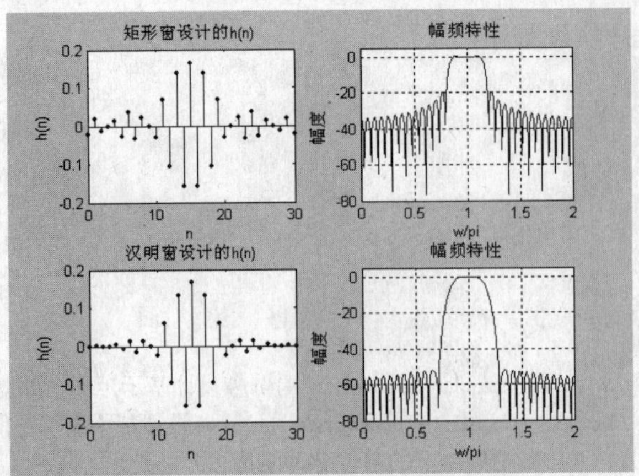

图16.26　用窗函数设计的高通滤波器

16.4.6　基于窗函数法的MATLAB信号处理工具箱函数

MATLAB信号处理工具箱提供了基于窗函数的工具箱函数fir1和fir2。

1. fir1函数

- 调用格式一：b = fir1(n,Wn)。
- 调用格式二：b = fir1(n,Wn,'ftype')。
- 调用格式三：b = fir1(n,Wn,window)。
- 调用格式四：b = fir1(n,Wn,'ftype',window)。

式中，n为滤波器阶数，对于高通、带阻滤波器，n取偶数；Wn为滤波器的截止频率，其在0~1上取值；对于带通、带阻滤波器Wn=[$\omega 1,\omega 2$]，且$\omega 1<\omega 2$；对于多带滤波器Wn=[$\omega 1,\omega 2,\omega 3,\omega 4$]，频率分段为$0<\omega<\omega 1,\omega 1<\omega<\omega 2,\omega 2<\omega<\omega 3,\ldots$ 'ftype'为滤波器类型：默认为低通滤波器或带通滤波器，high为高通滤波器，stop为阻带滤波器，DC-1使多带的第一频带为通带，DC-0使多带的第一频带为阻带。

window为窗函数，列向量，其长度为n+1。关于窗函数的特性，可在命令窗口中键入wintool指令，调出窗口函数的设计和分析工具界面如图16.27所示，了解不同窗口的特性。

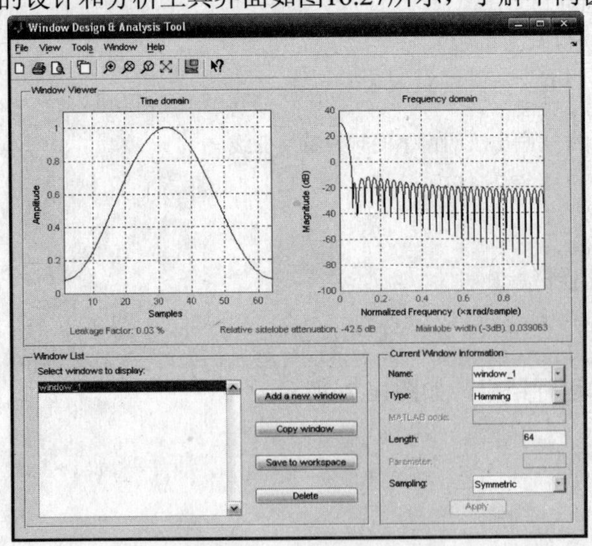

图16.27　窗口函数设计和分析界面

【例25】使用fir1函数设计一个38阶的FIR带通滤波器，通带$0.45 \le \omega \le 0.75$。

MATLAB程序实现如下。

```
>> N=38;
>> W1=0.45;
>> W2=0.75;
>> Wn=[W1,W2];
>> b=fir1(N,Wn);
>> freqz(b,1,512)
```

程序运行结果如图16.28所示。

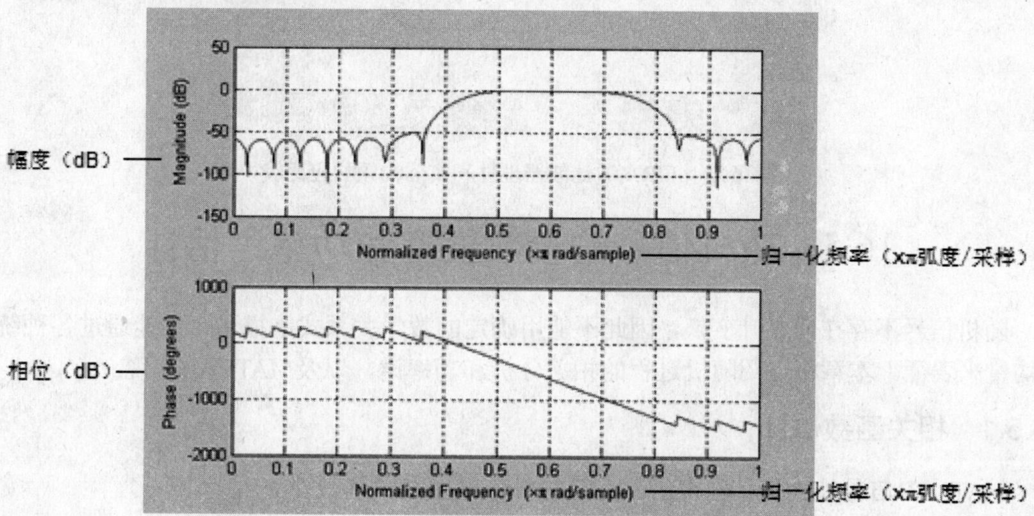

图16.28　FIR带通滤波器频率响应曲线图

2. fir2函数

- 调用格式一：b = fir2(n,f,m)。
- 调用格式二：b = fir2(n,f,m,window)。
- 调用格式三：b = fir2(n,f,m,npt)。
- 调用格式四：b = fir2(n,f,m,npt,window)。
- 调用格式五：b = fir2(n,f,m,npt,lap)。
- 调用格式六：b= fir2(n,f,m,npt,lap,window)。

式中，n为滤波器阶数，f和m分别为滤波器幅频响应的频率向量和幅值向量，其在0~1上取值；window为窗函数，列向量，其长度为n+1，默认为汉明窗；npt为对频率响应的内插点数，默认值为512；lap定义一个区域尺寸，默认为25；b为FIR滤波器的系数向量，长度为n+1。

【例26】设计一个38阶的高通滤波器，并绘制出理想频率响应和实际频率响应。

MATLAB程序实现如下。

```
>> N=38;
>>f=[0  0.7  0.7  1];
>>m=[0 0 1 1];
>> b=fir2(N,f,m);
>>[H,W]= freqz(b,1,512)
>>plot(f,m,W/pi,abs(H));
```

程序运行结果如图16.29所示。

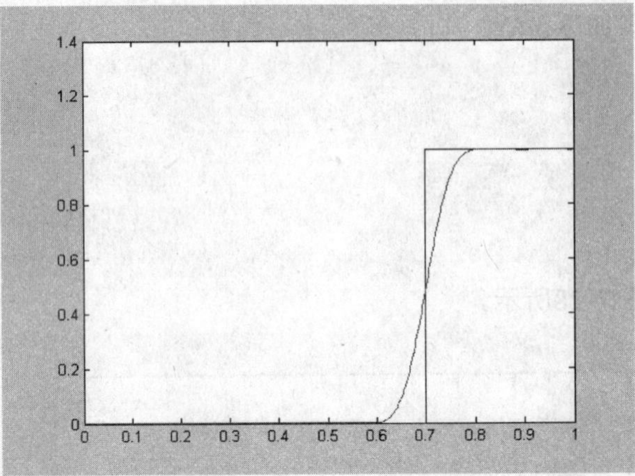

图16.29 FIR高通滤波器理性和实际幅频响应比较

16.5 随机信号的参数模型和功率谱估计

随机信号不存在傅立叶变换，因此不能用确定的数学关系式来描述，只能通过各种统计平均量来表征。本章将介绍随机过程的相关分析和功率谱，以及MATLAB实现。

16.5.1 相关函数估计

MATLAB信号处理工具箱提供了计算随机信号的相关函数xcorr。

互相关函数的调用格式如下。

- 调用格式一：c = xcorr(x,y)。
- 调用格式二：c = xcorr(x,y,'option')。
- 调用格式三：c = xcorr(x,y,maxlags)。
- 调用格式四：c = xcorr(x,y,maxlags,'option')。
- 调用格式五：[c,lags] = xcorr(...)。

式中，x，y为两个独立的随机信号序列，长度都为N的向量；c为x，y的互相关函数估计。

option选项如下。

- biased：计算有偏互相关估计。

$$c_{xy,biased}(m)=\frac{1}{N}c_{xy}(m)$$

- unbiased：计算无偏互相关估计。

$$c_{xy,unbiased}(m)=\frac{1}{N-|m|}c_{xy}(m)$$

- coeff：系列归一化，使零延迟的自相关为1。
- none：默认状态，函数执行非归一化计算相关。

maxlags为x与y之间的最大延迟，函数返回值c为2 maxlags+1。默认状态下，函数返回值c的长度为2N-1。

自相关函数的调用格式如下。

- 调用格式一：c = xcorr(x)。
- 调用格式二：c = xcorr(x,'option')。
- 调用格式三：c = xcorr(x,maxlags)。
- 调用格式四：c = xcorr(x,maxlags,'option')。

【例27】一个含有噪声的序列为 $x(n)=5\sin 260\pi n+v(n)$。式中，$v(n)$ 为单位方差白噪声，其信噪比SNR=30 dB。试实现其自相关函数法的功率谱估计。MATLAB程序实现如下。

```
>> Fs=1000;
>> NFFT=1024;
>> n=0:1/Fs:1;
>> vx=randn(1,length(n));
>> x=5*sin(2*pi*130*n)+vx;
>> Cx=xcorr(x,'unbiased');
>> Cxk=fft(Cx,NFFT);
>> Pxx=abs(Cxk);
>> t=0:round(NFFT/2-1);
>> k=t*Fs/NFFT;
>> P=10*log10(Pxx(t+1));
>> plot(k,P)
```

程序运行结果如图16.30所示。

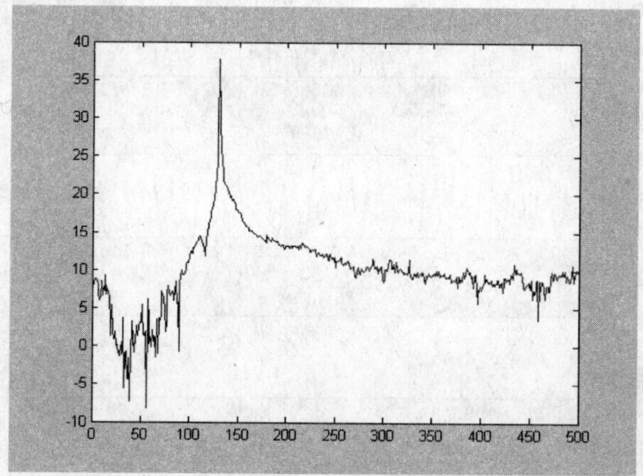

图16.30　自相关函数法实现的功率谱估计

【例28】已知两个信号 $x(t)=\sin(2\pi ft)$，$y(t)=k\sin(2\pi ft+\omega)$。式中，f为20 Hz，k为2，$\omega$ 为 $\pi/4$。求这两个信号的互相关函数 $R_{xy}(\tau)$。MATLAB程序实现如下。

```
>> Fs=1000;
>> N=1000;
>> n=0:N-1;
>> t=n/Fs;
>> Lag=200;
>> f=20;
>> k=2;
```

```
>> w=pi/4;
>> x=sin(2*pi*f*t);%信号x(t)
>> y=k*sin(2*pi*f*t+w);%信号y(t)
>> [c,lags]=xcorr(x,y,Lag,'unbiased');%求互相关函数
>> subplot(311);%画出信号x(t)
>> plot(t,x,'r');
>> xlabel('t');
>> ylabel('x(t)');
>> title('已知信号');
>> subplot(312)%画出信号y(t)
>> plot(t,y,'b');
>> xlabel('t');
>> ylabel('y(t)');
>> title('已知信号');
>> subplot(313);%画出互相关函数
>> plot(lags/Fs,c,'r');
>> xlabel('t');
>> ylabel('Rxy(t)');
>> title('互相关函数');
>> grid;
```

程序运行结果如图16.31所示。

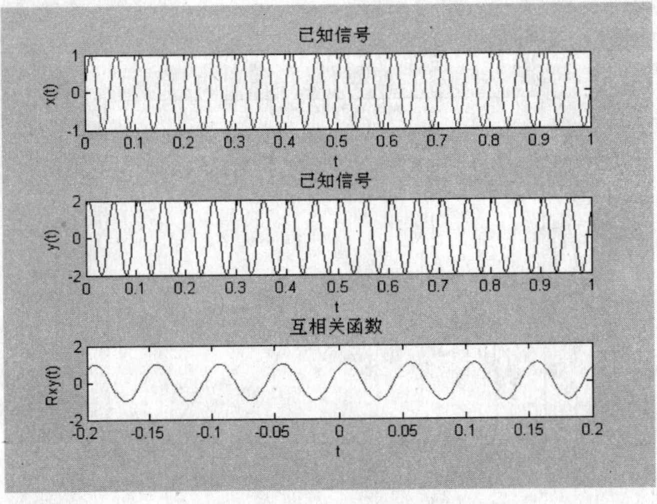

图16.31 信号的互相关函数

16.5.2 功率谱估计

MATLAB信号处理工具箱提供了诸多谱分析函数，下面就简单介绍一下常用的谱分析函数。其余的请读者参考帮助文件。

1. psd()函数，功率谱密度估计

- 调用格式一：Pxx=psd(X,NFFT,Fs,WINDOW)：返回的是信号向量X的功率谱密度估计，用的是Welch平均周期图法。X被分成重叠的几段，每段都经过了去趋势，再经过由参数WINDOW指明的窗函数加窗，然后补零至NFFT点长。各段NFFT点DFT

的幅值的平方的平均值即为Pxx。

- Pxx的长度：当NFFT为偶数时，其值为NFFT/2+1；当NFFT为奇数时，其值为（NFFT+1）/2；当NFFT为复数时，为NFFT。当WINDOW为数值n时，则采用n点长的Hanning窗加窗。
- 调用格式二：[Pxx,F]= psd(X,NFFT,Fs,WINDOW，NOVERLAP)：返回一个由频率点组成的向量F，Pxx为这些点上的估值，X在分段时相邻两段有NOVERLAP点重叠。
- 调用格式三：[Pxx,Pxxc,F]= psd(X,NFFT,Fs,WINDOW,NOVERLAP,P)：返回Pxx的P*100%置信区间Pxxc，其中P在0到1间取值。
- 调用格式四：psd(X,NFFT,Fs,WINDOW,NOVERLAP,P,DFLAG)：其中，参数DFLAG可选择：linear、mean、none。DFLAG指明了在对各段加窗后进行趋势去除时使用的方式。缺省或为空矩阵的情况下，NFFT为256，若X的长度小于256时，为X的长度；NOVERLAP为0；WINDOW为Hanning，数值表述为NFFT；FS为2；P为0.95；DFLAG为none。

【例29】估计数字语言信号（如图16.32所示）的功率谱密度，信号的采样频率为20000Hz，长度为1024点，采用Welch方法，分段时每段的长度为256点，相邻两段重叠点数为128，窗函数为缺省值。

MATLAB程序实现如下。

```
>> load mtlb
>> [p,f]=psd(mtlb,256,20000,[],128);
>> plot(f,p);
```

程序运行结果如图16.33所示。

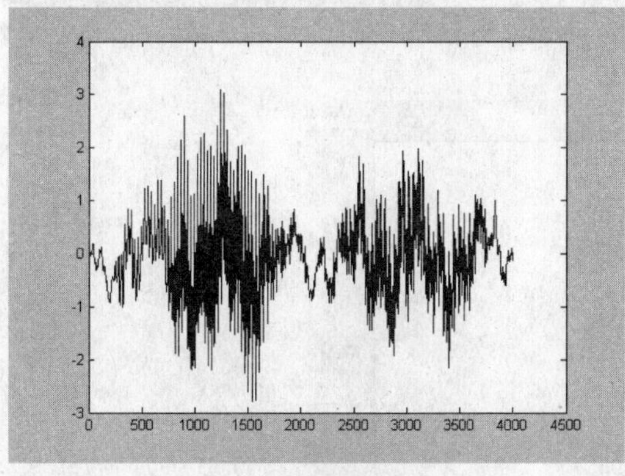

图16.32　数字语言信号

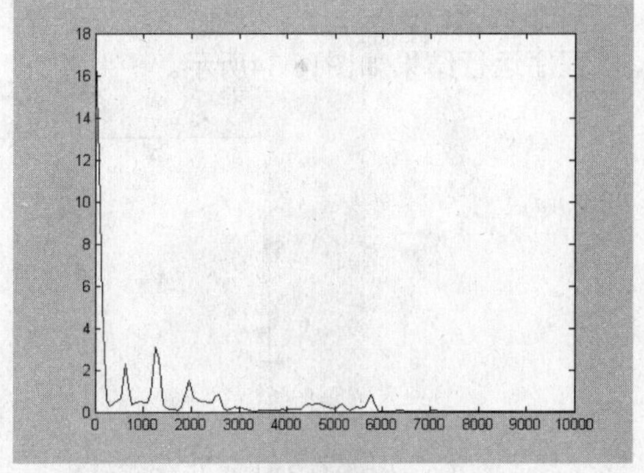

图16.33　功率谱密度估计图

2. spectrum()函数，一个或两个序列的功率谱估计

- 调用格式一：P=spectrum(X,NFFT,NOVERLAP,WINDOW)：返回的是信号向量X的功率谱估计，用的是Welch平均周期图法。X被分成重叠的几段，每段都经过了去趋势，再经过由参数WINDOW指明的窗函数加窗，然后补零至NFFT点长。各段NFFT点DFT的幅值的平方的平均值即为Pxx。P是一个具有两列的矩阵P=[Pxx Pxxc]，第二列Pxxc是P*95%置信区间。P的长度：当NFFT为偶数时，其值为NFFT/2+1；当NFFT为奇数时，其值为（NFFT+1）/2；当NFFT为复数时，其值为NFFT。当WINDOW

为数值n时，采用n点长的Hanning窗加窗。

- 调用格式二：[P,F]= spectrum (X,NFFT,NOVERLAP,WINDOW,Fs)：返回一个由频率点组成的向量F，P为这些点上的估值，Fs为给定的采样频率。plot(F,P（:，1）)将画出估计的功率谱图。
- 调用格式三：[P,F]= spectrum (X,NFFT,NOVERLAP,WINDOW,Fs,Pr)：返回Pxx的Pr*100%置信区间，其中Pr在0到1之间取值。
- 调用格式四：spectrum (X)画出当前窗口图形的PSD图。缺省或为空矩阵的情况下，NFFT为256，若X的长度小于256时，NFFT为X的长度；NOVERLAP为0；WINDOW为Hanning，数值表述为NFFT；FS为2；Pr为0.95。
- 调用格式五：spectrum (X，Y)将进行两个数据序列X和Y的谱分析，用的是Welch方法，返回的数组包括8列P=[Pxx Pyy Pxy Txy Cxy Pxxc Pyyc Pxyc]。其中，Pxx是X向量的功率谱密度；Pyy是Y向量的功率谱密度；Pxy是X、Y的互功率谱密度；Txy是X到Y的传递函数；Cxy是X、Y之间的相关函数；Pxxc、Pyyc、Pxyc是置信区间。
- 调用格式六：spectrum (X,NFFT,NOVERLAP,WINDOW,Fs,Pr,DFLAG)：其中，参数DFLAG可选择：linear、mean、none。DFLAG指明了在对各段加窗后进行趋势去除时使用的方式。

【例30】估计数字语言信号的功率谱，信号的采样频率为30000 Hz，长度为1024点，采用Welch方法，分段时每段长度为256点，相邻两段重叠点数为128，窗函数为缺省值。MATLAB程序实现如下。

```
>> load mtlb
>> [p,f]= spectrum (mtlb,256, 128 ,[], 30000);
>> plot(f,p(:,1));
```

程序运行结果如图16.34所示。

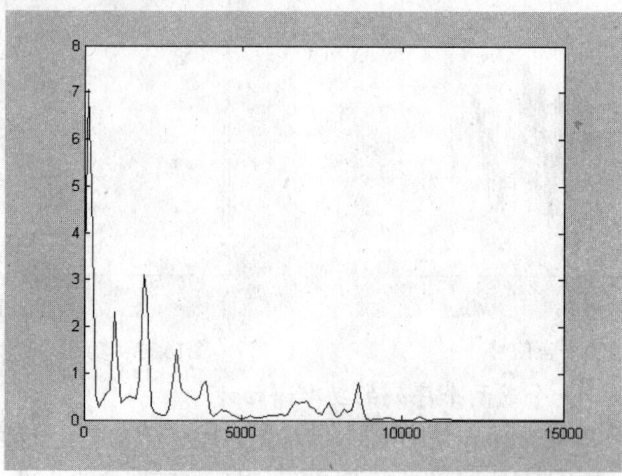

图16.34　信号的功率谱图

3. specgram()函数，计算信号的功率谱

- 调用格式一：B= specgram (A,NFFT,Fs,WINDOW,NOVERLAP)：返回的是向量A的功率谱。specgram()函数将信号分成重叠的几段，每段经过由参数WINDOW指明的窗函数加窗，然后作零相位的NFFT离散傅立叶变换，其结果形成B的各列。这样向

量B的每一列包含信号A的瞬时局部频率分量。向量B的列代表时间，随着代表列的下标的增大，时间线性增加，行代表频率，第一行为0 Hz，随着行的增加，频率线性增加。

- 调用格式二：[B,F,T]= specgram (A,NFFT,Fs,WINDOW,NOVERLAP)返回频率向量F和时间向量T，B中的各元素为由F和T形成的网格点上的功率谱，Fs缺省值为2。
- 调用格式三：B= specgram(A)利用缺省值生成型号A的谱图，NFFT、INDOW、NOVERLAP的缺省值分别为：NFFT=min(256,length(A))，NFFT点的Hanning窗，NOVDELAP=length(WINDOW)/2。
- 调用格式四：specgram (A,F,Fs,WINDOW)：计算由F给出的频率点处的谱图，其中，F是元素大于等于2、单位为Hz的向量。

【例31】绘制数字语言信号的频谱图。信号的采样频率为3000 Hz，长度为1024点，相邻两段重叠点数为975，采用点数为1024、β为7的凯泽窗。

MATLAB程序实现如下。

```
>> load mtlb
>> specgram(mtlb,1024,3000,kaiser(1024,7),975);
```

程序运行结果如图16.35所示。

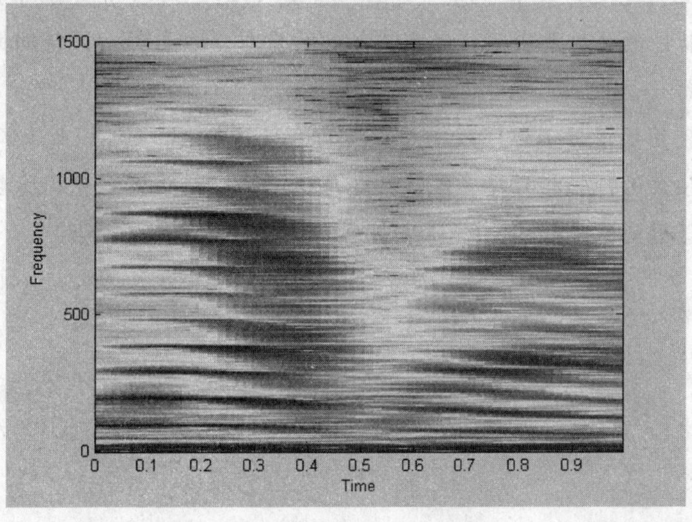

图16.35　数字语言信号的相频图

第17章

MATLAB 7.0编译器

在使用MATLAB进行科学计算、程序编辑、界面设计时，用户都希望系统的速度和效率可以“更上一层楼”，这也是对于所有科学工程领域软件的共性要求。针对用户的此种需求，MATLAB 7.0特别提供了编译器——Compiler 4.0。

使用编译器不但可以提高程序的运行效率，而且可以脱离MATLAB环境独立运行一些程序。本节主要介绍MATLAB编译器的使用方法，包括编译器的基本知识、MATLAB程序和外部程序的相互转换。

17.1 编译器的功能与局限

本节主要讲解MATLAB 7.0的编译器具有的功能和所存在的局限性。

17.1.1 编译器的功能与局限

本章引言中已经介绍了，MATLAB 7.0中的编译器为Compiler 4.0，其功能概括来说就是将M-文件作为其输入变量，进行编译重新分配后，产生以下几种可以独立运行的、与平台相关的应用程序或相对应的软件组件。

- 独立运行的程序：在运行之中不需要MATLAB 7.0软件环境，也可以在没有安装MATLAB的机器上运行。
- C与C++共享库（在Windows操作系统中为动态连接库DLL）：这些库可以在安装了MATLAB的机器上运行。
- Excel附件：需要MATLAB 7.0 Builder。
- COM附件：需要MATLAB 7.0 Builder。

需要注意的是，MATLAB编译器支持包括对象的所有MATLAB功能，用户无须对私用函数或者方法函数进行特别的处理，而可以全部交给编译器处理。

说明： MATLAB 中的一些工具箱（Toolbox）以及某些工具箱中的特殊函数或功能，与编译器 4.0 版本（Compiler 4.0）无法兼容。读者可以通过相关的网页自行查阅编译器的兼容性：MATLAB Compiler product page。

在MATLAB 7.0中，4.0版本的编译器与以前版本的相比，性能有了很大的改进，读者可以参考MATLAB帮助文档“Differences Between MATLAB Compiler 4 and Previous Versions of the MATLAB Compiler”部分内容。尽管新版本的编译器有着诸多的优点，但是其也存在着若干局限，例如不能直接编译脚本文件等。

17.1.2 脚本文件向函数文件转换

上一小节介绍了编译器的局限，其中一点就是不能直接编译脚本文件，当用户需要对脚本文件进行编译的时候，一种便捷的方法就是先把脚本文件转换为函数文件，编译器可以编译函数文件。读者如果阅读了本书的第8章，应该熟知脚本文件与函数文件的转换是十分方便的，即在脚本文件的开头添加一行函数声明行。下面举例说明使用编译器编译脚本文件的过程。

【例1】对脚本文件light_way.m进行编译，再运行编译后的文件。原脚本文件的功能是比较三维图形的光照效果，具体代码如下。

```
h0=figure('toolbar','none',...   %设置句柄属性值
   'position',[200 150 450 350],...
   'name','例子');
subplot(2,2,1)   %子图1中绘制球
sphere
shading flat   %设置光照效果
camlight left
camlight right
lighting flat
```

```
colorbar
axis off   %隐藏坐标轴
title('Figure1')
subplot(2,2,2)
sphere
shading flat
camlight left
camlight right
lighting gouraud
colorbar
axis off
title('Figure2')
subplot(2,2,3)
sphere
shading interp
camlight right
camlight left
lighting phong
colorbar
axis off
title('Figure3')
subplot(2,2,4)
sphere
shading flat
camlight left
camlight right
lighting none
colorbar
axis off
title('Figure4')
```

（1）编译脚本文件。如果直接对脚本文件进行编译，输入代码如下。

```
>> mcc -m light_way.m
```

按Enter键执行编译，系统会报错，显示如下错误信息。

```
Error: File "light_way" is a script M-file and cannot be compiled with the
current Compiler.
??? Error executing mcc, return status = 1.
```

以上操作证明了编译器不能直接对脚本文件进行编译。

（2）把脚本文件转换为函数文件。打开脚本文件，在脚本文件的开头部分添加函数声明行，如图17.1所示。

（3）对函数文件进行编译。保存修改过的函数文件，返回MATLAB命令窗口，输入如下代码，对函数文件进行编译。

```
>> mcc -m light_way.m
```

执行编译操作，系统没有任何报错，完成编译。读者可以在当前路径的文件夹中查看编译输出的文件light_way.m，如图17.2所示。

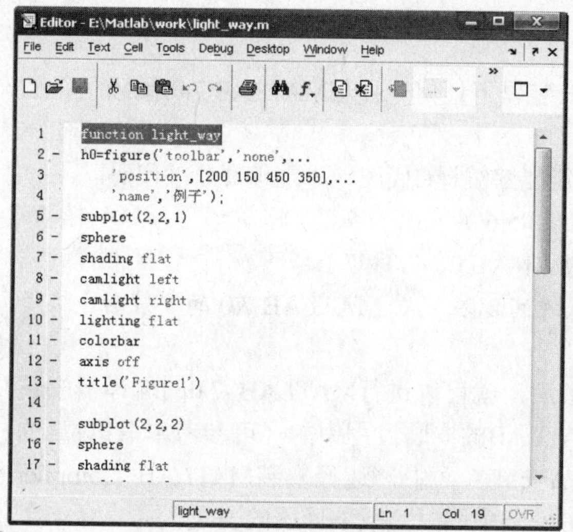

图17.1　给脚本文件添加函数声明行

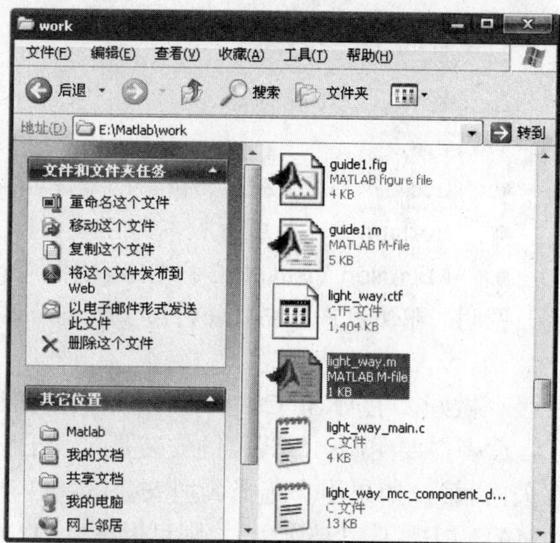

图17.2　在当前路径下生成的可执行文件

（4）运行生成的可执行文件。在MATLAB命令窗口中输入如下代码，运行生成的文件。

```
>> light_way
```

系统运行执行文件，显示图形，如图17.3所示。

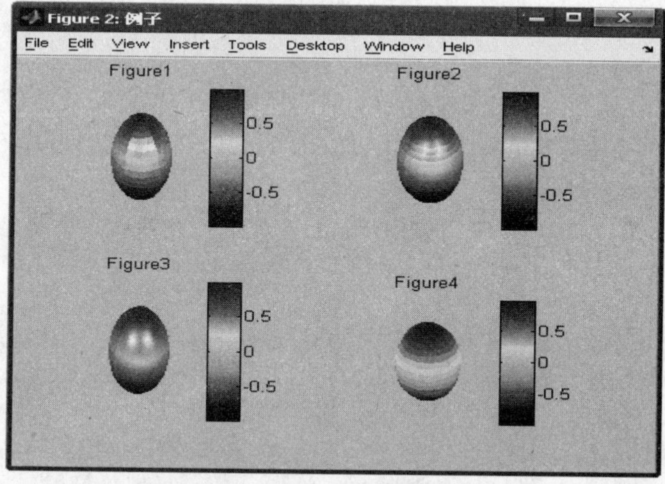

图17.3　执行文件显示的图形

（5）查询文件所在目录。读者可以查询文件light_way.m的所在目录，输入代码及显示结果如下。

```
>> which light_way
E:\Matlab\work\light_way.m
```

从上面的代码可以看出，文件light_way.m所在的位置为E:\Matlab\work文件夹。

17.2　编译器的安装和设置

本节主要讲解编译器的安装和设置。

17.2.1 编译器的安装

在安装MATLAB编译器之前，用户要确保安装以下任何一种与MALTAB 7.0适配的ANSI C/C++编译器。

- Lcc C：MATLAB 7.0自带的编译器，仅能够编译C代码，不能编译C++代码。
- Borland C++：可行版本为5.3、5.4、5.5和5.6。
- Microsoft Visual C/C++(MSVC)：可行版本为6.0、7.0和7.1。

说明: 即使用户不安装任何第3方编译器，也可以在完成MATLAB 7.0的安装后，编译C程序代码。

在做好以上ANSI C/C++编译器的安装准备后，就可以进行MATLAB 7.0的编译器安装了。读者需要明确，编译器的安装是包含于MATLAB的安装过程中的（可参考本书第1章的有关内容），如果用户选择典型安装，并在产品安装界面中，选择安装MATLAB Compiler（MATLAB默认其被选中），则可以在MATLAB安装中同时完成编译器的安装。

17.2.2 编译器的设置

在完成编译器的安装后，用户一般要对编译器进行设置，以保证其的正常工作。如果系统中安装了C和C++的编译器，则需要使用MATLAB中的mbuild函数，选择系统中与MATLAB编译器相关联的编译器，命令格式如下。

mbuild –setup

读者需要注意，在函数mbuild和参数setup前的短横线“-”之间，需要有一个空格。

说明: 如果任意第3方编译器安装在MATLAB的默认路径下，则用户不需要调用mbuild函数进行上述的设置。

（1）当用户在MATLAB命令窗口调用mbuild函数进行设置后，系统显示如下信息。

```
Please choose your compiler for building standalone MATLAB applications:

Would you like mbuild to locate installed compilers [y]/n?
```

（2）以上代码提示用户是否启用MATLAB的自定位机制，如果用户选择“n”（否），则进入手动选择模式，系统显示如下信息。

```
Select a compiler:
[1] Borland C++Builder version 6.0
[2] Borland C++Builder version 5.0
[3] Borland C++Builder version 4.0
[4] Borland C++Builder version 3.0
[5] Borland C/C++ version 5.02
[6] Borland C/C++ version 5.0
[7] Borland C/C++ (free command line tools) version 5.5
[8] Lcc C version 2.4
[9] Microsoft Visual C/C++ version 7.1
[10] Microsoft Visual C/C++ version 7.0
[11] Microsoft Visual C/C++ version 6.0
[0] None
Compiler:
```

（3）用户可以从以上代码列出的所有编译器中选择一种自己需要的，如果选择Lcc C version 2.4，则输入8，按Enter键确定选择。系统显示信息如下。

```
Your machine has a Lcc C compiler located at
E:\MATLAB\sys\lcc. Do you want to use this compiler [y]/n?
```

（4）以上代码提示用户，计算机中安装了Lcc C编译器，并且显示了其所在的路径，等待用户确定。用户如果确定无误，则输入y，再按Enter键确定，表示接受当前的选择。系统进一步提示用户确定选择，代码如下。

```
Please verify your choices:
Compiler: Lcc C 2.4
Location: E:\MATLAB\sys\lcc
Are these correct?([y]/n):
```

（5）如上操作，用户可以再次确定，系统显示如下信息。

```
Try to update options file: C:\Documents and Settings\donglin\Application
Data\MathWorks\MATLAB\R14\compopts.bat
From template:        E:\MATLAB\BIN\WIN32\mbuildopts\lcccompp.bat
Done . . .
--> "E:\Matlab\bin\win32\mwregsvr E:\Matlab\bin\win32\mwcomutil.dll"
DllRegisterServer in E:\Matlab\bin\win32\mwcomutil.dll succeeded
--> "E:\Matlab\bin\win32\mwregsvr E:\Matlab\bin\win32\mwcommgr.dll"
DllRegisterServer in E:\Matlab\bin\win32\mwcommgr.dll succeeded
```

以上代码表示编译器的设置成功。

17.2.3　为产生MEX文件进行编译器设置

上一小节介绍的是为实现从M-文件到独立外部应用程序的转换，而对编译器进行的设置的方法和步骤。如果用户只需要M-文件转换为C程序代码，即只需要产生MEX文件，则只要进行以下的设置即可。

（1）在MATLAB命令窗口输入代码如下。

```
>> mex -setup
```

注意：不能遗漏与 mbuild 命令格式中同样的“空格”。

执行以上代码，系统显示信息如下。

```
Please choose your compiler for building external interface (MEX) files:
Would you like mex to locate installed compilers [y]/n?
```

（2）启动MATLAB自定位机制，输入y，MEX将自动搜索外部编译器的类型、版本及所在路径，显示如下。

```
Select a compiler:
[1] Lcc C version 2.4 in E:\MATLAB\sys\lcc
[0] None
Compiler:
```

说明：系统将只显示已安装了的编译器。

以上代码说明，目前系统中只安装了一种编译器，即Lcc C。

（3）确定选择的编译器。输入1，选择唯一的编译器，系统进而显示如下信息，等待用户确定选择。

```
Please verify your choices:
Compiler: Lcc C 2.4
Location: E:\MATLAB\sys\lcc
Are these correct?([y]/n):
```

（4）如果用户确定选择无误，则输入y确定选择。系统显示如下信息。

```
Try to update options file: C:\Documents and Settings\donglin\Application
Data\MathWorks\MATLAB\R14\mexopts.bat
From template:              E:\MATLAB\BIN\WIN32\mexopts\lccopts.bat
Done . . .
```

以上代码表明设置完成。

说明: 使用以上设置方法所得到的结果具有"永久性"，读者如果阅读了本书的第 8 章，应该对"永久"这个概念有清晰的认识。当然，用户可以根据自己的需要，随时对设置进行修改。

17.2.4 验证编译器设置的正确性

本小节是承接上一小节内容的，讲解验证编译器设置的正确性的方法和步骤。

要验证设置的正确性，必须要从两个方面分别进行操作，即一是验证外部C代码文件能否正确转换为M-文件；二是验证M-文件能否正确地转换为MEX文件。本节进行验证的例子都取自MATLAB自带原始文件，这样可以避免程序本身的错误混淆读者对编译器设置正确性的判断。

首先，验证编译器能否将外部C代码文件正确地转换为M-文件。

（1）进入E:\Matlab\extern\examples\mex路径文件夹，选择文件yprime.c，如图17.4所示。

图17.4 选中原始C代码文件yprime.c

打开文件，文件中的代码如下。

```
#include <math.h>
#include "mex.h"
/* Input Arguments */
#define T_IN    prhs[0]
#define Y_IN    prhs[1]
/* Output Arguments */
```

```
#define YP_OUT  plhs[0]
#if !defined(MAX)
#define MAX(A, B)   ((A) > (B) ? (A) : (B))
#endif
#if !defined(MIN)
#define MIN(A, B)   ((A) < (B) ? (A) : (B))
#endif
#define PI 3.14159265
static  double  mu = 1/82.45;
static  double  mus = 1 - 1/82.45;
static void yprime(
          double   yp[],
          double   *t,
          double   y[]
          )
{
   double  r1,r2;

   r1 = sqrt((y[0]+mu)*(y[0]+mu) + y[2]*y[2]);
   r2 = sqrt((y[0]-mus)*(y[0]-mus) + y[2]*y[2]);
   /* Print warning if dividing by zero. */
   if (r1 == 0.0 || r2 == 0.0 ){
    mexWarnMsgTxt("Division by zero!\n");
   }

   yp[0] = y[1];
   yp[1] = 2*y[3]+y[0]-mus*(y[0]+mu)/(r1*r1*r1)-mu*(y[0]-mus)/(r2*r2*r2);
   yp[2] = y[3];
   yp[3] = -2*y[1] + y[2] - mus*y[2]/(r1*r1*r1) - mu*y[2]/(r2*r2*r2);
   return;
}
void mexFunction( int nlhs, mxArray *plhs[],
        int nrhs, const mxArray*prhs[] )
{
   double *yp;
   double *t,*y;
   unsigned int m,n;

   /* Check for proper number of arguments */
   if (nrhs != 2) {
    mexErrMsgTxt("Two input arguments required.");
   } else if (nlhs > 1) {
    mexErrMsgTxt("Too many output arguments.");
   }
   /* Check the dimensions of Y.  Y can be 4 X 1 or 1 X 4. */
   m = mxGetM(Y_IN);
   n = mxGetN(Y_IN);
   if (!mxIsDouble(Y_IN) || mxIsComplex(Y_IN) ||
    (MAX(m,n) != 4) || (MIN(m,n) != 1)) {
    mexErrMsgTxt("YPRIME requires that Y be a 4 x 1 vector.");
```

```
    }
    /* Create a matrix for the return argument */
    YP_OUT = mxCreateDoubleMatrix(m, n, mxREAL);
    /* Assign pointers to the various parameters */
    yp = mxGetPr(YP_OUT);
    t = mxGetPr(T_IN);
    y = mxGetPr(Y_IN);
    /* Do the actual computations in a subroutine */
    yprime(yp,t,y);
    return;
}
```

（2）把此文件另存到MATLAB的搜索路径下，例如，保存在用户工作目录E:\Matlab\work下，读者可以打开E:\Matlab\work路径文件夹查看结果，如图17.5所示。

（3）编译文件yprime.c。返回MATLAB命令窗口，输入mex编译指令，代码如下。

```
>> mex yprime.c
```

执行编译，系统产生一个yprime.dll文件，与yprime.c文件存储于同一个文件夹内。

（4）执行MEX文件。在MATLAB命令窗口输入如下指令，执行yprime.dll文件。

```
>> yprime(1,1:4)
```

系统优先调用dll类型文件，计算结果如下。

```
ans =
2.0000    8.9685    4.0000   -1.0947
```

注意： 在执行yprime.dll文件时，括号中是用户输入的参数。

（5）验证对应的M-文件的执行结果。读者可以在yprime.c文件原目录下（E:\Matlab\extern\examples\mex）找到其对应的M-文件yprime.m，此文件是系统自带的。直接运行此文件，可以得到如（4）中一样的结果。

至此可以证明编译成功，编译器可以将外部C代码文件正确地转换为M-文件。

以上只是验证了编译器的一方面的功能，下面继续验证其将M-文件转换为外部C代码文件的功能。

（1）把E:\Matlab\extern\examples\mex路径下的yprime.m文件另存到E:\Matlab\work路径下，如图17.6所示。

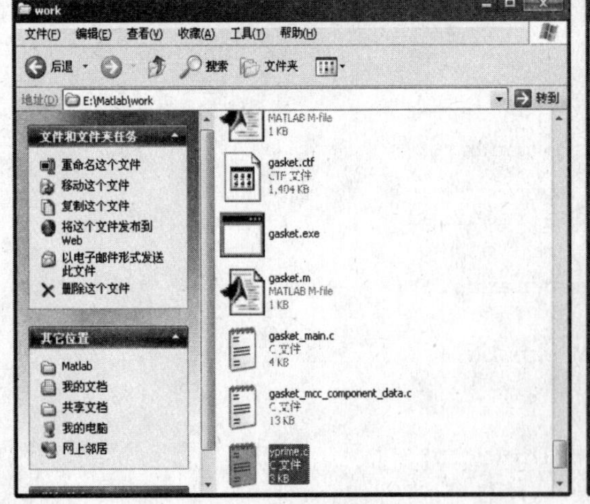

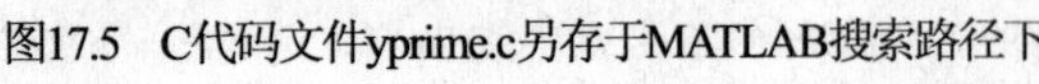

图17.5　C代码文件yprime.c另存于MATLAB搜索路径下

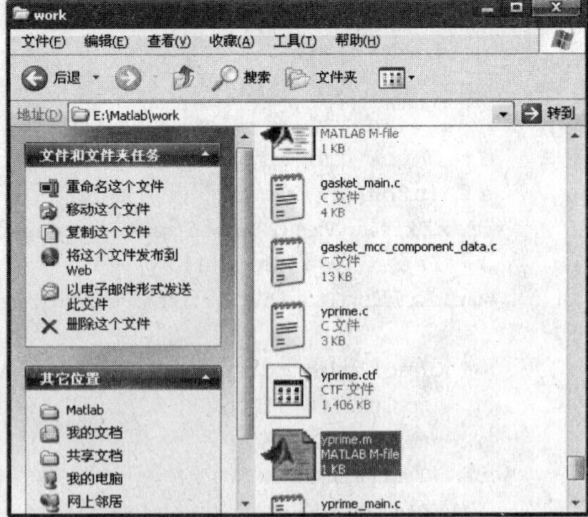

图17.6　保存yprime.m文件到当前工作目录

（2）编译M-文件yprime.m。返回MATLAB命令窗口，输入mcc编译代码。

```
>> mcc -m yprime.m
```

有关mcc指令的内容下一小节将详细介绍。以上代码对M-文件yprime.m进行编译，输出可执行文件和对应的ctf文件（后一小节详细介绍），如图17.7所示。

（3）在Windows系统自带的DOS环境下运行.EXE文件，可以得到同样的结果，操作步骤如图17.8所示。

图17.7　编译生成的yprime.ctf和yprime.exe文件

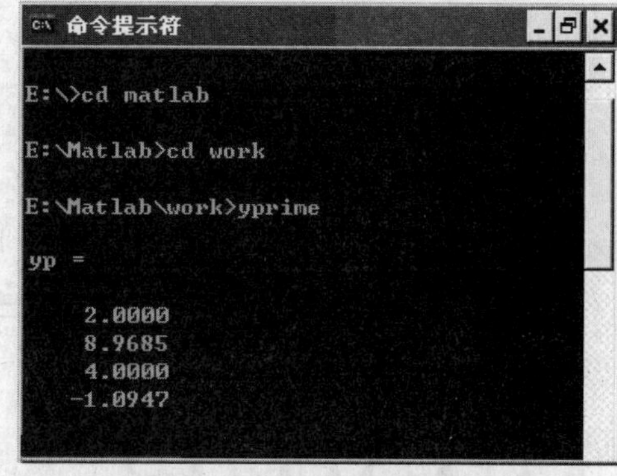

图17.8　在DOS环境下运行yprime.exe文件

以上运行结果说明，编译器成功地将.m文件编译成为.exe文件。综上所述，可以证明编译器设置成功。

17.3　编译器的使用

在完成编译器的安装后，本节将具体讲解编译器的使用方法，主要内容为MCR的安装、编译器的工作流程及编译命令mcc的使用方法。

17.3.1　安装MCR

MATLAB 7.0编译器采用的是MCR技术，即MATLAB Component Runtime，它是用来确保M-文件执行的一组独立的共享库，且对MATLAB语言完全支持。用户需要安装MCR，才能使用MATLAB编译器生成组件。为了读者更好地理解MCR技术，本小节特别针对其安装和使用流程做详细的介绍。

读者可以在Windows环境下安装MCR，步骤如下。

（1）复制安装文件。进入E:\Matlab\toolbox\compiler\deploy\win32路径，复制MCR安装文件MCRInstaller.exe到任意指定文件夹，如图17.9所示，例如E:\Matlab\work文件夹。

（2）运行安装文件。双击安装文件，如图17.10所示。文件运行，首先出现如图17.11所示的窗口。

图17.9 复制MCR安装文件

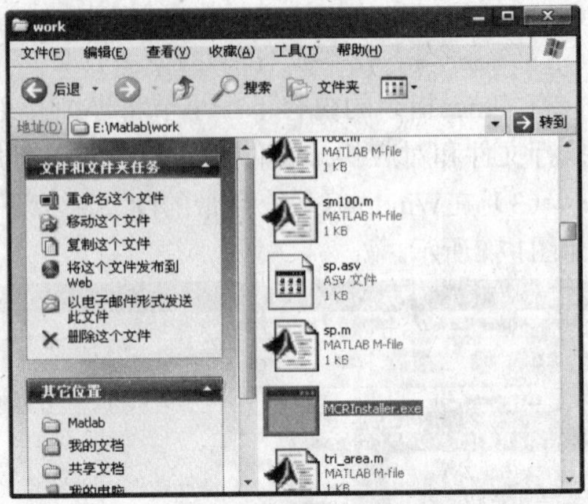

图17.10 运行安装文件

（3）选择安装路径。系统随即显示安装提示对话框，提示安装所需要的时间，如图17.12所示。单击Next按钮，进入下一对话框，即安装路径选择对话框，如图17.13所示。

图17.11 安装文件运行窗口

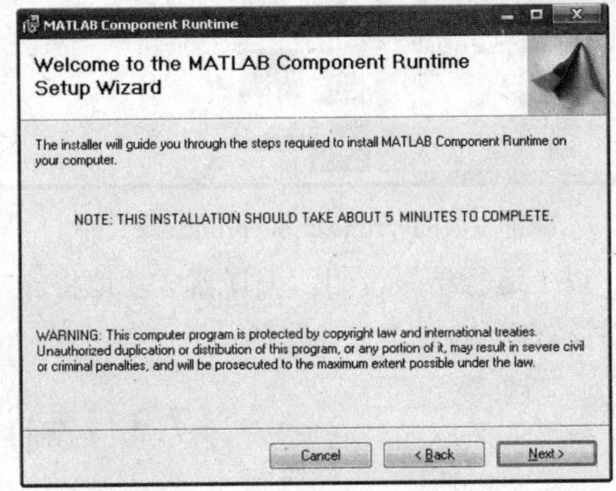

图17.12 安装提示对话框

用户可以在此对话框内选择安装路径和MCR的服务对象（用户本人或所有计算机使用者）。单击Next按钮，确认选择。

（4）确认并开始安装。按照系统提示确认安装设置，并开始安装，如图17.14和图17.15所示。

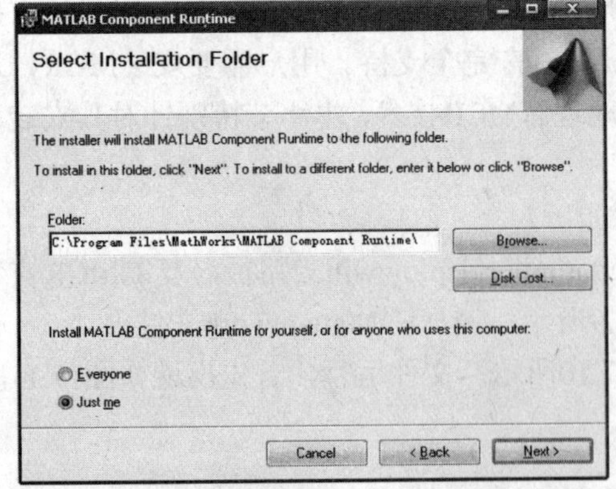

图17.13 选择MCR的安装路径

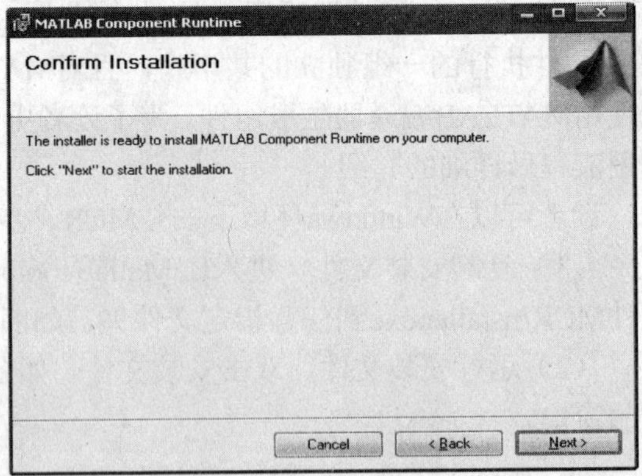

图17.14 确认安装对话框

（5）完成安装。大约4~5分钟后安装完成，系统显示安装完成对话框，如图17.16所示。

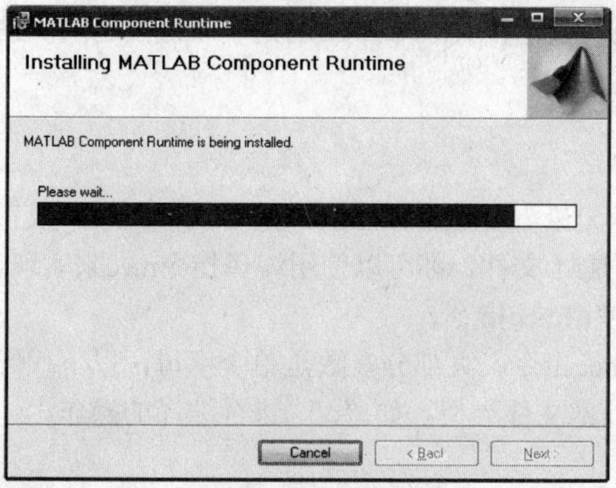

图17.15 开始安装

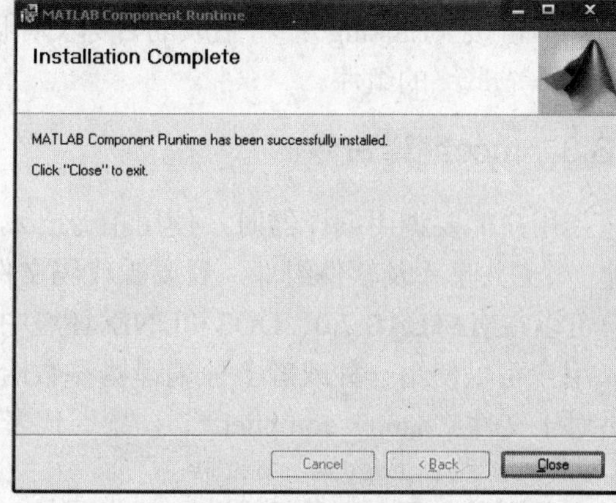

图17.16 完成安装

17.3.2 编译流程

MATLAB 7.0编译器采用了Component Technology File（CTF）的存档方式来组织培植文件包，所有的M-文件都运用高级加密标准（AES）进行了1024位密码的加密，并以CTF格式（.ctf）存储。读者可以在实际操作的过程中发现，任何一个由编译器产生的应用程序或者共享库均有一个与之对应的.ctf文件存档，其中当然也包括所有基于MATLAB 7.0的M-文件和MEX文件。

MATLAB编译器生成的独立文件或组件的流程无须用户控制，是完全自动的。用户只需要提供一系列M-文件程序作为构成应用程序。下面以对foo.m文件和bar.m文件的编译作为示例，向读者讲解MATLAB编译器的基本编译流程。

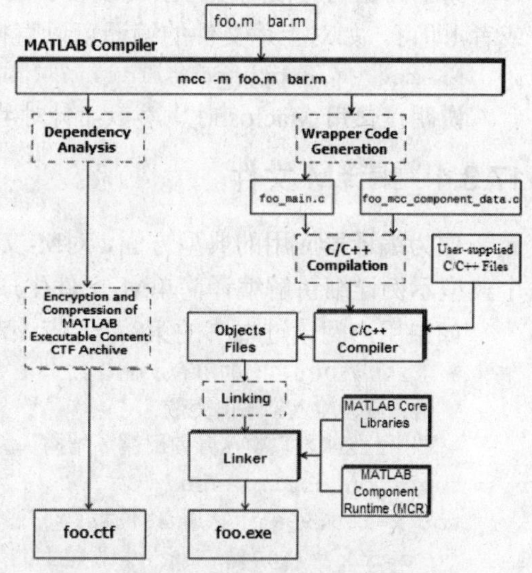

图17.17 编译器的编译流程

如图17.17所示，系统依次进行以下的操作。

- 依赖性分析（Dependency Analysis）：分析判断输入的M-文件、MEX文件及P码文件所依赖的函数之间的关系，这些函数包括输入文件所调用的M-文件以及MATLAB 7.0提供的函数。
- 代码生成（Code Generation）：生成所有用来生成目标组件的代码，其中包括从命令行获得的M-函数相关的C和C++接口代码。对于共享库和组件来说，这些代码包括所有的接口函数代码。
- 存档生成（Archive Creation）：在依赖型分析中生成的MATLAB 7.0可执行文件列表用来生成CTF存档文件，其中包括程序运行时所需的组件的数据。存档在加密后被压缩在一个单独的文件中，同时路径信息也被保存。
- 编译（Compilation）：编译生成的C和C++文件，获取目标代码。对于那些含有用户提供C或C++代码的目标，这些代码同样也会被编译。

- 链接（Linking）：将生成的目标文件以及目标相关MATLAB的共享库链接起来，生成最终的组件。

17.3.3 mcc编译命令

当用户需要调用编译器时，使用指令mcc，无论需要生成独立的外部可执行程序，或者创建一个C共享库及软件组件，只要源代码文件是M-文件，都可以使用编译指令mcc来实现。用户可以在MATLAB 7.0、DOS和UNIX环境中使用mcc指令。

用户可以使用一种或者多种编译器参数给mcc指令，大部分参数是单个字母，以下代码即是对于文件“happy_compiler.*”(“*”代表外部文件类型，如“c”)进行编译的操作。

```
>> mcc -m happy_compiler
```

有些参数由两个字母组成，如下代码。

```
>> mcc -m -g happy_compiler
```

另外，MATLAB还提供了Macros参数来简化编译任务的编译参数，Macros使用户在面对一个简单问题的时候无须再亲自组合多种参数来实现某种特定的编译过程，而仅使用参数-m或者-l即可。如对上述文件的编译可以直接使用以下指令。

```
>> mcc -m happy_compiler
```

说明： 使用 Macros 时，参数-l 针对共享库进行简化编译。

17.3.4 编译M-文件

作为编译器应用的典型方面，对M-文件的编译可以说明编译器的使用方法。本小节以一个典型示例详细讲解编译简单M-文件生成外部独立运行的程序的方法。

如果用户阅读过本书的第8章，应该对“水仙花”函数有印象。函数代码如下。

```
% 求100~1000之间的所有水仙花数
% 函数没有输入、输出变量
% 调用FIX函数取整，并使用循环结构
function shuixianhua
for x=100:999   % 所有3位数
    a=fix(x/100);   % a为百位上的数
    b=fix((x-100*a)/10);   % b为十位上的数
    c=x-100*a-10*b;   % c为个位上的数
    if x==(a^3+b^3+c^3)   % 水仙花数的特征
        disp(x);
    end
end
```

使用mcc指令对其进行编译，代码如下。

```
mcc -m shuixianhua
```

编译器生成外部独立应用程序shuixianhua.exe，使用本章前面介绍过的方法，在DOS环境下运行可执行文件，得到的结果与在MATLAB中运行原M-文件相同，如图17.18所示。

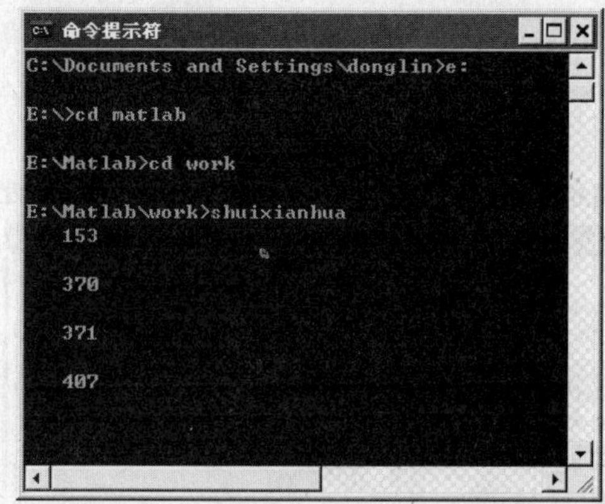

图17.18　运行可执行文件及所得结果

17.3.5　编译包含绘图函数的M-文件

上一小节讲解了编译简单M-文件的方法，本节在上一小节的基础上，结合MCR图形库的调用，介绍编译包含绘图函数M-文件的方法。仍然选择本书前面章节使用过的函数，以便读者比较程序运行的结果。读者可以参考第7章的【例7. 10】中的程序代码。

（1）给代码添加函数声明行，创建函数文件four_photos.m，修改后的代码如下。

```
function four_photos   % 函数声明行
x=-5:0.5:5;
[x,y]=meshgrid(x);
r=sqrt(x.^2+y.^2)+eps;
z=sin(r)./r;
subplot(2,2,1)
surf(x,y,z)
xlabel('X-axis')
ylabel('Y-axis')
zlabel('Z-axis')
title('Figure1')
view(-37.5,30)
subplot(2,2,2)
surf(x,y,z)
xlabel('X-axis')
ylabel('Y-axis')
zlabel('Z-axis')
title('Figure2')
view(-37.5+90,30)
subplot(2,2,3)
surf(x,y,z)
xlabel('X-axis')
ylabel('Y-axis')
zlabel('Z-axis')
title('Figure3')
view(-37.5,60)
subplot(2,2,4)
surf(x,y,z)
xlabel('X-axis')
```

```
ylabel('Y-axis')
zlabel('Z-axis')
title('Figure4')
view(180,0)
```

（2）把代码保存在E:\Matlab\work路径下，文件名为four_photos.m，如图17.19所示。

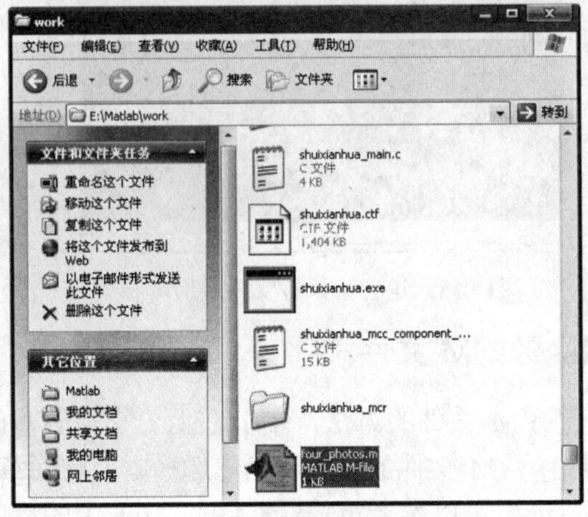

图17.19　保存文件four_photos.m

（3）编译文件。返回MATLAB命令窗口，输入如下指令，对文件four_photos.m进行编译。

```
>> mcc -m four_photos
```

说明： 读者应该在 E:\Matlab\work 路径下发现编译产生的相关文件，具体文件功能请读者自行查阅帮助文档。

（4）运行独立的外部程序（可执行文件four_photos.exe）。用户可以按照前面的方式，在DOS环境下运行文件four_photos.exe，也可以直接双击使其运行。结果显示图形与第7章的【例7.10】中的结果图形相同。

（5）比较运行结果。为了让读者一目了然，特把原程序代码在MATLAB中运行的结果图形给出，如图17.20所示。

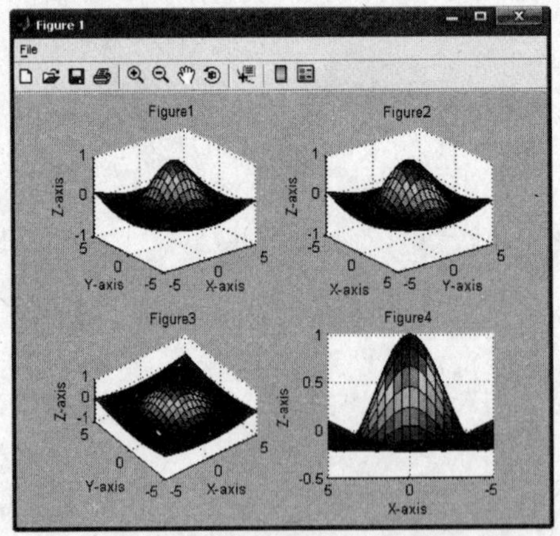

图17.20　运行完成显示的图形

注意： 如果读者仔细观察可以发现，两个结果图形窗口中的菜单栏和工具栏还是存在着差异的。

第18章

应用程序接口

MATLAB作为一款优秀的工程软件，不仅其自身拥有强大的功能和友好的环境界面，还具有很好的开放性，主要表现在：丰富多样的工具箱（Toolbox）可以适应各学科、各领域的需要；提供了专门的应用程序接口（API），和外部应用程序实现“无缝”结合。

本章主要针对MATLAB的API的相关知识，介绍以下几方面内容。

- MATLAB中的数组及C语言中的mxArray类型。
- 在MATLAB中使用MEX文件来调用C或FORTRAN子程序。
- 通过MATLAB引擎（Engine），在MATLAB中执行运算，并将结果返回到C或FORTRAN程序中。
- 创建和访问标准的MATLAB的MAT文件应用程序，实现MATLAB数据的输入和输出。

18.1 MATLAB中的数组

18.1.1 MATLAB数组

要理解和编写MATLAB的接口程序，其基础和关键是对于MATLAB的数组结构要了解清楚，因为任何MEX程序、引擎程序以及MAT程序都需要通过访问MATLAB的数组来执行指定的操作。阅读过本书之前章节的读者应该对于数组（Array）并不陌生，本小节将进一步介绍数组的存储方式。

MATLAB的数据类型可以分为多种，有整型、浮点类型、字符串、元胞、构架等，但所有的数据类型都是只用一种对象类型存储，即“数组”，所有的标量和复合元素都视为数组。MATLAB按“列”存储数组中的数据（元素）。

例如数组A是一个3阶魔术矩阵：

```
>> a=magic(3)
a =
     8     1     6
     3     5     7
     4     9     2
```

其中的元素构成一个3×3的结构，如图18.1所示。

如果把矩阵变化为数列，操作如下：

```
>> a(:)'
ans =
     8     3     4     1     5     9     6     7     2
```

则矩阵的元素排成一列，如图18.2所示。

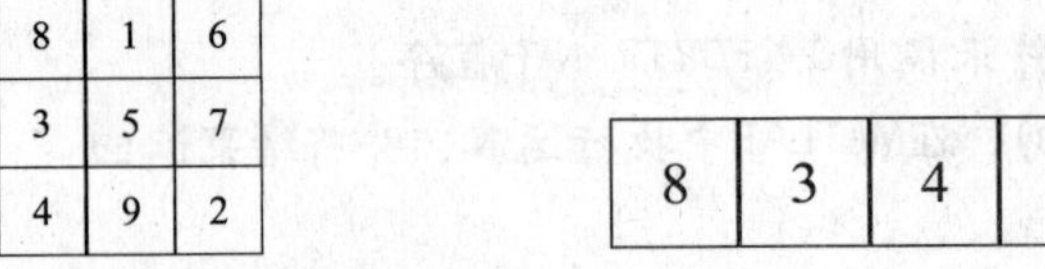

图18.1　3×3结构的数组

8	3	4	1	5	9	6	7	2

图18.2　以列重组的数据排列

18.1.2 C中的mxArray结构

在C语言中，MATLAB数组被看做是一种新的数据类型，即C中的mxArray类型。mxArray类型保存了对应的数组类型、维数和数据本身等相关信息。

mxArray类型对应数值类型的变量，指明此变量是实数或复数；对于稀疏类型的变量，指明其下标和最大非零元素；对应构架类型的变量，指明其域名及对应的数值。有关mxArray类型对应不同MATLAB数据类型的存储特性，请读者自行参考MATLAB帮助文档的相关内容。

一般来说，用来访问mxArray类型的特性和元素的函数名都以mx开头，所以被称为MX函数。MATLAB提供了众多函数和子程序用来访问和操作从C或FORTRAN中获取的mxArray类型。

18.2 在MATLAB中调用C或FORTRAN

本节介绍MEX文件的相关知识，并举例说明在MATLAB中调用C或FORTRAN子程序的方法。

18.2.1　C语言中的MEX文件

在上一章中，提及过MEX文件，本小节进一步为读者介绍有关MEX文件的内容。MEX是MATLAB和Executable两个单词的缩写，MEX文件是一种可以在MATLAB中调用的C语言或者FORTRAN语言衍生程序代码，一般的MEX文件经过适当的编译后，生成的目标文件可以被M语言解释器（即MATLAB命令窗口方式）调用执行，这种文件在Windows操作系统中使用后缀“.dll”标示（动态链接库——Dynamic Link Library）。

MEX文件一般应用于已经存在的大规模的C或FORTRAN程序中，这样可以在MATLAB中运行直接面向硬件编写的C或FORTRAN程序。下面首先举一个简单的例子，说明MEX文件的创建方法和基本组成结构。

【例1】在MATLAB中调用C程序示例。

本例参考的C程序代码如下，功能为将用户输入的变量进行乘2运算，并输出结果。

```
#include <math.h>
void timestwo(double y[], double x[])
{
  y[0] = 2.0*x[0];
  return;
}
```

（1）在C语言编译器中编写以上程序对应的MEX程序，代码如下。

```
#include "mex.h"

void timestwo(double y[], double x[])
{
  y[0] = 2.0*x[0];
}
void mexFunction(int nlhs, mxArray *plhs[], int nrhs,
                 const mxArray *prhs[])
{
  double *x, *y;
  int mrows, ncols;

  /* 检查参数是否符合要求 */
  if (nrhs != 1) {
    mexErrMsgTxt("One input required.");
  } else if (nlhs > 1) {
    mexErrMsgTxt("Too many output arguments");
  }
  /*输入参数必须是非复标量双精度数*/
  mrows = mxGetM(prhs[0]);
  ncols = mxGetN(prhs[0]);
  if (!mxIsDouble(prhs[0]) || mxIsComplex(prhs[0]) ||
      !(mrows == 1 && ncols == 1)) {
    mexErrMsgTxt("Input must be a noncomplex scalar double.");
  }
```

```
 /* 为回调值创建矩阵. */
 plhs[0] = mxCreateDoubleMatrix(mrows,ncols, mxREAL);
 /* Assign pointers to each input and output. */
 x = mxGetPr(prhs[0]);
 y = mxGetPr(plhs[0]);
 /* 调用子程序部分 */
 timestwo(y,x);
}
```

（2）保存修改的新文件，名为time_2.c，如图18.3所示。

（3）返回MATLAB命令窗口，对文件time_2.c进行编译，输入指令如下。

```
>> mex time_2.c
```

读者可以输入如下代码，查询生成的time_2.dll文件。

```
>> which time_2.dll
```

可以发现，time_2.dll文件就存储在E:\Matlab\work路径下，如图18.4所示。

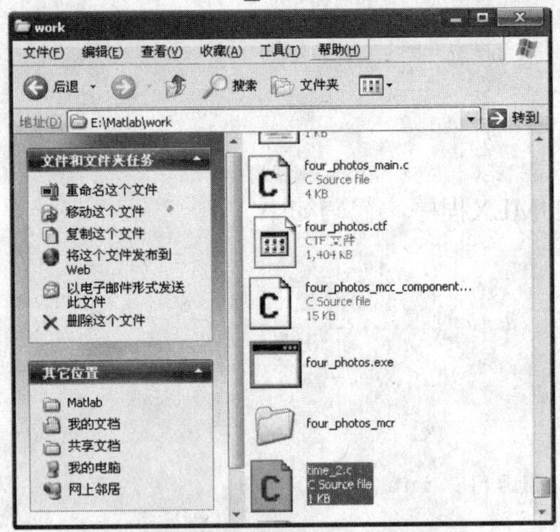

图18.3　保存修改的文件time_2.c 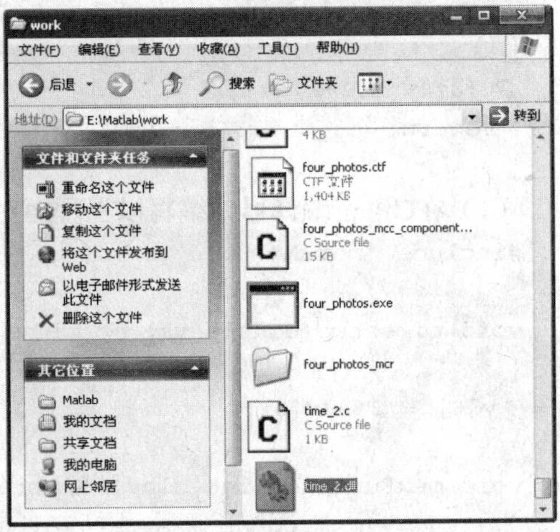　　　　图18.4　编译生成的time_2.dll文件

（4）调用time_2.dll文件。在MATLAB命令窗口调用文件，输入代码并得到结果如下。

```
>> x=3.6;
>> y=time_2(x)
y =
    7.2000
```

说明：读者可以自行在C环境下运行原程序代码，验证得到的结果是否相同。

由以上的例子可以看出，典型的MEX源文件的结构可以分为下面两部分。

- 接口部分（gateway routine）：此部分包含所有的宏指令#include、#define等，以及访问MATLAB数据和函数所用的代码。此部分必须包含一个#include "mex.h"宏指令，以支持MEX函数。以mex开头的函数只能在MEX文件中使用，能够在MATLAB环境中进行运算。
- 子程序部分（computation routine）：此部分包含用来执行实际运算的代码，显示为独立的函数或子程序，也可以是能够与接口部分结合的代码，一般来说，其与具有相同功能的C源程序文件几乎相同。

MEX文件的接口部分用于与MALTAB环境进行通信，任何一个MEX函数都需要一个mexFunction语句，作为MEX函数的程序入口点，相当于C程序中的main函数，其语法结构如下。

void mexFunction (int nlhs, mxArray *plhs[], int nrhs, const mxArray *prhs[])

其中，nlhs变量是一个整数，nrhs代表输入参数的个数，分别包含输出、输入参数的个数，与MATLAB中的nargout与nargin函数的返回值相同。prhs[]是一个指向输入参数的指针。例如，prhs[1]是一个指向第一个输入参数的指针。所有MATLAB数据都是数组类型，因此所有MEX文件的输入和输出参数也都是mxArray数据类型。调用编译后的MEX函数，prhs参数将包含指向输入参数的指针，而plhs参数包含的是空指针。用户必须自建所有的输出数组，并将对应的指针放在plhs指针数组中。如果从MATLAB命令窗口调用编译后的MEX函数，则所有的输出将被赋给MATLAB基本工作空间中的变量ans。

注意:

①MATLAB 7.0 的 MEX 源文件中不能包含任何汉字，否则系统会出现编译连接错误。

②MATLAB 本身的高效便捷性，决定了用户无须经常使用 MEX 文件。

以上例子是把变量作为1×1的矩阵进行操作的，用户还可以使用一种特殊的API函数mxGetScalar，此函数不使用标量副本的指针变量，而直接返回标量中的数值，具体代码如下（检错部分省略）。

```
#include "mex.h"
void time_2_alt (double *y, double x)
{
 *y = 2.0*x;
}
void mexFunction(int nlhs, mxArray *plhs[],
              int nrhs, const mxArray *prhs[])
{
 double *y;
 double x;
 /* 为返回参数创建1×1的矩阵. */
 plhs[0] = mxCreateDoubleMatrix(1, 1, mxREAL);
 /* 获取输入标量值. */
 /* 注意: mxGetScalar 返回一个值而非指针. */
 x = mxGetScalar(prhs[0]);
 /* 为输出值赋予一个指针. */
 y = mxGetPr(plhs[0]);
 /* 子程序调用 */
 time_2_alt(y,x);
}
```

以上代码把标量中的数值直接传递给子程序time_2_alt，并通过参数传递输入标量。

18.2.2　FORTRAN语言中的MEX文件

作为专业科学计算高级编程语言，FORTRAN语言在数值计算方面要比C语言优秀，所以，用户在进行数据处理时，也常需要调用FORTRAN语言的子程序。其实，使用FORTRAN语言创建MEX文件的方法与C语言是基本类似的，下面就以上一小节同样的例子介绍过程。

【例2】在MATLAB中调用FORTRAN程序的示例。

在上一小节的例子中，用FORTRAN语言编写的代码如下。

```
      subroutine timestwo(y, x)
      real*8 x, y
C
      y = 2.0 * x
      return
      end
```

（1）编写FORTRAN的MEX文件。与C语言一样，首先根据FORTRAN源代码需要实现的功能，编写MEX文件，代码如下。

```
C     Computational subroutine
      subroutine timestwo(y, x)
      real*8 x, y
      y = 2.0 * x
      return
      end
C     The gateway routine
      subroutine mexFunction(nlhs, plhs, nrhs, prhs)
      integer mxGetM, mxGetN, mxGetPr
      integer mxIsNumeric, mxCreateDoubleMatrix
      integer plhs(*), prhs(*)
      integer x_pr, y_pr
      integer nlhs, nrhs
      integer m, n, size
      real*8 x, y
C     检查参数是否符合要求.
      if(nrhs .ne. 1) then
         call mexErrMsgTxt('One input required.')
      elseif(nlhs .ne. 1) then
         call mexErrMsgTxt('One output required.')
      endif
C     获取输入数组的大小.
      m = mxGetM(prhs(1))
      n = mxGetN(prhs(1))
      size = m*n
C     检查确保输入参数是一个数值.
      if(mxIsNumeric(prhs(1)) .eq. 0) then
         call mexErrMsgTxt('Input must be a number.')
      endif
C     创建回调参数矩阵.
      plhs(1) = mxCreateDoubleMatrix(m, n, 0)
      x_pr = mxGetPr(prhs(1))
      y_pr = mxGetPr(plhs(1))
      call mxCopyPtrToReal8(x_pr, x, size)
C     调用运算子程序.
      call timestwo(y, x)
C     把作为MATLAB输出的数据链接到y_pr中.
      call mxCopyReal8ToPtr(y, y_pr, size)
      return
      end
```

从以上代码可以分析看出，FORTRAN的MEX的一些规律和特点。

- 文件开头同样是接口函数的声明部分，但省略了头文件语句。
- MATLAB针对每个输入和输出变量向FORTRAN程序传递一个特殊的integer类型的标识符，称为指针，FORTRAN的MEX文件子程序使用这些指针从MATLAB中获取FORTRAN支持的数据类型的数据。
- FORTRAN源代码不区分大小写。
- 文件末尾需要有return和end关键字作为结束。

（2）保存文件，取名为time_for.f。返回MATLAB命令窗口，编译文件time_2_for.f，操作如下。

```
>> mex time_2_for.f
```

（3）调用生成的“time_2_for.dll”文件。在MATLAB命令窗口调用文件，输入代码并得到结果如下。

```
>> x=3.6;
>> y=time_2_for(x)
y =
    7.2000
```

18.3 在C和FORTRAN中调用MATLAB

上一小节主要介绍了在MATLAB中调用C和FORTRAN子程序的方法，本节则主要介绍如何在C和FORTRAN环境下调用MATLAB函数。在C和FORTRAN环境下完成对MATLAB函数的调用，需要用到MATLAB的计算引擎技术。引擎函数是用C或者FORTRAN编写的，在Windows平台上与MATLAB通信是通过ActiveX进行的，作用有以下两点：

- 在其他语言编写的应用程序中，指令简单易读，计算快速可靠的MATLAB被作为数学库使用。
- MATLAB作为计算引擎使用，前台是其他高级语言编写生成的GUI，而MATLAB在后台执行各种复杂的计算，与当前运行的所有MATLAB过程相独立，不干扰任何MATLAB进程。

在MATLAB中，凡是带有eng前缀的函数都是MATLAB引擎函数。在C或FORTRAN中可以使用的引擎函数如表18.1所示。

表18.1 MATLAB引擎函数

函数名	功能	可否被C调用	可否被FORTRAN调用
engOpen	启动或共享一个MATLAB引擎实例	√	√
engClose	关闭MATLAB引擎	√	√
engGetVariable	从MATLAB引擎中获取一个MATLAB数组	√	√
engPutVariable	将MATLAB数组传递到MATLAB引擎中	√	√
engEvalString	在MATLAB引擎中执行一条MATLAB指令	√	√
engOutputBuffer	创建储存MATLAB文本输出的缓冲区	√	√
engOpenSingleUse	启动一个非共享的MATLAB引擎周期	√	×
engGetVisible	获取一个MATLAB引擎周期的可视化属性设置	√	×
engSetVisible	设置MATLAB引擎周期的可视化属性	√	×

使用MATLAB引擎的程序结构如下：

- 使用engOpen或engOpenSingleUse函数打开一个引擎周期。
- 使用MX函数创建需要的mxArray结构。
- 使用engPutVariable函数将mxArray传递到MATLAB环境中。
- 用户还可以创建一个捕捉命令窗口的输出缓冲区，再使用engEvalString函数执行捕捉到的MATLAB指令。
- 使用engGetVariable函数从MATLAB环境中重新获取一个mxArray输出，在C或FORTRAN程序中进行处理。
- 完成引擎使用，利用engClose函数关闭引擎，并使用mxDestroyArray函数释放分配给mxArray的内存空间。

下面用一个具体的例子介绍利用引擎实现在C中调用MATLAB。

【例3】在C中调用MATLAB示例。

（1）编写C源程序，代码如下。

```
#include <stdlib.h>
#include <stdio.h>
#include <string.h>
#include "engine.h"
#define  BUFSIZE 256
int main()
{
   Engine *ep;
   mxArray *T = NULL, *result = NULL;
   char buffer[BUFSIZE];
   double time[10] = {0.0, 1.0, 2.0, 3.0, 4.0, 5.0, 6.0, 7.0,
                      8.0, 9.0};
   /*
    * Start the MATLAB engine locally by executing the string
    * "matlab".
    *
    * To start the session on a remote host, use the name of
    * the host as the string rather than \0.
    *
    * For more complicated cases, use any string with whitespace,
    * and that string will be executed literally to start MATLAB.
    */
   if (!(ep = engOpen("\0"))) {
     fprintf(stderr, "\nCan't start MATLAB engine\n");
     return EXIT_FAILURE;
   }
   /*
    * PART I
    *
    * For the first half of this demonstration, we will send data
    * to MATLAB, analyze the data, and plot the result.
    */
   /*
```

```
 * Create a variable for our data.
 */
T = mxCreateDoubleMatrix(1, 10, mxREAL);
memcpy((void *)mxGetPr(T), (void *)time, sizeof(time));
/*
 * Place the variable T into the MATLAB workspace.
 */
engPutVariable(ep, "T", T);
/*
 * Evaluate a function of time, distance = (1/2)g.*t.^2
 * (g is the acceleration due to gravity).
 */
engEvalString(ep, "D = .5.*(-9.8).*T.^2;");
/*
 * Plot the result.
 */
engEvalString(ep, "plot(T,D);");
engEvalString(ep, "title('Position vs. Time for a falling
           object');");
engEvalString(ep, "xlabel('Time (seconds)');");
engEvalString(ep, "ylabel('Position (meters)');");
/*
 * Use fgetc() to make sure that we pause long enough to be
 * able to see the plot.
 */
printf("Hit return to continue\n\n");
fgetc(stdin);
/*
 * We're done for Part I! Free memory, close MATLAB engine.
 */
printf("Done for Part I.\n");
mxDestroyArray(T);
engEvalString(ep, "close;");
/*
 * PART II
 *
 * For the second half of this demonstration, we will request
 * a MATLAB string, which should define a variable X.  MATLAB
 * will evaluate the string and create the variable.  We
 * will then recover the variable, and determine its type.
 */

/*
 * Use engOutputBuffer to capture MATLAB output, so we can
 * echo it back.
 */
engOutputBuffer(ep, buffer, BUFSIZE);
while (result == NULL) {
  char str[BUFSIZE];
  /*
```

```
     * Get a string input from the user.
     */
    printf("Enter a MATLAB command to evaluate.  This command
          should\n");
    printf("create a variable X.  This program will then
          determine\n");
    printf("what kind of variable you created.\n");
    printf("For example: X = 1:5\n");
    printf(">> ");
    fgets(str, BUFSIZE-1, stdin);

    /*
     * Evaluate input with engEvalString.
     */
    engEvalString(ep, str);

    /*
     * Echo the output from the command.  First two characters
     * are always the double prompt (>>).
     */
    printf("%s", buffer+2);
    /*
     * Get result of computation.
     */
    printf("\nRetrieving X...\n");
    if ((result = engGetVariable(ep,"X")) == NULL)
      printf("Oops! You didn't create a variable X.\n\n");
    else {
      printf("X is class %s\t\n", mxGetClassName(result));
    }
  }
  /*
   * We're done! Free memory, close MATLAB engine and exit.
   */
  printf("Done!\n");
  mxDestroyArray(result);
  engClose(ep);

  return EXIT_SUCCESS;
}
```

在以上代码的开始位置，包含了一系列需要的头文件，读者需要注意，在所有C语言引擎程序中，都必须包含engine.h头文件，因为其不仅声明了所有eng函数的原型，还包含了matrix.h头文件。

代码还包含了指针定义语句Engine *ep。其中，指针*ep相当于引擎的接口句柄，支持在C语言中执行MATLAB指令；代码末尾对应的关闭指针语句engClose(ep)，可以在完成引擎使用后释放指针占用的内存。代码中的PART I的作用是把数据传递给MATLAB，并分析输出图形结果；PART II的功能是判定用户输入的变量字符串类型。

（2）将文件保存在用户的当前目录下，取名为engdemo.c，如图18.5所示。

图18.5　保存文件engdemo.c

（3）编译文件。返回MATLAB命令窗口，输入编译语句，代码如下：

```
mex -f  E:\MATLAB\bin\win32\mexopts\lccengmatopts.bat  engdemo.c
```

此编译语句可以在当前目录中生成可执行文件engdemo.exe。如果用户使用的不是LCC编译器，而是Microsoft Visual C++ 6.0，则编译语句如下：

```
mex -f  E:\MATLAB\bin\win32\mexopts\msvc60engmatopts.bat  engdemo.c
```

即engmatopts.bat前的代码针对不同的编译器自行选择不同的代号。在E:\MATLAB\bin\win32\mexopts路径下保存着多种选项文件，分别用于不同类型和版本的编译器选项，读者可以自行选择，也可以使用mex命令中的“-v”选项查阅。

（4）运行程序PART I。运行可执行文件，双击生成的可执行文件engdemo.exe，或者在MATLAB命令窗口中输入调用指令如下。

```
!engdemo
```

在调用的程序前加“!”符号。系统弹出MATLAB命令窗口，如图18.6所示。

绘制的图形如图18.7所示。

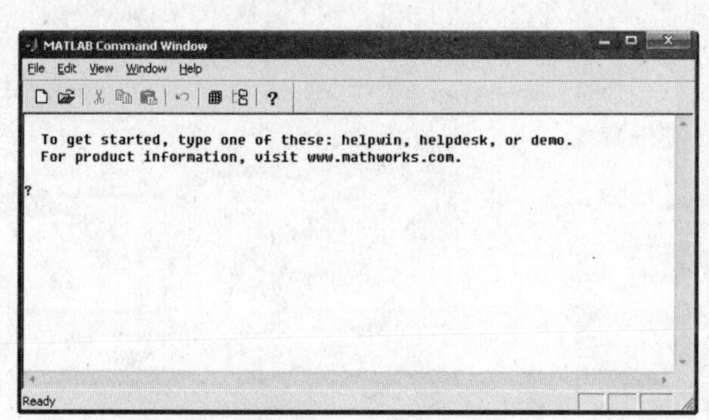

图18.6　弹出的MATLAB命令窗口

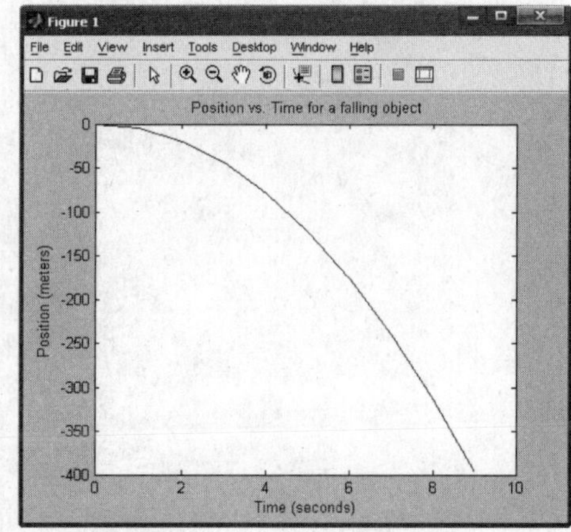

图18.7　运行文件绘制的图形

系统在Windows命令提示符窗口中的显示如图18.8所示。

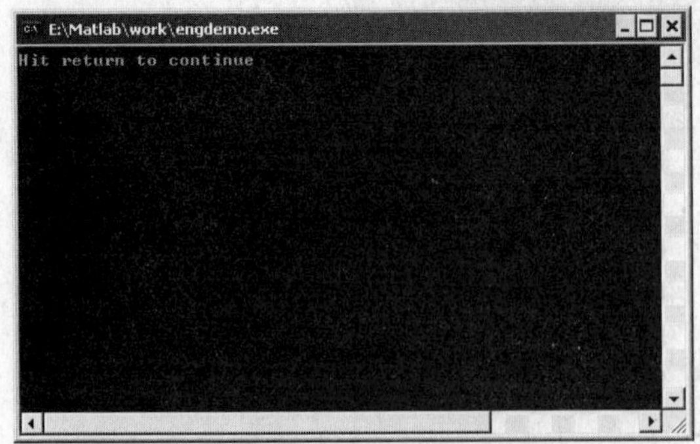

图18.8 Windows命令提示符窗口显示继续运行提示信息

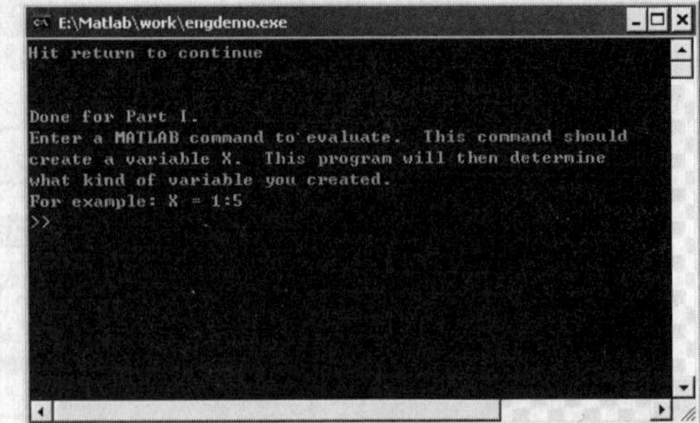

图18.9 PART I完成，继续运行PART II

（5）继续运行程序PART II。按Enter键，继续运行程序PART II，命令提示符窗口的显示如下。用户可在“>>”提示符后给变量X赋一个新的值，当用户输入正确时，例如

```
>>X=2007。88
```

则系统显示为：

```
Retrieving X...
X is class double
Done!
```

表示赋值成功，PART II完成运行，如图18.9所示。

说明： 由于在FORTRAN中调用MATLAB的方法与C语言中类似，限于篇幅，本节不再举例介绍，有兴趣的读者可以自行查阅相关帮助文档。

第19章

在Word和Excel环境下使用MATLAB

用户可以在Word和Excel环境下使用MATLAB，MATLAB 7.0提供了功能强大的Notebook环境，用户可以在此环境下制作M–文档，从而将文字处理、排版艺术、文档演示和科学计算融为一体。

本章以MATLAB 7.0和Word 2003环境为基础进行讲解。

19.1 MATLAB 7.0环境下Notebook的使用

19.1.1 Notebook的安装

本小节分步骤介绍在MATLAB 7.0中安装notebook的方法。

（1）首先，要在Windows环境下，安装Word 2003。

（2）在MATLAB命令窗口安装Notebook。输入如下代码。

```
>> notebook -setup
```

系统显示一系列Word版本，如下所示。

```
Welcome to the utility for setting up the MATLAB Notebook
for interfacing MATLAB to Microsoft Word
Choose your version of Microsoft Word:
[1] Microsoft Word 97
[2] Microsoft Word 2000
[3] Microsoft Word 2002 (XP)
[4] Microsoft Word 2003 (XP)
[5] Exit, making no changes
Microsoft Word Version:
```

根据自己计算机上已经安装的Word版本选择安装版本，例如，要安装Microsoft Word 2003 (XP)，则输入4，按Enter键确定。

MATLAB会自动寻找winword.exe的安装路径，并在该路径下寻找模板文件normal.dot。如果找到了，则出现提示：

```
Microsoft Word Version: 4
Notebook setup is complete.
```

显示Notebook安装成功。

19.1.2 Notebook的启动及初始化

当Notebook安装成功后，用户可以使用两种方法打开Notebook，一种是在Word里启动，另一种方法是在MATLAB中启动。首先介绍在Word中启动的方法。

（1）在Windows环境下打开Word。所得到的窗口是以默认模板Normal.dot创建的，如图19.1所示。

（2）创建新的M-book。选择“文件”菜单中的“新建”选项，系统弹出新建文档对话框，如图19.2所示。

（3）选择M-book模板。在弹出的模板选择对话框中选择M-book.dot模板，如图19.3所示。

（4）Notebook启动完成。系统生成一个新的Word文档，在标题栏多出了Notebook菜单，如图19.4所示。

说明：打开现有的Notebook文档的方法与一般的文档操作方法基本相同。

另一种启动Notebook的方法是在MATLAB环境下，输入如下指令。

```
>> notebook
```

按Enter键执行，系统显示提示：MATLAB已成为自动服务器：

```
Warning: MATLAB is now an automation server
```

并打开新的Notebook文档。

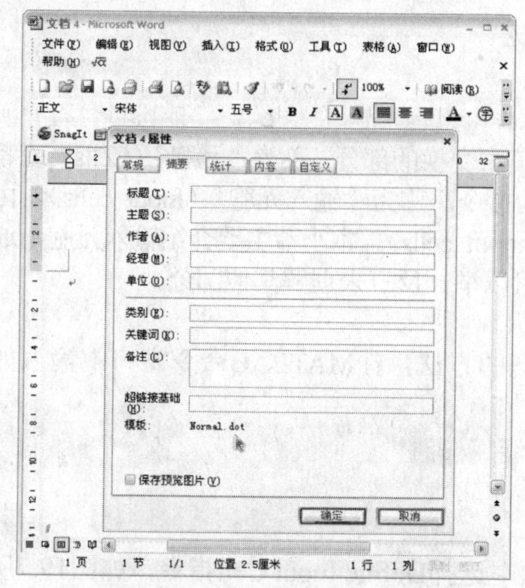

图19.1　创建Normal.dot模板新文档

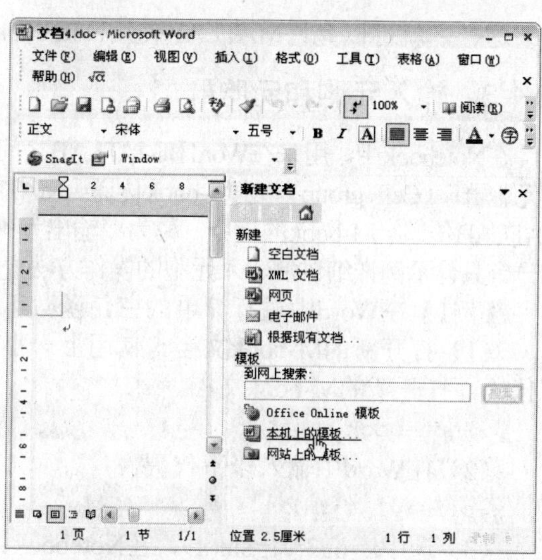

图19.2　新建文档对话框

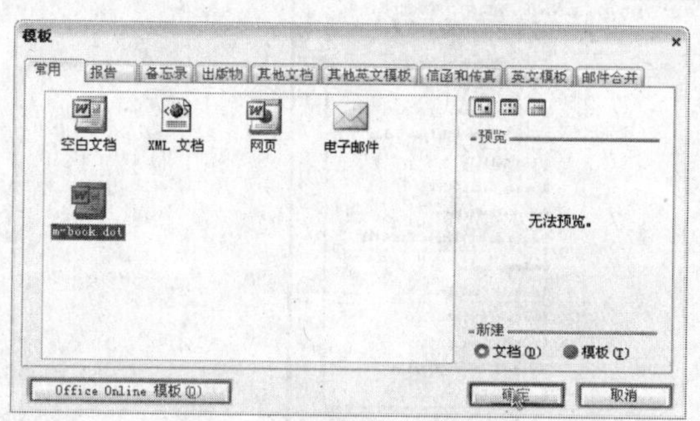

图19.3　模板选择对话框

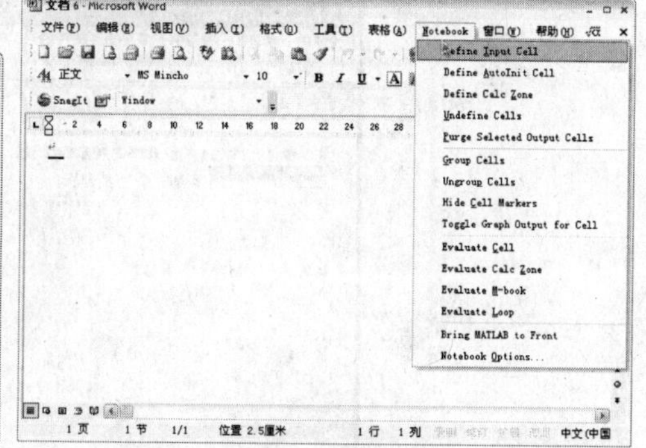

图19.4　新生成的Notebook文档

如果用户需要打开已存的文档，可以使用如下格式的指令。

notebook PathFileName

其中，PathFileName是需要打开的包含完整路径的文件名。

通常，在使用M-book模板之前，要对模板进行初始设置，如图19.5所示，用户选择文档菜单栏中“工具”→“宏”→“安全性”选项。

系统弹出安全性设置对话框，建议读者把安全性设置为“中”，如图19.6所示。

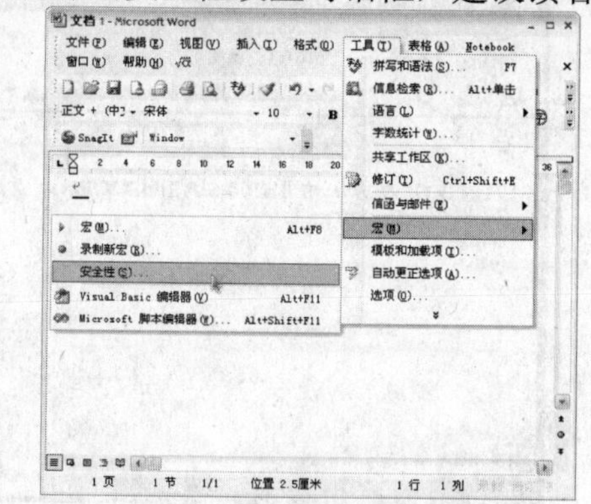

图19.5　设置宏的安全级别

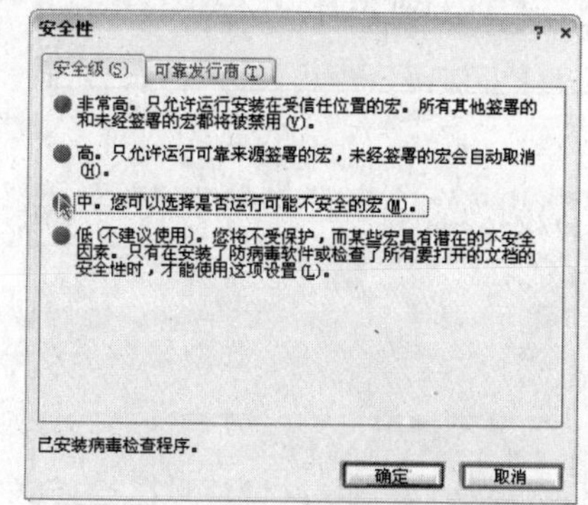

图19.6　设置“中级”安全性

这样，就可以允许MATLAB使用Notebook中的宏。

19.1.3 输入元胞和元胞群

在Notebook中，用来在Word和MATLAB之间进行信息交换的部分，称为“元胞”（Cells）或者“元胞群”（Cell group）。由M-book传递给MATLAB的指令，称为“输入元胞”（Input cells），由MATLAB传递给M-book的指令，称为“输出元胞”（Output cells）。本小节主要介绍输入元胞，通过一个具体示例详细讲解输入元胞的操作方法。读者可以举一反三来理解其他部分。

【例1】在Word中进行简单的三角函数运算演示。

（1）打开新的M-book文档。使用上一小节讲解的方法，在MATLAB命令窗口中输入如下代码，打开新的M-book文档。

```
>> notebook
```

（2）在Word中输入以下代码。

```
x=pi/3;y1=sin(x)
```

（3）选中x=pi/3;y1=sin(x)，在Notebook菜单项中选择Define Input Cell指令，如图19.7所示。

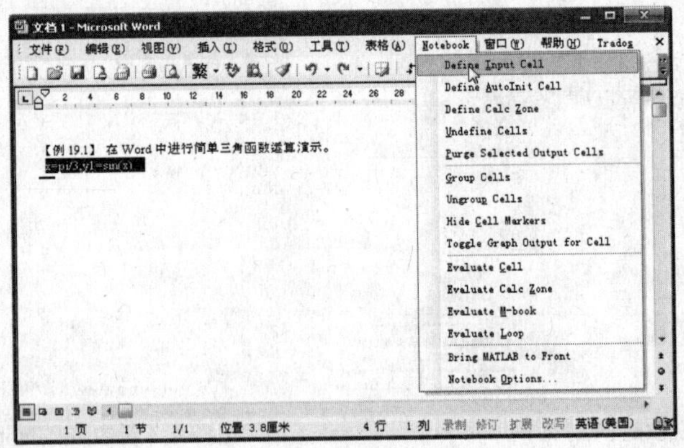

图19.7 定义输入元胞

于是被选中的MATLAB命令成为输入元胞，显示为绿色，且被中括号包围，如图19.8所示。也可以在选中所需命令后定义输入元胞，直接按组合键Alt+D。

（4）执行输入元胞。用户如果需要进行运算，可以选择Notebook菜单项中的Evaluate Cell命令或直接按组合键Ctrl+Enter，得到的结果如图19.9所示。

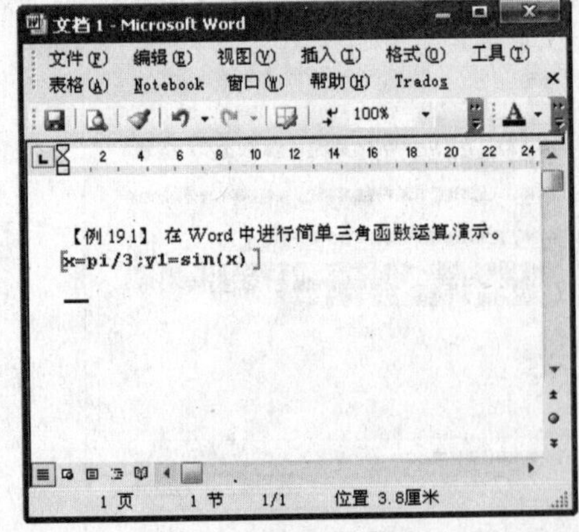

图19.8 完成输入元胞的定义

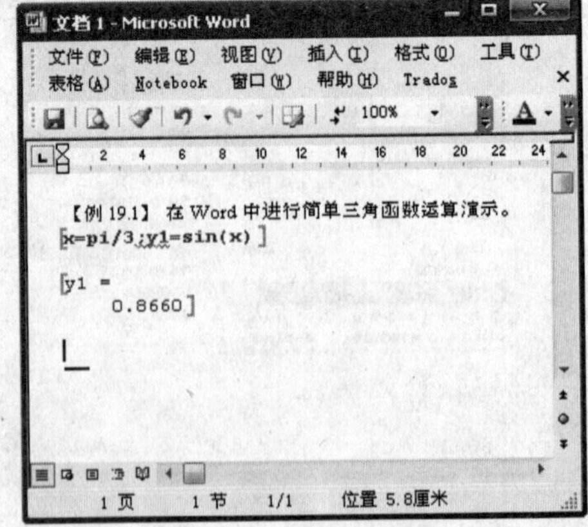

图19.9 执行输入元胞

注意：初学者常会混淆“创建输入元胞”和“创建并运行输入元胞”两个不同的命令，前者只是创建，并不执行；而后者会显示蓝色的结果，即输出元胞。

19.1.4　输出元胞的格式设置

在图19.9中，蓝色的结果被一个方括号包围，这就是输出元胞。输出元胞可以包含各种类型的结果，用户可以使用Notebook设置对话框（Notebook Options），对输出元胞的各项属性进行设置。

用户可以选择菜单栏上的Notebook\Notebook Options选项，打开设置对话框，如图19.10所示。

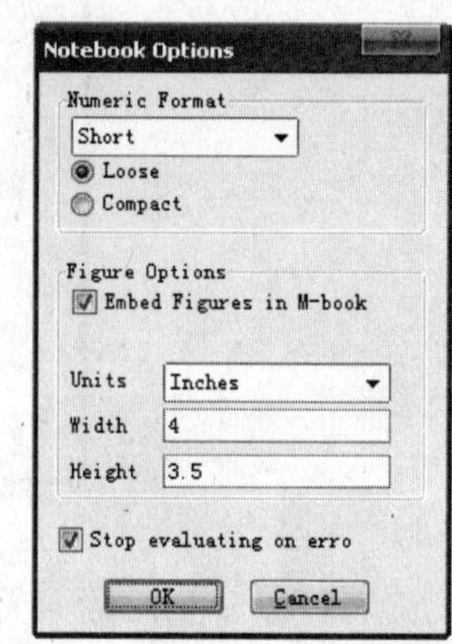

图19.10　Notebook Options对话框

此对话框对输出元胞的各常用属性的设置及对应的选项如下。

- 输出数据类型（Numeric Format）：用户可以选择8种不同类型的输出数据类型，分别是Short、Long、Hex、Bank、Plus、Short e、Long e和Rational。同样的设置方法有，在MATLAB命令窗口中使用format指令。
- 输出数据间隔（Loose/Compact）：控制输入元胞和输出元胞间的距离是“疏松”或是“紧密”，如果用户选择前者，则输入元胞和输出元胞之间就会有一个空行。
- 图形嵌入（Embed Figures in M-book）：如果用户勾选此项，则是允许在M-book中嵌入图形；否则将不会有图形输出。
- 嵌入图形尺寸（Unit、Width、Height）：控制嵌入图形的尺寸，分别设置单位、宽度和高度；图形一旦被嵌入到M-book中，就可以像Word中的其他图形一样进行剪切和缩放操作。

一般来说，用户只需要对于输出元胞进行设置，其他的元胞遵循M-book的默认设置。M-book模板中同样使用“样式”对元胞进行设置，如表19.1所示。

表19.1　M-book的默认元胞设置

样式名称	对应元胞	默认字体、字号及色彩
Input	输入元胞	10磅、英文粗体、深绿色
Output	输出元胞	10磅、英文粗体、蓝色
AutoInit	自初始化元胞	10磅、英文粗体、深蓝色
Error	报错信息	10磅、英文粗体、深红色

【例2】M-book的默认元胞设置演示示例。

（1）创建一个新的M-book文档，输入代码如下。

```
m=rand(3);
n=ones(4);
a=2.*m
b=n*3
q=m*n
```

（2）定义以上代码为输入元胞，并执行运算（方法参考上一小节），M-book显示如图19.11所示。

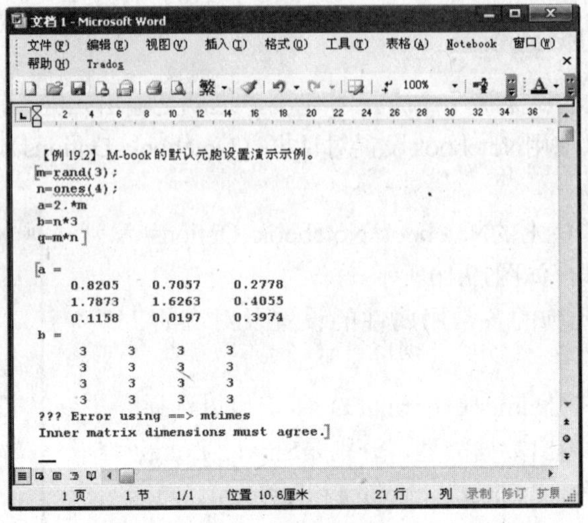

图19.11　执行运算后的M-book文档

读者可以看到，输入元胞和报错信息分别以不同的颜色显示，在【例1】中可以看到输出元胞的显示。有关自初始化元胞的知识，将于下一小节介绍。

19.1.5　Notebook菜单功能选项

关于Notebook菜单中的选项，前几小节已经介绍了一些，Notebook菜单栏的所有选项如图19.12所示。

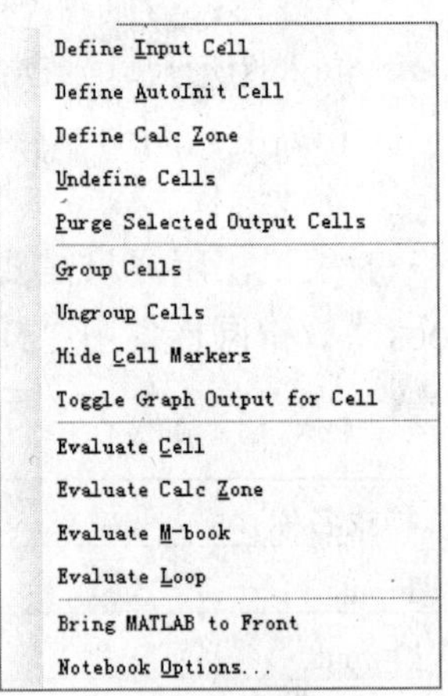

图19.12　Notebook菜单中的选项

本节将介绍其他重要选项的功能和使用方法。

1. 定义“自初始化元胞”（Define AutoInit Cell）

自初始化元胞（AutoInit Cell）是一种具有自动运算功能的元胞，即当用户启动M-book文档时，其中的初始化元胞可以自动被送给系统进行运算。

用户可以把文本形式的MATLAB命令或已经存在的输入元胞定义为自初始化元胞。其方法是：先选中它们，然后选择Notebook菜单中的Define AutoInit Cell命令。

在打开M-book文档以后，新定义的自动初始化元胞并不会自动执行，须另外进行运行操作。运行自初始化元胞的方法同输入元胞一样，选择Evaluate Cell菜单命令或按Ctrl＋Enter键。

技巧: 用户可以在M-book文档的首行定义一个自初始化元胞clear，这样在启动文档时，系统首先运行clear，清除内存中的变量和函数，避免多任务时的内存紊乱和错误的发生。

2. 定义“计算区”（Define Calc Zone）

用户可以使用以下的方法定义计算区：先选定包含普通Word文本、输入元胞和输出元胞的一个连续区，然后选择Notebook菜单中的Define Calc Zone命令。

计算区一旦被定义，则不管光标在计算区的什么位置，用户只要选择Notebook菜单中的Evaluate Calc Zone指令即可执行计算区中的全部输入元胞，且在每个输入元胞后面以输出元胞的形式给出相应的计算结果。

3. 定义“元胞组”（Define Cells）

把已有的多个独立输入元胞或自初始化元胞同时选中，然后在Notebook菜单中选择Group Cells，便获得以第一个独立元胞的性质组合而成的元胞组。

定义元胞组还有以下两种方法：

（1）对输入的多行文本型MATLAB命令，用鼠标把它们同时选中，然后在Notebook菜单中选择Define Input Cell或Define AutoInit Cell命令，便生成输入元胞组或自初始化元胞组。

（2）对输入的多行文本型MATLAB命令，用鼠标把它们同时选中，然后在Notebook菜单中选择Evaluate Cell或按组合键Ctrl+Enter，元胞组即被定义并执行。

4. 元胞图形输出拨动控制开关设置（Toggle Graph Output for Cell）

前面介绍了图形输出设置，这里还要介绍一种和图形能否输出有关的“开关设置”指令Toggle Graph Output for Cell。一个输入元胞被选择时，开关默认的拨动次数为0，即没有被拨动过，当用户选中此指令奇数次时，则会在选定的输入元胞后出现灰色的no graph显示，提示用户此时元胞没有输出图形的能力；反之，当指令被选中偶数次时，图形输出没有被抑制。

5. 元胞的循环运行（Evaluate Loop）

用户可以使特定的输入元胞进行循环，方法是选择Notebook菜单中的Evaluate Loop指令，系统弹出循环运行设置对话框，如图19.13所示。

在Stop After后键入需要循环的次数，如果需要设定循环后延迟，则可以把Loop Speed设置为Slower；单击Start可开始循环运行输入元胞，Pause和Close键分别用于暂停循环和关闭对话框。

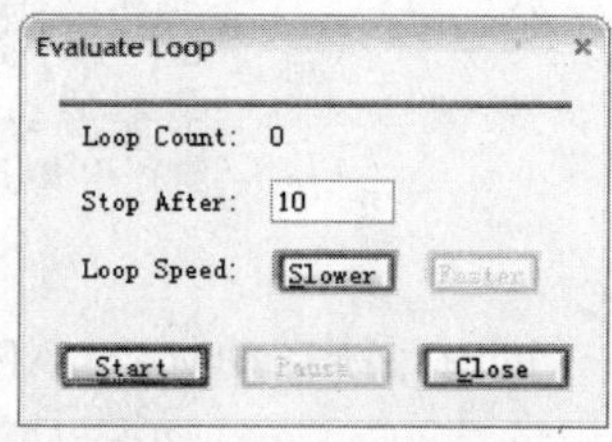

图19.13　循环运算设置对话框

6. 撤消元胞定义（Undefine Cells）

用户使用Notebook的主要目的多为科学运算的讲解和演示，在完成之后，如果用户需要把文档印刷出来，色彩的纷繁将大大影响其严肃程度和印刷效果，这时，可以使用Undefine Cells指令把已经定义并进行了运算的元胞转化为一般的文本。

注意： 在M-book文档中的指令和标点都必须在英文状态下输入。

19.2　Excel Link的使用

Excel Link是在Windows环境下融合Microsoft Excel和MATLAB的插件。通过使用Excel Link，用户可以在Excel环境中使用Excel Link，直接调用MATLAB函数，利用MATLAB的数据、图像处理功能实现相关操作。

19.2.1　安装Excel Link

用户首先需要在Windows环境下安装Excel，并在安装MATLAB 7.0时，选择安装Excel

Link组件。完成以上安装后，为实现Excel和Excel Link的融合，还需进行以下的操作。

（1）启动Microsoft Excel，选择“工具”菜单中的“加载宏”指令，系统弹出加载宏对话框，如图19.14所示。

（2）在对话框中单击“浏览”选项，进入MATLAB安装根目录下的toolbox\exlink路径，选择excllink.xla文件，如图19.15所示。

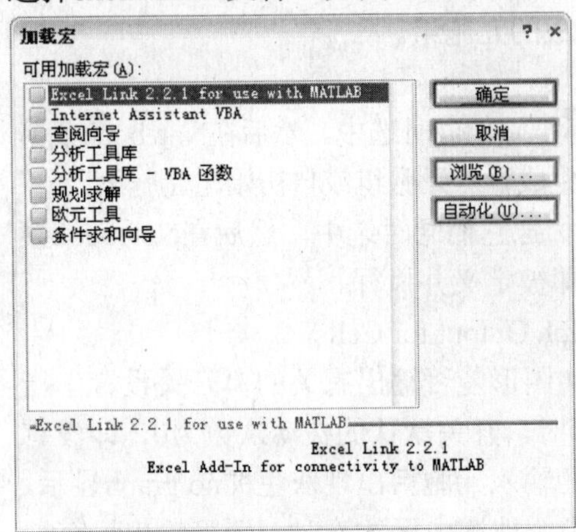

图19.14　加载宏对话框

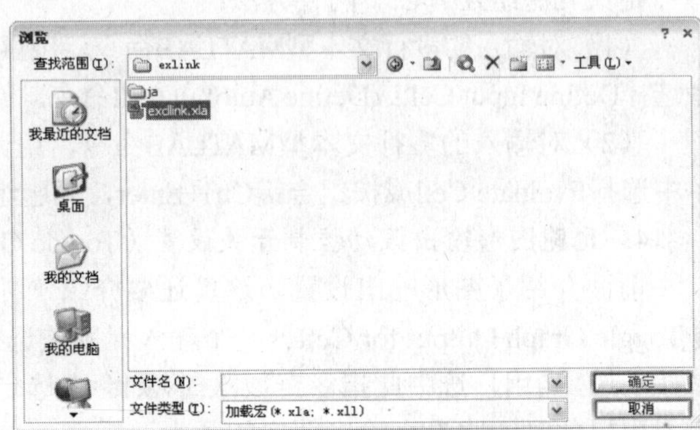

图19.15　选择加载excllink.xla

（3）返回宏加载对话框，读者可以看见，Excel Link选项已经被勾选，单击“确定”按钮，完成Excel Link对MATLAB的加载，可见Excel工具栏中出现了Excel Link工具条，如图19.16所示。

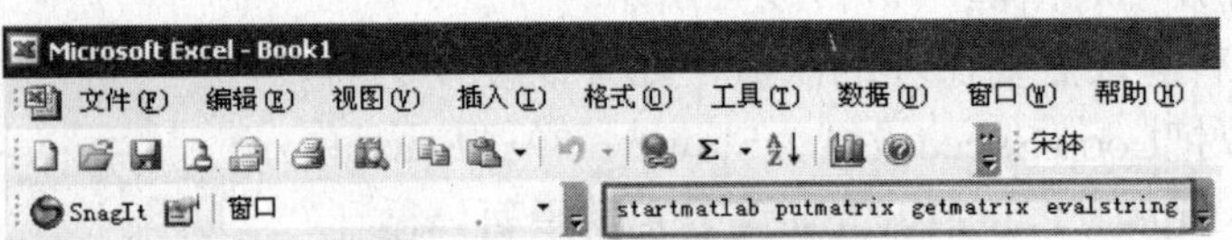

图19.16　Excel Link工具按钮

同时系统启动MATLAB，显示其命令窗口，如图19.17所示。

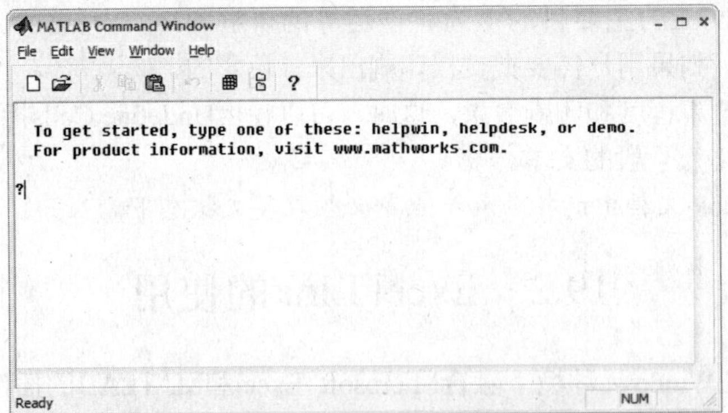

图19.17　MATLAB命令窗口

19.2.2　Excel Link的设置

在按照上一小节的步骤完成安装后，再次启动Excel时，会连带着启动MATLAB，这样的话，即使用户不需要使用Excel Link，MATLAB也会随着Excel的启动而启动。如果用户希望改变这种连带启动模式，可以在Excel中进行设置。用户在Excel数据表单元中输入函数“=MLAutoStart（"no"）”，如图19.18所示。则可以关闭MATLAB自动启动模式，即再次启动Excel时，MATLAB不自动启动。

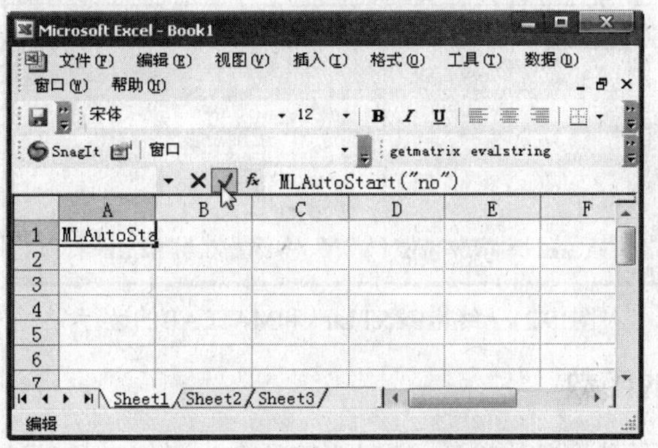

图19.18　改变MATLAB连带启动模式

当用户进行了以上设置，在使用Excel时，若希望启动MATLAB，可以使用函数matlabinit，初始化Excel Link并启动MATLAB，具体步骤如下。

（1）选择“工具”菜单中的“宏”选项，如图19.19所示。

（2）在宏对话框中的“宏名”栏内输入matlabinit，单击“执行”选项确认，如图19.20所示，则系统初始化Excel Link，并启动MATLAB。

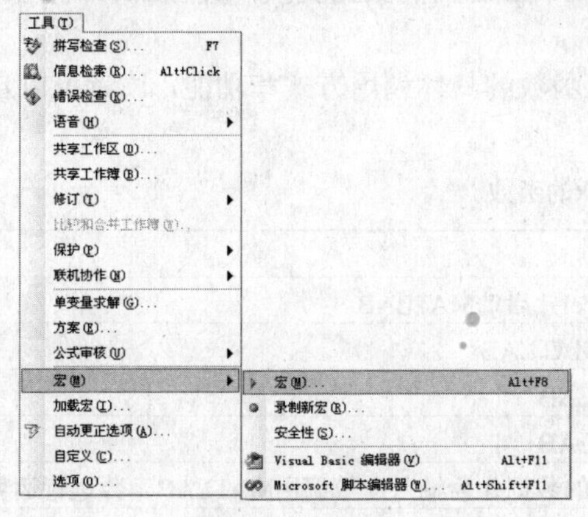

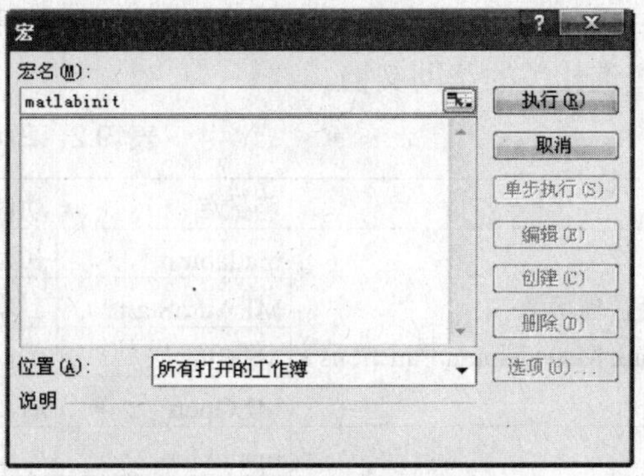

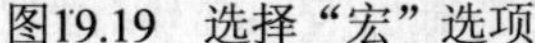

图19.19　选择“宏”选项　　　图19.20　输入函数指令matlabinit

说明： 还可以使用另一个函数MLOpen来完成以上操作，区别在于函数MLOpen只启动MATLAB，不对Excel Link进行初始化。

用户完成以上设置后，如果关闭Excel，则MATLAB也会随之关闭。当用户不再需要使用Excel Link，并希望关闭MATLAB，但是不急于关闭Excel时，可以调用MLclose函数。例如，在Excel中的A1单元中输入“=Mlclose（）”，确认后，Excel Link和MATLAB终止运行，Excel仍然处于工作状态，如图19.21所示。

注意： 函数执行过程中，其所在数据单元中一直显示函数内容，执行完毕后，A1单元显示0。

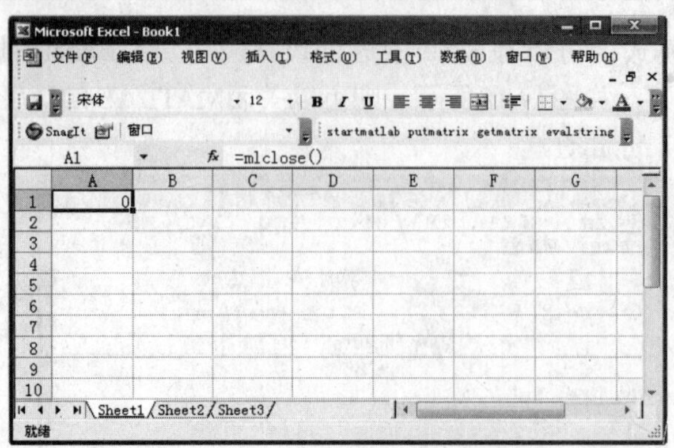

图19.21　终止Excel Link和MATLAB的运行

19.2.3　Excel Link的函数

前两小节已经介绍了几个常用的Excel Link的函数，诸如matlabinit、mlopen、mlclose等，读者可以注意到，在描述这些函数的时候，没有严格规范其大小写，这是因为Excel Link的函数名对字母的大小写不作区分，这与MATLAB的标准函数命名规范是不同的。

Excel Link的函数按照功能的不同可以分为两类，链接管理函数和数据处理函数。

- 链接管理函数的主要功能是对Excel Link和MATLAB进行初始化、启动及关闭等操作。读者需要注意的是，只有函数matlabinit不能在Excel工作表中直接调用。
- 数据管理函数的主要功能为进行Excel和MATLAB间的数据交换，并在Excel中运行MATLAB指令。

Excel Link的函数名称和功能，如表19.2所示。函数的具体调用方式和功能，读者可以自行查询相关的帮助文档。

表19.2　Excel Link的函数

	函数名	功能
链接管理函数（Link Management Functions）	matlabinit	初始化Excel并启动MATLAB
	MLAutoStart	自动启动MATLAB
	MLClose	关闭MATLAB
	MLOpen	启动MATLAB
数据管理函数(Data Management Functions）	matlabfcn	用Excel中的数据作为输入参数调用MATLAB函数进行运算
	matlabsub	在函数matlabfcn的基础上，再指定输出位置
	MLAppendMatrix	用Excel中的数据创建或者修改MATLAB矩阵
	MLDeleteMatrix	删除MATLAB矩阵
	MLEvalString	在MATLAB中运算指令
	MLGetMatrix	在Excel工作表中写入矩阵内容
	MLGetVar	在Excel的VBA变量中写入矩阵内容
	MLPutMatrix	用Excel工作表中的数据创建或者重置MATLAB矩阵
	MLPutVar	用Excel的VBA变量中的数据创建或者重置MATLAB矩阵

Excel Link函数中的变量定义方式有两种，即直接定义和间接定义。

- 直接定义：用双引号标记变量，如mlautostart("no")。
- 间接定义：不使用双引号的单元地址或者行、列名，其指引内容被函数操作。